普通高等教育“十二五”规划教材

工 程 化 学

马全红　周少红　主编

化学工业出版社

·北京·

本书共分5章，内容包括物质的结构与性质，化学反应基本原理与能源开发，水溶液中的化学与水资源保护，电化学基础与金属材料防护、化学电源以及化学生物学与医药生物工程；每章均有实例反映社会热点和最新的科技发展等，将化学原理与功能材料、能源、水资源、新型化学电源、生命科学等论题结合起来，更加注重理论联系实际，加强化学与工程的相互渗透，突出工程化学课程的社会性、应用性，使学生在今后的实际工作中能有意识地运用化学观点去思考、认识和解决问题。每章后附习题和习题答案，附录中收集了一些物理常数及历届诺贝尔化学奖获奖资料。

本书可作为非化学化工类各专业的教材，也可作为化学与化工类、成人高等教育的教学参考用书以及从事化学或与化学相关的工程技术人员的参考书。

图书在版编目（CIP）数据

工程化学/马全红，周少红主编．—北京：化学工业出版社，2011.8（2024.1重印）
普通高等教育“十二五”规划教材
ISBN 978-7-122-11910-0

Ⅰ．工…　Ⅱ．①马…　②周…　Ⅲ．工程化学-高等学校-教材　Ⅳ．TQ02

中国版本图书馆CIP数据核字（2011）第144873号

责任编辑：刘俊之　　文字编辑：颜克俭
责任校对：边　涛　　装帧设计：刘丽华

出版发行：化学工业出版社（北京市东城区青年湖南街13号　邮政编码100011）
印　　装：三河市延风印装有限公司
787mm×1092mm　1/16　印张19¾　彩插1　字数531千字　2024年1月北京第1版第11次印刷

购书咨询：010-64518888　售后服务：010-64518899
网　　址：http://www.cip.com.cn
凡购买本书，如有缺损质量问题，本社销售中心负责调换。

定　　价：45.00元

前　言

工程化学是非化学化工专业的公共基础课程之一，是从物质的化学组成、化学结构和化学反应出发，密切联系现代工程技术中遇到的具体化学问题，深入浅出地介绍有现实应用价值和有潜在应用价值的基础理论和基本知识，使学生在今后的实际工作中能有意识地运用化学观点去思考、认识和解决问题。

全书正文共分为5章。第1章是物质的结构与性质，首先在微观层次上介绍化学的基本原理，包括化学的物理原理、单电子原子和多电子原子结构、价电子排布、原子性质的周期性、轨道与化学键、分子的结构与性质，然后在宏观层次上介绍晶体的结构与性质，同时介绍一些化学的前沿知识如原子的观察和操纵、超分子和分子工程学、陶瓷和复合材料等。第2章为化学反应基本原理与能源开发，涉及化学反应的能量变化、自发性、反应速率及机理，随后介绍化学能使古老的能源如煤、石油等焕发青春，同时化学也是开发新能源如太阳能、氢能、核能、生物质能的源泉。第3章为水溶液中的化学与水资源保护，包括水溶液的通性，酸碱反应、沉淀反应和配位反应及其应用，拓展了水质、水污染、水资源保护等同学们非常感兴趣又与现实生活密切相关的内容。第4章为电化学基础与金属材料防护、化学电源，内容涉及氧化还原反应、原电池等，从电化学腐蚀原理延伸到金属材料的防护，并系统介绍了各种传统化学电源和新型化学电源的结构、性能和制造工艺。第5章为化学生物学与医药生物工程，包括各种生物活性物质如糖、蛋白质、脂肪、核酸、维生素、酶等，从化学基因组学、化学物质与生物分子的相互作用出发，介绍化学生物学、医药生物工程的前沿知识。

本书在内容选编方面，有以下几个特点。

(1) 教材内容按照从微观到宏观的顺序编排，有利于学生在学习过程中对所学知识的运用，即微观原理如何与宏观化学现象联系起来，培养学生的科学思维能力。

(2) 注重理论联系实际，加强化学与工程的相互渗透，每一章中都有化学在工程中的应用，重点介绍了化学与其他学科交叉领域的热点问题和最新前沿的知识，有效地拓展学生的知识面，突出工程化学课程的社会性、应用性，提高学生的学习兴趣。

(3) 注重教学内容的科学性、系统性、严谨性。在多年的教学与实践基础上，根据学生未来工作的实际需要来组织教学内容，精简烦琐的计算推导，删除过深的理论阐述，使教学内容更切合实际，适应时代发展变化；同时文字叙述也力求深入浅出，通俗易懂，教学时数为32～64学时，可满足非化学化工专业对化学基础知识的要求，为后续课程及学生继续学习深造提供强有力的化学知识支撑。

(4) 本书在每章中以黑体字标出该章涉及的重要概念和名称，并加注相应的英文名称，以促进学生对学习重点知识和专业英文词汇的掌握；每章后面编写了多种类型的习题，并附有习题参考答案，可以方便学生自学和复习。

(5) 附录中收集了历届诺贝尔化学奖获奖资料，以此对学生进行人文教育，培养学生的道德情感和合作精神，让他们领略科研工作的无穷魅力，从而树立脚踏实地、奋发进取和团结协作的科学精神与品质。

本书由马全红、周少红任主编。具体编写安排是：第 1 章（陈金喜）、第 2 章（张进、李颖）、第 3 章（周少红、马全红、胡爱江）、第 4 章（姚清照、谢一兵）、第 5 章（王志飞、吴敏）、附录（张玲、马全红），排名不分先后。本书是东南大学全体化学系教师多年教学、教材改革与实践的经验总结，在此特别感谢邹宗柏、乔冠儒、孙岳明、刘松琴、王昶等为本书的编写提供的宝贵意见和建议。

本书由马全红定稿，并负责全书的策划、编排、审订及统稿工作。在编写过程中，得到了化学工业出版社的大力支持和帮助，在此谨向他们致以诚挚的谢意。

编写本书时我们也参考了国内外出版的一些教材、著作、期刊及互联网上的相关内容，并从中得到了启发和教益，在此对相关作者和出版社表示衷心的感谢。

限于编者的水平以及在时间上较为紧迫，书中难免有不妥之处，恳请同行和读者批评指正，以便在重印或再版时，得以更正。

编　者

2011 年 6 月

目　录

第 1 章　物质的结构与性质

1.1　原子的结构和元素周期律

在物质世界中，物质的种类繁多，性质各异。物质的物理性质和化学性质都取决于物质的组成和结构。为了掌握物质性质及其变化规律，人们早就开始探索物质的结构。长期的研究表明，原子是由带正电荷的原子核和带负电荷并在核外高速运动的电子所组成的。通常就化学反应而言，原子核并没有发生变化，它只涉及核外电子运动状态发生的改变。因此，要阐明化学反应的本质，了解物质的结构与性质的关系，预言新化合物的合成等等，就必须了解原子结构，特别是原子的电子层结构。电子属于微观粒子，微观粒子的运动规律不能用经典理论而只能用量子力学理论来描述。

本节着重介绍原子核外电子的运动规律及元素的性质随原子结构变化呈周期性变化的规律。

1.1.1　原子结构的近代概念

1.1.1.1　氢原子光谱

1900 年以前，物理学的发展处于经典物理学阶段，它由牛顿力学、麦克斯韦电磁场理论、吉布斯热力学和玻尔兹曼统计物理学等组成。这些理论构成一个相当完善的体系，当时常见的物理现象都可以由此得到说明。但是随着对客观世界研究的不断深入，人们发现了许多新的实验现象，例如黑体辐射、光电效应、原子光谱等等，这些都无法用经典物理学来解释。就原子光谱而言，经典物理学的局限性更加明显。

将太阳或白炽灯发出的光通过三棱镜折射后，可以得到红、橙、黄、绿、青、蓝、紫等波长连续变化的光谱，这种光谱叫**连续光谱**（continuous spectrum）。各种气态原子在高温火焰、电火花或电弧作用下也会发光，产生不连续的线状光谱，这种光谱称为**原子光谱**（atomic spectrum）。不同的原子都有各自不同的特征光谱。例如将氢气放入放电管，当通过高压电流时，氢分子离解为氢原子并激发而发光，光通过狭缝再由三棱镜分光后得到不连续的线状谱线，如图 1-1 所示。在可见光范围内，有五条比较明显的谱线，通常用 H_α、H_β、H_γ、H_δ、H_ε 表示，而在右侧红外区和左侧紫外区还有若干谱线。氢原子光谱是最简单的一种线状光谱。

1885 年瑞士物理学家巴尔麦（J. J. Balmer）指出这些谱线的波长服从式(1-1)（称为巴尔麦公式）：

$$\frac{1}{\lambda}=R_\infty\left(\frac{1}{2^2}-\frac{1}{n^2}\right) \qquad (1\text{-}1)$$

式中，R_∞ 为里德堡常数，其值为 1.097373×10^7/m；n 为大于 2 的正整数；λ 为谱线的波长。当 n 分别为 3、4、5、6、7 时，即分别得到 H_α、H_β、H_γ、H_δ、H_ε 谱线的波长。随后，在紫

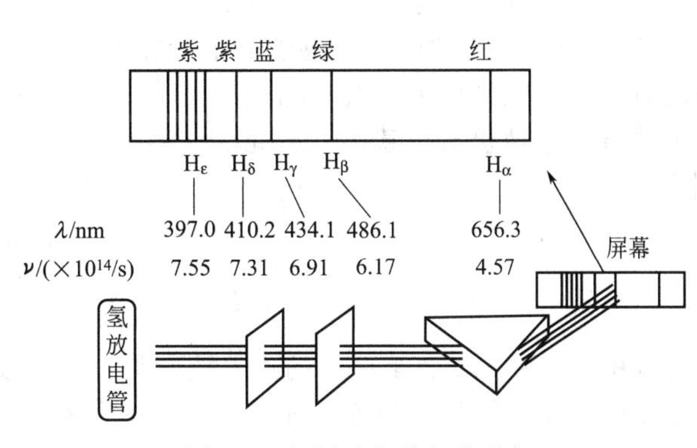

图 1-1　氢原子光谱实验示意

外区和红外区又发现了氢光谱的若干组谱线。1913 年瑞典物理学家里德堡（J. R. Rydberg）提出了适用于所有氢光谱的通式：

$$\frac{1}{\lambda}=R_{\infty}\left(\frac{1}{n_1^2}-\frac{1}{n_2^2}\right) \tag{1-2}$$

式中，n_1 和 n_2 为正整数，且 $n_2>n_1$，并指出巴尔麦公式只是其中 $n_1=2$ 的一个特例。

对于氢原子光谱为线状光谱的实验事实，经典的电磁学理论无法合理解释。根据经典的电磁理论，电子绕核高速运动时，应以电磁波的形式不断地辐射出能量，电子绕核运动过程中，应得到波长连续变化的带状光谱。并且电子的能量将不断减少，最后电子堕入原子核，原子湮灭，但事实上，原子稳定存在，而且原子光谱是线状光谱，这些都是经典物理学无法解释的。那么如何解释氢原子不连续的线状光谱的实验事实呢？

1.1.1.2 玻尔理论

氢原子光谱与经典物理学的尖锐矛盾，直到 1913 年丹麦物理学家玻尔（N. Bohr）提出了原子结构理论才得到解决。玻尔理论是在普朗克（M. Planck）的量子论和爱因斯坦（A. Einstein）的光子学说基础上建立的。1900 年，德国物理学家普朗克在研究黑体辐射问题时，提出了**量子化理论**（quantum theory）。他认为，物质吸收或发射能量是不连续的。也就是说，物质吸收和发射能量，就像物质微粒一样，只能以单个的、一定分量的能量，一份一份地或按照这一基本分量的倍数吸收或发射能量，即能量是量子化的。这个最小的基本量被称为**能量子**或**量子**（quantum）。1905 年，爱因斯坦引用普朗克的量子理论并加以推广，用于解释光电效应，提出了光子学说，当能量以光的形式传播时，其最小单位是**光量子**（简称**光子**，photon）。实验证明，光子的能量与光的频率成正比，即：

$$E=h\nu \tag{1-3}$$

式中，E 为光子的能量；ν 为频率；h 为普朗克常数（其数值为 $6.626\times10^{-34}\,\mathrm{J\cdot s}$）。能量及其他物理量的不连续性是微观世界的重要特征。

玻尔在氢和类氢原子（即只有一个电子的原子核如 He^{+}、Li^{2+}、Be^{3+} 等单电子离子）的光谱及普朗克量子论的基础上，提出了原子结构的几点假设。

① 原子中的电子不能沿着任意轨道绕核旋转，只能在符合一定条件的特定的（有确定的半径和能量）轨道上旋转，电子在这些轨道运动的角动量：

$$L=mvr=n\frac{h}{2\pi} \tag{1-4}$$

式中，L 为角动量；m 和 v 分别为电子的质量和速度；r 为轨道半径；h 为普朗克常数；n 为量子数（其值可取 1，2，3 等正整数）。

电子在这些符合量子化条件的轨道上旋转时，处于稳定状态，既不吸收能量也不放出能量。这些轨道称为**定态轨道**（stationary orbit）。

② 氢原子具有的能量取决于电子所在的轨道，轨道距离原子核越远则能量越大。各轨道均有一定的能量称为**能级**（energy level）。原子在稳定状态时，电子尽可能地处于能量最低的轨道，这种状态叫**基态**（ground state）。玻尔推导出轨道半径（r_n）和能量（E_n）分别为：

$$r_n=52.9\,n^2\,\mathrm{pm} \tag{1-5}$$

$$E_n=-\frac{2.179\times10^{-18}}{n^2}\,\mathrm{J} \tag{1-6}$$

式中，n 为 1,2,3,4，… 的正整数，负号表示核对电子的吸引（玻尔模型中把完全脱离原子核的电子的能量定为零，即 $E=0$）。电子在轨道上运动时其能量是量子化的。当 $n=1$ 时，轨道离核最近，能量最低，此时的状态称为氢原子的基态。其余为**激发态**（excited state)。

③ 只有当电子在不同轨道之间跃迁时，才有能量的吸收或放出。当电子从能量较高（E_2）的轨道跃迁到能量较低（E_1）的轨道时，能量差以光辐射的形式发射出来。

$$\Delta E = E_2 - E_1 = h\nu = \frac{hc}{\lambda} \tag{1-7}$$

式中，h 为普朗克常数；ν 是辐射光的频率；c 为光速。

当电子由高能量轨道跃迁至低能量轨道时，根据式(1-7）和式(1-6）可得氢原子辐射光的频率 ν 为：

$\nu = \frac{E_2 - E_1}{h}$，即：

$$\nu = \frac{\Delta E}{h} = \frac{\left(\frac{-2.179\times10^{-18}}{n_2^2}\right) - \left(\frac{-2.179\times10^{-18}}{n_1^2}\right)}{h} = \frac{2.179\times10^{-18}}{6.626\times10^{-34}}\left(\frac{1}{n_1^2} - \frac{1}{n_2^2}\right)$$

$$= 3.289\times10^{15}\times\left(\frac{1}{n_1^2} - \frac{1}{n_2^2}\right) = R\left(\frac{1}{n_1^2} - \frac{1}{n_2^2}\right)$$

由此可见，由玻尔理论推导得到的辐射光频率公式与式(1-2）是非常一致的，这说明玻尔理论能够很好地解释里德堡关于氢原子光谱的经验公式，解释了谱线波长的内在规律。

玻尔理论成功地解释了氢光谱的形成和规律性，玻尔因此获得 1922 年诺贝尔物理学奖。利用玻尔理论还可以解释类氢原子（He^+、Li^{2+}、Be^{3+} 等）的光谱，其成功之处在于他大胆提出了绕核运动的电子的能量是量子化的。但玻尔理论不能解释多电子原子光谱，也不能说明在磁场作用下氢原子光谱的精细结构（在精密分光棱镜下观测氢原子光谱，发现每条谱线是由若干条很靠近的谱线组成）。玻尔理论虽然引用了量子化概念，但它的电子绕核运动的固有轨道的观点不符合微观粒子运动的特殊性，电子的运动并不遵守经典物理学的力学定律，而是具有微观粒子所特有的规律性——**波粒二象性**（wave-particle duality）。

1.1.1.3　微观粒子的波粒二象性

1924 年法国年轻的物理学家德布罗依（L. V. De Broglie）在光的波粒二象性的启发下，大胆假设微观粒子的波粒二象性是具有普遍意义的一种现象。他认为一切实物微粒（如分子、原子、电子、质子、中子等）都具有波粒二象性，并预言质量为 m、速率为 v 的电子波长为：

$$\lambda = \frac{h}{p} = \frac{h}{mv} \tag{1-8}$$

此式为德布罗依关系式。式中，λ 表示电子具有波动性的波长；mv 表示粒子性的动量，其波粒二象性是通过普朗克常数联系起来的。

这个关系式正确与否，能否成立，关键的问题是需要有实验证实。1927 年，戴维逊（C. J. Davisson）和革末（L. H. Germer）用单晶体电子衍射实验，观察到完全类似于 X 射线衍射的结果。汤姆森（G. P. Thomson）用多晶金属箔进行电子衍射实验，得到和 X 射线多晶衍射相同的结果，证实电子运动具有波动性，验证了德布罗依的假设。此后，人们相继采用中子和质子流等粒子流，也同样观察到衍射现象，充分证明了实物微粒具有波动性，而不限于电子。电子显微分析以及用电子衍射和中子衍射测定分子结构都是实物微粒波动性的应用。由上可见，一切微观体系都是粒子性和波动性的对立统一体。$p=h/\lambda$ 揭示了波动性和粒子性的内在联系，等式左边体现粒子性，右边体现波动性，它们彼此联系。微观体系的这种波粒二象性是它们运动的本质特性。

电子等实物微粒具有波动性，那么实物微粒波究竟是一种怎样的波呢?

电子衍射实验表明，用较强的电子流可以在短时间内得到电子衍射照片；但用很弱的电子流，让电子先后一个一个地到达底片，只要时间足够长，也能得到同样的衍射图形。当用极弱电子流进行衍射实验时，电子是逐个通过晶体的，在屏幕上只能观察到一些分立的点，这些点的位置是随机的。经过足够长时间，有大量的电子通过晶体后，在屏幕上就可以观察到明暗相间的衍射环纹。由此可见，实物粒子的波动性是大量粒子统计行为形成的结果，它服从统计规律。在屏幕衍射强度大的地方（明条纹处），波的强度大，电子在该处出现的机会多或概率高；衍射强度小的地方（暗条纹处），波的强度小，电子在该处出现的机会少或概率低。电子在空间出现的概率可以由衍射波的强度反映出来。从这个意义上讲，电子波又称为**概率波**（probability wave）。电子在原子核外空间某处单位体积内出现的概率，称为**概率密度**（probability density）。

由此可见，实物微粒波的物理意义与机械波和电磁波等不同，机械波是介质质点的振动，电磁波是电场和磁场的振动在空间传播的波，而实物粒子的波动性实际上是统计规律上呈现的波动性。

同时，我们对实物微粒的粒子性的理解也应和经典力学的概念有所不同。在经典力学中，一个粒子在任一瞬间的位置和动量是可以同时准确测定的。一束电子在同样条件下通过晶体，每个电子都应到达底片上同一点，观察不到衍射现象。事实上，电子通过晶体时并不遵循经典力学，它有波动性，每次到达的地方无法准确预测。要正确理解实物微粒的波粒二象性，必须摆脱波和粒子的经典概念的束缚，用量子力学的概念去理解。在 1925～1927 年间，测不准关系和薛定谔方程的提出，标志着量子力学的诞生。

1.1.1.4 不确定原理

1927 年德国物理学家海森堡（W. Heisenberg）经过严格的推导，从理论上证明对于具有波粒二象性的微观粒子，要同时准确确定运动微粒的位置和动量是不可能的。如果微粒的运动位置确定得越准确，其相应的速度（或动量）越不准确，反之亦然。这就是著名的海森堡**不确定原理**（uncertainty principle），又叫测不准原理，其数学关系式为：

$$\Delta x \cdot \Delta p_x \approx h \tag{1-9}$$

式中，Δx 为粒子在 x 方向上位置的不确定度；Δp_x 为粒子在 x 方向上动量的不确定度。必须指出，不确定原理并不意味着微观粒子的运动是不可认识的。实际上，不确定原理是对微观粒子运动规律认识的深化。不确定原理不是限定人们认识的限度，而是限定经典力学适用的范围。具有波粒二象性的微观粒子，它没有运动轨道，而要求人们建立起能反映微观粒子特有的规律去加以研究，这就是量子力学的任务。

1.1.1.5 薛定谔方程

1926 年奥地利物理学家薛定谔（E. Schrödinger）根据波粒二象性的概念，运用德布罗依关系式，联系电磁波的波动方程，提出了描述微观粒子运动规律的波动方程——薛定谔方程，这是一个二阶偏微分方程：

$$\frac{\partial^2 \psi}{\partial x^2}+\frac{\partial^2 \psi}{\partial y^2}+\frac{\partial^2 \psi}{\partial z^2}+\frac{8\pi^2 m}{h^2}(E-V)\psi=0 \tag{1-10}$$

式中，m 是微粒的质量；E 和 V 是系统的总能量和电子的势能；ψ 是空间坐标 x、y、z 的函数，叫**波函数**（wave function），是描述原子核外电子运动状态的数学函数式。求解薛定谔方程就是解出其中的波函数 ψ 和与之对应的能量 E，以了解电子运动的状态和能量的高低。由于具体求解薛定谔方程的过程涉及较深的数理知识，超出了本课程的要求，在本书不做详细的介绍，只是定性地介绍用量子力学讨论原子结构的思路。解一个体系的薛定谔方程，一般可以同时得到一系列的波函数 ψ_1、ψ_2、ψ_3、…、ψ_i、…和相应的一系列能量值 E_1、E_2、E_3、…、E_i、…。方程式的每一个合理的解 ψ_i 就代表体系中电子的一种可能的运动状态。由此可见，在量子力学中是用波函数和与其对应的能量来描述微观粒子运动状态的。

1.1.2　单电子原子的波函数

1.1.2.1　单电子原子的波函数

薛定谔方程是一个二阶偏微分方程：

$$\frac{\partial^2\psi}{\partial x^2}+\frac{\partial^2\psi}{\partial y^2}+\frac{\partial^2\psi}{\partial z^2}+\frac{8\pi^2 m}{h^2}(E-V)\psi=0$$

当将这个方程用于某系统时，求解这个方程，就能把系统的波函数 ψ 和系统的能量 E 求出来。例如，用于单电子原子时，势能 V 就具体化了。所谓单电子原子，是指核电荷数为 Z、核外只有一个电子的原子，如 H 原子（$Z=1$）和 He^+、Li^{2+}、Be^{3+} 等类氢原子。若把原子的质量中心放在坐标原点上，电子离核的距离为 r，电子的电荷为 $-e$，它们的静电作用势能 V 为：

$$V=-\frac{Ze^2}{4\pi\varepsilon_0 r} \tag{1-11}$$

式中，Z 为核电荷数；ε_0 为真空电容率。将该势能算符代入式(1-10)，得到单电子原子的薛定谔方程：

$$\frac{\partial^2\psi}{\partial x^2}+\frac{\partial^2\psi}{\partial y^2}+\frac{\partial^2\psi}{\partial z^2}+\frac{8\pi^2 m}{h^2}\left(E-\frac{Ze^2}{4\pi\varepsilon_0 r}\right)\psi=0 \tag{1-12}$$

求解此微分方程，即可求得类氢原子所允许状态的波函数 ψ，并能求出各 ψ 所对应的能量，这就是不同状态的能级。

1.1.2.2　单电子原子波函数的解

从单电子原子的薛定谔方程式求解波函数的数学处理过程较繁，需要一些解特殊微分方程的数学知识。限于本书是初级课程，故略去求解过程的数学处理，只给出结果。为了便于数学运算，常将直角坐标变换成球坐标（r，θ，ϕ），直角坐标和球坐标之间的关系如图 1-2 所示。薛定谔方程有许许多多的解，为了使所求的解符合电子在核外运动的特征，必须引入三个合理的参数，并用 n、l、m 表示，这三个参数的取值必须符合量子化的条件，故称为**量子数**（quantum number）。这样得到的 ψ 是包含三个常数项（n，l，m）和三个变量（r，θ，ϕ）的函数式，其通式为：

$$\psi_{n,l,m}(r,\theta,\phi)=R_{n,l}(r)Y_{l,m}(\theta,\phi) \tag{1-13}$$

式中，$R_{n,l}(r)$ 为径向波函数，含有 n 和 l 两个量子数，只随电子离核的距离 r 而变化，称为原子轨道的径向部分；$Y_{l,m}$（θ，ϕ）为角度波函数，含有 l 和 m 两个量子数，随 θ 和 ϕ 变化，称为原子轨道的角度部分。当 n、l、m 的数值一定，就有一个波函数的具体表达式，波函数表达式的具体形式见表 1-1 所列。

对于类氢原子，电子的能量只与主量子数 n 有关，这是因为类氢原子势能只与 r 有关。主量子数 n 只能取正整数。除主量子数之外，还有两个量子数，一个是角量子数 l，另一个是磁量子数 m，这两个量子数与角动量的量子化有关。l 的取值范围从 0 到（$n-1$）的正整数，一般把与 $l=0,1,2,3$，…对应的波函数称为 s，p，d，f，…态，或 s，p，d，f，…轨道。磁量子数 m 为从 $-l$ 到 $+l$ 之间的整数。

量子力学中，把三个量子数都有确定值的波函数称为一条“原子轨道”。但应当注意，这不过是个沿袭的术语，“轨道”的涵义已不再是玻尔理论所说的那种固定半径的圆形轨迹。这里“轨道”只是波函数的一个代名词，代表电子的一种空间运动状态。

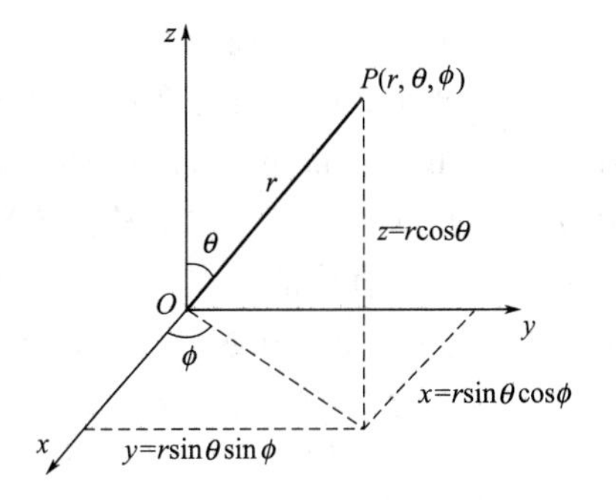

图 1-2　直角坐标和球坐标关系

表 1-1 氢原子的一些波函数和能量（$a_0=52.9\text{pm}$）

n l m	$\psi_{n,l,m}(r,\theta,\phi)$	能量/J
1 0 0	$\sqrt{\frac{1}{\pi a_0^3}}e^{-r/a_0}$	-2.179×10^{-18}
2 0 0	$\frac{1}{4}\sqrt{\frac{1}{2\pi a_0^3}}\left(2-\frac{r}{a_0}\right)e^{-r/2a_0}$	-5.447×10^{-19}
2 1 0	$\frac{1}{4}\sqrt{\frac{1}{2\pi a_0^3}}\left(\frac{r}{a_0}\right)e^{-r/2a_0}\cos\theta$	
2 1 +1	$\frac{1}{4}\sqrt{\frac{1}{2\pi a_0^3}}\left(\frac{r}{a_0}\right)e^{-\frac{r}{2a_0}}\sin\theta\cos\phi$	
2 1 −1	$\frac{1}{4}\sqrt{\frac{1}{2\pi a_0^3}}\left(\frac{r}{a_0}\right)e^{-\frac{r}{2a_0}}\sin\theta\sin\phi$	

1.1.2.3 氢原子波函数和电子云图像

波函数 ψ 是描述原子核外电子运动状态的数学函数式，虽然我们形象地称其为“原子轨道”，但波函数 ψ 本身没有具体的物理意义。而波函数绝对值的平方 $|\psi|^2$ 却有明确的物理意义。$|\psi|^2$ 代表在单位体积内电子出现的概率，即**概率密度**（probability density）。概率和概率密度的关系为：

$$\rho = \text{概率密度}\times\text{体积} = |\psi|^2 d\tau \tag{1-14}$$

式中，$d\tau$ 代表体积元，即微小体积。

为了形象地表示核外电子运动的概率密度分布情况，化学上常用小黑点分布的疏密表示电子出现概率密度的相对大小。小黑点较密集的地方表示概率密度较大，单位体积内电子出现的机会多。这种描述电子在核外出现概率密度大小的图像称为**电子云**（electron cloud），如图 1-3 所示。电子在核附近出现的概率密度最大，且概率密度随 r 的增加而减小。

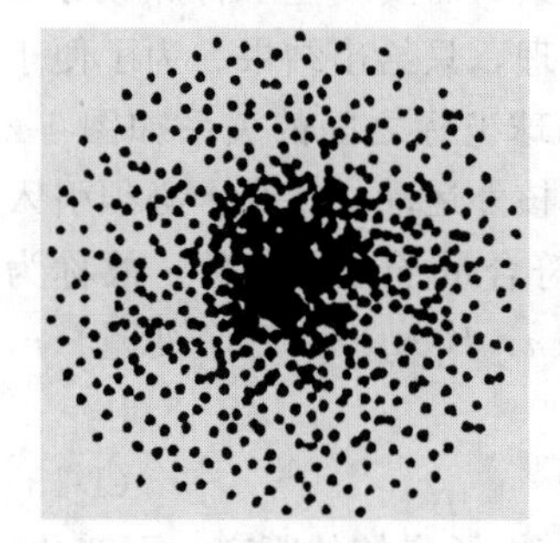

图 1-3 电子云

在处理化学问题时，用一个很复杂的函数式来表示原子轨道是很不方便的，因此，希望把它的图像画出来，由图像直观地解决化学问题。波函数 ψ 是球坐标（r，θ，ϕ）的函数，波函数图像是 ψ 随 r，θ，ϕ 变化的图像；电子云图像是 $|\psi|^2$ 随 r，θ，ϕ 变化的图像。由于共有四个变量，很难在平面上用适当的图像将 ψ 或 $|\psi|^2$ 随 r，θ，ϕ 变化的情况表示清楚。

由于氢原子的波函数可以分离为径向部分和角度部分的乘积：

$$\psi_{n,l,m}(r,\theta,\phi)=R_{n,l}(r)Y_{l,m}(\theta,\phi)$$

因此可分别画出 $R_{n,l}(r)$ 随 r 变化和 $Y_{l,m}(\theta,\phi)$ 随 θ，ϕ 变化的图像。有关波函数和电子云的图像多种多样，下面只介绍其中比较重要的三种。

（1）波函数的角度分布图　波函数角度分布图又称**原子轨道角度分布图**（angular distribution diagrams of atomic orbitals），它是表示 $Y_{l,m}(\theta,\phi)$ 随 θ，ϕ 变化的图像。这种图的作法是：从坐标原点（原子核位置）出发，引出不同 θ，ϕ 角度的直线，使其长度等于 Y 的绝对值，这些直线的端点在空间构成一个曲面，就得到原子轨道的角度分布图。因 $Y_{l,m}(\theta,\phi)$ 只与角量子数 l 和磁量子数 m 有关，故不同的 l、m 数值，其 Y 值不同，但与主量子数 n 无关，即不论 2p 或 3p，其 Y 数值相同。所以只要 l，m 相同，它们的原子轨道角度分布图是相同的，故可称为 s、p、d 原子轨道的角度分布图（图 1-4）。原子轨道角度分布图中的“+”、“−”不是表示正、负电荷，而是表示函数 $Y_{l,m}(\theta,\phi)$ 在这个区域中的取值是正值还是负值。它们代表角度函数的对称性：符号相同，表示对称性相同；符号相反，表示对称性不同或反对称。这些正、负号以及 Y 的极大值空间取向将对原子之间能否成键以及成键的方向起着重要作用。从图 1-4 可以看出：p_x，p_y，p_z 轨道的角度分布图相似，只是对称轴分别为 x，y，z；d 轨道除 d_{z^2} 的角度分布图不同外，其余四种图形相似，而伸展方向不同。

（2）电子云的角度分布图　**电子云角度分布图**（angular distribution diagrams of electron cloud）是表示 $Y_{l,m}^2$（θ，ϕ）随 θ，ϕ 变化的图像。作图法与波函数角度分布图类似，不同的是以 $Y_{l,m}^2$（θ，ϕ）代替 $Y_{l,m}$（θ，ϕ）。图 1-5 给出一些轨道的电子云角度分布图。该图表示曲面上任一点到原点的距离代表这个角度（θ，ϕ）方向上电子出现的概率密度的相对大小。电子云角度分布图和相应的原子轨道角度分布图是相似的，但有两点区别。

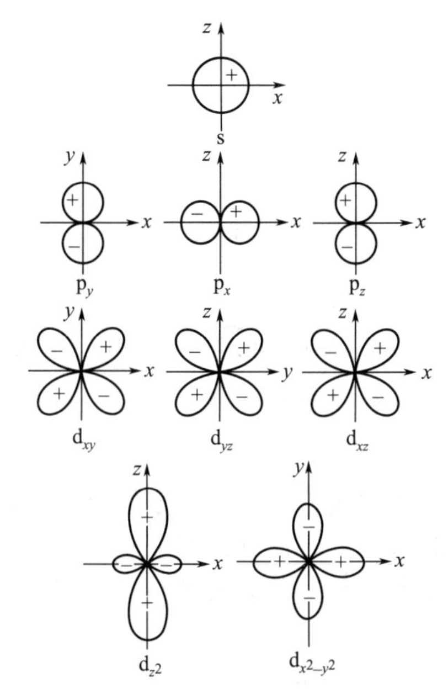

图 1-4　s、p、d 原子轨道的角度分布

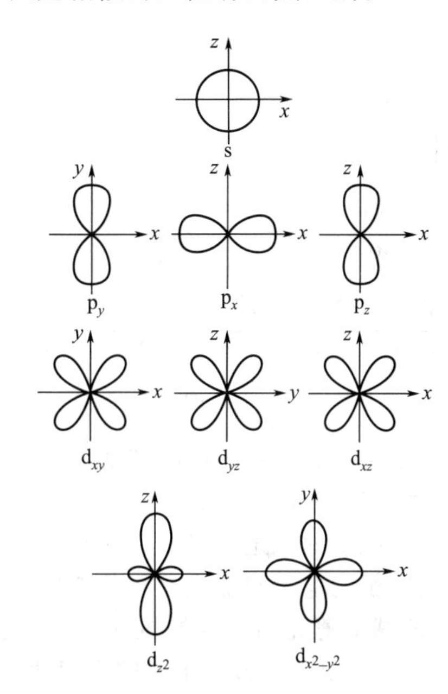

图 1-5　s、p、d 电子云的角度分布

① 原子轨道角度分布图中 Y 有正负号之分，而电子云角度分布图都是正值，因为 Y 值平方后总是正值。

② 电子云角度分布图比原子轨道角度分布图要"瘦"一些，这是因为 Y 值小于 1，Y^2 值将变得更小。

（3）电子云径向分布图　$R_{n,l}(r)$ 值只与 r 有关，故分别以 $R_{n,l}(r)$，$R_{n,l}^2(r)$ 或 $r^2R_{n,l}^2(r)$ 对 r 作图，都能表示不同 r 时，电子运动状态径向部分的分布情况，下面以最简单的 s 轨道 $r^2R_{n,l}^2(r)$ 对 r 作图为例予以说明。

考虑一个离核距离为 r、厚度为 dr 的薄球壳（图 1-6），其体积为：

$$d\tau=4\pi r^2 dr \tag{1-15}$$

根据式(1-14)，电子在薄球壳内出现的概率为：

$$\rho=|\psi|^2 d\tau=|\psi|^2 4\pi r^2 dr=R_{n,l}^2(r)4\pi r^2 dr \tag{1-16}$$

式中的 R 为波函数的径向部分。令：

$$D(r)=R^2(r)4\pi r^2 \tag{1-17}$$

$D(r)$ 称为**径向分布函数**（radial distribution function）。如以 r 为横坐标、$D(r)$ 为纵坐标作图，可以得到电子云的径向分布图，图 1-7 是氢原子电子云的径向分布。

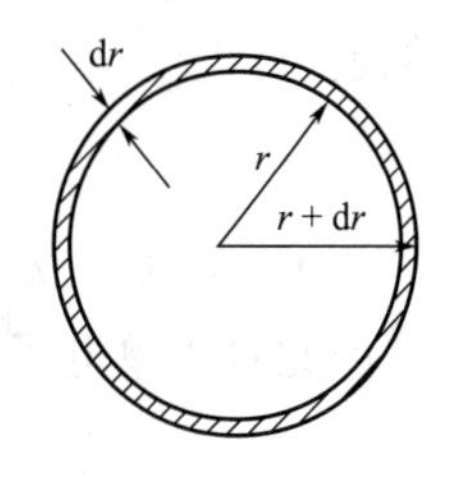

图 1-6　薄球壳的剖面

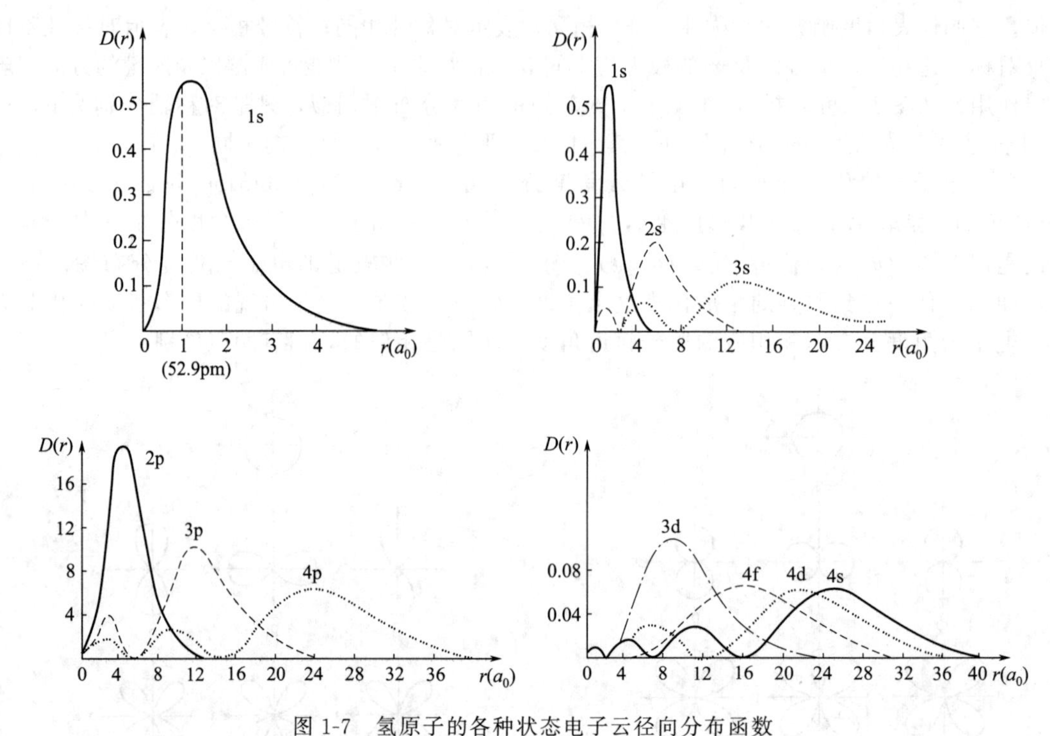

图 1-7 氢原子的各种状态电子云径向分布函数

从图 1-7 可得到如下几点信息。

① 对于 1s 轨道，电子云径向分布图在 $r=52.9\text{pm}$ 处出现峰值，这个数值恰恰是玻尔理论中基态氢原子的轨道半径。两理论在这一点上虽有相似之处，但它们有本质区别。玻尔理论认为氢原子的电子只能在半径为 52.9pm 的圆形轨道上运动，而此处表达的是电子在 $r=52.9\text{pm}$ 的球形薄壳内出现的概率最大而已。

② 电子云径向分布图中峰的数目为（$n-l$）。如 2s 电子，$n=2$，$l=0$，$n-l=2$，有 2 个峰值；3d 电子，$n=3$，$l=2$，$n-l=1$，有 1 个峰值。

③ l 相同，n 增大时，径向分布的主峰（最高峰）离核越远；n 相同，l 不同时，电子离核的平均距离相近。

需要指出的是，上述电子云的角度分布图和径向分布图只是反映电子云的两个侧面，只有把两者综合起来才能得到完整的电子云的空间分布图。

1.1.2.4 四个量子数

（1）主量子数（n） **主量子数 n**（principal quantum number）决定电子出现最大概率区域离核的远近及能量的高低。n 的取值是 1，2，3…等正整数。从径向分布图可见，主量子数不同的 s 态电子，如 1s，2s，3s，…的径向分布主峰随主量子数增加而离核越远。凡 n 相同的电子称为同层电子，光谱学上分别用符号 K，L，M，N，O，P，…来代表 $n=1,2,3,4,5,6$，…电子层。n 值越大，电子的主要活动区域离核的平均距离越远，能量越高。电子的能量为：

$$E_n=-\frac{Z^2}{n^2}\times 2.179\times 10^{-18}\,\text{J} \tag{1-18}$$

式中，n 为主量子数；Z 为核电荷数。

因此对于单电子原子体系（氢原子或类氢原子）来说，电子的能量如下：

$$E_n=\frac{-2.179\times 10^{-18}}{n^2}\,\text{J}$$

此式即为式(1-6)。可知，单电子原子中各电子层的能量完全由主量子数 n 决定，所以 n 相同的单电子原子轨道能量相同，如氢原子和类氢原子。

(2) 角量子数 (l)　**角量子数 l** (angular momentum quantum number) 决定电子角动量的大小，它规定了电子在空间角度分布情况，与电子云形状密切相关。在多电子原子中与主量子数共同决定电子能量的高低。l 的取值为：0,1,2,3, …, ($n-1$) 等正整数。当 n 值确定后，l 共有 n 个值，其相应的光谱学符号为：

角量子数 l	0	1	2	3	4…
光谱符号	s	p	d	f	g…

通常将主量子数 n 相同的电子归为一层，同一层中 l 相同的电子归为同一"亚层"。若 $n=3$，表示第三电子层，l 值可有 0，1，2 共三个值，即 3s，3p，3d 三个亚层，相应的电子分别称为 3s，3p，3d 电子。$l=0$，即 s 原子轨道，形状为球形对称；$l=1$，即 p 原子轨道，形状为哑铃形；$l=2$，即 d 原子轨道，形状为花瓣形。对于多电子原子来说，这三个亚层能量为 $E_{3s}<E_{3p}<E_{3d}$，即 n 值相同时，l 值越大亚层能量越高。

(3) 磁量子数 (m)　**磁量子数 m** (magnetic quantum number) 决定系统角动量在磁场方向的分量。每种磁量子数表示电子云在空间的一种伸展方向。m 的允许取值由 l 决定，$m=0$，±1，±2，…，$\pm l$，共 $2l+1$ 个值，这些取值意味着"亚层"中的电子有 $2l+1$ 个取向。每一个取向相当于一个轨道。l 值相同的同一亚层，原子轨道形状基本相同，当磁量子数 m 不同时，原子轨道在空间伸展的方向不同，从而得到几个空间取向不同的原子轨道。这些 l 值相同、m 值不同的原子轨道是能量相等轨道，称为**简并（或等价）轨道** (degenerate orbitals)。如 $l=0$，$m=0$，表示 s 亚层只有一种空间伸展方向，故只有 1 条原子轨道；$l=1$，$m=0$，±1，表示 p 亚层在空间有三种取向，有三条轨道，即 p_x，p_y，p_z；$l=2$，$m=0$，±1，±2，表示 d 亚层在空间有五种取向，有五条轨道，即 d_{xy}，d_{xz}，d_{yz}，d_{z^2}，$d_{x^2-y^2}$。

(4) 自旋量子数 (m_s)　以上三个量子数是由氢原子波动方程解出，与实验相符合。当用分辨率很高的光谱仪观察氢原子光谱时，发现在无外磁场作用时，原先的每条谱线又分裂为两条靠得很近的谱线。这种谱线的精细结构用 n，l，m 三个量子数无法解释，1925 年人们为了解释此现象，提出了电子有自旋运动的假设，引出了第四个量子数，称**自旋量子数** (spin quantum number)，用 m_s 表示。m_s 取值为 $+1/2$ 和 $-1/2$，用以表示两种不同的自旋状态，通常用正、反箭头（↑和↓）表示。就其物理意义而言，可将自旋量子数理解为电子自旋的两个不同方向。考虑自旋后由于自旋磁矩和轨道磁矩相互作用分裂成两个相隔很近的能级，因此每条谱线又分裂为两条靠得很近的谱线。

综上所述，原子中每一个电子的运动状态可以用四个量子数 n，l，m，m_s 来描述，主量子数 n 决定电子的能量和电子离核的远近；角量子数 l 决定轨道的形状，在多电子原子中也影响电子的能量；磁量子数 m 决定磁场中轨道在空间的伸展方向不同时，电子运动的角动量分量的大小；自旋量子数 m_s 决定电子自旋的方向。

用量子力学方法描述核外电子运动状态，归纳为以下几点。

① 电子在原子中运动服从薛定谔方程，没有确定的运动轨道，但有与波函数对应的、确定的空间概率分布。

② 电子的概率分布状态与确定的能量相联系。在氢原子中能量只与主量子数 n 有关，在多电子原子中还与角量子数 l 有关。

③ 量子数规定了原子中电子的运动状态。4 个量子数的取值规定为：$n=1,2,3$，…；$l=0,1,2,3$，…，($n-1$)；$m=0$，±1，±2…$\pm l$；$m_s=+1/2$ 或 $-1/2$。对于每个 n，有 0 至 ($n-1$) 个不同的 l，对于每个 l，可有 ($2l+1$) 个不同的 m。所以对于每个 n，共有 n^2

个轨道。同一条原子轨道只能容纳两个自旋方向相反的电子，所以各电子层所容纳电子数最多为 $2n^2$。

1.1.3 多电子原子结构

氢原子和类氢原子的核外只有一个电子，该电子仅受到核的作用。它们的波动方程可以精确求解。但是对于多电子原子来说，对于某一指定的电子而言，其不仅受到原子核的吸引，而且还受到其他电子的排斥作用。多个电子之间的相互排斥作用是很复杂的，以至于多电子原子的薛定谔方程无法精确求解，只能作近似处理，得到波函数和能级。波函数的角度部分和单电子原子大致相同，而径向部分和单电子原子不同。对多电子原子需要知道核外原子轨道的能级次序，然后才能进一步讨论核外电子的排布问题。

美国著名的化学家鲍林（L. Pauling）根据大量光谱实验数据以及某些近似理论计算，得到如图 1-8 所示的多电子原子的原子轨道近似能级。

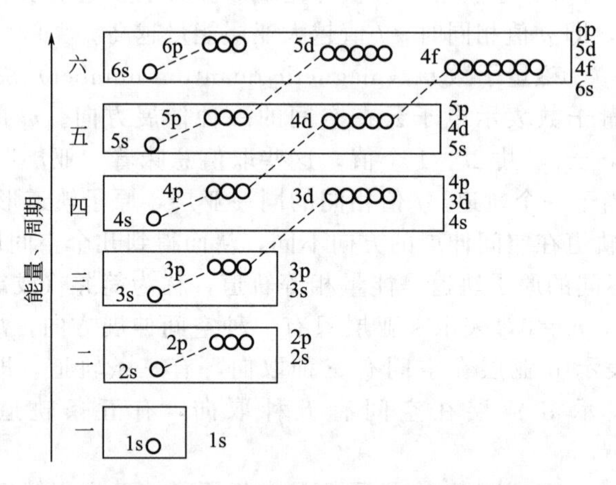

图 1-8 多电子原子的原子轨道近似能级

图 1-8 中圆圈表示原子轨道，按它们能量高低顺序排列。图中每一个方框中的几个轨道能量相近，称为一个能级组；虚线相连的轨道是氢原子中的简并轨道。每一个小圆圈代表一个原子轨道。如 s 只有一个原子轨道。p 亚层中有 3 个简并轨道，同样 d 亚层有 5 个简并轨道，f 亚层有 7 个简并轨道。

角量子数 l 相同的能级其能量由主量子数 n 决定，如 s 和 p 能级的能量顺序是 $E_{1s}<E_{2s}<E_{3s}<E_{4s}$，$E_{2p}<E_{3p}<E_{4p}<\cdots$；主量子数 n 相同角量子数 l 不同的能级，能量随 l 的增大而升高，如 $E_{ns}<E_{np}<E_{nd}<E_{nf}$，此现象称为**能级分裂**（energy level splitting）；当主量子数 n 和角量子数 l 均不同时，还会出现**能级交错现象**（energy level interleaving），例如 $E_{4s}<E_{3d}<E_{4p}<\cdots$。

必须指出鲍林“能级图”仅仅反应了多电子原子中原子轨道能量的近似高低，它不可能完全反映出每种元素原子的原子轨道能级的相对高低，例如氢原子与其他原子的能级高低有明显区别。电子在某一轨道的能量，实际上与核电荷数有关。核电荷数越多，对电子的吸引力越大，电子离核越近的结果使其所在轨道能量降得越低，这时轨道能级之间的相对高低情况，与鲍林近似能级图有所不同。

1.1.3.1 屏蔽效应和钻穿效应

（1）屏蔽效应　对多电子原子，必须考虑电子之间的相互作用。在多电子原子中，每个电子除了受到原子核（Z）的吸引外，同时还受到其他（$Z-1$）个电子的排斥。其他电子对此电子的排斥作用，可以近似看成其他电子部分削弱了或抵消了原子核对该电子的吸引力，这时该电子受有效核电荷 Z^* 的吸引力小于 Z。

$$Z^* = Z - \sigma \tag{1-19}$$

式中，Z 为核电荷；σ 为屏蔽常数。这种由核外电子云抵消部分核电荷的作用即称为**屏蔽效应**（shielding effect）。计算多电子原子能级公式修正为：

$$E_n = -2.179 \times 10^{-18} \left(\frac{Z-\sigma}{n}\right)^2 \tag{1-20}$$

屏蔽常数 σ 不仅与 n 有关，也与 l 有关。σ 是其他所有电子对指定电子屏蔽作用的总和。σ 值越大，表示屏蔽效应越大，则指定电子受到的有效核电荷越小，电子的能量增高。对于某一电子来说，σ 的数值与其余电子的多少以及这些电子所处的轨道有关，也同该电子本身所在的轨道有关。一般来讲，内层电子对外层电子的屏蔽作用较大，同层电子间屏蔽作用较小，而外层电子对内层电子的屏蔽作用不必考虑。

（2）钻穿效应　**钻穿效应**（penetration effect）主要是指由于电子云径向分布不同，外层电子穿过内层钻到原子核附近回避其他电子屏蔽的能力不同从而使其能量不同的现象。钻穿效应主要表现在穿入内层的小峰上，峰的数目越多，钻穿效应越大。如果钻穿效应大，电子云深入内层，内层对它的屏蔽效应小，即 σ 变小，Z^* 变大，能量降低。

由此可见钻穿与屏蔽是相互联系的，屏蔽效应主要考虑被屏蔽电子所受的屏蔽作用，而钻穿效应主要考虑被屏蔽电子回避其余电子对它的屏蔽影响，这些效应必然影响到核外电子的排布次序。n 值相同，l 值不同的各个电子，钻穿回避内层电子的能力一般是：$n\mathrm{s} > n\mathrm{p} > n\mathrm{d} > n\mathrm{f}$，因此 $E_{n\mathrm{s}} < E_{n\mathrm{p}} < E_{n\mathrm{d}} < E_{n\mathrm{f}}$。

当 n 和 l 都不同时，例如 3d 和 4s 能级高低问题，可以从相应的电子云的径向分布图来讨论。比较图 1-9 中 3d 和 4s 电子云的径向分布图。虽然 4s 的最大峰比 3d 离核远得多，但由于它有小峰钻到比 3d 离核更近的地方，因而更好地回避其他电子的屏蔽，所以 $E_{4\mathrm{s}} < E_{3\mathrm{d}}$。用类似的解释可以很好说明其他能级的交错现象。

除了上述影响电子在核外排布的因素外，下面讨论它必须遵循的其他一些基本原则。

1.1.3.2　核外电子排布

根据光谱实验和量子力学理论，以及对元素周期律的分析、归纳，原子核外电子排布基本上遵循以下三个原则。

（1）能量最低原理　多电子原子处于基态时，核外电子总是尽可能占有能量最低的轨道。

（2）泡利不相容原理　泡利（W. Pauli）提出：在同一原子中不可能有四个量子数完全相同的两个电子。因此每一轨道中最多只能容纳两个自旋方向相反的电子。

（3）洪特规则　洪特（F. Hund）根据大量的光谱实验数据总结出："在简并轨道上排布电子时，总是尽可能先占据不同的轨道，而且自旋平行。这样的排布才能使原子能量最低"。另外，作为洪特规则的特例，简并轨道处于全充满（p^6、d^{10}、f^{14}）或半充满（p^3、d^5、f^7）或全空（p^0、d^0、f^0）的状态时，能量较低，一般比较稳定。

根据鲍林的近似能级顺序和上述三个原则，将电子依次填入到各原子的原子轨道中，即可得到各个原子的基态电子构型。1～109 种元素基态原子中电子的排布情况见表 1-2 所列。

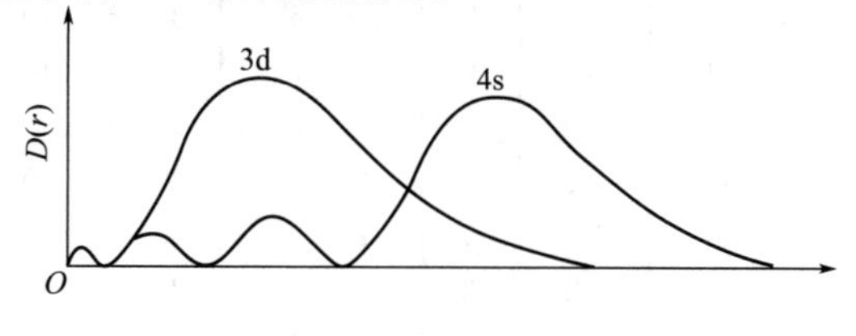

图 1-9　4s 和 3d 电子云的径向分布

表 1-2　基态原子的电子层结构

周期	原子序数	元素符号	电子层																	
			K	L		M			N				O				P			Q
			1s	2s	2p	3s	3p	3d	4s	4p	4d	4f	5s	5p	5d	5f	6s	6p	6d	7s
1	1	H	1																	
	2	He	2																	
2	3	Li	2	1																
	4	Be	2	2																
	5	B	2	2	1															
	6	C	2	2	2															
	7	N	2	2	3															
	8	O	2	2	4															
	9	F	2	2	5															
	10	Ne	2	2	6															
3	11	Na	2	2	6	1														
	12	Mg	2	2	6	2														
	13	Al	2	2	6	2	1													
	14	Si	2	2	6	2	2													
	15	P	2	2	6	2	3													
	16	S	2	2	6	2	4													
	17	Cl	2	2	6	2	5													
	18	Ar	2	2	6	2	6													
4	19	K	2	2	6	2	6		1											
	20	Ca	2	2	6	2	6		2											
	21	Sc	2	2	6	2	6	1	2											
	22	Ti	2	2	6	2	6	2	2											
	23	V	2	2	6	2	6	3	2											
	24	Cr	2	2	6	2	6	5	1											
	25	Mn	2	2	6	2	6	5	2											
	26	Fe	2	2	6	2	6	6	2											
	27	Co	2	2	6	2	6	7	2											
	28	Ni	2	2	6	2	6	8	2											
	29	Cu	2	2	6	2	6	10	1											
	30	Zn	2	2	6	2	6	10	2											
	31	Ga	2	2	6	2	6	10	2	1										
	32	Ge	2	2	6	2	6	10	2	2										
	33	As	2	2	6	2	6	10	2	3										
	34	Se	2	2	6	2	6	10	2	4										
	35	Br	2	2	6	2	6	10	2	5										
	36	Kr	2	2	6	2	6	10	2	6										
5	37	Rb	2	2	6	2	6	10	2	6			1							
	38	Sr	2	2	6	2	6	10	2	6			2							
	39	Y	2	2	6	2	6	10	2	6	1		2							
	40	Zr	2	2	6	2	6	10	2	6	2		2							
	41	Nb	2	2	6	2	6	10	2	6	4		1							
	42	Mo	2	2	6	2	6	10	2	6	4		2							
	43	Tc	2	2	6	2	6	10	2	6	5		2							
	44	Ru	2	2	6	2	6	10	2	6	7		1							
	45	Rh	2	2	6	2	6	10	2	6	8		1							
	46	Pd	2	2	6	2	6	10	2	6	10		0							

续表

周期	原子序数	元素符号	电子层																	
			K	L		M			N				O				P			Q
			1s	2s	2p	3s	3p	3d	4s	4p	4d	4f	5s	5p	5d	5f	6s	6p	6d	7s
5	47	Ag	2	2	6	2	6	10	2	6	10		1							
	48	Cd	2	2	6	2	6	10	2	6	10		2							
	49	In	2	2	6	2	6	10	2	6	10		2	1						
	50	Sn	2	2	6	2	6	10	2	6	10		2	2						
	51	Sb	2	2	6	2	6	10	2	6	10		2	3						
	52	Te	2	2	6	2	6	10	2	6	10		2	4						
	53	I	2	2	6	2	6	10	2	6	10		2	5						
	54	Xe	2	2	6	2	6	10	2	6	10		2	6						
6	55	Cs	2	2	6	2	6	10	2	6	10		2	6			1			
	56	Ba	2	2	6	2	6	10	2	6	10		2	6			2			
	57	La	2	2	6	2	6	10	2	6	10		2	6	1		2			
	58	Ce	2	2	6	2	6	10	2	6	10	1	2	6	1		2			
	59	Pr	2	2	6	2	6	10	2	6	10	3	2	6			2			
	60	Nd	2	2	6	2	6	10	2	6	10	4	2	6			2			
	61	Pm	2	2	6	2	6	10	2	6	10	5	2	6			2			
	62	Sm	2	2	6	2	6	10	2	6	10	6	2	6			2			
	63	Eu	2	2	6	2	6	10	2	6	10	7	2	6			2			
	64	Gd	2	2	6	2	6	10	2	6	10	7	2	6	1		2			
	65	Tb	2	2	6	2	6	10	2	6	10	9	2	6			2			
	66	Dy	2	2	6	2	6	10	2	6	10	10	2	6			2			
	67	Ho	2	2	6	2	6	10	2	6	10	11	2	6			2			
	68	Er	2	2	6	2	6	10	2	6	10	12	2	6			2			
	69	Tm	2	2	6	2	6	10	2	6	10	13	2	6			2			
	70	Yb	2	2	6	2	6	10	2	6	10	14	2	6			2			
	71	Lu	2	2	6	2	6	10	2	6	10	14	2	6	1		2			
	72	Hf	2	2	6	2	6	10	2	6	10	14	2	6	2		2			
	73	Ta	2	2	6	2	6	10	2	6	10	14	2	6	3		2			
	74	W	2	2	6	2	6	10	2	6	10	14	2	6	4		2			
	75	Re	2	2	6	2	6	10	2	6	10	14	2	6	5		2			
	76	Os	2	2	6	2	6	10	2	6	10	14	2	6	6		2			
	77	Ir	2	2	6	2	6	10	2	6	10	14	2	6	7		2			
	78	Pt	2	2	6	2	6	10	2	6	10	14	2	6	9		1			
	79	Au	2	2	6	2	6	10	2	6	10	14	2	6	10		1			
	80	Hg	2	2	6	2	6	10	2	6	10	14	2	6	10		2			
	81	Tl	2	2	6	2	6	10	2	6	10	14	2	6	10		2	1		
	82	Pb	2	2	6	2	6	10	2	6	10	14	2	6	10		2	2		
	83	Bi	2	2	6	2	6	10	2	6	10	14	2	6	10		2	3		
	84	Po	2	2	6	2	6	10	2	6	10	14	2	6	10		2	4		
	85	At	2	2	6	2	6	10	2	6	10	14	2	6	10		2	5		
	86	Rn	2	2	6	2	6	10	2	6	10	14	2	6	10		2	6		

续表

周期	原子序数	元素符号	电子层						
			K	L	M	N	O	P	Q
			1s	2s 2p	3s 3p 3d	4s 4p 4d 4f	5s 5p 5d 5f	6s 6p 6d	7s
	87	Fr	2	2 6	2 6 10	2 6 10 14	2 6 10	2 6	1
	88	Ra	2	2 6	2 6 10	2 6 10 14	2 6 10	2 6	2
	89	Ac	2	2 6	2 6 10	2 6 10 14	2 6 10	2 6 1	2
	90	Th	2	2 6	2 6 10	2 6 10 14	2 6 10	2 6 2	2
	91	Pa	2	2 6	2 6 10	2 6 10 14	2 6 10 2	2 6 1	2
	92	U	2	2 6	2 6 10	2 6 10 14	2 6 10 3	2 6 1	2
	93	Np	2	2 6	2 6 10	2 6 10 14	2 6 10 4	2 6 1	2
	94	Pu	2	2 6	2 6 10	2 6 10 14	2 6 10 6	2 6	2
	95	Am	2	2 6	2 6 10	2 6 10 14	2 6 10 7	2 6	2
	96	Cm	2	2 6	2 6 10	2 6 10 14	2 6 10 7	2 6 1	2
	97	Bk	2	2 6	2 6 10	2 6 10 14	2 6 10 9	2 6	2
7	98	Cf	2	2 6	2 6 10	2 6 10 14	2 6 10 10	2 6	2
	99	Es	2	2 6	2 6 10	2 6 10 14	2 6 10 11	2 6	2
	100	Fm	2	2 6	2 6 10	2 6 10 14	2 6 10 12	2 6	2
	101	Md	2	2 6	2 6 10	2 6 10 14	2 6 10 13	2 6	2
	102	No	2	2 6	2 6 10	2 6 10 14	2 6 10 14	2 6	2
	103	Lr	2	2 6	2 6 10	2 6 10 14	2 6 10 14	2 6 1	2
	104	Rf	2	2 6	2 6 10	2 6 10 14	2 6 10 14	2 6 2	2
	105	Db	2	2 6	2 6 10	2 6 10 14	2 6 10 14	2 6 3	2
	106	Sg	2	2 6	2 6 10	2 6 10 14	2 6 10 14	2 6 4	2
	107	Bh	2	2 6	2 6 10	2 6 10 14	2 6 10 14	2 6 5	2
	108	Hs	2	2 6	2 6 10	2 6 10 14	2 6 10 14	2 6 6	2
	109	Mt	2	2 6	2 6 10	2 6 10 14	2 6 10 14	2 6 7	2

以 27 号 Co 元素为例，具体的排布方法如下。

① 根据核外电子的排布规则，按轨道能级组顺序将电子依次填入：

$$1s^2 2s^2 2p^6 3s^2 3p^6 4s^2 3d^7$$

② 书写时一般应再按主量子数 n 的数值由低到高排列，把相同主量子数 n 的放在一起，即按电子层从内层到外层逐层书写。故 Co 元素的核外电子排布式：

$$1s^2 2s^2 2p^6 3s^2 3p^6 3d^7 4s^2$$

在上述 109 种元素中，有一些元素原子外层电子的分布情况稍有例外。例如：$_{24}Cr$、$_{29}Cu$、$_{42}Mo$、$_{44}Ru$、$_{45}Rh$、$_{47}Ag$、…，其中的$_{29}Cu$、$_{47}Ag$ 和$_{24}Cr$、$_{42}Mo$ 是因为洪特规则，全满的 d^{10} 和半满的 d^5 比较稳定。但对于$_{44}Ru$ 和$_{45}Rh$，很难用排布规则来解释。遇到这种情况，应以实验事实为准，而不可生搬硬套规则。矛盾的出现，表明理论有进一步充实和完善的必要。

元素的化学性质主要决定于价电子，因此为方便起见只需写出每个元素的价电子构型，内层电子可用相应的稀有气体构型来代替，常用稀有气体符号加方括号来表示。主族元素价电子构型就是最外层电子构型，即 $ns np$；副族元素（除镧系和锕系元素）为次外层 $(n-1)d$ 和最外层 ns，即 $(n-1)d ns$；镧系和锕系元素的价电子构型为 $(n-2)f(n-1)d ns$。例如钠（Na）原子核外共有 11 个电子，按照电子排布顺序，最后一个电子应填充到第三电子层上，可表示为 [Ne] $3s^1$；铜（Cu）原子核外有 29 个电子，可表示为 [Ar] $3d^{10}4s^1$；铈（Ce）原子核外有 58 个电子，可表示为 [Xe] $4f^1 5d^1 6s^2$。

1.1.3.3 电子层结构与元素周期律

元素周期律（the periodic law）是指元素的性质随着核电荷的递增而呈现周期性变化的

规律。周期律产生的基础是随核电荷的递增，原子的价电子排布呈现周期性变化，这种周期性变化也导致原子半径、有效核电荷呈现周期性变化，从而造成元素性质的周期性变化。周期表是周期律的表现形式。俄国化学家门捷列夫 1869 年发表了第一张周期表，在化学史上是一个重要的里程碑，对此后整个化学的发展有着普遍的指导意义。现从几个方面讨论周期表与核外电子排布的关系。

(1) 原子的电子结构与周期的关系　周期表中的横行叫**周期**（period），一共有七个周期，一个周期相当于一个能级组。周期表中各周期与对应能级组关系见表 1-3 所列。能级组的划分是导致周期系中各元素划分为周期的本质原因。周期与原子的电子层结构的关系为：

周期＝最大 n 值＝电子层数＝能级组

表 1-3　周期与对应能级组关系

周期	能级组	原子轨道	原子轨道数目	最多容纳电子数	元素数目	价电子构型	周期名称
1	1	1s	1	2	2	$1s^{1\sim2}$	特短周期
2	2	2s,2p	4	8	8	$2s^{1\sim2}2p^{1\sim6}$	短周期
3	3	3s,3p	4	8	8	$3s^{1\sim2}3p^{1\sim6}$	短周期
4	4	4s,3d,4p	9	18	18	$3d^{1\sim10}4s^{1\sim2}4p^{1\sim6}$	长周期
5	5	5s,4d,5p	9	18	18	$4d^{1\sim10}5s^{1\sim2}5p^{1\sim6}$	长周期
6	6	6s,4f,5d,6p	16	32	32	$4f^{1\sim14}5d^{1\sim10}6s^{1\sim2}6p^{1\sim6}$	特长周期
7	7	7s,5f,6d,7p	16	32	26	$5f^{1\sim14}6d^{1\sim7}7s^{1\sim2}$	不完全周期

(2) 原子的电子结构与族的关系　周期表的纵列称为**族**（group）。共 18 个纵列分为 16 个族，Ⅰ～ⅦA 族、Ⅰ～ⅦB 族、第Ⅷ族和零族，分别用 A、B 表示主、副族，用罗马数字表示族数，Ⅷ族共有 3 个纵列，零族为稀有气体。元素在周期表中所占的族数决定于原子的价电子层结构。元素的族数和元素的价电子结构关系如下：

主族元素的族数等于最外电子层的电子数，副族元素的族数有以下三种情况。

① ⅠB、ⅡB 族数等于 ns 电子数。

② ⅢB～ⅦB 族数等于 $(n-1)\mathrm{d}+ns$ 电子数（镧系、锕系元素除外）。

③ Ⅷ族的 $(n-1)\mathrm{d}+ns$ 电子数等于 8，9，10。

在同一族元素中，虽然它们的电子层数不同，但有相同的价电子构型，因此有相似的化学性质。

(3) 元素分区　根据元素原子的价电子构型，可把周期表中的元素分成五个区（图 1-10）。

s 区元素（s-block elements）：包括周期表中的ⅠA 和ⅡA 族元素，即碱金属和碱土金

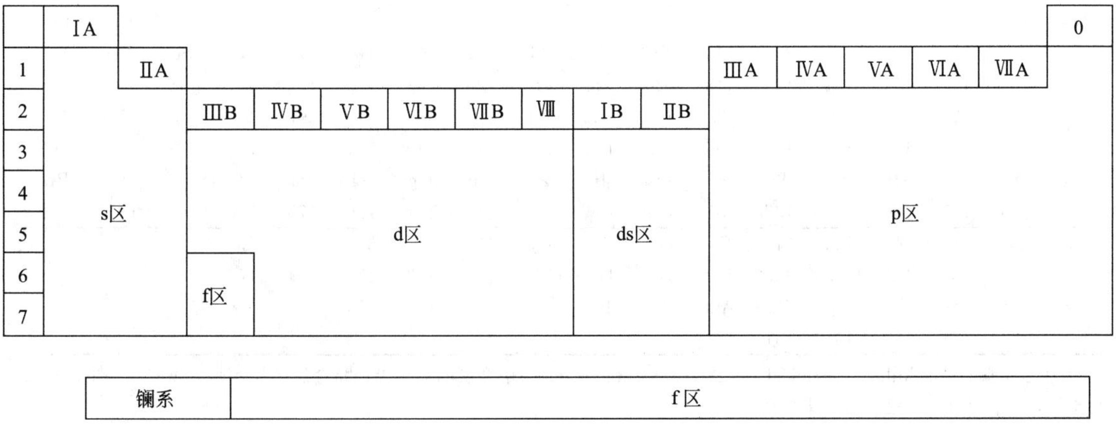

ⅠA　0
1　ⅡA　ⅢA　ⅣA　ⅤA　ⅥA　ⅦA
2　ⅢB　ⅣB　ⅤB　ⅥB　ⅦB　Ⅷ　ⅠB　ⅡB
3
4
5　s区　d区　ds区　p区
6
7　f区

镧系　f区

图 1-10　周期表元素分区

属。它们最后一个电子排布在 s 轨道上，所以价电子的构型为 $ns^{1\sim2}$。

p 区元素（p-block elements）：包括周期表中从ⅢA 到ⅦA 族和零族共六族元素，它们最后一个电子排布在 p 轨道上，价电子构型是 $ns^2np^{1\sim6}$。

d 区元素（d-block elements）：它们的价电子构型是 $(n-1)d^{1\sim9}ns^{1\sim2}$，最后一个电子基本上都排布在倒数第二层即 $(n-1)$ d 轨道上（个别元素例外）。

ds 区元素（ds-block elements）：含ⅠB、ⅡB 副族元素，价电子构型是 $(n-1)d^{10}ns^{1\sim2}$，其电子虽填充在外层 s 轨道上，但与 s 区不同，它的次外层有充满电子的 d 轨道。

f 区元素（f-block elements）：价电子构型为 $(n-2)f^{0\sim14}(n-1)d^{0\sim2}ns^2$。

1.1.4 原子性质的周期性

原子的一些基本性质，如原子半径、电离能、电子亲和能和电负性等都与原子结构密切相关，因而也呈现显著的周期性变化规律。人们常将这些性质（还包括核电荷数以及原子量）统称为**原子参数**（atomic parameters）。

1.1.4.1 原子半径

按照量子力学的观点，电子在核外各处都有出现的可能性，仅概率大小不同而已，因此无法说出单独一个原子的大小。所谓**原子半径**（atomic radius），是根据相邻原子的核间距测出的。由于相邻原子间成键的情况不同，可给出不同类型的原子半径：共价半径、金属半径和范德华半径。

共价半径为同种元素的两个原子以共价单键连接时，它们核间距离的一半，称为该原子的**共价半径**（covalent radius）。核间距可以通过晶体衍射测得。例如：Cl_2 中氯原子间是以共价单键相连，其核间距离为 198pm，所以氯原子的共价半径为 99pm。在金属晶格中，相邻两个金属原子核间距离的一半，称为**金属半径**（metallic radius）。在分子晶体中，分子之间以范德华力（即分子间作用力）互相吸引。这时非键的两个同种原子核间距离的一半，称为**范德华半径**（van der Waals radius）。

周期系中各元素的原子半径见表 1-4。

表 1-4 元素的原子半径①　　单位：pm

ⅠA	ⅡA	ⅢB	ⅣB	ⅤB	ⅥB	ⅦB	Ⅷ			ⅠB	ⅡB	ⅢA	ⅣA	ⅤA	ⅥA	ⅦA	0
H																	He
37																	122
Li	Be											B	C	N	O	F	Ne
156	105											91	77	71	60	67	160
Na	Mg											Al	Si	P	S	Cl	Ar
186	160											143	117	111	104	99	191
K	Ca	Sc	Ti	V	Cr	Mn	Fe	Co	Ni	Cu	Zn	Ga	Ge	As	Se	Br	Kr
231	197	161	154	131	125	118	125	125	124	128	133	123	122	116	115	114	198
Rb	Sr	Y	Zr	Nb	Mo	Tc	Ru	Rh	Pd	Ag	Cd	In	Sn	Sb	Te	I	Xe
243	215	1800	161	147	136	135	132	132	138	144	149	151	140	145	139	138	217
Cs	Ba	La	Hf	Ta	W	Re	Os	Ir	Pt	Au	Hg	Tl	Pb	Bi	Po	At	Rn
265	210	187	154	143	137	138	134	136	139	144	147	189	175	155	167	145	
La	Ce	Pr	Nd	Pm	Sm	Eu	Gd	Tb	Dy	Ho	Er	Tm	Yb	Lu			
187	183	182	181	181.0	180.0	199	179	176	175	174	173	173	194	172			
Ac	Th	Pa	U	Np	Pu	Am	Cm	Bk	Cf	Es	Fm	Md	No	Lr			
188	180	161	139	131	151	184											

① 数据摘自 MacMillian. Chemical and Physical Data 1992。表中金属的原子半径指金属半径，非金属的原子半径指共价半径，稀有气体的半径为范德华半径。

原子半径在周期表中的变化规律可归纳如下。

① 同一主族自上而下半径增大。因为同一主族元素原子由上至下电子层数增多，虽然核电荷自上而下也增加，但由于内层电子的屏蔽，有效核电荷 Z^* 增加使半径缩小的作用不如因电子层增加而使半径加大所起的作用大。所以总的效果是半径由上至下加大。

同一副族元素自上而下半径一般也增大，但增幅不大，特别是第五和第六周期的副族元素，它们的原子半径十分接近，这是由于镧系收缩所造成的。

② 同一周期从左至右原子半径呈减小趋势，到稀有气体原子半径突然变大，这是因为稀有气体元素的原子半径是比共价半径大得多的范德华半径。对长、短周期原子半径变化趋势稍有不同。

同一周期的主族元素，从左向右，原子的最外电子层每增多一个电子，核中相应地增多一个单位正电荷。核电荷的增多，外层电子因受核的引力增强而有向核靠近的倾向；但外层电子的增多又加剧了电子之间的相互排斥而有离核的倾向，这是两个作用相反的因素。但是由于增加的电子不足以屏蔽增加的核电荷，因此自左向右有效核电荷数逐渐增多，原子半径逐渐减小。

同一周期的d区元素，从左向右，新增加的电子填入次外层的 $(n-1)$d 轨道上，d电子处于次外层对核的屏蔽作用较大，所以随着原子序数的增加，原子半径只是略有减小。而且，从ⅠB族元素起，由于次外层的 $(n-1)$d 轨道已经全充满，较为显著地抵消核电荷对外层 ns 电子的引力，因此，原子半径反而有所增大。

同一周期的f区内过渡元素，从左向右，由于新增加的电子填入外数第三层的 $(n-2)$f 轨道上，由于f电子对核的屏蔽作用更大，原子半径减小的幅度更小。例如镧系元素从镧（La）到镥（Lu），中间经历了13种元素，原子半径只收缩了约13pm左右，这个变化叫做**镧系收缩**（lanthanide contraction）。镧系收缩的幅度虽然很小，但它收缩的影响却很大，使镧系后面的过渡元素铪（Hf）、钽（Ta）、钨（W）的原子半径与其同族相应的锆（Zr）、铌（Nb）、钼（Mo）的原子半径极为接近，造成Zr与Hf、Nb与Ta、Mo与W的性质十分相似，在自然界往往共生，分离时比较困难。

1.1.4.2 电离能（I）

一个基态的气态原子失去最外层的一个电子成为气态+1价正离子所需要的能量，称为该元素的**第一电离能 I_1**（the first ionization energy），单位为kJ/mol。从+1价正离子再失去一个电子成为+2价离子所消耗的能量称为第二电离能 I_2，其余依此类推。总的来说，同一种元素的第二电离能要比第一电离能大，这是因为从正离子电离出电子远比从中性原子电离出电子困难。

显然，元素原子的电离能越小，原子就越易失去电子；反之，元素原子的电离能越大，原子越难失去电子。这样，就可以根据原子的电离能来衡量原子失去电子的难易程度。一般情况下，只利用第一电离能数据即可。表1-5是周期表中各个元素的第一电离能。

表1-5 元素的第一电离能① 单位：kJ/mol

ⅠA	ⅡA	ⅢB	ⅣB	ⅤB	ⅥB	ⅦB		Ⅷ		ⅠB	ⅡB	ⅢA	ⅣA	ⅤA	ⅥA	ⅦA	0
H																	He
1312.0																	2372.3
Li	Be											B	C	N	O	F	Ne
520.3	899.4											800.6	1086.2	1402.3	1314.0	1681	2080.6
Na	Mg											Al	Si	P	S	Cl	Ar
495.8	737.7											577.4	786.5	1011.7	999.6	1251.1	1520.4
K	Ca	Sc	Ti	V	Cr	Mn	Fe	Co	Ni	Cu	Zn	Ga	Ge	As	Se	Br	Kr
418.8	589.7	631	658	650	652.7	717.4	759.3	758	736.7	745.4	906.4	578.8	762.2	947	940.9	1139.9	1350.7

续表

ⅠA	ⅡA	ⅢB	ⅣB	ⅤB	ⅥB	ⅦB	Ⅷ			ⅠB	ⅡB	ⅢA	ⅣA	ⅤA	ⅥA	ⅦA	0
Rb	Sr	Y	Zr	Nb	Mo	Tc	Ru	Rh	Pd	Ag	Cd	In	Sn	Sb	Te	I	Xe
403.0	549.5	616	660	664	685.0	702	711	720	805	731.0	867.6	558.3	708.6	833.7	869.2	1008.4	1170.4
Cs	Ba	La	Hf	Ta	W	Re	Os	Ir	Pt	Au	Hg	Tl	Pb	Bi	Po	At	Rn
375.7	502.8	538.1	675.4	761	770	760	840	880	870	890.1	1007.0	589.3	715.5	703.3	812	930	1037.0
Fr	Ra	Ac	Rf	Ha	Jnh	Uns	Uno	Une									
400	509.3	499															
La	Ce	Pr	Nd	Pm	Sm	Eu	Gd	Tb	Dy	Ho	Er	Tm	Yb	Lu			
538.1	527.4	523.1	529.6	536.9	543.3	546.7	592.5	564.6	572	580.7	588.7	596.7	603.4	523.5			
Ac	Pa	Pa	U	Np	Pu	Am	Cm	Bk	Cf	Es	Fm	Md	No	Lr			
499	587	568	584	597	585	578.2	581	601	608	619	627	635	642				

① 数据摘自 J. Emsley "The Elements" 1989。

电离能的大小主要取决于原子的核电荷、原子半径及原子的电子构型。同一周期主族元素，电子层数相同，自左向右元素的核电荷逐渐增加，原子半径逐渐减小，故电离能随之增大。各周期中稀有气体的电离能最大，部分原因就是因为它们的原子具有稳定的 8 电子结构。从图 1-11 中可以看出，在同一周期中，元素的第一电离能从左到右总的趋势是依次增大，但在某些地方出现反常，以第二周期为例，B 和 O 的电离能比前面的 Be 和 N 的电离能反而小。这是因为 B 的电子构型为 $2s^2 2p^1$，失去一个电子后为 $2s^2 2p^0$；O 的电子构型为 $2s^2 2p^4$，失去一个电子后为 $2s^2 2p^3$。根据洪特规则，等价轨道全满、半满或全空的结构是比较稳定的结构，故 B 和 O 易失去电子，其电离能较小。

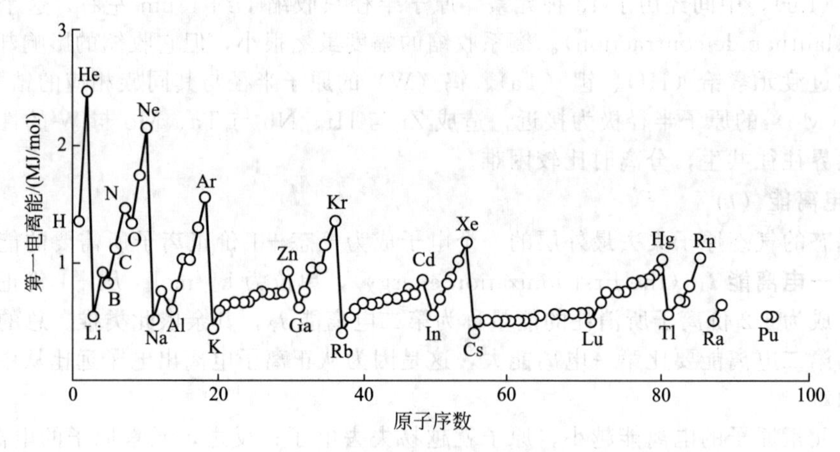

图 1-11 元素第一电离能的周期性变化

稀有气体原子与外层电子为 ns^2 结构的碱土金属以及具有 $(n-1)d^{10}ns^2$ 构型的ⅡB 族元素，都属于轨道全充满的构型，它们都有较大的电离能。同一周期过渡元素和内过渡元素，由左向右电离能增大的幅度不大，且变化没有规律。

在同一主族元素中，从上而下电子层数增加，原子半径增大，原子核对外层电子的吸引力减小，电离能逐渐减小。但对副族和第Ⅷ族元素来说，这种规律性较差。

元素的第一电离能越小，表示它越容易失去电子，该元素的金属性也越强。因此第一电离能可用来衡量元素的金属活泼性。此外，电离能还可用于说明元素常见的价态。对于钠、镁和铝，电离能分别在 I_2、I_3 和 I_4 显著增大，这表明钠、镁和铝分别难以失去第二、第三、第四个电子，故通常呈现的价态为+1、+2 和+3。

1.1.4.3 电子亲和能

原子的**电子亲和能**（electron affinity）是指一个气态原子得到一个电子形成气态负离子

所放出的能量，常以符号 E_A 表示。电子亲和能是用以衡量单个原子得到电子难易程度的一个参数。电子亲和能越大，表示该元素的原子越易获得电子，该元素的非金属性也越强。一些元素的电子亲和能数据列于表 1-6。

表 1-6　元素的第一电子亲和能①　　单位：kJ/mol

ⅠA	ⅡA	ⅢB	ⅣB	ⅤB	ⅥB	ⅦB	Ⅷ			ⅠB	ⅡB	ⅢA	ⅣA	ⅤA	ⅥA	ⅦA	0
H																	He
72.8																	<0
Li	Be											B	C	N	O	F	Ne
59.6	-18											26.7	121.9	-7	141	328	-29*
Na	Mg											Al	Si	P	S	Cl	Ar
52.9	-21											44	133.6	72.0	200.4	349.0	-35*
K	Ca	Sc	Ti	V	Cr	Mn	Fe	Co	Ni	Cu	Zn	Ga	Ge	As	Se	Br	Kr
48.4	<0	18.1	7.6	50.7	64.3	<0	15.7	63.8	111	118.5	9	~30	116	78	195	324.7	-39*
Rb	Sr	Y	Zr	Nb	Mo	Tc	Ru	Rh	Pd	Ag	Cd	In	Sn	Sb	Te	I	Xe
46.9		29.6	41.1	86.2	72.0	96	101	109.7	53.7	125.7	126	~30	116	101	190.2	295	-41*
Cs	Ba	La~Lu	Hf	Ta	W	Re	Os	Ir	Pt	Au	Hg	Tl	Pb	Bi	Po	At	Rn
45.5	-46			80	78.6	14	106	151	205.3	222.8	-18	~20	100	91.3	183	270	-41*
Fr	Ra	Ac~Lr	Rf	Ha	Jnh	Uns	Uno	Une									
44*																	

① 数据摘自 J. Emsley“The Elements”1989。* 数据为理论计算值。

目前周期表中元素的电子亲和能的数据不全，同时测定比较困难，准确性也较差。因此，规律性不太明显。一般来说，电子亲和能随原子半径的增大而减小。即在同一周期中，从左到右原子的有效核电荷逐渐增大，原子半径逐渐减小，同时由于最外层电子数逐渐增多，易结合电子形成 8 电子稳定结构，因此元素的电子亲和能逐渐增大。同一周期中以卤素的电子亲和能最大。氮族元素的 ns^2np^3 价电子层结构较稳定，电子亲和能反而较小。

同一族中，从上向下电子亲和能减小。应注意的是，由于第二周期 F、O、N 的原子半径较小，电子密度大，电子间相互斥力大，以致在加合一个电子形成负离子时放出的能量较小，故 F、O、N 的电子亲和能反而比第三周期相应的元素 Cl、S、P 要小。

1.1.4.4　电负性

电离能和电子亲和能分别从不同方面反映了原子得失电子的能力。然而，在全面地衡量原子争夺电子的能力时，只看电离能和电子亲和能都是片面的，因此提出**电负性**（electronegativity）的概念，作为在分子中的原子对成键电子吸引能力的量度。元素电负性大，原子在分子内吸引电子能力强。

电负性目前还无法直接测定，只能用间接的方法来标度。关于电负性的标度，鲍林根据热化学数据和分子键能计算出电负性的数值。电负性 χ 和键解离能 D 的关系式如下：

$$D(\mathrm{A-B})=\{D(\mathrm{A-A})\times D(\mathrm{B-B})\}^{1/2}+96.5(\chi_\mathrm{A}-\chi_\mathrm{B})^2 \tag{1-21}$$

式中，$D(\mathrm{A-B})$、$D(\mathrm{A-A})$ 和 $D(\mathrm{B-B})$ 分别表示化学键 A—B、A—A 和 B—B 的解离能；χ_A 和 χ_B 分别为元素 A 和 B 的电负性。并规定 F 元素的电负性为 4.0，由此求出其他元素的电负性值。表 1-7 是鲍林的元素电负性值。需要注意的是，同一元素处于不同氧化态时，其电负性数值也不同。例如 Fe（Ⅱ）和 Fe（Ⅲ）的电负性分别为 1.7 和 1.8，Cr（Ⅲ）和 Cr（Ⅵ）的电负性分别为 1.6 和 2.4，因为价态高的吸引电子能力要强于价态低的。表 1-7 中所列的电负性值是指该元素最稳定的氧化态的电负性值。

表 1-7　元素的电负性 (Pauling)[①]

ⅠA	ⅡA	ⅢB	ⅣB	ⅤB	ⅥB	ⅦB	Ⅷ			ⅠB	ⅡB	ⅢA	ⅣA	ⅤA	ⅥA	ⅦA	0
H																	He
2.18																	
Li	Be											B	C	N	O	F	Ne
0.98	1.57											2.04	2.55	3.04	3.44	3.98	
Na	Mg											Al	Si	P	S	Cl	Ar
0.93	1.31											1.61	1.90	2.19	2.58	3.16	
K	Ca	Sc	Ti	V	Cr	Mn	Fe	Co	Ni	Cu	Zn	Ga	Ge	As	Se	Br	Kr
0.82	1.00	1.36	1.54	1.63	1.66	1.55	1.8	1.88	1.91	1.90	1.65	1.81	2.01	2.18	2.55	2.96	
Rb	Sr	Y	Zr	Nb	Mo	Tc	Ru	Rh	Pd	Ag	Cd	In	Sn	Sb	Te	I	Xe
0.82	0.95	1.22	1.33	1.6	2.16	1.9	2.28	2.2	2.20	1.93	1.69	1.73	1.96	2.05	2.1	2.66	2.6
Cs	Ba	La～Lu	Hf	Ta	W	Re	Os	Ir	Pt	Au	Hg	Tl	Pb	Bi	Po	At	Rn
0.79	0.89	1.1～1.27	1.3	1.5	2.36	1.9	2.2	2.2	2.28	2.54	2.00	2.04	2.33	2.02	2.0	2.2	
Fr	Ra	Ac～Lr	Rf	Ha	Jnh	Uns	Uno	Une									
0.7	0.89	1.1～1.3															

① 数据摘自 Mac Millian, Chemical and Physical Data (1992)。

元素的电负性也呈周期性变化：

同一周期中，自左向右原子半径逐渐减小，有效核电荷逐渐增大，原子在分子中吸引电子的能力逐渐增加，电负性逐渐增大。过渡元素的电负性变化不大。

同一主族中，自上而下电子层构型相同，原子半径逐渐增大，电负性依次减小。副族元素电负性没有明显的变化规律。

根据元素电负性的大小，可以判断元素的金属性和非金属性的强弱，预计化合物中化学键的类型和分子极性。一般来说，元素电负性在 2.0 以上为非金属元素，而在 2.0 以下为金属元素。但不能把 2.0 作为划分金属和非金属的绝对界限。

值得注意的是，周期表中有一些元素与其紧邻的右下角元素有相近的原子半径，例如 Li 和 Mg、Be 和 Al 等，因此它们的电离能、电负性及一些化学性质也十分相似，这就是所谓的**对角线规则**（diagonal relationships）。

1.1.5　原子的观察与操控

自从 1803 年道尔顿（Dalton）提出原子论开始，人们一直没有停止对微观世界的探索。1674 年，荷兰人列文虎克（A. Van Leeuwenhoek）发明了光学显微镜，并利用这台显微镜首次观察到了血红细胞。1931 年德国科学家恩斯特·鲁斯卡（E. Ruska）和马克斯·诺尔（M. Knoll）根据磁场可以会聚电子束的原理发明了电子显微镜。电子显微镜一出现即展现了它的优势，电子显微镜的放大倍数提高到上万倍，分辨率达到了 10^{-8} m。在电子显微镜下，比细胞小得多的病毒也露出了原形，人们的视觉本领得到了进一步的延伸。但电子显微镜存在着很多不足，高速电子容易透入物质深处，低速电子又容易被样品的电磁场偏折，故电子显微镜很少能对表面结构有所揭示，表面物理的迅速发展又急需一种能够观测物质表面结构的显微术。在人类进入了原子时代的今天，科学技术的发展呼唤着更加精确、分辨率更高的仪器的发明和面世。

正像绝大多数科学的新发现和新发明都具有其偶然性和必然性一样，当 20 世纪 70 年代末德裔物理学家葛·宾尼（G. Bining）博士和他的导师海·罗雷尔（H. Rohrer）博士在 IBM 公司设在瑞士苏黎世的实验室进行超导实验时，他们并没有把自己的有关超导隧道效应的研究与新型显微镜的发明联系到一起。但是真空中超导隧道谱的研究已经为他们今后发明扫描隧道显微镜准备了坚实的理论和实验基础。一次偶然的机会，他们读到了物理学家罗伯特·杨（R. Young）撰写的一篇有关“形貌仪”的文章。这篇文章中有关驱动探针在样品表面扫描的方法使他们突发奇想：难道不能利用导体的隧道效应来探测物体表面并得到表面的形貌吗？以后的事实证明，这真是一个绝妙的想法。经过师生两人的不懈努力，1981 年，世界上第一台具有原子分辨率的扫描隧道显微镜（STM）终于诞生了。这种新型显微仪器的诞生，使人类能够实时地观测到原子在物质表面的排列状态和研究与表面电子行为有关的物理化学性质，对表面科学、材料科学、生命科学以及微电子技术的研究有着重大意义和重要应用价值。两位科学家因此与电子显微镜的发明者鲁斯卡教授一起荣获 1986 年诺贝尔物理学奖。

根据量子力学理论的计算和科学实验的证明，当具有电位势差的两个导体之间的距离小到一定程度时，电子将存在一定的概率穿透两导体之间的势垒从一端向另一端跃迁。这种电子跃迁的现象在量子力学中被称为**隧道效应**（tunnelling effect），而跃迁形成的电流叫做**隧道电流**（tunnelling current）。之所以称为隧道，是指好像在导体之间的势垒中开了个电流隧道一样。隧道电流又对两导体之间的距离非常敏感（负指数级关系），如果把距离减少 0.1 纳米，隧道电流就会增大一个数量级。

如果我们把两个导体如图 1-12 换成尖锐的金属探针和平坦的导电样品，在探针和样品之间加上电压。当我们移动探针逼近样品并在反馈电路的控制下使二者之间的距离保持在小于 1nm 的范围时，由于隧道效应，探针和样品之间产生了隧道电流。隧道电流对距离非常敏感，当移动探针在水平方向有规律的运动时，探针下面有原子的地方隧道电流就强，而无原子的地方电流就相对弱一些。把隧道电流的这个变化记录下来，再输入到计算机进行处理和显示，就可以得到样品表面原子级分辨率的图像（图 1-12）。

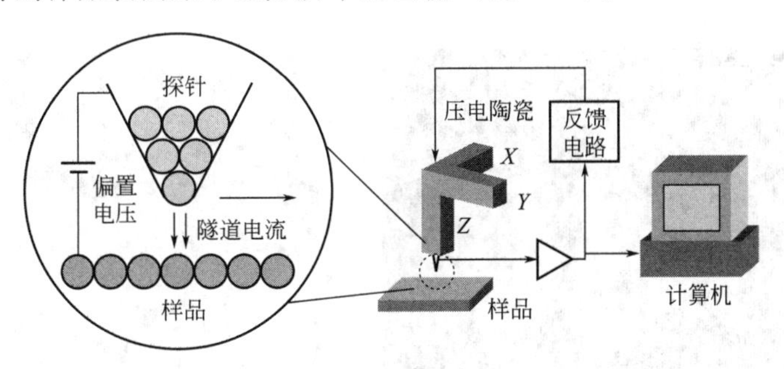

图 1-12　扫描隧道显微镜（STM）示意

图 1-13 是单晶硅片表面硅原子的美丽图像。硅片是制作晶体管和大规模集成电路的半导体材料，为了得到表面清洁的单质材料，要对硅片进行高温加热和退火处理，在加热和退火处理的过程中硅表面的原子进行重新组合，结构发生较大变化，这就是所谓的**重构**（reconstruction）。在 STM 发明之前，科学界对硅的重构现象一直有较大的争议。当宾尼和罗

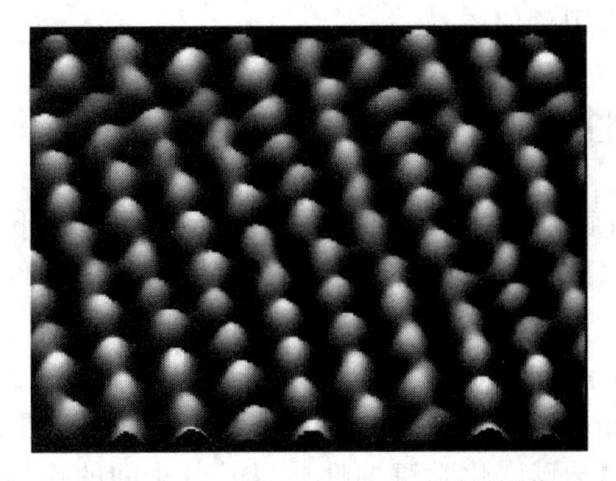

图 1-13　Si（111）-（7×7）原子图像

雷尔第一次将硅表面原子排列的STM图像呈现在人们面前的时候，科学家们在对硅111面7×7原子重构无可辩驳的事实表示信服的同时，更为STM所表现的极高的分辨本领所惊讶。看着硅原子构成的那精美的图案，你怎能不为大自然造物所具有的鬼斧神工的本领所折服？

自STM成功发明，并在科技领域获得广泛应用之后，人们就希望能够把STM探针作为在微观世界中操纵原子的“手”，实现人们直接操纵原子的梦想。用扫描探针显微镜法（SPM）进行纳米尺度的信息存储可追溯到艾格勒（Eigler）和施魏策尔（Schweizer）的先驱性工作，20世纪90年代初期，他们利用STM在4K低温下以原子级精度实现了单个Xe原子在Ni（110）面移动、排列、堆积和定位，并在世界上首次用35个单个Xe原子成功地排列出IBM图案［图1-14(a)］。说明在低温下利用STM进行单个原子操纵的可能性。随后科学家们又构造出了更多的原子级人工结构和更具实际物理含义的人工结构“量子栅栏”。

中国科学院化学所的科技人员利用纳米加工技术在石墨表面通过搬迁碳原子而绘制出世界上最小的中国地图（陆地部分，示意性）［图1-14(b)］。这幅地图到底有多小呢？打个比方吧，如果把这幅图放大到一张一米见方的中国地图大小的尺寸，就相当于把一米见方的中国地图放大到中国辽阔的领土的面积。这下你可以想象这幅纳米中国地图有多么袖珍了吧！纳米加工技术是利用SPM的方法对样品实施电脉冲或力等手段进行表面修饰的方法。SPM的加工精度要比传统的光刻技术高得多。在当今高科技产业飞速发展的时代，由于各种器件的集成度越来越高，传统的纳米加工技术已经接近理论的极限，因此，纳米加工技术的出现无疑给人们带来了希望。

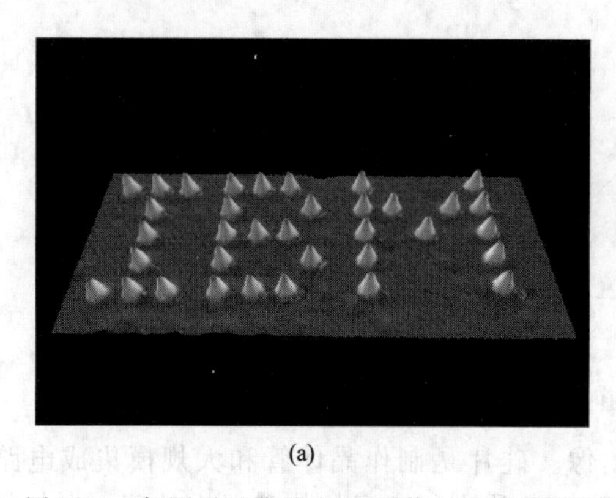

(a)

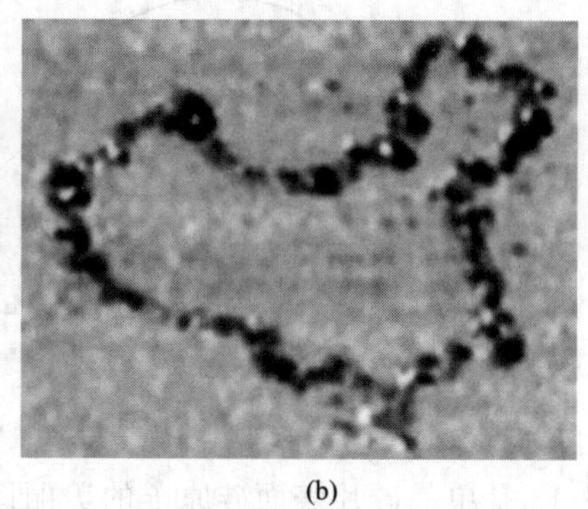

(b)

图1-14 氙原子组成的IBM图像（a）和碳原子组成的中国地图（陆地部分，示意性）(b)

当然，这些工作的意义并不在于人们要用这样小的图案来做广告，而是在于它展示了一种前所未有的对单个原子的控制能力。有了这样的手段，我们就可以从真正意义上去构造分子器件，以实现其真正的应用价值。

1.2 分子的结构与性质

分子（molecule）是物质能独立存在并保持其化学特性的最小微粒，而分子的性质是由其内部结构决定的。因此，研究分子内部的结构，对探索物质的性质、结构和功能等，具有重要的意义。

分子中将原子结合在一起的强烈相互作用通常称为**化学键**（chemical bond）。化学键的主要类型有**离子键**（ionic bond）、**共价键**（covalent bond）和**金属键**（metallic bond）。本节主要讨论分子中原子间的化学键、化学键的性质以及分子间的作用力。

1.2.1 离子键

大多数盐类、碱类和一些金属氧化物有一些共同的特点：在通常情况下，它们以晶体的形式存在，熔点和沸点较高，在固态下几乎不导电，而在熔融状态或溶于水成溶液状态时能导电。导电性是这类物质的重要特征。电化学的研究表明，这些化合物在熔融状态或在水溶液中能产生带电荷的粒子，即离子，从而可以导电。在这类化合物中，正、负离子通过静电作用结合在一起，形成所谓的**离子键**（ionic bond），这类化合物称为离子化合物。

1.2.1.1 离子键的形成

1916 年德国化学家柯塞尔（W. Kossel）根据稀有气体原子具有稳定结构的事实，提出了离子键理论。他认为当电负性小的金属原子和电负性大的非金属原子靠近时，前者易失去电子形成正离子，后者易得到电子形成负离子，这样正、负离子便都具有类似稀有气体原子的稳定结构。正、负离子间由于静电引力而相互接近，同时两离子的外层电子之间以及原子核之间将产生排斥力，当吸引力和排斥力达到平衡时，正、负离子达到一定距离，体系能量为最低点，形成离子键。柯塞尔的观点与离子化合物在熔融之后或在水溶液中具有导电性的事实相符合。

以 NaCl 为例，离子键的形成过程可表示如下：

$$n\mathrm{Na}(3s^1) - ne^- \longrightarrow n\mathrm{Na}^+(2s^2 2p^6)$$

$$n\mathrm{Cl}(3s^2 3p^5) + ne^- \longrightarrow n\mathrm{Cl}^-(3s^2 3p^6)$$

Na^+ 和 Cl^- 分别达到 Ne 和 Ar 的稀有气体原子结构，形成稳定离子。通常碱金属和碱土金属（除 Be 外）的氧化物、氟化物及某些氯化物等是典型的离子化合物。

1.2.1.2 离子键的特点

由于离子键的本质是静电引力，所以离子键没有方向性和饱和性。正负离子都可以看成是带电的小球，这些小球可以从空间任意方向上吸引异性电荷的离子，不存在特定的最有利的方向，所以形成的离子键没有方向性。正负离子周围邻接的异性电荷离子数目主要取决于正负离子的相对大小，而与它们所带的电荷多少没有直接的关系。只要空间允许，每一个粒子可以吸引尽可能多的异性电荷的离子，形成尽可能多的离子键，所以说离子键不具有饱和性。当然，这并不意味着一个离子周围所能结合的异性电荷离子的数目可以是任意的，实际上，在离子晶体中，每个离子周围所排列的异性电荷离子的数目是一定的。例如在氯化钠晶体中每个 Na^+ 离子周围等距离地排列着 6 个相反电荷的 Cl^- 离子，同样，每个 Cl^- 离子周围也等距离地排列着 6 个相反电荷的 Na^+ 离子，但并不是说每个 Na^+（Cl^-）离子吸引 6 个 Cl^-（Na^+）离子就饱和了，事实上，在 Na^+ 离子吸引了 6 个 Cl^- 离子后，还可以与更远的若干个 Na^+ 和 Cl^- 产生相互排斥作用或吸引作用，只不过静电引力随距离增大而减弱，这就是离子键没有饱和性的含意。

基于离子键的这些特点，我们无法从离子晶体中划分出各个孤立的分子，而只能把整个晶体看成是一个大分子。如氯化钠晶体，不存在一个个独立的氯化钠分子，而平常我们用来表示氯化钠的化学式“NaCl”，只是表示在整个晶体中两种离子的数目之比为 1∶1。所以 NaCl 只是氯化钠的化学式，而非分子式。

1.2.1.3 离子键的强度

在离子晶体中用晶格能（U）的大小来衡量离子键强度。**晶格能**（lattice energy）也称点阵能，是指由气态的正、负离子结合成 1 mol 离子晶体时所释放能量的绝对值，其单位为 kJ/mol。

晶格能可应用玻恩-哈伯循环，根据实验数据间接求得，也可根据库仑定律，从理论上推导出晶格能理论表示式。在晶体类型相同时，晶体晶格能与正负离子电荷数呈正比，而与核间距成反比。离子晶体晶格能越大，离子键强度越大，离子化合物越稳定，表现为熔点高，硬度大、热膨胀系数和压缩系数小等性能。

1.2.1.4 决定离子化合物性质的主要因素

离子化合物是由离子所构成的。因此离子的性质如离子半径、离子电荷、离子构型等与离子化合物的性质有密切关系。

（1）离子半径 离子半径是离子的重要性质。与原子一样，单个的离子也没有确定边界，严格说来，离子半径是不能确定的。但是在离子晶体中，正负离子间保持一定的平衡核间距离，这样就显示出离子有一定的大小。通常将离子晶体中的正负离子近似地看成是相互接触的小球，相邻两核间的距离（简称核间距 d）就是正负两离子的半径之和。核间距 d 的大小可由晶体的 X 射线衍射分析测定。若知道其中一个离子的半径，就可以算出另一个相邻离子的半径。1927 年戈德施密特（Goldschmidt）利用前人以光学法测得的 F^-（133pm）和 O^{2-}（132pm）离子半径数据为基准，求得近百种离子半径（常称之为戈德施密特半径）。目前，推算离子半径的方法很多，但被广泛采用的是鲍林从有效核电荷推出的一套离子半径（鲍林离子半径）。表 1-8 中列出了常见离子的鲍林离子半径数据。

表 1-8 常见离子半径（鲍林离子半径） 单位：pm

离子	半径	离子	半径	离子	半径
Li^+	60	Cr^{3+}	63	Hg^{2+}	110
Na^+	95	Mn^{2+}	80	Al^{3+}	50
K^+	133	Fe^{2+}	76	Sn^{2+}	102
Rb^+	148	Fe^{3+}	64	Sn^{4+}	71
Cs^+	169	Co^{2+}	74	Pb^{2+}	121
Be^{2+}	31	Ni^{2+}	69	O^{2-}	140
Mg^{2+}	65	Cu^+	96	S^{2-}	184
Ca^{2+}	99	Cu^{2+}	72	F^-	136
Sr^{2+}	113	Ag^+	126	Cl^-	181
Ba^{2+}	135	Zn^{2+}	74	Br^-	195
Ti^{4+}	68	Cd^{2+}	97	I^-	216

从表 1-8 中不难看出离子半径变化的一些规律。

① 同一元素的正离子半径小于它的原子半径，简单的负离子半径大于它的原子半径。负离子半径一般较大（约 130～250pm 范围内），正离子半径一般较小（10～170pm 范围内）。

② 同一周期电子层结构相同的正离子半径随电荷增加而减小，负离子半径随电荷增加而增大。如：$r(Na^+) > r(Mg^{2+}) > r(Al^{3+})$，$r(O^{2-}) > r(F^-)$。

③ 同一元素形成几种不同电荷的正离子，电荷高的离子半径小，即高价离子半径小于低价离子半径。如：$r(Sn^{2+}) > r(Sn^{4+})$，$r(Fe^{2+}) > r(Fe^{3+})$。

④ 同一主族元素具有相同电荷的离子，半径一般随电子层数的增加依次增加。如：$r(Li^+) < r(Na^+) < r(K^+) < r(Rb^+)$，$r(F^-) < r(Cl^-) < r(Br^-) < r(I^-)$。

离子半径的大小是决定离子型化合物中正、负离子引力的因素之一，也是决定离子键强弱的重要因素之一。离子半径越小，离子间的引力越大，离子化合物的熔点和沸点就越高。另外离子半径的大小还对离子化合物的溶解性有重要影响。

（2）离子电荷 离子电荷指原子在形成离子化合物过程中失去或获得的电子数，离子电荷与各元素原子的电子构型有关。例如ⅠA、ⅡA、ⅢA 族金属元素与ⅦA 族卤素、ⅥA 族氧族等非金属元素化合生成离子化合物时，金属原子失去外层电子形成带正电荷的 Na^+、

Mg^{2+}、Al^{3+} 等离子；而非金属原子获得电子，形成带负电荷的 X^-、O^{2-} 等离子。通常，离子电荷对离子间的相互作用力影响很大。离子电荷高，与相反电荷间的吸引力大，因而熔点和沸点也高。如 CaO 的熔点（2590℃）比 KF（857℃）高。

（3）离子构型　一般简单负离子通常具有稳定的 8 电子构型（如 F^-、S^{2-}、O^{2-} 等），而对正离子来说，可有以下几种电子构型。

① 2 电子构型：最外层为 $1s^2$ 结构，如 Li^+、Be^{2+} 等。

② 8 电子构型：最外层为 ns^2np^6 结构，如 Na^+、Ca^{2+} 等。

③ 18 电子构型：最外层为 $ns^2np^6nd^{10}$ 结构，如 Cu^+、Ag^+ 等。

④ 18＋2 电子构型：最外层为 $(n-1)s^2(n-1)p^6(n-1)d^{10}ns^2$ 结构，如 Sn^{2+}、Pb^{2+} 等。

⑤ 9～17 电子构型：外层具有 $ns^2np^6nd^{1\sim9}$ 结构，如 Fe^{2+}、Co^{2+} 等。

离子的电子构型对化合物性质有一定影响。如 NaCl 和 CuCl，Na^+ 和 Cu^+ 离子电荷相同，离子半径也几乎相等（分别为 95 和 96pm），但 NaCl 易溶于水，CuCl 不溶于水。显然，这是由于 Na^+ 属于 8 电子构型而 Cu^+ 为 18 电子构型所造成的。

1.2.2　价键理论

离子键理论可以很好地说明离子化合物的形成和特性。但不能说明由相同原子如何形成单质分子（如 H_2、O_2 等），也不能说明电负性相差不大的两种元素的原子如何形成化合物分子（如 HCl、H_2O 等）。1916 年，美国化学家路易斯（Lewis）通过对实验现象的归纳总结，提出了早期的**共价键理论**（covalent bond theory）：分子中原子之间可以通过共享电子对形成具有稳定的稀有气体 8 电子构型，这样形成的分子称为共价分子。原子通过共用电子对而形成的化学键称为**共价键**（covalent bond）。

路易斯的共价键理论初步揭示了共价键和离子键的不同，但它仍有局限性，无法阐明共价键的本质。例如，电子皆带负电，彼此为什么不排斥，反而互相配对？它也不能解释为什么有些分子的中心原子最外层电子数虽然少于 8（如 BF_3 等）或多于 8（如 PCl_5 等），但这些分子仍能稳定存在，也不能解释存在单电子键（如 H_2^+）和氧分子具有顺磁性等问题。

1927 年德国化学家海特勒（Heitler）和伦敦（London）首先把量子力学的成就应用到最简单的 H_2 分子上时，共价键的本质才得到理论上的阐明。后来鲍林等人发展了这一成果，建立了现代价键理论，简称 **VB 理论**（valence-bond theory，又称电子配对理论），进一步阐明了共价键的本质，并可解释更多的实验现象。

1.2.2.1　共价键的形成和共价键的本质

海特勒和伦敦用量子力学来处理 H 原子形成 H_2 分子时，得到了 H_2 分子的位能曲线，如图 1-15 所示。假设当两个氢原子相距较远时，彼此间的作用力可以忽略不计，体系能量定为相对零点。当两个氢原子从远处相互接近时，两氢原子相互作用出现两种情况：如果两个氢原子中的电子自旋方向相反，当这两个原子相互接近时，两个氢原子中的电子不仅会受到自身核的引力还要受到对方核的引力，两个 1s 原子轨道发生重叠（波函数相加），即核间形成一个电子概率密度较大区域，整个体系的能量低于两个氢原子单独存在时的能量。当核间距离 R_0 为 74pm 时，吸引力和排斥力达到平衡，体系能量达到最低点，这就是氢分子形成的过程。这种状态称为 H_2 的**基态**（ground state），R_0 即为 H_2 分子单键的键长。如果两个氢原子的电子自旋平行，它们相互靠近时，两个原子轨道异号叠加（波函数相减），核间电子概率密度减

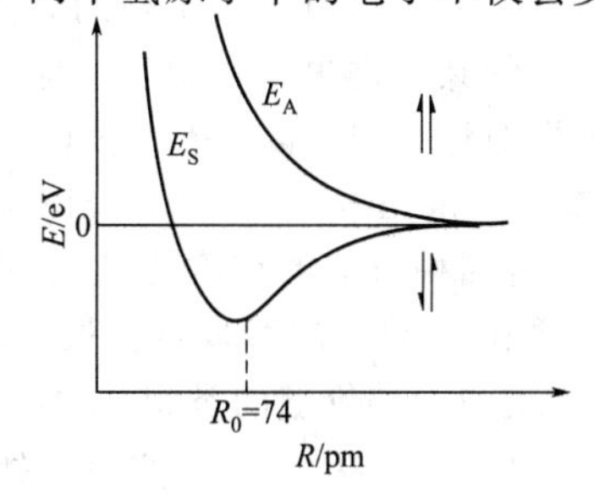

图 1-15　氢分子的能量曲线

小，增大了两核之间的排斥力，使体系能量高于两个单独存在的氢原子的能量之和，它们越靠近，体系能量越升高，这样就不能形成稳定的 H_2 分子，这种不稳定的状态称为 H_2 的**排斥态**（repulsive state）。

从上述共价键的形成过程我们可以看出，不同于正、负离子之间的电性作用力，共价键的本质是形成共价键时，原子相互接近时轨道重叠（波函数叠加），原子间通过共用自旋相反的电子对使能量降低而成键。价键理论虽也有共享电子对的概念，但它是建立在量子力学的基础上的，指出这对成对电子是自旋相反的，而且电子是运动的，并在核间有较大的概率分布。

1.2.2.2 价键理论基本要点与共价键的特点

1930 年鲍林和斯莱脱等将量子力学对 H_2 分子的处理推广到其他体系，发展成价键理论，该理论的基本要点如下。

① 具有自旋相反的单电子原子相互接近时，由于它们的波函数符号相同，即原子轨道的对称性匹配，核间的电子云密集，可以形成稳定的共价键。若 A、B 两个原子各有一个自旋相反的单电子时，它们之间可以相互配对，电子对为两个原子共有，形成稳定的共价单键。如果 A、B 各有两个甚至三个自旋相反的未成对电子时，则自旋相反的单电子可以两两配对，形成共价双键或共价叁键。例如，N 原子有三个占据 2p 轨道的单电子，两个 N 原子中自旋相反的单电子之间就可以两两配对形成共价叁键。如果 A 原子有两个单电子，B 原子只有一个单电子，则一个 A 原子就可以和两个 B 原子形成 AB_2 型分子。如：O 原子有两个 2p 轨道的单电子，H 原子有一个 1s 轨道的单电子，因此，一个 O 原子能和两个 H 原子结合成 H_2O 分子。如果两个原子都没有成单电子，或者虽有成单电子但自旋方向相同，则都不能形成分子，如：He 原子有两个 1s 电子，没有成单电子，就不能形成 He_2 分子。

② 两原子形成共价键时，成键的原子轨道重叠越多，两核间的电子概率密度越大，所形成的共价键越稳定，分子能量越低。因此，共价键应尽可能按原子轨道最大程度的重叠方式进行重叠，即**原子轨道最大重叠原理**（the maximum overlap principle of atomic orbitals）。

由于共价键的形成与离子键不同，所以它具有与离子键不同的特点。共价键的主要特点是具有饱和性和方向性。

（1）共价键的饱和性　共价键是由原子间轨道重叠、共用电子对形成的。而每种元素原子的未成对电子数和原子所能提供的成键轨道数是一定的，所以在分子中每个原子成键的总数或以单键连接的原子数目也就一定，这就是**共价键的饱和性**（the saturation of covalent bond）。如两个氯原子 3p 轨道的一个电子相互配对形成共价键后，每个氯原子就不再具有单电子，不能再和第三个氯原子的 3p 单电子继续结合形成 Cl_3 分子。又如，氮原子有三个不成对电子，两个氮原子以共价叁键结合成分子 N_2；或与 3 个氢原子结合成 NH_3，形成 3 个共价单键。

（2）共价键的方向性　根据原子轨道最大重叠原理，在形成共价键时，原子间总是尽可能沿着原子轨道最大重叠的方向成键。轨道重叠越多，电子在两核间出现的几率密度越大，形成的共价键也就越稳定。原子中 p、d、f 等原子轨道在空间有一定的取向（s 轨道例外，球形对称），这样，一个原子与周围原子形成的共价键就有一定的方向，这就是**共价键的方向性**（the direction of covalent bond）。如形成氯化氢分子时，氢原子 1s 轨道与氯原子的 $2p_x$ 有四种可能的重叠方式，如图 1-16 所示，其中只有采取（a）的重叠方式成键才能使 s 轨道和 p_x 轨道的有效重叠最大，形成稳定共价键。

1.2.2.3 共价键的类型

（1）σ 键和 π 键　按原子轨道重叠方式的不同，可将共价键分为不同的类型。

如果原子轨道按“头碰头”的方式发生轨道重叠，轨道重叠部分沿键轴成圆柱形对称，

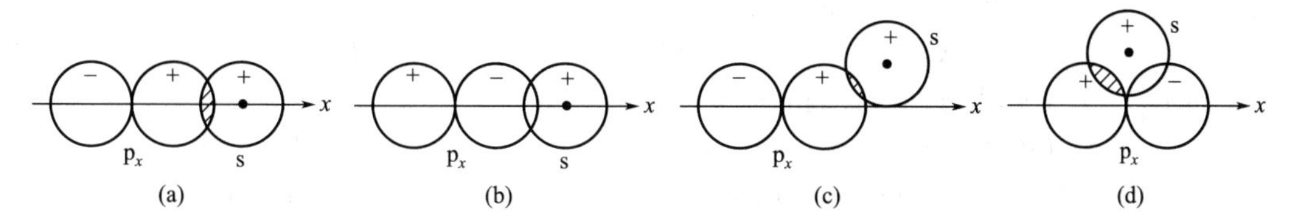

图 1-16　s 和 p_x 轨道可能的重叠方式

这种共价键称为 **σ 键**（σ bond）[图 1-17(a)]。如果原子轨道按“肩并肩”的方式发生轨道重叠，轨道重叠部分对通过键轴的一个平面具有镜面反对称，这种共价键称为 **π 键**（π bond）[图 1-17(b)]。由于 π 键中的电子云不能像 σ 键那样集中在两核连线上，距核较远，原子核对 π 电子的束缚力较小，且 π 键中原子轨道的重叠程度要比 σ 键中的小，所以一般 π 键没有 σ 键牢固，易发生断裂而进行各种化学反应。

以 N_2 分子的结构为例。N 原子的外层电子构型为 $2s^2 2p^3$，成键时用的是 2p 轨道上的 3 个未成对电子，我们把两个 N 原子原子核的连线称为**键轴**（bond axis）。设键轴为 x 轴，当两个 N 原子沿着 x 轴方向接近时，p_x 和 p_x 轨道以“头碰头”的方式重叠形成 σ 键，而两个 N 原子垂直于 p_x 轨道的 p_y，p_z 轨道，只能采用“肩并肩”的方式重叠形成两个垂直的 π 键，如图 1-18 所示。

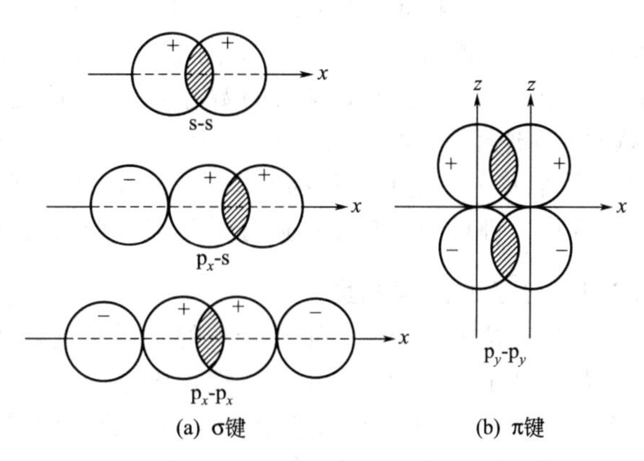

图 1-17　σ 键（a）和 π 键（b）示意

（2）正常共价键和配位共价键　按共用电子对由成键原子提供的方式不同，可以将共价键分为正常共价键和配位共价键。如果共价键的共用电子对是由成键原子双方各提供一个电子所组成，则称为正常共价键。但如果共价键的共用电子对是由成键的两个原子中的一个原子提供的，则称为**配位共价键**（coordinate covalent bond），简称配位键。其中，提供电子对的原子称为电子对给予体，接受电子对的原子称为电子对接受体。通常用箭头“→”表示配位键，箭头的方向由给予体指向接受体。应该注意的是，正常共价键和配位键的区别，仅在于键的形成过程中，在键形成以后，两者就没有差别了。

1.2.2.4　键参数

能表征化学键性质的量称为**键参数**（bond parameters）。下面简单介绍**键能**（bond energy）、**键长**（bond length）和**键角**（bond angle）。

（1）键能　**键能**（bond energy）表示键的牢固程度，用 E 表示，单位为 kJ/mol。对于双原子分子，键能在数值上就等于分子的键解离能（D）。对于多原子分子，键能就等于同种键逐级解离能的平均值。例如，在 100kPa、298.15K 下，将 1mol 气态双原子分子 AB 解

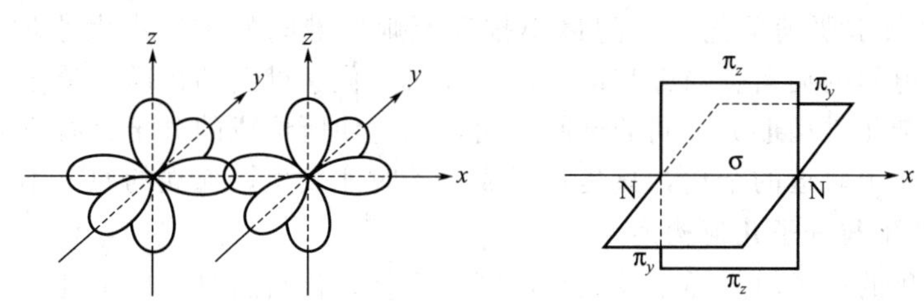

图 1-18　N_2 分子中的 σ 键和 π 键

离成理想气态原子 A 和 B 所需要的能量，称为 AB 的解离能。

$$AB(g) \longrightarrow A(g) + B(g) \qquad E = D$$

又如 H_2O 分子解离分两步进行：

$$H_2O(g) \longrightarrow H(g) + OH(g) \qquad D_1 = 501.87kJ/mol$$

$$OH(g) \longrightarrow H(g) + O(g) \qquad D_2 = 423.38kJ/mol$$

O—H 键的键能是两个 O—H 键的解离能的平均值：$E(O—H) = 462.62kJ/mol$。

通常键能越大，共价键强度越大。

(2) 键长　分子内成键两原子间的平衡距离称为**键长**（bond length）。键长可以用分子光谱或 X 射线衍射方法测得。键长的大小与键的稳定性有很大的关系，共价键的键长越短，键能越高，键越牢固。通常而言，相同两个原子形成的共价键，单键键长＞双键键长＞叁键键长。同一种键在不同分子中的键长数值基本上是个定值。

(3) 键角　**键角**（bond angle）是分子中键与键之间的夹角。像键长一样，键角数据可以用分子光谱或 X 射线衍射方法测得。键角是反映分子空间构型重要因素之一。如果知道了某分子内全部键角和键长的数据就可以确定该分子的空间构型。例如，CO_2 分子中 O—C—O键角是 180°，表明 CO_2 为直线形构型；CH_4 分子中 C－H 键之间的夹角都是 109°28′，每个 C－H 键的键长都是 109.1pm，因此可以确定 CH_4 是正四面体构型。

可见，键长和键角是描述分子几何构型的两个要素。

1.2.3　分子的几何构型

价键理论成功地阐述了共价键的本质并且解释了共价键的特点，但在解释分子的空间结构时却遇到困难。如水分子，根据价键理论，氧原子应该用两个相互垂直的 2p 轨道分别和两个氢原子的 1s 轨道形成两个相互垂直的共价键，但结构测定实验表明：水分子中的两个 H—O 键的夹角为 104°30′。又如甲烷分子，按价键理论推断，C 原子的电子排布为 $1s^2 2s^2 2p^2$，只有两个单电子，只能形成两个共价键，且键角应该是 90°左右，但经实验测定，四个 C—H 键的键角均为 109°28′，理论与实验不符。类似的例子还可以举出好多。为了解释这些矛盾，鲍林在价键理论的基础上提出了杂化轨道理论，进一步补充和发展了价键理论，且杂化轨道理论成功地解释了共价分子的空间构型。

1.2.3.1　杂化轨道理论要点

① 某原子成键时，在键合原子的作用下，同一原子内能级相近的价电子轨道改变原来的状态，“混杂”重新组合成一组新轨道。这一过程称为原子轨道的**杂化**（hybridization），形成的新价电子轨道称为**杂化轨道**（hybrid orbitals）。

② 杂化前后轨道数目不变。同一原子中能级相近的 n 条原子轨道，杂化后只能得到 n 条杂化轨道。杂化轨道的类型由形成它的原子轨道的种类和数目决定，且杂化轨道伸展方向、形状发生改变。

③ 杂化轨道比原来未杂化的轨道成键能力强，形成的化学键键能大，使形成的分子更稳定。

④ 杂化轨道成键要满足化学键间最小排斥原则。键间的排斥力大小取决于键的方向，即取决于杂化轨道间的夹角。当键与键夹角越大时，化学键间的排斥力最小。因此，杂化轨道会随着不同的杂化类型形成不同的键间夹角，同时使所形成的分子具有不同的空间构型。

应当注意，原子轨道的杂化，只是在形成分子时才发生，孤立的原子不可能发生杂化。

1.2.3.2　杂化类型与分子几何构型

根据参加杂化的原子轨道类型及数目不同，可将杂化轨道分成以下几类。

(1) sp 杂化　同一原子内由一个 ns 轨道与一个 np 轨道发生的杂化，每个杂化轨道中含 1/2s 和 1/2p 成分，称为 sp 杂化轨道。图 1-19 描述了这类分子的形成过程，Be 原子的外层电子为 $2s^2$，其中的 1 个电子被激发到 2p 轨道，2s 轨道与 1 个 2p 轨道杂化而形成 2 个能量、形状完全等同的 sp 杂化轨道。Be 原子就是通过这样的 2 个 sp 杂化轨道分别与氯原子的 3p 轨道重叠，形成 2 个 sp-p 的 σ 键，而形成 $BeCl_2$ 分子。因 2 个 sp 杂化轨道之间的夹角为 180°，所以 $BeCl_2$ 分子的结构为直线形，键角∠ClBeCl＝180°。

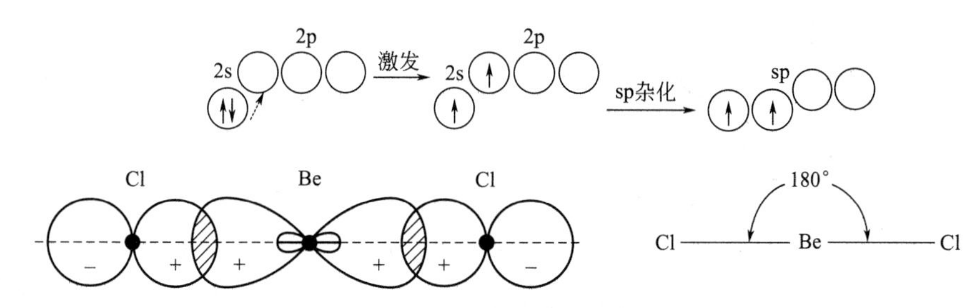

图 1-19　$BeCl_2$ 分子的形成及空间构型示意

（2）sp^2 杂化　由一个 *n*s 轨道和两个 *n*p 轨道组合可以产生三个等同的 sp^2 杂化轨道，每个杂化轨道中含 1/3s 和 2/3p 的成分。杂化轨道间夹角为 120°，呈平面三角形。

BF_3 分子的形成属于这类杂化。当硼与氟结合时，硼原子的一个 2s 电子被激发到一个空的 2p 轨道中，硼原子的核外电子构型变为 $1s^2 2s^1 2p_x^1 2p_y^1$，硼原子的一个 2s 轨道和两个 2p 轨道发生杂化，形成了三个新的能量成分相同的 sp^2 杂化轨道，如图 1-20 所示。这三个杂化轨道在同一平面，夹角为 120°，分别与三个氟原子的一个 2p 轨道重叠形成三个 σ 键，所以 BF_3 分子为平面三角形。

（3）sp^3 杂化　由一个 *n*s 轨道与三个 *n*p 轨道组合产生四个等同的 sp^3 杂化轨道，每个杂化轨道中含 1/4s 成分，3/4p 成分。杂化轨道间夹角为 109°28′，杂化轨道在空间成四面体分布。

CH_4 分子的形成属于这类杂化。C 原子的电子构型为 $1s^2 2s^2 2p^2$，2p 轨道有 2 个未成对电子，在形成甲烷分子时，C 原子的 2s 轨道中的一个电子激发到空的 $2p_z$ 轨道，使 C 原子的核外电子排布变为 $1s^2 2s^1 2p_x^1 2p_y^1 2p_z^1$。其中 2s 轨道和三个 2p 轨道杂化，从而形成四个新的能量相等、成分相同的 sp^3 杂化轨道，如图 1-21 所示。杂化轨道在空间成四面体分布，C 原子位于四面体的中心，杂化轨道之间的夹角为 109°28′，如图 1-21 所示，这四个杂化轨道分别与四个 H 原子的 1s 轨道沿键轴方向重叠，形成四个等同的 sp^3-s 的 σ 键。所以分子的空间结构为正四面体。

（4）sp^3d 杂化和 sp^3d^2 杂化　第三周期元素的原子由于 d 轨道能参与成键，所以还能生

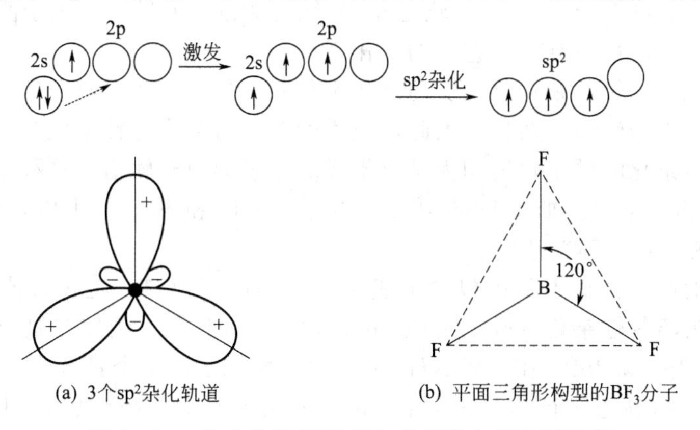

图 1-20　sp^2 杂化轨道及 BF_3 分子的空间构型示意

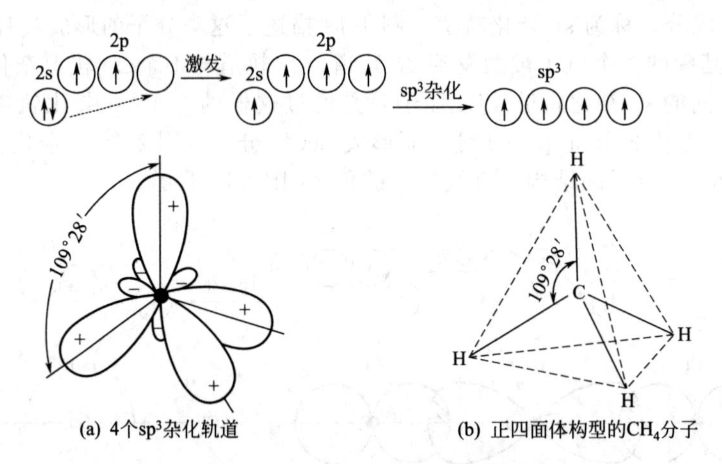

图 1-21　sp^3 杂化轨道形成示意和 CH_4 分子的构型

成由 s 轨道、p 轨道和 d 轨道组合的 sp^3d 和 sp^3d^2 等杂化轨道。PCl_5、SF_6 等分子中的磷、硫原子就是通过这些杂化轨道与 Cl 原子或 F 原子的原子轨道重叠而成键的。

在 PCl_5 形成过程中，中心原子 P 采用 sp^3d 杂化轨道，由一个 3s 和三个 3p 及一个 3d 轨道组合而形成 5 条 sp^3d 杂化轨道，其中 3 条杂化轨道互成 120°位于同一个平面上，另外 2 条杂化轨道垂直于这个平面，夹角 90°。PCl_5 分子的空间构型为三角双锥，如图 1-22 所示。

在 SF_6 形成过程中，中心原子 S 采用了 sp^3d^2 杂化轨道，由一个 3s 和三个 3p 及两个 3d 轨道组合而形成 6 条 sp^3d^2 杂化轨道。六个 sp^3d^2 轨道指向正八面体的六个顶点，杂化轨道间的夹角为 90°或 180°。SF_6 分子的空间构型为正八面体，如图 1-23 所示。

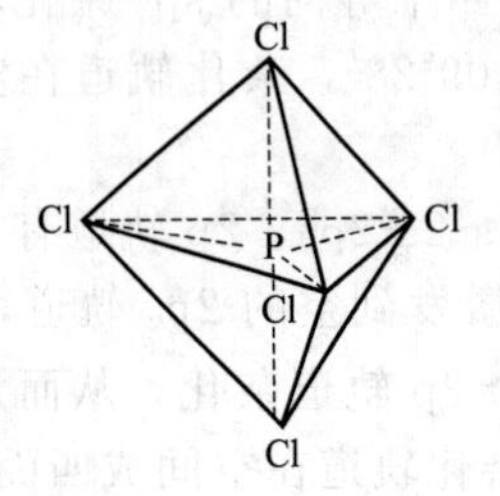

图 1-22　PCl_5 的空间构型

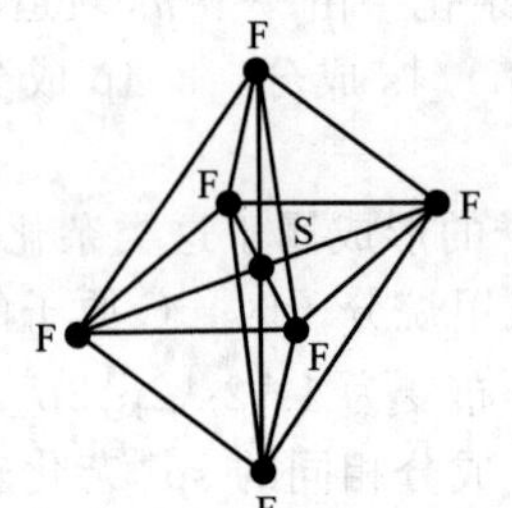

图 1-23　SF_6 的空间构型

以上 5 种杂化轨道（sp、sp^2、sp^3、sp^3d 和 sp^3d^2）是最常见的。需要注意的是，不是任何原子轨道都可以相互杂化，只有那些能量相近的原子轨道在分子形成过程中才能有效地杂化。例如 2s 和 2p 可以杂化，但 1s 轨道和 2p 轨道能量相差较大，电子激发所需的能量不能为成键时释放出的能量所补偿，它们的杂化就难于实现。

(5) 等性杂化与不等性杂化　轨道的杂化不仅限于具有不成对电子的原子轨道，成对电子的原子轨道也可参与轨道的杂化。因此，轨道的杂化可分为等性杂化与不等性杂化。

如果参与轨道杂化的原子轨道均为具有不成对电子的原子轨道，这种杂化称为**等性杂化**(equivalent hybridization)。如上述的 BF_3、CH_4、PCl_5 和 SF_6 分子中，中心原子分别为 sp^2、sp^3、sp^3d 和 sp^3d^2 等性杂化。

若参与杂化的原子轨道中不仅包含不成对电子的原子轨道，也包含成对电子的原子轨道，这种杂化称为**不等性杂化**（non-equivalent hybridization)。例如在氨分子中，N 原子的价电子构型为 $2s^2 2p_x^1 2p_y^1 2p_z^1$，在形成 NH_3 分子时，N 原子的 1 个具有成对电子的 2s 轨道和 3 个具有单电子的 2p 轨道进行 sp^3 不等性杂化，形成 4 个 sp^3 杂化轨道，其中 1 个 sp^3 杂化轨道上填充了 1 对电子，含有较多的 2s 轨道成分，能量稍低。另外 3 个 sp^3 杂化轨道上各填充 1 个电子，含有较多的 2p 轨道成分，能量稍高。3 个具有单电子的 sp^3 杂化轨道分别与 3 个 H 原子的具有单电子的 1s 轨道重叠，形成 3 个 N—H σ 键。具有孤对电子的未成键的 sp^3 杂化轨道电子云则密集于 N 原子周围。由于 sp^3 杂化轨道上未参与成键的孤对电子对 N—H 键成键电子有较强排斥作用，使 3 个 N—H 键键角缩小为 107°18′，小于 109°28′。所以，NH_3 分子的空间构型为三角锥形，如图 1-24 所示。又如在 H_2O 分子中，O 原子的价电子构型为 $2s^2 2p_x^2 2p_y^1 2p_z^1$，有两对成对电子。在形成 H_2O 分子时，O 原子也采取了 sp^3 不等性杂化，形成 4 个 sp^3 杂化轨道，有两个 sp^3 轨道上填充了 1 对电子，另两个 sp^3 杂化轨道各填充了 1 个电子，两个具有单电子的 sp^3 杂化轨道分别与 H 原子的具有单电子的 1s 轨道重叠形成两个 O—H σ 键，由于两个 sp^3 杂化轨道上两对未参与成键的孤对电子对 O—H 键更强的排斥作用，使 O—H 键键角变得更小，为 104°30′，所以，H_2O 分子的空间构型为 V 形，如图 1-25 所示。

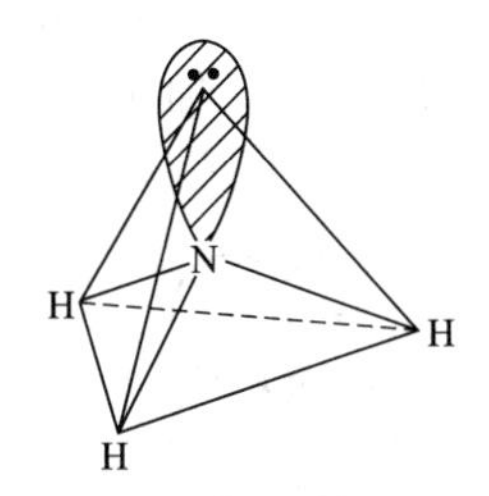

图 1-24 NH_3 分子的空间构型示意

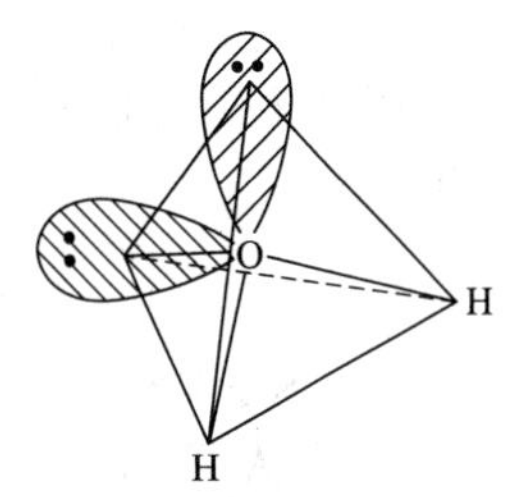

图 1-25 H_2O 分子的空间构型示意

1.2.4 分子轨道理论

价键理论及杂化轨道理论能成功地解释共价键的形成和分子的空间构型。但其在解释共价键的形成时，只考虑了未成对电子成键，且只将成键电子定域在两个成键原子之间，缺乏整体观念，这些不足使价键理论对许多分子的结构和性质难以解释。例如按照价键理论，电子配对成键，O_2 分子内应无未成对电子，但这与 O_2 分子具有顺磁性的实验事实不相符。此外发现在氢的放电管中存在 H_2^+ 离子等。1932 年，美国化学家密立根（R. S. Mulliken）和德国化学家洪特（F. Hund）提出了一种新的共价键理论——**分子轨道理论**（molecular orbital theory，简称 MO 法）。该理论着眼于分子的整体，引入分子轨道的概念，在所有原子核及其他电子所组成的统一势场中考虑分子中每个电子的运动，因此能较好地说明分子中电子对键、单电子键、三电子键的形成及多原子分子的结构。分子轨道理论发展得很快，在现代化学键理论中占有很重要的地位。本书对该理论的介绍仅限于第一、第二周期同核双原子分子，借以说明该理论的一些基本概念。

1.2.4.1 分子轨道理论的基本要点

① 分子轨道理论把分子看做一个整体，其中的电子不再从属于某个特定的原子而是在遍及整个分子空间范围内运动。正如在原子中每个电子的运动状态可用波函数来描述那样，分子中每个电子的运动状态也可用相应的波函数 ψ 来表示，ψ 称为**分子轨道函数**（molecular orbital function），简称**分子轨道**（molecular orbital）。原子轨道常用光谱符号 s、p、d、f…表示，分子轨道则常用对称符号 σ、π、δ…表示。

② 分子轨道是由分子中原子的原子轨道线性组合而得到的。分子轨道的数目等于组成分子的各原子的原子轨道数目之和。例如 2 个原子的 2 个 1s 轨道可以组合成 2 个分子轨道（σ_{1s} 和 σ_{1s}^*），2 个 2s 轨道可以组合成 2 个分子轨道（σ_{2s} 和 σ_{2s}^*），6 个 2p 轨道可组合成相应的 6 个分子轨道（称为 σ_{2p_x}，π_{2p_z}，π_{2p_y} 和 $\pi_{2p_z}^*$，$\pi_{2p_y}^*$，$\sigma_{2p_x}^*$）。其中有一半分子轨道分别由正负符号相同的两个原子轨道叠加而成，电子在两核间出现的概率密度较大，电子同时受两核

吸引，故其能量较原来的原子轨道能量低，有利于成键，称为**成键分子轨道**（bonding molecular orbital），如σ、π轨道；另一半分子轨道分别由正负符号不同的两个原子轨道叠加而成，电子在两核间出现的概率密度较小，因此两核共同吸引电子的能力减弱，故其能量较原来的原子轨道能量高，不利于成键，称为**反键分子轨道**（anti-bonding molecular orbital），如σ^*、π^*轨道。

③ 原子轨道要有效地线性组合成分子轨道，要遵循对称性匹配原则、能量相近原则和轨道最大重叠原则。

a. 对称性匹配原则　只有对称性匹配的原子轨道才能有效组合成分子轨道。从原子轨道的角度分布图可以看出，它们对于某些点、线、面等有着不同的空间对称性。根据两个原子轨道的角度分布图中波瓣的正、负号相对于键轴（设为x轴）或相对于键轴所在的某一平面的对称性可决定其对称性是否匹配。对称性匹配的两原子轨道组合成分子轨道时，波瓣符号相同（即＋＋重叠或－－重叠）的两原子轨道组合成成键分子轨道；波瓣符号相反（即＋－重叠）的两原子轨道组合成反键分子轨道。图1-26表示两原子沿x轴相互接近时，s和p轨道的几种重叠情况。

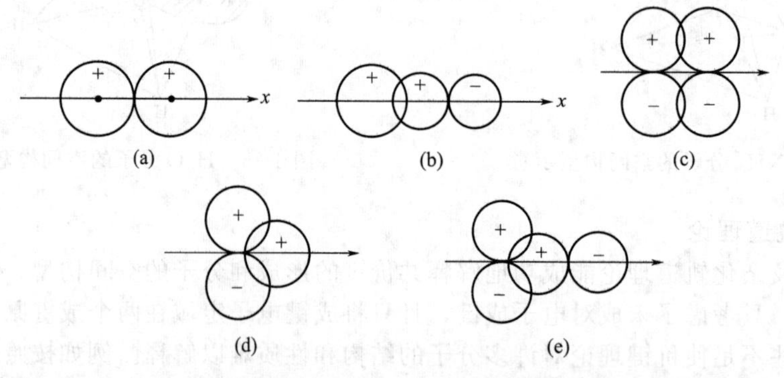

图1-26　原子轨道组合成分子轨道时的对称性

b. 能量相近原则　只有能量相近的原子轨道才能组合成有效的分子轨道，而且能量越相近越有利于组合。若两个原子轨道的能量相差很大，则不能组合成有效的分子轨道。

c. 轨道最大重叠原则　两个原子轨道要有效组合成分子轨道，必须尽可能多的重叠，以使成键分子轨道的能量尽可能降低。

在上述三条原则中，对称性是首要的，它决定原子轨道能否组合成分子轨道，能量相似原则和轨道最大重叠原则则是决定组合的效率问题。

④ 电子在分子轨道上排布时，也遵循原子轨道电子排布的同样原则，即能量最低原理、泡利不相容原理和洪特规则。

⑤ 在分子轨道理论中，常用**键级**（bond order）来表示成键的强度。键级定义为：

$$键级=1/2(成键轨道上的电子数-反键轨道上的电子数) \tag{1-22}$$

一般来说，键级越大，键的强度越大，键越牢固，分子也越稳定。键级为零，表明分子不能存在。因此可以用键级的大小，近似定量地比较分子的稳定性。

1.2.4.2　分子轨道的能级图

量子力学认为，分子轨道由组成分子的各原子轨道组合而成。分子轨道总数等于组成分子的各原子轨道数目的总和。按照分子轨道对称性不同，可将分子轨道分为σ轨道和π轨道。图1-27分别表示s-s、p-p轨道组合成分子轨道的情况。其中σ_s、σ_{p_x}和π_{p_y}是成键轨道，它们的能量分别比原来的原子轨道能量低；σ_s^*、$\sigma_{p_x}^*$和$\pi_{p_y}^*$是反键轨道，它们的能量分别比原来的原子轨道能量高。

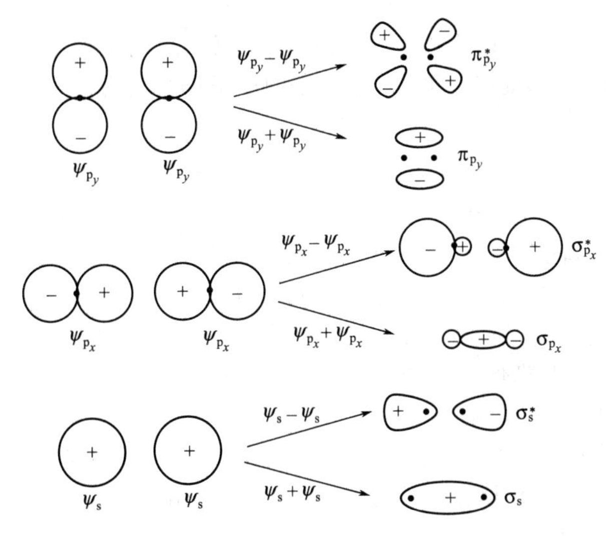

图 1-27　s 和 p 的原子轨道组合的分子轨道

分子轨道的能量高低目前主要是从光谱数据测定的。第一、二周期元素形成同核双原子分子时，其能级高低顺序有图 1-28 所示的两种情况。如果原子的 2s 和 2p 轨道的能量差很大（如 O 和 F 原子），当两个原子相互接近时，不会发生 2s 和 2p 轨道之间的相互作用，其分子轨道能级图如图 1-28(a) 所示（能量 $\pi_{2p}>\sigma_{2p}$）。如果组成分子的原子中 2s 和 2p 轨道的能量相差很小（如 B、C、N 原子），当两个原子相互接近时，不但会发生 s-s 和 p-p 重叠，也会发生 s-p 重叠，以致改变了能级次序，如图 1-28(b) 所示，此时能量 $\pi_{2p}<\sigma_{2p}$。O_2、F_2 分子的分子轨道能级顺序为：

$$\sigma_{1s}<\sigma^*_{1s}<\sigma_{2s}<\sigma^*_{2s}<\sigma_{2p_x}<\pi_{2p_y}=\pi_{2p_z}<\pi^*_{2p_y}=\pi^*_{2p_z}<\sigma^*_{2p_x}$$

N 元素及 N 之前的第一、二周期元素形成的同核双原子分子的分子轨道能级顺序为：

$$\sigma_{1s}<\sigma^*_{1s}<\sigma_{2s}<\sigma^*_{2s}<\pi_{2p_y}=\pi_{2p_z}<\sigma_{2p_x}<\pi^*_{2p_y}=\pi^*_{2p_z}<\sigma^*_{2p_x}$$

1.2.4.3　应用举例

下面通过几个具体的例子来说明分子轨道理论的应用。

(1) H_2^+ 离子　H_2^+ 离子是由一个氢原子和一个氢离子组成，当一个氢原子的 1s 原子轨道与另一个氢离子的 1s 原子轨道相互重叠，可以组成一个成键轨道 σ_{1s} 和一个反键轨道 σ^*_{1s}。一个电子填入能量低的 σ_{1s} 成键分子轨道上，H_2^+ 离子中形成一个单电子 σ 键，H_2^+ 离子的键

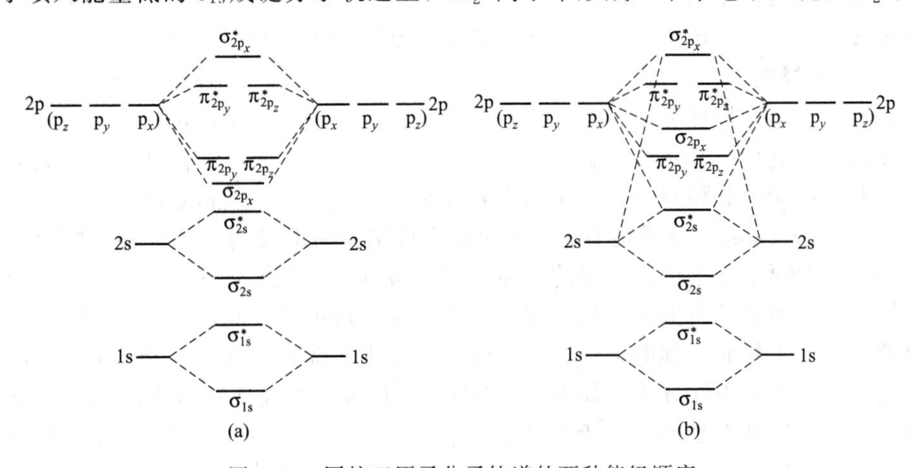

图 1-28　同核双原子分子轨道的两种能级顺序

级为：(1－0)/2 =1/2，分子轨道的电子排布式为：H_2^+ $[\sigma_{1s}^1]$。

(2) N_2 分子　N_2 分子由两个 N 原子构成，N 原子的电子构型是 $1s^2 2s^2 2p^3$，N_2 分子的 14 个电子按图 1-28 (b) 填充，可得 N_2 分子的电子排布式为：

$$N_2 \quad [(\sigma_{1s})^2(\sigma_{1s}^*)^2(\sigma_{2s})^2(\sigma_{2s}^*)^2(\pi_{2p_y})^2(\pi_{2p_z})^2(\sigma_{2p_x})^2]$$

也可以简写为：N_2　$[KK(\sigma_{2s})^2(\sigma_{2s}^*)^2(\pi_{2p_y})^2(\pi_{2p_z})^2(\sigma_{2p_x})^2]$

式中，KK 表示两个 N 原子的 K 层电子（即 $1s^2$ 电子）。这些电子因处于内层，重叠很少，基本上保持原子轨道的状态，对成键无贡献。并且 $(\sigma_{2s})^2$ 与 $(\sigma_{2s}^*)^2$ 对成键的贡献也互相抵消，在 N_2 分子中对成键有贡献的主要是 $(\pi_{2p_y})^2$、$(\pi_{2p_z})^2$ 和 $(\sigma_{2p_x})^2$ 这三对电子，即形成两个 π 键和一个 σ 键。N_2 分子的键级为：(8－2)/2 =3。由于所有 2p 电子都填入成键分子轨道，N_2 分子能量大大降低，再加上 N_2 分子中 π 键能量较低，形成的 π 键也较稳定，即 N_2 分子在一般情况下不活泼的原因。

(3) O_2 分子　O 原子的电子排布式为 $1s^2 2s^2 2p^4$，每个 O 原子核外有 8 个电子，O_2 分子的 16 个电子按图 1-28 (a) 填充，可得 O_2 分子的电子排布式为：

$$O_2 \quad [(\sigma_{1s})^2(\sigma_{1s}^*)^2(\sigma_{2s})^2(\sigma_{2s}^*)^2(\sigma_{2p_x})^2(\pi_{2p_y})^2(\pi_{2p_z})^2(\pi_{2p_y}^*)^1(\pi_{2p_z}^*)^1]$$

也可以简写为：O_2　$[KK(\sigma_{2s})^2(\sigma_{2s}^*)^2(\sigma_{2p})^2(\pi_{2p})^4(\pi_{2p}^*)^2]$

在 O_2 分子中，对成键有贡献的是 $(\sigma_{2p_x})^2$ 和 $(\pi_{2p_y})^2(\pi_{2p_z})^2(\pi_{2p_y}^*)^1(\pi_{2p_z}^*)^1$，分别构成一个两电子的 σ 键和两个叁电子的 π 键。O_2 分子的键级为：(8－4)/2 =2。从 O_2 分子的分子轨道能级图中可以看到 O_2 分子有两个成单电子，所以 O_2 分子具有顺磁性，这就能圆满地解释 O_2 有顺磁性的实验事实。

综上所述，价键理论将共价键看作两个原子之间的定域键，反映了原子间直接的相互作用，虽不全面，但却形象直观，且易于与分子的几何构型相联系；分子轨道理论着眼于分子的整体性，数学形式完整，可对那些价键理论不能说明的问题给予比较合理的解释。例如它成功地解释了氧分子的顺磁性和单电子键的存在。但分子轨道理论的缺点是不够直观，不易与实际情况联系起来。

1.2.5　分子间力和氢键

除了分子内原子之间存在相互作用力（化学键）外，分子与分子之间也有相互作用力，这种作用力比化学键弱得多，只有大约几十千焦每摩尔。但就是靠这种分子间作用力气体分子才能凝聚成相应的液体和固体。由于范德华对这种作用力进行了卓有成效的研究，所以分子间作用力又称为**范德华力**（van der Waals force）。分子间力的大小与分子的结构有关，也与分子的极性有关。为了说明分子间力，首先介绍分子的极性和偶极矩。

1.2.5.1　分子的极性

(1) 极性分子与非极性分子　在任何一个分子中都可以找到一个正电荷中心和一个负电荷中心。按分子的电荷中心重合与否，可以把分子分为极性分子和非极性分子。如果分子的正电荷中心和负电荷中心相互重合，则为**非极性分子**（non-polar molecule)；反之，则为**极性分子**（polar molecule)。分子是由原子通过化学键结合而形成的。分子有无极性显然与键的极性有关。在双原子分子中，分子的极性和键的极性是一致的。如果是两个相同的原子，由于电负性相同，两原子所形成的化学键为非极性键，这种分子是非极性分子，如 H_2、O_2 等。如果两个原子不相同，其电负性不等，所形成的化学键为极性键，分子中正负电荷中心不重合，这种分子就为极性分子，如 HCl、HBr、HF 等。由极性键组成的双原子分子，键的极性越大，分子的极性也越大。但对于多原子分子来说，分子的极性不仅取决于键的极性，而且还取决于分子的空间构型。例如在 CO_2 和 SO_2 这两种分子中，虽然都为极性键，但是因为CO_2分子具有直线形的构型，键的极性互相抵消，因此它是一个非极性分子；相反地，SO_2分子具有角形的构型，键的极性不能抵消，是一个极性分子。

（2）偶极矩　分子的极性大小和方向可以用偶极矩（dipole momentum）μ来度量，偶极矩是各键矩的矢量和，$\mu=q\cdot d$，d为偶极长（正负电荷中心之间的距离），q为正负电荷中心上的电荷量，单位是库·米（C·m），它的方向是由正到负，μ越大，分子的极性越大。若某分子$\mu=0$则为非极性分子，$\mu\neq 0$为极性分子。

要注意的是，键长与偶极长是两种不同的概念。用现代的实验技术可以测定分子的键长以及分子的偶极矩。但无法单独测定偶极长d及偶极电荷电量q。

偶极矩是表示物质性质和推测分子构型的重要物理量。常被用来验证和判断一个分子的空间结构。如NH_3和BF_3都是四原子分子，$\mu(NH_3)=4.94\times10^{-30}$ C·m，$\mu(BF_3)=$ 0C·m，说明NH_3是极性分子，为三角锥形的构型；BF_3是非极性分子，为平面三角形的构型。

1.2.5.2 分子间力

（1）分子的极化　分子在外界电场的作用下发生结构上的变化称为**极化**（polarization）。在电场中，非极性分子中带正电荷的核被吸引向负极，而电子云被吸引向电场的正极，结果导致分子中正负电荷的中心发生了相对位移，分子的外形发生了改变，分子出现偶极，如图1-29所示。这种在外电场影响下产生的偶极叫**诱导偶极**（induction dipole），其对应的偶极矩叫**诱导偶极矩**（induction dipole momentum）。诱导偶极的大小与外电场的强度和分子的变形性成正比，分子的变形性也称为**极化度**（polarizability）。当外界电场消失时，诱导偶极也会消失。极性分子的正、负电荷中心不重合，分子中会始终存在一个正极和一个负极，极性分子的这种固有的偶极叫**固有偶极**（permanent dipole）。当极性分子受到外电场作用时，分子的偶极会按电场的方向定向，即它们的正极被引向电场的负极，负极被引向电场的正极，如图1-29所示。这一过程称为分子的**取向极化**（orientation polarization）；同时，在电场的影响下，极性分子也会变形而产生诱导偶极。所以，极性分子的极化是分子的取向和变形的总结果。

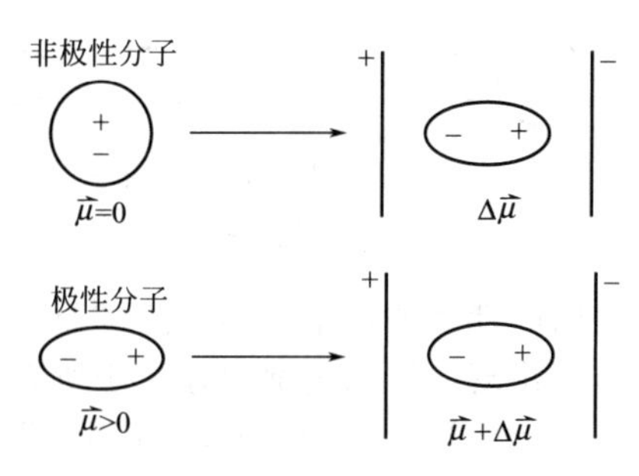

图1-29　分子在电场中的极化

总之，在外电场的影响下，非极性分子可以产生偶极，极性分子的偶极会增大。

（2）分子间力　分子间作用力一般包括以下几种。

① **取向力**（orientation force）　指极性分子和极性分子之间的作用力，又称为库仑力。当两个极性分子相互靠近时，由于极性分子有偶极，所以同极相斥，异极相吸，使分子按一定的取向排列，如图1-30所示，从而使化合物处于一种比较稳定的状态。这种固有偶极之间的静电引力叫做取向力。分子的偶极矩越大，取向力越大；温度越高，取向力越小；分子间距离越大，取向力越小。

② **诱导力**（induction force）　指在极性分子和非极性分子之间以及极性分子之间存在的作用力，又称为德拜力。当极性分子与非极性分子靠近时，非极性分子在极性分子的固有偶极电场作用下，原来重合的正负电荷中心不再重合，从而产生了诱导偶极，如图1-31所示。这种诱导偶极与极性分子的固有偶极之间的作用力为诱导力。在极性分子之间，由于它

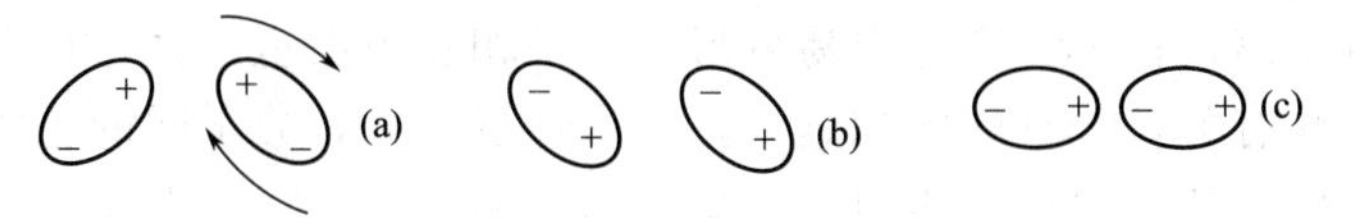

图1-30　极性分子间取向力示意

们相互作用，每一个分子也会由于变形而产生诱导偶极，其结果是产生了诱导力。诱导力的本质是静电作用。极性分子的偶极矩越大，被诱导的分子的变形性越大，诱导力越大；分子间距离越大，诱导力越小；诱导力的大小与温度无关。

③ **色散力**（dispersion force） 通常情况下非极性分子的正负电荷中心是重合的，但在核外电子的不断运动和原子核的不断振动下，正负电荷中心会有瞬间的不重合，从而产生**瞬时偶极**（instantaneous dipole），这种瞬时偶极可使和它相邻的另一非极性分子产生瞬时诱导偶极，于是两个偶极处在异极相邻的状态，而产生分子间吸引力，如图 1-32 所示。分子间这种由瞬时偶极相互作用而产生的力叫色散力，又称伦敦力。非极性分子之间只存在色散力，极性分子之间除取向力和诱导力外也存在色散力。色散力的大小与分子变形性有关，变形性越大，色散力越大；分子间距离越大，色散力越小；此外色散力还与分子的电离势有关。

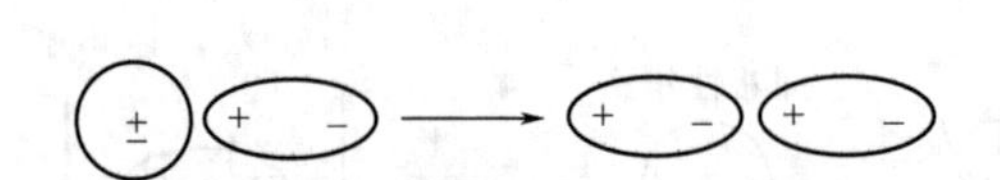

图 1-31 非极性分子和极性分子间诱导力示意

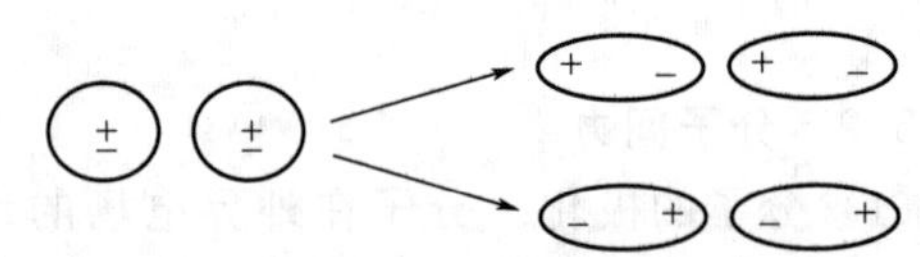

图 1-32 非极性分子间色散力示意

瞬时偶极的产生虽然时间极短，相互间的作用也比较微弱，但异极相邻的状态却是不断地重复出现，所以色散力存在于所有分子之间。

综上所述，分子间的作用力可分为 3 种：在极性分子之间同时存在取向力、诱导力和色散力；在极性分子和非极性分子之间，既有诱导力也有色散力；而在非极性分子之间只存在色散力。根据量子力学计算结果，一些分子间 3 种作用力大小的分配情况见表 1-9 所列。除极少数强极性分子（如 H_2O）外，大多数分子间的作用力以色散力为主。

表 1-9 分子间作用力的分配

分子	偶极矩($\mu_{实}$)/$\times10^{-30}$ C·m	取向力/(kJ/mol)	诱导力/(kJ/mol)	色散力/(kJ/mol)	总作用力/(kJ/mol)
Ar	0	0.000	0.000	8.49	8.49
CO	0.39	0.003	0.008	8.74	8.75
HI	1.40	0.025	0.113	25.86	25.98
HBr	2.67	0.686	0.502	21.92	23.09
HCl	3.60	3.305	1.004	16.82	21.13
NH_3	4.90	13.31	1.548	14.94	29.58
H_2O	6.17	36.39	1.929	8.996	47.28

分子间作用力就其本质来说是一种静电力，有如下特点。

① 它是永远存在于分子间的作用力。在一般分子中色散力往往是主要的，只有对极性很大的分子取向力才占主要部分。

② 分子间作用力通常表现为近距离的吸引力，作用范围很小（约为 300～500pm）。当分子稍微远离时，分子间作用力迅速减弱（与分子间距离的六次方成反比）。根据量子力学理论计算，取向力和诱导力都与分子的偶极矩平方成正比，亦即分子的极性越强，作用力也越大。诱导力还与被诱导的非极性分子或极性分子本身的变形性有关，如分子中各原子外层电子数目较多，电子离核较远，则越容易变形，原子相互吸引也越强。色散力大小主要与相互作用分子的变形性有关，分子的体积越大，变形性也越大，分子间的色散力也越强。除了取向力与温度有关外，其余两种作用力，受温度的影响不大。

③ 分子间作用力一般来说没有饱和性和方向性，只要分子周围空间许可，当气体分子

凝聚时，它总是吸引尽量多的其他分子于其正负两极周围。作用力的大小比化学键能小1～2个数量级，一般为几到几十kJ/mol。分子间作用力主要影响物质的熔沸点等物理性质，而化学键主要影响物质的化学性质。

物质的一些物理性质如沸点、熔点、气化热、溶解度、黏度等都与分子间作用力有关。一般说来，分子间作用力越强，物质的熔点、沸点越高。例如，CF_4、CCl_4、CBr_4、CI_4都是非极性分子，分子间只存在色散力。由于色散力随相对分子质量增大而递增，所以它们的沸点依次递增。分子间作用力小的物质熔沸点都低，一般为气体。溶解度的大小也受分子间作用力大小的影响，所谓"相似相溶"，就是指溶剂分子和溶质分子的极性相似时，溶质更容易溶解，溶解度就会更大。

1.2.5.3 氢键

同族元素氢化物的熔、沸点一般都随相对分子质量的增大而升高。例如，对于氧族氢化物H_2O、H_2S、H_2Se和H_2Te，它们结构相似，相对分子质量逐渐增大，熔、沸点应逐渐增大，但H_2O的相对分子质量在组内最小，而熔、沸点却最高。NH_3在氮族氢化物，HF在卤族氢化物中都有类似情况。上述的反常现象是因为H_2O、HF、NH_3分子间除了范德华力外，还存在着一种特殊作用，这种作用比化学键弱，但比分子间作用力强，是一种特殊的分子间作用力——氢键。水的物理性质十分特殊，除熔沸点高外，水的介电常数和比热容较大，而且水结成冰后密度变小，这些现象可以用氢键予以解释。

（1）氢键的形成　所谓**氢键**（hydrogen bond），是指分子中与电负性很大的原子X以共价键相连的H原子，和另一分子中（或分子内）一个电负性很大的原子Y之间所形成的一种弱键，可表示为：X—H…Y。X、Y均是电负性大、半径小的原子，最常见的有F、O、N原子。例如，当H和F、O、N以共价键结合成HF、H_2O和NH_3等分子时，成键的共用电子对强烈地偏向于F、O、N原子一边，使得H几乎成为"赤裸"的质子，又由于质子的半径特别小，所以正电荷密度很大，它不被其他原子的电子云所排斥，能与另一个F、O或N原子上的孤对电子相互吸引形成氢键（图1-33）。

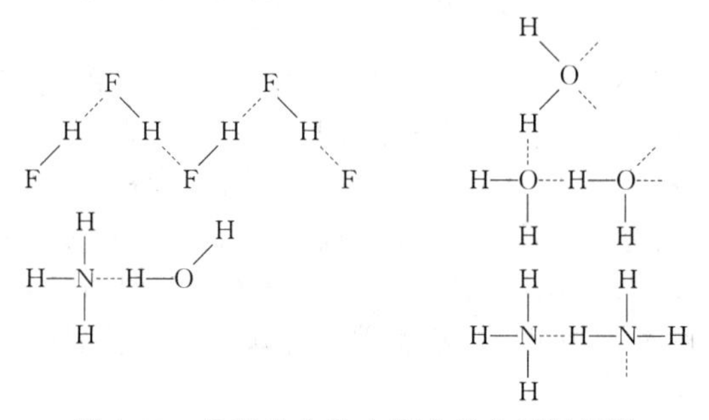

图1-33　几种化合物中存在的分子间氢键

（2）氢键的特点和种类　氢键比化学键弱得多，但比分子间作用力稍强，其键能是指由X—H…Y—R分解成X—H和Y—R所需的能量，大约在10～40kJ/mol。氢键键长是指X—H…Y中H原子中心到Y原子中心的距离，它比共价键大得多。氢键的强弱与X和Y的电负性大小有关。它们的电负性越大，则氢键越强。此外氢键的强弱也与X和Y的原子半径大小有关。例如：F原子的电负性最大，半径又小，形成的氢键最强。Cl原子的电负性较小，一般不易形成氢键。根据元素电负性大小，形成氢键的强弱次序如下：

$$F—H\cdots F>O—H\cdots O>O—H\cdots N>N—H\cdots N$$

氢键具有方向性和饱和性。**氢键的方向性**（the direction of hydrogen bond）是指Y原子与X—H形成氢键时，在尽可能的范围内要使氢键的方向与X—H键轴在同一个方向，即使X—H…Y在同一直线上。因为这样成键，可使X与Y的距离最远，两原子电子云之间的斥力最小，因而形成的氢键愈强、体系愈稳定。**氢键的饱和性**（the saturation of hydrogen bond）是指每一个 X—H 只能与一个 Y 原子形成氢键。由于氢原子的半径比 X 和 Y 的原子半径小很多，当 X—H 与一个 Y 原子形成氢键 X—H⋯Y 后，如果再有一个极性分子的 Y 原子靠近它们，则这个原子的电子云受 X—H⋯Y 上的 X 和 Y 原子电子云的排斥力，比受带正电性 H 的吸引力大，因此 X—H 上的这个氢原子不可能与第二个 Y 原子再形成第二个氢键。

氢键可分为两种类型，**分子间氢键**和**分子内氢键**。所谓**分子间氢键**（intermolecular hydrogen bond），即一个分子的 X－H 键和另一个分子的原子 Y 相结合而成的氢键。同种分子间和异种分子间都可以形成分子间氢键。如水与水、氨与氨之间的氢键为同种分子间氢键，氨与水、甲醇与水之间形成的氢键为异种分子间氢键，如图 1-33 所示。

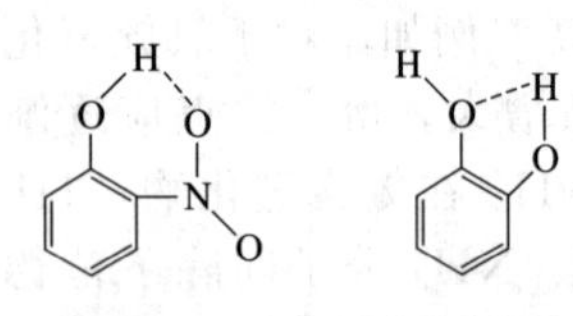

图 1-34　分子内氢键

一个分子内部也可以形成氢键，如一个分子的 X—H 键与它内部的原子 Y 相结合而成的氢键，则称为**分子内氢键**（intramolecular hydrogen bond），如图 1-34 所示。苯酚的邻位上有—CHO、—COOH、—OH 和—NO_2 等基团时，即可形成分子内氢键。分子内氢键常常不在一条直线上。某些无机分子也存在分子内氢键，如 HNO_3。

（3）氢键对物质性质的影响　氢键的形成对物质的性质有各种不同的影响。形成分子间氢键后，由于分子间有较强作用力，会使物质的熔沸点升高，黏度变大，在极性溶剂中的溶解度增大；而形成分子内氢键后，减弱了分子之间的氢键作用，一般会使化合物沸点、熔点降低，汽化热、升华热减小，也会使物质在极性溶剂中的溶解度下降。如邻位硝基苯酚由于存在分子内氢键，它比间位、对位硝基苯酚在水中的溶解度要小，而更易溶于非极性溶剂中。邻硝基苯酚的熔点为 318K，而间位和对位异构体的熔点分别为 369K 和 387K。

总之，氢键普遍存在于许多化合物与溶液之中，虽然氢键键能不大，但它对物质的酸碱性、密度、介电常数、熔沸点等物理化学性质有各种不同的影响，在各种生化过程中也起着十分重要的作用。

生物体内的蛋白质和 DNA 分子内或分子间都存在大量的氢键。蛋白质分子是由许多氨基酸以肽键缩合而成，这些长链分子之间又是靠羰基上的氧和氨基上的氢以氢键（C═O⋯H—N）彼此在折叠平面上相连接，蛋白质长链分子本身又可成螺旋形排列，螺旋各圈之间也因存在上述氢键而增强了结构的稳定性。此外，更复杂的 DNA 双螺旋结构也是靠大量氢键相连而稳定存在的，如图 1-35 所示。没有氢键就没有这些大分子的特殊又稳定的结构，正是这些大分子支撑了生物机体，担负着贮存营养、传递信息等重要的生物功能。

1.2.6　超分子和分子工程学

超分子（supramolecule）通常是指由两种或两种以上分子依靠分子间相互作用结合在一起，组成复杂的、有组织的聚集体，并保持一定完整性使其具有明确的微观结构和宏观特性。

1987 年法国科学家诺贝尔化学奖获得者莱恩（J. M. Lehn）首次提出了“超分子化学”这一概念，他指出：“基于共价键存在着分子化学领域，基于分子组装体和分子间键而存在着超分子化学”。**超分子化学**（supramolecular chemistry）是基于分子间的非共价键相互作用而形成的分子聚集体的化学，换句话说分子间的相互作用是超分子化学的核心。在超分子化学中，不同类型的分子间相互作用是可以区分的，根据他们不同的强弱程度、取向以及对距离和角度的依赖程度，可以分为：金属离子的配位键、氢键、π-π 堆积作用、静电作用和疏水作用等。它们的强度分布由 π-π 堆积作用及氢键的弱到中等，到金属离子配位键的强或非常强，这些作用力成为驱动超分子自组装的基本方法。人们可以根据超分子自组装原则，

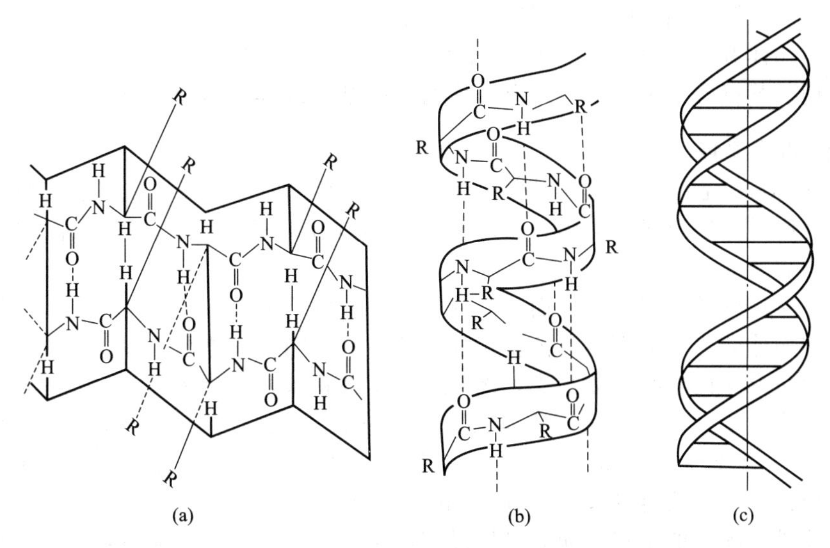

图 1-35　蛋白质多肽折叠结构（a）蛋白质 α-螺旋结构（b）和 DNA 双螺旋结构（c）示意

以分子间的相互作用力为工具，把具有特定结构和功能的组分或建筑模块按照一定的方式组装成新的超分子化合物。这些新的化合物不仅仅能表现出单个分子所不具备的特有性质，还能大大增加化合物的种类和数目。如果人们能够很好地控制超分子自组装过程，就可以按照预期目标更简单、更可靠地得到具有特定结构和功能的化合物。

在化学界，是超分子将复杂性引入化学领域。正如莱恩所指出的“从初始的粒子到核、原子、分子、超分子和超分子集合的进程表示复杂性的梯级进步。粒子相互作用形成原子、原子形成分子、分子再形成超分子和超分子综合。在每一层次上，新的特征明显地在较低层次不存在。这说明化学发展的主线是走向复杂性和复杂物的出现”。从目前的认识水平来看，超分子是化学层级构造中最高层次的复杂物，这就决定了化学家对它的研究不能再沿袭以往那些对简单物研究所采用的模式和方法，而必须采用适合于研究复杂物的模式和方法。

超分子化学的出现为化学进化过渡到生物进化提供了一条可行的途径，正如前文所指，超分子所具有的自组织、复杂性已经显示出它具备了生物体所要求的基本功能特征：自组织、识别、匹配等。这样，化学就在超分子层次同生物学建立了一种互通信息的桥梁，两者之间的密切联系具有了可以操作的现实基础。一方面，化学家能借用普通的化学分子构造出向生物体过渡的超分子；另一方面，生物进化也通过对超分子的研究反观化学进化的进程。通过化学家对生物体的详细考察，化学能够在精细的分子水平和方式上对物体功能的发挥提供详细解释。如此，化学与生物学越走越近，并在某种程度上可能融为密不可分的体系。同时，化学从生物学那里接受了挑战。在超分子化学中，对分子信息和功能的强调使得原本只有生物学才有的研究对象拓展到化学层次上，化学分子由此成为生命组织的逻辑分子，依靠这种逻辑分子，生物体能够进行秩序化、规则化的组织，遵循自然产生的规律进化和发展。

分子工程是指根据某种特定需要，依据结构-性能间关系的知识，在分子水平上实现结构的设计和施工。分子工程是人们向往已久的一个长远科学目标，正在形成和发展中。蛋白质工程是目前发展较快的分子工程，在催化材料、药物、高分子合成、功能材料等方面，都有一些初步的成果。

1.3　晶体的结构与性质

物质常见的三态是气态、液态和固态。固态物质简称固体，在固体中，原子、分子、离子或原子团等被限制在固定的位置周围振动，所以固体具有比较刚性的结构，难以被压缩。固体可以分为晶体和非晶体。自然界中大多数固体物质都是晶体，如红宝石、金刚石、石英、食盐、糖、苏打等。本节主要介绍晶体物质的结构及其与物理性质的关系。

1.3.1 晶体和非晶体

晶体（crystal）是由在空间排列得很有规律的微粒（原子、分子、离子或原子团）组成的。微粒无规则排列则形成非晶体，又称**无定形体**（amorphous solid）。人们常从以下三方面来区别晶体和非晶体。

（1）晶体有规则的几何外形，而非晶体没有一定的外形　有些晶体很大，从外观看，呈现出美丽的多面体外形。如石英晶体呈棱柱或棱锥状；明矾晶体呈八面体形；雪花有多种形状，但都为六角形。而有些晶体很小，肉眼看来是细粉末，似乎不具备整齐的外观，但借助于光学显微镜或电子显微镜也可以观察到它们整齐而有规则的外形，这种晶体称为**微晶体**（micro crystal）。沥青、石蜡等是非晶体，它们冷却凝固时不会自发形成多面体外形，没有特征形状，所以又称为**无定形体**（amorphous solid）。

（2）晶体具有固定的熔点，而非晶体没有固定的熔点　将晶体加热至一定温度时便开始熔化。继续加热时，在晶体没有完全熔化之前，液固两相共存，温度保持恒定，待晶体完全熔化后，温度才开始上升。而非晶体受热时，只是慢慢软化而成液态，它没有固定的熔点。

（3）晶体显各向异性，而非晶体显各向同性　晶体的某些性质，如光学性质、力学性质、导热导电性、膨胀系数、折射率等，从不同方向去测定时，常常是不同的。例如，石墨晶体内，平行于石墨层方向比垂直于石墨层方向的热导率要大 4～6 倍、电导率要大 1 万倍以上。晶体的这种性质称为**各向异性**（anisotropy），而非晶体是各向同性的。

用 X 射线衍射实验研究晶体结构表明：晶体内部微粒（原子、分子、离子或原子团）在三维空间作有规则的周期性排列，周期性的排列规律贯穿于整个晶体内部（微粒分布的这种特点称为远程有序）；非晶体内部微粒的排列是无序的，不规律的。为了便于研究晶体中微粒的排列规律，可以把晶体中规则排列的微粒抽象为几何学中的点，并称为**结点**（node）。间距相等的点排成一行直线点阵，直线点阵平行排列而形成一个平面点阵，许多平面点阵平行排列即形成三维点阵，空间点阵的基本特征是周期性。把这些点连成一条条直线，便构成了空间格子，简称为**晶格**（lattice）。在晶格中，能表现出其结构的一切特征的最小重复单位称为**晶胞**（unit cell）。按照晶格中微粒的种类和微粒间作用力的不同，可以把晶体分为：离子晶体、分子晶体、原子晶体和金属晶体。

1.3.2 离子晶体及其性质

凡靠正、负离子间静电吸引结合而成的晶体统称为**离子晶体**（ionic crystal）。离子化合物在常温下均为离子晶体。由于离子键没有方向性和饱和性，在晶格结点上正、负离子用密堆积方式相间作有规则的排列，整个晶体就是一个大分子。离子晶体中，晶格结点上有规则地交替排列着阴、阳离子。通常把晶体内某一粒子周围最接近的粒子数目，称为该粒子的配位数。NaCl 晶体内，Na^+ 和 Cl^- 的配位数都是 6。

在离子晶体中，晶格结点上阴、阳离子间静电引力较大，离子键的键能较大，因而离子晶体一般熔、沸点较高，硬度较大。大多数离子晶体物质易溶于极性溶剂中，在熔融状态下能导电。但在固体状态，离子被局限在晶格的某些位置上振动，因而绝大多数离子晶体几乎不导电。

1.3.2.1 离子晶体的几种最简单的结构形式

离子晶体中阴、阳离子在空间的排列情况是多种多样的。离子如何排布与离子所带电荷多少、正负离子的大小及离子的极化等因素有关。这里介绍 3 种最基本的 AB 型（只含有一

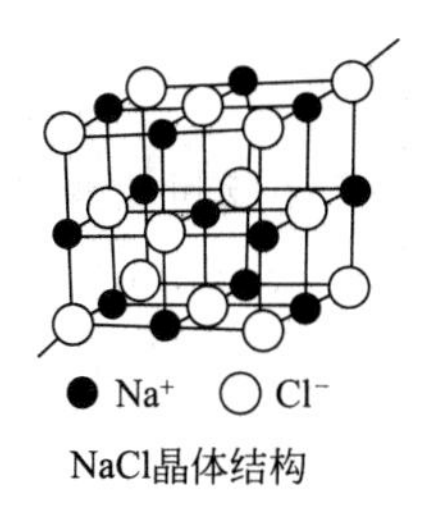

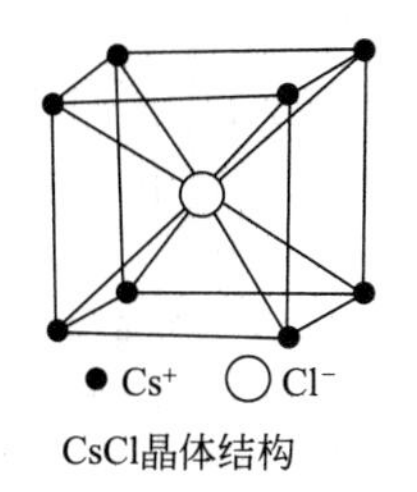

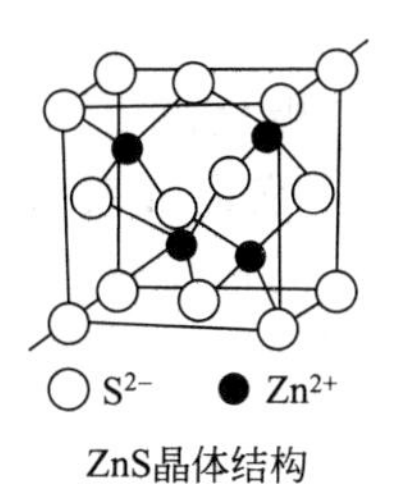

图 1-36　离子晶体的三种构型

种阳离子和一种阴离子，且两者电荷数相同）离子化合物的晶体结构即 NaCl 型、CsCl 型、立方 ZnS 型（图 1-36）。

（1）NaCl 型　NaCl 型结构是 AB 型离子晶体中相当普遍的结构类型。它的晶胞形状是正立方体，正负离子的配位数均为 6。具有这种结构类型的典型 AB 型化合物有 KCl、CaO、MnO、MgO、CaS 等。

（2）CsCl 型　在 CsCl 型晶体中，晶胞也是正立方体，其中每个正离子周围有 8 个负离子，每个负离子周围同样也有 8 个正离子，正负离子的配位数均为 8。许多晶体如 TlCl、TlBr、CsBr、CsI、NH_4Cl、NH_4Br、NH_4I 等均属 CsCl 型。

（3）立方 ZnS 型　在立方 ZnS 型晶体中，晶胞也是正立方体，但正负离子排列较复杂，正负离子配位数均为 4。BeO、ZnSe、CuCl、CuBr、CdS 等晶体均属立方 ZnS 型。

离子晶体的构型还与外界条件有关。当外界条件变化时，晶体构型也可能改变。例如，最简单的 CsCl 晶体，在常温下是 CsCl 型，但在高温下可以转变为 NaCl 型。这种化学组成相同而晶体构型不同的现象称为**同质多晶现象**（homogeneous polycrystalline）。

1.3.2.2　离子极化对化合物性质的影响

将分子极化的概念推广到离子体系，可以引出离子极化的概念。

每个离子作为带电的粒子，它可以在其周围产生相应的电场。在该电场作用下，使周围带异号电荷的离子的电子云发生变形，这一现象称为**离子的极化**（ionic polarization）。显然，离子极化的强弱取决于两个因素：一是离子的极化力；二是离子的变形性。

（1）离子的极化力　离子的**极化力**（polarizability）是指离子产生电场强度的大小。离子产生的电场强度越大，离子极化力越大。离子极化力与离子电荷、离子半径以及离子的电子构型等因素有关。离子电荷越高、半径越小，产生的电场强度越强，离子极化力越大。当离子电荷相同、半径相近时，离子的电子构型对离子极化力就起重要影响。18 电子、(18＋2) 电子以及 2 电子构型的离子具有强的极化力；9～17 电子构型的离子次之；8 电子构型的离子极化力最弱。

（2）离子的变形性　离子的**变形性**（deformation）是指离子在电场作用下，离子的电子云发生的变形。

离子的变形性主要取决于离子半径的大小。离子半径越大，一般来说变形性越大。

阴离子电荷越高，变形性越大；阳离子电荷越高，变形性越小。

当离子电荷相同、离子半径相近时，离子的电子构型对离子的变形性就产生决定性影响。9～17、18 和 (18＋2) 电子构型的离子，其变形性比 8 电子构型的离子大很多。

最容易变形的是体积大的阴离子和 18 及 (18＋2) 电子构型，电荷数少的阳离子；最不容易变形的是半径小、电荷数多的 8 电子构型的阳离子。

虽然阳离子和阴离子都有极化作用和变形性。但一般来说，阳离子由于带正电荷，外电子层上少了电子，所以极化力较强，变形性一般不大；而阴离子半径一般较大，外层上又多了电子，所以容易变形，极化力较弱。因此，当阴、阳离子相互作用时，多数情况下，主要考虑阳离子的极化作用和阴离子的变形性。

（3）离子的附加极化作用　如果阳离子也有一定的变形性（如半径较大且18电子构型的 Ag^{+}、Hg^{2+} 等），它也可被阴离子极化，极化后的阳离子又反过来增强了对阴离子的极化作用。这种加强了的极化作用称为**附加极化**（additional polarization）。随着极化作用的增强，阴离子电子云明显地向阳离子方向移动，使原子轨道重叠的部分增加，即离子键向共价键过渡。

（4）离子极化对化合物性质的影响

① 熔、沸点　例如在 $BeCl_2$、$MgCl_2$、$CaCl_2$ 等化合物中，Be^{2+} 离子半径最小，又是2电子构型，因此 Be^{2+} 有很大的极化能力，使 Cl^{-} 发生显著的变形，Be^{2+} 和 Cl^{-} 之间的键有显著的共价性，因此 $BeCl_2$ 具有较低的熔、沸点。$BeCl_2$、$MgCl_2$、$CaCl_2$ 的熔点依次为410℃、714℃、782℃。

② 溶解度　离子极化使离子键逐步向共价键过渡，根据相似相溶的原理，离子极化的结果导致化合物在水中的溶解度降低。例如，在银的卤化物中，溶解度按 AgF、AgCl、AgBr 和 AgI 依次递减。这是因为 Ag^{+} 极化力较强，而 F^{-} 半径小，不易发生变形，AgF 仍保持离子化合物性质，故在水中易溶。随 Cl^{-}、Br^{-}、I^{-} 半径依次增大，变形性也随之增大，所以这三种卤化银共价性依次增加，溶解度依次降低。

1.3.3　原子晶体和分子晶体

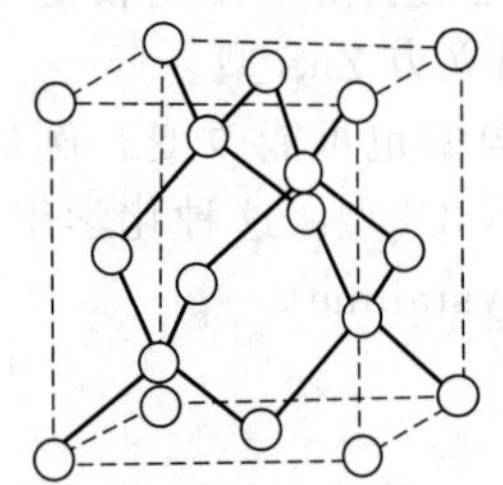
图 1-37　金刚石原子晶体

原子晶体的晶格结点上排列的微粒是原子，原子与原子之间以共价键相结合。组成一个由"无限"数目的原子构成的大分子，整个晶体就是一个巨大的分子，凡靠共价键结合而成的晶体统称为**原子晶体**（atomic crystal）。例如，金刚石就是一种典型的原子晶体（图1-37）。

在金刚石晶体中，每个碳原子都被相邻的4个碳原子包围（配位数为4），处在4个碳原子的中心，以 sp^3 杂化形式与相邻的4个碳原子结合，成为正四面体的结构。由于每个碳原子都形成四个等同的C—C键，把晶体内所有的碳原子联结成一个整体，因此在金刚石内不存在独立的小分子。

不同的原子晶体，原子排列的方式可能有所不同，但原子之间都是以共价键相结合的，特别是通过成键能力很强的杂化轨道成键。由于共价键的结合力强，键能很大，熔化时需很大能量破坏共价键，因此原子晶体都具有很高的熔点，硬度很大。原子晶体物质即使熔化也不能导电。

属于原子晶体的物质为数不多。除金刚石外，单质硅、碳化硅、石英、碳化硼和氮化硼等，亦属原子晶体。

凡靠分子间力（有时还可能是氢键）结合而成的晶体统称为**分子晶体**（molecular crystal）。分子晶体的特点是分子（包括极性分子和非极性分子，也包括像稀有气体那样的单原子分子）整齐排列在晶体中。干冰就是一种典型的分子晶体（如图1-38）。在 CO_2 分子内原子之间以共价键结合成 CO_2 分子，然后以整个分子为单位，占据晶格结点的位置。

稀有气体、大多数非金属单质（如 H_2、N_2、O_2、卤素单质等）和化合物（如 HCl、CH_4 等），在固态时都是分子晶体。有机化合物晶体大多数是分子晶体。

有些晶体形成还与氢键作用有关，例如冰、草酸、硼酸、间苯二酚等均属于氢键型分子晶体。

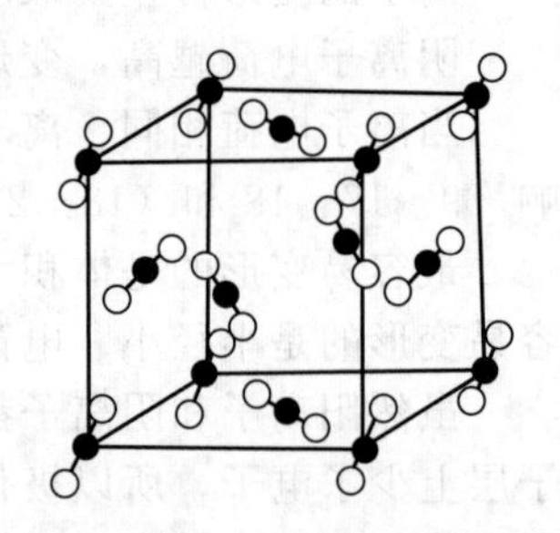
图 1-38　CO_2 分子晶体

不同的分子晶体，分子的排列方式可能有所不同，但分子之间都是以分子间力相结合的。由于分子间力较弱，只需较少的能量就可破坏晶体（此时分子内共价键无需破坏），因此分子晶体的熔点、沸点较低，硬度较小，挥发性大，在常温下以气体或液体存在，即使在常温下是固体，其挥发性也很大，常具有升华性质，如碘、萘等。分子晶体的熔、沸点随着分子间力的增大而升高；若分子间还有氢键，则其晶体的熔点、沸点将显著升高。

1.3.4　金属晶体

在金属晶体中，晶格结点上排列的粒子是金属原子或金属离子。20 世纪初特鲁德（P. Drude）和洛伦兹（H. A. Lorentz）就金属及其合金中电子的运动状态，提出了自由电子模型，认为金属原子电负性、电离能较小，价电子容易脱离原子的束缚，这些价电子有些类似理想气体分子，在阳离子之间可以自由运动，形成了离域的自由电子气。自由电子气把金属阳离子“胶合”成金属晶体。金属晶体中金属原子间的结合力称为**金属键**（metallic bond）。金属键没有方向性和饱和性。金属晶体具有金属光泽，是电和热的良导体，富有延展性，其熔、沸点和硬度随金属键的强弱有高有低。

用量子力学处理金属晶体可很好地了解金属的状态，金属晶体的量子力学模型又称为能带理论，它是应用分子轨道理论研究金属晶体中金属原子之间的结合力后，逐步发展起来的现代金属键理论。

能带理论把任何一块金属晶体都看作为一个大分子，然后应用分子轨道理论来描述金属晶体内电子的运动状态。

假定原子核都位于金属晶体内晶格结点上，构成一个联合核势场；电子分布在这种核势能中的分子轨道内。其中价电子作为自由电子，不再隶属于任何一个特定的原子，可以在金属晶体内金属原子间运动。

原子的体积是很小的，但即使是很小的一块金属，所含有的原子数目也大得惊人。根据 n 条原子轨道可以组成 n 条分子轨道的原则，对 n 个 Li 原子的 2s 原子轨道来说，就会有 n 条原子轨道组成 n 条能量稍有差别的分子轨道。每两个相邻分子轨道的能量相差极微小，因此这些能级实际上已经分不清楚。我们就把由 n 条能级相同的原子轨道组成能量几乎连续的 n 条分子轨道总称**能带**（energy band）。由 2s 原子轨道组成的能带就叫做 2s 能带。

按组合成能带的原子轨道能级以及电子在能带中分布的不同，有满带、导带和禁带等多种能带。

满带：参加组合的原子轨道如完全为电子所充满，则组合的分子轨道（能带）也必然完全为电子所充满。充满电子的低能量带叫做**满带**（fully occupied band）。例如金属锂的 1s 能带就是满带。

导带：参加组合的原子轨道如未充满电子，则形成的能带也是未充满的，还有空的分子轨道存在。在这种能带上的电子，只要吸收微小的能量就能跃迁到能带内能量稍高的空轨道上运动，从而使金属具有导电、导热作用。未充满电子的高能量能带叫做**导带**（conduction band）。例如金属锂的 2s 能带就是导带。

禁带：在导带和满带之间的区域，即从满带顶到导带底的区域，称为**禁带**（forbidden band）。电子不可能停留于这个区域之中。如果禁带不太宽，电子获得能量后，可以从满带越过禁带而跃迁到导带上去；如果禁带很宽，这种跃迁就很困难，甚至不可能实现。

金属的紧密堆积结构使金属原子核间距一般都很小，使形成的能带之间的带隙一般也很小。尤其是当金属原子相邻亚层原子轨道之间能级相近时，形成的能带会出现重叠现象。

能带理论可以用来阐明金属的一些物理性质及导体、半导体和绝缘体之间的区别。在外加电场作用下，金属导体内导带中的电子在能带中做定向运动，形成电流，所以金属能够导电。光照时导带中的电子可以吸收光能跃迁到能量较高的能带上，当电子跃回时把吸收的能量又发射出来，使金属具有金属光泽。局部加热时，电子运动和核的振动可以传热，使金属具有导热性。受机械力作用时，金属原子在导带中自由电子的润滑下可以相互滑动，而能带并不因此被破坏，所以金属具有良好的延展性。

非金属绝缘体由于电子都在满带上，而且禁带较宽，即使有外电场的作用，满带的电子也难以越过禁带而跃迁到导带上去，因而绝缘体不能导电。

还有一类物质（如锗、硅、硒等），在常温下导带上只有少量激发电子，因此导电性能不好。它们的导电能力介于导体与绝缘体之间，因而叫做半导体。半导体在温度升高时，由于禁带较窄，满带中的电子容易被激发，能够越过禁带跃迁到导带上去，所以半导体的导电性随温度的升高而升高。而金属导体则不是这样，随温度的升高，金属原子的振动加剧，使导带中自由电子的流动受阻，因此金属的导电性随温度的升高而降低。

1.3.5 混合键型晶体和晶体的缺陷

1.3.5.1 混合键型晶体

除了上述4种典型的晶体外还有一些晶体，晶体内可能同时存在着若干种不同的作用力，具有若干种晶体的结构和性质，这类晶体称为**混合键型晶体**（mixed bond crystal）。石墨晶体就是一种典型的混合型晶体。石墨晶体具有层状结构，处于平面层的每个碳原子采用 sp^2 杂化轨道与相邻的3个碳原子以3个共价键相连，形成无限的正六角形的蜂窝状的片层结构。在同一平面的碳原子还剩下一个p轨道和一个p电子，这些p轨道相互平行，且与碳原子 sp^2 杂化构成的平面相垂直，形成了大π键，大π键中的电子沿层面方向的活动能力很强，与金属中的自由电子有类似之处，故石墨沿层面方向电导率大。石墨中层与层之间相隔较远，以分子间作用力相结合，所以石墨片层之间容易滑动。总之，石墨晶体内既有共价键，又有类似金属键那样的非定域键和分子间作用力，因此石墨晶体兼有原子晶体、金属晶体和分子晶体的特征，是一种混合键型晶体。

除石墨外，滑石、云母、黑磷等也属于层状混合键型晶体。

1.3.5.2 晶体的缺陷

任何事物都不是完美的，晶体也是如此。所有的晶体中都存在各种各样的**缺陷**（defect）。而这些缺陷大致分为如下几类：点缺陷（零维缺陷）包括填隙原子、空位、替换杂质原子和填隙杂质原子；线缺陷（一维缺陷）包括边缘位错和螺旋（形）位错；面缺陷（二维缺陷）包括堆垛层错、孪晶界、多晶晶界等；体缺陷（三维缺陷）包括宏观的或亚微观的空穴、杂相等。

晶体中形形色色的缺陷，对晶体的物理化学性质产生影响，如影响晶体的光、电、磁、声、力、热学等方面的物理性质和化学活性。因此，在实际的工作中，人们一方面尽量减少晶体中有害的缺陷，另一方面则利用缺陷来制造所需要的材料，即通过控制缺陷的类型和分布以获得高性能材料。例如，纯铁中加入少量碳或某些金属可制得各种性能优良的合金钢；纯锗中加入微量镓或砷，可以强化锗的半导体性能；晶体表面的缺陷位置往往正是多相催化反应催化剂的活性中心。

1.3.6 晶体的物性

各种晶体由于其组分和结构不同，因而不仅在外形上各不相同，而且在性质上也有很大的差异。尽管如此，在不同晶体之间，仍存在着某些共同的特征，主要表现在下面几个方面。

(1) 自范性　晶体物质在适当的结晶条件下，都能自发地成长为单晶体，发育良好的单晶体均以平面作为它与周围物质的界面，而呈现出凸多面体，这一特征称之为晶体的**自范性**

(self-limitation)。

(2) 晶面角守恒定律　由于外界条件和偶然情况不同，同一类型的晶体，其外形不尽相同，那么，由晶体内在结构所决定的晶体外形的固有特征是什么呢？实验表明：对于一定类型的晶体来说，不论其外形如何，总存在一组特定的夹角，这一普遍规律称为**晶面角守恒定律**（law of constancy of interfacial angle），即同一种晶体在相同的温度和压力下，其对应晶面之间的夹角恒定不变。

(3) 解理性　当晶体受到敲打、剪切、撞击等外界作用时，沿某一个或几个具有确定方位的晶面劈裂开来。如固体云母很容易沿自然层状结构平行的方向劈为薄片，晶体的这一性质称为**解理性**（cleavability），这些劈裂面则称为**解理面**（cleavage plane）。自然界的晶体显露于外表的往往就是一些解理面。

(4) 铁电性　某些晶体在一定的温度范围内具有自发极化，而且其自发极化方向可以因外电场而反向，晶体的这种特性即为**铁电性**（ferroelectric property）。具有铁电性的晶体称为铁电体，是因为它与铁磁体在许多物理性质上具有对应之处（电滞回线对应磁滞回线、电畴对应磁畴、铁电-顺电相变对应铁磁-顺磁相变、电矩对应磁矩等）。铁电体的介电性能随温度变化的关系呈现异常特性，在居里温度时，其介电常数呈现极大值；超过居里温度时，其介电常数随温度的变化遵循居里-万斯定律。典型铁电材料有钛酸钡（$BaTiO_3$）、磷酸二氢钾（KH_2PO_4）等。过去对铁电材料的应用主要是利用它们的压电性、热释电性、电光性能以及高介电常数等。近年来，由于新铁电材料薄膜工艺的发展，铁电材料在信息存储、图像显示和全息照像中的编页器、铁电光阀阵列作全息照像的存储等已开始应用。

(5) 非线性光学性质　在传统的线性光学范围内，一束或多束频率不同的光通过晶体后，光的频率不会改变，这种效应称为**线性光学效应**（linear optical effect）。反之，光通过晶体后除含有原频率的光外，还产生由部分能量转换成的倍频光或不同频率的两种光，这种效应称为**非线性光学效应**（nonlinear optical effect）。能产生非线性光学效应的晶体称为**非线性光学晶体**（nonlinear optical crystal）。磷酸钛氧钾（KTP）晶体是一种优良的非线性光学晶体，适用于制作倍频器件。

1.3.7　陶瓷和复合材料

陶瓷（ceramics）一般指以黏土为主要原料，加上其他矿物质原料经过拣选、粉碎、混炼、成型和烧结等工序制作而成的产品。二战后，在国外，凡采用窑炉高温加热天然矿物原料，烧结或熔融后制成的一切产品都称为陶瓷。事实上瓷器是我国的伟大发明，瓷器的发明和发展经历了一个从陶器到瓷器、从低级到高级的过程。

人类最初是用石器作为工具，随着人类学会取火，在使用火的过程中，发现某种土块加热后会变硬，就产生人类最初的工具和土器。在古代的大部分时间里，人们都是以岩石、矿物和黏土作原料，做成各式各样陶瓷器，后来又发展制备了砖、瓦、玻璃、水泥和耐火材料等，人们又将陶瓷工业称为硅酸盐工业。这些产品的产量至今仍然很大，它们都是目前建筑方面的主要材料。

第二次世界大战以后，随着宇宙的开发、原子能工业、半导体以及电子工业的兴起和发展，人们迫切要求具有优良性能的陶瓷材料，仅依靠现存的含有较多杂质且含量不定的天然原料不可能控制产品的组成和结构，也就不可能进一步控制其特性。为此目前已向着采用化学方法制备高纯度或纯度可控制的人造原料方向发展，而且为了获得所需材料的特性，人们不仅使用构成地球的主要元素（Si 和 Al），也使用稀有元素，同时除了氧化物（占原有陶瓷的绝大多数）外，还采用了氮化物、碳化物、硼化物、硅化物等新材料，这些都是自然界中不存在的非氧化物材料。另外产品除原有的烧结体外，还有单晶、薄膜、纤维、粉料等状态的物质。这种以精制的高纯天然无机物或人工合成的无机化合物为原料而新发展起来的陶瓷称为精细陶瓷（相对于原有的陶瓷而言），也可称为新型陶瓷（或先进陶瓷），而原有的陶瓷就称为普通陶瓷（或传统陶瓷）。

精细陶瓷根据其性能可划分为结构陶瓷、功能陶瓷、工具陶瓷和生物陶瓷。随着人类社会的信息技术、生物工程、人工智能、自动化控制化技术的飞速发展，利用陶瓷的物理性质和其对力、电、磁、热、光、气等的敏感特性，功能陶瓷的应用日益广泛，特别在信息技术中占有重要位置，它们已广泛地用于信息的转换、存储、传递和处理，例如彩电接收机中75%的元件是陶瓷制造的。就产值而言，功能陶瓷约占70%，工程陶瓷约占5%。由于生物陶瓷材料主要用于人体骨骼-肌肉系统与心血管系统的修复、替换以及用作药物运达与缓释载体，而工具陶瓷则主要用于制作一些坚韧的刀具、弹簧等。

复合材料是指把两种以上异质、异形、异性的材料合理地进行复合而制得的一种新型材料，目的是通过复合以提高单一材料所不具有的各种性质。材料的复合化是材料发展的必然趋势之一，随着现代科学技术的日新月异，任何单一的材料都无法满足各种新的性能上的要求，因此各种高性能复合材料便应运而生。例如玻璃纤维或碳纤维有高弹性模量和高强度，而塑料有好的塑性容易加工成形，把两者结合起来就产生了在第二次世界大战中出现的玻璃钢或碳纤维增强的复合材料。由此可知复合材料不仅克服了单一材料的缺点，而且会产生单一材料不具备的新功能。例如在塑料中添加炭黑就可使塑料具有导电性，添加铁氧体粉就可使塑料具有磁性等。除此以外，将各种材料贴合起来的复合膜也是具有其中任一单一材料所没有的良好性质。例如在常温下可保存一年的无菌果汁袋，从里到外是由聚乙烯/铝箔/聚乙烯/纸/聚乙烯等5层材料贴合而成，因为聚乙烯袋是热封的，因此可以防止水透过铝箔以保护袋装东西不受光照射并隔绝了空气，其中纸是作为保持形状的结构材料，又可印上商标和保质期等相关商品信息。

复合材料在人类进入高度信息化社会的今天显得尤其重要。随着信息技术的不断发展，复合材料的作用将愈来愈重要，如光导纤维、光缆护套、磁带、磁盘等无一不是由复合材料制成的；其次复合材料在提高人类生活质量方面，如改善居住环境的质量，提高汽车、飞机的安全性，以及提高人类健康水平都发挥了重要的作用。此外复合材料在开发新能源、节约能源、开发海洋和空间、治理环境等方面都将在已取得成果上发挥更大的作用。

陶瓷基复合材料是以陶瓷为基体与各种纤维复合的一类复合材料。陶瓷基体可为氮化硅、碳化硅等高温结构陶瓷。这些先进陶瓷具有耐高温、高强度和刚度、相对重量较轻、抗腐蚀等优异性能，而其致命的弱点是具有脆性，处于应力状态时，会产生裂纹，甚至断裂导致材料失效。而采用高强度、高弹性的纤维与陶瓷基体复合，则是提高陶瓷韧性和可靠性的一个有效的方法。纤维能阻止裂纹的扩展，从而得到有优良韧性的纤维增强陶瓷基复合材料。

陶瓷基复合材料具有优异的耐高温性能，主要用作高温及耐磨制品。其最高使用温度主要取决于基体特征。陶瓷基复合材料已实用化或即将实用化的领域有刀具、滑动构件、发动机制件、能源构件等。法国已将长纤维增强碳化硅复合材料应用于制造高速列车的制动件，显示出优异的耐摩擦磨损特性，取得满意的使用效果。

习　题

1-1. 量子力学的轨道概念与玻尔原子模型的轨道有什么区别？

1-2. 什么叫波粒二象性？证明电子有波粒二象性的实验基础是什么？

1-3. s，2s，$2s^1$ 各代表什么意义？

1-4. 试描述核外电子运动状态的四个量子数的意义及它们的取值规则。

1-5. 氧的价电子构型是 $2s^22p^4$，试用4个量子数分别表明每个电子的状态。

1-6. 假定有下列电子的各套量子数（n，l，m，m_s），指出哪几种不可能存在，并说明原因。

（1）3,2,0,1/2　　（2）3,0，−1,1/2　　（3）2,−1,0,1/2　　（4）1,0,0,0

答：（2）、（3）、（4）不可能，原因略。

1-7. 量子数 $n=3$、$l=1$ 的原子轨道的符号是怎样的？该类原子轨道的形状如何？有几种空间取向？共有几个轨道？可容纳多少个电子？

答：3p，哑铃形，3，3，6。

1-8. 简要解释下列事实：

（1）K的第一电离能小于Ca的第一电离能，Ca的第二电离能却小于K的第二电离能

（2）Cr元素原子的价层电子构型是 $3d^54s^1$，而不是 $3d^44s^2$。

1-9. 写出下列离子的电子排布式：S^{2-}，K^+，Pb^{2+}，Ag^+，Mn^{2+}，Co^{2+}。

1-10. 写出下列各离子的核外电子构型，并指出其各属于哪一类的离子构型：Al^{3+}，Fe^{2+}，Bi^{3+}，Cd^{2+}，Mn^{2+}，Hg^{2+}，Ca^{2+}，Br^-。

答：8电子构型、9～17电子构型、18+2电子构型、18电子构型、9～17电子构型、18电子构型、8电子构型、8电子构型。

1-11. 画出Si、P、S三元素在生成（1）SiF_4；（2）PCl_3；（3）SF_4 三种化合物时的杂化轨道类型（注明是等性杂化还是不等性杂化）。

答：（1）sp^3 杂化轨道（等性），（2）sp^3 杂化轨道（不等性），（3）sp^3d 杂化轨道（不等性）。

1-12. 氮族元素中有 PCl_5 和 $SbCl_5$，却不存在 NCl_5 和 $BiCl_5$，试说明原因。

1-13. 写出所有第二周期同核双原子分子的分子轨道表示式，其中哪些分子不能稳定存在？哪些分子是顺磁性，哪些是反磁性？

1-14. 什么样的物质具有顺磁性？写出 B_2 分子的分子轨道电子排布式，并说明磁性。

1-15. 按沸点由低到高的顺序依次排列下列两个系列中的各个物质，并说明理由。（1）H_2，CO，Ne，HF；（2）CI_4，CF_4，CBr_4，CCl_4。

答：（1）$H_2<Ne<CO<HF$，（2）$CF_4<CCl_4<CBr_4<CI_4$。

1-16. 推测下述各组中两物质熔点的高低，简单说明原因：（1）NH_3，PH_3；（2）PH_3，SbH_3；（3）Br_2，ICl。

答：（1）$NH_3>PH_3$；（2）$PH_3<SbH_3$；（3）$Br_2<ICl$。

1-17. 判断下列各组中同种或异种分子之间存在什么形式的分子间作用力：

（1）H_2S；（2）CH_4；（3）Ne与 H_2O；（4）CH_3Br；（5）NH_3；（6）Br_2 与 CCl_4。

1-18. 试解释：

（1）NH_3 易溶于水，N_2 和 H_2 均难溶于水；

（2）HBr的沸点比HCl高，但又比HF低；

（3）常温常压下，Cl_2 为气体，Br_2 为液体，I_2 为固体。

1-19. 试用离子极化的观点解释AgF、AgCl、AgBr和AgI在水中的溶解度变化趋势。

答：在水中的溶解度 AgF>AgCl>AgBr>AgI。

1-20. 用离子极化的观点解释为什么 Na_2S 易溶于水，ZnS难溶于水？

第2章　化学反应基本原理与能源开发

化学热力学与化学动力学是化学反应的基本原理，通过化学反应基本原理的学习，可以解决这样几个问题：当把几种物质放在一起时，在一定条件下能否发生化学反应；若能反应，反应过程中能量如何变化；反应进行的限度如何；反应进行的速度是快是慢；以及如何改变反应的速率。例如，当汽车内燃机工作时，空气中的 N_2 和 O_2 反应生成 NO，NO 是空气中的主要污染物。治理 NO 的方法之一就是使 NO 变成无害的物质，如变成 O_2 和 N_2。$2NO = N_2 + O_2$，此反应能否进行是化学热力学需要研究的内容。通过化学热力学的理论分析可知，该反应不但可以自发进行，而且可以进行得很完全。但实际上我们并没有看到反应进行，这是因为该反应的化学反应速率太慢。如何提高反应的反应速率，这是化学动力学的研究内容。化学动力学研究表明，可通过升温、或是加入适当的催化剂来提高上述反应的速率。化学热力学与化学动力学是研究化学反应的两个方面，它们是相辅相成的。

在当今世界上，大部分能量来源于煤、石油、天然气的燃烧反应，随着石油、煤炭的日近枯竭，人们正致力于寻求新的能源。无论是寻找新能源、还是节能都离不开化学。例如氢能是重要的二次能源，是理想的清洁无污染能源，如果能解决氢气的储存问题，就为氢能的实际应用奠定了基础。最新研究发现，储氢合金可以和 H_2 反应生成合金氢化物，将 H_2 储存起来；而合金氢化物受热后又会分解释放出 H_2，这样就可以解决氢气的储存问题。此外在节能方面，化学也起着非常重要的作用，如煤的合理使用等。

2.1　化学热力学初步

化学反应过程常常伴随着能量的转化，有的反应放热，有的反应吸热，有的反应还伴随着不同形式的能量转换，如煤炭燃烧产生的能量可带动蒸汽机的运转；点燃氢气和氧气的混合物时，发生爆炸并放出大量的热；电池放电时，能对负载做电功等。此外，人们利用某个反应制备产品，如合成某一药品时总希望能找到合理可行的路线，在这一基础上通过改变反应的条件，如温度、压力、浓度等获得尽可能多的产品。系统在发生各种物理变化和化学变化时涉及怎样的能量转移和转化？化学反应能不能发生？如果能发生，反应进行到什么程度不再继续进行？解决这些问题的重要工具是热力学理论。例如，19 世纪末人们进行了由石墨制造金刚石的大量尝试，但所有的试验都以失败而告终，后来通过热力学计算得知，只有当压力超过大气压 15000 倍时，石墨才有可能转变成金刚石，现在已经成功地实现了这个转变过程。

热力学（thermodynamics）是研究各种形式的能量（如热能、电能、化学能等）转换规律的科学。热力学研究的对象是大量微观粒子所构成的宏观体系，它不涉及物质的微观结构，考虑的是物质宏观性质的改变。将热力学的基本原理应用于解决与化学有关的问题时就形成了**化学热力学**（chemcial thermodynamics），化学热力学的主要内容就是研究化学反应的热效应、反应的方向及反应的限度等问题。

2.1.1　热力学基本概念及术语

2.1.1.1　系统与相

（1）系统和环境　我们用观察、实验等方法进行科学研究时，为了研究问题的方便，把一部分物体与周围其他物体划分出来作为研究对象，这部分被划分出来的物体就称为**系统**（system）。系统以外与系统密切相关的部分，称为**环境**（surrounding）。例如研究酸碱中和反应：在烧杯中加入稀 H_2SO_4 和 NaOH 溶液，稀 H_2SO_4 和 NaOH 溶液就是系统，烧杯及烧杯周围的空气就是环境。值得注意的是：系统与环境是人为划定的，可根据讨论问题的需要来确定。

系统和环境的界面可以是实际的，也可以是想象的。例如：一钢瓶氧气，当研究其中的气体时就将氧气视为系统，而将钢瓶以及钢瓶以外的物质（如空气等）称为环境；若钢瓶中的氧气喷至空气中，我们需要研究某一瞬间钢瓶中残余氧气的性质时，则该残余氧气就是系统，而离开钢瓶的氧气则为环境，离开钢瓶的氧气与残余氧气之间并没有实际的界面隔开。又例如，在空气中，如将氮气作为研究对象，则除氮气以外的其他气体均为环境中的一部分，在氮气和其他气体之间也没有实际的界面隔开，此时系统和环境的界面就是想象的。

（2）相　**相**（phase）是系统中具有相同的物理性质和化学性质的均匀部分。所谓均匀是指其分散度达到分子或离子大小的数量级。

相与相之间有明确的界面，超过此相界面，一定有某些宏观性质（如密度、组成等）发生突变。比如液态水是一相，水蒸气是另一相。$CaCO_3$ 和 CaO 都是固体，但属于不同的相。

通常任何气体均能无限混合，所以系统内无论含有多少种气体都是一个相。

液态物质，如果彼此互溶，则形成一个相，例如，由乙醇和水形成的酒精溶液就是一个相。如果彼此不互溶，则形成多相，例如，水和油互不相溶，将它们混合在一起，形成两个不同的液相。液体间如果部分互溶，可能形成单相，也可能形成多相。

固态物质的情况比较复杂，同一种固态物质，如果结构或晶形不同，则分属不同的相，如石墨、金刚石属不同的相。结构或晶形完全相同的同一种固态物质，不管分散程度如何，仍为一相，如浮在水面上的冰不论是大块还是许多小块，都是同一个相。

（3）系统的分类　按照系统与环境之间有无物质和能量交换，可将系统分为三类，如图 2-1 所示。

① **敞开系统**（open system）　系统与环境之间既有物质交换又有能量交换的系统，又称开放系统。

② **封闭系统**（closed system）　系统与环境之间没有物质交换，但有能量交换的系统。在化学热力学中，我们主要研究封闭系统。

③ **孤立系统**（isolated system）　系统与环境之间既无物质交换又无能量交换的系统，又称隔离系统。

按照系统中相的数目不同，可将系统分为两类：单相系统，只有 1 个相的系统；多相系统，含有几个相的系统。

2.1.1.2　状态和状态函数

（1）状态　**状态**（state）：系统一切性质的总和。

系统的状态在热力学上是指系统处于热力学的平衡状态。处于平衡状态的系统应满足如下四个条件。

① **热平衡**（thermal equilibrium）　系统各部分的温度相等；

② **力平衡**（mechanical equilibrium）　系统各部分的压力相等；系统与环境的边界不发生相对位移；

③**相平衡**（phase equilibrium）　系统中各相的组成和数量不随时间而变。

④ **化学平衡**（chemical equilibrium）　若系统各物

敞开系统

封闭系统

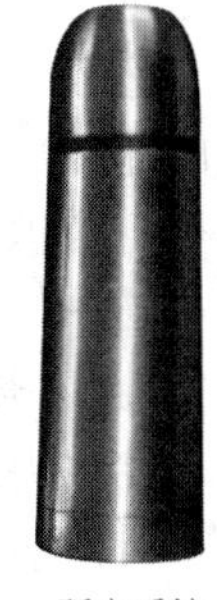
孤立系统

图 2-1　系统的分类

质间可以发生化学反应，则达到化学平衡后，系统的组成不随时间改变。

当系统处于热力学的平衡状态时，系统的温度、压力、各个相中各组分的物质的量均不随时间变化而改变。

(2) 状态函数　用来表征系统状态的诸种宏观性质称为**状态函数**（state functions）。例如温度 T、压力 p、体积 V、密度 ρ、黏度 η、热力学能 U 等均为状态函数。

(3) 状态函数的基本特征　状态函数的基本特征是：状态一定，状态函数的值也一定；当状态发生变化时，状态函数的变化值仅决定于系统的始态与终态，与变化的过程无关。例如，烧杯中的水由10℃升高到80℃，温度的变化值 $\Delta T=70$℃。这一状态的变化，可经过不同的过程，如烧杯中的水可以先冷却至－10℃再加热至80℃；烧杯中的水也可以先加热至90℃再冷却至80℃，加热时可以用电炉加热，也可以用煤气加热，但不管变化的过程如何不同，只要始态是10℃的水，终态是80℃的水，温度的变化值 ΔT 始终等于70℃，不因具体过程不同而异。

系统的状态函数彼此之间是有联系的，只需指定其中的几个状态函数，则系统的其他状态函数也随之确定。例如1mol理想气体，只要指定温度和体积，就可确定它的压力。

(4) 广度性质和强度性质　按照系统热力学性质的数值是否与物质的数量有关，将其分为**广度性质**（extensive property）和**强度性质**（intensive property）。凡性质与物质的数量成正比的称为广度性质，如体积（V）、物质的量（n）、质量（m）等就是广度性质，广度性质在一定条件下有加和性，相应的物理量称为广度量；凡性质与物质的数量无关的称为强度性质，如温度（T）、压力（p）、密度（ρ）、浓度（c）等就是强度性质，强度性质不具有加和性，相应的物理量称为强度量。

2.1.1.3 过程

当系统的状态发生任意一个变化，从始态变到终态，我们就说系统经历了一个热力学过程，简称为**过程**（process）。热力学中常见的过程如下。

恒温过程（isothermal process）：是系统状态发生变化时温度保持不变的热力学过程。例如人体内的生化反应基本上是在37℃下进行的，可以认为是恒温过程。恒温过程系统温度往往与环境温度相同。

恒压过程（isobaric process）：是系统状态发生变化时压力保持不变的热力学过程。例如许多化学反应在敞口烧杯、试管内进行，可以认为是在恒定大气压下发生的恒压过程。

恒容过程（isochoric process）：是系统状态发生变化时体积保持不变的热力学过程，即 $V_1=V_2$。如在密闭的刚性容器中发生的化学反应就是恒容过程。

绝热过程（adiabatic process）：是系统状态发生变化时系统与环境之间无热量交换的过程，即 $Q=0$。

循环过程（cyclic process）：系统经过一系列变化后又回到始态的过程（各种状态函数的增量为零）。例如汽车内燃机的工作就是建立在周而复始、往复不断的循环过程的基础上。

途径（path）：系统由始态到终态，可以按不同的方式完成，这种不同的方式就称为不同的途径。如图2-2所示，从始态（T_1，p_1）到终态（T_2，p_1），可采用两种不同的途径：途径1为恒压过程；途径2先是恒容过程，再经过恒温过程。这两个途径虽然不同，但是均能从同一始态到达同一终态。

2.1.1.4 热和功

在热力学中，系统与环境之间的能量交换有两种方式，一种是热，另一种是功。

(1) 热　系统状态发生变化时，系统与环境因温度不同而交换的能量形式称为**热**（heat），在热力学中热常用 Q 表示，根据1970年IUPAC（国家纯粹与应用化学协会）的推荐，热力学规定：系统从环境吸热，Q 取正值；系统向环境放热，Q 取负值。热的单位是能

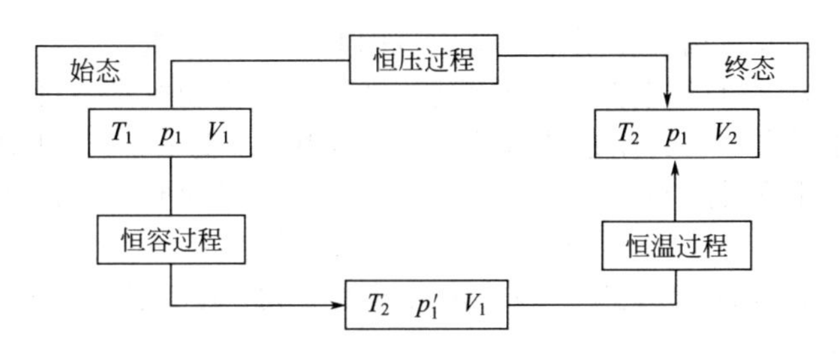

图 2-2　从始态（T_1，p_1）到终态（T_2，p_1）的两种不同途径

量单位，为焦（J）或千焦（kJ）。

热是物质运动的一种表现形式，它总是与大量分子的无规则运动联系着。分子无规则运动能力越强，则温度越高，热实质上是系统与环境之间因内部粒子无序运动强度不同而交换的能量。

（2）功　在热力学中，**功**（work）是指系统与环境除热以外交换能量的形式，在热力学中常用 W 表示。根据 1970 年 IUPAC（国家纯粹与应用化学协会）的推荐，热力学规定：若环境对系统做功（即系统从环境得功），W 取正值；系统对环境做功，W 取负值。功的单位是能量单位，为焦（J）或千焦（kJ）。

功是因系统与环境之间粒子的有序运动强度不同而交换的能量。

功可分为体积功 W 和非体积功 W'，**体积功**（volume work）是在一定的环境压力下，系统的体积发生变化而与环境交换的能量，体积功难以利用。除了体积功以外的一切其他形式的功，如电功、机械功、表面功等统称为**非体积功**（non-volume work），非体积功容易加以利用，人们又把非体积功称做有用功。

2.1.1.5　热力学能

（1）热力学能　**热力学能**（thermodynamics energy）也称内能，是物质的一种属性，是指系统内部能量的总和，包括系统内分子间相互作用的势能，分子的平动能、转动能、振动能、电子及核的运动能等。热力学能用 U 表示，单位为焦（J）或千焦（kJ）。由于系统内部质点的运动和相互作用异常复杂，系统内能的绝对值尚无法确定，但可以通过系统状态变化过程中系统与环境交换的热和功的量来确定内能的改变量。

（2）热力学能的特点　当系统从状态 1 变化到状态 2 时，热力学能也随之变化。假如系统变化途径分别为 a 与 b，则热力学能变化分别为 ΔU_a、ΔU_b，如图 2-3 所示。假设 $\Delta U_a > \Delta U_b$ 那么当系统从状态 1 变到状态 2，再从状态 2 变到状态 1，由于 $\{\Delta U_a + (-\Delta U_b)\} > 0$，系统经过一个循环过程后得到了能量，而系统经过一个循环后本身没有变化，这和能量守恒定律相矛盾，所以 $\Delta U_a > \Delta U_b$ 不能成立。同理，可证明 $\Delta U_a < \Delta U_b$ 也不能成立，因此 ΔU_a 只能等于 ΔU_b，即系统的热力学能变化值只取决于系统的始终态，而与系统变化的途径无关。热力学能是状态函数，处于一定状态的系统必定有一个确定不变的热力学能值。

热力学能 U 是系统的一个广度性质，具有加和性。

2.1.1.6　热力学第一定律

热力学第一定律（the first law of thermodynamics）的本质是能量守恒定律，即隔离系统无论经历何种变化，其能量守恒。热力学第一定律是焦耳（J. P. Joule）在前人大量工作的基础上于 19 世纪中叶确立的。

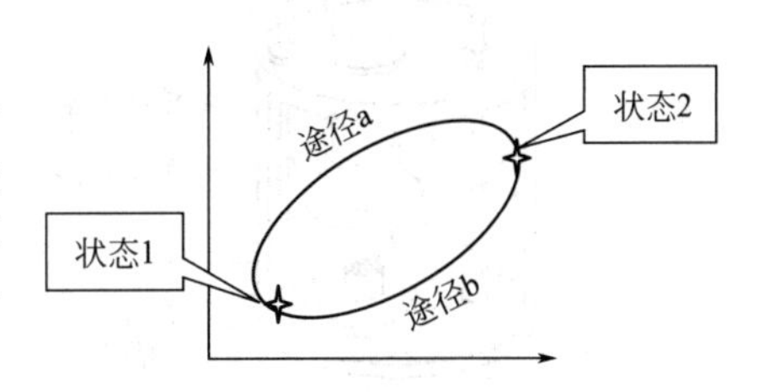

图 2-3　系统经过一个循环过程热力学能的变化

在热力学第一定律确定之前，人们曾幻想制造一种不消耗能量而能不断对外作功的机器，这就是第一

类永动机。历史上曾有人付出许多艰辛的努力试图制造这样的机器，实践证明第一类永动机是不可能造成的。热力学第一定律也可以表述为“第一类永动机是不可能造成的”。

热力学第一定律指出，若封闭系统从状态1（热力学能为U_1）变化到状态2（热力学能为U_2），同时系统从环境吸热Q，环境对系统做功W，则系统热力学能的变化为：

$$\Delta U=U_2-U_1=Q+W \tag{2-1}$$

式中，ΔU表示系统由始态变为终态的热力学能变化；Q为系统与环境所交换的热；W为系统与环境所交换的功。

系统热力学能变化的同时，环境的热力学能必定也发生变化。

$$\Delta U_{系统}=-\Delta U_{环境}$$

$$\Delta U_{系统}+\Delta U_{环境}=0$$

这就是能量守恒定律。

【例2-1】 设N_2为理想气体，1mol N_2由始态（$T_1=303.15K$，$p_1=101.325kPa$，$V_1=24.87L$）经过不同的途径达到终态（$T_2=373.15K$，$p_2=101.325kPa$，$V_2=30.62L$），具体的途径见图2-2。途径a为恒压过程，其中$Q_a=1729.0J$，$W_a=-582.6J$；途径b先为恒容过程，至中间状态（$T_2=373.15K$，$V_1=24.87L$），再为恒温过程，途径b的$Q_b=1791.7J$，$W_b=-645.3J$。求不同途径系统热力学能的变化。

解： 根据热力学第一定律：$\Delta U=Q+W$

所以

$$\Delta U_a=1729.0J+(-582.6J)=1146.4J$$

$$\Delta U_b=1791.7+(-645.3J)=1146.4J$$

由上例可知，功和热不是状态函数，它们的值与途径有关，是途径函数。系统从同一始态经由不同途径到达同一终态时，功和热的值是不等的。而热力学能是状态函数，它的变化值与途径无关，因此只要始态和终态相同，经过不同途径的热力学能的变化值均相同。

2.1.2 化学反应热

化学反应的进行往往伴随着能量的变化，有的反应放出热量，有的反应吸收热量。热力学规定：某化学反应发生时，系统不作非体积功，生成物与反应物的温度相同，系统吸收或放出的热量称为化学反应的**热效应**（thermal-effect）。化学反应的热效应一般称为**反应热**，根据反应过程是恒容还是恒压，反应热可分为恒容反应热（Q_V）和恒压反应热（Q_p）两种。一般情况下，如果化学反应在密闭容器内进行，为恒容过程；如果化学反应在敞口容器内进行，为恒压过程。化学反应热可以通过实验来测定，根据所测反应不同，有多种**量热计**（calorimeter），一般燃烧反应或有气体产生的反应用**弹式量热计**（bomb calorimeter），见图2-4。现代的**差热分析仪**（differential thermal analyzer，DTA）和**差示扫描量热仪**（differential scanning calorimetry，DSC）（图2-5）都可以用于测量化学反应的反应热。

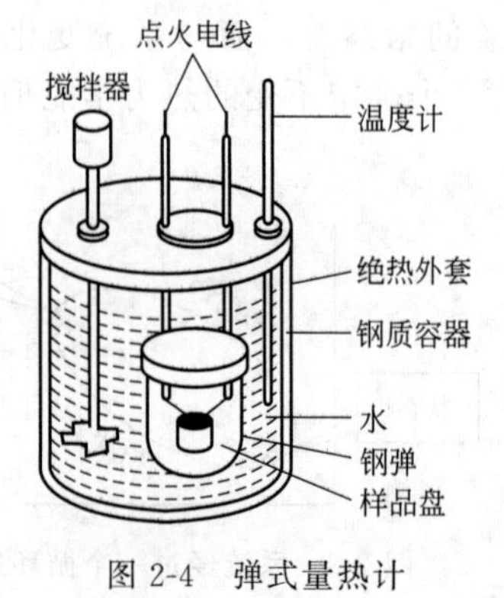

图2-4　弹式量热计

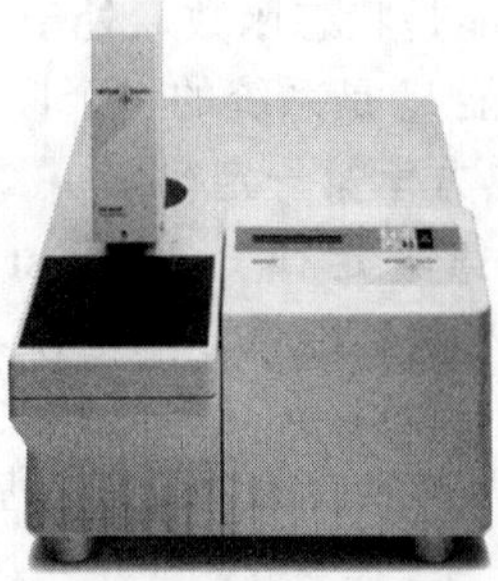

图2-5　差示扫描量热仪

2.1.2.1 恒容反应热与恒压反应热

（1）恒容反应热　化学反应在固定体积的密闭容器中进行，因为体积恒定，体积功$W=0$，根据热力学第一定律，则有：

$$\Delta U = Q_V \tag{2-2}$$

式中，Q_V为恒容反应热，右下角 V 表示恒容过程。

式(2-2) 表明，在恒容条件下，化学反应的反应热在数值上等于该反应热力学能的变化值。

（2）恒压反应热　大多数化学反应是在恒压条件下（如在敞口容器内）进行的，恒压、不做非体积功的条件下，此时 W 为：

$$W=-p\Delta V=-p(V_2-V_1),\ Q=Q_p$$

根据热力学第一定律可得出：

$$\Delta U=Q+W=Q_p-p\Delta V$$

因此

$$Q_p=\Delta U+p\Delta V \tag{2-3}$$

式中，Q_p为恒压反应热，右下角 p 表示恒压过程。

式（2-3）表明，在恒压条件下，化学反应的反应热来自两个方面，一是系统的热力学能的变化；二是系统的体积功。

（3）恒容反应热与恒压反应热的关系　将 $\Delta U= Q_V$代入式(2-3) 得：

$$Q_p= Q_V+p\Delta V \tag{2-4}$$

对于有气体参加的恒温恒压化学反应，忽略反应中液体和固体体积的变化，并把气体看成是理想气体，根据理想气体状态方程 $pV=nRT$，则式(2-4) 可写成：

$$Q_p= Q_V+\Delta n(g)RT \tag{2-5}$$

式中，$R=8.314\text{J}/(\text{mol}\cdot\text{K})$；$\Delta n(g)$ 指产物中气体总的物质的量减去反应物中气体总的物质的量。

【例 2-2】 利用弹式量热计，通过燃烧热实验测得 298.15K 时 1mol 萘燃烧时的恒容反应热为−5148.9kJ，求其恒压反应热。

解：$C_{10}H_8(s)+12O_2(g)=10CO_2(g)+4H_2O(l)$

$\Delta n(g)=10\text{mol}-12\text{mol}=-2\text{mol}$

根据式(2-5) 得：

$$\begin{aligned}Q_p&= Q_V+\Delta n(g)RT\\&=-5148.9\text{kJ}+(-2)\text{mol}\times8.314\times10^{-3}\text{kJ}/(\text{mol}\cdot\text{K})\times298.15\text{K}\\&=-5153.9\text{kJ}\end{aligned}$$

2.1.2.2 焓

（1）焓　由恒压反应热与热力学能关系的推导可知：

$$Q_p=\Delta U+p\Delta V= U_2-U_1+p(V_2-V_1)=(U_2+pV_2)-(U_1+pV_1)$$

因为U，p，V 皆为系统的状态函数，所以它们的组合$U+pV$也是状态函数，为了方便起见，将它定义为一个新的函数**焓**（enthalpy），并用符号 H 表示，即：

$$H\equiv U+pV \tag{2-6}$$

则式(2-3) 可以变为：

$$Q_p=(U_2+pV_2)-(U_1+pV_1)=H_2-H_1=\Delta H \tag{2-7}$$

式(2-7) 表明，在恒压条件下，化学反应的反应热在数值上等于该反应的焓的变化值。

（2）焓的特点

① 焓是状态函数；

② 焓是系统的一个广度性质；

③ 焓具有能量单位；

④ 由于现在还不能测定系统热力学能的绝对值，所以也不能确定焓的绝对值，但可通过系统与环境间热量的传递来衡量系统焓的变化；

⑤ 在相同条件下正逆化学反应的焓变数值相等，符号相反。若正反应为放热反应，则逆反应必为吸热反应，反之亦然；

⑥ 焓与温度有关，但通常不考虑化学反应焓变随温度的变化。

2.1.2.3　标准摩尔反应焓变

(1) 标准态　化学反应热的数值与始、终态物质的温度、压力和聚集状态有关。因此，提出了热力学**标准状态**（thermodynamic standard state）的概念。按照习惯，其具体规定为：

标准压力：$p=100\text{kPa}$（过去曾规定为101.325kPa），用 $p^{\ominus}$ 表示；

气体：标准压力 $p^{\ominus}$ 下处于理想气体状态的气态纯物质；

液体和固体：标准压力 $p^{\ominus}$ 下的液态或固态纯物质；

溶液中溶质的标准态：标准压力 $p^{\ominus}$ 下，具有理想稀溶液性质的溶液，浓度为1mol/L，用 $c^{\ominus}$ 表示。

热力学标准状态对温度不作规定，国际纯粹与应用化学联合会（IUPAC）建议优先选用298.15K作为参考温度。

(2) 反应进度　在研究化学反应的过程中，对涉及反应过程中物质的量的变化，国际纯粹与应用化学联合会（IUPAC）推荐使用比利时化学家唐德（T. de Donder）提出的**"反应进度"**（extent of reaction）的概念，用符号 ξ 表示。

对于一般的化学反应方程式：

$$0=\sum_{\text{B}}\nu_{\text{B}}\text{B} \tag{2-8}$$

式中，B表示反应中任一物质的化学式；ν_{B}是B的化学计量数，其量纲为1，对反应物取负值，对产物取正值。

如果选定反应开始时 $\xi=0$，则：

$$\xi=[n_{\text{B}}(\xi)-n_{\text{B}}(0)]/\nu_{\text{B}}=\Delta n_{\text{B}}/\nu_{\text{B}} \tag{2-9}$$

式中，$n_{\text{B}}(0)$ 是任一组分B在反应开始时（$\xi=0$）的物质的量；$n_{\text{B}}(\xi)$ 是组分B在反应进度为 ξ 时的物质的量。ξ 的量纲是mol。

以合成氨反应为例求解反应进行至 t 时的反应进度：

	$N_2(g)$	$+3H_2(g)$	$=2NH_3(g)$
反应开始时物质的量/mol	8	8	0
反应至 t 时物质的量/mol	6	2	4

则反应进度为

$$\xi(N_2)=\frac{\Delta n(N_2)}{\nu(N_2)}=\frac{6\text{mol}-8\text{mol}}{-1}=2\text{mol}$$

$$\xi(H_2)=\frac{\Delta n(H_2)}{\nu(H_2)}=\frac{2\text{mol}-8\text{mol}}{-3}=2\text{mol}$$

$$\xi(NH_3)=\frac{\Delta n(NH_3)}{\nu(NH_3)}=\frac{4\text{mol}-0\text{mol}}{+2}=2\text{mol}$$

从上例可知，对于同一个反应方程式，不论选用哪种物质表示的反应进度 ξ 均是相同的。引入反应进度 ξ 的最大优点就是在反应进行到任意时刻时，可用任一反应物或产物来表示反应进行的程度，所得的值总是相等的。

由于反应方程式中的化学计量数与化学反应方程式的写法有关。因此对同一反应，化学反应方程式写法不同，化学计量数 ν_B 不同，则反应进度 ξ 也就不同，所以使用反应进度时，必须指明化学反应方程式。

(3) 摩尔反应焓变　化学反应热依赖物质的量的变化，即依赖于反应进度 ξ 的变化，因此恒温恒压条件下的化学反应热可用化学反应的**摩尔反应焓变**（molar enthalpy change of chemical reaction）表示。化学反应的摩尔反应焓变用符号 $\Delta_r H_m$ 来表示，其定义为：

$$\Delta_r H_m = \frac{\Delta_r H}{\Delta \xi} \tag{2-10}$$

式中，$\Delta_r H_m$ 为摩尔反应焓变，单位为 J/mol 或 kJ/mol；Δ 表示变化量；H 的左下标 r 表示反应（reaction），H 的右下标 m 表示摩尔（mol），指的是反应进度 ξ 为 1mol，即发生 1mol 反应。

例如对合成氨反应：$N_2(g) + 3H_2(g) = 2NH_3(g)$，$\Delta_r H_m = -92.22kJ/mol$，1mol 反应指的是 1mol N_2 与 3mol H_2 完全反应生成 2mol NH_3，该反应的化学反应热为−92.22kJ。

使用摩尔反应焓变时必须注明化学反应方程式，例如：$1/2N_2(g) + 3/2H_2(g) = NH_3(g)$，$\Delta_r H_m = -46.11kJ/mol$，1mol 反应指的是 0.5mol N_2 与 1.5mol H_2 完全反应生成 1mol NH_3，该反应的化学反应热为−46.11kJ。

(4) 标准摩尔反应焓变　如果参加反应的各物质都处于标准态，则此时摩尔反应焓变就称为**标准摩尔反应焓变**（standardmolar enthalpy change of chemical reaction），以符号 $\Delta_r H_m^{\ominus}$ 来表示，符号中 H 的右上标 $^{\ominus}$ 代表标准态。例如：

$$C_6H_{12}O_6(s) + 6O_2(g) = 6CO_2(g) + 6H_2O(l) \qquad \Delta_r H_m^{\ominus} = -2801.54kJ/mol$$

$$2H_2(g) + CO(g) = CH_3OH(l) \qquad \Delta_r H_m^{\ominus} = -127.14kJ/mol$$

标准摩尔反应焓变温度可以任意选定，但反应物与生成物的温度要求相同。如果温度是 298.15K，通常可不必特别指出；若为其他温度，则需在圆括号内标出，记为 $\Delta_r H_m^{\ominus}(T)$。例如：

$$CO(g) + 1/2O_2(g) = CO_2(g)$$

$$\Delta_r H_m^{\ominus}(298.15K) = -282.984kJ/mol \qquad \Delta_r H_m^{\ominus}(398.15K) = -285.0kJ/mol$$

温度升高 100K，$\Delta_r H_m^{\ominus}$ 增大 0.7%，说明温度对焓变影响很小，本书中通常不考虑化学反应的焓变随温度的变化，即 $\Delta_r H_m^{\ominus}(298.15K) \approx \Delta_r H_m^{\ominus}(T)$。

(5) 标准摩尔生成焓

① 单质和化合物的标准摩尔生成焓　标准态时，由指定单质生成 1mol 物质的焓变，称为该化合物的**标准摩尔生成焓**（standard molar enthalpy of formation），以符号 $\Delta_f H_m^{\ominus}(T)$ 来表示，单位为 kJ/mol。符号中 H 的左下角 f 表示生成反应（formation）；H 的右下角 m 表示反应的产物是 1mol；T 为热力学温度，通常为 298.15K，当 T 为 298.15K 时可不标出。例如：

$$\frac{1}{2}N_2(g) + \frac{2}{3}H_2(g) = NH_3(g) \qquad \Delta_f H_m^{\ominus}(NH_3, g) = -46.11kJ/mol$$

$$Fe(s) + S(\text{正交晶系}) + 2O_2(g) = FeSO_4(s) \qquad \Delta_f H_m^{\ominus}(FeSO_4, s) = -928.4kJ/mol$$

定义中的指定单质通常是温度为 298.15K 和标准压力时最稳定的单质。如氢是 H_2 (g)；氧是 O_2 (g)；溴是 Br_2 (l)；碳是石墨；磷例外，指定单质为白磷，而不是热力学上更稳定的红磷。各种物质在 298.15K 的 $\Delta_f H_m^{\ominus}$ 数据可以在有关的化学手册中查到，本书附录 4 列出了一些单质、化合物的 $\Delta_f H_m^{\ominus}$ 的数据。

指定单质的标准摩尔生成焓为零。例如：$\Delta_f H_m^{\ominus}(C,\text{石墨}) = 0$；$\Delta_f H_m^{\ominus}(H_2, g) = 0$。

② 水合离子的标准摩尔生成焓　电解质在水中能解离成正、负离子，这些离子在水溶

液中都有不同程度的水合，因为在水溶液中水合的正、负离子总是同时存在的，所以，不可能单独测定任一水合正离子或水合负离子的焓值。对于水合离子的相对焓值，规定水合氢离子的标准摩尔生成焓为零，参考温度通常定为 298.15K，据此，可以获得其他水合离子在 298.15K 时的标准摩尔生成焓。本书附录 4 列出了一些水合离子的 $\Delta_f H_m^\ominus$ 的数据。

2.1.2.4　标准摩尔反应焓变 $\Delta_r H_m^\ominus$ 的计算

（1）利用物质的标准摩尔生成焓计算标准摩尔反应焓变　利用物质的标准摩尔生成焓计算标准摩尔反应焓变，可以把任一化学反应 $aA+bB = dD+eE$ 中的各反应物、生成物都分解成相应的单质或化合物，如图 2-6 所示：

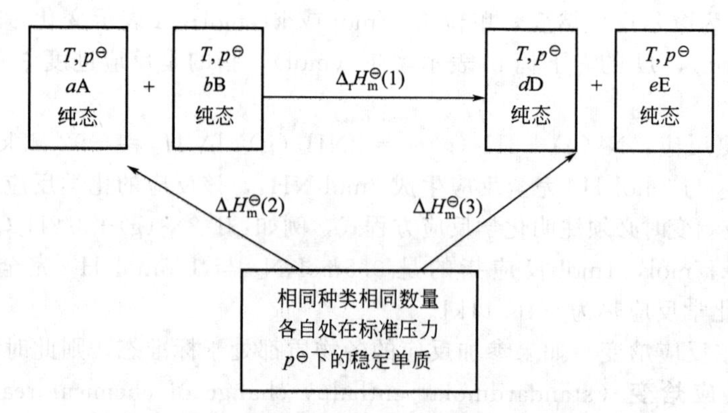

图 2-6　标准摩尔反应焓变与标准摩尔生成焓的关系

根据焓是状态函数，焓变只与系统的始、终态有关，与途径无关，则：

$$\Delta_r H_m^\ominus(2) + \Delta_r H_m^\ominus(1) = \Delta_r H_m^\ominus(3)$$

$$\begin{aligned}\Delta_r H_m^\ominus(1) &= \Delta_r H_m^\ominus(3) - \Delta_r H_m^\ominus(2)\\ &= d\Delta_f H_m^\ominus(D) + e\Delta_f H_m^\ominus(E) - a\Delta_f H_m^\ominus(A) - b\Delta_f H_m^\ominus(B)\end{aligned}$$

因此在标准态和 298.15K 时，反应 $aA+bB=dD+eE$ 的标准摩尔反应焓变的计算公式为：

$$\Delta_r H_m^\ominus = \sum_B \nu_B \Delta_f H_{m,B}^\ominus(B) \tag{2-11}$$

即反应的标准摩尔反应焓变等于同温度下此反应中各物质的标准摩尔生成焓与其化学计量数乘积的总和，常用单位为 kJ/mol。

【例 2-3】　试计算 $2NO(g) = N_2(g) + O_2(g)$ 在 298.15K 时的 $\Delta_r H_m^\ominus$。

解：由附录 4 查得

	$2NO(g) =$	$N_2(g) +$	O_2
$\Delta_f H_m^\ominus/(kJ/mol)$	90.25	0	0

根据式(2-11) 得

$$\begin{aligned}\Delta_r H_m^\ominus &= \{\Delta_f H_m^\ominus(N_2, g) + \Delta_f H_m^\ominus(O_2, g)\} - 2\times\Delta_f H_m^\ominus(NO, g)\\ &= (0kJ/mol + 0kJ/mol) - 2\times 90.25kJ/mol\\ &= -180.50kJ/mol\end{aligned}$$

【例 2-4】　试计算 $CaCO_3(s) = CaO(s) + CO_2(g)$ 在 298.15K 时的 $\Delta_r H_m^\ominus$。

解：由附录 4 查得

	$CaCO_3(s)$ =	$CaO(s)$ +	$CO_2(g)$
$\Delta_f H_m^\ominus/(kJ/mol)$	−1206.92	−635.09	−393.509

根据式(2-11) 得

$$\begin{aligned}\Delta_r H_m^\ominus &= \{\Delta_f H_m^\ominus(CO_2, g) + \Delta_f H_m^\ominus(CaO, s)\} - \Delta_f H_m^\ominus(CaCO_3, s)\\ &= [(-393.509kJ/mol) + (-635.09kJ/mol)] - (-1206.92kJ/mol)\\ &= 178.321kJ/mol\end{aligned}$$

【例 2-5】 试计算 $SO_3(g)+CaO(s)=CaSO_4(s)$ 在 298.15K 时的 $\Delta_r H_m^\ominus$。

解： 由附录 4 查得　　$SO_3(g) + CaO(s) = CaSO_4(s)$

$\Delta_f H_m^\ominus$/ (kJ/mol)　　−395.7　　−635.09　　−1434.1

根据式(2-11) 得：

$$\begin{aligned}\Delta_r H_m^\ominus &= \Delta_f H_m^\ominus(CaSO_4,s)-\{\Delta_f H_m^\ominus(SO_3,g)+\Delta_f H_m^\ominus(CaO,s)\}\\ &=(-1434.1\text{kJ/mol})-[(-395.7\text{kJ/mol})+(-635.09\text{kJ/mol})]\\ &=-403.31\text{kJ/mol}\end{aligned}$$

因煤中总是含有一些含硫杂质，当煤燃烧时就有 SO_2 和 SO_3 生成。据统计，目前我国大气中 SO_2 浓度平均每年以 9%的速度上升，全国 500 个城市大气环境质量全面符合一级标准的不到 1%，有关资料报道，我国仅南方每年因酸雨而造成的经济损失就达 140 亿元，治理大气污染的脱硫技术就是利用了上述反应。

(2) 利用物质的标准摩尔燃烧焓计算标准摩尔反应焓变　许多有机化合物难以由单质直接合成，所以有机化合物的标准摩尔生成焓常常无法测定，但是，大多数有机化合物都能在氧气中燃烧，它们的燃烧反应焓可以测定。在标准态下，物质与氧气进行完全燃烧反应时的反应焓变称为该物质的**标准摩尔燃烧焓**（standard molar enthalpy of combusion)，用符号 $\Delta_c H_m^\ominus$ 表示。表 2-1 列出了一些常见物质的标准摩尔燃烧焓（温度为 298.15K)，其他物质的标准摩尔燃烧焓的数据可以从相关化学手册中查到。

表 2-1　一些常见物质的标准摩尔燃烧焓（$p^\ominus=100$kPa，$T=298.15$K）

物　质	$\Delta_c H_m^\ominus$/(kJ/mol)	物　质	$\Delta_c H_m^\ominus$/(kJ/mol)
CH_4(g)甲烷	−890.31	CH_3OH(l)甲醇	−726.51
C_2H_6(g)乙烷	−1559.88	C_2H_5OH(l)乙醇	−1366.8
C_3H_8(g)丙烷	−2219.9	HCHO(g)甲醛	−570.78
C_2H_4(g)乙烯	−1410.97	CH_3COCH_3(l)丙酮	−1790.4
C_2H_2(g)乙炔	−1299.6	C_6H_5OH(s)苯酚	−3053.5
C_3H_6(l)环丙烷	−2091.5	HCOOH(l)甲酸	−254.6
C_4H_8(l)环丁烷	−2720.5	CH_3COOH(l)乙酸	−874.54
C_5H_{10}(l)环戊烷	−3290.9	C_8H_5COOH(s)苯甲酸	−3226.9
C_6H_{12}(l)环己烷	−3919.9	C_6H_5OH(s)苯酚	−3053.5
C_6H_6(l)苯	−3267.5	$C_{12}H_{22}O_{11}$(s)蔗糖	−5640.9
$C_{10}H_8$(s)萘	−5153.9	H_2(g)氢气	−285.8

在标准态和 298.15K 时利用物质的标准摩尔燃烧焓计算反应的标准摩尔反应焓变的公式为：

$$\Delta_r H_m^\ominus=-\sum_B \nu_B \Delta_c H_{m,B}^\ominus(B) \tag{2-12}$$

【例 2-6】 已知乙烷脱氢反应式为：$C_2H_6(g)=C_2H_4(g)+H_2(g)$，试由物质的标准摩尔燃烧焓数据计算该反应在 298.15K 时的标准摩尔反应焓变 $\Delta_r H_m^\ominus$。

解： 由表 2-1 查得　　$C_2H_6(g) = C_2H_4(g) + H_2(g)$

$\Delta_c H_m^\ominus$/(kJ/mol)　　−1559.88　　−1410.97　　−285.8

根据式(2-12) 得：

$$\begin{aligned}\Delta_r H_m^\ominus &= -\{\Delta_c H_m^\ominus(C_2H_4,g)+\Delta_c H_m^\ominus(H_2,g)-\Delta_c H_m^\ominus(C_2H_6,g)\}\\ &=-\{(-1410.97\text{kJ/mol})+(-285.8\text{kJ/mol})-(-1559.88\text{kJ/mol})\}\\ &=136.89\text{kJ/mol}\end{aligned}$$

(3) 热化学方程式　标出化学反应热的化学方程式称为**热化学方程式**（thermochemical equation)。由于化学反应热与反应进行的温度、压力以及反应物和生成物的聚集状态及物质的量等有关，所以书写热化学方程式时要注意以下几点。

① 在热化学方程式中必须标出有关物质的聚集状态（包括晶型），不同的物质聚集状态对应不同的化学反应热。通常用 g、l 和 s 分别表示气、液和固态；aq 表示水溶液；Cr 或 c 表示晶体等。例如：

$$2H_2(g)+O_2(g) = 2H_2O(l) \qquad \Delta_r H_m^{\ominus}(298.15K)=-571.6kJ/mol$$

$$2H_2(g)+O_2(g) = 2H_2O(g) \qquad \Delta_r H_m^{\ominus}(298.15K)=-483.6kJ/mol$$

② 在热化学方程式中，同一反应，以不同计量数表示时，反应热的数值不同。例如：

$$2H_2(g)+O_2(g) = 2H_2O(l) \qquad \Delta_r H_m^{\ominus}(298.15K)=-571.6kJ/mol$$

$$H_2(g)+\frac{1}{2}O_2(g) = H_2O(l) \qquad \Delta_r H_m^{\ominus}(298.15K)=-285.8kJ/mol$$

③ 正、逆反应的反应热的绝对值相同，符号相反。

④ 书写热化学方程式时，应注明反应的温度和压力条件，如果反应发生在 298.15K 和 100kPa 下，习惯上可省略。

(4) 盖斯定律　盖斯（G. H. Hess）在 1840 年根据多年的实验研究总结出一条规律：任一个化学反应不论是一步完成，还是分几步完成，其总的热效应是完全相同的，即**盖斯定律**（Hess's law）。

热不是状态函数，但恒容反应热与系统热力学能变相等，恒压反应热与系统焓变相等，而热力学能与焓都是状态函数，它们的变化量只取决于系统的始态和终态，因此恒容反应热和恒压反应热也只取决于系统的始态和终态。

盖斯定律是热力学第一定律在恒容或恒压、只做体积功条件下的必然结果。

【例 2-7】 已知 298.15K 标准态下：

(1) $C(石墨,s)+O_2(g) = CO_2(g), \Delta_r H_m^{\ominus}(1)=-393.509kJ/mol$

(2) $CO(g)+1/2O_2(g) = CO_2(g), \Delta_r H_m^{\ominus}(2)=-282.984kJ/mol$

计算反应(3)$C(石墨,s)+1/2O_2(g) = CO(g)$的 $\Delta_r H_m^{\ominus}(3)$。

解：反应(1)可以设计经过如下两种途径：

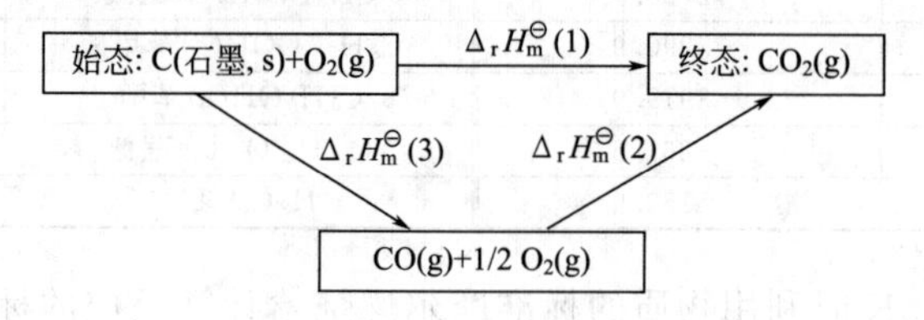

根据盖斯定律：

$$\Delta_r H_m^{\ominus}(1)=\Delta_r H_m^{\ominus}(2)+\Delta_r H_m^{\ominus}(3)$$

$$\Delta_r H_m^{\ominus}(3)=\Delta_r H_m^{\ominus}(1)-\Delta_r H_m^{\ominus}(2)$$

$$=-393.509kJ/mol-(-282.984kJ/mol)=-110.525kJ/mol$$

根据盖斯定律，热化学反应方程式可以像代数方程式那样相加或相减。这是因为每个热化学方程式所代表的反应，可以视为总反应的一个步骤。于是，各个步骤相加或相减的结果就得到了总反应的热化学方程式。

$$C(石墨)+O_2(g) = CO_2(g), \qquad \Delta_r H_m^{\ominus}(1)=-393.509kJ/mol$$

$$-)CO(g)+1/2O_2(g) = CO_2(g), \qquad -)\Delta_r H_m^{\ominus}(2)=-282.984kJ/mol$$

$$C(石墨)+1/2O_2(g) = CO(g), \qquad \Delta_r H_m^{\ominus}(3)=-110.525kJ/mol$$

应用盖斯定律，可以利用已经准确测量过热效应的反应，通过代数组合计算出其他未进行测量的化学反应的反应热，这样不仅可以减少大量实验测定工作，而且还可以计算出难以或无法用实验测定的某些反应的反应热。

2.1.3 化学反应的方向

2.1.3.1 自发过程

人类长期的生产实践及科学实验表明，自然界中发生的一切变化都是有方向的。热量总是自动地从高温物体向低温物体传递，不会自动地从低温物体传递到高温物体；水总是自动地从高处向低处流，不会自动地从低处流向高处；锌放入硫酸铜溶液中可置换出铜，而铜放入硫酸锌溶液中却无法置换出锌。这种在一定条件下不需要外力的作用就能自动进行的过程叫做**自发过程**（spontaneous process），若为化学过程则为自发反应。

上述自发过程虽然各自有不同的具体情况，但它们都具有如下共同基本特征。

① 自发过程只能向一个方向进行，欲使其逆向进行，环境必须对系统做功。例如欲使水从低处输送到高处，需借助水泵作机械功来实现；要使水在常温下分解为氢气和氧气，需利用电解强行使水分解。

② 在一定条件下能够进行自发过程的系统具有做功能力。

③ 做功的能力是有限度的，当做功能力丧失时，自发过程停止进行。

如何判断一个化学反应能否自发进行，一直是化学家极为关注的问题，下面讨论影响化学反应自发进行方向的因素。

2.1.3.2 影响化学反应方向的因素

对一个化学反应，化学热力学所关心的是化学反应能否自发进行。通过热力学计算，如果确认这反应在合理条件下不可能自发进行，也就没有研究的必要了。那么，如何判断化学反应能否自发进行呢？大量的实验研究结果表明，在通常情况下（指恒温、恒压下），决定化学反应自发进行方向的因素有两个：焓变和熵变。

（1）焓变对化学反应方向的影响　在研究自然界的自发过程时，人们发现自发过程往往都是朝着能量降低的方向进行。对于化学反应，很多放热反应（$\Delta_r H_m^\ominus<0$）都是自发的，例如：

$$H_2(g)+\frac{1}{2}O_2(g) \longrightarrow H_2O(l) \qquad \Delta_r H_m^\ominus(298.15K)=-285.8kJ/mol$$

$$NaOH(aq)+HCl(aq) \longrightarrow NaCl(aq)+H_2O(l) \qquad \Delta_r H_m^\ominus=-56kJ/mol$$

$$C_6H_{12}O_6(s)+6O_2(g) \longrightarrow 6CO_2(g)+6H_2O(l) \qquad \Delta_r H_m^\ominus=-2801.4kJ/mol$$

放热反应过程中体系的能量降低，因此具有自发进行的倾向，人们曾提出用反应的焓变来判断反应进行的方向，认为在等温、等压条件下，当 $\Delta_r H_m^\ominus<0$ 时：化学反应可以自发进行；当 $\Delta_r H_m^\ominus>0$ 时：化学反应不能自发进行，这就是所谓的焓判据。

然而，实践表明：某些吸热过程（$\Delta_r H_m^\ominus>0$）亦能自发进行。如 NH_4Cl 的溶解、Ag_2O 的分解反应等都是吸热过程，但在 298.15K、标准态下均能自发进行：

$$NH_4Cl(s) \longrightarrow NH_4^+(ag)+Cl^-(ag) \qquad \Delta_r H_m^\ominus=14.76kJ/mol$$

$$Ag_2O(s) \longrightarrow 2Ag(s)+1/2O_2(g) \qquad \Delta_r H_m^\ominus=31.05kJ/mol$$

又如，$CaCO_3$ 的分解反应是吸热反应（$\Delta_r H_m^\ominus>0$）：

$$CaCO_3(s) = CaO(s)+CO_2(g) \qquad \Delta_r H_m^\ominus=178.32kJ/mol$$

在 298.15K、标准态下，$CaCO_3$ 的分解反应是非自发的。但当温度升高到约 1123K 时，$CaCO_3$ 的分解反应变成自发过程，而此时反应的焓变仍近似等于 178.32kJ/mol（温度对焓变的影响很小）。这些现象说明，仅仅从能量变化的角度考虑，把反应的焓变作为判断反应自发性的依据是不准确、不全面的。大量的实验现象表明：除了焓变减小是化学反应自发进行的一个驱动力外，系统混乱度的增加是许多化学和物理过程自发进行的另一驱动力。

（2）熵变对化学反应方向的影响

① 混乱度　大量的实验事实表明，在自然界中还存在着一类向着系统混乱度增加的方

向进行的自发过程。例如在一杯水中滴入几滴黑墨水，黑墨水就会自发地扩散到整杯水中；又例如在一个中间有隔板的恒容容器内，在隔板两侧分别放入 A、B 两种气体，当抽去隔板后，A、B 两种气体会自发地混合均匀。

当系统处于宏观平衡时，系统的状态函数如压力、温度、体积等将不随时间变化，但从微观角度来看，处于宏观平衡状态下，系统中物质的分子、原子等可以表现出不同的微观状态。例如在一个盒子里放 2 个黑球 2 个白球，从宏观上看只有一个状态：四个球；但它们的组合方式不同，就会有不同的“微观状态”，如图 2-7 所示。

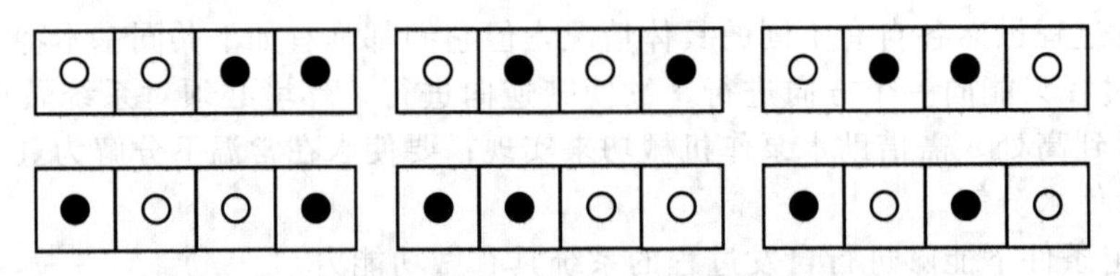

图 2-7　4 个小球的不同“微观状态”

化学反应系统中的微观粒子，如分子、原子等，时刻进行着瞬息万变的微观运动，如微观粒子的移动、转动、振动、电子运动、原子核的运动等。在化学热力学中，系统的**混乱度**（randomness）就是这些微观运动形态的形象描述。系统内微观粒子的微观状态数越多，系统的混乱度越大。

前面提到的 NH_4Cl 的溶解过程，虽然是吸热过程，但由于 NH_4Cl 晶体的有序结构遭到破坏，系统的混乱度增大，因此溶解过程仍能自发进行；又如 Ag_2O 的分解过程，从其分解反应式反应前后对比，不但物质的种类和物质的量增加，即微观粒子的种类和数量增加，更重要的是产生了热运动自由度很大的气体，使整个系统的混乱度增大。由此可见化学反应自发进行的另一个驱动力是系统的混乱度增大。

② 熵　系统的混乱度在热力学上用**熵**（entropy）来表达，以符号 S 表示，单位是 J/(mol·K)。系统内物质微观粒子运动的混乱度越大，系统的熵值越大。由于当系统处于一定的宏观状态时，它所拥有的微观状态总数是一定的，系统的混乱度也就确定，因此熵具有确定值，这就意味着熵是系统的状态函数，是系统的一个广度性质，图 2-8 为三种熵增过程。

③ 物质的标准摩尔熵　系统内物质微观粒子的混乱度与物质的聚集状态和温度等因素有关。热力学第三定律指出：“在 0K 时，任何纯物质完美晶体的熵值等于零。”NO 的完美晶体与非完美晶体如图 2-9。任何单质和化合物的熵值都有相同的起点，人们不必像焓那样人为地规定一个参考标准，可以直接从零熵值开始测定物质在不同状态下的熵值。这种熵值

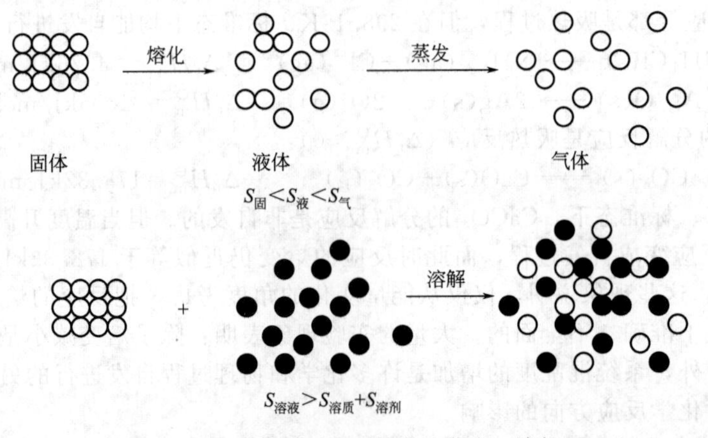

图 2-8　三种熵增过程（熔化、蒸发、溶解）

称为绝对熵或规定熵。1mol 某纯物质在标准态下的规定熵叫做该物质的**标准摩尔熵**（standard molar entropy），用符号 $S_m^\ominus$（T）表示，通常使用的是 298.15K 时的标准摩尔熵，以符号 $S_m^\ominus$ 来表示。

对于水合离子，因溶液中同时存在正负离子，规定处于标准态下水合氢离子的标准摩尔熵值为零，从而得出其他水合离子在 298.15K 时的标准摩尔熵。(这与水合离子的标准摩尔生成焓相似，水合离子的标准摩尔熵是相对值)。

(a)	(b)
NONONONONONO	NONONONONONO
ONONONONONON	ONONONONONON
NONONONONONO	NONO**ON**NONONO
ONONONONONON	ONONONONONON
NONONONONONO	NONONO**ON**NONO
ONONONONONON	ONONONONONON

图 2-9　NO 的完美晶体（a）与非完美晶体（b）

各种物质在 298.15K 的 $S_m^\ominus$ 数据可以在有关的化学手册中查到，本书附录 4 列出了一些单质、化合物和水合离子的 $S_m^\ominus$ 数据。

(3) 标准摩尔反应熵变　在标准态和温度为 T、反应进度为 1mol 反应时的熵变为**标准摩尔反应熵变**（standard molar entropy change of chemical reaction），记为 $\Delta_r S_m^\ominus$。

熵与焓一样是系统的状态函数，化学反应的熵变只取决于反应系统的始、终态，而与系统状态变化的途径无关。故标准摩尔反应熵变 $\Delta_r S_m^\ominus$ 的计算方法与标准摩尔反应焓变 $\Delta_r H_m^\ominus$ 的计算相似，对于任一的化学反应方程式：

$$0 = \sum_B \nu_B B$$

当系统中各物质处在标准态和温度为 298.15K 时，反应进度 ξ=1mol 时的标准摩尔反应熵变的计算公式为：

$$\Delta_r S_m^\ominus = \sum_B \nu_B S_m^\ominus(B) \qquad (2\text{-}13)$$

式(2-13) 表明 298.15K 时的标准摩尔反应熵变等于同温度下此反应中各物质的标准摩尔熵与其化学计量数乘积的总和，单位为 J/(mol·K)。若系统的温度不是 298.15K，反应的熵变随温度变化而有所改变，但由于随温度升高，反应物和产物的标准摩尔熵均同时增大，因此反应的熵变受温度影响一般不大，为了简便起见，本书中不考虑温度对反应熵变的影响，即 $\Delta_r S_m^\ominus(298.15\text{K}) \approx \Delta_r S_m^\ominus(T)$。

【例 2-8】 试计算 $2NO(g) \xlongequal{} N_2(g)+O_2(g)$ 在 298.15K 时的 $\Delta_r S_m^\ominus$。

解： 由附录 4 查得

	$2NO(g)$	$N_2(g)$	$O_2(g)$
$S_m^\ominus$/[J/(mol·K)]	210.7	191.61	205.0

根据式(2-13) 得：

$$\begin{aligned}\Delta_r S_m^\ominus &= \{S_m^\ominus(N_2, g)+S_m^\ominus(O_2, g)\}-\{2\times S_m^\ominus(NO, g)\}\\ &=[191.61\text{J/(mol·K)}+205.0\text{J/(mol·K)}]-2\times 210.7\text{J/(mol·K)}\\ &=-24.79\text{J/(mol·K)}\end{aligned}$$

【例 2-9】 试计算 $CaCO_3(s) \xlongequal{} CaO(s)+CO_2(g)$ 在 298.15K 时的 $\Delta_r S_m^\ominus$。

解： 由附录 4 查得

	$CaCO_3(s)$	$CaO(s)$	$CO_2(g)$
$S_m^\ominus$/[J/(mol·K)]	92.9	39.75	213.74

根据式 (2-13) 得：

$$\begin{aligned}\Delta_r S_m^\ominus &= \{S_m^\ominus(CO_2, g)+S_m^\ominus(CaO, s)\}-\{S_m^\ominus(CaCO_3, s)\}\\ &=\{213.74+39.75\}-\{92.9\}\text{J/(mol·K)}\\ &=160.59\text{J/(mol·K)}\end{aligned}$$

由例 2-3 的计算可知 NO 分解成 N_2 和 O_2 反应的焓变小于零（$\Delta_r H_m^\ominus = -180.50$kJ/mol)，有利于该反应的自发进行；而由例 2-8 的计算可知该反应的熵变小于零［$\Delta_r S_m^\ominus = -24.79$J/(mol·K)］，又不利于该反应的自发进行。由例 2-4 的计算可知 $CaCO_3$ 分解反应的焓变大于零（$\Delta_r H_m^{\ominus}=178.321$kJ/mol），不利于该反应的自发进行；而由例 2-9 的计算可知该反应的熵变大于零［$\Delta_r S_m^{\ominus}=160.59$ J/(mol·K)］，又有利于该反应的自发进行。那么这两个反应在 298.15K、标准态下能否自发进行呢？因此需要找到一个在恒温恒压下能判断化学反应自发进行方向的判据，即吉布斯函数。

2.1.3.3 吉布斯函数

（1）吉布斯函数　从前面的讨论可以知道，在恒温恒压条件下，化学反应自发进行的方向既与反应的焓变有关，又与反应的熵变有关，为了将它们统一起来，确定一个判断化学反应自发性的判据，1875 年，美国科学家吉布斯（J. W. Gibbs）提出了**吉布斯函数**（Gibbs function），也称吉布斯自由能，用符号 G 表示。定义为：

$$G \equiv H - TS \tag{2-14}$$

吉布斯函数是状态函数 H、T 和 S 的组合，当然也是状态函数。吉布斯函数 G 是系统的一个广度性质。当系统的始、终态一定时，吉布斯函数变 ΔG 为定值，与变化途径无关。

根据式(2-14)，在恒温、恒压条件下，吉布斯函数变（ΔG）、焓变（ΔH）、熵变（ΔS）、温度（T）之间有如下关系：

$$\Delta G(T) = \Delta H(T) - T\Delta S(T) \tag{2-15}$$

上式称为**吉布斯-亥姆霍兹公式**（Gibbs-Helmholtze）。该公式表明，ΔG 同时包含了焓变和熵变这两个自发过程进行的驱动力，因此用 ΔG 作为自发过程方向的判据，更为全面可靠。在恒温、恒压、非体积功为零的条件下封闭系统发生的过程，都可以用 ΔG 作为自发性的判据。

对于化学反应，则有：　$\Delta_r G_m(T) = \Delta_r H_m(T) - T\Delta_r S_m(T)$　(2-16)

对于在标准态下进行的化学反应，有：　$\Delta_r G_m^{\ominus}(T) = \Delta_r H_m^{\ominus}(T) - T\Delta_r S_m^{\ominus}(T)$　(2-17)

$\Delta_r G_m$ 和 $\Delta_r G_m^{\ominus}$ 分别称为**摩尔反应吉布斯函数变**（molar Gibbs function change of chemical reaction）和**标准摩尔反应吉布斯函数变**（standard molar Gibbs function change of chemical reaction），两者的值均与反应式的写法有关，单位为 J/mol 或 kJ/mol。

（2）吉布斯函数的物理意义　系统在恒温时发生变化，将（2-15）改写成：$\Delta H(T) = \Delta G(T) + T\Delta S(T)$，即系统的焓变分成两个部分：$T\Delta S$ 项用于系统内部改组的能量变化，这部分能量是无法利用的；而 ΔG 体现出来的能量变化，是能用来做有用功（即非体积功）的。

吉布斯函数是状态函数，因此系统的吉布斯函数变 ΔG 只和系统的始终态有关，与过程无关。而功是途径函数，与途径有关；当途径不同时，系统对外做有用功的值不等。热力学的基本原理证明了恒温恒压下吉布斯函数变 ΔG 与系统和环境交换的有用功之间的关系如下：

$$-\Delta G \geqslant -W' \tag{2-18}$$

由式(2-18) 可知，恒温恒压下，当 $W'<0$ 时，表示系统对环境做有用功，该过程为自发过程，且自发过程系统对环境所做的有用功的绝对值小于等于系统吉布斯函数减少的绝对值，或者说系统从始态变化到终态，吉布斯函数变等于系统在过程中所做的最大有用功，因此可以将吉布斯函数理解为恒温恒压下系统做最大有用功的能力。

当 $W'<0$ 时，即 $-W'>0$，由于 $-\Delta G \geqslant -W'$，所以 $-\Delta G>0$，即 $\Delta G<0$，即自发过程是吉布斯函数值减少的过程。

当 $W'>0$ 时，即环境对系统做功，为非自发过程，系统的吉布斯函数值增加，即 $\Delta G>0$，且非自发过程环境对系统所做的有用功的值大于等于系统吉布斯函数增加的数值。

当 $W'=0$ 时，系统不做功，系统处于平衡状态，即 $\Delta G=0$。

由此可见，恒温恒压下自发变化的方向可以根据系统的吉布斯函数变的符号来判断。

$\Delta G<0$　自发过程；

$\Delta G=0$　平衡状态；

$\Delta G>0$　非自发过程。

(3) 吉布斯函数变与化学反应自发性的判断标准　化学反应通常在恒温、恒压条件下进行，因此应用吉布斯函数判据判断化学反应自发进行的方向就十分方便，即自发反应的方向总是向着吉布斯函数减少的方向进行。

摩尔反应吉布斯函数变 $\Delta_r G_m$ (T) 可作为恒温、恒压、不做非体积功的化学反应自发进行的判据，即：

$\Delta_r G_m(T)<0$　自发反应，反应能向正反应方向自发进行；

$\Delta_r G_m(T)=0$　反应处于平衡状态；

$\Delta_r G_m(T)>0$　非自发反应，反应能向逆反应方向自发进行。

例：$C(石墨,s)+O_2(g) \rightleftharpoons CO_2(g)$ $\Delta_r G_m=-394.359kJ/mol$ 常温常压下正向自发；

$CH_4(g)+CO_2(g) \rightleftharpoons 2CO+2H_2$　$\Delta_r G_m=170.730kJ/mol$ 常温常压下逆向自发。

从 $\Delta_r G_m=\Delta_r H_m-T\Delta_r S_m$ 可以看出，$\Delta_r G_m$ 体现了焓变和熵变两种效应的对立和统一，具体见表 2-2 所列。

表 2-2　反应自发性判断的四种情况

反应情况	$\Delta_r H_m$ 的符号	$\Delta_r S_m$ 的符号	$\Delta_r G_m$ 的符号	反应的自发性	举　例
①	－	＋	－	任何温度下均为自发反应	$2H_2O_2(g) = 2H_2O(g)+O_2(g)$
②	＋	－	＋	任何温度下均为非自发反应	$2CO(g) = 2C(s)+O_2(g)$
③	－	－	高温为＋ 低温为－	高温下为非自发反应 低温下为自发反应	$N_2(g)+3H_2(g) = 2NH_3(g)$
④	＋	＋	低温为＋ 高温为－	低温下为非自发反应 高温下为自发反应	$CaCO_3(s) = CaO(s)+CO_2(g)$

由上述四种情况可以看出，放热反应不一定都能正向自发进行，而吸热反应在一定条件下也可能自发进行。在①、②两种情况下，焓变和熵变两种效应判断反应自发性的方向一致；在③、④两种情况下，焓变和熵变两种效应判断反应自发性的方向相反，低温下 $|\Delta_r H_m|>|T\Delta_r S_m|$，焓变效应为主；高温下 $|\Delta_r H_m|<|T\Delta_r S_m|$，熵变效应为主，因此随温度变化，反应自发进行的方向发生变化，中间必存在一个转折点，即 $\Delta_r G_m=0$，反应处于平衡状态。当温度在转折点的温度附近改变时，平衡发生移动，反应方向发生转变，该转折点的温度称为转变温度，以 $T_{转}$ 表示。

根据式(2-16)：　$\Delta_r G_m(T)=\Delta_r H_m(T)-T\cdot\Delta_r S_m(T)=0$

$$T_{转}=\frac{\Delta_r H_m(T)}{\Delta_r S_m(T)} \tag{2-19}$$

在一定温度范围内，本书近似地认为 $\Delta_r H_m$ (T)、$\Delta_r S_m$ (T) 不随温度而改变，则：

$$T_{转}\approx\frac{\Delta_r H_m(298.15K)}{\Delta_r S_m(298.15K)} \tag{2-20}$$

若参与反应的各物质均处于标准态下，则：

$$T_{转}\approx\frac{\Delta_r H_m^{\ominus}(298.15K)}{\Delta_r S_m^{\ominus}(298.15K)} \tag{2-21}$$

2.1.3.4　标准摩尔反应吉布斯函数变与摩尔反应吉布斯函数变

(1) 标准摩尔生成吉布斯函数　与物质的焓相似，物质的吉布斯函数也采用相对值。规定在标准态下，由指定单质生成生成1mol某物质时的吉布斯函数变称为该物质的**标准摩尔生成吉布斯函数**（standard molar Gibbs function of formation），以符号 $\Delta_f G_m^\ominus(T)$ 来表示。符号中的下标f表示生成反应（formation）；右上标$^\ominus$代表标准态；右下标m表示生成的产物的物质的量是1mol；298.15K时的标准摩尔生成吉布斯函数可简写为 $\Delta_f G_m^\ominus$。例如：

$$\frac{1}{2}N_2(g)+\frac{2}{3}H_2(g) = NH_3(g) \qquad \Delta_f G_m^\ominus(NH_3, g)=-16.15\text{kJ/mol}$$

$$Fe(s)+S(\text{正交晶系})+2O_2(g) = FeSO_4(s) \qquad \Delta_f G_m^\ominus(FeSO_4, s)=-742.2\text{kJ/mol}$$

对于水合离子，规定水合氢离子的标准摩尔生成吉布斯函数为零。298.15K时，一些单质、化合物和水合离子的标准摩尔生成吉布斯函数的数据见本书附录4。

（2）利用物质的 $\Delta_f G_m^\ominus$ 的数据计算标准摩尔反应吉布斯函数变 $\Delta_r G_m^\ominus$　吉布斯函数是状态函数，因此标准摩尔反应吉布斯函数变只与反应体系的始态和终态有关，而与反应的途径无关。可通过与标准摩尔生成焓求解标准摩尔反应焓变相类似的方法，根据标准摩尔生成吉布斯函数求解标准摩尔反应吉布斯函数变。

对于任一化学反应方程式：　$0=\sum_B \nu_B B$

在标准态和298.15K时反应的标准摩尔反应吉布斯函数变的计算公式为：

$$\Delta_r G_m^\ominus=\sum_B \nu_B \Delta_f G_{m,B}^\ominus(B) \qquad (2\text{-}22)$$

即298.15K下反应的标准摩尔反应吉布斯函数变等于同温度下此反应中各物质的标准摩尔生成吉布斯函数与其化学计量数乘积的总和。常用单位为kJ/mol。

【例2-10】 汽车尾气中的主要污染物是CO(g)和NO(g)，如能在一定条件实现下列反应 $CO(g)+NO(g) \rightleftharpoons CO_2(g)+1/2N_2(g)$，就可大大减少汽车尾气导致的空气污染。试判断该反应在标准态、298.15K时，反应自发进行的可能性。

解：由附录4查得

	CO (g)	+ NO (g) $\rightleftharpoons$	CO_2 (g)	+ 1/2N_2 (g)
$\Delta_f G_m^\ominus$/(kJ/mol)	−137.168	86.55	−394.359	0

根据式(2-22)得

$$\begin{aligned}\Delta_r G_m^\ominus &= \{\Delta_f G_m^\ominus(CO_2, g)+1/2\Delta_f G_m^\ominus(N_2, g)\}-\{\Delta_f G_m^\ominus(CO, g)+\Delta_f G_m^\ominus(NO, g)\}\\ &=\{(-394.359\text{kJ/mol})+1/2\times 0\text{kJ/mol}\}-\{-137.168\text{kJ/mol}+86.55\text{kJ/mol}\}\\ &=-343.741\text{kJ/mol}\end{aligned}$$

由于 $\Delta_r G_m^\ominus<0$，所以在298.15K和标准态下，该反应能自发进行。

（3）利用物质的 $\Delta_f H_m^\ominus$ 和 $S_m^\ominus$ 的数据来计算 $\Delta_r G_m^\ominus$　利用 $\Delta_f H_m^\ominus$ 和 $S_m^\ominus$ 的数据先计算出 $\Delta_r H_m^\ominus$ 和 $\Delta_r S_m^\ominus$，然后再利用式(2-17)计算 $\Delta_r G_m^\ominus$。由于 $\Delta_r H_m^\ominus$ 和 $\Delta_r G_m^\ominus$ 的常用单位为kJ/mol，而 $\Delta_r S_m^\ominus$ 的常用单位为J/(mol·K)，在使用上述公式进行计算时必须注意单位的统一。

【例2-11】 试根据 $\Delta_f H_m^\ominus$ 和 $S_m^\ominus$ 的数据计算 $2NO(g) \rightleftharpoons N_2(g)+O_2(g)$ 在298.15K时的 $\Delta_r G_m^\ominus$，并判断在此条件下，反应能否自发进行？

解：根据例2-3和例2-8已经计算出298.15K时NO分解反应的 $\Delta_r H_m^\ominus=-180.50\text{kJ/mol}$、$\Delta_r S_m^\ominus=-24.79\text{J/(mol·K)}$

根据式(2-17)得：

$$\begin{aligned}\Delta_r G_m^\ominus(298.15\text{K}) &= \Delta_r H_m^\ominus(298.15\text{K})-298.15\text{K}\times\Delta_r S_m^\ominus(298.15\text{K})\\ &=(-180.50\text{kJ/mol})-298.15\text{ K}\times[-24.79\times10^{-3}\text{kJ/(mol·K)}]\\ &=-173.11\text{kJ/mol}\end{aligned}$$

由于该反应的 $\Delta_r G_m^\ominus<0$，因此在298.15K时该反应能自发进行。

【例2-12】 试根据 $\Delta_f H_m^\ominus$ 和 $S_m^\ominus$ 的数据计算 $CaCO_3(s) \rightleftharpoons CaO(s)+CO_2(g)$ 在

298.15K 时的 $\Delta_r G_m^\ominus$，并判断在此条件下，反应能否自发进行？若在 298.15K 时 $CaCO_3$ 分解反应不能自发进行，那么在什么温度下才能自发进行？

解：根据例 2-4 和例 2-9 已经计算出 298.15K 时 $CaCO_3$ 分解反应的 $\Delta_r H_m^\ominus = 178.321\text{kJ/mol}$、$\Delta_r S_m^\ominus = 160.59\ \text{J/(mol·K)}$

根据式(2-17) 得：

$$\begin{aligned}\Delta_r G_m^\ominus(298.15\text{K}) &= \Delta_r H_m^\ominus(298.15\text{K}) - 298.15\text{K} \times \Delta_r S_m^\ominus(298.15\text{K}) \\ &= 178.321\text{kJ/mol} - 298.15\text{K} \times 160.59 \times 10^{-3}\text{kJ/(mol·K)} \\ &= 130.44\text{kJ/mol}\end{aligned}$$

由于该反应的 $\Delta_r G_m^\ominus > 0$，所以在 298.15K 和标准态下，$CaCO_3$ 分解反应不能自发进行。

由于该反应的 $\Delta_r H_m^\ominus > 0$，$\Delta_r S_m^\ominus > 0$，说明该反应低温时非自发、高温时可自发，因此当该反应的温度高于 $T_{转}$ 时，该反应能自发进行。

根据式(2-21) 得：

$$T_{转} \approx \frac{\Delta_r H_m^\ominus(298.15K)}{\Delta_r S_m^\ominus(298.15K)} = \frac{178.321\text{kJ/mol}}{160.59 \times 10^{-3}\text{kJ/(mol·K)}} = 1110.41\text{K}$$

因此在标准态下，当该反应的温度高于 1110.41K 时，该反应能自发进行。

(4) 其他温度的标准摩尔反应吉布斯函数变的计算　本书近似地认为 $\Delta_r H_m^\ominus$（T）、$\Delta_r S_m^\ominus$（T）不随温度而改变，则标准摩尔反应吉布斯函数变 $\Delta_r G_m^\ominus$（T）可根据式(2-17) 计算：

$$\begin{aligned}\Delta_r G_m^\ominus(T) &= \Delta_r H_m^\ominus(T) - T \cdot \Delta_r S_m^\ominus(T) \\ &\approx \Delta_r H_m^\ominus(298.15\text{K}) - T \cdot \Delta_r S_m^\ominus(298.15\text{K})\end{aligned} \tag{2-23}$$

(5) 摩尔反应吉布斯函数变 $\Delta_r G_m$　计算 $\Delta_r G_m^\ominus$（T）时反应物和生成物均需处于标准态下，而实际发生的化学反应并不一定处于标准态，任一状态下的摩尔反应吉布斯函数变 $\Delta_r G_m$（T）和 $\Delta_r G_m^\ominus$（T）之间的关系可由化学热力学推导得出，称为**化学反应等温方程式**(chemical reaction isotherm equation)。

$$\Delta_r G_m(T) = \Delta_r G_m^\ominus(T) + RT\ln J \tag{2-24}$$

式中，J 为反应商，量纲为 1。

对于在低压下进行的气相反应 $a\text{A(g)} + b\text{B(g)} \rightleftharpoons d\text{D(g)} + e\text{E(g)}$，反应商 J 的计算公式为：

$$J = \frac{\left\{\frac{p(\text{D})}{p^\ominus}\right\}^d \left\{\frac{p(\text{E})}{p^\ominus}\right\}^e}{\left\{\frac{p(\text{A})}{p^\ominus}\right\}^a \left\{\frac{p(\text{B})}{p^\ominus}\right\}^b} \tag{2-25}$$

式中，$p(\text{D})$、$p(\text{E})$、$p(\text{A})$、$p(\text{B})$ 分别为物质 D、E、A、B 的分压，单位为 Pa 或 kPa；$p^\ominus$ 为标准压力，即 100kPa。

对于恒温恒压下的化学反应，此时混合气体的总压力（$p_{总}$）与组成混合气体的各组分气体分压力（p_B）之间的关系（又称为道尔顿分压定律）如下：

$$p_\text{B} = p_{总} \times y_\text{B} = p_{总} \times \frac{n_\text{B}}{n_{总}} = p_{总} \times \frac{n_\text{B}}{\sum_\text{B} n_\text{B}} \tag{2-26}$$

$$p_{总} = \sum_\text{B} p_\text{B} \tag{2-27}$$

式中，$p_{总}$ 是混合气体的总压力；p_B 是组成混合气体的任一组分气体 B 的分压力；y_B 是任一组分 B 的物质的量分数，又称摩尔分数，是任一组分气体 B 的物质的量与混合气体总的物质的量之比；n_B 是任一组分的物质的量；$n_{总}$ 是混合气体总的物质的量。

当气态物质 A、B、C、D 的分压均为 $p^\ominus$ 时，$\Delta_r G_m(T)=\Delta_r G_m^\ominus(T)$，即参与反应的各物质均处在标准态下时的摩尔反应吉布斯函数变就是标准摩尔反应吉布斯函数变。

对于在稀溶液中进行的化学反应 $a\text{A(aq)}+b\text{B(aq)} \rightleftharpoons d\text{D(aq)}+e\text{E(aq)}$，反应商 J 的计算公式为：

$$J=\frac{\left\{\frac{c(\text{D})}{c^\ominus}\right\}^d\left\{\frac{c(\text{E})}{c^\ominus}\right\}^e}{\left\{\frac{c(\text{A})}{c^\ominus}\right\}^a\left\{\frac{c(\text{B})}{c^\ominus}\right\}^b} \tag{2-28}$$

式中，c(D)、c(E)、c(A)、c(B) 分别为溶质 D、E、A、B 的物质的量浓度，单位为 mol/L；$c^\ominus$ 为标准浓度，即 1mol/L。

对于多相共存的反应：$a\text{A(g)}+b\text{B(aq)} \rightleftharpoons d\text{D(g)}+e\text{E(l)}+z\text{Z(s)}$，反应商 J 的计算公式为：

$$J=\frac{\left\{\frac{p(\text{D})}{p^\ominus}\right\}^d}{\left\{\frac{p(\text{A})}{p^\ominus}\right\}^a\left\{\frac{c(\text{B})}{c^\ominus}\right\}^b} \tag{2-29}$$

书写反应商 J 的表达式时应注意以下几点。

① 参与反应的固态、液态纯物质或稀溶液中的溶剂（如水），不列入 J 的表达式中；气体用其分压列入 J 的表达式；溶液中的溶质用其物质的量浓度列入 J 的表达式。

② 反应商 J 的数值与化学反应方程式的写法有关。例：

$$N_2(g)+3H_2(g) \rightleftharpoons 2NH_3(g)$$

$$J=\frac{\{p(NH_3)/p^\ominus\}^2}{\{p(N_2)/p^\ominus\}\{p(H_2)/p^\ominus\}^3}$$

$$\frac{1}{2}N_2(g)+\frac{3}{2}H_2(g) \rightleftharpoons NH_3(g)$$

$$J=\frac{\{p(NH_3)/p^\ominus\}}{\{p(N_2)/p^\ominus\}^{1/2}\{p(H_2)/p^\ominus\}^{3/2}}$$

【例 2-13】 钢在热处理时易被氧化，氧化反应为：$\text{Fe(s)}+1/2\text{O}_2\text{(g)} \rightleftharpoons \text{FeO(s)}$。该反应的 $\Delta_r G_m^\ominus(773\text{K})=-16.97\text{kJ/mol}$，欲使钢件在 773K 进行热处理时不被氧化，应如何控制炉内氧的分压？

解：欲使钢件不被氧化，即正向反应不能自发进行，$\Delta_r G_m \geqslant 0$

根据式(2-24) 得：

$$\Delta_r G_m(T)=\Delta_r G_m^\ominus(T)+RT\ln J$$

$$=-16.97\times1000\text{J/mol}+8.314\text{J/(mol·K)}\times773\text{K}\times\ln\frac{1}{\left(\frac{p_{O_2}}{p^\ominus}\right)^{1/2}}\geqslant 0$$

解得：$p_{O_2}\leqslant 509\text{Pa}$

【例 2-14】 已知空气的压力 $p=101.325\text{kPa}$，空气中 CO_2 的体积分数为 0.030%（即 CO_2 的物质的量分数为 0.030%），试估算在空气中 $CaCO_3$ 分解反应能自发进行的温度？

解：$CaCO_3(s) \rightleftharpoons CaO(s)+CO_2(g)$

根据例 2-4 和例 2-9 已经计算出 298.15K 时 $CaCO_3$ 分解反应的 $\Delta_r H_m^\ominus=178.321\text{kJ/mol}$、$\Delta_r S_m^\ominus=160.59\ \text{J/(mol·K)}$

根据式(2-23) 得：$\Delta_r G_m^\ominus(T)\approx\Delta_r H_m^\ominus(298.15\text{K})-T\cdot\Delta_r S_m^\ominus(298.15\text{K})$

根据式(2-24) 得：

$$\begin{aligned}\Delta_r G_m(T) &= \Delta_r G_m^{\ominus}(T) + RT\ln J \\ &= \Delta_r H_m^{\ominus}(T) - T\Delta_r S_m^{\ominus}(T) + RT\ln\frac{p_{CO_2}}{p^{\ominus}} \\ &= 178.321\times 1000\text{J/mol} - TK\times 160.59\text{J/(mol·K)} + 8.314\text{J/(mol·K)}\times \\ &\quad TK\times\ln\frac{101.325\text{kPa}\times 0.030\%}{100\text{kPa}} \\ &= 178321\text{J/mol} - T\times 160.59\text{J/mol} + T\times(-67.343)\text{J/mol} < 0\end{aligned}$$

解得：$T>782.4\text{K}$

对于非标准态下的化学反应，应该以 $\Delta_r G_m$ 判别反应方向。当 $\Delta_r G_m^{\ominus}$ 的正值或负值较大时（绝对值大于 40kJ/mol），反应物和生成物的分压或浓度对反应的 $\Delta_r G_m$ 影响较小，$\Delta_r G_m$ 的符号大致由 $\Delta_r G_m^{\ominus}$ 决定，此时才能用 $\Delta_r G_m^{\ominus}$ 来判断化学反应的方向而不致失误。

2.1.4　化学反应进行的限度与化学平衡

自发过程之所以是有方向性的，是由于系统内部存在某种性质的差别（例如温度差 ΔT、水位差 Δh、电势差 ΔE 等），自发过程总是朝着消除这种差值的方向进行。自发过程发生后，当系统内部的性质差为零时，就达到一个相对静止的平衡状态，这就是自发过程在一定条件下进行的限度。自发过程就是系统从不平衡状态向平衡状态变化的过程。

在恒温、恒压、不做非体积功的情况下，一个化学反应系统总是自发地从吉布斯函数大的状态向吉布斯函数小的状态进行；当反应系统内部的吉布斯函数差为零时［即 $\Delta_r G_m(T)=0$］就达到了一个相对静止的平衡状态，即为该条件下的反应限度。

高炉中炼铁反应的主反应为：$Fe_2O_3+3CO \rightleftharpoons 2Fe+3CO_2$。19 世纪，人们就发现炼铁炉的出口含有大量的 CO，当时认为炼铁炉的出口含有大量 CO 是由于 CO 和铁矿石接触时间不够，导致反应不完全，因此为使反应完全而增加炼铁炉的高度。在英国曾造起 30 多米的高炉，但是出口气体中 CO 的含量并未减少，如果那时知道在一定条件下，化学反应有一个限度，就不致造成这样的浪费；现在人们已经从热力学的角度，通过改变反应条件，使 CO 与 Fe_2O_3 的反应尽可能完全，从而提高 Fe 的产率，减少炼铁炉出口 CO 含量。

2.1.4.1　化学平衡与标准平衡常数

（1）化学平衡的特点　化学反应自发过程是从不平衡状态向平衡状态变化的过程，到达平衡状态后，从宏观上看，各物质的浓度或分压不再随时间的变化而变化，是一个相对静止的状态；但从微观上看，正、逆反应并没有停止，只是其正、逆反应的速率相等，因此化学平衡是一种动态平衡。

（2）化学反应的标准平衡常数　化学反应达到平衡状态后的最重要特征是存在一个平衡常数，其值大小与各物质的起始浓度无关，仅是温度的函数。

对于反应 $a\text{A(g)}+b\text{B(aq)} \rightleftharpoons d\text{D(g)}+e\text{E(l)}+z\text{Z(s)}$，在一定温度下达到化学平衡，参与反应的各物质的平衡分压或浓度按如下形式的特定组合是一个常数，即化学平衡常数，又称为**标准平衡常数**（standard equilibrium constant），以 $K^{\ominus}$ 表示。

$$K^{\ominus}=\frac{\left\{\dfrac{p_{eq}(\text{D})}{p^{\ominus}}\right\}^d}{\left\{\dfrac{p_{eq}(\text{A})}{p^{\ominus}}\right\}^a\left\{\dfrac{c_{eq}(\text{B})}{c^{\ominus}}\right\}^b} \tag{2-30}$$

标准平衡常数 $K^{\ominus}$ 即为化学反应达到平衡状态时的反应商，标准平衡常数的量纲为 1。

标准平衡常数 $K^{\ominus}$ 表达式的写法与反应商相似，只是其中的物质浓度或气体分压都是平衡浓度或平衡分压而已。对于给定的化学反应，标准平衡常数 $K^{\ominus}$ 只是温度的函数。标准平衡常数 $K^{\ominus}$ 的数值越大，达到平衡时，产物的分压或浓度也越大，而反应物的分压或浓度就越小，反应正向进行的程度也越大，因此，标准平衡常数的大小是反应进行程度的标志。

（3）实验平衡常数　对于低压下进行的气相反应：$aA(g)+bB(g) \rightleftharpoons dD(g)+eE(g)$，在一定温度下，当反应达到平衡时，其反应物与产物的平衡分压按如下形式的特殊组合是一个常数，以 K_p 表示，称为压力平衡常数。

$$K_p=\frac{\{p_{eq}(D)\}^d\{p_{eq}(E)\}^e}{\{p_{eq}(A)\}^a\{p_{eq}(B)\}^b} \tag{2-31}$$

对于溶液中的反应：$aA(aq)+bB(aq) \rightleftharpoons dD(aq)+eE(aq)$，在一定温度下，当反应达到平衡时，其反应物与产物的平衡浓度按如下形式的特殊组合是一个常数，以 K_c 表示，称为浓度平衡常数。

$$K_c=\frac{\{c_{eq}(D)\}^d\{c_{eq}(E)\}^e}{\{c_{eq}(A)\}^a\{c_{eq}(B)\}^b} \tag{2-32}$$

压力平衡常数与浓度平衡常数都是从实验测定的各组分的平衡分压与平衡浓度得到，所以都称为实验平衡常数或经验平衡常数。

（4）有关标准平衡常数的计算

【例 2-15】 1000K 时向容积为 5.0 dm^3 的密闭容器中充入 1.0mol O_2 和 1.0mol SO_2 气体，平衡时生成了 0.85mol SO_3 气体。计算反应 $2SO_2(g)+O_2(g) \rightleftharpoons 2SO_3(g)$ 的标准平衡常数。

解：

	$2SO_2(g)$	$+O_2(g) \rightleftharpoons$	$2SO_3(g)$
开始时/mol：	1.0	1.0	0
变　化/mol：	−0.85	−0.85/2	0.85
平衡时/mol：	0.15	0.575	0.85

平衡时各物质的分压：

$$p(SO_2)=\frac{n(SO_2)RT}{V}=\frac{0.15mol\times8.314J/(mol\cdot K)\times1000K}{5\times10^{-3}m^3}=2.49\times10^5Pa=249kPa$$

$$p(O_2)=\frac{n(O_2)RT}{V}=\frac{0.575mol\times8.314J/(mol\cdot K)\times1000K}{5\times10^{-3}m^{-3}}=9.56\times10^5Pa=956kPa$$

$$p(SO_3)=\frac{n(SO_3)RT}{V}=\frac{0.85mol\times8.314J/(mol\cdot K)\times1000K}{5\times10^{-3}m^{-3}}=1.413\times10^6Pa=1413kPa$$

$$K^{\ominus}=\frac{\left\{\frac{p(SO_3)}{p^{\ominus}}\right\}^2}{\left\{\frac{p(O_2)}{p^{\ominus}}\right\}\left\{\frac{p(SO_2)}{p^{\ominus}}\right\}^2}=\frac{\left\{\frac{1413kPa}{100kPa}\right\}^2}{\frac{956kPa}{100kPa}\times\left\{\frac{249kPa}{100kPa}\right\}^2}=3.368$$

【例 2-16】 25℃时，反应 $Fe^{2+}(aq)+Ag^+(aq) \rightleftharpoons Fe^{3+}(aq)+Ag(s)$ 的 $K^{\ominus}=2.98$。当溶液中含有 0.1mol/L $AgNO_3$、0.1mol/L $Fe(NO_3)_2$ 和 0.01mol/L $Fe(NO_3)_3$ 时，按上述反应进行，求平衡时各组分的浓度为多少？Ag^+ 的转化率为多少？

解：设达到新的平衡状态时 Fe^{3+} 的变化浓度为 $x$mol/L

	$Fe^{2+}(aq)$	$+Ag^+(aq) \rightleftharpoons$	$Fe^{3+}(aq)+Ag(s)$
开始浓度/(mol/L)：	0.1	0.1	0.01
变化浓度/(mol/L)：	$-x$	$-x$	x
平衡浓度/(mol/L)：	$0.1-x$	$0.1-x$	$0.01+x$

$$K^{\ominus}=\frac{\frac{c(Fe^{3+})}{c^{\ominus}}}{\left\{\frac{c(Fe^{2+})}{c^{\ominus}}\right\}\left\{\frac{c(Ag^+)}{c^{\ominus}}\right\}}=\frac{\frac{(0.01+x)mol/L}{1mol/L}}{\frac{(0.1-x)mol/L}{1mol/L}\times\frac{(0.1-x)mol/L}{1mol/L}}=2.98$$

解得：$x=0.013$

平衡时各组分的浓度：$c(Fe^{2+}) = 0.087mol/L$

$c(Ag^{+}) = 0.087mol/L$

$c(Fe^{3+}) = 0.023mol/L$

$$Ag^{+}\text{的转化率}\ \alpha = \frac{0.013mol/L}{0.1mol/L} \times 100\% = 13\%$$

2.1.4.2 标准平衡常数与标准摩尔反应吉布斯函数变的关系

对任一个自发的化学反应，当达到平衡时，$\Delta_r G_m(T) = 0$，平衡时的反应商为标准平衡常数。根据式(2-24) $\Delta_r G_m(T) = \Delta_r G_m^{\ominus}(T) + RT\ln J$ 得：

$$0 = \Delta_r G_m^{\ominus}(T) + RT\ln K^{\ominus} \tag{2-33}$$

因此：

$$\Delta_r G_m^{\ominus}(T) = -RT\ln K^{\ominus}\ \text{或}\quad \ln K^{\ominus} = \frac{-\Delta_r G_m^{\ominus}(T)}{RT} \tag{2-34}$$

【例 2-17】 250℃时，五氯化磷按下式离解：$PCl_5(g) \rightleftharpoons PCl_3(g) + Cl_2(g)$。将 0.700mol 的 PCl_5 置于 2.00L 的密闭容器中，达平衡时有 0.200mol 分解，试计算该温度下的 $K^{\ominus}$ 和 $\Delta_r G_m^{\ominus}(T)$。

解：

	$PCl_5(g) \rightleftharpoons$	$PCl_3(g) +$	$Cl_2(g)$
开始物质的量/mol	0.700	0	0
变化的物质的量/mol	0.200	0.200	0.200
平衡时物质的量/mol	0.500	0.200	0.200

平衡时各物质的分压为

$$p_{PCl_5} = \frac{n_{PCl_5}RT}{V} = \frac{0.500mol \times 8.314J/(K \cdot mol) \times (250 + 273.15)K}{2.00 \times 10^{-3} m^3} = 1087kPa$$

$$p_{PCl_3} = p_{Cl_2} = \frac{n_{PCl_3}RT}{V} = \frac{0.200mol \times 8.314J/(K \cdot mol) \times (250 + 273.15)K}{2.00 \times 10^{-3} m^3} = 435kPa$$

$$K^{\ominus} = \frac{\left\{\frac{p_{PCl_3}}{p^{\ominus}}\right\}\left\{\frac{p_{Cl_2}}{p^{\ominus}}\right\}}{\left\{\frac{p_{PCl_5}}{p^{\ominus}}\right\}} = \frac{(435kPa/100kPa) \cdot (435kPa/100kPa)}{(1087kPa/100kPa)} = 1.74$$

$$\begin{aligned}\Delta_r G_m^{\ominus}(T) &= -RT\ln K^{\ominus} = -8.314J/(K \cdot mol) \times (250 + 273.15)K \times \ln 1.74 \\ &= -2.409 \times 10^3 J/mol\end{aligned}$$

2.1.4.3 温度对标准平衡常数的影响

根据式(2-23) 得：
$$\begin{aligned}\Delta_r G_m^{\ominus}(T) &= \Delta_r H_m^{\ominus}(T) - T \cdot \Delta_r S_m^{\ominus}(T) \\ &\approx \Delta_r H_m^{\ominus}(298.15K) - T \cdot \Delta_r S_m^{\ominus}(298.15K)\end{aligned}$$

根据式(2-34) 得：$\Delta_r G_m^{\ominus}(T) = -RT\ln K^{\ominus}$

$$\ln K^{\ominus} = -\frac{\Delta_r G_m^{\ominus}}{RT} = -\frac{\Delta_r H_m^{\ominus}(298.15K)}{RT} + \frac{\Delta_r S_m^{\ominus}(298.15K)}{R} \tag{2-35}$$

本书近似地认为 $\Delta_r H_m^{\ominus}(T)$、$\Delta_r S_m^{\ominus}(T)$ 不随温度而改变。式(2-35) 表明，$\ln K^{\ominus}$ 与 $1/T$ 成线性关系。对于吸热反应，$\Delta_r H_m^{\ominus}(298.15K) > 0$，温度 T 越高，标准平衡常数 $K^{\ominus}$ 的数值越大；温度 T 越低，标准平衡常数 $K^{\ominus}$ 的数值越小。对于放热反应，$\Delta_r H_m^{\ominus}(298.15K) < 0$，温度 T 越高，标准平衡常数 $K^{\ominus}$ 的数值越小；温度 T 越低，标准平衡常数 $K^{\ominus}$ 的数值越大。

对于某一给定反应，可根据不同温度 T_1 和 T_2 时的标准平衡常数 $K^{\ominus}(T_1)$ 和 $K^{\ominus}(T_2)$，求解反应的焓变。

$$\ln\frac{K_2^{\ominus}}{K_1^{\ominus}}=-\frac{\Delta_r H_m^{\ominus}}{R}\left(\frac{1}{T_2}-\frac{1}{T_1}\right) \tag{2-36}$$

$$\Delta_r H_m^{\ominus}=-R\left(\frac{T_1T_2}{T_1-T_2}\right)\ln\frac{K_2^{\ominus}}{K_1^{\ominus}} \tag{2-37}$$

【例 2-18】 计算反应在 $N_2(g)+3H_2(g) \rightleftharpoons 2NH_3(g)$ 分别在 298K 和 800K 时的 $K^{\ominus}$。

解： 由附录 4 查得 $N_2(g)+3H_2(g) \rightleftharpoons 2NH_3(g)$

	$N_2(g)$	$3H_2(g)$	$2NH_3(g)$
$\Delta_f H_m^{\ominus}/(kJ/mol)$	0	0	−46.11
$S_m^{\ominus}/[J/(mol\cdot K)]$	191.61	130.684	192.45

$$\Delta_r H_m^{\ominus}=2\times\Delta_f H_m^{\ominus}(NH_3,g)-\{\Delta_f H_m^{\ominus}(N_2,g)+3\times\Delta_f H_m^{\ominus}(H_2,g)\}$$
$$=2\times(-46.11kJ/mol)-(0kJ/mol+3\times 0kJ/mol)$$
$$=-92.22kJ/mol$$

$$\Delta_r S_m^{\ominus}=2\times S_m^{\ominus}(NH_3,g)-\{S_m^{\ominus}(N_2,g)+3\times S_m^{\ominus}(H_2,g)\}$$
$$=2\times[192.45\ J/(mol\cdot K)]-[191.61\ J/(mol\cdot K)+3\times 130.684\ J/(mol\cdot K)]$$
$$=-198.762\ J/(mol\cdot K)$$

因为 $\Delta_r G_m^{\ominus}(T)=\Delta_r H_m^{\ominus}(T)-T\cdot\Delta_r S_m^{\ominus}(T)$

所以 $\Delta_r G_m^{\ominus}(298K)=-92.22kJ/mol-298\times(-198.762)\times10^{-3}kJ/(mol\cdot K)$
$$=-32.99kJ/mol$$

$\Delta_r G_m^{\ominus}(800K)=-92.22kJ/mol-800\times(-198.762)\times10^{-3}kJ/(mol\cdot K)$
$$=66.79kJ/mol$$

根据式(2-35) 得：

$$\ln K^{\ominus}(298)=-\frac{\Delta_r G_m^{\ominus}}{RT}=-\frac{-32.99\times1000J/mol}{8.314\times298J/mol}=13.315$$

解得：$K^{\ominus}(298K)=6.1\times10^5$

$$\ln K^{\ominus}(800)=-\frac{\Delta_r G_m^{\ominus}}{RT}=-\frac{66.79\times1000J/mol}{8.314\times800J/mol}=-10.042$$

解得：$K^{\ominus}(800K)=4.4\times10^{-5}$

从计算结果可以看出，由于 $\Delta_r H_m^{\ominus}<0$，温度升高不利于反应正向进行，因此标准平衡常数 $K^{\ominus}$ 值减小。

2.1.4.4 化学平衡的移动

化学平衡是一种动态平衡，只有在一定的条件下才能保持；条件改变，系统的平衡就会被破坏，气态混合物中各物质的分压或溶液中各溶质的浓度就要发生变化，直到与新的条件相适应，系统重新达到新的平衡。这种反应条件的改变使化学反应从原来的平衡状态转变到新的平衡状态的过程叫做**化学平衡的移动**（shift of chemical equilibrium）。

化学平衡的移动符合平衡移动原理或称吕·查德里（A. L. Le Chatelier）原理：如果改变平衡系统的条件之一，如浓度、压力或温度，平衡就向能减弱这个改变的方向移动。

化学平衡移动的实质可通过化学热力学来说明。

由于 $\Delta_r G_m(T)=\Delta_r G_m^{\ominus}(T)+RT\ln J$ 且 $\Delta_r G_m^{\ominus}(T)=-RT\ln K^{\ominus}$

所以：
$$\Delta_r G_m(T)=RT\ln J/K^{\ominus} \tag{2-38}$$

通过改变 J 或 $K^{\ominus}$，就可以改变 $\Delta_r G_m(T)$ 的符号，即改变化学反应自发进行的方向，从而使化学平衡发生移动。

当 $J<K^{\ominus}$，则 $\Delta_r G_m(T)<0$，反应正向自发（平衡向正反应方向移动）；

当 $J=K^{\ominus}$，则 $\Delta_r G_m(T)=0$，平衡状态（平衡不移动）；

当 $J>K^{\ominus}$，则 $\Delta_r G_m(T)>0$，反应逆向自发（平衡向逆反应方向移动）。

（1）浓度对化学平衡的影响 根据反应商 J 的定义，对于反应 $aA(g)+bB(aq) \rightleftharpoons dD(g)+eE(l)+zZ(s)$：

$$J=\frac{\left\{\frac{p(\mathrm{D})}{p^{\ominus}}\right\}^{d}}{\left\{\frac{p(\mathrm{A})}{p^{\ominus}}\right\}^{a}\left\{\frac{c(\mathrm{B})}{c^{\ominus}}\right\}^{b}}$$

体系达到平衡时，$J=K^{\ominus}$；在体系其他条件不变的情况下（此时温度不变），增加生成物浓度（或分压）或者减少反应物浓度（或分压），反应商 J 增大，即 $J>K^{\ominus}$，即 $\Delta_r G_m(T)>0$，逆向反应自发进行，即平衡向逆反应方向移动，即向着使生成物浓度（或分压）减小或反应物浓度（或分压）增大的方向进行；反之，增加反应物的浓度（或分压）或者减少生成物的浓度（或分压），反应商 J 减小，$J<K^{\ominus}$，即 $\Delta_r G_m(T)<0$，正向反应自发进行，即平衡向正反应方向移动。

（2）压力对化学平衡的影响　根据 $J=\frac{\left\{\frac{p(\mathrm{D})}{p^{\ominus}}\right\}^{d}}{\left\{\frac{p(\mathrm{A})}{p^{\ominus}}\right\}^{a}\left\{\frac{c(\mathrm{B})}{c^{\ominus}}\right\}^{b}}$ 以及分压与总压的关系 $p_B=p_{总}\times y_B$，可知：

$$J=\left\{\frac{p_{总}}{p^{\ominus}}\right\}^{\sum\nu_B(g)}\times\frac{\{y(\mathrm{D})\}^{d}}{\{y(\mathrm{A})\}^{a}}\times\frac{1}{\left\{\frac{c(\mathrm{B})}{c^{\ominus}}\right\}^{b}} \tag{2-39}$$

体系达到平衡时，$J=K^{\ominus}$；在体系其他条件不变的情况下（此时温度不变），改变总压力，影响 J 表达式中的 $\left\{\frac{p_{总}}{p^{\ominus}}\right\}^{\sum\nu_B(g)}$ 项，有以下三种情况。

① 当 $\sum\nu_B(g)$ 为零时，改变系统的总压力，$\left\{\frac{p_{总}}{p^{\ominus}}\right\}^{\sum\nu_B(g)}$ 的值不变，始终为 1，J 不变化，因此 $J=K^{\ominus}$，即 $\Delta_r G_m(T)=0$，反应依旧处于平衡态，即平衡不发生移动。

② 当 $\sum\nu_B(g)>0$ 时，增加系统的总压，$\left\{\frac{p_{总}}{p^{\ominus}}\right\}^{\sum\nu_B(g)}$ 增大，$J>K^{\ominus}$，即 $\Delta_r G_m(T)>0$，逆向反应自发进行，即增加系统的总压使平衡向着气体分子数减少的方向移动；反之，减少系统的总压，$\left\{\frac{p_{总}}{p^{\ominus}}\right\}^{\sum\nu_B(g)}$ 减少，$J<K^{\ominus}$，即 $\Delta_r G_m(T)<0$，正向反应自发进行，即减少系统的总压使平衡向着气体分子数增加的方向移动。

③ 当 $\sum\nu_B(g)<0$ 时，同理可推导出增加系统的总压使平衡向气体分子数减少的方向移动，减少系统的总压使平衡向气体分子数增加的方向移动。例如氨的合成，采用高压条件可提高原料的转化率，即提高了氨的产率。

（3）温度对化学平衡的影响　温度对化学平衡的影响反映在对平衡常数的影响。

根据 $\ln\frac{K_2^{\ominus}}{K_1^{\ominus}}=-\frac{\Delta_r H_m^{\ominus}}{R}\left(\frac{1}{T_2}-\frac{1}{T_1}\right)$，对于正向反应是吸热反应，即 $\Delta_r H_m^{\ominus}>0$，温度升高，$-\frac{\Delta_r H_m^{\ominus}}{R}\left(\frac{1}{T_2}-\frac{1}{T_1}\right)>0$，$K_2^{\ominus}>K_1^{\ominus}$，即 $K_2^{\ominus}>J$，则 $\Delta_r G_m(T)<0$，正向反应自发进行，即平衡向吸热反应的方向移动，升高温度有利于吸热反应；反之亦然，当温度降低时平衡向放热反应方向移动，即降低温度有利于放热反应。同理对于放热反应，即 $\Delta_r H_m^{\ominus}<0$，亦可推导出升高温度向吸热反应的方向移动，降低温度向放热反应方向移动。

2.2　化学反应动力学初步

化学热力学以热力学基本定律为基础，利用状态函数研究在一定条件下物质发生化学反应时从始态到终态的可能性与方向性、反应过程中能量的转换与传递以及化学反应发生的限度问题。然而，如何把可能性变为现实性，以及反应进行的速率如何，温度、压力、催化剂、溶剂和光照等外界因素是如何对反应速率产生影响的，反应的机理如何，则是化学动力学研究的问题。例如合成氨的反应，$3H_2(g)+N_2(g)=\!=\!=2NH_3(g)$，在 298.15 K 时 $\Delta_r G_m^{\ominus}=-33.272$kJ/mol。从热力学角度上判断，在 298.15 K、标准态下此反应是可以自发进行的，实际上豆科植物确实能在常温常压下合成氨，然而人们却无法在常温、常压下工业化合成氨。这说明化学反应除了要从热力学角度上考虑可能性问题，还需要从动力学角度上考虑如何使可能性变成可行性。

2.2.1 化学反应速率的定义及测定

大量的实验结果表明：不同化学反应的反应速率是千差万别的，有的极其快速，几乎在一瞬间就能完成，例如爆炸反应、溶液中进行的离子反应；有的非常慢，需要几天、几年、几百年，甚至更长的时间才能观察到明显的反应发生，例如放射性元素镭衰变为氡的反应经过 1600 年才能进行一半；岩矿的形成、化石燃料的形成、金属的腐蚀、油漆的老化等也都属于潜移默化的慢反应；即使对于同一反应，在不同条件下，反应速率也不同。

2.2.1.1 化学反应速率的定义

化学反应速率（rate of chemical reaction）定义为在单位体积的反应系统中反应进度随时间的变化率，即对于任一化学反应 $0=\sum v_B B$ 来说，反应速率 v 的定义是：

$$v=\frac{d\xi}{V\cdot dt} \tag{2-40}$$

式中，ξ 是反应进度；V 为反应系统的体积；v 是反应速率，单位常用 mol/(L·s)。因为参加反应的任一物质 B 的物质的量的微小变化为 $dn_B=v_B d\xi$，所以反应速率 v 的定义式也可以写成：

$$v=\frac{dn_B}{v_B V dt} \tag{2-41}$$

式中，v_B 是反应系统中任一物质 B 的化学计量数。

对于液相反应和在恒容容器中进行的气相反应，系统体积恒定，则物质 B 的浓度 $c_B=\frac{n_B}{V}$，则反应速率 v 为：

$$v=\frac{dc_B}{v_B dt} \tag{2-42}$$

相对应的平均反应速率为：

$$\bar{v}=\frac{\Delta c_B}{v_B \Delta t} \tag{2-43}$$

平均速率不能确切反映速率的变化情况，只提供了一个平均值。

由于在反应速率的定义中引入了反应进度的概念，所以用任一种反应物或生成物表示的反应速率均相同。

以反应 $3H_2(g)+N_2(g)=\!=\!=2NH_3(g)$为例，根据式(2-42)，其反应速率可表示为：

$$v=-\frac{1}{3}\times\frac{dc_{H_2}}{dt}=-\frac{1}{1}\times\frac{dc_{N_2}}{dt}=\frac{1}{2}\times\frac{dc_{NH_3}}{dt}$$

2.2.1.2 化学反应速率的测定

对于任一化学反应 $0=\sum v_B B$，根据反应速率 v 的定义 $v=\frac{dc_B}{v_B dt}$，欲测定该反应在某时刻的反应速率，则必须测定出反应物（R）或产物（P）在不同时刻的浓度，然后绘制出如图 2-10 所示的浓度随时间的变化曲线。从曲线上找出 t 时刻的斜率 $\frac{dc_B}{dt}$ 之值，再根据定义即可求得该时刻的反应速率 υ。在大多数反应中，反应物（或产物）的浓度随时间的变化不是线性关系，因此在反应过程中各时刻的反应速率是不同的。在工程实际中，人们常采用浓度变化较易测定的物质来表示该化学反应速率。如 H_2O_2 分解反应，用 O_2 的浓度变化来表示其反应速率就比较方便，因为 O_2 的浓度易于测定。

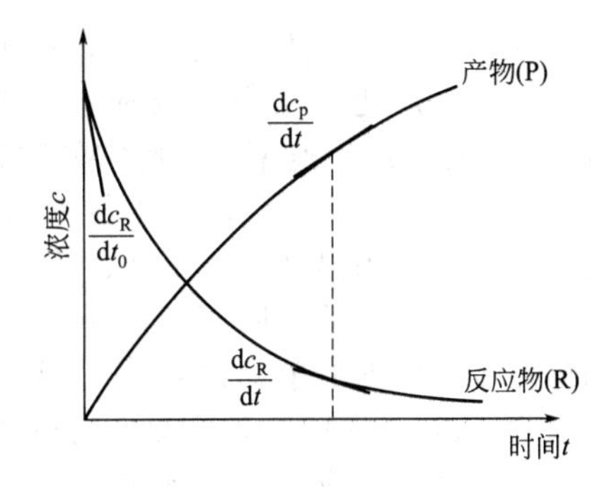

图 2-10　反应物和产物浓度随时间的变化曲线

测定不同时刻各物质的浓度一般有化学方法和物理方法。化学方法是在反应进行中的某一时刻取出一部分物质，采用骤冷、冲淡、加阻化剂、除去催化剂等方法使反应迅速停止，然后用化学分析或仪器分析的方法测出各物质的浓度。化学方法可直接得到反应物和产物浓度的数值，但操作较繁琐。物理方法则是在反应过程中连续测定某些与物质浓度有关的物理量（如压力、体积、折射率、电导率、吸光度等）的变化，然后根据这些物理量与浓度的关系，求出物质的浓度，从而绘制出浓度随时间的变化曲线。物理方法不需要干扰反应的进行，可以连续进行测量和记录，因而在动力学研究中得到广泛应用。

2.2.2　影响化学反应速率的因素

实验表明，除参加反应各物质本身固有的特性外，还有很多可变因素影响化学反应速率，包括反应物与产物的浓度（气体的压力）、系统的温度、催化剂以及反应环境（溶剂性质、离子强度等）。这里我们首先讨论化学反应速率与浓度的关系。

2.2.2.1　化学反应速率与浓度的关系

（1）化学反应速率与浓度的关系——化学反应速率方程　在温度、催化剂等因素不变的条件下，反应速率是系统中各种物质浓度的函数，反应速率 υ 对各物质浓度 c_1、c_2、c_3、…、c_B、…的这种依赖关系一般可以表示为：$\upsilon=f(c_1, c_2, c_3, \cdots, c_B, \cdots)$，称为**化学反应速率方程**（rate equation of chemical reaction）或**动力学方程**（dynamical equation）。最常见、最方便处理的化学反应速率方程形式为：

$$\upsilon = k\prod_B c_B^{n_B} \tag{2-44}$$

式中，k 是**反应速率常数**（reaction rate constant）；c_B 是反应物 B 的浓度；n_B 是反应物 B 的反应级数，n_B 可以是正整数、负整数、零甚至分数；$n=\sum_B n_B$ 是总的反应级数。例如反应 $H_2+I_2 \longrightarrow 2HI$，其化学反应速率方程为 $\upsilon=kc_{H_2}c_{I_2}$，对 H_2 和 I_2 来说均为一级，反应的总级数为二级（1+1=2）。反应物 B 的反应级数 n_B 是由实验确定的，n_B 与化学反应的化学计量数的值不一定相同，不能混为一谈。

若反应速率方程的形式不符合式(2-44)：$\upsilon=k\prod_B c_B^{n_B}$，则反应级数的概念是不适用的。如化学反应 $H_2+Br_2 \longrightarrow 2HBr$，其反应速率方程为 $\upsilon=kc_{H_2}c_{Br_2}^{1/2}\Big/\left(1+\frac{c_{HBr}}{k'c_{Br_2}}\right)$，此时反应级数的概念不适用，也就是说该反应不具有简单的反应级数。

在多相反应体系中，如果有纯固体、纯液体参加化学反应，并且这些纯固体、纯液体不溶于反应介质，则可将其浓度视为常数，在反应速率方程式中不表示。对于气相反应，反应速率方程中的浓度可以用气体的分压代替：

$$\upsilon = k_p\prod_B p_B^{n_B} \tag{2-45}$$

式中，k_p 是气相反应的速率常数，且 $k_p=k\ (RT)^{1-n}$；p_B 是气体B的分压。

(2) 反应速率常数　反应速率常数 k 的物理意义是当反应物浓度均为单位浓度（即mol/L）时的反应速率，因此它的数值与反应物的浓度无关。反应速率常数 k 的大小取决于反应物的本性，不同反应的 k 值不同；对同一反应，k 值只与温度和催化剂有关，不随反应物浓度而变。当温度、催化剂、反应物浓度一定时，k 值越大，表示反应速率越快。k 的单位随着反应级数的不同而不同，若反应级数为 n，则 k 的单位为［浓度］$^{1-n}$·［时间］$^{-1}$，因此一级反应 k 的单位为 s^{-1}，二级反应为 L/(mol·s)，三级反应为 $L^2/(mol^2\cdot s)$，零级反应为 mol/(L·s)。若已知 k 的单位，就可以推知反应级数。

(3) 基元反应　**基元反应**（elementary reaction）简称元反应，如果一个化学反应，反应物的分子、原子、离子或自由基等通过一次碰撞（或化学行为）直接转化为产物，这种反应称为基元反应。例如：

$$Cl_2+M \longrightarrow 2Cl\cdot + M$$
$$Cl\cdot + H_2 \longrightarrow HCl + H\cdot$$
$$H\cdot + Cl_2 \longrightarrow HCl + Cl\cdot$$
$$2Cl\cdot + M \longrightarrow Cl_2 + M$$

以上每一个反应均为基元反应。

(4) 总包反应　我们通常所写的化学反应方程式只代表反应的始态与终态的化学组成以及参加反应各物种之间的计量关系，并不代表反应进行的实际过程。实际上一个化学反应，往往是经过多个步骤完成的，一般为一系列基元反应的总结果，因此称之为**总包反应**（overall reaction）或总反应。如 I_2 与 H_2 生成 HI 的反应，其化学反应方程式为 $H_2(g)+I_2(g) = 2HI(g)$。它只是告诉我们，每消耗 1mol I_2，同时也需消耗 1mol H_2，并生成 2mol HI。实际上，该反应是由两个基元反应组成的总包反应：①$I_2 \longrightarrow 2I\cdot$；②$2I\cdot + H_2 \longrightarrow 2HI$。

在总包反应中，连续或同时发生的所有基元反应称为该总包反应的**反应历程**或**反应机理**（reaction mechanism），它们指出了从反应物转变成生成物实际所经历的真实途径（步骤）。反应机理是由实验所证实的，绝不能主观猜测。例如，总包反应为 $H_2+Br_2 = 2HBr$ 的反应历程如下：

$$Br_2 + M \longrightarrow 2Br\cdot + M$$
$$Br\cdot + H_2 \longrightarrow HBr + H\cdot$$
$$H\cdot + Br_2 \longrightarrow HBr + Br\cdot$$
$$2Br\cdot + M \longrightarrow Br_2 + M$$

由于反应过程中很多中间产物极不稳定，不易测定，因此能真正弄清楚反应机理的化学反应并不多。同一反应在不同的条件下可能有不同的反应机理；具有相同类型化学计量式的反应可能有完全不同的反应机理。

(5) 反应分子数　基元反应中参加反应的物种（分子、原子、离子、自由基等）的数目叫做**反应分子数**（molecularity of a reaction）。例如，基元反应 $Cl\cdot + H_2 \longrightarrow HCl + H\cdot$ 的反应分子数为2。根据反应分子数可以将基元反应分为单分子反应、双分子反应和三分子反应。目前尚未发现分子数超过3的反应，因为要使多个分子在同一时间、同一空间相互碰撞而发生反应的概率是非常小的。反应分子数与反应级数是两个不同的概念，只有基元反应才有反应分子数的概念。

(6) 质量作用定律　1867年挪威化学家古德堡（H. Guldberg）和魏格（P. Waage）在大量实验的基础上，总结出反应物浓度对反应速率影响的规律：在一定温度下，基元反应的反应速率与反应物浓度的幂指数（幂指数是基元反应方程中各反应物的系数）乘积成正比，该规律称为**质量作用定律**（law of mass action）。即对于任意基元反应：mA + nB ══ pC + qD，其速率方程为：

$$v = kc_A^m c_B^n \tag{2-46}$$

式中，m 是反应物 A 的反应级数；n 是反应物 B 的反应级数。

对于基元反应 $2NO(g)+O_2(g)$══$2NO_2(g)$，根据质量作用定律可知该反应的速率方程为 $v=kc_{NO}^2 c_{O_2}$，对于反应物 NO 来说是二级，对反应物 O_2 是一级，该反应的总级数是三级（2+1=3）。

需要注意，质量作用定律只适用于基元反应。对于总包反应，速率方程应通过实验确定，不能根据方程式的计量关系来书写。如果一个化学反应在通常条件下得到的反应速率方程与按质量作用定律写出的速率方程形式相同，并不能说明该反应一定是基元反应；但若反应速率方程与按质量作用定律写出的速率方程形式不同，一般则可以说该反应是总包反应。

（7）简单级数反应的速率方程　凡是反应速率只与反应物浓度有关，且反应级数 n_B 是零或正整数的反应，统称为**简单级数反应**（reaction with simple order）。基元反应都是简单级数反应，但简单级数反应不一定就是基元反应，简单级数反应的速率遵循某些规律，下面分别进行分析和讨论。

① 零级反应动力学　反应速率与反应物浓度的零次幂成正比，即反应速率与反应物浓度无关的反应称为**零级反应**（zero-order reaction）。常见的零级反应有表面催化反应、酶催化反应和表面电解反应等，这时反应物是过量的，反应速率取决于固体催化剂表面的有效活性位点的数量或酶的浓度。

对任何一个零级反应：A → P，其动力学方程的微分形式为：

$$v = -\frac{dc_A}{dt} = kc_A^0 = k \tag{2-47}$$

其动力学方程的积分形式为：

$$c_0 - c = kt \tag{2-48}$$

式中，t 是反应时间；c_0 是反应物的起始浓度；c 是在 t 时刻剩余反应物的浓度；k 是反应速率常数。

当反应进行到剩余反应物的浓度 c 为起始浓度 c_0 的一半$\left(c=\frac{c_0}{2}\right)$时，反应所需的时间称为**半衰期**（half-life period），用 $t_{1/2}$ 表示。半衰期并不是完全反应所需时间的一半，常用来衡量反应速率的大小。零级反应的半衰期 $t_{1/2}$ 为：

$$t_{1/2} = \frac{c_0}{2k} \tag{2-49}$$

根据式(2-48) 和式(2-49) 可推出零级反应的特点：a. 反应速率常数 k 的单位为［浓度］［时间］$^{-1}$；b. 以反应物浓度 c 对时间 t 作图，呈直线关系，其斜率为 $-k$；c. 零级反应的半衰期与反应物的初始浓度 c_0 成正比。

② 一级反应动力学　反应速率只与反应物浓度的一次方成正比的反应称为**一级反应**（first-order reaction）。常见的一级反应有放射性元素的**衰变**（radioactive decay）、大多数的**热裂解反应**（pyrolytic reaction）、**分子重排反应**（molecular rearrangement reaction）、**异构化反应**（isomerization reaction）等。

对于任何一个一级反应：A → P，其动力学方程的微分形式为：

$$v = -\frac{dc_A}{dt} = kc_A \tag{2-50}$$

其动力学方程的积分形式为：

$$\ln\frac{c}{c_0}=-kt \tag{2-51}$$

根据式(2-51) 可推出：

$$c=c_0\exp(-kt) \tag{2-52}$$

因此一级反应的半衰期 $t_{1/2}$ 为：

$$t_{1/2}=\frac{\ln 2}{k} \tag{2-53}$$

根据式(2-51)～式(2-53) 可推出一级反应的特点：a. $\ln c$ 对 t 作图应为一直线，其斜率等于 $-k$；b. 一级反应的速率常数 k 的量纲是［时间］$^{-1}$，和浓度的单位无关；c. 一级反应的反应物浓度随时间呈指数下降，反应速率亦随时间呈指数下降。只有当 $t\to\infty$ 时，才能使 $c\to 0$，即一级反应需用无限长时间才能反应完全；d. 一级反应的半衰期与反应的速率常数 k 成反比，而与反应物的起始浓度无关，这说明一级反应消耗掉初始反应物的一半所用时间与再消耗掉余下反应物的一半所需时间相同。这一特点是一级反应所特有的，可以作为判断一个反应在动力学上是否属于一级反应的依据。

元素的放射性衰变属于一级反应，在考古学上用放射性元素衰变的半衰期来估算化石、矿物、陨石、月亮岩石及地球本身的年龄。例如 ${}^{14}_{6}C$ 的半衰期为 5720 年，在大气的 CO_2 中，${}^{12}_{6}C$ 与 ${}^{14}_{6}C$ 数量的比值（$\frac{{}^{14}_{6}C}{{}^{12}_{6}C}$）一定。自然界植物生长靠光合作用吸收大气中的 CO_2，因此植物体内的 $\frac{{}^{14}_{6}C}{{}^{12}_{6}C}$ 比值与大气中的相同，食用植物的动物和人的体内也保持同样的 $\frac{{}^{14}_{6}C}{{}^{12}_{6}C}$ 比例。生物体死亡会使其停止吸入放射性 ${}^{14}_{6}C$，由于 ${}^{14}_{6}C$ 的衰变，使已经死亡的生物体中 $\frac{{}^{14}_{6}C}{{}^{12}_{6}C}$ 比例下降，据此考古学家就可以算出该生物的生存年代。

【例 2-19】 已知过氧化氢分解成水和氧气的反应 $2H_2O_2(l)\longrightarrow 2H_2O(l)+O_2(g)$ 是一级反应，反应速率常数为 0.0410min^{-1}，求：(1) 若 $c_0(H_2O_2)=0.500\text{mol/L}$，10.0min 后，$c(H_2O_2)$ 是多少？(2) H_2O_2 分解一半所需时间是多少？

解：(1) 根据式(2-51) 可得：

$$\ln\frac{c(H_2O_2)}{c_0(H_2O_2)}=-kt,\ \ln\frac{c(H_2O_2)}{0.500\text{mol/L}}=-0.041\text{min}^{-1}\times 10.0\text{min}$$

$$c(H_2O_2)=0.332\text{mol/L}$$

(2) 根据式(2-53) 可得：$t_{1/2}=\frac{\ln 2}{k}=\frac{0.693}{0.0410\text{min}^{-1}}=16.9\text{min}$

【例 2-20】 某金属钚的同位素的衰变反应属于一级反应，14 天后，同位素活性下降了 6.85%。试求该同位素衰变反应的：(1) 反应速率常数；(2) 半衰期。

解：(1) 根据式(2-51) 可得：

$$k=\frac{1}{t}\ln\frac{c_0}{c}=\frac{1}{14\text{d}}\ln\frac{1}{1-6.85\%}=0.00507\text{d}^{-1}$$

(2) 根据式(2-53) 可得：$t_{1/2}=\frac{\ln 2}{k}=\frac{0.693}{0.00507\text{d}^{-1}}=136\text{d}$

③ 二级反应动力学 反应速率方程中，浓度项的指数和等于 2 的反应称为**二级反应**(second-order reaction)。常见的二级反应有乙烯、丙烯的二聚反应，乙酸乙酯的皂化反应，碘化氢的热分解反应等。

当二级反应为 $A+B\to X$，且反应物的初始浓度 $c_0(A)=c_0(B)=c_0$，在 t 时刻反应物的浓度 $c_A=c_B=c$ 时，其动力学方程的微分形式为：

$$v=-\frac{dc_A}{dt}=-\frac{dc_B}{dt}=kc^2 \tag{2-54}$$

其动力学方程的积分形式为：

$$\frac{1}{c}-\frac{1}{c_0}=kt \tag{2-55}$$

其反应的半衰期 $t_{1/2}$ 为：

$$t_{1/2}=\frac{1}{kc_0} \tag{2-56}$$

根据式(2-55）和式(2-56）可推出二级反应的特点：a. 对二级反应，$\frac{1}{c}$ 与 t 呈线性关系，直线的斜率为 k；b. k 的量纲为［浓度］$^{-1}$·［时间］$^{-1}$；c. 半衰期与起始浓度呈反比。

现将具有简单级数反应的速率方程的讨论结果归纳，列于表 2-3。

表 2-3　具有简单级数反应的动力学特征

级数	微分式	积分式	线性关系	半衰期 $t_{1/2}$	k 的量纲
零级	$-\frac{dc}{dt}=k$	$c_0-c=kt$	c-t	$\frac{c_0}{2k}$	［浓度］·［时间］$^{-1}$
一级	$-\frac{dc}{dt}=kc$	$\ln\frac{c_0}{c}=kt$	$\ln c$-t	$\frac{\ln 2}{k}$	［时间］$^{-1}$
二级	$-\frac{dc}{dt}=kc^2$	$\frac{1}{c}-\frac{1}{c_0}=kt$	$\frac{1}{c}$-t	$\frac{1}{kc_0}$	［浓度］$^{-1}$·［时间］$^{-1}$
n 级($n\neq1$)	$-\frac{dc}{dt}=kc^n$	$\frac{1}{n-1}\left(\frac{1}{c^{n-1}}-\frac{1}{c_0^{n-1}}\right)=kt$	$\frac{1}{c^{n-1}}$-t	$\frac{2^{n-1}-1}{(n-1)kc_0^{n-1}}$	［浓度］$^{1-n}$·［时间］$^{-1}$

（8）速率方程的确定　化学反应的速率方程都是根据大量的实验数据或用拟合法来确定的，如果速率方程形式为：

$$v=k\prod_B c_B^{n_B}$$

则确定反应速率方程的关键是要确定反应速率常数 k 及每种反应物的反应级数 n_B，具体方法如下。

① 改变物质浓度的方法　当有两种或两种以上反应物参与反应时，例如反应 $aA+bB=cC$，先设速率方程为 $v=kc_A^{\alpha}c_B^{\beta}$。为了分别确定各反应物的反应级数，保持反应物 A 的浓度不变，将反应物 B 的浓度增大一倍，若反应速率也增加一倍，则可确定 c_B 的方次 $\beta=1$，即反应物 B 的反应级数为 1；若反应速率增大为原来的 4 倍，则 $\beta=2$，即反应物 B 的反应级数为 2。同理固定反应物 B 的浓度不变，改变反应物 A 的浓度，求出 A 的反应级数。整个反应的总级数为各反应物级数之和。

【例 2-21】　在 1073 K 时发生如下反应：$2H_2(g)+2NO(g)=N_2(g)+2H_2O(g)$，为了确定该反应的速率方程，通过配制一系列不同浓度的 NO（g）与 H_2（g）混合物，测定其相应的反应速率，有关实验数据见表 2-4 所列。求：(1）此反应的速率方程，(2）当 $c(H_2)=4.00\times10^{-3}$ mol/L，$c(NO)=5.00\times10^{-3}$ mol/L 时，在 1073 K 温度下此反应的速率。

解： 由表 2-4 中 1～3 组实验数据可见，当反应物 NO 的浓度保持不变，H_2 浓度增大到原来的 2 倍时，反应速率也增加到原来的 2 倍；H_2 浓度增大到原来的 3 倍时，反应速率也增加到原来的 3 倍；这表明反应速率与 H_2 浓度的一次方成正比，因此该反应对 H_2 是一级反应。由表 2-4 中 4～6 组实验数据可见，当反应物 H_2 的浓度保持不变，NO 浓度增大到原来的 2 倍时，反应速率增加到原来的 4 倍；NO 浓度增大到原来的 3 倍时，反应速率增加到原来的 9 倍，这表明反应速率与 NO 浓度的平方成正比，因此该反应对 NO 是二级反应，则

表 2-4　$H_2(g)$ 和 $NO(g)$ 的反应速率（1073K）

实验标号	起始浓度/(mol/L)		生成 $N_2(g)$ 的起始速率/[mol/(L·s)]
	$c(NO)$	$c(H_2)$	
1	6.0×10^{-3}	1.0×10^{-3}	3.19×10^{-3}
2	6.0×10^{-3}	2.0×10^{-3}	6.36×10^{-3}
3	6.0×10^{-3}	3.0×10^{-3}	9.56×10^{-3}
4	1.0×10^{-3}	6.0×10^{-3}	0.48×10^{-3}
5	2.0×10^{-3}	6.0×10^{-3}	1.92×10^{-3}
6	3.0×10^{-3}	6.0×10^{-3}	4.30×10^{-3}

反应的速率方程为：

$$\upsilon = kc(H_2)c(NO)^2$$

将实验数据表中的任一组数据代入反应速率方程中，即可求出速率常数 k 值。下面以第 1 组实验数据计算 k 值：

$$k=\frac{\upsilon}{c(H_2)c(NO)^2}=\frac{3.19\times10^{-3}\,\mathrm{mol/(L\cdot s)}}{1.00\times10^{-3}\,\mathrm{mol/L}\times(6.00\times10^{-3}\,\mathrm{mol/L})^2}$$
$$=8.86\times10^4\,\mathrm{L^2/(s\cdot mol^2)}$$

根据所得出的速率方程，可求出任一给定浓度下的反应速率。已知 $c(H_2)=4.00\times10^{-3}$ mol/L，$c(NO)=5.00\times10^{-3}$ mol/L，则在 1073 K 温度下给定浓度时的反应速率为：

$$\upsilon = kc(H_2)c(NO)^2$$
$$=8.86\times10^4\,\mathrm{L^2/(mol^2\cdot s)}\times4.00\times10^{-3}\,\mathrm{mol/L}\times(5.00\times10^{-3}\,\mathrm{mol/L})^2$$
$$=8.86\times10^{-3}\,\mathrm{mol/(L\cdot s)}$$

② 微分法　对于反应：$n\mathrm{A}\rightarrow\mathrm{P}$

n 级反应的速率方程为：$\upsilon=-\dfrac{\mathrm{d}c_A}{\mathrm{d}t}=kc_A^n$

则 $\ln\upsilon=\ln\left(-\dfrac{\mathrm{d}c_A}{\mathrm{d}t}\right)=\ln k+n\ln c_A$

因此，微分法具体作法如下：a. 根据实验数据作 c_A-t 曲线；b. 在不同时刻求 $-\dfrac{\mathrm{d}c_A}{\mathrm{d}t}$，求出不同浓度 c_A 时的反应速率 υ；c. 以 $\ln\upsilon$ 对 $\ln c_A$ 作图，从直线斜率求出 n 值，从截距求出 k 值。

微分法要作三次图，引入的误差较大，但可适用于非整数级数反应。

③ 积分法　积分法又称尝试法，适用于具有简单级数反应。当实验测得一系列 c_A-t 的动力学数据后，可以作以下任意一种尝试。

a. 将各组 c_A，t 值代入具有简单级数反应的速率积分式中，计算 k 值。若得 k 值基本为常数，则反应为所代入方程的级数。若求得 k 不为常数，则需再进行假设。

b. 分别用下列各种方式作图：(a) c_A-t；(b) $\ln c_A$-t；(c) $\dfrac{1}{c_A}$-t；(d) $\dfrac{1}{c_A^{n-1}}$-t

如果所得图为直线，则根据简单级数反应的特点即可求出反应级数。

④ 半衰期法　用半衰期法可以求除一级反应以外的其他反应的级数。

因为 n 级反应的半衰期通式为 $t_{1/2}=\dfrac{2^{n-1}-1}{(n-1)\ kc_0^{n-1}}=Ac_0^{1-n}$ $(n\neq1)$（表 2-3），则 $\ln t_{1/2}=\ln A-(n-1)\ \ln c_0$。

所以，首先测得反应物在不同初始浓度时的半衰期，进而求得反应级数，具体步骤如下：

a. 作 c-t 曲线，求出不同初始浓度 c_0 时的半衰期 $t_{1/2}$；

b. 作 $\ln t_{1/2}$-$\ln c_0$ 图，从斜率求得反应级数 n（$n \neq 1$）。

2.2.2.2 反应速率与温度的关系

科学实验证明，温度对反应速率的影响比浓度的影响更显著。在浓度一定时，绝大多数化学反应的速率都随着温度的升高而明显增大。例如氢气和氧气在室温下混合时几乎看不到反应；当温度升高到 673 K 时，可以明显看到反应进行；当温度继续升高到 873 K 时，反应速率太快以至于会发生爆炸。

那么反应速率常数与反应温度的具体关系是怎样呢？1884 年，荷兰物理化学家范特霍夫（J. H. Van't Hoff）根据实验归纳得到一条近似规则：温度每升高 10 K，反应速率常数大约增加 2～4 倍，即$\frac{k_{T+10}}{k_T}=2\sim4$。按此规则，在 400 K 时 1min 即可完成的反应，在 300 K 时少则要 17 h，多则需要近两年才能完成，这说明温度对反应速率的影响比浓度对反应速率的影响更为显著，且温度对反应速率的影响实际上是温度对反应速率常数 k 的影响。但是，这个规则很不精确，只能粗略估算温度对反应速率的影响。

（1）阿伦尼乌斯公式　瑞典化学家阿伦尼乌斯（S. A. Arrhenius）在 1889 年总结出一个较为精确的描述反应速率常数与温度关系的经验公式：

$$k=A\exp\left(-\frac{E_a}{RT}\right) \tag{2-57}$$

$$\ln k=-\frac{E_a}{RT}+\ln A \tag{2-58}$$

$$\lg k=-\frac{E_a}{2.303RT}+\lg A \tag{2-59}$$

式中，A 称为指前因子，具有与反应速率常数 k 相同的单位；E_a 称为反应的活化能，单位为 J/mol。对于给定的化学反应，在一定的温度范围内，A 与 E_a 变化不大，可视为常数，其大小决定于化学反应本身。

从阿伦尼乌斯公式可得出以下结论。

① 对某一化学反应，当温度 T 增加时，$\frac{E_a}{RT}$项变小，$\ln k$ 变大，k 值变大，反应速率加快。由于 T 在指数项中，所以温度变化对化学反应速率常数影响很大。

② 对同一反应，温度变化相同时，因 E_a 基本不变，故在低温区速率常数随温度的升高而增加的倍数较大，因此，在低温区改变温度对速率的影响比高温区要大。

③ 温度变化相同时，对指前因子 A 相近的化学反应来说，反应的活化能 E_a 值越大，其速率常数 k 值越小；反之，E_a 值小的化学反应其反应速率常数 k 值较大。

【例 2-22】 对于反应 $C_2H_5Cl(g) \longrightarrow C_2H_4(g)+HCl(g)$，其指前因子 $A=1.6\times10^{14}$/s，$E_a=246.9$kJ/mol，求 700 K、710 K 和 800 K 时的反应速率常数 k。

解： 根据阿伦尼乌斯公式[式(2-59)]：

$$\lg k=-\frac{E_a}{2.303RT}+\lg A$$

当 $T=700$ K 时

$$\lg k_{700\text{K}}=-\frac{246.9\times1000\text{J/mol}}{2.303\times8.314\text{J/(mol}\cdot\text{K)}\times700\text{K}}+\lg(1.6\times10^{14}/\text{s})$$

$$k_{700\text{K}}=6.0\times10^{-5}/\text{s}$$

用同样的方法可求出温度为 710 K 和 800 K 时的反应速率常数 k：

$$k_{710\text{K}}=1.1\times10^{-4}/\text{s}$$

$$k_{800\text{K}}=1.2\times10^{-2}/\text{s}$$

如果已知反应的活化能和某一反应温度 T_1 时的速率常数 k_1，则可以由式(2-59) 求得在另一温度 T_2 时的速率常数 k_2。反之，若已知 T_1、T_2 时的速率常数分别为 k_1、k_2，则可以计算出活化能 E_a 和指前因子 A。

$$\lg k_1 = -\frac{E_a}{2.303RT_1} + \lg A$$

$$\lg k_2 = -\frac{E_a}{2.303RT_2} + \lg A$$

两式相减：

$$\lg\frac{k_2}{k_1} = \frac{E_a}{2.303R}\left(\frac{T_2 - T_1}{T_1 T_2}\right) \tag{2-60}$$

【例 2-23】 对于反应 $2NOCl(g) \longrightarrow 2NO(g) + Cl_2(g)$，经实验测得 300 K 时，$k_1 = 2.8\times10^{-5}$ L/(mol·s)，400 K 时，$k_2 = 7.0\times10^{-1}$ L/(mol·s)，求反应的活化能。

解：根据式(2-60) 并整理得：

$$E_a = 2.303R\left(\frac{T_1T_2}{T_2 - T_1}\right)\lg\frac{k_2}{k_1}$$

$$= 2.303\times8.314\text{J/(mol·K)}\left(\frac{300\text{K}\times400\text{K}}{400\text{K}-300\text{K}}\right)\lg\frac{7.0\times10^{-1}\text{L/(mol·s)}}{2.8\times10^{-5}\text{L/(mol·s)}}$$

$$= 1.01\times10^5\text{J/mol} = 101\text{kJ/mol}$$

不过，由于实验误差，这样的计算不一定很准确，人们常从实验中测定多个温度下的 k 值，然后以 $\frac{1}{T}$ 为横坐标、$\lg k$ 为纵坐标，可得一直线。根据式(2-59)，直线的斜率为 $-\frac{E_a}{2.303R}$，通过斜率就可以求得反应的活化能。

(2) 活化能　化学反应发生的必要条件是反应物分子或原子、离子之间必须相互碰撞，只有相互碰撞，才能发生化学反应。然而分子彼此碰撞的频率很大，如果每一次碰撞都能发生化学反应，则一切反应都将瞬时完成。如气体反应 $2HI(g) \longrightarrow H_2(g) + I_2(g)$，浓度为 0.10mol/L 的 HI 气体，单位体积（1L）内分子碰撞次数每秒高达 3.5×10^{28} 次，若每次碰撞都能发生反应，则其反应速率约为 5.8×10^4 mol/(L·s)，但实验测得反应速率仅为 1.2×10^{-8} mol/(L·s)。显然大多数碰撞并不发生反应，只有少数分子在碰撞时才能发生反应。这种能发生反应的碰撞，称为**有效碰撞**（effective collision）。能发生有效碰撞的分子与那些发生碰撞而不发生反应的分子的主要区别就在于它们所具有的能量不同。

根据气体分子运动论，在任何给定温度下系统中各分子的运动速率并不相同，也就是各分子所具有的动能是不同的。在一定温度下气体分子具有一定的动能分布曲线，这个分布曲线也称玻尔兹曼（L. E. Boltzmann）分布，如图 2-11 所示。

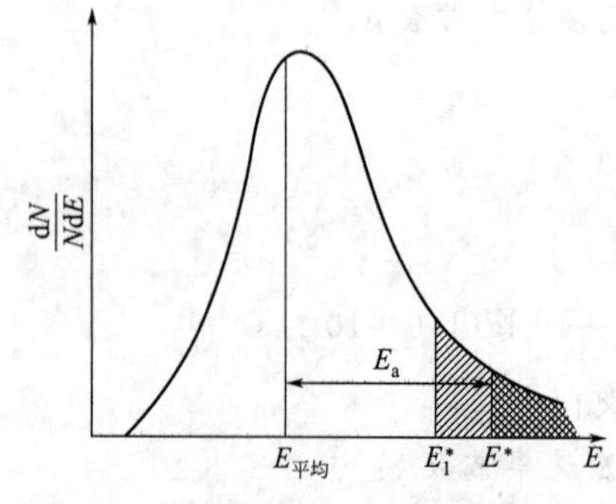

图 2-11　等温下的玻尔兹曼能量分布曲线

图中纵坐标 $\frac{dN}{NdE}$ 表示单位能量范围内的分子分数，$E_{平均}$ 表示该温度下的分子平均能量。从图 2-11 可以看出，具有高能量和低能量的分子都是很少的，大部分分子的能量接近于 $E_{平均}$。阿伦尼乌斯认为，在通常情况下，一般分子的能量不够大，它们的碰撞不能发生化学反应。为了能发生化学反应，能量低的一般分子必须吸收足够的能量，变成活化分子，活化分子之间才可能发生反应，并放出能量。所谓**活化分子**

(activated molecule) 是指那些比一般分子高出一定能量足以在碰撞时发生反应的分子。塔尔曼 (E. C. Tolman) 从统计力学较严格地证明了活化能 (E_a) 是活化分子的平均能量 (E^*) 与反应物分子平均能量 $E_{平均}$之差，即 $E_a=E^*-E_{平均}$ (见图 2-11)。活化能是统计平均的物理量，而不是分子水平的物理量。是指平均而言，使一个能量低的一般分子有参加反应的可能，必须使其能量增加“活化能”那么大的数值，也就是由 $E_{平均}$ 增加到 E^*。从图 2-11 可以直观地看出，反应的活化能越大，则活化分子数就越少，单位时间内有效碰撞的次数越少，反应速率就越慢；反之，活化能越小，活化分子所占的比例越大，单位时间内有效碰撞的次数越多，反应速率越快。

温度对反应速率的影响也可以从分子运动论来解释。温度升高，在所有分子普遍获得能量的基础上，更多的分子成为活化分子，增加了活化分子百分数，因而使单位时间内有效碰撞次数增加。同时，温度升高，分子的平均能量增加，分子运动速率加快，使分子间的碰撞频率增多，其中有效碰撞的频率也增加。所以温度升高，显著增加了反应速率。

浓度对反应速率的影响也可以从分子运动论来解释。当温度一定时，对某一反应来说，活化分子的百分数是一定的，当增加反应物浓度时，单位体积内活化分子的总数增加，单位时间内分子之间的有效碰撞次数增大，从而使反应速率加快。因此，木炭在纯氧中燃烧比在空气中燃烧更剧烈。

活化能的概念还可以用图 2-12 形象地来表示。由图 2-12 可知，当反应物变成产物时，必须要经过一个吸收一定能量 E_a 而达到活化状态的过程。活化分子的平均能量比反应物的平均能量高出 E_a 值，E_a 为反应的活化能，因此活化能 E_a 对基元反应来说具有能峰的意义。能峰越高，化学反应的阻力就越大，反应就越难进行。这是因为化学反应过程是旧键破坏、新键建立的过程。为了克服新键形成前的斥力和旧键断裂前的引力，两个相撞的分子必须具有足够大的能量。如果相撞分子不具备这个起码的能量，就不能达到化学键新旧交替的活化状态，因此需要先供给足够的能量，即反应物要吸收能量。

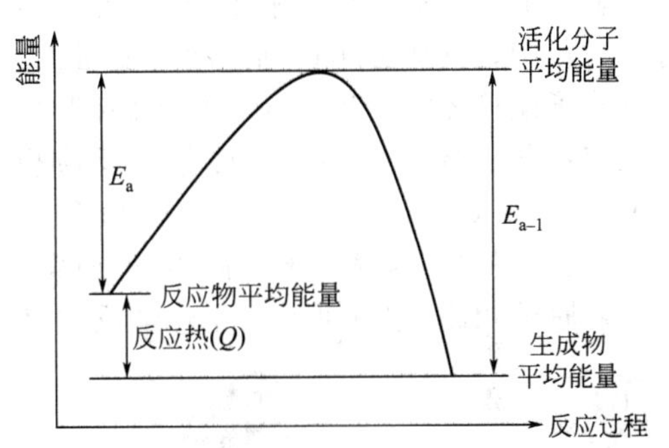

图 2-12　活化能与活化分子

如果正反应经过一步即可完成，则其逆反应也经过一步完成，而且正、逆两个反应经过同一个活化状态，这就是**微观可逆性原理** (principle of microreversibility)。同理，逆反应由产物反应生成反应物，也要经过相同的活化状态，吸收最低能量为 E_{a-1}，即逆反应的活化能。E_a、E_{a-1}的差值是该反应的热效应 Q。当 $Q=E_a-E_{a-1}<0$ 时，正反应为放热反应，则逆反应 $Q=E_{a-1}-E_a>0$，为吸热反应。无论放热反应或吸热反应，都需要有一个活化的过程。如煤在常温下在空气里必须加热才能使之燃烧，就是因为加热能促使煤和氧气中的分子活化，发生氧化反应，一旦反应发生，就可由放出的反应热维持反应继续进行，不需要外部再供给能量。

反应活化能是决定化学反应速率的重要因素，其值大小是由反应物分子的性质所决定的，而反应物的分子性质则与分子的内部结构密切相关，所以，对于一个反应来说其活化能数值是一定的。不同的反应具有不同的活化能，也就具有不同的反应速率。

在 300 K 时，若两个反应的指前因子相同，它们的活化能相差 10kJ/mol 时，则根据式 (2-57) 得两个反应的速率常数之比为：

$$\frac{k_2}{k_1}=\exp\left(-\frac{E_{a_2}-E_{a_1}}{RT}\right)=\exp\left[-\frac{10\times1000\text{J/mol}}{8.314\text{J/(mol}\cdot\text{K)}\times300\text{K}}\right]=\frac{1}{55}$$

即两个反应的速率常数相差 55 倍，而 10kJ/mol 仅占一般反应的活化能（400～40kJ/mol）的 2.5%～25%，这足以说明活化能 E_a 对反应速率的影响较大，是表征反应系统动力学特征的重要参数。

2.2.3 化学反应速率理论

为了从理论上阐述基元反应的动力学特征，并对反应速率进行定量计算，科学家们提出了一系列关于基元反应速率的理论，这些理论基本上可分为两类：一是简单碰撞理论；二是过渡状态理论。前者是在气体分子运动的基础上建立起来的，后者是在统计力学和量子力学的发展中形成的。

2.2.3.1 简单碰撞理论

1918 年路易斯（W. Lewis）在接受了阿伦尼乌斯的活化能及活化分子概念的基础上，根据气体分子运动论建立了反应速率的简单碰撞理论，主要适用于气相双分子反应，是最早的反应速率理论。

对气相双分子基元反应 A＋B→P，简单碰撞理论认为：①气体分子 A 和 B 均为无相互作用、无内部结构、完全弹性的硬球；②两个分子相撞，相对动能在连心线上的分量必须大于一个临界值 E_c，才能克服它们价电子之间的强烈的静电排斥力，才有可能引发化学反应，这个临界值 E_c 称为**反应阈能**（threshold energy of reaction）又称为**反应临界能**；③在反应进行过程中，气体分子运动速率与能量仍然保持玻尔兹曼能量分布；④只有一定方向上的反应物分子碰撞才能发生反应。如果碰撞的部位不对，没能碰撞到该起反应的原子上，那么即使反应物分子具有足够大的能量，反应也不一定发生。例如：双分子反应过程 $CO(g)+NO_2(g) = CO_2(g)+NO(g)$，当 CO 分子和 NO_2 分子碰撞时，可能有不同取向的碰撞（图 2-13）。假如碳原子与氮原子相碰撞，即使碰撞时能量足够大，也不可能发生化学反应；只有碳原子与氧原子相碰，才有可能发生化学反应，使反应物分子转化为产物分子。

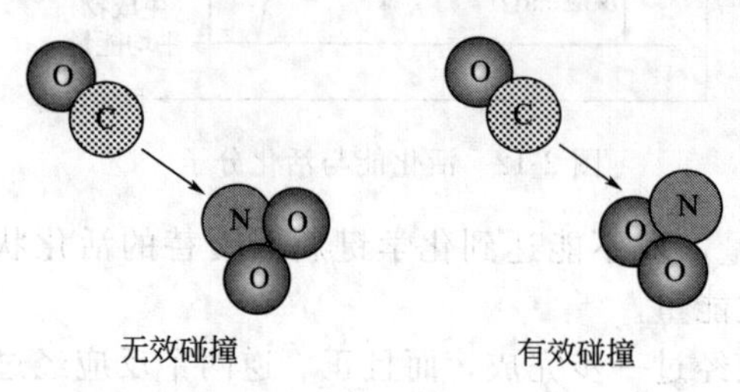

图 2-13 双分子碰撞示意

简单碰撞理论从分子运动和分子结构的角度为化学反应的发生提供了直观的图像，初步阐明了基元反应的历程，比较合理地解释了浓度、温度对反应速率的影响。但是当活化能较小或温度变化范围较大时，实验结果与阿伦尼乌斯公式有明显的偏离。这是由于简单碰撞理论所采用的模型过于简单，没有考虑降低分子有效碰撞的因素：一是空间因素，即有的分子在能引发反应的原子附近有较大的原子团，由于位阻效应，减少了这个原子与其他分子相撞的机会；二是能量传递迟缓因素，即当两个分子相互碰撞时，总能量虽超过阈能，但如果碰撞的延续时间不够长，能量高的分子就来不及将一部分能量传递给能量低的分子，后者尚未达到活化状态就分开了，因而也是无效碰撞。由此可知，即使是在分子连心线上的动能超过反应的阈能，也还存在种种无效碰撞的概率。

2.2.3.2 过渡状态理论简介

为了克服简单碰撞理论的缺点，1935 年艾林（H. H. Eyring）、波兰比（M. Polanyi）等人在量子力学和统计力学的基础上，提出了活化配合物理论，即**过渡状态理论**（transition-state theory）。其基本内容是：化学反应不是仅通过分子间的简单碰撞就能完成的，而是要经过一个中间过渡状态（即活化配合物）。活化配合物中的价键结构处在原有化学键被削弱、新化学键开始形成的一种过渡状态。由于反应过程中分子之间的相互碰撞，分子的动能大部分转化为势能，因而活化配合物处于较高势能状态，极不稳定，可能重新变回原来的反应物，也可能分解为产物。活化配合物分解为产物的步骤是慢步骤，它的分解速率决定了整个反应的速率。

如在 CO 和 NO_2 的反应中，当能量足够高的 NO_2 和 CO 分子发生取向适当的碰撞，形成活化配合物 [ONOCO]，活化配合物中原来的键 N—O 减弱，新键 C—O 逐渐形成，该活化配合物能量高、不稳定，既有可能形成产物，也有可能形成反应物。根据活化配合物理论，将 CO 与 NO_2 反应过程中的势能变化关系绘于图 2-14 中，*A* 点表示反应物的平均势能，*C* 点表示活化配合物的势能，*B* 点表示产物的平均势能。只有当反应物分子吸收的能量达到活化状态时，才产生有效碰撞，形成活化配合物。然后释放能量形成产物，此时系统的平均势能降到 *B* 点。按照活化配合物理论，

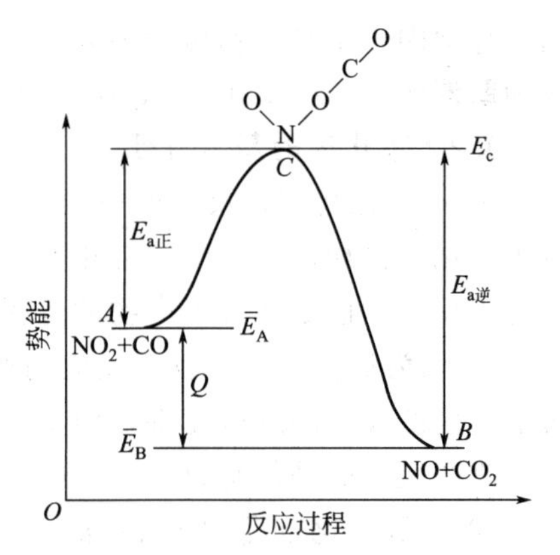

图 2-14　反应 $CO(g)+NO_2(g) \longrightarrow CO_2(g)+NO(g)$ 的能量变化过程

即活化配合物 C 点与始态 *A* 点平均势能之差 $E_{a正}$ 称为正反应的活化能。逆反应由 NO 和 CO_2 反应生成 CO 和 NO_2，也要吸收最低能量 $E_{a逆}$，爬过 *C* 点，*C* 点与 *B* 点平均势能之差即为逆反应的活化能。$E_{a正}$、$E_{a逆}$ 的差值是该反应的热效应 *Q*。

根据过渡状态理论，化学反应速率取决于活化能、活化配合物的浓度、活化配合物分解的百分率和速率，因此有关过渡状态结构的信息对于反应机理的了解极其重要。用该理论，只要知道分子的振动频率、质量、核间距等基本物性，就能计算出简单反应的速率常数和活化能，所以又称为**绝对反应速率理论**（absolute reaction rate theory）。但是由于活化配合物极不稳定，不易分离，无法通过实验证实，加之计算繁杂，致使过渡状态理论的应用受到限制。

无论是简单碰撞理论还是过渡状态理论，均说明反应速率与活化能的大小密切相关。目前，人们对反应速率理论的认识尚未完成，有待于进一步探索和研究。

2.2.4　催化剂和催化作用

催化剂能显著地改变反应速率，在自然界和工业技术上有着巨大的作用。据统计，大约有 80%以上化工产品的生产使用了催化剂。例如，由 N_2 和 H_2 合成氨、氨氧化制硝酸、尿素的合成、SO_2 氧化为 SO_3 制硫酸、石油的加工等，都要应用催化剂。自然界中植物的光合作用，有机体内的新陈代谢，蛋白质、碳水化合物和脂肪的分解作用，酶的作用等也都是催化作用。因此，探索催化作用的规律、选择高效催化剂就成为近代化学的一个极为重要的研究领域。

2.2.4.1　催化剂和催化作用

催化剂（catalyst）是在反应系统中能改变化学反应速率而本身在反应前后质量、组成和化学性质都不发生变化的一类物质。催化剂改变反应速率的作用称为**催化作用**（catalysis）。凡是能加快反应速率的催化剂称为**正催化剂**（positive catalyst），例如由 $KClO_3$ 加热分解制备 O_2 时，加入少量 MnO_2 可使反应速率大大加快。凡是能减慢反应速率的催化剂称为**负催化剂**（negative catalyst）或阻化剂，例如六亚甲基四胺 $(CH_2)_6N_4$ 作为负催化剂，能降低钢铁在酸性溶液中腐蚀的反应速率，也称为**缓蚀剂**（corrosion inhibitor）。一般情况下使用催化剂都是为了加快反应速率，若不特别指出，本书中所提到的催化剂均指正催化剂。在某些反应中，产物本身可以起加速反应的作用，如化学反应 $2MnO_4^- + 5C_2O_4^{2-} + 16H^+ \longrightarrow 2Mn^{2+} + 10CO_2 + 8H_2O$，产物 Mn^{2+} 对此反应有催化作用，这种现象称为**自催化作用**（self-catalysis）。催化剂改变反应速率的能力称为催化剂的**活性**（activity）。催化剂

的活性常因少量其他物质的加入而增大，但这类物质单独存在时却没有催化性能，这种现象称为**助催化**（assistant catalysis），例如合成氨中 Fe 的助催化剂 Al_2O_3/K_2O。

2.2.4.2 催化剂的基本特征

① 虽然催化剂在反应前后数量和化学性质没有变化，但常常发现催化剂的物理性质发生了变化。例如，许多固体催化剂在反应后晶体颗粒大小与晶形都可能改变。这说明催化剂参与了反应，但是在形成产物的过程中又重新生成催化剂。

② 因为催化剂并不改变反应的始态和终态，所以催化剂的作用在于加快那些热力学上可能发生的反应的反应速率，而不能“引起”热力学所不允许的反应发生。同时，催化剂也不能改变反应的平衡常数。

③ 一般催化剂都具有特殊的选择性，对不同的反应需要选用不同的催化剂。例如，SO_2 的氧化用 V_2O_5 作催化剂，而乙烯氧化却常用 Ag 作催化剂。对同一反应物使用不同的催化剂，可能得到不同的产物。例如，乙醇的分解有以下几种情况：

$$C_2H_5OH\begin{cases}\xrightarrow{Cu} CH_3CHO+H_2\\ \xrightarrow{Al_2O_3(350\sim360℃)} C_2H_4+H_2O\\ \xrightarrow{Al_2O_3(140℃)} C_2H_5OC_2H_5+H_2O\\ \xrightarrow{ZnOCr_2O_3} CH_2=CH-CH=CH_2+H_2O+H_2\end{cases}$$

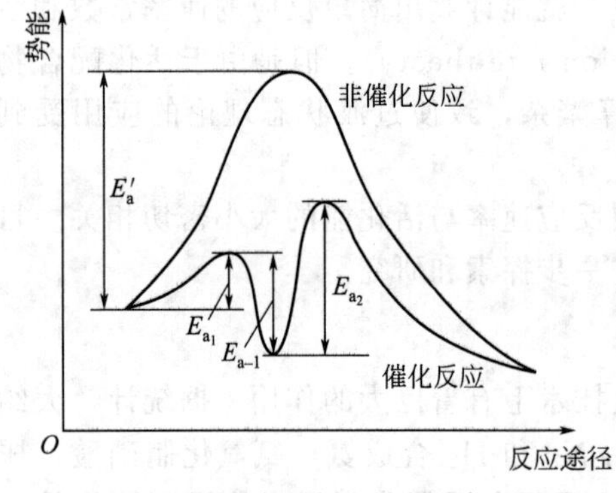

图 2-15 催化剂对反应途径及活化能的影响

④ 催化剂能改变反应速率，但它与温度、浓度等因素对反应速率的影响方式不同。如图 2-15 所示，催化剂是化学反应的参与者，它改变了反应历程，降低了反应的活化能，促使反应速率激增，其表观现象是总包反应的活化能、指前因子发生了改变；反应级数、反应速率方程的形式也有可能发生变化。相反，温度、浓度等因素对反应速率的影响并不改变反应历程，对反应的活化能也没有影响，随温度升高、浓度增大，活化分子数增加，使反应速率增大。

【例 2-24】 已知 298 K 时，反应 $2H_2O_2 = 2H_2O + O_2$ 的活化能 E_a 为 71kJ/mol，在过氧化氢酶的催化下，活化能降至 8.4kJ/mol。假设指前因子没有变化，试计算在酶催化下，H_2O_2 分解速率为原来的多少倍？

解：根据式(2-57) 得：

$$k_1 = Ae^{\frac{-E_{a_1}}{RT}} = Ae^{\frac{-71\times1000\text{J/mol}}{8.314\text{J/(mol}\cdot\text{K)}\times298\text{K}}} \quad ①$$

$$k_2 = Ae^{\frac{-E_{a_2}}{RT}} = Ae^{\frac{-8.4\times1000\text{J/mol}}{8.314\text{J/(mol}\cdot\text{K)}\times298\text{K}}} \quad ②$$

②/①得：

$$\frac{k_2}{k_1} = e^{\frac{(71-8.4)\times1000\text{J/mol}}{8.314\text{J/(mol}\cdot\text{K)}\times298\text{K}}} = e^{25.27} = 9.4\times10^{10}$$

所以
$$\frac{v_2}{v_1} = 9.4\times10^{10}$$

由此可见，由于速率常数 k 与活化能呈指数关系，加入催化剂降低反应的活化能，使反应的速率常数发生显著增大。

2.2.4.3　催化反应的分类

按催化剂与反应物所属的相态，将催化反应分为三类：均相催化反应（催化剂与反应物处于同一相）、多相催化反应（催化剂与反应物不属同一相）、酶催化反应（因为酶都是复杂的大分子化合物，介于多相与均相之间）。

这三类反应在催化机理、动力学规律等方面都有各自的特点，但它们又都因催化剂的加入而使反应速率发生变化，所以都具有共同的基本特征。

（1）均相催化反应　**均相催化反应**（homogeneous catalysis）又称为**单相催化反应**，催化剂和反应物处于同一种聚集状态，例如都为气体或液体。其中最常见的液相催化反应是酸碱催化反应，如酯类的水解以 H^+ 离子作催化剂：$CH_3COOCH_3 + H_2O \xrightarrow{H^+} CH_3COOH + CH_3OH$。

常采用中间产物理论来解释均相催化反应。即催化剂分子与反应物分子发生作用，生成一种过渡性的中间产物，然后中间产物再分解为产物，并放出原催化剂。例如乙醛的热分解反应：$CH_3CHO \xrightarrow{791K} CH_4 + CO$，少量的碘蒸气可使乙醛的热分解速率增加几千倍，反应活化能从 190kJ/mol 降到 136kJ/mol。催化的反应历程为（乙醛与碘均为蒸气状态）：

$$CH_3CHO + I_2 = CH_3I + HI + CO$$

$$CH_3I + HI = CH_4 + I_2$$

由于均相催化反应中催化剂本身参与反应，反应速率必然也与催化剂浓度成正比。例如酸碱催化作用中，反应速率就与 H^+ 离子浓度成正比。

均相催化剂的活性中心比较均一，选择性较高，副反应较少，易于用光谱、波谱、同位素示踪等方法来研究催化剂的作用，反应动力学一般不复杂。但均相催化剂有难以分离、回收和再生的缺点。

（2）多相催化反应　**多相催化反应**又称为**非均相催化反应**（heterogeneous catalysis）。大多数催化反应是多相的，催化剂一般是固体，而反应物是液体或气体，即反应物与催化剂处于不同相。多相催化反应中，气-固相催化反应在化学工业中占有重要的地位，大家熟知的合成氨、氨氧化制硝酸、石油及其产品的加工、SO_2 氧化为 SO_3 制硫酸等，都是以固体物质为催化剂的气-固相催化反应过程。气体分子要在固体催化剂表面上发生反应，至少要经历五个步骤：

① 反应物从气体本体向固体催化剂表面扩散；

② 反应物分子被催化剂表面吸附；

③ 反应物分子在催化剂表面上进行化学反应并生成产物；

④ 产物分子从催化剂表面上脱附（或解吸）；

⑤ 脱附（或解吸）的产物从催化剂表面向气体本体中扩散。

其中，①和⑤为扩散过程，②和④为吸附和脱附过程，③是表面化学反应过程。每一步都有各自的动力学规律，总的催化反应速率由最慢的步骤确定。因此，找到这个连串反应的速率控制步骤对了解该反应的动力学特征是极其重要的。

表面化学反应为速率控制步骤的多相催化反应通常用吸附理论来解释。反应物分子中某些原子与催化剂的吸附作用使反应物分子的化学键削弱，使分子活化，降低了反应的活化能而提高了反应速率。例如，合成氨的反应，因为 N_2 分子中的化学键 N≡N 特别稳定，反应很难进行，反应速率极慢。如以铁为催化剂，吸附于铁表面的 N_2 因与铁原子相互作用，N≡N 键被显著削弱或破坏，形成 N—Fe 键，再与 H_2 反应而生成 NH_3，其反应历程为：

$$\frac{1}{2}N_2 + x\mathrm{Fe} \longrightarrow \mathrm{Fe}_xN\text{（慢反应）}$$

$$\mathrm{Fe}_xN + \frac{1}{2}H_2 \longrightarrow \mathrm{Fe}_xNH\text{（快反应）}$$

$$Fe_xNH + H_2 \rightleftharpoons Fe_xNH_3 \rightleftharpoons xFe + NH_3 \text{(快反应)}$$

由于催化剂铁的存在，改变了反应历程，使合成氨反应的活化能从334.7kJ/mol降低为167.4kJ/mol，成为具有工业意义的反应。

在多相催化反应中催化剂的活性取决于反应物在催化剂表面上化学吸附的强度。吸附强度弱固然对反应不利，而化学吸附太强，催化活性反而下降，因为吸附的分子不能及时离开催化剂表面，覆盖在催化剂表面的活性中心，使它失去进一步反应的能力。因此良好的催化剂活性应该对反应物具有中等强度的化学吸附。有时其他不参加反应的气体在催化剂表面发生强烈吸附，也会产生抑制效应，此时称催化剂发生**中毒现象**（catalyst poisoning），产生抑制效应的其他气体就称为催化剂的**毒物**（poison）。例如，气体 N_2 和 H_2 在铁催化剂上合成 NH_3，CO、CO_2、H_2S 等气体都会使铁催化剂发生中毒现象，因此，工业上在合成氨之前采用脱碳、脱硫等工序将它们除掉。

由于多相催化反应是在固体催化剂表面上进行的，因此催化剂的表面积及其表面状况对催化反应动力学会产生显著的影响。增大催化剂的比表面可以提高反应速率，为此人们通常使用多孔性的催化剂，或把催化剂分散在多孔性的载体（如硅藻土、分子筛、硅胶等）上。

（3）酶催化反应　**酶**（enzyme）是生物体内具有特殊催化能力的蛋白质大分子（相对分子质量在 $10^4 \sim 10^6$ 之间），生命现象中的化学反应大多为酶所催化，其活性部位常由Cu、Fe、Mg、Mn、Mo、Zn等金属原子构成，在人体中有脂酶、麦芽糖酶、胃朊酶、胰朊酶、蛋白酶、乳糖酶等。1969年科学家首次在实验室中人工合成了核糖核酸酶。

酶催化反应的显著特征是：一是酶催化反应的高催化活性，如脲酶催化尿素水解的能力大约是 H^+ 离子催化尿素水解能力的 10^{14} 倍；二是酶催化反应的专一性，一种酶只能催化一种特定的反应。例如，富马酸酶只能催化反丁烯二酸水合形成羟基丁二酸的反应，对其他反应则不显示催化活性；三是酶催化反应条件温和，一般在常温常压下就能进行。这是由于酶是一种蛋白质，对温度较敏感，高温将会使其变性而失活。例如，工业合成氨需在高温高压下进行，而固氮生物酶能在常温常压下将空气中的 N_2 转化为氨。

米恰利（L. Michaelis）、门顿（M. L. Menten）等先后提出了酶催化单反应物（又称作底物）的反应历程，其要点是：酶分子中一些部位与底物之间的相互作用可能很弱，但酶分子中至少有一个部位与底物分子间存在很强的相互作用，反应就在这类部位发生。酶分子的这种部位被称为**活性中心**（active center）。酶分子的活性中心能与底物形成酶—底物络合物，后者进一步转变为产物，并释放出酶。

2.2.5　几种典型的复杂反应

包含有两个或两个以上基元反应的总包反应，称为**复杂反应**（complex reaction）。实际的化学反应绝大多数都是由一系列基元反应组成的复杂反应。典型的复杂反应有四种类型：可逆反应、平行反应、连串反应及链反应。

2.2.5.1　可逆反应

在同一条件下，正向和逆向同时进行的反应，称为**可逆反应**（reversible reaction）。绝大多数反应都是可逆反应。最简单的可逆反应可表示为：$A \underset{k_{-1}}{\overset{k_1}{\rightleftharpoons}} B$。对于正、逆反应都为一级反应的可逆反应，净反应速率 $v = -\frac{dc_A}{dt} = k_1 c_A - k_{-1} c_B$。当反应达到平衡，净反应速率为零，即：

$$v = -\frac{dc_A}{dt} = k_1 c_A - k_{-1} c_B = 0$$

$$\frac{c_B}{c_A} = \frac{k_1}{k_{-1}} = K_c \tag{2-61}$$

所以，可逆反应的特点是：① 净反应速率等于正、逆反应速率之差值；② 达到平衡时，净反应速率等于零；③ 正、逆反应速率常数之比等于化学平衡常数 K_c。

2.2.5.2　平行反应

在相同反应条件下，同一反应物同时发生几种不同的反应，生成不同产物的反应，称为**平行反应**（parallel reaction）或竞争反应。对于平行反应：

$$A + B \begin{cases} \xrightarrow{k_{2'}} cC \\ \xrightarrow{k_2} dD \end{cases}$$

设两个反应对反应物A和反应物B均为一级反应，则生成产物C的速度为：

$$\frac{dc_C}{dt}=ck'_2 c_A c_B$$

生成产物D的速率为：

$$\frac{dc_D}{dt}=dk_2 c_A c_B$$

由此得到：
$$\frac{dc_C}{dc_D}=\frac{ck'_2}{dk_2}$$

当C与D的初始浓度为零时，得到：

$$\frac{c_C}{c_D}=\frac{ck'_2}{dk_2} \tag{2-62}$$

即两种产物浓度的比例与两种反应的速率常数之比成正比例。

平行反应的特点：

① 总反应的速率常数为各平行反应速率常数的总和。当平行反应中某一个基元反应的速率常数比其他基元反应的速率常数大很多时，通常称此反应为**主反应**（main reaction），其他为**副反应**（side reaction）。人们往往要寻找选择性强的催化剂或控制温度来加大反应速率常数的差别，加快主反应的速率，降低副反应的速率，以便尽可能生产更多的目标产物。

② 若各平行反应中各反应物均为一级反应，则当各产物的起始浓度为零时，在任一瞬间，各产物浓度之比与其速率常数之比成正比。因此，速率常数大的反应，其产量必定大。

2.2.5.3　连串反应

有很多化学反应是经过连续几步才完成的，前一步生成物中的一部分或全部作为下一步反应的部分或全部反应物，依次连续进行，则称之为**连串反应**或**连续反应**（consecutive reaction），如 $CH_3CH{=}CH_2 \xrightarrow{O_2} H_3C{-}\overset{\overset{\displaystyle O}{\|}}{C}{-}CH_3 \xrightarrow{O_2} CH_3COOH \xrightarrow{O_2} CO_2$。

设连串反应 $A \xrightarrow{k_1} I \xrightarrow{k_2} P$ 都为一级反应，其中I为中间体，则：

$$-\frac{dc_A}{dt}=k_1 c_A$$

$$\frac{dc_I}{dt}=k_1 c_A - k_2 c_I$$

$$\frac{dc_P}{dt}=k_2 c_I$$

假定反应开始时只有反应物A存在初始浓度，为 c_{A0}，则：

$$c_A = c_{A0} e^{-k_1 t} \tag{2-63}$$

连串反应的特点是：反应物A的浓度随反应时间延长而降低，产物P的浓度随反应时间延长而增大，而中间产物I的浓度先增大，达到极大值后，又随时间延长而降低。在化工生产中，若中间产物I为目标产品，则控制反应时间就非常重要，I的浓度～时间曲线上对应于浓度极大值的时间，就是反应体系中 I 的浓度达到最大的时间 t_{max}。连串反应的总反应速率主要取决于其中最慢的一步，这个最慢步骤称为**速率控制（决定）步骤**（rate determining step），简称速控步（决速步）。

2.2.5.4 链反应

1913 年伯登斯坦（M. Bodenstein）研究了 H_2 与 Cl_2 反应生成 HCl 的光化学反应，引入了链反应的概念。处于稳定态的分子吸收外界能量（如热、光照或加引发剂）后，分解成自由基作为活性传递物，继而发生一系列的连续反应，反应自动进行下去，好像一条链一样，一环扣一环，直至反应停止，这种反应称为**链反应**（chain reaction）。许多重要化工工艺过程都与链反应有密切的关系。

链反应主要有以下三个步骤。

① **链引发**（chain initaiation） 就是使分子生成自由基的步骤。例如 Cl_2 分子离解为Cl·自由基：

$$Cl_2 + M \longrightarrow 2Cl\cdot + M$$

$$Cl_2 \xrightarrow{h\nu} 2Cl\cdot$$

链引发需要断裂分子中的化学键，因此所需的活化能较高，与断裂该化学键所需的能量是同一个数量级。链的引发反应往往是链反应中最为困难的步骤，常用的引发方式有热引发、辐射引发和外加引发剂。

② **链传递**（chain transfer） 就是自由基与分子发生反应生成产物，同时又形成一个（或几个）自由基的步骤，这种作用连续进行，使反应链不断增长。如：

$$Cl\cdot + H_2 \longrightarrow HCl + H\cdot,\ H\cdot + Cl_2 \longrightarrow HCl + Cl\cdot,\ \cdots$$

每一个反应就构成反应链的一个环节，每一环节均生成产物 HCl，上述反应往复循环，自由基 Cl·和 H·交替消失又再生，反应链持续增长，产物 HCl 不断增加，故这些自由基也称为**链载体**（chain carrier）。

这一步骤的特点是：一是链载体的活性很高，反应能力强，寿命一般都很短，其所需活化能很小，一般在 0～40kJ/mol；二是链载体不会减少。链引发所产生的链载体与另一稳定分子作用，在生成产物的同时又生成新的链载体，使反应如链条一样不断发展下去。

③ **链终止**（chain temination） 就是反应体系中链载体消失的过程。由于链载体消失，反应链中止，即反应停止。两个链载体相碰形成稳定分子或发生歧化，失去传递活性；或与器壁相碰，形成稳定分子，放出的能量被器壁吸收，都能造成反应停止。如：

$$Cl\cdot + Cl\cdot + M \longrightarrow Cl_2 + M$$

$$H\cdot + Cl\cdot + M \longrightarrow HCl + M$$

$$Cl\cdot + \text{器壁} \longrightarrow \text{断链}$$

这一步骤的特点是：反应不需要活化能。相反，由于自由基结合为分子时放出大量的热，因而需要第三者（系统中的杂质和器壁）参加反应，以带走反应产生的能量。

链反应的特征如下。

① 大多数链反应对添加物异常敏感，痕量的添加物就能对反应速率有显著影响，或使反应速率增加，称为**敏化作用**（sensitization）；或使反应速率下降，称为**阻化作用**（inhibitive effects）。

② 链反应对反应器的形状和器皿表面性质很敏感。通常反应器半径减小会降低反应速率，甚至可使爆炸反应变为一个慢反应。

③ 链反应的速率方程通常具有很复杂的形式。反应级数很少是简单的，并且会随反应器形状和其他条件的不同而改变。

按照链传递步骤中的机理不同，可将链反应分为直链反应和支链反应。在链传递过程中，凡是一个自由基消失的同时产生出一个新的自由基，即自由基数目（或称反应链数）不变，称之为**直链反应**（straight-chain reaction）；凡是一个自由基消失的同时，产生出两个或两个以上新的自由基，即自由基数目（或称反应链数）不断增加，称之为**支链反应**（branched chain reaction）。

（1）直链反应　H_2 和 Cl_2 的反应就是直链反应的典型例子。该反应的总结果是 $H_2 + Cl_2 \longrightarrow 2HCl$。

$$\text{链引发：} Cl_2 + M \longrightarrow 2Cl\cdot + M$$
$$\text{链传递：} Cl\cdot + H_2 \longrightarrow HCl + H\cdot$$
$$H\cdot + Cl_2 \longrightarrow HCl + Cl\cdot$$
$$\cdots$$
$$\text{链终止：} 2Cl\cdot + M \longrightarrow Cl_2 + M$$

（2）支链反应　支链反应中，一个自由基参加反应后能产生两个或两个以上新的自由基，从而使自由基数量迅速骤增而导致反应速度急剧加快，能引起支链爆炸（有别于热爆炸）。例如，氢与氧气生成水汽的反应 $2H_2(g) + O_2(g) \longrightarrow 2H_2O(g)$。这个反应的链传递过程为支链反应：

$$H\cdot + O_2 \longrightarrow HO\cdot + O:$$
$$O: + H_2 \longrightarrow HO\cdot + H\cdot$$

（3）支链反应与爆炸　化学反应导致的爆炸有两种类型，即热爆炸和支链爆炸。**热爆炸**（thermal explosion）是由于在有限空间内发生强烈的放热反应，反应放出的热量无法散开，使温度骤然上升，温度上升又使反应速率按指数规律加快，又放出更多的热，如此恶性循环，以至瞬间发生爆炸。**支链爆炸**（branched chain explosion）是由于支链反应中自由基数目以几何级数的方式增加，反应链迅猛分支发展而导致爆炸。H_2 和 O_2 混合气体的爆炸就属于支链爆炸，当然也包含热爆炸，因为它是一个放热反应。支链反应是否爆炸取决于反应系统所处的温度和压力，也与容器的大小、形状和材质有关。了解爆炸的原理及测定各种易燃气体在空气中的爆炸低限和爆炸高限，对煤矿开采、化工生产和实验室的安全操作有重要意义。

① 压力限　在支链反应中，有自由基产生、分支和发展的过程，也有自由基消失的过程，反应是否爆炸就取决于这两者之间的竞争，若链的分支和发展占优势则导致爆炸；若链的终止占优势，则反应可平稳进行。如图 2-16 所示，在低压下，系统中的自由基比较容易扩散到器壁上而销毁，减少了链的传递者，反应可平稳进行。随着压力逐渐增加，系统中分子的有效碰撞机会增加，链的分支和发展速率大大加快，压力达到第一爆炸极限时已无法控制而导致爆炸，直至压力增大到第二爆炸限，都是链分支和发展占优势，系统处于爆炸区。当压力超过第二爆炸限时，反应变得平稳，这是因为系统中分子的浓度很高，自由基容易发生三分子碰撞而消失。压力继续增大，达到第三爆炸极限以前，都因自由基消失较快而反应平稳。第三爆炸限以上一般认为是热爆炸，由于反应放热，当热量释放速率超过传递、对流与辐射损失热量的速率时就会陷入自加热的循环中引起热爆炸。

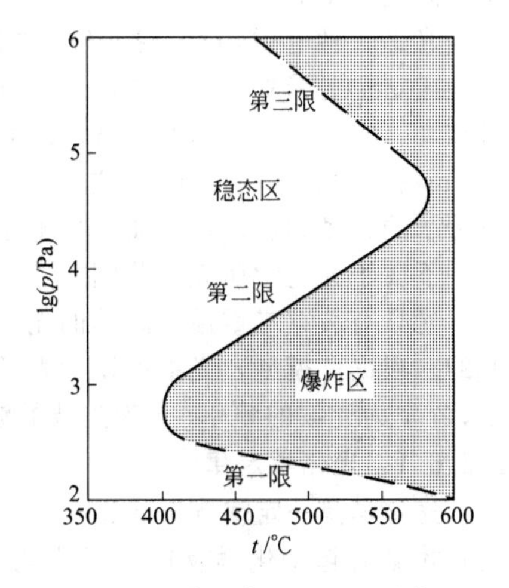

图 2-16　氢、氧（2∶1）混合气体的爆炸界限

② 温度限　爆炸区还有一定的温度界限：约在 650 K 以下的任何压力都不会爆炸，而在 920 K 以上的任何

压力都将发生爆炸。这是因为链分支步骤是一个吸热过程，在650 K以下链分支反应难以进行，故任何压力下均不爆炸；而在920 K以上，链分支始终占优势，故任何压力下均导致爆炸。

③ 组成限　必须指出，在一般手册中都会提到另一类爆炸限，这类**爆炸限**（explosive limit）是指如果混合物各组分的体积比在所列低限、高限之间便成为可爆气，而在限外就不会发生爆炸。例如氢气在空气中的爆炸低限为4%，高限为74%，体积含量在这两者之间遇到火种则会发生爆炸。在空气中各种可燃气体的组成都有一定的爆炸极限，了解它们对化工生产和实验室安全操作十分重要。实验室中常见的一些可燃气体的爆炸极限为（均为体积分数）见表2-5所列。

表 2-5　常见可燃气体爆炸极限数据

物质名称	分子式	爆炸浓度/%(体积)		物质名称	分子式	爆炸浓度/%(体积)	
		下限	上限			下限	上限
甲烷	CH_4	5	15	乙烯	C_2H_4	2.7	36
乙烷	C_2H_6	3	15.5	丙烯	C_3H_6	2	11.1
丙烷	C_3H_8	2.1	9.5	丁烯	C_4H_8	1.6	10
丁烷	C_4H_{10}	1.9	8.5	乙炔	C_3H_4	2.5	100
戊烷(液体)	C_5H_{12}	1.4	7.8	煤油(液体)	$C_{10}\sim C_{16}$	0.6	5
己烷(液体)	C_6H_{14}	1.1	7.5	汽油(液体)	$C_4\sim C_{12}$	1.1	5.9
庚烷(液体)	C_7H_{16}	1.1	6.7	氢	H_2	4	75
辛烷(液体)	C_8H_{18}	1	6.5	一氧化碳	CO	12.5	74.2

这些数据仅供参考，在实际操作中必须留有余地，防止发生意外。

2.2.6　光化学反应

前文提到的化学反应均为不需要光的一般化学反应，称为**热化学反应**（thermal reaction）或黑暗反应。与热化学反应相对应，**光化学反应**（photochemical reaction）是研究物质受外来光的影响而产生化学反应的一门学科。从生命起源到当今人类和整个生物界的生存都离不开光化学，它提供了人类全部食物的来源。典型的光化学反应有植物的光合作用；照相底片的感光反应；橡胶的老化；氧转变为臭氧等。随着科学技术的发展，光化学有了长足的发展，并形成了自己的一些分支学科如有机光化学、生物光化学、大气光化学、光电化学、激光化学等。

光是一种电磁辐射，按光的波长从短到长依次为：X射线（$10^{-4}\sim5$nm）、真空紫外（5～150nm）、紫外（150～400nm）、可见光（400～800nm）、近红外（$8\times10^{-7}\sim3\times10^{-5}$ m）、远红外（$3\times10^{-5}\sim6\times10^{-4}$ m）、微波（$6\times10^{-4}\sim3\times10^{-1}$ m）、无线电波（$3\times10^{-1}\sim3\times10^{3}$ m）。对光化学有效的是波长150～800nm范围内的可见光和紫外光。低能红外辐射只激发分子的转动和振动，不能产生电子的激发态；而X射线则可产生核或分子内层电子的跃迁，不属于光化学研究的范围。

光具有波粒二重性。简单的光波理论不能解释光化学行为，光的粒子模型对光化学是重要的。根据此模型，光束可视为光子流。一个光子的能量 $E=h\nu=hc/\lambda$，式中，h 为普朗克常数；ν 为光波的频率；λ 为光波的波长；c 为光速。光波的波长越短，光子的能量越高。

2.2.6.1　光化学定律

光化学第一定律（first law of photochemistry）：只有被分子吸收的光（即特定波长的光）才能引起光化学反应。反应物分子吸收光子被激发的过程是光化学反应的**初级过程**（initial process），即原子或分子由基态变至较高能量的激发态。激发态分子或原子若不与其他粒子碰撞，就会自动回到基态而放出光子——**荧光**（fluorescence），切断光源后，荧光立即停止；若切断光源后，仍能继续发光——**磷光**（phosphorescence）。激发态分子若与其他分子或与器壁碰撞发生无辐射的失活而回到基态——**淬灭**（quenching）。激发态分子若能引发热化学反应，则称之为**次级过程**（secondary process）。如 HI 的光解，初级过程（光化学反应）为：

$$HI + h\nu \longrightarrow H\cdot + I\cdot$$

次级过程（热化学反应）为：

$$H\cdot + HI \longrightarrow H_2 + I\cdot$$
$$I\cdot + I\cdot \longrightarrow I_2$$

总过程为：

$$2\ HI \longrightarrow H_2 + I_2$$

光化学第二定律（second law of photochemistry）：在光化学反应的初级过程中，一个被吸收的光子只能活化一个分子。因此，若要活化 1mol 分子，则要吸收 1mol 光子。根据这个定律，当分子吸收了频率为 ν 的光子后，使它从基态 E_1 跃迁到激发态 E_2，则其获得的能量相当于光子的能量，即：

$$\Delta E = E_2 - E_1 = h\nu = hc\lambda^{-1} \tag{2-64}$$

朗伯-比尔定律（Lambert-Beer's law）：平行的单色光通过浓度为 c、长度为 d 的均匀介质时，未被吸收的透射光强度 I_t 与入射光强度 I_0 之间的关系为：

$$I_t = I_0 \exp(\varepsilon dc) \tag{2-65}$$

式中，ε 为摩尔吸光系数，单位为 L/(mol · cm)。光强度为在指定方向上单位立体角内的光通量，国际单位为坎德拉，符号为 CD。

2.2.6.2　光化学反应动力学

要确定光化学反应的反应历程，仍然要依靠实验数据，测定某些物质的生成速率或某些物质的消耗速率。光化学反应的速率方程较热化学反应复杂，首先要了解其初级反应，还要知道哪几步是次级反应。光化学反应的初级反应速率一般只与入射光的频率、强度（I_a）有关，而与反应物浓度无关，因为反应物一般是过量的，所以初级光化学反应对反应物呈零级反应。例如，氯仿的光氯化反应方程为 $CHCl_3 + Cl_2 \longrightarrow CCl_4 + HCl$，其机理为：

$$Cl_2 + h\nu \longrightarrow 2Cl\cdot \tag{1}$$
$$Cl\cdot + CHCl_3 \longrightarrow Cl_3C\cdot + HCl \tag{2}$$
$$Cl_3C\cdot + Cl_2 \longrightarrow CCl_4 + Cl\cdot \tag{3}$$
$$2Cl_3C\cdot + Cl_2 \longrightarrow 2CCl_4 \tag{4}$$

其中反应（1）为初级反应，速率只与吸收光的强度 I_a 有关，与反应物浓度无关。

光化学反应动力学与热化学反应动力学有许多不同之处。

① 热化学反应所需活化能靠分子碰撞提供，而光化学反应的活化能来源于所吸收光子的能量，活化分子的浓度正比于照射反应物的光强度。因此，热化学反应中要高温才能进行的一些反应，在光化学反应中常温下就能引起，有些反应甚至在液氦温度下也能发生。

② 虽然光化学反应的速率与热化学反应速率一样都随温度而变化，服从阿伦尼乌斯定律，但光化学反应的速率受温度的影响明显较小。这是因为光化学反应初级过程吸收光子的速率并不受温度的影响，而次级过程又常有自由基参加，它们与其他分子相互作用时活化能很小或为零。

③ 在一定温度、压力下热化学反应总是自发向使系统的吉布斯函数降低的方向进行，而光化学反应则不然，它可能使系统的吉布斯函数增加，例如植物的光合作用、在光的作用下氧转变为臭氧等，因此不能用热力学数据（如 $\Delta_r G_m^\ominus$）来计算光化学反应平衡常数。光化学平衡与热力学平衡是不同的，平衡常数也不相同，原因是两者达平衡的外界条件不一样。

④ 与热化学反应相比，光化学反应有更好的选择性。单色光可以有选择地使混合物中某一组分的分子发生电子跃迁，这种被激活的分子是远离平衡的，它特别活泼，将以极快的速率使反应沿所选择的途径进行。而热活化是漫无目标的，能量将根据玻尔兹曼分布规律分配到反应物的各个分子中。

有些物质对光不敏感，不能直接吸收某种波长的光而进行光化学反应，如果在反应体系中加入另外一种物质，它能吸收这样的辐射，然后将光能传递给反应物，使反应物发生作用，而该物质本身在反应前后并未发生变化，这种物质就称为**光敏剂**（photo sensitizer），又称**感光剂**，这类反应称为**光敏反应**（photosensitized reaction）或**感光反应**。如：H_2 在紫外光照射下不能分解，但是在少量 Hg 存在的情况下，H_2 能在紫外光照射下分解，其中 Hg 为感光剂，反应历程如下：

$$Hg(g) \xrightarrow{h\nu} Hg^{*}(g)$$

$$Hg^{*} + H_2 \longrightarrow Hg + H_2^{*}$$

$$H_2^{*} \longrightarrow 2H\cdot$$

2.2.6.3 化学发光

化学发光可以看作是光化学反应的逆过程。在化学反应过程中，产生了激发态的分子，当这些分子回到基态时以光的形式释放出能量，称为**化学发光**（chemiluminescence）。这种辐射的温度较低，故又称为化学冷光。不同反应释放出的辐射波长不同，有的在可见光区，也有的在红外光区，后者称为**红外化学发光**（infrared chemiluminescence）。

2.2.6.4 激光化学反应

激光化学（laser chemistry）是 20 世纪 90 年代左右才发展起来的一门新兴学科，目前应用最广的是红外激光。激光化学反应特点主要有以下几点。

（1）高选择性　激光波长非常单一，可以选择与新化学键振动频率相匹配的单色光激发反应，这样就可以有选择地形成新键，达到“分子剪裁”的目的。

（2）节省能耗　激光化学反应输入的激光能量集中在需活化的化学键上，而热化学反应输入的能量消耗在所有的平动、转动、振动等能级上，所以激光化学反应的能量利用效率高。

（3）反应速率增加快　在相同温度下，与热化学反应相比，激光化学反应的速率要大得多。

（4）可探索化学反应机理　例如激光分子束光谱，由于分子束内部不发生碰撞弛豫，不会使激发态改组，从而可以观察到激发态分子组的情况。

2.3 化学与能源

人类的文明始于火的使用，燃烧把化学与能源紧密地联系在一起。能源是整个世界发展和经济增长的驱动力，是人类赖以生存的基础，每一次能源技术的创新和突破都给生产力的发展和社会进步带来重大而深远的变革。化学工业对能源的发展起到了举足轻重的作用，人类巧妙地利用化学变化过程中所伴随的能量变化，创造了五光十色的现代物质文明。首先，能源的深入利用离不开化学，煤的氧化、加氢，石油的裂解，都是通过化学反应才实现的。其次，开发利用新能源更是要通过化学手段才能实现，例如太阳能光化学发电是利用太阳光辐射化学电池的电极材料，使其发生电化学氧化还原反应来获得电能；核能是原子核发生变化时所释放出来的能量，人类可以从重核原子的裂变或轻核原子的聚变获得巨大的能量；质量轻、热值高、无污染的氢能也是需要通过化学方法分解水制氢才能大量获取。为此，本节将从化学的角度介绍各种能源的开发利用。

2.3.1 概述

能源是指可以为人类利用以获取有用能量的各种来源，是机械能、热能、化学能、原子能、生物能、光能等的总称。

2.3.1.1 能源利用的历史和趋势

根据不同阶段所使用的主要能源，人类历史可以分为柴草时期、煤炭时期、石油时期和新能源时期。

（1）柴草时期　柴草是指杂草和树枝，是一种生物质燃料。柴草的利用起源于远古时代"钻木取火"的创举。从原始社会到 18 世纪中叶产业革命以前，人类一直以柴草为燃料，依靠人力、畜力，并利用一些简单的水力和风力机械作为动力，从事生产活动。柴草时期，人类生产和生活水平很低。

（2）煤炭时期　煤炭的开采始于 13 世纪，但是直到 1769 年瓦特（J. Watt）发明了蒸汽机，煤炭作为动力之源才开始了大规模开采。第一次产业革命期间，冶金工业、机械工业、交通运输业、化学工业等的发展，使煤炭的需求量与日俱增。到 20 世纪初，煤炭在能源构成中的比例上升到 95%，成为工业和生活的主要能源。

（3）石油时期　人类在古代就已经发现并利用石油，中国有文字记载的石油使用是在公元前 1000 年左右的西周时代，国外有文字记载的石油使用也是在三千多年前的古巴比伦时代，但那时都是对显露在地表的石油资源的零星应用。人类真正利用石油资源是从 19 世纪末 20 世纪初，内燃机的发明促使石油被大规模开采利用。第二次工业革命诱发了社会对石油的迫切需求，同时也奠定了大规模开采利用石油资源所必需的物质和技术基础。第二次世界大战之后，在美国、中东、北非等地区相继发现了大油田及伴生的天然气，每吨原油产生的热量比每吨煤高一倍。世界各国纷纷投资石油的勘探和炼制，新技术和新工艺不断涌现，石油产品的成本大幅度降低，发达国家的石油消费量猛增。到 20 世纪 60 年代初期，在世界能源消费中，石油和天然气的消耗比例开始超过煤炭而居首位成为工业和生活的主要能源，人类进入石油（包括天然气）时期。我国的煤炭资源比较丰富，而石油资源比较贫乏。60 年代初发现大庆油田后，能源结构大为改观，但现在仍然是石油净进口国，随着工农业的发展，供需矛盾还将日益严峻。

（4）新能源时期　在 20 世纪 70 年代世界接连出现了两次石油危机，随着经济全球化进程的加快，能源供应国际化所面临的地域政治控制威胁也在加剧。石油输出国和输入国都清醒认识到，石油是一种蕴藏有限的宝贵能源，一方面必须设法提高石油利用率，千方百计节省能源；另一方面必须考虑寻求新的替代能源。这样，在相关高技术的支持下，人类开始了新能源开发利用的新时期。随着我国经济的发展和综合国力的日益增强，我国对能源的需求也日趋增大；能源消耗同时也给我们带来了更多的污染和严峻的健康问题，所以在节约能源的同时，发展清洁可再生的新能源是十分迫切而有必要的。

2.3.1.2 能源的分类

从来源来看，能源大体可分为三类：第一类是其他天体辐射至地球的能量，主要是太阳辐射能。人类所需能量的绝大部分都直接或间接来自太阳，除直接辐射外，太阳能为风能、水能、生物能和矿物能源等的产生提供基础，煤炭、石油、天然气等化石燃料实质上是由古代生物固定下来的太阳能；第二类是地球本身蕴藏的能量，如地热能、火山能、地震能以及核燃料（铀、钍、钚）等；第三类是地球在其他天体的影响下产生的能量，如潮汐能。

按照形成方式，可将能源分为一次能源和二次能源。一次能源即天然能源，指在自然界存在的能源，如煤、原油、天然气、水能等。二次能源即人工能源，指由一次能源加工转换而成的能源产品，如各种石油制品（汽油、柴油等）、电力、煤气、焦炭、洁净煤、激光和氢能等。其中，一次能源又分为可再生能源和非再生能源。凡是可以不断得到补充或能在较短周期内再产生的能源称为可再生能源，反之称为非再生能源。风能、水能、潮汐能、地热、太阳能、生物能等是可再生能源；煤炭、石油、天然气等矿物燃料，以及铀、钍、钚、氚等核聚变燃料是非再生能源。

按现阶段使用的成熟程度，可将能源分为常规能源和新型能源。常规能源是指人类已经长期使用，在利用技术上比较成熟，使用比较普遍的能源。包括一次能源中的可再生的水能和不可再生的煤炭、石油、天然气等。新近利用或正在着手开发的能源叫做新型能源。新型能源是相对于常规能源而言的，包括太阳能、风能、地热能、潮汐能、生物能、氢能以及用于核能发电的核燃料等能源。由于新能源的能量密度较小，很多具有间歇性，按已有技术条件转换利用的经济性较差，故仍处于研究发展阶段，只能因地制宜地开发和利用。但新能源大多数是再生能源，资源丰富，分布广阔，是未来的主要能源之一。

根据能源消耗后是否造成环境污染，又可将能源区分为污染型能源和清洁能源。如煤、石油等属于污染型能源；水力能、风能、氢能、太阳能等属于清洁能源。

2.3.2 常规能源

从20世纪开始，人类利用煤、石油和天然气创造了人类历史上空前灿烂的物质文明。这些常规化石能源不但给世界经济的高速发展提供了动力，而且由此生产的化工产品，如纤维、橡胶、塑料、医药、农药等极大提高了人类物质生活水平。国际能源署（IEA）2006年的报告显示：世界能源需求的80%以上来自化石能源。在可预见的将来，化石能源在世界一次能源中的地位依然不会改变，石油、煤、天然气仍将“三足鼎立”。然而，人类对常规化石能源的过度开采、使用和由之带来的能源危机和环境污染问题也严重制约了常规能源的发展。

2.3.2.1 煤

我国是世界上最大的煤炭生产和消费国，是为数不多的以煤炭为主要一次能源的国家之一。而且由于石油的开发受资源、技术、资金等多方面的制约，因此煤在以后数十年里仍将是中国比较现实和不可替代的基础能源。

（1）煤的形成和成分　**煤**（coal）是地球上储量最多的化石燃料，也是最主要的固体燃料，由远古时代的植物经过复杂的生物化学、物理化学和地球化学作用转变而成。人们在煤层及其附近发现大量保存完好的古代植物化石和炭化了的树干；在煤层顶部岩石中可以发现植物根、茎、叶的遗迹；把煤切成薄片，置显微镜下可以看到植物细胞的残留痕迹。这些现象都说明形成煤的原始物质是植物。植物残骸堆积埋藏、演变成煤的过程非常复杂。一般认为历经植物→泥炭（腐蚀泥）→褐煤→烟煤→无烟煤几个阶段，这个过程被称为**煤化作用**（coalification）。随着煤化程度依次增高，形成了泥炭、褐煤、次烟煤、烟煤和无烟煤这五种不同形式的煤，其含碳量逐渐增高，因此其发热量也依次递增，见表2-6所列。

表2-6　各种煤的含碳量、发热量及用途

种类	含碳量/%	热量/(kJ/g)	用途
泥煤	50～60	8400～12500	替代柴薪
褐煤	60～75	12500～20900	一般燃料
次烟煤	75～85	20900～23000	替代烟煤
烟煤	85～90	23000～29300	炼制煤焦工业燃料
无烟煤	90～95	29300～33500	最佳燃料

煤的组成中除了含有大量的碳和氢外，还含有少量氧、氮、硫。

O——煤中氧的存在形式除含氧官能团外，还有醚键和杂环。

S——我国大部分地区煤藏中的硫，主要以黄铁矿形式存在。有的煤矿在开采煤炭的同时，也开采黄铁矿。几乎所有煤中都含有硫，即使是陕西神木的出口优质煤也含 0.28%～0.45%的硫；而南方某些煤藏中含硫量高达 10%，这就意味着每燃烧 1t 这类煤，将会产生近 200kg SO_2，而 SO_2 是形成酸雨的主要成分。

N——煤中的氮主要来源于植物有机体，含量一般在 1%～2%之间。煤燃烧时，所含的氮几乎全部转变为 NO 和 NO_2，通常表示为 NO_x，统称氮氧化物，是大气污染的主要成分之一。

P——我国西南地区的煤以含磷为特点，有的煤矿层中还夹有磷矿层，因此所采的煤燃烧中会产生磷的氧化物，是西南地区酸雨危害严重的原因之一。

灰分——燃煤对大气环境危害最大的成分烟尘，主要由煤中的灰分转化而来。煤中的灰分主要是一些不能燃烧的矿物性杂质，含有钙、镁、铁、铅、硅和微量或痕量砷、钡、铍、铅、汞、锌等矿物杂质，也含有放射性元素。

(2) 煤的深加工　通常煤作为一次能源直接燃烧利用，世界总发电量的 47%来自燃煤的火力发电，但燃煤所释放的 SO_2、NO_x、CO_2、可吸入颗粒物和有毒重金属对大气环境的污染是不容忽视的。世界各国正致力于煤炭转化技术的开发利用，期望通过把煤炭转化为洁净的二次能源（流体燃料）减轻对大气环境的破坏，同时为人们的生产和生活提供更多化工产品和制品。煤的深加工的主要方法为煤的焦化、液化、气化等。

① 煤的焦化　煤的**焦化**（coking）也称煤的**干馏**（carbonization），是将煤置于隔绝空气的密闭炼焦炉内加热，随着温度的升高，煤中有机物逐渐分解，得到气态的焦炉气、液态的煤焦油和固态的焦炭。煤的干馏根据加热温度不同分为低温干馏（500～600℃）、中温干馏（750～800℃）和高温干馏（1000～1100℃）三种，各种干馏的产品数量和质量各不相同。低温干馏的主要原料是褐煤和部分烟煤，也可以是泥炭，低温干馏所得焦炭的数量和质量都较差，但焦油产率较高，其中所含轻油部分通过加氢可以制成汽油。中温干馏的主要产品是城市煤气。高温干馏的主要原料是烟煤，主要产品则是焦炭。

在煤的干馏产物中，焦炭的主要用途是炼铁，少量用作化工原料制造电石、电极等。煤焦油约占焦化产品的 4%左右（低温干馏得 6%～12%），是黑色黏稠的油状液体，成分十分复杂，目前已验明的约 500 多种，其中有苯、酚、萘、蒽、菲等含芳香环的化合物和吡啶、喹啉、噻吩等含杂环的化合物，是医药、农药、燃料、炸药等工业的重要原料。焦炉气约占焦化产品的 20%，其中所含的 H_2、CH_4、CO 等可燃气体热值高，燃烧方便，多用作冶金工业燃料或城市煤气，与直接燃煤相比，环境效益极高；H_2、CH_4、C_2H_4 等还可用于合成氨、甲醇、塑料、合成纤维等，是重要的化工原料。

总之，煤经过焦化加工，其所含各种成分都能得到有效利用，创造了可贵的经济效益；而且用煤气作燃料要比直接烧煤干净得多。

② 煤的液化　1973 年西方受到“能源危机”的冲击，从此以后石油价格大幅度上涨，提高了煤在一次能源中的地位，煤液化的理论研究和技术开发得到世界各国广泛重视。煤和石油都是主要由 C、H、O 这三种元素构成，但煤的平均分子量大约是石油的 10 倍，且 H 元素含量较低，煤的**液化**（liquefaction）主要是指使煤的大分子变成小分子，并通过催化加氢转化成烃类液体燃料（如汽油、柴油、航空燃料等）和化工原料的过程，因此煤炭液化油也叫人造石油。煤炭液化的方法主要有直接液化法和间接液化法两大类。

直接液化法是将煤先裂解，使大分子变成小分子，然后再在催化剂和 450～480℃、12～30 MPa 的条件下加氢，最后可以得到多种燃料油。先裂解再氢化的直接液化法原理虽然简单，但实际工艺是相当复杂的，为提高油类的产率，需要苛刻的条件（较高的温度和压强，较长的停留时间），涉及裂解、缩合、加氢、脱氧、脱氮、脱硫、异构化等多种化学反应，是一个反应缓慢、费用较高的过程。

间接液化法是将煤先气化得到CO、CH_4和H_2等气体小分子，然后在一定温度、压力和催化剂作用下合成各种烷烃、烯烃、乙醇、乙醛等一系列重要的化工原料和燃料。

$$nCO + 2nH_2 \longrightarrow C_nH_{2n} + nH_2O$$

$$nCO + (2n+1)H_2 \longrightarrow C_nH_{2n+2} + nH_2O$$

世界上第一个采用间接液化法的工厂是在1935年建成的，目前仍有少数缺油富煤的国家采用间接液化法获得各种化工原料和燃料。

③ 煤的气化　煤直接燃烧的热利用效率一般为15%～18%。通过煤气化过程将煤变成可燃烧的煤气后，热利用效率可达55%～60%。煤气化还可以在燃烧前脱除气态硫和氮组分，减轻环境污染。将固体的煤气态化，制成气态燃料，还可以实现管道输送，方便干净，弥补了自然界天然气的不足，且克服了地区的限制。

煤的**气化**（gasification）是有控制地将氧或含氧化合物（如H_2O、CO_2等）通入高温煤炭（焦炭层或煤层）发生有机物的部分氧化反应，从而生成H_2、CO、CH_4等可燃气体的多相反应过程。根据煤气的不同用途，工程师们调节煤和空气、水和空气的比例，改进气化炉的结构，控制反应温度和压力等条件以达到“强化需要的反应、抑制不需要的反应”的目的。煤气化技术包括地面煤气化技术和地下煤气化技术。地下煤气化就是将处于地下的煤炭进行有控制的燃烧，使煤炭在原地自然状态下转化为可燃气体并输送到地面的过程。地面煤气化包括以下四种技术。

a. 煤的高温干馏　煤的高温干馏是将煤在隔绝空气的条件下加热到600～800℃，主要反应为煤中有机物的热分解，生成焦炭和主要含甲烷、挥发性物质的焦炉煤气。这种煤气的热值为18.8MJ/m^3，主要用于城市气体燃料。

b. 煤的发生炉气化　将空气通入高温煤层，在发生炉中发生一系列的氧化还原反应，在氧化层中煤炭的氧化反应：

$$C(s) + \frac{1}{2}O_2(g) \longrightarrow CO(g) + 110.54kJ/mol$$

用空气作氧化剂所得的煤气叫空气煤气，它的大致成分（体积分数）为：CO_2约16%～18%，CO为1%～2%，H_2为1%～2%，N_2为71%～78%。由于H_2和CO含量很低，热值不高，约为4.18MJ/m^3，可作燃料。

c. 煤的水煤气化　将水蒸气通入高温煤层的煤气发生炉使之发生煤气化，气体叫水煤气。主要的反应是水蒸气与炽热的炭层（700～800℃以上）发生的氧化还原反应：

$$C(s) + H_2O(g) \longrightarrow CO(g) + H_2(g)$$

d. 煤的加氢气化　将煤先转换成水煤气，然后将产生的CO和H_2在400℃高温和镍催化剂存在的条件下转化成甲烷，也称为甲烷化反应，其反应式可表示如下：

$$CO(g) + 3H_2(g) \longrightarrow CH_4(g) + 2H_2O(g)$$

煤加氢气化所得煤气的热值很高，可达36MJ/m^3。

(3) 洁净煤技术　洁净煤技术是指从煤炭开采到利用的全过程中提高煤炭利用效率的生产、加工、转化、燃烧、减少污染物排放及控制污染等新技术体系。

燃烧前的处理主要是选煤、型煤和水煤浆三项措施。

① 洗选处理　洗选处理是除去或减少原煤中所含的灰分、矸石、硫等杂质，并按不同煤种、灰分、热值和粒度分成不同品种等级，以满足不同用户需要，这也是净化煤烟型大气污染的关键。

② 型煤加工　型煤加工是采用特定的机械加工工艺将粉煤和低品位煤制成具有一定形状、尺寸、强度和一定理化性能的煤制品。高硫煤成型时加入适量固硫剂（生石灰），可减少二氧化硫的排放。

$$2SO_2 + O_2 + 2CaO \longrightarrow 2CaSO_4$$

$$SO_3 + CaO \longrightarrow CaSO_4$$

型煤适合于中国国情，是我国重点推广的洁净煤技术之一。

③ 水煤浆技术　其主要技术特点是将煤粉、水和少量添加剂加入磨机中，经磨碎后成为一种类似石油一样的可以流动的煤基液态燃料。它是煤水悬浮混合物，具有像燃料油一样的流动性，可以长距离管道输送，可以在电站锅炉和窑炉中直接燃用，还可以代油或代煤造气。作为燃料，水煤浆具有低污染、易泵送、燃烧效率高等优点，是洁净煤技术的重要分支。

燃烧后净化也叫做烟气脱硫，是利用脱硫剂（石灰石）与二氧化硫反应生成亚硫酸钙，从而达到减少二氧化硫排放污染的作用。

2.3.2.2　石油

石油是一种天然的黄色、褐色或黑色的流动或半流动的黏稠的可燃液体，是烃类混合物，也称为“原油”。自 20 世纪 20 年代以来，随着石油炼制工业的发展，石油化工迅速发展，大量化学品的生产从传统的以煤和农林产品为原料，转变为以石油和天然气为原料的基础上来。若在炼油厂中将石油进行深加工，可以制成各种馏分，包括天然气、汽油、石脑油、煤油、柴油、润滑油、石蜡以及其他许多种衍生产品，是最重要的液体燃料和化工原料。因此，若把石油直接作为燃料燃烧掉是十分可惜的，通常是通过炼制，对炼制后的成分进行分离提纯，则经济效益可增加许多倍。

石油炼制的主要过程有分馏、裂化、重整、精制等。在石油工业中，分馏为一次加工，属于物理变化过程；而裂化、重整和精制等为二次加工，属于化学变化过程。

（1）分馏　烃（碳氢化合物）的沸点随碳原子数增加而升高，加热时沸点低的烃类先汽化，经过冷凝先分离出来，温度升高时，沸点较高的烃再经汽化后冷凝，借此可以把沸点不同的化合物进行分离，这种方法叫分馏，所得产品叫**馏分**（distilled fractions）。分馏过程在一个高塔里进行，分馏塔里有精心设计的层层塔板，塔板间有一定的温差，以此得到不同的馏分。分馏先在常压下进行，获得低沸点的石油气、汽油、煤油（或喷气燃料）、柴油等直馏馏分，然后在减压状况下使常压渣油蒸馏出重质馏分油作为润滑油料、裂化原料或裂解原料，塔底残余为减压渣油，如图 2-17 所示。

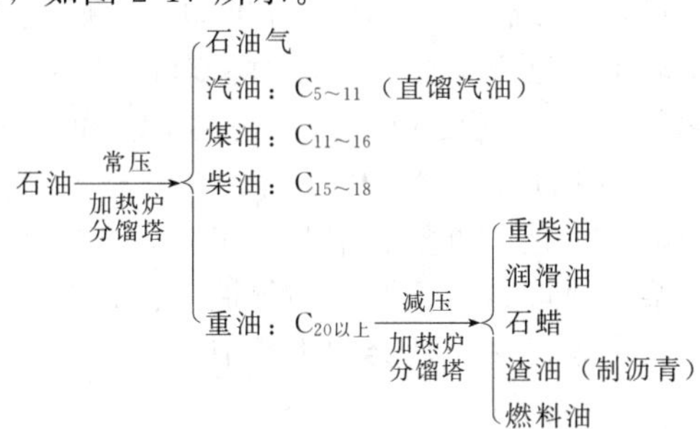

图 2-17　工业上的石油分馏

在石油炼制的过程中，沸点最低的 C_1 至 C_4 部分是气态烃，统称石油气。石油气中有饱和烃也有不饱和烃。不饱和烃如乙烯（C_2H_4）、丙烯（C_3H_6）、丁烯（C_4H_8）等，容易发生加成反应和聚合反应，是宝贵的化工原料。其中乙烯作为原料，经聚合、取代或加成三条路线可合成出品种繁多的化学品，广泛应用于工农业、交通、军事等领域，它是现代石油化学工业的一个龙头产品，是一个国家综合国力的标志之一。

石油炼制过程中也产生了汽油。汽油在汽缸里燃烧时有爆震性，会降低汽油的使用效率。汽油中以 $C_7 \sim C_8$ 成分为主，据研究抗震性能最好的是异辛烷，标定其辛烷值为 100，抗震性最差的是正庚烷，标定其辛烷值为 0，则汽油质量可以用辛烷值表示。若汽油辛烷值为 85，即表示它的抗震性能与 85%异辛烷和 15%正庚烷的混合物相当（并非一定含有 85%异辛烷），商业上称为 85 号汽油。人们发现 1 L 汽油中若加入 1 mL 四乙基铅 $Pb(C_2H_5)_4$，它的辛烷值可以提高 10～12 个标号。四乙基铅是有香味的无色液体，但有毒。这种抗震剂已沿用了几十年，但在汽车越来越多的今天，汽油燃烧后放出的尾气中所含微量的铅化合物已成为公害。从环境保护的角度考虑，各国纷纷提出要求使用无铅汽油，有些汽车的设计规定必须使用无铅汽油，以减少对环境的污染。

如图 2-17 所示，继续升高分馏温度，依次可以获得煤油（C_{10}～C_{16}）和柴油（C_{17}～C_{20}）。它们又可分为许多品级，分别用于喷气飞机、重型卡车、拖拉机、轮船、坦克等。蒸馏温度在 350℃以下所得各馏分都属于轻油部分；在 350℃以上所得各馏分则属于重油部分，其中有润滑油、凡士林、石蜡、沥青等，各有其用途。

（2）裂化　用上述加热分馏的办法所得轻油约占原油 1/4～1/3。但社会需要大量的相对分子质量小的各种烃类，因此可采用催化裂解法，使碳原子数多的碳氢化合物裂解成各种小分子的烃类，如：

$$C_{16}H_{34} \xrightarrow[\text{加热加压}]{\text{催化剂}} C_8H_{18} + C_8H_{16}$$

经催化裂化，从重油中能获得更多乙烯、丙烯、丁烯等化工原料，也能获得较多较好的汽油。我国原油成分中重油比例较大，所以催化裂化就显得特别重要。经过 30 多年的研究，我国已开发出一系列适用于我国各种原油催化裂化的铝硅酸盐分子筛型催化剂。

（3）催化重整　催化重整是石油工业中的一个重要过程。在一定的温度和压力下，汽油中直链烃在催化剂表面上进行结构的“重新调整”，转化为带支链的烷烃异构体，这就能有效地提高汽油的辛烷值，同时还可得到一部分芳香烃（原油中含量很少，而只靠从煤焦油中提取的产量不能满足生产需要的化工原料），可以说是一举两得。现用催化剂是贵金属铂（Pt）、铱（Ir）、铼（Re）等，它们的价格比黄金贵得多，化学家们巧妙选用便宜的多孔性氧化铝或氧化硅为载体，在表面上浸渍 0.1%的贵金属，汽油在催化剂表面只要 20～30 s 就能完成重整反应。

（4）加氢精制　加氢精制是提高油品质量的另外一个重要过程。蒸馏和裂解所得的汽油、煤油、柴油中都混有少量含 N 或含 S 的杂环有机物，在燃烧过程中会生成 NO_x、SO_2 等酸性氧化物污染空气。当环保问题日益受到关注时，对油品中 N、S 含量的限制也就更加严格。现行的办法是用催化剂在一定温度和压力下使用 H_2 和这些杂环有机物起反应生成 NH_3 或 H_2S 而分离，留在油品中的只是碳氢化合物。

综上所述，石油经过分馏、裂化、重整、精制等步骤，获得了各种燃料和化工产品，绝大部分变成了汽油、煤油、柴油、燃料油、润滑油等油品。这些油品如同血液一样源源不断地输入工业的脉管，大大加快了现代文明社会的生活节奏。

2.3.2.3　天然气

天然气与石油的成因和形成历史相同，都是由植物和低等生物残骸在地下经过复杂的物理化学变化而形成，二者可能是同时生成的，它们都可以通过钻探到储油层或储气层的井开采出来。随着世界经济的发展，石油危机的冲击和煤、石油所带来的环境污染问题日益严重，能源结构正逐步发生变化，天然气的消费量急剧增长。目前，天然气在一次能源结构中已占约 24%，主要用于化工生产、发电、居民燃气、商业供气、市区供热以及汽车燃料等。由于天然气热值高，燃料产物对环境的污染少，被认为是优质洁净燃料。天然气除了作为燃料使用外，还是基本的化工原料。

天然气中甲烷的含量占 80%～90%，但也含有相对分子质量较大的烷烃，如乙烷、丙烷、丁烷、戊烷等，天然气中各组分通常随相对分子质量的增大而含量递减。天然气中还有少量的有害杂质，如 CO_2、H_2O、H_2S 和其他含硫化合物。因此，天然气在使用前也需净化，即脱硫、脱水、脱二氧化碳、脱杂质等。

由于形成过程不同，天然气通常可以分为气田气、油层气、凝析气和煤层气 4 种。另外近年来在海洋考察中发现的“可燃冰”属天然气水合物。煤层气和“可燃冰”由于优异的特点，成为新近开发利用的热点。

(1) 煤层气　**煤层气**（coal bed gas）（俗称瓦斯）是一种与煤伴生，以吸附状态储存于煤层内的非常规天然气，其中甲烷含量大于 95%，热值 33.44kJ/m^3 以上，是一种优质洁净的能源。中国是世界上主要的煤炭生产大国之一，煤炭产量居世界首位，也是世界上煤层气资源最丰富的国家之一。发展煤层气的开采应用可以减轻我国石油和天然气的供应压力，能有效地改善煤矿安全生产条件，将有效地保护大气环境。

到目前为止，全国已有 146 个煤层气抽放矿井，年抽放量 6 亿～7 亿立方米，利用量达 4.8 亿立方米，主要用于民用、发电、作化工原料和锅炉炉窑的燃料等。2008 年山西省晋城寺河瓦斯发电厂并网成功，总装机容量达到 120 MW，成为世界上总装机容量最大的煤层气发电厂。

(2) 天然气水合物　天然气水合物是一种新发现的能源。天然气水合物由水分子和燃气分子构成，外层是水分子构架，核心是燃气分子，其中燃气分子绝大多数是甲烷，所以天然气水合物也称为甲烷水合物，俗称“可燃冰”。天然气水合物资源丰富，据估计，全球天然气水合物中甲烷的总量约为 1.8×10^8 亿立方米，其含碳总量为石油、天然气和煤含碳总量的 2 倍，因此有专家乐观地估计，当全球化石能源枯竭殆尽，天然气水合物将成为新的替代能源。

然而，甲烷的温室效应比 CO_2 大 20 倍。如果在“可燃冰”开采过程中发生泄漏，大量甲烷气体将分解出来，将对环境造成难以设想的灾难。

2.3.3　新能源

进入 21 世纪以来，社会经济飞速发展，科技创新日新月异，全球人口和经济规模不断增长，能源作为最基本的驱动力得到了更加广泛的使用。随着全球不可再生能源资源日益减少，能源供需矛盾突显。同时，化石能源开发利用过程中造成的环境污染和生态破坏等问题日趋突出。因此，发展可再生的新能源是十分迫切而有必要的。

新能源一般是指在新技术基础上加以开发利用的可再生能源，包括太阳能、生物质能、水能、氢能、风能、地热能、潮汐能、洋流能和波浪能，以及海洋表面与深层之间的热循环等。“新”与“常规”相比是一个相对的概念，随着科学技术的进步，它们的内涵将不断发生变化。新能源的出现与发展，一方面是能源技术本身发展的结果，而另一方面也是由于它们在解决能源危机及环境问题方面呈现出新的应用前景。

2.3.3.1　太阳能

(1) 太阳能概述　太阳是离地球最近的一颗恒星，它离地球大约 1.5 亿千米，其表面温度约 6000℃左右。太阳是一座核聚合反应器，连续不断地发生氘和氚转变为氦的核聚反应，好像许多颗巨型氢弹在连续爆炸一样，释放出惊人的能量，不断放出巨大的能量维持了太阳的光和热辐射。太阳辐射到地球大气层的能量仅为其总辐射能量（约为 3.75×10^{26} W）的 22 亿分之一，但已高达 1.73×10^{17} W。换句话说，太阳每秒钟辐射到地球上的能量相当于 500 万吨煤。此外，地球上的风能、水能、海洋温差能、波浪能和生物质能以及部分潮汐能都是来源于太阳；地球上的化石燃料从根本上说也是远古以来贮存下来的太阳能。太阳能既是一次能源，又是可再生能源，是理想的替代能源。但太阳能也有两个主要缺点：一是能流密度低，在太阳与地球平均距离处阳光垂直辐照时，被大气和地球表面吸收的能流密度仅约

0.6 kW/m^2；二是其强度受到各种因素（季节、地点、气候等）的影响不能维持常量，这给太阳能的采集和使用带来技术上和经济上的困难。

人类对太阳能的利用有着悠久的历史，我国早在两千多年前的战国时期就知道利用钢制四面镜聚集太阳光来点火。但太阳能的发展一直很缓慢，直到 1954 年，美国贝尔实验室研制出世界上第一块太阳能电池，揭开了太阳能开发利用的新篇章。此后，太阳能开发利用技术发展很快，特别是 20 世纪 70 年代爆发的世界性石油危机大大促进了太阳能的开发利用。现在，太阳能的利用已日益广泛，除了植物的光合作用外，人类还可以利用太阳能蓄热、热发电、光伏发电及光化学发电。

（2）太阳能的开发利用　人们在利用太阳能时，一般是把太阳的辐射能先转换成热能、电能或其他形式的能量后再加以利用，常用的转换方式有光热转换、光电转换和光化学转换。

① 太阳能的光-热转换　太阳能的光-热转换是太阳能利用中最主要的转换方式。实现这种转换的是各种光-热转换装置，其基本设计思想是先设法把太阳能收集起来，然后利用它来加热。按照用热温度可区分为低温热利用（＜100℃），用于热水、采暖、干燥、蒸馏等；中温热利用（100～250℃），用于工业用热、制冷空调、小型热动力等；高温热利用（＞250℃），用于热发电、废物高温解毒、太阳炉等。

虽然地面上太阳辐射的能流密度低，但大面积集热的作用不可低估。1913 年美国建造了总面积 1200 m^2 的抛物面聚焦集热器，带动蒸汽机的输出功率为 73.5 kW。美国加州含 9 个槽形抛物面的聚焦集热太阳能发电站总容量达 354 MW。

② 太阳能的光-电转换　太阳能的光-电转换是把太阳辐射能直接转换成电能。这种转换通常是太阳的辐射光子通过半导体物质来实现的，在物理学上叫做光生伏打效应，因而太阳能电池也称为光伏电池。太阳能电池一般由 n 型半导体和 p 型半导体构成。当太阳光辐照到半导体表面时，材料吸光产生自由正电荷（空穴）和负电荷（电子），在 p-n 结附近产生电子-空穴对，并将其分离到材料的不同区域，形成电动势。太阳能电池不同于火力发电，它是直接把太阳能转换成电能，既没有化学腐蚀，也没有机械转动噪声，更不会排出污染物。

已经实用或正重点研究的半导体化合物有 GaAs 晶体，InP 晶体，CuInSe 薄膜，CdTe 薄膜等。其中 GaAs 禁带宽度 138kJ/mol，理论效率近 30%，但材料昂贵，只限于高效电池、空间电池。为了提高太阳能电池效率，利用它良好耐高温性能，科学家设计了汇聚阳光强度几倍至几百倍条件下工作的聚光太阳电池，效率可达 15%～18%。

太阳能光伏电池已在现代高科技中得到广泛应用，特别是在人造卫星和宇宙飞船探测宇宙空间方面已成为可靠的能源。20 世纪 70 年代的世界石油危机，使太阳能电池的应用由空间转向地面。目前，太阳能电池主要除作为微波通信电源，也作为交通信号、广告照明、小型计数器和手表等电源。随着太阳能光伏电池研究的不断深入，其开发利用也正在逐步产业化、商业化，也必将成为 21 世纪最有希望的可再生能源发电技术之一。

③ 太阳能的光-化学转换　太阳能的光-化学转换是将太阳能直接转换成化学能。自然界中最常见的光-化学转换是植物的光合作用，人类赖以生存的粮食就是太阳能和生物的光合作用生成的。光合作用可表示为：

$$6CO_2 + 6H_2O \xrightarrow[\text{太阳能}]{\text{叶绿素}} C_6H_{12}O_6 + 6O_2$$

光化学是人工实现太阳能的光-化学转换的重要手段。1972 年，藤岛昭和本多健一发现在紫外光照射下二氧化钛可以催化分解水，以此为契机，国际上开始了光催化研究。到目前为止，绝大多数光催化研究工作是围绕二氧化钛（TiO_2）等紫外光响应材料而展开的。它们只在紫外光照射下有活性，而紫外光区域的能量只占可见光的 4%，因此光催化转化效率低，难以大规模实用化。2001 年，我国科学家首次发现了一种全新的、具有可见光活性的新型氧化物半导体（$In_{1-x}Ni_xTaO_4$），成功地实现了将可见光转化为化学能，在国际上引起广泛关注。此后，我国科学家成功地开发出一系列具有可见光响应的、可用于光催化降解污染物，可以有效地降解水和空气中的甲醛、乙醛、亚甲基蓝和 H_2S 等有害物，并初步实现了太阳光催化分解水产生氢。由于氢是一种理想的高能物质，地球上的水资源又极为丰富，所以太阳能分解水制氢技术是将太阳能转换成能够储存的化学能的重要方法。

④ 光伏-光热综合利用技术　太阳能光热利用技术与太阳能光伏发电技术有机结合，形成光伏-光热综合利用技术，并将该技术分别应用于建筑围护结构、传统的特隆布墙以及太阳能热泵系统中形成光伏热水建筑一体化系统，在得到电能的同时，又可以充分利用没有转化成电能的那部分太阳辐射能，提高能量的综合利用效率。

由此可见，太阳能开发利用的前景是广阔的，但当前太阳能的开发利用仅处于初级阶段，需要不断深化，尤其关键的是太阳能转换效率的提高和成本的降低。随着科学技术的发展和世界对能源需求的日益增长，太阳能的开发利用必将出现一个崭新的蓬勃发展的新局面。

2.3.3.2 氢能

（1）氢能概述　氢能是指以氢及其同位素为主体的反应中或氢状态变化过程中所释放的能量。氢能包括氢核能和氢化学能两大部分，本节主要讨论氢化学能的发生与生产、输送与贮存以及氢化学能的利用等问题。

氢作为二次能源进行开发，与其他能源相比有明显的优势，具体如下。

① 单质氢在常温常压下是气体，在超低温和高压下可成为液体，因此氢的输送与贮存，比优质的二次能源——电能损耗小得多。

② 虽然自然界中单质氢很少，但氢却是最普遍存在的元素之一，蕴藏于浩瀚的海洋之中。据推算，如把海水中的氢全部提取出来，它所产生的总热量比地球上所有化石燃料放出的热量还大 9000 倍。

③ 除核燃料外，氢的发热值是所有化石燃料、化工燃料和生物燃料中最高的，为 142.351kJ/kg，是汽油发热值的 3 倍、煤的 4.8 倍，而且燃烧温度可以在 200～2000℃之间选择，可满足热机对燃料的使用要求。

④ 氢本身无毒，作为化学能源，其燃烧产物是水，不会产生诸如一氧化碳、二氧化碳、碳氢化合物、铅化物和粉尘颗粒等环境有害的污染物质，而且燃烧生成的水还可继续制氢，反复循环使用，因此堪称清洁能源。

⑤ 氢能利用形式多，既可以通过燃烧产生热能，在热力发动机中产生机械功，又可以用于燃料电池，能高效率地直接将化学能转变为电能，因此氢能具有广泛的应用范围。

因此，可以看出氢是一种理想的新能源，可解决化石燃料的枯竭和环境污染等严重问题，能广泛应用于现代高科技，如航天器、导弹、火箭、汽车等方面，有着十分诱人的前景。但氢能的大规模商业应用还有待解决以下关键问题。

价廉的制氢技术。氢是一种二次能源，它是通过一定的方法利用其他能源制取的，不像煤、石油和天然气等可以直接从地下开采。它的制取不但需要消耗大量的能量，而且目前制氢效率低，因此寻求大规模的价廉制氢技术是各国科学家共同关心的课题。

安全可靠的储氢和运输氢方法。由于氢易气化、着火、爆炸，因此如何妥善解决氢能的储存和运输问题也就成为开发氢能的关键。

（2）氢的制造技术　虽然氢是地球上最丰富的元素，但单质氢的存在极少，因此必须将含氢物质分解后方能得到氢气。最丰富的含氢物质是水（H_2O），其次就是各种矿物燃料

（煤、石油、天然气）及各种生物质等。为了开发利用清洁的氢能源，必须首先开发氢源，即研究开发各种制氢的方法。单质氢的制备处理取决于制备技术，还取决于生产过程的成本，包括原料费用、设备费用、操作与管理费用等，以及产品及副产品的价值。此外，还取决于资源的丰富程度，以及对环境保护的重视程度等。

以下对各种制氢方法进行介绍。

① 矿物燃料制氢　目前，世界各国制备氢气的最主要方法是从含烃的化石燃料（煤、石油或天然气等）中制取氢。以煤为原料制氢的方法中主要有煤的焦化和气化。如前所述，煤的焦化是在隔绝空气的条件下，于 900～1000℃制取焦炭，并获得焦炉煤气。按体积比计算，焦炉煤气中的含氢量约为 60%，其余为甲烷和一氧化碳等，因而可作为城市煤气使用。煤的气化是指煤在常温常压或加压下与气化剂反应转化成气体产物，气化剂为水蒸气或氧气（空气）。在气体产物中，氢气的含量随不同气化方法而有变化。气化的目的是制取化工原料或城市煤气。水煤气的反应为：

$$H_2O(g)+C(s) \longrightarrow CO(g)+H_2(g)$$

以天然气或轻质油为原料，在催化剂的作用下，制氢的主要反应为：

$$CH_4+H_2O \longrightarrow CO+3H_2$$

$$CO+H_2O \longrightarrow CO_2+H_2$$

$$C_nH_{2n+2}+nH_2O \longrightarrow nCO+(2n+1)H_2$$

采用重油为原料，可使其与水蒸气及氧气反应制得含氢的气体产物，含氢量一般在 50%。部分重油在燃烧时放出的热量可为制氢反应利用，而且重油价格较低，此法已为人们所重视。

② 电解水制氢　电解水制氢是目前应用比较广且比较成熟的方法之一，具有产品纯度高和操作简便的特点，其生产历史已有 80 多年。电解水制氢过程是氢与氧燃烧化合成水的逆过程，只要提供一定能量的电能，就可使水分解。电解水制氢的效率一般在 75%～85%，其工业过程简单，无污染，但耗电量大，因而其应用受到一定的限制。虽然近年来对电解制氢技术进行了许多改进，但工业化的电解水制氢成本仍然很高，很难与以化石燃料为原料的制氢方法相竞争。但是随着人们对水力、风能、地热能、潮汐、太阳能等资源的开发水平的提高，利用这些资源丰富地区富余电力进行电解水制氢可以获得较为廉价的氢气，还可以实现资源的再生利用，对环境与经济都具有一定的现实意义。

③ 太阳能制氢　利用太阳能制氢有重大的现实意义，但又是一个十分困难的研究课题，有大量的理论和工程技术问题要解决，世界各国对此都十分重视，投入不少的人力、财力、物力，并且已取得了多方面的进展，因此将来以太阳能制得的氢能将成为人类普遍使用的一种优质清洁能源。

目前，最有前途的太阳能制氢方法是光分解水制氢气、微生物制氢气和太阳能热化学分解水制氢气。

光分解水制氢气有很多种，其中所谓“水中取火”的方法是非常诱人的。它只要在水中放入催化剂，在太阳光的作用下就能使水分解放出氢气和氧气。如果这种方法切实可行，人们只要在飞机和汽车的油箱中装满水，再加入一些催化剂，在太阳光的照射下就可以行驶起来。目前，研究得比较多的催化剂是钙与联吡啶形成的配合物以及二氧化钛和某些含钌的化合物等。

光合微生物制氢法是利用一些微生物在太阳光作用下使水分解放出氢气，这是非常有前途的一种方法。例如，红螺菌在太阳光作用下就能使水分解放出氢气，它自身的生长和繁殖又很快，而且能在农副产品的废水和乳品加工厂的垃圾中培育。因此，美国宇航部门准备把这种红螺菌带到太空，利用它分解水放出的氢气作为能源供航天器使用。国外已利用光合作用设计了细菌产氢的优化生物反应器，其规模可达日产氢 2800 m^3。该法采用各种工业和生活污水及农副产品的废料为基质，进行光合细菌连续培养，可一举三得地在产氢的同时，还可净化废水和获得单细胞蛋白，很有发展前途。

太阳能热化学分解水制氢法也是很有希望的。它只要在水中加些催化剂并加热到适当的温度，就使水分解制得氢气和氧气，而且所加的催化剂可反复使用。这种方法一旦被推广，燃氢汽车将会代替燃油汽车。

现在看来，高效率的制氢基本途径是利用太阳能。如果能用太阳能来制氢，那就等于把无穷无尽的、分散的太阳能转变成了高度集中的清洁能源了，其意义十分重大。

④ 热化学循环分解水　热化学制氢这种方法是通过外加高温使水化学分解制取氢气。纯水的分解需要很高温度（大约 4000℃）。1960 年，科学家们观察到可利用核反应堆的高温来分解水制氢。为了进一步降低水的分解温度，可在水的热分解过程中引入一些热力循环，使水的分解温度低于核反应堆或太阳炉的最高极限温度。目前高温石墨反应堆的温度已高于 900℃，而太阳炉的温度可达 1200℃，这将有利于热化学循环分解水工艺的发展。日本原子能研究所、美国橡树岭国家实验室、美国通用原子能公司、法国 CEA 等都已经在进行核能热化学循环分解水制氢法的研究。

1980 年美国化学家提出了如下的硫-碘热化学循环：

$$2H_2O + SO_2 + I_2 \longrightarrow H_2SO_4 + 2HI$$

$$H_2SO_4 \longrightarrow H_2O + SO_2 + \frac{1}{2}O_2$$

$$2HI \longrightarrow H_2 + I_2$$

总反应为：$H_2O \longrightarrow H_2 + \frac{1}{2}O_2$

到目前为止虽有多种热化学制氢方法，但总效率都不高，仅为 20%～50%，而且还有许多工艺问题需要解决，依靠这种方法来大规模制氢还有待进一步研究。

⑤ 生物质制氢　生物质资源丰富，是重要的可再生能源。目前生物质制氢法主要有两类：生物质气化制氢和微生物制氢。前者是将生物质原料如薪柴、麦秸、稻草等压制成型，在气化炉（或裂解炉）中进行气化或裂解反应可制得含氢燃料。中国科学院广州能源研究所和中国科技大学在生物质气化技术的研究领域已取得一定成果，所制得产物的含氢量可达 10%，热值达 11MJ/m^3，可作为农村燃料。微生物制氢技术以各种碳水化合物、蛋白质等（如制糖废液、纤维素废液和污泥废液）为原料，采用微生物培养方法在常温下进行酶催化反应制氢。在微生物生产氢气的最终阶段起着重要作用的酶是氢化酶，氢化酶极不稳定，例如在氧存在下就容易失活。因此，微生物制氢的关键是要提高氢化酶的稳定性，以便能采用通常发酵方法连续高水平生产氢气。国内对制氢技术的研究也已取得重要突破，以厌氧活性污泥为原料的有机废水制氢技术研究已通过验证。

目前，以生物制氢为代表的新制备方法日益受到各国的关注，预计到 21 世纪中期将会实现工业化生产，利用工农业副产品制氢的技术也在发展。

⑥ 其他方法制氢　在多种化工过程中，如电解食盐制碱过程、发酵制酒过程、合成氨生产化肥过程、石油炼制过程等，均有大量副产物氢气。如果能采用适当的措施对上述副产物进行氢气的分离回收，每年可获得数亿立方米的氢气。另外，研究表明从硫化氢中亦可制得氢气。总之，制氢方法的多样性使得氢能源的研究开发充满了新的生命力。制氢研究新进展的取得将会不断促进氢能源的综合利用与开发。

(3) 氢的储存和运输　氢的储存主要有气态储存、液态储存和固态储存三种方式。

① 氢的气态储存　由于氢气密度小、体积大，容积 40L 的钢瓶在 15 MPa 下只能装 0.5kg 氢气，不到装载器重量的 2%，所以在常温常压下储存氢气没有任何实用意义。一般

认为，氢气作为燃料使用时的储存，应该与天然气的大规模储存相同，最好储存在远离城市的地下气体仓库中。在城市中则建立合适的转运、分配系统，以适应不同用户的需求。此外，需要特别注意的是防止氢气的渗漏。

② 氢的液态储存　氢液态储存的常用方法是将氢气深冷液化并罐装运输。但是液氢沸点仅20.38 K，气化焓仅0.91kJ/mol，因此稍有热量从外界渗入容器，液氢即可快速沸腾而损失。液氢和液化天然气在极大的储罐中储存时都存在热分层问题，即储罐底部液体承受来自上部的压力而使沸点略高于上部，上部液氢由于少量挥发而始终保持极低温度。静置后，液体形成下热上冷的两层。上层因冷而密度大，蒸气压因而也低，而底层略热而密度小，蒸气压也高。显然这是一个不稳定状态，稍有扰动，上下两层就会翻动，发生液氢爆沸，产生大体积氢气，使储罐爆破。为防止事故的发生，较大的储罐都备有缓慢搅拌装置以阻止热分层。较小储罐则加入约1%体积的铝刨花，加强上下层的热传导。

因此，液态储氢价格过于昂贵，而且不安全，一般只用于火箭、宇宙飞船等航天工业。目前正在试验把液氢喷气式发动机用于民用航空运输，以制造速度超过超音速飞机6～8倍的新型飞机。

③ 氢的固态储存　目前，极有前途的一种方法是将氢气以固体金属合金氢化物的形式储存在金属合金中。当氢气遇到某些金属合金时，就像水遇到海绵一样，氢分子会钻进金属合金的晶格里形成金属合金氢化物，从而使氢气固体化储存起来；当外界条件稍微改变时，所生成的金属合金氢化物就分解放出氢气，且释氢速率较大，故有人把这种金属合金叫做“氢海绵”。目前，已经发现有几百种金属和合金能成为“氢海绵”，其中稀土合金是最有发展前途的一种合金，研究得比较多的是镧镍合金。“氢海绵”的制作方法并不复杂，只要先将金属或合金机械破碎，然后在高压下使氢气渗入，经过反复处理后这种合金就可快速吸氢和放氢，成为“氢海绵”。用金属合金来储存氢气，不仅储氢量大，而且管理、搬运和使用都非常安全和方便。例如，1kg的镧镍合金，其体积只有115 mm^3，但可储存15 g氢气。然而，金属或合金表面总会生成一层氧化膜，还会吸附一些气体杂质和水分。它们妨碍金属氢化物的形成，因此必须进行活化处理。其次，金属氢化物的生成伴随着体积的膨胀，而解离释氢过程又会发生体积收缩。经多次循环后，储氢金属便破碎粉化，使氢化和释氢渐趋困难。例如具有优良储氢和释氢性能的$LaNi_5$，经10次循环后，其粒度由20目降至400目。如此细微的粉末，在释氢时就可能混杂在氢气中堵塞管路和阀门。金属的反复胀缩还可能造成容器破裂漏气。再次，杂质气体对储氢金属性能的影响不容忽视。虽然氢气中夹杂的O_2、CO_2、CO、H_2O等气体的含量甚微，但反复操作，金属可能不同程度地发生中毒，影响氢化和释氢特性。而且，多数储氢金属的储氢质量分数仅1.5%～4%，储存单位质量氢气，至少要用25倍的储氢金属，材料的投资费用太大。除此之外，由于氢化是放热反应（生成焓），释氢需要供应热量（解离焓），实用中需装设热交换设备，进一步增加了储氢装置的体积和重量。因此，用金属氢化物储氢，目前仍在实验阶段，仍有大量课题等待人们去研究和探索。

（4）氢化学能的利用　利用氢能的途径和方法很多，可以直接作为燃料提供能量，也可以制成燃料电池用于发电。许多科学家认为，氢能在21世纪有可能成为在世界能源舞台上的一种举足轻重的二次能源。

① 氢直接作为燃料　用氢气为燃料往往比用化石燃料更优越，氢直接燃烧产物只有水，无其他污染物。氢在空气中高温燃烧会使空气中的氧与氮反应生成氮氧化物，但可通过略微过量的氢加以抑制，微过量氢不属污染物，会迅速飘逸至上层大气中。与化石燃料相比，氢燃烧效率高，且氢及其燃烧产物对发动机的腐蚀也最轻，能延长发动机使用寿命。氢燃烧产物经冷凝回收可以补充淡水供应，在缺少淡水的地方很有价值。

液氢-液氧火箭发动机曾为阿波罗宇宙飞船登月飞行和航天飞机的顺利发射提供过巨大能量。西欧诸国联合研制的阿丽亚娜运载火箭的第三级和日本研制的 H-1 运载火箭的二级发动机也是以液氢作为燃料。现在氢已是火箭领域的常用燃料了。在交通运输方面，美国、德国、法国、日本等汽车大国早已推出以氢作为燃料的示范汽车，并进行了几十万公里的道路运行试验。

② 氢制成燃料电池直接发电　用氢制成燃料电池可直接发电，采用燃料电池和氢气-蒸汽联合循环发电，其能量转换效率将大大提高。氢燃料电池无污染，只有水排放，用它装成的电动车，称为“零排放车”；氢燃料电池无噪声，无传动部件，特别适于潜艇中使用；启动快，8s 即可达全负荷；可以模块式组装，即可任意堆积成大功率电站；热效率高，它是目前各类发电设备中效率最高的一种；体积小，重量轻；成本低，将来有可能降至每千瓦 150～300 美元。从环境保护的角度考虑，氢燃料电池是一种值得推广的新能源。

2.3.3.3　核能

（1）核能概述　**核能**（nuclear energy），又称原子能、原子核能，是原子核结构发生变化时放出的能量。相对于煤、石油、天然气等传统能源而言，核能是一种新型能源。核能的和平利用主要用于发电，核能发电的优势在于以下几点。

① 核能的能量巨大，而且非常集中。例如，1kg 的 ^{235}U 全部裂变放出的热量相当于 2700t 标准煤或 200t 石油完全燃烧时放出的热量，每千瓦时电能的成本比火电站要低 20% 以上。

② 核能的运输方便，而且地区适应性强。因为它的体积很小，1kg 的铀只有 3 个火柴盒摞起来那么大。

③ 核能的资源丰富。陆地上的核资源相对有限，但海洋中的核资源可谓取之不尽，用之不竭。例如铀资源，虽然每 1000t 海水中只含有 3 g 铀，但海水是如此丰富，所以海洋里铀的总储量可达到 40 亿吨，是已知陆地上铀储量的数千倍。

④ 核燃料可以循环使用。核燃料在反应堆内燃烧时，在烧掉核燃料的同时还能生成一部分新的核燃料，没有烧完的和新生成的核燃料经过加工处理后可重新使用。计算表明，一座 100 万千瓦的核电站通过核燃料的回收，可节约 40% 左右的天然铀，获得的新生成的核燃料相当于 1.5t 天然铀，这是一份可观的资源。

⑤ 核能可是一种清洁、高效、经济的能源。与燃煤火电厂相比，核电站对环境的影响主要是放射性污染。正常情况下由于核电站采用多重屏障保护，对环境的放射性污染很轻微。即使生活在核电站周围的居民，从核电站排放的放射性核素中接受的辐射剂量，一般也不超过本底辐射剂量的 1%。只有在核电站反应堆发生堆芯熔化等罕见事故时，才可能对环境造成严重的污染，相对而言它比火电更安全。

正因为核能具有上述明显的优点，所以核能发展非常迅速，在能源体系中所占比例不断提高。目前，核电事业获得长足发展，核电站发电量占世界总发电量的 16.75%，成为世界重要能源之一。我国 1994 年 5 月建成首座大型商用核电站——大亚湾核电站，年发电能力近 150 亿千瓦时。

（2）核能利用方式　核能释放通常有两种方式，分别是核裂变能和核聚变能。

① 核裂变能　裂变是较重的原子核在足够能量的中子轰击下，分裂成为两个或多个较轻的原子核，并释放出巨大能量的过程。裂变过程相当复杂，已经发现放射性元素有 200 种以上，裂变产物有 35 种元素。唯一天然存在能够裂变的原子核是 ^{235}U（同位素丰度 0.72%），当 ^{235}U 原子核发生裂变时，分裂成两个不相等的碎片和若干个中子，它的裂变反应可表示为：

$$^{235}_{92}U+^{1}_{0}n \longrightarrow ^{139}_{56}Ba+^{94}_{36}Kr+3\,^{1}_{0}n$$

启动核裂变的必不可少的条件是通过中子捕获，即向原子核添加能量以克服原子核的表面作用。裂变产生的中子如果数量足够、能量适中，这些中子就可以诱发新的裂变反应，造成一个能够自行维持的链式反应（自持链式反应）。在核反应堆中，自持链式反应控制成为一个裂变产生的中子诱发一个新的链式反应，使裂变速率基本恒定。如果裂变反应生成的中子能引发更多的链式反应（增殖反应），产生裂变的速率则随时间急剧增大。例如每个$^{239}_{94}Pu$原子捕获一个高能量中子，发生裂变产生两个中子，其中一个用以维持$^{239}_{94}Pu$裂变链式反应的持续进行；另一个中子由$^{238}_{92}U$接受并转变为$^{239}_{92}U$，再经两级β衰变成$^{239}_{94}Pu$：

$$^{1}_{0}n + ^{238}_{92}U \longrightarrow ^{239}_{92}U \xrightarrow{\beta^-} ^{239}_{93}Np \xrightarrow{\beta^-} ^{239}_{94}Pu$$

从而使反应堆中的$^{239}_{94}Pu$不会耗尽，并使含量在99%以上的$^{238}_{92}U$成为有用的燃料，极大地增加了可裂变燃料的供应。

② 核聚变能　核聚变能是由较轻的原子核聚合成较重的原子核而释出能量。最常见的是由氢的同位素氘和氚聚合成较重的原子核如氦，释放出的巨大能量。如：

$$^{2}_{1}H + ^{3}_{1}H \longrightarrow ^{4}_{2}He + ^{1}_{0}n$$

要使两个轻核发生聚变反应，必须使它们彼此靠得足够近，才能把它们结合成新的原子核。但原子核带正电，当两个轻核靠得越来越近时，它们之间的静电斥力越来越大。要使两个原子核克服巨大斥力而结合，必须具有足够大的速度，即需具有足够高的温度。对于两个氘核的聚变反应，温度必须高达1亿度，对于氘核与氚核间的聚变反应，温度必须在5千万度以上。在核聚变的高温条件下，物质已全部电离形成高温等离子气体。在聚变过程中，需对高温等离子气体进行充分的约束，使其达到一定密度并维持足够长的时间，以便充分地发生聚变反应，放出足够多的能量，使得聚变反应释放的能量远大于产生和加热等离子气体本身所需的能量及其在这个过程中损失的能量。这样，便可利用聚变反应放出的能量维持其自身所需的极高温度，而无需再从外界输入能量。

核聚变较之核裂变有两个重大优点。一是地球上蕴藏的核聚变能远比核裂变能丰富得多。据测算，每升海水中含有0.03g氘，所以地球上仅在海水中就有45万亿吨氘。1L海水中所含的氘，经过核聚变可提供相当于300升汽油燃烧后释放出的能量。地球上蕴藏的核聚变能约为蕴藏的可进行核裂变元素所能释出的全部核裂变能的1000万倍，可以说是取之不竭的能源。

第二个优点是既干净又安全。国际热核实验反应堆巨大的磁环其实是在800多立方米的空间里只装几克燃料。只有当这种等离子气体达到相当高的温度时才会发生聚变反应。如果由于某种原因，环形容器内部的平衡性被打破，等离子气体就会迅速降温，聚变反应也将骤然停止。此外，聚变反应堆不会产生污染环境的放射性物质，因此不会对环境和周围居民构成威胁。同时受控核聚变反应可在稀薄的气体中持续地稳定进行，所以是安全的。

总之，从重核原子的裂变或轻核原子的聚变中均可获得巨大的能量。目前人类已实现了可控的核裂变反应，并利用核裂变能发电。但是由于核聚变反应需要几千万度的高温，在材料、工艺方面也存在相当难度，到目前为止，人类还未实现可控的核聚变反应。

(3) 核电现状　发展核电是可持续发展战略的重要组成部分。目前，除燃烧化石燃料和水力发电外，只有核电是现实可行、技术成熟、具有大规模工业应用成功经验的能源。从1954年前苏联建成世界上第一座实验核电站、1957年美国建成世界上第一座商用核电站开始，核电产业已经过了几十年的发展，装机容量和发电量稳步提高。近年来我国正致力于600 MW压水堆核电机组国产化、标准化和批量生产，GW级先进压水堆和快中子增殖反应堆及高温气冷反应堆正处于研制阶段。2010年，我国核电装机容量约为2000万千瓦，预计到2020年约为4000万千瓦，核电将占电力总容量的4%。

（4）核电的安全　目前全球有440座核能发电反应堆，超过15个国家依靠核电提供25%以上的电力供应，然而这些核电站仍然存在着潜在的危害。1986年4月26日，苏联切尔诺贝利核电站4号反应堆发生爆炸。据有关资料记载，该事故造成30人当场死亡，逾8吨强辐射物质泄漏，使核电站周围6万多平方公里土地受到直接污染，320多万人受到核辐射侵害。切尔诺贝利核污染的辐射量，相当于美国1945年在日本长崎和广岛投下的两颗原子弹的辐射量的200倍，造成人类和平利用核能史上最大的一场灾难。2011年3月11日，日本东北部发生了9.0级地震，在海啸冲击下，福岛第一核电站发生核辐射泄漏，此事的影响波及世界各国。尽管日本福岛核电站的灾难，还需要观察事态的发展和进行全面评估，但是各国公众对利用核能的风险都更加关注，各国政府也都清醒地意识到：在利用核能方面，安全应该永远放在第一位。

但是，所有领域的技术都会存在着一定的风险，而最重要的是要将风险减低到最小限度。在欧盟《低碳发展路线图》中，提出了到2050年降低80%碳排放的目标。没有核能的发展，将根本无法实现这一目标。从能源需求、保护环境、科技发展等诸多因素出发，放弃核能是不切实际的想法。在日本福岛核事故之前，发达国家和发展中国家对于发展核能基本已经形成共识，认为核能是未来能源供应的重要来源之一，是应对气候变化的有效手段，也是低碳经济的重要支撑。人类应该从核灾难中吸取经验和教训，进一步提高核技术的安全性，确保核能发展更加安全，而不是在灾难面前停下来。核事故发生后，信息的掌握十分重要，包括辐射量与范围、辐射类型、风向等数据，对于降低核泄漏灾难有非常重要的作用。与20年前苏联和日本相比，我国目前所采用的核电技术更为先进，安全标准也更高，能更好地保证放射性物质不外泄。此外，面对核能带来的挑战，世界各国应该齐心协力，制定出在全球范围内有效的新的核安全标准。目前，世界上已有《核事故及早通报公约》和《核安全公约》等多项公约的出台。2011年4月上旬，中国也已经完成了《原子能法》的立法研究课题，该项立法草案有望在年底征求各部门意见。

2.3.3.4　生物质能

（1）生物质能概述　生物质能以生物质为载体，直接或间接地来源于植物的光合作用，是由太阳能转化并以化学能形式贮藏在生物质中的能量。生物能蕴藏量极大，仅地球上的植物，每年生产量就相当于目前人类消耗矿物能的20倍，或相当于世界现有人口食物能量的160倍，生物能的开发和利用具有巨大的潜力。事实上，生物质能一直是人类赖以生存的重要能源，它是仅次于煤、石油、天然气而居于世界能源消费总量的第四位，在整个能源系统中占重要地位。

按照资源类型，生物质能包括古生物化石能源、现代植物能源和生物有机质废弃物。古生物化石能源主要指煤、石油、天然气等，这一部分已在前文叙述，本节不再赘述。现代植物能源是指新生代以来进化产生的现代能源植物，通过燃烧，可提供大量的能量，自人类学会用火以来一直作为能源沿用至今。为了进一步提高能源的利用率，尽可能减少环境污染，常采用生物质气化、生物质液化等手段对现代植物能源进行处理。现代人类生活和生产活动消耗了大量生物有机物质，在此过程中产生的废弃物，如废水、废渣以及城市垃圾和污水等也已成为生物质能的重要组成部分。这些能量资源按加工层次又可区分为一次能源（如能源植物、农业废弃物）和二次能源（如生物热解气、沼气、生物炭等）。

（2）生物质能的利用　人类开发利用生物质能已有悠久历史。由于资源量大，可再生性强，随着科学技术的发展，人们不断发现和培育出高效能源植物和生物质能转化技术，生物质能的合理开发和综合利用必将对提高人类生活水平，为改善全球生态平衡和人类生存环境做出更积极的贡献。

生物质能技术的研究与开发一直是世界重大热门课题之一，许多国家都制定了相应的开发研究技术，如日本的阳光计划、印度的绿色能源工程、美国的能源农场和巴西的酒精能源计划等。生物质能的利用技术大体上分为直接燃烧技术、生物质气化技术、生物质液化技术、和生物有机质废弃物制沼气技术等。

① 生物质直接燃烧技术 直接燃烧是生物质能最普通的转换技术。生物质燃料（秸秆、薪柴等）的燃烧是与空气中氧强烈放热的化学反应。反应总效果是光合总反应的逆过程，同时将化学能（被贮存的太阳能）转换为热能。

$$C_6H_{12}O_6(s)+6O_2(g) = 6CO_2(g)+6H_2O(g) \qquad \Delta_r H_m^\ominus = -2705\text{kJ/mol}$$

生物质可以提供低硫燃料，易燃烧、污染少、灰分较低；提供廉价能源；将有机物转化成燃料可减少环境公害（例如垃圾燃料）；与其他非传统性能源相比，技术上的难题较少。我国基本上是一个农业国家，农村人口占总人口的70%以上，生物质一直是农村的主要能源之一。人类燃烧柴草已经几千年，柴草至今仍是许多发展中国家的重要能源，但由于柴草的需求导致林地日减。为此，除广泛植林外，我国农户80%使用了节柴灶，促进了生物质资源的合理利用，减轻了对植被和森林的破坏，有利于生态的良性循环，卫生条件也有所改善。

农业废弃物的直接燃烧也有巨大的能源潜力，如蔗渣曾用作制糖的燃料，现又用来发电。巴西的蔗渣发电厂能力达300 MW；夏威夷15家糖厂为当地提供了10%的电力。牲畜的粪便，经干燥也可直接燃烧供应热能，美国圣地亚哥牛粪发电站装机容量可达16 MW。生物质燃烧残余物还可进行利用，牛粪灰渣可用作肥料和污水处理剂；稻壳灰渣（含SiO_2等）可二次加热制水泥。

② 生物质气化 生物质气化是生物质在缺氧或无氧条件下热解生成以一氧化碳为主要有效成分的可燃气体，从而将化学能的载体由固态转化为气态的技术。生物质在无氧气化时最终产物为可燃气体、焦油和焦炭；加氢气化时产物有较高的甲烷含量，可处理多种生物质原料，产渣量很小；快速热解气化可提供高热值（2.5×10^4kJ/m^3）的可燃气体，因含约25%烯烃，可用于合成汽油或水解成酒精。

由于可燃气体输送方便，燃烧充分、便于控制，因而扩大了生物质能的应用范围。20世纪20年代人们开发了煤炭和木柴的气化技术，进入70年代研究重点转向农林业废弃物和城镇垃圾可燃部分的气化以扩大能源来源，提高能源品位，减轻废弃物对环境的污染。目前所得可燃气体主要用于锅炉、干燥、发电、驱动车辆，家庭炊事等。

③ 生物质液化 生物质液化是通过热化学或生物化学方法将生物质部分或全部转化为液体燃料。由于液体燃料的能量密度大，贮运、使用均较方便，精炼后可得优质燃料，因此近年来生物质热解的液体产物备受重视。目前生物液体燃料主要为燃料乙醇和生物柴油，可以替代由石油制取的汽油和柴油，是可再生能源开发利用的重要方向。

a. 生物乙醇 生物质中的淀粉质或糖质或可转化为糖质的原料在微生物作用下经糖化后可进一步转变为酒精。可用的原料有淀粉质农产品（甘薯、玉米等）、糖蜜原料（糖厂废蜜等）、含一定量淀粉的野生植物（石蒜、蕨根、橡仁等）、纤维素原料（木屑、锯末）等，经粉碎、蒸煮后加入酒曲使原料糖化，然后在酵母菌作用下发酵将糖转化为酒精，同时放出二氧化碳。总反应过程可表示为：

$$(C_6H_{10}O_5)_n + nH_2O \xrightarrow{\text{酒曲}} nC_6H_{12}O_6 \xrightarrow{\text{酵母}} 2nC_2H_5OH + 2nCO_2$$

酒精本身就是一种燃料，既可替代汽油作内燃机燃料，也可掺兑在汽油中供汽车使用。酒精的储存、运输和使用都十分方便，可以减小对石油能源的依赖，还可减轻汽车尾气的污染。美国从上世纪70年开始发展燃料乙醇的，主要是利用其耕地多、玉米产量大的优势，以玉米为原料生产燃料乙醇。巴西大部分小汽车和公共汽车用的是汽油酒精混合燃料，酒精已占汽油燃料消耗量的一半以上。我国的生物燃料发展也已取得了很大的成绩，特别是以粮食为原料的燃料乙醇生产已初步形成规模。

b. 生物柴油　我国草本、木本含油植物达 400 多种，其种子中所含油脂主要是甘油三羧酸酯。为了使其燃烧特性更接近柴油，在油脂中定量加入甲醇或乙醇，在催化剂作用下得到类似柴油的酯化燃料并可分离出甘油和其他副产物。酯交换反应示意如下：

$$\begin{matrix} H_2C\text{—}OOCR_1 \\ | \\ HC\text{—}OOCR_2 \\ | \\ H_2C\text{—}OOCR_3 \end{matrix} + 3R_4\text{—}OH \xrightarrow{\text{催化剂}} \begin{matrix} H_2C\text{—}OH \\ | \\ HC\text{—}OH \\ | \\ H_2C\text{—}OH \end{matrix} + \begin{matrix} R_1COOR_4 \\ R_2COOR_4 \\ R_3COOR_4 \end{matrix}$$

式中，R_1、R_2、R_3 为脂肪酸的烃基；R_4 为甲基或乙基。植物油热值大致相当于同质量柴油的 87%～89%，并随碳链长度的增加而增大。由于其黏度较大，在发动机中雾化效果较差，一般都与柴油混合使用。受世界石油资源、价格、环保和全球气候变化的影响，许多国家日益重视生物柴油的发展。利用廉价原料和提高转化率是生物柴油市场化的关键。目前，各国已经对 40 种不同植物油在内燃机上进行了短期评价试验，包括豆油、花生油、棉籽油、葵花籽油、油菜籽油等。日本、爱尔兰等国用植物油下脚料及食用回收油作原料生产生物柴油，成本较石化柴油低。美国俄勒冈州建成以木材为原料加工原油装置，每吨木材可产生 300kg 木质石油、160kg 沥青和 159kg 气态物质，木质石油的成分与中东地区生产的原油相近。

④ 生物有机质废弃物制沼气　自然界中常见到在湖泊或沼泽中有气泡从水底的污泥中冒出，这些气体收集起来可以点燃，称之为“沼气”。研究表明，沼气是多种微生物在厌氧条件下对有机质进行分解代谢的产物，其主要成分是 CH_4（约 60%）和 CO_2（约 35%），还有少量 H_2S、H_2、CO 和 N_2 等其他气体。生成沼气的过程称为沼气发酵，发酵原料和条件不同，所得沼气的成分也有所变化。人粪、禽粪、屠宰废水发酵所得沼气，甲烷可达 70%；秸秆为原料发酵时，沼气的甲烷含量约 55%。

沼气发酵是在自然界中广泛存在的复杂微生物学过程。由于参与这一过程的微生物种类繁多、性能不同、数量巨大，决定了沼气发酵的复杂性，对它的研究远未完成。一般说来，沼气发酵大致分为三个阶段。第一阶段，微生物分泌胞外酶将生物质水解为水可溶性物质；第二阶段，进入微生物细胞的可溶性物质被各种胞内酶进一步分解代谢，成为挥发性的脂肪酸等；第三阶段由甲烷菌完成。有机物生成甲烷的总反应：

$$(C_6H_{10}O_5)_n + nH_2O \xrightarrow{\text{甲烷菌}} 2nCO_2 + 3nCH_4$$

沼气的利用有生活用途和生产用途、燃料用途和非燃料用途之分。除炊事、照明、孵化外还可作为内燃机燃料（用于驱动汽车、发电、抽水等）。沼气发酵后的沼液含丰富的维生素、氨基酸、生长素、腐植酸等生物活性物质及氮、磷、钾、微量元素，经过滤后可浸种、喷施、制造高效有机肥。沼渣可用于制造配合饲料等。因此，生物质技术制取天然气，同时具有处理废物与获得资源的双重效果而备受重视，具有长远发展前景。

2.3.3.5　化学电源

化学反应是能量转化的重要途径，特别是电化学反应可直接将化学能转换为电能，这无疑为人类在移动活动中所使用的工具提供了需要的能量。化学电源，特别是新型的镍氢电池、锂电池、燃料电池具有高能量密度的特性，是高效能量储存与转换的应用典范，广泛应用于便携式电器、电子仪器和仪表、照相机与照相器材、手表、计算器、无线电话、助听器、电动玩具等方面。近年来研究较多的是直接利用氢和氧进行电化学反应直接发电的燃料电池。美国和日本研制的第一代磷酸燃料电池已进入实用阶段，其输出功率为 11000 kW；第三代固体电解质型燃料电池，如质子交换膜燃料电池，功率可达 25 kW。这种燃料电池不仅能大大提高能量利用率，而且寿命长，无污染，无噪声，还可减少煤、石油等燃烧的环境污染。

2.3.3.6　**渗透压能源**

挪威2009年于奥斯陆湾海岸公开全球第一座渗透压发电厂原型，将寻求干净能源带入新境界。这是一种可再生能源形式，不同于太阳能或风力发电，无论天气如何，这种方式均可产生可预期且稳定的能源。

渗透压能源是依据大自然不断寻求平衡的法则，根据不同浓度的液体具有不同的渗透压原理制得。当淡水与海水被半透膜隔开时，淡水会流向海水一侧，使海水侧压力升高，这种压力可用来推动涡轮机，产生电力。这种渗透压在大自然中无所不在，能让植物通过叶片获得水分，也能用来淡化海水。挪威这项实验产生的电力目前虽然只够供应咖啡壶加热，却是全球首次利用渗透压发电。不过利用渗透压发电仍是一条漫漫长路，首先，如何制造更节能的半透膜就是个关键问题。

2.3.3.7　**反物质能源**

大量科学理论研究表明，反物质与物质湮没所释放的能量将比核弹大千百倍。那么，何为反物质呢？早在1928年，著名的物理学家狄拉克（P. A. M. Dirac）就曾预言过反物质的存在：对于每一种通常的物质粒子都存在着一种相应的反粒子，二者质量相同，但携带相反的电荷。这些反粒子可以结合形成反原子，而反原子又可以形成反物质，宇宙间所有东西都有其反物质对应物——反恒星、反星系等。经过几代物理学家们长期不懈的研究探索，终于最早发现了电子的反粒子——正电子，而后又相继于1955年、1956年发现了反质子、反中子，从而证实了宇宙中确实存在着反物质。1995年，科学家们又用正电子和反质子成功合成了反氢原子（只有短暂一瞬间）。

当反物质遇到物质的时候，这些等价但是相反的粒子碰撞产生爆炸，两者将在瞬间湮灭并产生大量能量，并且不会像核弹那样产生放射线污染，所以反物质是人类目前所知的威力最大的能量源。如果1 g物质粒子与1 g反物质粒子碰撞，放出的能量相当于世界上最大水电站12 h发电量的总和。如果把人类送上火星，需要成千上万吨的化学燃料，但是以反物质为燃料的话，仅仅几十毫克的反物质（一毫克约为一块方糖重量的千分之一）就能帮助人类实现登上火星的梦想，而且只需要6周时间，速度比核动力太空船快一倍。图2-18是美国宇航局正电子飞船概念图。

但是科学往往都是一把双刃剑，可以造福人类，当然也可以给人类带来巨大的灾难。反物质极不稳定，它可以把接触到的任何东西化为灰烬，连空气也不例外。仅仅1g反物质就相当于4000多万吨当量的核炸弹的能量——比当年扔在广岛的那颗原子弹要强2000多倍。由几克反物质制造的炸弹就能毁灭地球。跟这种完全的能量释放相比，核裂变核聚变就像划燃一根安全火柴一样微不足道。

图2-18　美国宇航局正电子飞船概念图

不过目前反物质能源应用还面临两个技术挑战。一是生产正电子价格过于昂贵。在太空中，宇宙射线中高速粒子可以通过相互碰撞产生反物质。而在地球上，我们却需要通过粒子加速器来生产反物质，美国宇航局研究员史密斯说，“据粗略估计，以现在的技术来为人类火星之旅生产正电子，每生产10mg正电子将耗资约2.5亿美元”。

另一个挑战就是如何在小型空间内储存足够的正电子。因为它们会吞食正物质，而现在人类还没有生产出由反物质制成的容器，所以只能将其存放在电磁场内。科学家们正致力于研究开发克服这些挑战的方法，假如他们的努力实现，也许未来人类真的可以借助科幻小说里描述的能源遨游太空。

2.3.3.8　其他新能源

20 世纪 70 年代以来，由于能源短缺及传统化石燃料（煤、石油、天然气等）在使用过程中产生的严重环境污染问题，使人们不断探索其他各种清洁的可再生的新型能源，如水能、风能、洋流和潮汐发电、地热能等。

风能是利用风力机将风能转化为电能、热能、机械能等各种形式的能量，用于发电、提水、助航、致冷和致热等。风能蕴藏量大，分布广；不枯竭，可再生，无污染，是一种可就地利用而且干净的能源。中国是季风盛行的国家，风能资源量大面广。陆地理论储量 32 亿千瓦，可开发的装机容量约 2.53 亿千瓦，居世界首位，商业化、规模化发展潜力巨大。近十年来，全球的风电发展迅速，自 1995 年以来，世界风能发电以 48.7%的速率增长，几乎增加近 5 倍。

目前世界上大约有 120 多个国家和地区广泛利用地热能，主要的地热资源有蒸气、热水、干热岩、地压、岩浆等，已经发现和开采的地热泉及地热井多达 7500 多处。地热能的利用可分为直接利用和地热发电两大类。对于地热能的直接开发利用，目前主要是在采暖、发电、育种、温室栽培和洗浴等方面。利用地热能来进行发电的好处很多：建造电站的投资少，通常低于水电站；发电成本比火电、核电及水电都低；发电设备的利用时间较长；地热能比较干净，不会污染环境；发电用过的蒸汽和热水，还可以再加以利用，如取暖、洗浴、医疗、化工生产等。

地球上海洋面积约 3.61 亿平方公里，占地球总面积的 70.8%，利用海洋的温差、波浪、潮汐、海流等能量资源进行发电，已经成为许多国家的研究方向和实施计划。

从能源构成来看，煤炭仍然是我国的主要能源，清洁优质能源的比重偏低，能源利用率也较低，尤其是民用煤的利用率，只相当于发达国家的四分之一，这也是引起我国大气污染严重的原因之一。因此，我国能源政策实施的重点是改善能源结构，增加清洁能源比重，特别是提高煤炭转换成电能的比重；加快水电和核电的建设，因地制宜地开发和推广太阳能、风能、地热能、潮汐能和生物质能等清洁能源；加强对煤的综合利用，改进燃烧技术来提高煤的利用率；大力提倡节约能源。

习　题

2-1. 甘油三油酸酯是一种典型的脂肪，当它在人体内代谢时发生下列反应：

$$C_{57}H_{104}O_6(s)+80O_2(g)=\!=\!=57CO_2(g)+52H_2O(l)$$

该反应的 $\Delta_r H_m^\ominus=-3.35\times10^4\,kJ/mol$。问如以平均每人每日耗能 10125.3kJ，且以完全消耗这种脂肪来计算，每天需消耗多少克脂肪？

答：267g

2-2. 葡萄糖（$C_6H_{12}O_6$）完全燃烧反应的方程式为：$C_6H_{12}O_6(s)+6O_2=\!=\!=6CO_2(g)+6H_2O(l)$，该反应的 $\Delta_r H_m^\ominus=-2820kJ/mol$。当葡萄糖在人体内氧化时，约 40%的反应热可用于肌肉活动的能量。试计算一匙葡萄糖（以 3.8g 计）在人体内氧化时，可获得的肌肉活动能量。

答：$-23.81kJ/mol$

2-3. 甲醇（CH_3OH）是一种具有高辛烷值并能完全燃烧的“新型燃料”，可以用 H_2 和 CO 人工制造。根据：

(1) $CH_3OH(l)+1/2O_2(g)=\!=\!=C(石墨)+2H_2O(l)$，　$\Delta_r H_m^\ominus=-333.00kJ/mol$

(2) C(石墨)+ $1/2O_2(g)$ ═══ $CO(g)$，　　$\Delta_r H_m^\ominus = -111.52kJ/mol$

(3) $H_2(g)$ + $1/2O_2(g)$ ═══ $H_2O(l)$，　　$\Delta_r H_m^\ominus = -285.83kJ/mol$

计算反应 (4) $2H_2(g)$ + $CO(g)$ ═══ $CH_3OH(l)$ 的 $\Delta_r H_m^\ominus$。

答：$-127.14kJ/mol$

2-4. 葡萄糖在体内氧化供给能量是重要的生物化学反应之一。其完全氧化的总反应如下：$C_6H_{12}O_6(s)+6O_2(g)$ ═══ $6CO_2(g)+6H_2O(l)$。$\Delta_f H_m^\ominus(C_6H_{12}O_6, s) = -1274.5kJ/mol$，根据附录4的有关数据计算该反应在298.15K时的 $\Delta_r H_m^\ominus$。

答：$-2801.35kJ/mol$

2-5. 铝热反应可放出大量热，反应温度可达2000℃以上，能使铁熔化而应用于钢轨的焊接，还可以做成铝热燃烧弹等。铝热反应方程式为：$2Al(s)+Fe_2O_3(s)$ ═══ $Al_2O_3(s)+2Fe(s)$。根据附录4的有关数据计算该反应在298.15K时的 $\Delta_r H_m^\ominus$。

答：$-851.5kJ/mol$

2-6. 辛烷是汽油的主要成分，根据附录4的有关数据计算下列两个反应的热效应，并从计算结果比较可以得到什么结论？[已知 $\Delta_f H_m^\ominus(C_8H_{18}, l) = -218.97kJ/mol$]

(1) 完全燃烧：$C_8H_{18}(l)+25/2\ O_2(g)$ ═══ $8CO_2(g)+9H_2O(l)$

(2) 不完全燃烧：$C_8H_{18}(l)+9/2\ O_2(g) = 8C(s)+9H_2O(l)$

答：(1) $-5501.302kJ/mol$；(2) $-2353.23kJ/mol$；
完全燃烧的热效应比不完全燃烧的热效应大得多

2-7. 煤可作为燃料燃烧，也可以利用化学反应制造成"水煤气"燃料，反应方程式分别为：(1) $C(s)+O_2(g)$ ═══ $CO_2(g)$；(2) $C(s)+H_2O(g)$ ═══ $CO(g)+H_2(g)$。现假定煤中含碳量为100%，试计算298K时，1.00kg的煤单纯作为燃料和制成"水煤气"后用做燃料分别获得的最大热值。

答：(1) -3.28×10^4kJ；(2) -4.74×10^4kJ

2-8. 下列反应都是十分重要的火箭高能燃料燃烧反应，试按kJ/g反应物计算各有关反应的标准热效应值，并指出何者为优。已知数据如下：

物质	$N_2H_4(l)$	$H_2O_2(l)$	$LiBH_4(s)$	$KClO_4(s)$	$Li_2O(s)$
$\Delta_f H_m^\ominus/(kJ/mol)$	50.56	−187.8	−188	−430.1	−598.7
物质	$HNO_3(l)$	$(CH_3)_2N_2H_2(l)$	$CF_4(g)$	$ClF_3(l)$	$B_2O_3(s)$
$\Delta_f H_m^\ominus/(kJ/mol)$	−174.1	55.6	−925	−190	−1272.8

燃烧反应：

(1) $N_2H_4(l)+2H_2O_2(l)$ ═══ $N_2(g)+4H_2O(g)$

(2) $2LiBH_4(s)+KClO_4(s)$ ═══ $Li_2O(s)+B_2O_3(s)+KCl(s)+4H_2(g)$

(3) $5N_2H_4(l)+4HNO_3(l)$ ═══ $7N_2(g)+12H_2O(g)$

(4) $(CH_3)_2N_2H_2(l)+4ClF_3(l)$ ═══ $2CF_4(g)+N_2(g)+4HF(g)+4HCl(g)$

答：(1) $-6.42kJ/g$；(2) $-8.25kJ/g$；
(3) $-5.96kJ/g$；(4) $-6.05kJ/g$

2-9. 汽车尾气中含有CO，能否用热分解的途径消除它？已知热分解反应为 $CO(g)$ ═══ $C(s)+1/2\ O_2(g)$，该反应的 $\Delta_r H_m^\ominus = 110.5kJ/mol$，$\Delta_r S_m^\ominus = -89.0J/(mol\cdot K)$。

答：不能

2-10. 在298K、100kPa条件下，金刚石和石墨的标准摩尔熵分别为2.4 J/(mol·K)和5.73 J/(mol·K)，它们的标准摩尔燃烧焓分别为−395.40kJ/mol和−393.51kJ/mol，试求：(1) 在298K、100kPa条件下，石墨变成金刚石的 $\Delta_r G_m^\ominus$。(2) 说明在上述条件下，

石墨和金刚石哪种晶型较为稳定？

答：(1) 2.88kJ/mol；(2) 石墨更稳定

2-11. 超音速飞机燃料燃烧时排出的废气中含有 NO 气体，NO 可以直接破坏臭氧层：

$$NO(g)+O_3(g) = NO_2(g)+O_2(g)$$

已知 298K、标准态下，NO(g)、O_3(g) 和 NO_2(g) 的 $\Delta_f G_m^{\ominus}$ 分别为 86.7kJ/mol、163.6kJ/mol 和 51.8kJ/mol。求：此反应的 $K^{\ominus}$。

答：6.15×10^{34}

2-12. 设汽车内燃机内温度因燃料燃烧反应达到 1300℃，试估算反应：$N_2(g)+O_2(g) = 2NO(g)$在 1300℃时的标准摩尔反应吉布斯函数变的数值。

答：141.50kJ/mol

2-13. 有哪几种确定反应速率方程的方法？

2-14. 反应级数怎样确定？反应级数和反应分子数之间有什么联系？

2-15. 环丁烯异构化反应：（HC=CH 与 $H_2C—CH_2$ 成环）$\longrightarrow CH_2=CH—CH=CH_2$ 是一级反应，在 150℃ 时 $k_1=2.0\times10^{-4}$/s，150℃ 使气态环丁烯进入反应器，初始浓度为 1.89×10^{-3}mol/L。试计算：(1) 30min 后环丁烯的浓度是多少？(2) 反应的半衰期是多少？

答：(1) 1.3×10^{-3}mol/L；(2) 3.5×10^3s

2-16. 二甲醚 $(CH_3)_2O$ 分解为甲烷、氢和一氧化碳的反应的动力学实验数据如下：

t/s	0	200	400	600	800
$c[(CH_3)_2O]$/(mol/L)	0.01000	0.00916	0.00839	0.00768	0.00703

计算：(1) 600 s 和 800 s 间的平均速率；(2) 用浓度对时间作图（动力学曲线），求 800s 的瞬时速率。

答：(1) 3.25×10^{-6}mol/(dm³·s)；(2) 8.78×10^{-6}mol/(dm³·s)

2-17. 在 970K 下，反应 $2N_2O(g) = 2N_2(g)+O_2(g)$。起始时 N_2O 的压力为 2.93×10^4Pa，并测得反应过程中系统的总压变化如下表所示：

t/s	300	900	2000	4000
p(总)/$\times10^4$ Pa	3.33	3.63	3.93	4.14

求最初 300 s 与最后 2000 s 的时间间隔内的平均速率。

答：13.33 Pa/s；1.05 Pa/s

2-18. 在 600 K 下反应 $2NO + O_2 = 2N_2O$ 的初始浓度与初速率如下：(1) 求该反应的表观速率方程；(2) 计算速率常数；(3) 预计 $c_0(NO)=0.015$mol/L，$c_0(O_2)=0.025$mol/L 的初速率。

初始浓度/(mol/L)		初速度/[mol/(L·s)]
$c_0(NO)$	$c_0(O_2)$	$v_0=-dc(NO)/dt$
0.010	0.010	2.5×10^{-3}
0.010	0.020	5.0×10^{-3}
0.030	0.020	45×10^{-3}

答：(1) $v=kc^2(NO)\,c(O_2)$；(2) 2.5×10^3 L²/(s·mol²)；(3) 0.014mol/(L·s)

2-19. 在 300 K 下，氯乙烷分解反应的速率常数为 2.50×10^{-3}/min^{-1}。

(1) 该反应是几级反应？说明理由。

(2) 氯乙烷分解一半，需多少时间？

(3) 氯乙烷浓度由0.40mol/L降为0.010mol/L，需要多长时间？

(4) 若初始浓度为0.40mol/L，反应进行8小时后，氯乙烷浓度还剩余多少？

答：(1) 一级反应；(2) 277min；(3) 1476min；(4) 0.12mol/L

2-20. 放射性$^{60}_{27}Co$（半衰期$t_{1/2}=5.26$ a）发射的强γ-辐射广泛用于治疗癌症（放射疗法）。放射性物质的辐射强度以“居里”为单位表示。某医院购买了一个含20居里的钴源，在10年后，辐射强度还剩余多少？

答：5.3居里

2-21. 某一级反应，在300 K时反应完成50%需时20min，在350 K时反应完成50%需时5.0min，计算该反应的活化能。

答：24.2kJ

2-22. 温度相同时，三个基元反应的正逆反应的活化能如下：

基元反应	E_a/(kJ/mol)	E_a'/(kJ/mol)
1	30	55
2	70	20
3	16	35

问 (1) 哪个反应的正反应速率最大？(2) 反应1的反应焓多大？(3) 哪个反应的正反应是吸热反应？

答：(1) 反应3；(2) −25kJ/mol；(3) 反应2

2-23. Br_2分子分解为Br原子需要的最低解离能为190kJ/mol，求引起Br_2分子解离需要吸收的最低能量子的波长和频率。

答：629.8nm；4.763×10^{14} Hz

2-24. 反应$2A(g)+B(g)\longrightarrow 3C(g)$，已知A、B的初始浓度和反应的初速度υ的数据如下：

项目	c(A)/(mol/L)	c(B)/(mol/L)	υ/[mol/(L·s)]
(1)	0.20	0.30	2.0×10^{-4}
(2)	0.20	0.60	8.0×10^{-4}
(3)	0.30	0.60	8.0×10^{-4}

计算说明：(1) A和B的反应级数？(2) 求速率常数k(A)？(3) 写出反应的速率方程υ(A)。

答：(1) A反应级数为零级，B反应级数为二级；(2) 速率常数k为2.2×10^{-3} L/(mol·s)；(3) 速率方程为$\upsilon=2.2\times10^{-3}$ L/(mol·s)$\times c_B^2$

2-25. $^{90}_{38}Sr$的蜕变遵守一级速率定律，$k=3.48\times10^{-2}$/a，若开始时有1.00 g $^{90}_{38}Sr$，试求：(1) 半衰期；(2) 30年后残余的$^{90}_{38}Sr$。

答：(1) 20 a；(2) 0.35g

2-26. 钠灯发射波长为588nm的特征黄光，这种光的频率是多少？每摩尔光子的能量（以kJ/mol为单位）是多少？（已知$h=6.63\times10^{-34}$J·s）

答：频率为5.1×10^{14}；能量为203kJ/mol

2-27. 某化合物的热分解的反应为一级反应，在120min内分解了50%，试问其分解90%时所需的时间是多少？

答：398min

2-28. 发生有效碰撞时，反应物分子必须具有那两个条件？

2-29. 利用简单碰撞理论解释温度对反应速率的影响。

2-30. 什么叫做光化学反应？它与热化学反应有何异同点？

2-31. 什么叫做链反应？它一般分几步完成，举例说明。

第3章　水溶液中的化学与水资源保护

水溶液中存在着许多化学反应，尤其是酸、碱、盐及配合物的相关反应。本章介绍水溶液的通性；以化学平衡及其移动原理为基础，着重讨论水溶液中的离子平衡，包括弱电解质的解离平衡、难溶电解质的沉淀-溶解平衡以及配位平衡；对强电解质溶液及质子理论仅作简单介绍。

3.1　水溶液的通性

溶液中由于有溶质的分子或离子的存在，其性质与原溶剂已不相同。这些性质变化分为两类：第一类性质变化取决于溶质的本性，如溶液的颜色、密度和导电性等；第二类性质变化仅与溶质的量（浓度）有关而与溶质的本性无关，如溶液的蒸气压下降、沸点上升、凝固点下降和渗透压。我们把这些仅取决于溶质的质点数而与溶质本性无关的性质称为**稀溶液的依数性**（colligative properties of dilute solution），或称**稀溶液的通性**。

3.1.1　溶液的蒸气压

将纯液体放在留有一定空间的密闭容器中，在一定温度下，经过一定时间，当液体蒸发的速度和蒸气凝结的速度相等时，在液体与其蒸气之间建立起一种动态平衡，即气-液相平衡。平衡状态时的蒸气称为**饱和蒸气**（saturated vapor），所产生的压力称为**饱和蒸气压**（saturated vapor pressure），简称**蒸气压**（vapour pressure）。所有的纯液体在一定温度下都有确定的饱和蒸气压。以水为例，在一定温度下，水的气-液相平衡可表示为：

$$H_2O(l) \underset{凝结}{\overset{蒸发}{\rightleftharpoons}} H_2O(g)$$

其平衡常数是：

$$K^{\ominus} = p^*(H_2O)/p^{\ominus} \tag{3-1}$$

式中，$p^*(H_2O)$ 就是该温度下纯水的饱和蒸气压。100℃时，纯水的饱和蒸气压为101.325kPa。由于水的蒸发过程是吸热过程，因此随温度升高，$K^{\ominus}$将增大，即水的饱和蒸气压随温度升高而增大。

实验证明，当任何一种难挥发的物质溶解于纯液体中时，难挥发物质溶液的蒸气压总是低于纯溶剂的蒸气压。这里所谓溶液的蒸气压实际是指溶液中溶剂的蒸气压。同一温度下，纯溶剂蒸气压与溶液蒸气压之差，叫做溶液的**蒸气压下降**（vapor pressure lowing）。

蒸气压下降的原因有两种，一是因为当溶剂中溶解了难挥发溶质后，溶剂表面被一定数量的溶质粒子占据着，因此，在单位时间内从溶液中蒸发出来的溶剂分子数比从纯溶剂中蒸发出来的溶剂分子数少；二是溶质粒子（分子、离子）与溶剂分子间的作用力大于溶剂分子之间的作用力，因此，达到平衡时难挥发物质溶液的蒸气压就低于纯溶剂的蒸气压。显然，溶液浓度越大，溶液的蒸气压下降得越多。

1887年法国物理学家拉乌尔（F. M. Raoult）根据实验结果总结出如下规律：在一定温度下，难挥发的非电解质B（即溶质）稀溶液的蒸气压下降与溶质在溶液中的物质的量分数成正比，而与溶质本性无关。这个规律称为**拉乌尔定律**（Raoult's law）。其数学表达式为：

$$\Delta p = p^* y(B) \tag{3-2}$$

式中，Δp 表示溶液的蒸气压下降值；p^* 表示纯溶剂的蒸气压；$y(B)$ 表示溶质B的物

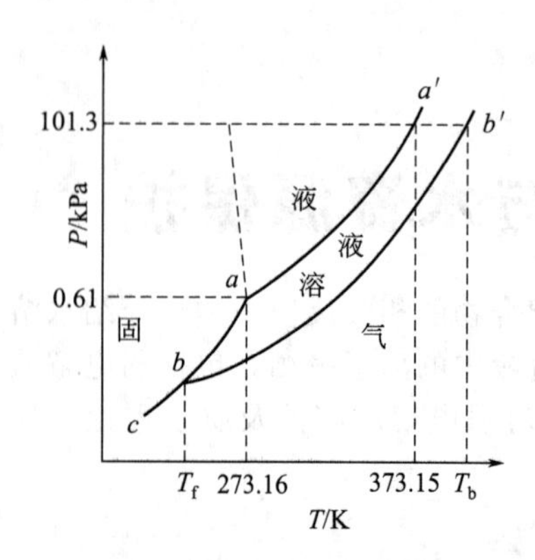

图 3-1 水、冰和溶液的蒸气压与温度的关系

质的量分数。必须指出，任何溶剂和溶液的蒸气压都因温度的不同而不同。

3.1.2 溶液的沸点升高和凝固点下降

日常生活中可以看到，在寒冬晾洗的衣服上结的冰可逐渐消失；大地上的冰雪不经融化也可逐渐减少乃至消失；樟脑球在常温下也可挥发，这些现象都说明固体表面的分子也能蒸发。如果把固体放到密闭器内，固体（固相）和它的蒸气（气相）之间也可达到相平衡，此时固体便具有一定的蒸气压，且随温度的升高而增大。

由水和冰的蒸气压曲线（图 3-1）可见，冰的蒸气压曲线的坡度比水的蒸气压曲线的坡度要大。随着温度上升，冰的蒸气压增加得比水的要快，这是由于冰变成蒸气的蒸发热大于水变成蒸气的蒸发热的缘故。

当某一液体的蒸气压等于外界压力时，液体就会沸腾，此时的温度称**沸点**（boiling point)。而某物质的**凝固点**（freezing point）或熔点（melting point）是该物质的液相蒸气压和固相蒸气压相等时的温度。若固相蒸气压大于液相蒸气压，则固相就要向液相转变，即固体熔化；反之，若固相蒸气压小于液相蒸气压，则液相就要向固相转变，即液体**凝固**(freezing)。总之，若固液两相蒸气压不等，两相就不能共存，必有一相要向另一相转化。实验表明，溶液的沸点总是高于纯溶剂，而溶液的凝固点则低于纯溶剂。这是由于溶液的蒸气压比纯溶剂的低，只有在更高的温度下才能使蒸气压达到与外压相等而沸腾，这就是沸点上升的原因。同样，由于溶液的蒸气压下降，低于冰的蒸气压，只有在更低的温度下才能使溶液与冰的蒸气压相等，这就是溶液凝固点下降的原因。由于蒸气压下降是与溶液浓度有关，因此，溶液的沸点上升和凝固点下降也必然与溶液浓度有关。根据实验可归纳出如下规律：难挥发的非电解质稀溶液的**沸点上升**（boiling point elevation）和**凝固点下降**（freezing point lowing）与溶液的质量摩尔浓度成正比，而与非电解质溶液本性无关。如果用数学表达式表示这一规律为：

$$\Delta T_b = K_b b \tag{3-3a}$$

$$\Delta T_f = K_f b \tag{3-3b}$$

式中，K_b 与 K_f 分别为溶剂的沸点上升常数和凝固点下降常数，单位为 K·kg/mol；b 为溶质的质量摩尔浓度，单位为 mol/kg。一些溶剂的 K_b 与 K_f 见表 3-1。

表 3-1 一些溶剂的凝固点下降常数和沸点上升常数

溶剂	凝固点/℃	K_f/(K·kg/mol)	沸点/℃	K_b/(K·kg/mol)
醋酸	17.0	3.9	118.1	2.93
苯	5.4	5012	80.2	2.53
氯仿	—	—	61.2	3.63
萘	80.0	6.8	218	5.80
水	0.0	1.86	100.0	0.51

3.1.3 溶液的渗透压

渗透必须通过一种特殊的膜进行，膜上的微孔只能允许溶剂分子通过，而不允许溶质分子通过，这种膜叫做**半透膜**（semipermeable membrane)。半透膜有两类：一是天然半透膜，如动物膀胱、肠衣、细胞膜等；二是人工半透膜，如硝化纤维素等。若被半透膜隔开的两种溶液的浓度不同，则可发生**渗透现象**（osmotic phenomenon)。如图 3-2 所示，纯水通过半透膜进入浓溶液，使浓溶液的浓度变稀，同时溶液的液面高度上升。当溶液的液面高度上升到一定高度，即作用于溶液上的压力达到一定数值时，在单位时间内，从两个相反的方向穿过半透膜的溶剂分子数目相等，这时系统在膜两侧达到了平衡状态。这时作用于溶液上的额外压力称为**渗透压**（osmotic pressure）。在一定温度下，溶液越浓，渗透压越大。当两种不同溶液的渗透压相同时称为**等渗溶液**（isotonic solution）。

如图 3-3 所示，如果外加在溶液上的压力超过了渗透压，则反而会使浓溶液中的溶剂向稀溶液中扩散，这种现象叫做**反渗透现象**（reverse osmotic phenomenon）。反渗透为海水淡化、工业废水或污水处理、溶液浓缩等提供了一个重要的方法。

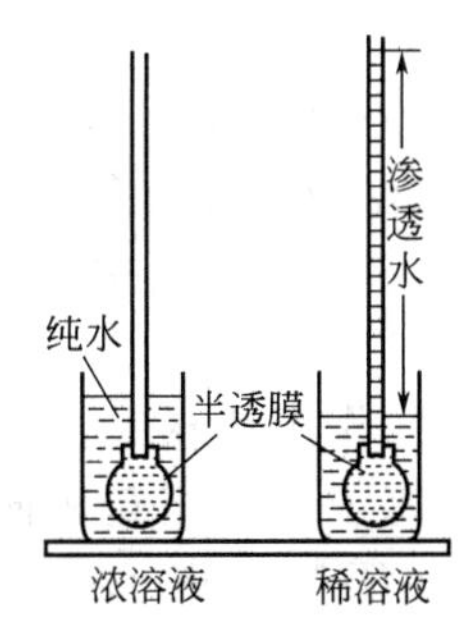

图 3-2　渗透压示意图

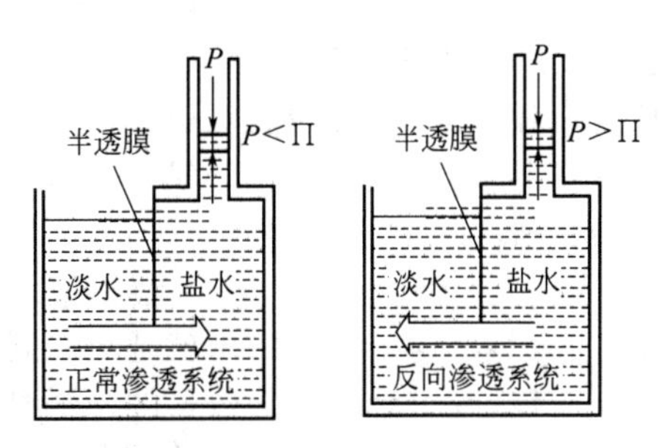

图 3-3　反渗透净化水

1886 年范特霍夫（J. H. Van't Hoff）发现非电解质稀溶液的渗透压可用与理想气体状态方程式完全相似的方程式来计算，称**范特霍夫方程式**（Van't Hoff equation），即：

$$\Pi V = n_B RT \tag{3-4a}$$

或

$$\Pi = \frac{n_B}{V}RT = c_B RT \tag{3-4b}$$

式中，Π 为溶液的渗透压；c_B 为溶液中溶质 B 的浓度；n_B 为溶质的物质的量；R 为气体常数；T 为热力学温度。此式表明在一定体积和温度下，溶液的渗透压只与溶液中所含溶质的物质的量有关，而与溶质本性无关。

3.1.4　电解质溶液的通性

电解质（electrolyte）是指在水溶液中或在熔融状态下能够导电的化合物。其导电原因是在水溶液中或在熔融状态下电解质解离成自由移动的离子。不同电解质的导电能力不同。我们把在水溶液中能够全部解离成离子、导电能力强的电解质称为**强电解质**（strong electrolyte）。通常它们是具有强极性键或典型离子键的化合物，如强酸（HCl、HNO_3 等）、强碱（NaOH、KOH 等）和大多数的盐类（KCl、Na_2SO_4 等）。

在水溶液中部分解离、导电能力弱的电解质称为**弱电解质**（weak electrolyte）。它们是一些弱极性键化合物，如醋酸（HOAc）、氢氰酸（HCN）、氨水（$NH_3 \cdot H_2O$）等。有的盐类如 $BaSO_4$ 在水溶液中难溶解，但溶于水的那部分能完全解离，也是强电解质，称为**难溶电解质**（undissolved electrolyte）；而醋酸几乎全部溶于水中，但它只能部分解离，是弱电解质。因此，不要把物质的溶解度大小与电解质的强弱相混淆。

电解质在水溶液中都是以水合离子（或分子）形式存在，如水合氢离子，以 H_3O^+ 表示；为简便起见，可以用 H^+ 来表示水合氢离子。因此本书采用离子的简单表示方式，如 H^+、OH^-、Na^+ 等。

强电解质在水溶液中理论上应是 100%解离成离子。但是根据溶液导电性实验测得的强电解质解离度都小于 100%。这种由实验测得的解离度称为**表现解离度**（apparent dissociation degree）。表 3-2 中列出了几种 0.1mol/L 强电解质溶液的表观解离度。

表 3-2 强电解质溶液的表现解离度（25℃，0.1mol/L）

电解质	解离式	表现解离度	电解质	解离式	表现解离度
盐酸	$HCl \rightarrow H^+ + Cl^-$	92%	氢氧化钡	$Ba(OH)_2 \rightarrow Ba^{2+} + 2OH^-$	81%
硝酸	$HNO_3 \rightarrow H^+ + NO_3^-$	92%	氯化钾	$KCl \rightarrow K^+ + Cl^-$	86%
氢氧化钠	$NaOH \rightarrow Na^+ + OH^-$	91%	硫酸锌	$ZnSO_4 \rightarrow Zn^{2+} + SO_4^{2-}$	40%

是什么原因造成强电解质在溶液不能完全解离的假象呢？1923 年，德拜（P. J. W. Debye）和休格尔（Huckel）提出强电解质溶液离子互吸理论，解释了强电解质在溶液中解离度小于100%的现象。该理论认为：强电解质在水溶液中是完全解离的，但不完全“自由”，在溶液中存在着暂时的组合**“离子氛”**（ion atmosphere）（图 3-4）。这是由于在溶液中，阴阳离子间的静电作用比较显著，在阳离子周围吸引着较多的阴离子，在阴离子周围吸引着较多的阳离子。这种情况好像在阳离子周围有阴离子氛，在阴离子周围有阳离子氛。离子在溶液中的运动受到周围离子氛的牵制，并非完全自由。

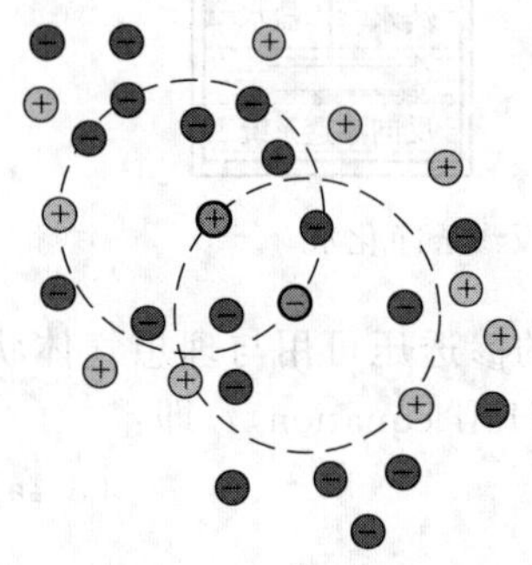
图 3-4 离子氛示意

显然溶液的浓度越大，离子氛的作用就越大，游离离子的浓度就越小。同时因为电荷相反的离子总会相互碰撞而形成一定数量的、暂时结合的“离子对”，限制了离子的活动性，使离子的“有效浓度”小于它们的理论浓度。

为了定量地描述强电解质溶液中离子间相互牵制作用的大小，引入了**活度**（activity）的概念。活度就是单位体积电解质溶液中离子的真实浓度（也称**有效浓度**），用符号 α 表示。某种离子的活度与其浓度（c）的关系为：

$$\alpha = \gamma c \tag{3-5}$$

式中，γ 称为**活度系数**（activity coefficient）。一般情况下 $\alpha < c$，故 γ 小于 1。显然，溶液中离子浓度越大，离子间相互牵制程度越大，γ 越小。此外，离子所带的电荷数越大，离子间的相互作用也越大，同样会使 γ 减小。而在弱电解质及难溶强电解质溶液中，由于离子浓度很小，离子间的距离较大，相互作用较弱。此时，活度系数 γ 近似等于 1，离子的活度与浓度几乎相等，故在近似计算中通常用离子浓度代替活度，不会引起大的误差。在本章的计算中，如不特别指出，则认为 $\alpha \approx c$，$\gamma \approx 1$，近似采用离子的浓度进行计算。

3.1.5 稀溶液依数性的应用

【例 3-1】 2.6g 尿素 $CO(NH_2)_2$ 溶于 50g 水中，计算此溶液的凝固点和沸点。已知尿素的 $K_b = 0.52\ K \cdot kg/mol$，$K_f = 1.6\ K \cdot kg/mol$，摩尔质量为 60g/mol。

解：2.6g 尿素物质的量：$n = \dfrac{2.6g}{60g/mol} = 0.0433mol$

尿素的质量摩尔浓度 $b = \dfrac{n_{溶质}}{m_{溶剂}} = \dfrac{0.0433mol}{50 \times 10^{-3}kg} = 0.866mol/kg$

根据式(3-3a) 得：$\Delta T_b = K_b b = 0.52K \cdot kg/mol \times 0.866mol/kg = 0.45K$

根据式(3-3b) 得：$\Delta T_f = K_f b = 1.6K \cdot kg/mol \times 0.866mol/kg = 1.39K$

所以：溶液的沸点 $T_b = 373.15K + 0.45K = 373.60K$

溶液的凝固点 $T_f = 273.15K - 1.39K = 271.76K$

溶液的沸点上升和凝固点下降，在日常生活和科学研究中具有实际意义。如在汽车、拖拉机的水箱（散热器）中加入乙二醇、酒精、甘油等，可使凝固点下降而防止冬季结冰；有机化学实验中常用测定沸点或熔点的方法来检验化合物的纯度，因为含杂质的化合物可看做是一种溶液。化合物本身是溶剂，杂质是溶质，所以含杂质的物质熔点比纯化合物低，沸点比纯化合物高。

【例 3-2】 将 1.0g 血红素溶于水配成 100mL 溶液，此溶液在 20℃时的渗透压为 366Pa。计算：(1) 溶液的物质的量浓度。(2) 血红素的摩尔质量。

解：(1) 根据式(3-4b) 得：

$$c_B=\frac{\Pi}{RT}=\frac{366\text{Pa}}{8.314\text{J/(mol·K)}\times(273.15+20)\text{K}}$$
$$=1.50\times10^{-1}\text{mol/m}^3=1.50\times10^{-4}\text{mol/L}$$

(2) 因为 $c_B=\frac{n_B}{V}=\frac{W/M}{V}$

所以 $M=\frac{W}{c_BV}=\frac{1.0\text{g}}{1.50\times10^{-4}\text{mol/L}\times100\times10^{-3}\text{L}}$
$=6.7\times10^4\text{g/mol}$

所以溶液的物质的量浓度为 1.50×10^{-4}mol/L，血红素的摩尔质量为 6.7×10^4g/mol。

大多数有机体的细胞膜有半透膜的性质，因此渗透现象对生命有着重大意义。例如，为什么生理盐水的浓度必须是 0.9%？这就跟渗透压有关。人体的血液是由血细胞和液体血浆组成。血细胞有红细胞、白细胞和血小板 3 种，其中红细胞占绝大多数。在正常情况下，红细胞内的渗透压跟它周围血浆的渗透压相等，它们是等渗溶液（人体血液的渗透压约为 0.78MPa），为了维持血管里正常的渗透压，往血管里输液时，也要用等渗溶液，0.9%生理盐水就是与血浆等渗的溶液。

若遇到特殊情况，如大面积烧伤引起血浆严重脱水就要用低浓度的盐水补充血浆里的水分；如病人失钠过多，引起血浆的水分相对增多时，为了调节血浆的浓度，就要用高浓度的盐水，即高渗盐水。

综上所述，难挥发非电解质稀溶液的蒸汽压下降、沸点升高、凝固点降低以及渗透压与溶质的物质的量（即溶质的粒子数）成正比，与溶质的本性无关，这就是**稀溶液定律**（law of dilute solution），又称**依数定律**（law of colligative properties of dilute solution）。

3.2 酸碱反应及其应用

3.2.1 水的解离平衡

水的电导率实验证明，纯水有微弱的导电性。因为水是一种极弱的电解质，绝大部分水以 H_2O 形式存在，有极少量的水分子解离成了 H^+ 和 OH^-。水分子的解离过程是可逆的：

$$H_2O \rightleftharpoons H^+ + OH^-$$

其标准平衡常数：

$$K_w^\ominus=\{c(H^+)/c^\ominus\}\cdot\{c(OH^-)/c^\ominus\} \quad (3\text{-}6)$$

式中，$K_w^\ominus$ 为**水的离子积常数**（ion product constant of water），也称为**离子积**（ion product constant）；$c(H^+)$、$c(OH^-)$ 分别为平衡时 H^+、OH^- 的物质的量浓度；$c^\ominus$ 为标准浓度，即 1mol/L。

由于水的解离要破坏水分子间的氢键，更重要的是将 H_2O 解离成 H^+ 及 OH^-，因此水的解离过程是吸热过程，$K_w^\ominus$ 随温度升高而增大，表 3-3 列出了 0～100℃之间的 $K_w^\ominus$。$K_w^\ominus$ 可从实验测得，也可由热力学数据计算求得。在常温时，$K_w^\ominus$ 的值一般可取为 1.00×10^{-14}。

表 3-3 不同温度下水的离子积

t/℃	0	10	20	25	40	50	90	100
$K_w^\ominus/\times10^{-14}$	0.11383	0.2917	0.6808	1.009	2.917	5.470	38.02	54.95

3.2.2 溶液的酸碱性与 pH 值

3.2.2.1 溶液的酸碱性与 pH 值

式(3-6) 表明：水溶液不论是酸性还是碱性，H^+ 与 OH^- 同时存在，且两者的浓度互成反比，如图 3-5 所示。

中性溶液中：$c(H^+)=c(OH^-)$，　　$c(H^+)=1.0\times10^{-7}$ mol/L；

酸性溶液中：$c(H^+)>c(OH^-)$，　　$c(H^+)>1.0\times10^{-7}$ mol/L；

碱性溶液中：$c(H^+)<c(OH^-)$，　　$c(H^+)<1.0\times10^{-7}$ mol/L。

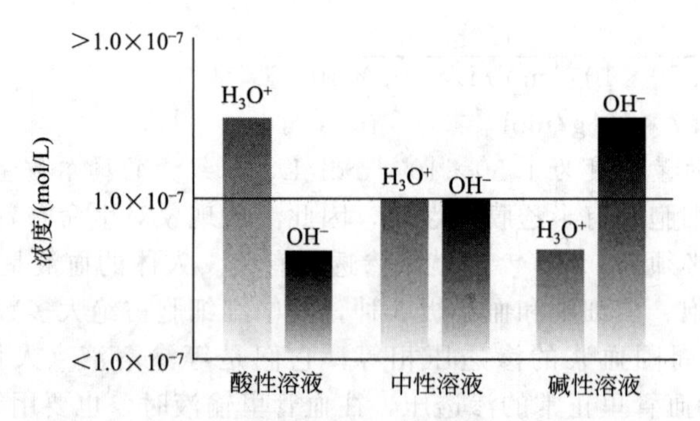

图 3-5 水溶液的酸碱性与 H^+、OH^- 浓度的关系

溶液酸碱性的 pH 值表示法：因为氢离子浓度 $c(H^+)$ 太小，用其表示溶液酸碱度不够方便，所以常用氢离子浓度的负对数值表示溶液酸碱性，即：

$$pH=-\lg\{c(H^+)/c^{\ominus}\} \tag{3-7}$$

pH 为溶液中 H^+ 浓度的负对数，同理 pOH 为溶液中 OH^- 浓度的负对数，$pK_w^{\ominus}$ 为 $K_w^{\ominus}$ 的负对数。

根据式(3-6) 可得：

$$pH+pOH=pK_w^{\ominus}=14.00 \tag{3-8}$$

因此水溶液中 pH、pOH 与溶液的酸碱性之间存在如下对应关系：

中性溶液中：pH=7，　　pOH=7；

酸性溶液中：pH<7，　　pOH>7；

碱性溶液中：pH>7，　　pOH<7。

若 pH<0 或 pOH>14，则因为溶液的酸性或碱性很大，则直接用 $c(H^+)$ 或 $c(OH^-)$ 表示溶液的酸碱性。

【例 3-3】 氢离子浓度与 pH 间的相互换算：（1）$c(H^+)=5.6\times10^{-5}$ mol/L；（2）pH=0.25。

解：（1）已知 $c(H^+)=5.6\times10^{-5}$ mol/L，即 $pH=-\lg\{c(H^+)/c^{\ominus}\}=5-\lg5.6=4.25$

（2）已知 pH=0.25，则 $c(H^+)=10^{-0.25}\times c^{\ominus}=0.56$ mol/L

【例 3-4】 计算 0.050mol/L 的 HCl 溶液的 pH 和 pOH。

解：因为盐酸为强酸，在溶液中全部解离：

$$HCl \longrightarrow H^+ + Cl^-$$

所以 $c(H^+)=c(HCl)=0.050$ mol/L

$$pH=-\lg\{c(H^+)/c^{\ominus}\}=-\lg0.050=1.30$$

根据式(3-8) 得：$pOH=pK_w^{\ominus}-pH=14.00-1.30=12.70$

3.2.2.2 酸碱指示剂

测定溶液 pH 值的方法很多。常用的有酸碱指示剂、pH 试纸及 pH 计（即酸度计）。

酸碱指示剂（acid-base indicator）是一种有机染料，一般指有机弱酸或有机弱碱。随着溶液 pH 值改变，酸碱指示剂本身的结构发生变化而引起颜色改变，每一种酸碱指示剂都有自己的变色范围（图 3-6）。

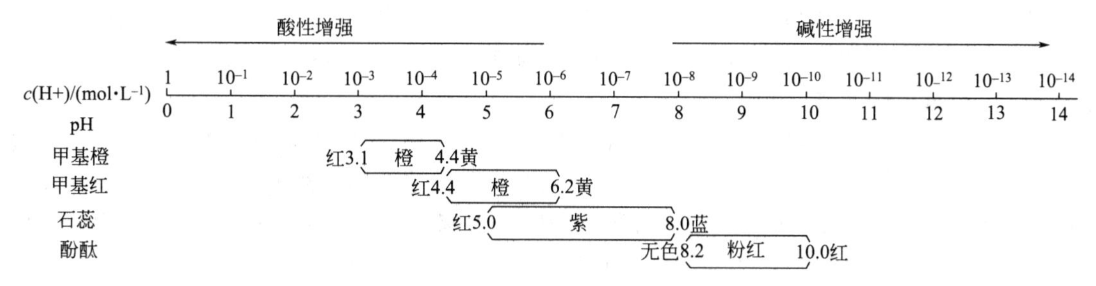

图 3-6　溶液酸碱性及指示剂变色范围

由图 3-6 可知，甲基橙［红（pH<3.1）～橙（pH 3.1～4.4）～黄（pH>4.4）］和甲基红［红（pH<4.4）～橙（pH 4.4～6.2）～黄（pH>6.2）］的变色范围在酸性范围内；酚酞的变色范围［无色（pH<8.2）～粉红（pH 8.2～10.0）～红（pH>10.0）］在碱性范围内；石蕊的变色范围［红（pH<5.0）～紫（pH 5.0～8.0）～蓝（pH>8.0）］接近中性。利用这一特性可以指示溶液的 pH 值范围，例如，含有甲基橙的溶液呈红色，说明该溶液的 pH 值<3.1；若呈黄色，说明该溶液的 pH 值>4.4；若呈橙色，说明该溶液的 pH 值在 3.1～4.4 范围内。如采用混合指示剂（两种或多种指示剂的混合），则指示的 pH 值范围可以更窄、更精确。

pH 试纸是利用混合指示剂制成的，将试纸用多种酸碱指示剂的混合溶液浸透后经晾干制成。它对不同 pH 值的溶液能显示不同的颜色，据此可以迅速地判断溶液的酸碱性。常用的 pH 试纸有广范 pH 试纸和精密 pH 试纸。前者可以识别的 pH 差值约为 1，后者可识别的 pH 差值可以达到 0.2 或 0.3。

pH 计是通过电学系统用数码管直接显示溶液 pH 值的电子仪器，由于使用快速、准确，已广泛用于科研和生产中。

3.2.3　酸碱质子理论

酸碱物质和酸碱反应是化学研究的重要内容。在科学实验和生产实际中有着广泛的应用。随着人们对酸碱物质认识的不断深入，提出了不同的酸碱理论，如 1887 年阿仑尼乌斯（S. A. Arrhenius）的解离理论，1905 年弗兰克林（E. G. Frankin）的溶剂理论，1923 年布朗斯特（J. N. Brønsted）和劳莱（T. M. Lowry）的质子理论，路易斯（G. N. Lewis）的电子理论，以及 20 世纪 60 年代发展起来的软硬酸碱原理等。本书只对酸碱质子理论作简要介绍。

3.2.3.1　酸碱定义

1923 年，丹麦化学家布朗斯特（J. N. Brønsted）和英国化学家劳莱（T. M. Lowry）各自独立提出**酸碱质子理论**（proton theory of acid-base），又称为**布朗斯特-劳莱理论**（Brønsted- Lowry theory）。该理论认为：酸是能给出质子（即 H^+，不同于水溶液中的水合氢离子 H_3O^+）的物质；碱是能接受质子（H^+）的物质。简单地说，酸是质子给予体（proton doner），而碱是质子接受体（proton acceptor）。按此理论，酸又称为**质子酸**（proton acid）或**布朗斯特酸**（Brønsted acid），碱又称为**质子碱**（proton base）或**布朗斯特碱**（Brønsted base）。

例如：

质子酸　　　　　　　　质子碱

$HCl \longrightarrow H^+ + Cl^-$　　　　$HCO_3^- + H^+ \rightleftharpoons H_2CO_3$

$NH_4^+ \rightleftharpoons H^+ + NH_3$ $\qquad$ $H_2O + H^+ \rightleftharpoons H_3O^+$

$H_2PO_4^- \rightleftharpoons H^+ + HPO_4^{2-}$ $\qquad$ $[Cu(H_2O)_3(OH)]^+ + H^+ \rightleftharpoons [Cu(H_2O)_4]^{2+}$

质子酸和质子碱均可以是阳离子、阴离子或中性分子，如质子酸 HCl、NH_4^+、$H_2PO_4^-$；质子碱 H_2O、Cl^-、$[Cu(H_2O)_3(OH)]^+$；有些物质既可作为酸提供质子，也可作为碱接受质子，如 H_2O、HCO_3^-、$H_2PO_4^-$ 等，这类物质称为**两性物质**（amphoteric compound）。

3.2.3.2 酸碱共轭关系

按酸碱质子理论，酸给出质子变为相应的碱，碱接受质子后成为相应的酸，此即为“酸中有碱、碱中有酸”。酸碱的这种相互依存、相互转化的关系称为**共轭关系**（conjugate relation）。当酸失去一个质子而形成的碱称为该酸的**共轭碱**（conjugate base），而碱接受一个质子后就成为该碱的**共轭酸**（conjugate acid）。

由得失一个质子而发生共轭关系的一对酸碱，称为**共轭酸碱对**（conjugated pair of acid-base）。当酸碱反应达到平衡时，共轭酸碱对必定同时存在。共轭酸碱对之间只相差一个 H^+，如 NH_4^+ 和 NH_3、HOAc 和 OAc^-。

3.2.3.3 酸碱反应的实质

由于质子半径很小（$r=10^{-3}$ pm），电荷密度高，溶液中不可能存在游离的质子。当酸给出质子时，溶液中必定有碱来接受酸给出的质子。因此酸碱反应的实质是质子传递反应。酸碱反应达平衡后，酸碱得失质子的物质的量应该相等；即酸（1）将质子传递给碱（2），然后各自转变成其共轭酸碱：

$$\text{酸}(1)+\text{碱}(2)\rightleftharpoons\text{共轭碱}(1)+\text{共轭酸}(2)$$

在酸碱反应中至少存在两对共轭酸碱。质子传递的方向是从给出质子能力强的酸传递给接受质子能力强的碱，酸碱反应的生成物是另一种弱酸和另一种弱碱。反应方向总是从较强酸、较强碱向较弱酸、较弱碱方向进行。如：

$$HCl + NH_3 \rightleftharpoons NH_4^+ + Cl^-$$

因为酸性：$HCl > NH_4^+$；碱性：$NH_3 > Cl^-$，所以反应向右进行。

酸碱质子理论扩大了酸碱物质和酸碱反应的范围，但酸碱质子理论不能讨论不含质子的酸碱物质，对无质子转移的酸碱反应也不能进行研究，因此酸碱质子理论仍有其局限性。

3.2.4 弱酸弱碱的解离平衡

弱酸、弱碱是弱电解质，在水溶液中是部分解离的，溶液中存在着已解离的离子和未解离的分子之间的平衡，这种平衡称为**解离平衡**（dissociation equilibrium）。

3.2.4.1 标准解离平衡常数

一元弱酸如醋酸、氢氟酸等用 HA 表示，在水溶液中存在着下列解离平衡：

$$HA(aq) + H_2O(l) \rightleftharpoons H_3O^+(aq) + A^-(aq)$$

常简写为：

$$HA(aq) \rightleftharpoons H^+(aq) + A^-(aq)$$

根据化学平衡原理，其**标准解离平衡常数**（standard dissociation equilibrium constant）$K_a^\ominus$ 为：

$$K_a^\ominus = \frac{\{c(H^+)/c^\ominus\}\cdot\{c(A^-)/c^\ominus\}}{c(HA)/c^\ominus} \tag{3-9}$$

式中，$K_a^\ominus$ 为弱酸的标准解离平衡常数，简称**解离常数**（dissociation constant）；$c(H^+)$、$c(A^-)$ 分别为平衡时 H^+、A^- 的物质的量浓度；$c(HA)$ 为平衡时未解离的 HA 的物质的量浓度。

若以 A^- 表示一元弱碱，则一元弱碱在水溶液中存在下列平衡：

$$A^-(aq) + H_2O(l) \rightleftharpoons HA(aq) + OH^-(aq)$$

一元弱碱的标准解离平衡常数 $K_b^\ominus$：

$$K_b^\ominus=\frac{\{c(HA)/c^\ominus\}\cdot\{c(OH^-)/c^\ominus\}}{c(A^-)/c^\ominus} \tag{3-10}$$

$K_a^\ominus$、$K_b^\ominus$是化学平衡常数$K^\ominus$的一种形式，具有$K^\ominus$的特性，故与解离平衡系统中各组分的浓度无关，与温度有关。但是由于解离过程的热效应不大，所以温度对$K^\ominus$的影响不显著，室温下研究解离平衡时，可不考虑温度的影响。解离常数$K^\ominus$可以通过实验测定，也可以通过热力学数据进行计算。

【例 3-5】 已知：　$HCN(aq) \rightleftharpoons H^+(aq) + CN^-(aq)$

$\Delta_f G_{m,B}^\ominus$/（kJ/mol）　119.25　　0　　172.4

求氢氰酸的标准解离常数$K_a^\ominus$。

解：

$$\begin{aligned}\Delta_r G_m^\ominus &= \Delta_f G_m^\ominus(CN^-)+\Delta_f G_m^\ominus(H^+)-\Delta_f G_m^\ominus(HCN)\\ &=172.4kJ/mol-119.25kJ/mol\\ &=53.15kJ/mol\end{aligned}$$

$$\Delta_r G_m^\ominus=-RT\ln K_a^\ominus$$

所以

$$\begin{aligned}\lg K_a^\ominus &= \frac{-\Delta_r G_m^\ominus}{2.303RT}\\ &=\frac{-53.15\times10^3 J/mol}{2.303\times8.314J/(mol\cdot K)\times298.15K}\\ &=-9.31\end{aligned}$$

$$K_a^\ominus=4.90\times10^{-10}$$

其他弱酸、弱碱的解离常数可按照氢氰酸的方法进行计算，一些常见的弱酸、弱碱的解离常数见表 3-4 所列。

表 3-4　常见弱酸、弱碱的解离常数

弱酸或弱碱	分子式	$K_a^\ominus$或$K_b^\ominus$	$pK_a^\ominus$或$pK_b^\ominus$①
醋酸	$HOAc$	$K_a^\ominus=1.76\times10^{-5}$	4.75
硼酸	H_3BO_3	$K_{a_1}^\ominus=5.8\times10^{-10}$	9.24
		$K_{a_2}^\ominus=1.8\times10^{-13}$	12.74
		$K_{a_3}^\ominus=1.6\times10^{-14}$	13.80
碳酸	H_2CO_3	$K_{a_1}^\ominus=4.3\times10^{-7}$	6.37
		$K_{a_2}^\ominus=5.61\times10^{-11}$	10.25
氢氰酸	HCN	$K_a^\ominus=4.93\times10^{-10}$	9.31
氢硫酸	H_2S	$K_{a_1}^\ominus=9.5\times10^{-8}$	7.02
		$K_{a_2}^\ominus=1.3\times10^{-14}$	13.90
甲酸	$HCOOH$	$K_a^\ominus=1.77\times10^{-4}$	3.75
氯乙酸	$ClCH_2COOH$	$K_a^\ominus=1.38\times10^{-3}$	2.86
二氯乙酸	$Cl_2CHCOOH$	$K_a^\ominus=5.5\times10^{-2}$	1.26
亚硝酸	HNO_2	$K_a^\ominus=5.62\times10^{-4}$	3.25
磷酸	H_3PO_4	$K_{a_1}^\ominus=7.52\times10^{-3}$	2.12
		$K_{a_2}^\ominus=6.23\times10^{-8}$	7.21
		$K_{a_3}^\ominus=4.8\times10^{-13}$	13.32
硅酸	H_2SiO_3	$K_{a_1}^\ominus=2.2\times10^{-10}$	9.77
		$K_{a_2}^\ominus=1.58\times10^{-12}$	11.80
亚硫酸	H_2SO_3	$K_{a_1}^\ominus=1.40\times10^{-2}$	1.85
		$K_{a_2}^\ominus=6.00\times10^{-8}$	7.22
草酸	$H_2C_2O_4$	$K_{a_1}^\ominus=5.9\times10^{-2}$	1.23
		$K_{a_2}^\ominus=6.4\times10^{-5}$	4.19
过氧化氢	H_2O_2	$K_a^\ominus=2.40\times10^{-12}$	11.62
氨水	$NH_3\cdot H_2O$	$K_b^\ominus=1.79\times10^{-5}$	4.75

① $pK_a^\ominus$、$pK_b^\ominus$表示解离常数$K_a^\ominus$、$K_b^\ominus$的负对数。

解离常数 $K_a^\ominus$（或 $K_b^\ominus$）的大小反映了弱电解质解离程度的大小。在同温度、同浓度下，同类型的弱酸（或弱碱）的 $K_a^\ominus$（或 $K_b^\ominus$）越大，则其溶液的酸性（或碱性）就越强。一般 $K_a^\ominus$（或 $K_b^\ominus$）$=10^{-2}\sim10^{-3}$称为中强电解质；$K_a^\ominus$（或 $K_b^\ominus$）$<10^{-4}$称为弱电解质；$K_a^\ominus$（或 $K_b^\ominus$）$<10^{-7}$称为极弱电解质。

3.2.4.2 共轭酸碱对 $K_a^\ominus$ 和 $K_b^\ominus$ 的关系

设共轭酸碱对中的弱酸在水溶液中的解离常数为 $K_a^\ominus$，它的共轭碱的解离常数为 $K_b^\ominus$，以共轭酸碱对 HOAc/OAC⁻ 为例来说明共轭酸碱对的离解常数 $K_a^\ominus$ 和 $K_b^\ominus$ 之间的关系。

$$HOAc(aq) \rightleftharpoons H^+(aq) + OAc^-(aq) \qquad K_a^\ominus$$

$$K_a^\ominus = \frac{\{c(H^+)/c^\ominus\}\cdot\{c(OAc^-)/c^\ominus\}}{c(HOAc)/c^\ominus}$$

$$OAc^-(aq) + H_2O(l) \rightleftharpoons HOAc(aq) + OH^-(aq) \qquad K_b^\ominus$$

$$K_b^\ominus(OAc^-) = \frac{\{c(HOAc)/c^\ominus\}\cdot\{(c(OH^-)/c^\ominus\}}{c(OAc^-)/c^\ominus}$$

所以

$$K_a^\ominus \times K_b^\ominus = \frac{\{c(H^+)/c^\ominus\}\cdot\{c(OAc^-)/c^\ominus\}}{c(HOAc)/c^\ominus} \times \frac{\{c(HOAc)/c^\ominus\}\cdot\{c(OH^-)/c^\ominus\}}{c(OAc^-)/c^\ominus}$$

$$= \{c(H^+)/c^\ominus\}\cdot\{c(OH^-)/c^\ominus\}$$

$$= K_w^\ominus$$

任何共轭酸碱对的解离常数之间都有上述同样的关系，即：

$$K_a^\ominus \times K_b^\ominus = K_w^\ominus \tag{3-11a}$$

或

$$K_a^\ominus = \frac{K_w^\ominus}{K_b^\ominus}; \qquad K_b^\ominus = \frac{K_w^\ominus}{K_a^\ominus} \tag{3-11b}$$

共轭酸碱对的离解常数 $K_a^\ominus$ 和 $K_b^\ominus$ 互成反比，说明酸越强，其共轭碱越弱；反之亦然，见表 3-5 所列。强酸（如 HCl）的共轭碱（Cl⁻）碱性极弱，可认为是中性的。

表 3-5 常见的共轭酸碱对

	酸$\rightleftharpoons$H⁺＋碱			酸$\rightleftharpoons$H⁺＋碱	
酸性增强 ↑	$HCl \rightleftharpoons H^+ + Cl^-$	碱性增强 ↓	酸性增强 ↑	$NH_4^+ \rightleftharpoons H^+ + NH_3$	碱性增强 ↓
	$H_3O^+ \rightleftharpoons H^+ + H_2O$			$HCN \rightleftharpoons H^+ + CN^-$	
	$H_3PO_4 \rightleftharpoons H^+ + H_2PO_4^-$			$HCO_3^- \rightleftharpoons H^+ + CO_3^{2-}$	
	$HOAc \rightleftharpoons H^+ + OAc^-$			$H_2O \rightleftharpoons H^+ + OH^-$	
	$H_2CO_3 \rightleftharpoons H^+ + HCO_3^-$			$NH_3 \rightleftharpoons H^+ + NH_2$	
	$H_2S \rightleftharpoons H^+ + HS^-$				

根据式(3-11a)，只要知道共轭酸碱对中弱酸的解离常数 $K_a^\ominus$，便可算出共轭碱的解离常数 $K_b^\ominus$；或已知弱碱的解离常数 $K_b^\ominus$，便可算出共轭酸的解离常数 $K_a^\ominus$。例如已知 HOAc 的 $K_a^\ominus=1.76\times10^{-5}$，则 OAc⁻ 的 $K_b^\ominus=\frac{K_w^\ominus}{K_a^\ominus}=\frac{1.00\times10^{-14}}{1.76\times10^{-5}}=5.68\times10^{-10}$。如果已知弱酸或弱碱的浓度，就可根据解离平衡方便地计算出弱酸或弱碱溶液的 H⁺ 离子或 OH⁻ 离子浓度及其 pH 值。

【例 3-6】 计算 0.10mol/L NH_4Cl 溶液中 H⁺ 离子浓度及其 pH 值。

解：从表 3-4 中查出弱酸 NH_4^+ 的共轭碱 NH_3 的 $K_b^\ominus=1.79\times10^{-5}$

根据式(3-11b) 则 NH_4^+ 的 $K_a^\ominus=\frac{1.00\times10^{-14}}{1.79\times10^{-5}}=5.59\times10^{-10}$

假设平衡时 0.10mol/L NH_4Cl 溶液中解离出来的 H⁺ 离子浓度为 $x$mol/L

$$NH_4^+(aq) \rightleftharpoons H^+(aq) + NH_3(aq)$$

平衡浓度/(mol/L) $\quad 0.10-x \quad x \quad x$

$$K_a^\ominus = \frac{\{c(H^+)/c^\ominus\} \cdot \{c(NH_3)/c^\ominus\}}{c(NH_4^+)/c^\ominus}$$

$$\frac{x^2}{0.10-x} = 5.59\times10^{-10}$$

由于 $K_a^\ominus$ 很小，所以 $0.10-x\approx0.10$

$$\frac{x^2}{0.10} = 5.59\times10^{-10}$$

$$x = 7.48\times10^{-6}$$

$$\text{所以 } c(H^+) = 7.48\times10^{-6}\text{mol/L}$$

$$pH = -\lg\{c(H^+)/c^\ominus\} = -\lg(7.48\times10^{-6}) = 5.13$$

3.2.4.3 解离度和稀释定律

（1）解离度 弱电解质在水溶液中的解离程度还可用解离度（α）来表示：

$$\alpha = \frac{\text{已经解离的弱电解质浓度}}{\text{弱电解质的起始浓度}} \times 100\% \tag{3-12}$$

在温度、浓度相同的条件下，解离度大，表示该弱电解质相对较强。解离度与解离常数不同，解离度与溶液浓度有关，而解离常数和溶液浓度无关。故在表示解离度时必须指出酸或碱的浓度。下面以一元弱酸 HA 为例，通过计算来说明解离度 α 与浓度 c 之间的关系。

（2）解离度和解离常数的关系

$$HA(aq) \rightleftharpoons H^+(aq) + A^-(aq)$$

起始浓度/(mol/L) $\quad c/c^\ominus \quad 0 \quad 0$

平衡浓度/(mol/L) $\quad c(1-\alpha)/c^\ominus \quad c\alpha/c^\ominus \quad c\alpha/c^\ominus$

$$K_a^\ominus = \frac{\{c(H^+)/c^\ominus\} \cdot \{c(A^-)/c^\ominus\}}{c(HA)/c^\ominus} = \frac{c\alpha \cdot c\alpha/c^\ominus}{c(1-\alpha)} = \frac{c\alpha^2/c^\ominus}{1-\alpha} \tag{3-13}$$

对于弱电解质，其解离度 α 一般很小，可认为 $1-\alpha\approx1$，因此式(3-13) 变为：

$$K_a^\ominus = c\alpha^2/c^\ominus \quad \text{或} \quad \alpha = \sqrt{\frac{K_a^\ominus}{c/c^\ominus}} \tag{3-14}$$

从式(3-14) 可以看出，在一定温度下，$K_a^\ominus$ 为常数，当溶液稀释时，c 值变小，则解离度 α 增大，α 与 $\sqrt{c}$ 成反比，此规律称为**稀释定律**（dilution law）。它将弱电解质的解离度、解离常数和浓度三者联系起来，已知其中两项就可以计算另一项。

根据稀释定律，可以计算一元弱酸溶液中的 H^+ 浓度：

$$c(H^+) = c\alpha = \sqrt{cK_a^\ominus/c^\ominus} \cdot c^\ominus \tag{3-15}$$

对于一元弱碱溶液，同样可以求 OH^- 的浓度：

$$c(OH^-) = c\alpha = \sqrt{cK_b^\ominus/c^\ominus} \cdot c^\ominus \tag{3-16}$$

式(3-15)、式(3-16) 是在特定条件下［一般以 $\alpha<5\%$ 或 $c/(K^\ominus c^\ominus)\geqslant500$，$cK^\ominus/c^\ominus\geqslant 2\times10^{-13}$ 为条件］，计算一元弱酸 $c(H^+)$、一元弱碱 $c(OH^-)$ 的最简公式。

3.2.4.4 一元弱酸（碱）的解离平衡计算

【例 3-7】（1）已知 25℃ 时，$K_a^\ominus(HOAc) = 1.76\times10^{-5}$。计算该温度下 0.10mol/L HOAc 溶液中 H^+ 的浓度、OAc^- 离子的浓度以及溶液的 pH 值，并计算该浓度下 HOAc 的解离度；（2）如果将此溶液稀释至 0.010mol/L，求此时溶液的 H^+ 的浓度、pH 及解离度。

解：（1）因为 $c/(K_a^\ominus \cdot c^\ominus) = 0.10/(1.76\times10^{-5}) > 500$，$cK_a^\ominus/c^\ominus > 2\times10^{-13}$

所以可用最简公式进行计算

根据式(3-15) 得：

$$c(H^+)=\sqrt{c(HOAc)K_a^\ominus/c^\ominus}\cdot c^\ominus=\sqrt{0.10\times1.76\times10^{-5}}\,mol/L=1.33\times10^{-3}\,mol/L$$

$$pH=-\lg\{c(H^+)/c^\ominus\}=-\lg1.33\times10^{-3}=2.88$$

$$\alpha=\frac{c(H^+)}{c(HOAc)}\times100\%=\frac{1.33\times10^{-3}}{0.10}\times100\%=1.33\%$$

(2) 对 0.010mol/L HOAc 溶液，同上可得：

$$c(H^+)=\sqrt{c(HOAc)K_a^\ominus/c^\ominus}\cdot c^\ominus=\sqrt{0.010\times1.76\times10^{-5}}\,mol/L=4.2\times10^{-4}\,mol/L$$

$$pH=-\lg\{c(H^+)/c^\ominus\}=-\lg4.2\times10^{-4}=3.38$$

$$\alpha=\frac{c(H^+)}{c(HOAc)}\times100\%=\frac{4.2\times10^{-4}}{0.010}\times100\%=4.2\%$$

从此例可看出，当弱酸溶液稀释时，虽然解离度增大，但由于 $c(H^+)$ 与 $\sqrt{c}$ 成正比，当溶液稀释时，c 值变小，c 值降低的影响程度更大，因此 $c(H^+)$ 浓度是减小的。

此外，还须注意溶液的“酸度”（即 H^+ 的浓度）和“酸的浓度”是两个不同的概念。例如 0.1mol/L HOAc 溶液，溶液的酸度是指 H^+ 的浓度为 1.33×10^{-3} mol/L，而酸的浓度是指 HOAc 的浓度为 0.1mol/L。

【例 3-8】 25℃时，实验测得 0.020mol/L 氨水溶液的 pH 值为 10.78，求它的解离常数和解离度。

解：因为 pH=10.78

所以根据式(3-8) 得：$pOH=pK_w^\ominus-pH=14.00-10.78=3.22$，$c(OH^-)=6.0\times10^{-4}$ mol/L

氨水的解离平衡式为：

	$NH_3(aq)$ + $H_2O(l)$	$\rightleftharpoons$	$NH_4^+(aq)$	+ $OH^-(aq)$
起始浓度/(mol/L)	0.020		0	0
平衡浓度/(mol/L)	$0.020-6.0\times10^{-4}\approx0.020$		6.0×10^{-4}	6.0×10^{-4}

$$K_b^\ominus(NH_3)=\frac{\{c(NH_4^+)/c^\ominus\}\cdot\{c(OH^-)/c^\ominus\}}{c(NH_3)/c^\ominus}=\frac{(6.0\times10^{-4})^2}{0.020-6.0\times10^{-4}}\approx\frac{(6.0\times10^{-4})^2}{0.020}=1.8\times10^{-5}$$

$$\alpha=\frac{c(OH^-)}{c(NH_3)}\times100\%=\frac{6.0\times10^{-4}}{0.020}\times100\%=3.0\%$$

3.2.4.5 多元弱酸（碱）的解离平衡

分子中含有两个或两个以上可解离的质子的弱酸称为**多元弱酸**（polyprotic weak acid）。例如氢硫酸（H_2S）、碳酸（H_2CO_3）、磷酸（H_3PO_4）等。多元弱酸在水中的解离是分步进行的，即质子是依次地解离出来；每级解离都有一个解离常数，其解离度是逐渐减小的。各级解离常数有如下关系：$K_{a_1}^\ominus\gg K_{a_2}^\ominus\gg K_{a_3}^\ominus\cdots$

以氢硫酸水溶液（25℃）为例。

第一步解离：

$$H_2S(aq)\rightleftharpoons H^+(aq)+HS^-(aq)$$

$$K_{a_1}^\ominus=\frac{\{c(H^+)/c^\ominus\}\cdot\{c(HS^-)/c^\ominus\}}{c(H_2S)/c^\ominus}=9.5\times10^{-8}$$

第二步解离：

$$HS^-(aq)\rightleftharpoons H^+(aq)+S^{2-}(aq)$$

$$K_{a_2}^\ominus=\frac{\{c(H^+)/c^\ominus\}\cdot\{c(S^{2-})/c^\ominus\}}{c(HS^-)/c^\ominus}=1.3\times10^{-14}$$

从上可以看出，分步解离常数逐级减小，这是因为后一步解离需从带有一个负电荷的离子中再解离出一个阳离子，显然比从中性分子中解离 H^+ 困难；此外，前一步解离出的 H^+ 会抑制后一步 H^+ 的解离。

对于多元弱酸的分步解离，因为 $K_{a_1}^{\ominus} \gg K_{a_2}^{\ominus}$，其 H^+ 浓度主要来自第一级解离，因此计算 H^+ 浓度时可当作一元弱酸来处理。

在多元弱酸（碱）多重平衡系统中，总的反应式为各级解离反应式之和，因此多元弱酸（碱）总反应的解离常数等于各级解离常数的乘积，即多重平衡规则：

$$\begin{array}{lll} & H_2S(aq) \rightleftharpoons H^+(aq) + HS^-(aq) & K_{a_1}^{\ominus} \\ + & HS^-(aq) \rightleftharpoons H^+(aq) + S^{2-}(aq) & K_{a_2}^{\ominus} \\ \hline & H_2S(aq) \rightleftharpoons 2H^+(aq) + S^{2-}(aq) & K_a^{\ominus} \end{array}$$

$$K_a^{\ominus} = \frac{\{c(S^{2-})/c^{\ominus}\} \cdot \{c(H^+)/c^{\ominus}\}^2}{c(H_2S)/c^{\ominus}} = K_{a_1}^{\ominus} \times K_{a_2}^{\ominus} = 9.5 \times 10^{-8} \times 1.3 \times 10^{-14} = 1.2 \times 10^{-21} \tag{3-17}$$

式(3-17) 并不表示氢硫酸是按 $H_2S(aq) \rightleftharpoons 2H^+(aq) + S^{2-}(aq)$ 的形式解离的，即 $c(H^+) \neq 2c(S^{2-})$。它只说明平衡时 H_2S 溶液中的 H^+、HS^-、S^{2-} 这3种物质浓度之间的关系。室温下，H_2S 的饱和溶液中 $c(H_2S) = 0.1$mol/L，则可根据式(3-17)，通过调节溶液中 H^+ 的浓度 $c(H^+)$，来控制溶液中 S^{2-} 的浓度 $c(S^{2-})$，使一些金属硫化物沉淀生成或溶解，以达到分离和鉴定金属离子的目的。此时：

$$c(S^{2-}) = \frac{1.2 \times 10^{-22}}{\{c(H^+)/c^{\ominus}\}^2} \cdot c^{\ominus} \tag{3-18}$$

【例 3-9】 计算 25℃时 0.10mol/L 饱和 H_2S 溶液中，H^+、HS^-、S^{2-} 和 H_2S 的浓度。

解：(1) 计算溶液中 H^+ 浓度

因为多元弱酸溶液中 H^+ 浓度的计算可近似按一元弱酸处理，可忽略第二级解离，所以只考虑第一级解离。

设 $c(HS^-) = c(H^+) = x$mol/L

	$H_2S \rightleftharpoons$	H^+ +	HS^-
起始浓度 c_0/(mol/L)	0.10	0	0
平衡浓度 c/(mol/L)	$0.10-x$	x	x

$$K_{a_1}^{\ominus} = \frac{\{c(H^+)/c^{\ominus}\} \cdot \{c(HS^-)/c^{\ominus}\}}{c(H_2S)/c^{\ominus}} = \frac{x^2}{0.10-x} = 9.5 \times 10^{-8}$$

由于 $K_{a_1}^{\ominus}$ 很小

故 $$0.10 - x \approx 0.10$$

求出 $$x = \sqrt{0.10 \times 9.5 \times 10^{-8}} = 9.7 \times 10^{-5} \text{mol/L}$$

所以 $$c(H^+) \approx c(HS^-) = 9.7 \times 10^{-5} \text{mol/L}$$

$$c(H_2S) = (0.10 - x)\text{mol/L} \approx 0.10\text{mol/L}$$

(2) 计算溶液中 S^{2-} 的浓度

溶液中 S^{2-} 是由第二级解离产生的，根据第二级解离平衡：

$$HS^-(aq) \rightleftharpoons H^+(aq) + S^{2-}(aq)$$

$$K_{a_2}^{\ominus} = \frac{\{c(H^+)/c^{\ominus}\} \times \{c(S^{2-})/c^{\ominus}\}}{c(HS^-)/c^{\ominus}} = 1.3 \times 10^{-14}$$

由于第一级解离平衡和第二级解离平衡同时存在于溶液中，又因为 $K_{a_1}^{\ominus} \gg K_{a_2}^{\ominus}$，故可忽略第二级解离，此时 $c(H^+) \approx c(HS^-)$

因此， $$c(S^{2-})/c^{\ominus} \approx K_{a_2}^{\ominus} = 1.3 \times 10^{-14}$$

$$c(S^{2-})=1.3\times10^{-14}\,mol/L$$

由上例可知，在 H_2S 饱和水溶液中，$c(S^{2-})$ 数值近似等于 $K^{\ominus}_{a_2}$。一般来说，任何单一的二元弱酸溶液中两价负离子酸根的浓度均近似等于第二级解离平衡常数值。

类似地，多元弱碱溶液亦可按一元弱碱溶液处理，计算其 $c(OH^-)$，只是以 $K^{\ominus}_{b_1}$ 代替式(3-16) 中的 $K^{\ominus}_b$。

【例 3-10】 在 H_2S 饱和溶液中 $[c(H_2S)=0.10mol/L]$，加入足够的 HCl 使该溶液的 $c(H^+)=0.10mol/L$。试计算 $c(S^{2-})$，并与例 3-9 的结果比较。

解：将 $c(H^+)=0.10mol/L$ 代入式(3-18) 得：

$$c(S^{2-})=\frac{1.2\times10^{-21}}{\{c(H^+)/c^{\ominus}\}^2}\cdot c^{\ominus}=\frac{1.2\times10^{-21}}{\{0.10\}^2}\cdot 1mol/L=1.2\times10^{-19}\,mol/L$$

在例 3-9 中，$c(S^{2-})=1.3\times10^{-14}\,mol/L$，而在例 3-10 中由于溶液中 H^+ 浓度增大至 0.10mol/L，使解离平衡向左移动，$c(S^{2-})$ 减少至 1.2×10^{-19}。显然，$c(H^+)$ 愈大，则 $c(S^{2-})$愈小；反之，$c(H^+)$ 愈小，则 $c(S^{2-})$ 愈大，式(3-18) 表明了在 H_2S 饱和溶液中 $c(S^{2-})$与 $c(H^+)$ 的平方成反比。

【例 3-11】 计算 25℃时 0.10mol/L Na_3PO_4 溶液的 pH 值。

解：PO_4^{3-} 是三元弱碱，它的 $K^{\ominus}_b$ 值在化学手册中是查不到的，可根据共轭酸碱对的关系求得。但在使用时，要注意共轭酸碱对的对应关系，根据式(3-11a) 得：

$$K^{\ominus}_{a_1}\times K^{\ominus}_{b_3}=K^{\ominus}_{a_2}\times K^{\ominus}_{b_2}=K^{\ominus}_{a_3}\times K^{\ominus}_{b_1}=K^{\ominus}_w$$

由表 3-4 查得 H_3PO_4 的 $K^{\ominus}_{a_3}=4.8\times10^{-13}$，因此：

$$K^{\ominus}_{b_1}(PO_4^{3-})=\frac{K^{\ominus}_w}{K^{\ominus}_{a_3}(H_3PO_4)}=\frac{1.00\times10^{-14}}{4.8\times10^{-13}}=0.021$$

$$PO_4^{3-}(aq)+H_2O(l)\rightleftharpoons HPO_4^{2-}(aq)+OH^-(aq)$$

平衡浓度/(mol/L) $0.10-x$ $\quad x \quad x$

$$K^{\ominus}_{b_1}(PO_4^{3-})=\frac{\{c(HPO_4^{2-})/c^{\ominus}\}\cdot\{c(OH^-)/c^{\ominus}\}}{c(PO_4^{3-})/c^{\ominus}}=\frac{x^2}{0.10-x}$$

因为 $K^{\ominus}_{b_1}(PO_4^{3-})$ 较大，$0.10-x\neq0.10$，所以必须解一元二次方程，得：$x=0.037$

$$c(OH^-)=0.037mol/L$$

$$pH=14.00+\lg\{c(OH^-)/c^{\ominus}\}=12.57$$

3.2.4.6 两性物质溶液

在溶液中，两性物质既能给出质子又能接受质子。酸式盐、弱酸弱碱盐和氨基酸等都是两性物质。较重要的两性物质有多元酸的酸式盐（如 $NaHCO_3$、NaH_2PO_4、Na_2HPO_4 等）、弱酸弱碱盐（如 NH_4OAc、NH_4CN 等）、氨基酸等。两性物质溶液的酸碱平衡比较复杂，需要根据具体情况针对溶液中的主要平衡进行处理。

现以 $NaHCO_3$ 为例进行讨论。$NaHCO_3$ 在水溶液中同时存在下列两种平衡：

$$HCO_3^-+H_2O\rightleftharpoons H_2CO_3+OH^-\qquad K^{\ominus}_{b_2}=\frac{K^{\ominus}_w}{K^{\ominus}_{a_1}}=2.33\times10^{-8}$$

$$HCO_3^-\rightleftharpoons H^++CO_3^{2-}\qquad K^{\ominus}_{a_2}=5.61\times10^{-11}$$

达到平衡时：

$$c(H^+)=c(CO_3^{2-})$$

$$c(H_2CO_3)=c(OH^-)$$

两式相加，解得

$$c(H^+)=c(CO_3^{2-})+c(OH^-)-c(H_2CO_3)\qquad(3\text{-}19)$$

由于溶液中存在下列平衡：

$$H_2CO_3 \rightleftharpoons H^+ + HCO_3^- \qquad c(H_2CO_3)=\frac{\{c(H^+)/c^\ominus\}\cdot\{c(HCO_3^-)/c^\ominus\}}{K_{a_1}^\ominus}\cdot c^\ominus$$

$$HCO_3^- \rightleftharpoons H^+ + CO_3^{2-} \qquad c(CO_3^{2-})=K_{a_2}^\ominus\frac{\{c(HCO_3^-)/c^\ominus\}}{c(H^+)/c^\ominus}\cdot c^\ominus$$

$$H_2O \rightleftharpoons H^+ + OH^- \qquad c(OH^-)=\frac{K_w^\ominus}{c(H^+)/c^\ominus}\cdot c^\ominus$$

将上面 $c(H_2CO_3)$、$c(CO_3^{2-})$ 和 $c(OH^-)$ 各值代入（3-19）式得：

$$c(H^+)=\left\{\frac{K_{a_2}^\ominus c(HCO_3^-)}{c(H^+)}+\frac{K_w^\ominus}{c(H^+)/c^\ominus}-\frac{\{c(H^+)/c^\ominus\}\cdot\{c(HCO_3^-)/c^\ominus\}}{K_{a_1}^\ominus}\right\}\cdot c^\ominus \quad (3\text{-}20)$$

将式(3-20) 两边同乘以 $K_{a_1}^\ominus c(H^+)$，整理得：

$$c^2(H^+)=\frac{K_{a_1}^\ominus[K_{a_2}^\ominus\{c(HCO_3^-)/c^\ominus\}+K_w^\ominus]}{K_{a_1}^\ominus+\{c(HCO_3^-)/c^\ominus\}}\cdot(c^\ominus)^2 \quad (3\text{-}21)$$

通常情况下，由于 $K_{a_2}^\ominus c(HCO_3^-)/c^\ominus \gg K_w^\ominus$，$c(HCO_3^-)/c^\ominus \gg K_{a_1}^\ominus$，则：

$$K_{a_2}^\ominus c(HCO_3^-)/c^\ominus+K_w^\ominus \approx K_{a_2}^\ominus c(HCO_3^-)/c^\ominus$$

$$K_{a_1}^\ominus+c(HCO_3^-)/c^\ominus \approx c(HCO_3^-)/c^\ominus$$

所以式(3-21) 可简化为：

$$c(H^+)=\sqrt{K_{a_1}^\ominus K_{a_2}^\ominus}\cdot c^\ominus \quad (3\text{-}22)$$

式(3-22) 是最常用的两性物质溶液中 H^+ 浓度的近似计算公式。但必须注意，只有当两性物质溶液的浓度不是很稀（$c>10^{-3}$ mol/L）、$c/c^\ominus \gg K_{a_1}^\ominus \gg K_{a_2}^\ominus$、$c\times K_{a_2}^\ominus/c^\ominus \gg K_w^\ominus$、$\{c/c^\ominus\}/K_{a_1}^\ominus>10$，且水的解离可以忽略的情况下才能采用。否则，可用式(3-21) 直接计算 $c(H^+)$。

对于其他两性物质溶液，可以依此类推，例如：

NaH_2PO_4 溶液：$c(H^+)=\sqrt{K_{a_1}^\ominus K_{a_2}^\ominus}\cdot c^\ominus$

Na_2HPO_4 溶液：$c(H^+)=\sqrt{K_{a_2}^\ominus K_{a_3}^\ominus}\cdot c^\ominus$

【例 3-12】 计算 0.10mol/L $NaHCO_3$ 溶液的 pH。

解：由表 3-4 查得 H_2CO_3 的 $pK_{a_1}^\ominus=6.37$，$pK_{a_2}^\ominus=10.25$

根据式(3-22) 得：

$$c(H^+)=\sqrt{K_{a_1}^\ominus K_{a_2}^\ominus}\cdot c^\ominus$$

$$=\sqrt{10^{-6.37}\times10^{-10.25}}\text{ mol/L}=10^{-8.31}\text{ mol/L}$$

所以　　pH＝8.31

3.2.5 同离子效应和缓冲溶液

弱电解质的解离平衡和其他化学平衡一样，是一种动态平衡，当外界条件发生改变时，会引起解离平衡的移动，其移动的规律同样服从吕·查德里（A. L. Le Chatelier）原理。

3.2.5.1 同离子效应

在弱酸 HOAc 溶液中，存在如下解离平衡：

$$HOAc \rightleftharpoons H^+ + OAc^-$$

若在平衡系统中加入与 HOAc 含有相同离子（OAc^-）的易溶强电解质 NaOAc，由于 NaOAc 在溶液中完全解离：

$$NaOAc \longrightarrow Na^+ + OAc^-$$

这样会使溶液中的 $c(OAc^-)$ 增大。根据平衡移动的原理，HOAc 的解离平衡会向左（生成 HOAc 的方向）移动。达到新平衡时，溶液中 $c(H^+)$ 要比原平衡的 $c(H^+)$ 小，而 $c(HOAc)$ 要比原平衡中的 $c(HOAc)$ 大，表明 HOAc 的解离度减小了。同理，若在 $NH_3 \cdot H_2O$ 溶液中加入铵盐（如 NH_4Cl），也会使 $NH_3 \cdot H_2O$ 的解离度减小。这种在弱电解质溶液中加入一种含有相同离子（阴离子或阳离子）的易溶强电解质，使弱电解质解离度减小的现象，称为**同离子效应**（common ion effect）。

同离子效应的实质是浓度对化学平衡移动的影响。在科学实验和生产实际中，可以利用同离子效应调节溶液的酸碱性；选择性地控制溶液中某种离子的浓度，从而达到分离、提纯的目的。

【例 3-13】 在 0.100mol/L HOAc 溶液中，加入固体 NaOAc 使其浓度为 0.100mol/L（忽略加入后体积的变化），求此溶液中 H^+ 的浓度和 HOAc 的解离度。（已知 HOAc 的 $K_a^\ominus = 1.76\times10^{-5}$）

解：NaOAc 为强电解质，完全解离后，所提供的 $c(OAc^-) = 0.100$mol/L，设 HOAc 解离的 H^+ 浓度为 $x$mol/L

$$HOAc \rightleftharpoons H^+ + OAc^-$$

	HOAc	H^+	OAc^-
初始浓度/(mol/L)	0.100	0	0.100
平衡浓度/(mol/L)	$0.100-x$	x	$0.100+x$

因为 $\{c/c^\ominus\}/K_a^\ominus = 0.100/1.76\times10^{-5} > 500$，且 $\{c/c^\ominus\}/K_a^\ominus > 2\times10^{-13}$，加上同离子效应的作用，使 HOAc 解离出的 $c(H^+)$ 就更小，故：

$0.100 \pm x \approx 0.100$，代入平衡常数表达式，解得：

$$x = 1.76\times10^{-5}$$

$$所以\ c(H^+) = 1.76\times10^{-5}\text{mol/L}$$

根据式(3-12) 得：$\alpha = \dfrac{1.76\times10^{-5}}{0.100}\times100\% = 1.76\times10^{-2}\%$

将以上计算与例 3-7 计算的结果相比较，α 约为其 1/74，说明同离子效应的影响非常显著。

3.2.5.2 盐效应

若在 HOAc 溶液中加入不含相同离子的易溶强电解质（如 NaCl），则溶液中各种离子的数目增多，不同电荷的离子之间相互静电作用增强，从而使 H^+ 和 OAc^- 结合成 HOAc 分子的机会和速率均减小，结果表现为弱电解质 HOAc 的解离度增大了。这种在弱电解质溶液中加入易溶强电解质使弱电解质解离度增大的现象，称为**盐效应**（salt effect）。

同离子效应和盐效应是两种完全相反的作用。其实在发生同离子效应的同时，必然伴随着盐效应的发生。只是由于同离子效应的影响比盐效应大得多，因此，在一般情况下可忽略盐效应的影响。

3.2.5.3 缓冲溶液

许多化学反应和生产过程都要在一定的 pH 值范围内才能进行或进行得比较完全，溶液的 pH 值如何控制？怎样才能使溶液 pH 值保持稳定？要解决这些问题，就需要了解缓冲溶液和缓冲作用原理。

(1) 缓冲作用原理　缓冲溶液一般是由弱酸及其共轭碱（或弱碱及其共轭酸）组成的混合溶液，它们的 pH 值能在一定范围内不因适当稀释或外加少量酸或碱而发显著变化，这种溶液称为**缓冲溶液**（buffer solution）。例如，HOAc-NaOAc、$NH_3 \cdot H_2O$-NH_4Cl、$NaHCO_3$-Na_2CO_3 等共轭酸碱对（又称缓冲对）组成的混合溶液。缓冲溶液具有抵抗外来少量酸、碱或适当稀释的影响，使溶液 pH 值基本不变的作用，叫做**缓冲作用**（buffer action）。

现以 HOAc 和 NaOAc 组成的缓冲溶液为例，来说明缓冲作用的原理。

HOAc 为弱电解质，在水溶液中只能部分解离；NaOAc 为强电解质，在水溶液中完全解离：

$$HOAc \rightleftharpoons H^+ + OAc^-$$
$$NaOAc \longrightarrow Na^+ + OAc$$

由于 NaOAc 在溶液中完全解离，$c(OAc^-)$ 较大，且 OAc^- 的同离子效应抑制了 HOAc 的解离，使 $c(HOAc)$ 也较大，即溶液中存在着大量的抗碱成分（HOAc 分子）和抗酸成分（OAc^- 离子），但 H^+ 离子浓度却很小。

当在此缓冲液中加入少量强酸（H^+）时，H^+ 与 OAc^- 结合成 HOAc，使 HOAc 解离平衡向左移动。达到新的平衡时，$c(HOAc)$ 略有增加，$c(OAc^-)$ 也略有减少，而 $c(H^+)$ 或 pH 值几乎没有变化（图 3-7）。

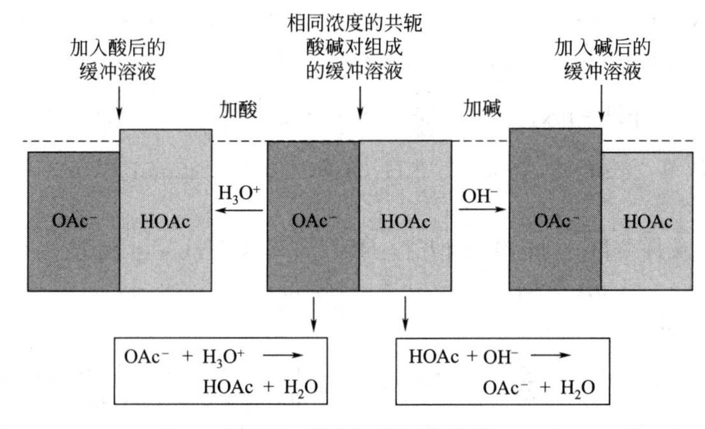

图 3-7　缓冲作用原理示意

当在此缓冲溶液中加入少量强碱（OH^-）时，OH^- 与 H^+ 结合成 H_2O，使 HOAc 解离平衡向右移动，它立即解离出 H^+ 以补充溶液中所减少的 H^+。达到新的平衡时，溶液中的 $c(H^+)$ 或 pH 值也几乎没有变化（图 3-7）。

当稀释此缓冲溶液时，由于 $c(HOAc)$、$c(OAc^-)$ 以同等倍数降低，其比值 $c(HOAc)/c(OAc^-)$ 不变，因此 $c(H^+)$ 仍然几乎没有变化。

其他类型缓冲溶液的作用原理，与上述缓冲溶液的作用原理相同。

（2）缓冲溶液的 pH　缓冲溶液中都存在着同离子效应。缓冲溶液 pH 值的计算实质上就是弱酸或弱碱在同离子效应下的 pH 值的计算。现仍以 HOAc-NaOAc 组成的缓冲溶液为例。设 HOAc 和 NaOAc 的初始浓度分别为 c（酸）和 c（碱），在此缓冲溶液中存在下列平衡：

	HOAc ⇌	H^+ +	OAc^-
初始浓度/(mol/L)	c(酸)	$c_0(H^+)$	c(碱)
平衡浓度/(mol/L)	c(酸)$-c(H^+)$	$c(H^+)$	c(碱)$+c(H^+)$

由于 OAc^- 的同离子效应使弱酸 HOAc 的解离度更小，则 $c(H^+)$ 很小，c(酸)$-c(H^+)\approx c$(酸)，c(碱)$+c(H^+)\approx c$(碱)。

将各物质的平衡浓度代入式(3-9)，可得：

$$c(H^+)/c^\ominus = K_a^\ominus \frac{c(\text{酸})}{c(\text{酸})} \tag{3-23}$$

将上式取负对数，得：

$$pH = pK_a^\ominus - \lg \frac{c(\text{酸})}{c(\text{碱})} \tag{3-24}$$

式(3-23)、式(3-24) 是用来计算弱酸及其共轭碱所组成的缓冲溶液 $c(H^+)$、pH 值的近似公式，同样也适用于弱碱及其共轭酸所组成的缓冲溶液 $c(H^+)$、pH 值的近似计算。

由式(3-24) 可见，缓冲溶液的 pH 值取决于 $pK_a^\ominus$ 及缓冲对浓度的比值，这个比值叫**缓冲比**。当选定组成缓冲溶液的缓冲对之后，因 $pK_a^\ominus$ 是常数，因此溶液的 pH 值变化主要由缓冲比决定。

【例 3-14】 20mL 0.40mol/L HA（$pK_a^\ominus=6.0$）与 20mL 0.20mol/L NaOH 混合，计算该混合液的 pH 值。

解：溶液等体积混合后，其浓度减半：

$$c(\text{HA})=0.4\text{mol/L}/2=0.2\text{mol/L}$$

$$c(\text{NaOH})=0.2\text{mol/L}/2=0.1\text{mol/L}$$

在混合溶液中会发生化学反应，0.1mol/L 的 NaOH 可与 0.1mol/L 的 HA 反应生成 0.1mol/L 的 NaA，还剩余 0.1mol/L 的 HA。所以混合溶液是由 0.1mol/L 的 HA 与 0.1mol/L 的 NaA 构成的缓冲溶液，根据式(3-24) 得：

$$\text{pH}=pK_a^\ominus-\lg\frac{c(\text{酸})}{c(\text{碱})}=6.0-\lg\frac{0.1\text{mol/L}}{0.1\text{mol/L}}=6.0$$

【例 3-15】 计算 20mL 0.10mol/L NH_4Cl 和 20ml 0.20mol/L $NH_3\cdot H_2O$ 混合溶液的 pH。

解：由表 3-4 查得 $NH_3\cdot H_2O$ 的 $pK_b^\ominus=4.75$，因此 NH_4Cl 的 $pK_a^\ominus$：

$$pK_a^\ominus=14.00-pK_b^\ominus=14.00-4.75=9.25$$

根据式(3-24) 得：

$$\text{pH}=pK_a^\ominus-\lg\frac{c(\text{酸})}{c(\text{碱})}=9.25-\lg\frac{0.1\text{mol/L}\times20\text{mL}/40\text{mL}}{0.2\text{mol/L}\times20\text{mL}/40\text{mL}}=9.55$$

(3) 缓冲容量和缓冲范围　缓冲溶液的缓冲能力是有一定限度的，当缓冲溶液中的抗酸成分或抗碱成分消耗完了，它就失去了缓冲作用。缓冲溶液缓冲能力的大小，可用缓冲容量来量度。所谓**缓冲容量** (buffer capacity) 就是使 1L 缓冲溶液的 pH 值改变一个单位所需加入强酸或强碱的物质的量，常用 β 表示。

当缓冲溶液的缓冲比［即 $c(\text{酸})/c(\text{碱})$］一定时，缓冲溶液的总浓度越大，缓冲溶液的缓冲容量越大。在实际工作中，一般将缓冲溶液的总浓度控制在 0.05 ～ 0.5mol/L 之间。

当缓冲溶液的总浓度一定时，缓冲溶液的缓冲比等于 1（即 $\text{pH}=pK_a^\ominus$）时，此时缓冲溶液的缓冲容量最大，即缓冲能力最强。因此，缓冲比不能偏离 1 太多，一般将缓冲比控制在 0.1～10 之间，即缓冲溶液的 pH 值在 $(pK_a^\ominus+1)\sim(pK_a^\ominus-1)$ 之间，超过此范围，缓冲溶液的缓冲作用就太弱，所以将 $\text{pH}=pK_a^\ominus\pm1$ 的范围称为**缓冲范围** (buffer range)。不同缓冲对组成的缓冲溶液，由于 $K_a^\ominus$ 值不同，它们的缓冲范围也不同。例如 HOAc-NaOAc 溶液的 pH 缓冲范围为 3.75～5.75，$NH_3\cdot H_2O$-NH_4Cl 溶液的 pH 缓冲范围为 8.25～10.25，NaH_2PO_4-Na_2HPO_4 溶液的 pH 缓冲范围为 6.21～8.21。

(4) 缓冲溶液的配制和应用

① 缓冲溶液的配制　在生产实践和科研活动中，往往需要配制一定 pH 值的缓冲溶液。通过上面的讨论，我们已经了解缓冲溶液的 pH 缓冲范围主要取决于 $K_a^\ominus$ 值和缓冲比。当缓冲比接近 1 时，缓冲溶液的缓冲容量较大，因此欲使配制的缓冲溶液 pH 值在缓冲溶液的缓冲范围之内且具有较大的缓冲容量，首先应选择 $pK_a^\ominus$ 与所配制的缓冲溶液的 pH 值相近的弱酸及其共轭碱组成缓冲溶液，然后再根据缓冲溶液 pH 值的计算公式，求出缓冲比值及所需要的缓冲对物质的量。例如，如果需要配制 pH＝9.00 的缓冲溶液，由于 $NH_3\cdot H_2O$ 的 $pK_b^\ominus=4.75$，$pK_a^\ominus=14.00-pK_b^\ominus=9.25$，因此可选用 $NH_3\cdot H_2O$-NH_4Cl 配制此缓冲

溶液。

【例 3-16】 欲配制 pH＝9.00 的缓冲溶液 1.0 L，应在 500 mL 0.20mol/L $NH_3 \cdot H_2O$ 的溶液中加入固体 NH_4Cl 多少克？该如何配制？［$M(NH_4Cl)=53.5g/mol$，NH_4Cl 的 $pK_a^{\ominus}=9.25$］

解：根据式(3-24) 得：

$$pH=pK_a^{\ominus}-\lg\frac{c(酸)}{c(碱)}=9.25-\lg\frac{c(NH_4Cl)}{0.20mol/L\times500mL/1000mL}=9.00$$

解得：$c(NH_4Cl)=0.178mol/L$

所以应加入的固体 NH_4Cl 质量为：

$$m=c(NH_4Cl)\times V\times M=0.178mol/L\times1.0\ L\times53.5g/mol=9.52g$$

配制方法：在 500 mL 0.2mol/L $NH_3 \cdot H_2O$ 中加入 9.52g 固体 NH_4Cl 溶解后，用蒸馏水稀释至 1.0 L，混匀，即得 pH＝9.00 的 $NH_3 \cdot H_2O$-NH_4Cl 缓冲溶液 1.0 L。

② 缓冲溶液的应用　缓冲溶液在工业、农业、生物科学、化学等各领域都有很重要的用途。例如土壤中，由于含有 H_2CO_3、$NaHCO_3$ 和 Na_2HPO_4 以及其他有机酸及其共轭碱组成的复杂缓冲体系，所以能使土壤维持在一定的 pH 值（约 5～8）范围内，从而保证了微生物的正常活动和植物的发育生长。

又如甲酸 HCOOH 分解生成 CO 和 H_2O 的反应，是一个酸催化反应，H^+ 可作为催化剂加快反应。为了控制反应速率，就必须用缓冲溶液控制体系的 pH 值。

人体的血液也是缓冲溶液，其主要的缓冲体系有：H_2CO_3、$NaHCO_3$、NaH_2PO_4-Na_2HPO_4、血浆蛋白-血浆蛋白盐、血红朊-血红朊盐等。这些缓冲体系的相互作用、相互制约使人体血液的 pH 值保持在 7.35～7.45 范围内，从而保证了人体的正常生理活动。

3.3 沉淀反应

严格来说，在水中绝对不溶的物质是没有的。所谓易溶电解质是指在水中溶解度较大的电解质。通常情况下，将在 100g H_2O 中溶解的电解质质量小于 0.01g 的电解质称为**难溶电解质**（undissolved electrolyte），溶解的电解质质量在 0.01～0.1 g 之间的电解质称为**微溶电解质**（slightly soluble electrolyte）。在化学实验和化工生产中，常利用沉淀反应进行离子的分离和鉴定、去除溶液中的杂质以及制取某种难溶化合物。本节将讨论难溶电解质沉淀、溶解的原理和应用。

3.3.1 溶度积原理

3.3.1.1 溶度积常数

一定温度下，在水中加入一定量的难溶电解质固体（例如 $BaSO_4$），受到溶剂水分子（为强极性分子）的吸引，$BaSO_4$ 表面部分 Ba^{2+} 和 SO_4^{2-} 会以水合离子的形式进入水中，这一过程称为**溶解**（dissolution）。与此同时，进入水中的水合离子在溶液中做无序运动又能重新回到或沉淀在固体表面，这种与溶解过程相反的过程称为**沉淀**（preciptation）。在一定的温度下，当溶解与沉淀的速率相等时，在溶液中就会建立起一个溶解和沉淀之间的**多相离子平衡**，又称**沉淀-溶解平衡**（precipitation-dissolution equilibrium）：

$$\underset{未溶解固体}{BaSO_4(s)} \underset{沉淀}{\overset{溶解}{\rightleftharpoons}} \underset{溶液中的离子}{Ba^{2+}(aq)+SO_4^{2-}(aq)}$$

平衡时的溶液是饱和溶液，根据平衡原理，其平衡常数可表示为：

$$K^{\ominus}=\{c(Ba^{2+})/c^{\ominus}\}\{c(SO_4^{2-})/c^{\ominus}\} \tag{3-25}$$

式中，$K^{\ominus}$为沉淀-溶解平衡的平衡常数，称为溶度积常数，简称**溶度积**（solubility product），一般用符号 $K_{sp}^{\ominus}$表示。

对于任意形式的难溶电解质 A_mB_n 的沉淀-溶解平衡：

$$A_mB_n(s) \underset{沉淀}{\overset{溶解}{\rightleftharpoons}} mA^{n+} + nB^{m-}$$

$$K_{sp}^{\ominus}=\{c(A^{n+})/c^{\ominus}\}^m\{c(B^{m-})/c^{\ominus}\}^n \tag{3-26}$$

$K_{sp}^{\ominus}$的大小反映了难溶电解质溶解能力的大小。$K_{sp}^{\ominus}$越小，表示难溶电解质在水中的溶解度越小。与其他的平衡常数一样，$K_{sp}^{\ominus}$也是温度的函数，可由实验测定，也可利用有关热力学数据计算。本书附录 6 列出了一些常见难溶电解质的溶度积。

【例 3-17】 根据附录 4 的数据，计算 298.15K 时 AgI 的溶度积 $K_{sp}^{\ominus}$。

解：查附录 4　　$AgI(s) \rightleftharpoons Ag^+(aq) + I^-(aq)$

$\Delta_f G_m^{\ominus}/(kJ/mol)$　　−66.19　　77.12　　−51.59

$$\Delta_r G_m^{\ominus}=\Delta_f G_m^{\ominus}(Ag^+)+\Delta_f G_m^{\ominus}(I^-)-\Delta_f G_m^{\ominus}(AgI)$$

$$=77.12kJ/mol+(-51.59kJ/mol)-(-66.19kJ/mol)$$

$$=91.72kJ/mol$$

$$\lg K_{sp}^{\ominus}(AgI)=\frac{-\Delta_r G_m^{\ominus}}{2.303RT}$$

$$=\frac{-91.72\times10^3 J/mol}{2.303\times8.314J/mol\cdot K^{-1}\times298.15K}=-16.07$$

$$K_{sp}^{\ominus}(AgI)=8.51\times10^{-17}$$

3.3.1.2 溶度积和溶解度的关系

溶度积和溶解度都可以用来表示物质的溶解能力，但两者既有联系又有区别。溶度积是平衡常数，是指在一定温度下，难溶电解质饱和溶液中各离子浓度以其化学计量数为指数的乘积；而溶解度是指在一定温度下难溶电解质饱和溶液的浓度，为计算方便，本书采用物质的量浓度，单位为 mol/L；在同一温度下，溶度积和溶解度之间可以相互换算。另外，由于难溶电解质的溶解度很小，溶液很稀，难溶电解质饱和溶液的密度可认为近似等于水的密度，即 1kg/L。

以 AB 型难溶电解质 $BaSO_4$（$K_{sp}^{\ominus}=1.08\times10^{-10}$）为例，设其在水中的溶解度为 s（单位为 mol/L），则在 $BaSO_4$ 饱和溶液中有如下的沉淀—溶解平衡：

$$BaSO_4(s) \rightleftharpoons Ba^{2+}(aq) + SO_4^{2-}(aq)$$

平衡浓度/(mol/L)　　$s/c^{\ominus}$　　$s/c^{\ominus}$

$$K_{sp}^{\ominus}(BaSO_4)=\{c(Ba^{2+})/c^{\ominus}\}\times\{c(SO_4^{2-})/c^{\ominus}\}=(s/c^{\ominus})^2$$

所以　$s=\sqrt{K_{sp}^{\ominus}(BaSO_4)}\cdot c^{\ominus}=\sqrt{1.08\times10^{-10}}\cdot c^{\ominus}=1.04\times10^{-5}mol/L$

计算结果表明，对 AB 型的难溶电解质，其溶解度在数值上等于其溶度积的平方根。即：

$$s=\sqrt{K_{sp}^{\ominus}}\cdot c^{\ominus} \tag{3-27}$$

对于任何一种难溶电解质 $A_mB_n(s)$，当达到沉淀-溶解平衡时，其溶解度为 s（单位为 mol/L），则：

$$A_mB_n(s) \rightleftharpoons mA^{n+}(aq) + nB^{m-}(aq)$$

A_mB_n 饱和水溶液中：

$$c(A^{n+})=ms,\ c(B^{m-})=ns$$

$$K_{sp}^{\ominus}=\{c(A^{n+})/c^{\ominus}\}^m\{c(B^{m-})/c^{\ominus}\}^n$$

$$=(ms/c^{\ominus})^m(ns/c^{\ominus})^n$$

$$=m^m \cdot n^n (s/c^{\ominus})^{m+n} \quad (3\text{-}28)$$

$$s/c^{\ominus} = \sqrt[m+n]{\frac{K_{sp}^{\ominus}}{m^m \cdot n^n}} \quad (3\text{-}29)$$

例如对于 AB_2（或 A_2B）型的难溶电解质（如 CaF_2、Ag_2S 等），其溶解度和溶度积的关系为：

$$s/c^{\ominus} = \sqrt[3]{\frac{K_{sp}^{\ominus}}{2^2 \times 1^1}} = \sqrt[3]{\frac{K_{sp}^{\ominus}}{4}} \quad (3\text{-}30)$$

式(3-28)、式(3-29) 是溶解度和溶度积之间的换算公式，使用时应该注意该公式只有在纯固体的饱和水溶液中才成立，且溶解的离子在水溶液中不发生任何副反应。

【例 3-18】 计算 25℃时 PbI_2 的溶解度。（已知：$K_{sp}^{\ominus}=9.8\times10^{-9}$）

解：根据式(3-30) 得：$s/c^{\ominus} = \sqrt[3]{\frac{K_{sp}^{\ominus}}{4}} = \sqrt[3]{\frac{9.8\times10^{-9}}{4}} = 1.3\times10^{-3}$

$$s=1.3\times10^{-3}\,mol/L$$

【例 3-19】 已知 AgCl 和 Ag_2CrO_4 在 298.15 K 时的溶解度分别为 1.33×10^{-5} mol/L、6.5×10^{-5} mol/L，求 AgCl 和 Ag_2CrO_4 在 298.15 K 时的溶度积。

解：(1) 因为　$AgCl(s) \rightleftharpoons Ag^+(aq) + Cl^-(aq)$

所以　$c(Ag^+) = c(Cl^-) = s = 1.33\times10^{-5}$ mol/L

$$K_{sp}^{\ominus}(AgCl) = \{c(Ag^+)/c^{\ominus}\}\{c(Cl^-)/c^{\ominus}\} = (1.33\times10^{-5})^2 = 1.77\times10^{-10}$$

(2) 因为　$Ag_2CrO_4(s) \rightleftharpoons 2Ag^+(aq) + CrO_4^{2-}(aq)$

平衡浓度/(mol/L)　　$2s/c^{\ominus}$　　$s/c^{\ominus}$

$$c(Ag^+) = 2s = 2\times6.5\times10^{-5}\,mol/L = 1.3\times10^{-4}\,mol/L$$

$$c(CrO_4^{2-}) = s = 6.5\times10^{-5}\,mol/L$$

所以　$K_{sp}^{\ominus}(Ag_2CrO_4) = \{c(Ag^+)/c^{\ominus}\}^2 \times \{c(CrO_4^{2-})/c^{\ominus}\}$

$$= (1.3\times10^{-4})^2 \times (6.5\times10^{-5}) = 1.1\times10^{-12}$$

从上例的计算可以看出，AgCl 的溶度积（1.77×10^{-10}）比 Ag_2CrO_4 的溶度积（1.1×10^{-12}）大，而 AgCl 的溶解度（1.33×10^{-5} mol/L）却比 Ag_2CrO_4 的溶解度（6.5×10^{-5} mol/L）小，这是由于 AgCl 和 Ag_2CrO_4 属于不同类型的难溶电解质，它们的溶度积表达式不同。因此，只有对同一类型的难溶电解质，在相同温度下溶度积 $K_{sp}^{\ominus}$ 越大，其溶解度 s 也越大；$K_{sp}^{\ominus}$ 越小，其溶解度 s 也越小。而对于不同类型的难溶电解质，则不能简单地进行比较，要通过具体计算才能比较其大小。

3.3.1.3 溶度积规则

对于任一难溶电解质的沉淀-溶解平衡，在任意条件下：

$$A_mB_n(s) \rightleftharpoons mA^{n+} + nB^{m-}$$

其离子积为：　$Q_i = \{c(A^{n+})/c^{\ominus}\}^m \{c(B^{m-})/c^{\ominus}\}^n$

根据化学平衡移动的一般原理，将 Q_i 与 $K_{sp}^{\ominus}$ 比较，则系统有三种情况：

(1) $Q_i > K_{sp}^{\ominus}$：有沉淀析出，溶液过饱和；

(2) $Q_i = K_{sp}^{\ominus}$：动态平衡，溶液饱和；

(3) $Q_i < K_{sp}^{\ominus}$：无沉淀析出或沉淀溶解，溶液不饱和。

以上三条规则称**溶度积规则**（the rule of solubility product），是难溶电解质沉淀-溶解平衡移动规律的总结。应用溶度积规则，可以判断溶液中沉淀的生成和溶解。

3.3.2 影响沉淀溶解度的因素

影响沉淀溶解度的因素有两大类，一类是物理因素，如温度、溶剂、沉淀颗粒大小、沉淀晶型等；第二类是化学因素，如同离子效应、盐效应、酸效应、配位效应和氧化还原效应等。首先讨论物理因素。因沉淀溶解过程多为吸热过程，所以大多数沉淀的溶解度随温度升高而增加，但不同的沉淀溶解度增加的程度不同。例如，$BaSO_4$ 沉淀的溶解度随温度升高缓慢增加，而 AgCl 沉淀的溶解度随温度升高迅速增大。大多数无机沉淀在有机溶剂中的溶解度比在纯水中小；而有机沉淀在纯水中的溶解度通常很小，而在有机溶剂中的溶解度较大，因此可根据实验需要选择合适的溶剂。对同种沉淀而言，沉淀的颗粒越大，沉淀的溶解度越小；沉淀的晶型越稳定，沉淀的溶解度也越小。下面重点介绍与水溶液中的化学有关的 5 个影响沉淀溶解度的化学因素：同离子效应、盐效应、酸效应、配位效应和氧化还原效应。

3.3.2.1 同离子效应

在难溶电解质的饱和溶液中，加入含有相同离子的易溶强电解质，难溶电解质的沉淀-溶解平衡将向沉淀方向移动，使难溶电解质的溶解度降低，称为**同离子效应**（common ion effect），与弱酸或弱碱溶液中的同离子效应相类似。

【例 3-20】 分别计算 $BaSO_4$ 在纯水和 0.10mol/L $BaCl_2$ 溶液中的溶解度。（已知 $BaSO_4$ 在 298.15 K 时的溶度积为 1.08×10^{-10}）

解：(1) 设 $BaSO_4$ 在纯水的溶解度为 s_1

因为 $$BaSO_4(s) \rightleftharpoons Ba^{2+}(aq) + SO_4^{2-}(aq)$$

浓度中离子浓度/(mol/L) $\qquad s_1/c^{\ominus} \qquad s_1/c^{\ominus}$

$$K_{sp}^{\ominus}(BaSO_4)=\{c(Ba^{2+})/c^{\ominus}\}\cdot\{c(SO_4^{2-})/c^{\ominus}\}=\{s_1/c^{\ominus}\}^2$$

所以 $$s_1=\sqrt{K_{sp}^{\ominus}(BaSO_4)}\cdot c^{\ominus}=\sqrt{1.08\times10^{-10}}\cdot c^{\ominus}=1.04\times10^{-5}\,mol/L$$

(2) 设 $BaSO_4$ 在 0.10mol/L $BaCl_2$ 溶液中的溶解度为 s_2

因为 $$BaSO_4(s) \rightleftharpoons Ba^{2+}(aq) + SO_4^{2-}(aq)$$

平衡浓度/(mol/L) $\qquad (0.10+s_2)/c^{\ominus} \quad s_2/c^{\ominus}$

因为 $K_{sp}^{\ominus}(BaSO_4)$ 的值很小，所以 $(0.10+s_2)/c^{\ominus}\approx0.10$

$K_{sp}^{\ominus}=\{c(Ba^{2+})/c^{\ominus}\}\{c(SO_4^{2-})/c^{\ominus}\}=\{(0.10+s_2)/c^{\ominus}\}\times\{s_2/c^{\ominus}\}\approx\{0.10\}\{s_2/c^{\ominus}\}$，故：

$$s_2=\frac{K_{sp}^{\ominus}}{0.10}\cdot c^{\ominus}=\frac{1.08\times10^{-10}}{0.10}\cdot c^{\ominus}=1.08\times10^{-9}\,mol/L$$

由计算结果可见，$BaSO_4$ 在 0.10mol/L $BaCl_2$ 溶液中的溶解度比在纯水中小得多。因此，利用同离子效应可以使难溶电解质的溶解度大大降低。

因此，在进行沉淀反应时，要使某种离子沉淀完全（一般来说，残留在溶液中的被沉淀离子的浓度小于 1.0×10^{-5} mol/L 时，可以认为沉淀完全），首先应选择适当的沉淀剂，使生成的难溶电解质的溶度积尽可能小；其次，应加入适当过量的沉淀剂（一般过量 20%～50%即可）以产生同离子效应，使未被沉淀离子的浓度小于 1.0×10^{-5} mol/L。

3.3.2.2 盐效应

实验证明，将不含相同离子的易溶强电解质加入难溶电解质的溶液中，难溶电解质的溶解度比在纯水中的溶解度大。例如，在 AgCl 的饱和溶液中加入不含相同离子的易溶强电解质（如 KNO_3），则 AgCl 的溶解度将比在纯水中略为增大。这种由于加入易溶强电解质而使难溶电解质溶解度增大的现象称为**盐效应**（salt effect）。

盐效应产生的原因是随着溶液中各种离子浓度的增大，增强了离子间的静电作用，在 Ag^+ 周围有更多的阴离子（主要是 NO_3^-），形成了离子氛；在 Cl^- 的周围有更多的阳离子（主要是 K^+），也形成了离子氛，使 Ag^+ 和 Cl^- 受到较强的牵制作用，妨碍了离子的自由运动，减少了离子的有效浓度，使 $Q_i<K_{sp}^{\ominus}$，平衡向溶解的方向移动，致使难溶电解质的溶解度增大。

当采用加入过量的沉淀剂（一般过量20%～50%即可）方法使沉淀完全时，在系统中会同时存在同离子效应和盐效应，这两种效应对沉淀溶解度是影响完全相反。一般来说，同离子效应的影响比盐效应大得多，所以，如果过量沉淀剂的浓度不是很大时，通常只考虑同离子效应而不考虑盐效应。

3.3.2.3　酸效应

溶液酸度对沉淀溶解度的影响称为**酸效应**（acid effect）。酸效应对沉淀溶解度的影响比较复杂，这里主要考虑酸度对难溶弱酸盐溶解度的影响。

例如，固体ZnS可以溶于盐酸中，其反应过程如下：

$$ZnS(s) \rightleftharpoons Zn^{2+}(aq) + S^{2-}(aq) \qquad K_1^\ominus = K_{sp}^\ominus(ZnS) \tag{1}$$

$$S^{2-}(aq) + H^+(aq) \rightleftharpoons HS^-(aq) \qquad K_2^\ominus = \frac{1}{K_{a_2}^\ominus(H_2S)} \tag{2}$$

$$HS^-(aq) + H^+(aq) \rightleftharpoons H_2S(aq) \qquad K_3^\ominus = \frac{1}{K_{a_1}^\ominus(H_2S)} \tag{3}$$

由上述反应可见，因 H^+ 与 S^{2-} 结合生成弱电解质 HS^- 和 H_2S，导致 $c(S^{2-})$ 降低，使ZnS沉淀—溶解平衡向溶解的方向移动。若加入足够量的盐酸，则ZnS会全部溶解。

将上式(1) ＋ (2) ＋ (3)，得到ZnS溶于HCl的溶解反应式：

$$ZnS(s) + 2H^+(aq) \rightleftharpoons Zn^{2+}(aq) + H_2S(aq)$$

根据多重平衡规则，ZnS溶于盐酸反应的平衡常数为：

$$K^\ominus = \frac{\{c(Zn^{2+})/c^\ominus\}\times\{c(H_2S)/c^\ominus\}}{\{c(H^+)/c^\ominus\}^2} = K_1^\ominus K_2^\ominus K_3^\ominus = \frac{K_{sp}^\ominus(ZnS)}{K_{a_1}^\ominus(H_2S)K_{a_2}^\ominus(H_2S)}$$

可见，这类难溶弱酸盐溶于酸的难易程度与难溶盐的溶度积和反应所生成的弱酸的解离常数有关。$K_{sp}^\ominus$ 越大，$K_a^\ominus$ 值越小，其反应越容易进行。

【例3-21】 欲使0.10mol ZnS或0.10mol CuS溶解于1.0 L盐酸中，所需盐酸的最低浓度是多少？[已知：$K_{a_1}^\ominus(H_2S) = 9.5\times10^{-8}$，$K_{a_2}^\ominus(H_2S) = 1.3\times10^{-14}$，$K_{sp}^\ominus(ZnS) = 2.5\times10^{-22}$，$K_{sp}^\ominus(CuS) = 6.3\times10^{-36}$，饱和 H_2S 溶液的浓度为0.10mol/L]

解：(1) 对ZnS：

根据

$$ZnS(s) + 2H^+(aq) \rightleftharpoons Zn^{2+} + H_2S(aq)$$

$$K^\ominus = \frac{\{c(Zn^{2+})/c^\ominus\}\times\{c(H_2S)/c^\ominus\}}{\{c(H^+)/c^\ominus\}^2} = \frac{K_{sp}^\ominus(ZnS)}{K_{a_1}^\ominus(H_2S)K_{a_2}^\ominus(H_2S)}$$

因为当0.10mol ZnS溶解于1.0 L盐酸中时，$c(ZnS) = 0.10mol/L$

饱和 H_2S 溶液的浓度为0.10mol/L，即 $c(H_2S) = 0.10mol/L$

所以

$$c(H^+) = \sqrt{\frac{K_{a_1}^\ominus(H_2S)K_{a_2}^\ominus(H_2S)\{c(Zn^{2+})/c^\ominus\}\{c(H_2S)/c^\ominus\}}{K_{sp}^\ominus(ZnS)}}\cdot c^\ominus$$

$$= \sqrt{\frac{9.5\times10^{-8}\times1.3\times10^{-14}\times0.10\times0.10}{2.5\times10^{-22}}} mol/L$$

$$= 0.22 mol/L$$

(2) 对CuS，同理得：

$$c(H^+) = \sqrt{\frac{K_{a_1}^\ominus(H_2S)K_{a_2}^\ominus(H_2S)\{c(Cu^{2+})/c^\ominus\}\{c(H_2S)/c^\ominus\}}{K_{sp}^\ominus(CuS)}}\cdot c^\ominus$$

$$= \sqrt{\frac{9.5\times10^{-8}\times1.3\times10^{-14}\times0.10\times0.10}{6.3\times10^{-36}}} mol/L$$

$$= 1.4\times10^6 mol/L$$

计算结果表明，溶度积较大的 ZnS 可完全溶于 0.22mol/L 稀盐酸中，而溶度积较小的 CuS 则不能溶于稀盐酸，甚至也不能溶于浓盐酸中，因为市售浓盐酸的浓度约为 12mol/L。

难溶于水的氢氧化物都能溶于酸，这是因为酸碱反应生成了弱电解质 H_2O。例如固体 $Mg(OH)_2$ 可溶于盐酸中，其反应为：

$$Mg(OH)_2(s)+2H^+(aq) \rightleftharpoons Mg^{2+}(aq)+2H_2O(aq)$$

3.3.2.4 配位效应

利用加入配位剂使沉淀的组分离子形成稳定的配离子，降低了溶液中游离离子的浓度，使沉淀平衡向沉淀溶解的方向移动，使沉淀的溶解度增大，甚至完全溶解，这种现象称为**配位效应**（coodination effect）。例如，AgCl 溶于氨水：

$$AgCl(s)+2NH_3(aq) \rightleftharpoons [Ag(NH_3)_2]^+(aq)+Cl^-(aq)$$

由于 Ag^+ 和 NH_3 结合成了稳定的 $[Ag(NH_3)_2]^+$ 配离子，使溶液中 $c(Ag^+)$ 降低，此时 $Q_i<K_{sp}^{\ominus}(AgCl)$，所以 AgCl 沉淀溶解。

3.3.2.5 氧化还原效应

利用氧化-还原反应来降低溶液中沉淀组分离子的浓度，使 $Q_i<K_{sp}^{\ominus}$，从而使沉淀溶解度增大，这种现象称为**氧化还原效应**（redox effect）。如 CuS 不溶于盐酸，但能溶于具有氧化性的硝酸中：

$$3CuS(s)+8HNO_3(aq) = 3Cu(NO_3)_2(aq)+3S(s)+2NO(g)+4H_2O(aq)$$

由于 S^{2-} 被氧化成单质硫析出，使溶液中 $c(S^{2-})$ 显著降低，此时 $Q_i<K_{sp}^{\ominus}$，所以 CuS 沉淀能被硝酸溶解。

3.3.3 沉淀-溶解平衡的应用

3.3.3.1 沉淀的生成

根据溶度积规则，在难溶电解质溶液中，如果 $Q_i>K_{sp}^{\ominus}$，就会有该物质的沉淀生成。因此，要使溶液某种离子生成沉淀，就必须加入与被沉淀离子有关的沉淀剂。例如，要使 Ag^+ 离子生成沉淀，那么在 $AgNO_3$ 溶液中加入沉淀剂 NaCl 溶液，当混合液中：$Q_i=\{c(Ag^+)/c^{\ominus}\}\cdot\{c(Cl^-)/c^{\ominus}\}>K_{sp}^{\ominus}(AgCl)$，就会生成 AgCl 沉淀。

【例 3-22】 如果向 1.0L 0.010mol/L 的 Pb^{2+} 溶液中加入固体 KI，问加入的 KI 必须超过多少克才会产生 PbI_2 沉淀？[已知 $M(PbI_2)=166.0g/mol$，PbI_2 的 $K_{sp}^{\ominus}=9.8\times10^{-9}$]

解：设溶液中产生 PbI_2 沉淀所需的 I^- 浓度为 $x$mol/L

根据 $$PbI_2(s) \rightleftharpoons Pb^{2+}(aq)+2I^-(aq)$$

$$K_{sp}^{\ominus}=\{c(Pb^{2+})/c^{\ominus}\}\{c(I^-)/c^{\ominus}\}^2=\{c(Pb^{2+})/c^{\ominus}\}\{x\}^2$$

$$x=\sqrt{\frac{K_{sp}^{\ominus}}{c(Pb^{2+})/c^{\ominus}}}=\sqrt{\frac{9.8\times10^{-9}}{0.010}}=9.9\times10^{-4}$$

$$c(I^-)=9.9\times10^{-4}mol/L$$

所以，要使溶液中产生 PbI_2 沉淀，加入固体 KI 的质量必须超过：

$$m(KI)=c(I^-)\times V\times M=9.9\times10^{-4}mol/L\times1.0L\times166.0g/mol=0.16g$$

【例 3-23】 计算 0.010mol/L Fe^{3+} 开始沉淀和完全沉淀时溶液的 pH 值。[已知 $Fe(OH)_3$ 的 $K_{sp}^{\ominus}=2.79\times10^{-39}$]

解：(1) 开始沉淀时的 pH 值：

根据 $Fe(OH)_3(s) \rightleftharpoons Fe^{3+}(aq)+3OH^-(aq)$ $K_{sp}^{\ominus}=\{c(Fe^{3+})/c^{\ominus}\}\{c(OH^-)/c^{\ominus}\}^3$

$$c(OH^-)=\sqrt[3]{\frac{K_{sp}^{\ominus}}{c(Fe^{3+})/c^{\ominus}}}\cdot c^{\ominus}=\sqrt[3]{\frac{2.79\times10^{-39}}{0.010}}\cdot c^{\ominus}=6.53\times10^{-13}\text{mol/L}$$

所以 $pH = 14.00 - pOH = 14.00-\{-\lg(6.53\times10^{-13})\}=1.81$

(2) 沉淀完全时的 pH 值：

因为沉淀完全时 $c(Fe^{3+})\leqslant1.0\times10^{-5}$mol/L

所以 $$c(OH^-)=\sqrt[3]{\frac{K_{sp}^{\ominus}}{c(Fe^{3+})/c^{\ominus}}}\cdot c^{\ominus}=\sqrt[3]{\frac{2.79\times10^{-39}}{1.0\times10^{-5}}}\cdot c^{\ominus}=6.53\times10^{-12}\text{mol/L}$$

$$pH = 14.00 - pOH = 14-\{-\lg(6.53\times10^{-12})\}=2.81$$

3.3.3.2 沉淀的分离

根据例3-23的计算可知，金属难溶氢氧化物在溶液中开始沉淀和沉淀完全的pH值主要取决于其$K_{sp}^{\ominus}$的大小。由于不同氢氧化物的$K_{sp}^{\ominus}$不同、组成不同，因此它们开始沉淀和完全沉淀时所需的pH值也就不同，这样就可以通过控制溶液的pH值，达到分离金属离子的目的。此外，根据金属硫化物的$K_{sp}^{\ominus}$不同、组成不同，通过控制溶液的pH值和S^{2-}离子的浓度，达到分离金属离子的目的。

【例3-24】 某化工厂在含0.20mol/L Ni^{2+}、0.30mol/L Fe^{3+}溶液中加入NaOH溶液使其分离，请计算出溶液pH的控制范围。[已知 $Ni(OH)_2$ 的 $K_{sp}^{\ominus}=5.48\times10^{-16}$，$Fe(OH)_3$ 的 $K_{sp}^{\ominus}=2.79\times10^{-39}$]

解：(1) 首先判断沉淀先后的次序，即计算开始沉淀 Ni^{2+}、Fe^{3+}所需的 $c(OH^-)$

$$c_1(OH^-)>\sqrt{\frac{K_{sp}^{\ominus}}{\{c(Ni^{2+})/c^{\ominus}\}}}\cdot c^{\ominus}=\sqrt{\frac{5.48\times10^{-16}}{0.20}}\cdot c^{\ominus}=5.2\times10^{-8}\text{mol/L}$$

$$c_2(OH^-)>\sqrt[3]{\frac{K_{sp}^{\ominus}}{c(Fe^{3+})/c^{\ominus}}}\cdot c^{\ominus}=\sqrt[3]{\frac{2.79\times10^{-39}}{0.30}}\cdot c^{\ominus}=2.1\times10^{-13}\text{mol/L}$$

因为 $c_2(OH^-)<c_1(OH^-)$，所以 $Fe(OH)_3$ 先沉淀。

(2) 计算 $Fe(OH)_3$ 沉淀完全时的 pH 值

$$c_2(OH^-)>\sqrt[3]{\frac{K_{sp}^{\ominus}}{c(Fe^{3+})/c^{\ominus}}}\cdot c^{\ominus}=\sqrt[3]{\frac{2.79\times10^{-39}}{1.0\times10^{-5}}}\cdot c^{\ominus}=1.4\times10^{-11}\text{mol/L}$$

$$pH=3.15$$

(3) 计算 $Ni(OH)_2$ 开始沉淀时的 pH 值

因为 $c(OH^-)=5.2\times10^{-8}$mol/L，所以 pH=6.72

因此欲使Ni^{2+}离子和Fe^{3+}离子分离，溶液中的pH值应控制在3.15～6.72之间，此时Fe^{3+}离子沉淀完全，而Ni^{2+}离子不沉淀，达到分离Ni^{2+}离子和Fe^{3+}离子的目的。

【例3-25】 已知某溶液中含有0.10mol/L Zn^{2+}和0.10mol/L Cd^{2+}，当在此溶液中通入H_2S使溶液饱和（其浓度为0.10mol/L）。

(1) 试判断哪种沉淀首先析出？

(2) 为了使Cd^{2+}沉淀完全，H^+浓度应为多少？此时ZnS沉淀是否析出？

(3) 在Cd^{2+}和Zn^{2+}实际分离中，通常加HCl调节溶液的pH值，若加HCl后H^+浓度为0.30mol/L，不断通入H_2S，最后溶液中的H^+、Cd^{2+}和Zn^{2+}浓度各为多少？

[已知：$K_{sp}^{\ominus}(CdS)=8.0\times10^{-27}$，$K_{sp}^{\ominus}(ZnS)=2.5\times10^{-22}$，$H_2S$ 的 $K_a^{\ominus}=1.2\times10^{-21}$]

解：(1) 因 $K_{sp}^{\ominus}(ZnS)>K_{sp}^{\ominus}(CdS)$，$c(Cd^{2+})=c(Zn^{2+})$

所以CdS沉淀先析出。

(2) 当Cd^{2+}沉淀完全时，$c(Cd^{2+})\leqslant1.0\times10^{-5}$mol/L，此时$c(S^{2-})$为：

$$c(S^{2-})=\frac{K_{sp}^{\ominus}(CdS)}{c(Cd^{2+})/c^{\ominus}}\cdot c^{\ominus}\geqslant\frac{8.0\times10^{-27}}{1.0\times10^{-5}}\cdot c^{\ominus}=8.0\times10^{-22}\text{mol/L}$$

根据式(3-17)可求出相应的 H^+ 浓度：

$$c(H^+)=\sqrt{\frac{K_a^{\ominus}\cdot\{c(H_2S)/c^{\ominus}\}}{c(S^{2-})/c^{\ominus}}}\cdot c^{\ominus}=\sqrt{\frac{1.2\times10^{-21}\times0.10}{8.0\times10^{-22}}}\text{mol/L}=0.39\text{mol/L}$$

因此为了使 Cd^{2+} 沉淀完全，H^+ 浓度应为 0.39mol/L。

此时

$$Q_i=\{c(Zn^{2+})/c^{\ominus}\}\cdot\{c(S^{2-})/c^{\ominus}\}$$
$$=0.10\times8.0\times10^{-22}$$
$$=8.0\times10^{-23}<K_{sp}^{\ominus}(ZnS)$$

所以无 ZnS 沉淀析出。

(3) 在 Cd^{2+} 和 Zn^{2+} 实际分离中，加入盐酸后存在下列反应：

$$Cd^{2+}(aq)+S^{2-}(aq)\rightleftharpoons CdS(s) \qquad 1/K_{sp}^{\ominus}(CdS)$$
$$+\quad H_2S(aq)\rightleftharpoons 2H^+(aq)+S^{2-}(aq) \qquad K_a^{\ominus}$$

$$Cd^{2+}(aq)+H_2S(aq)\rightleftharpoons 2H^+(aq)+CdS(s)$$

反应开始前浓度/(mol/L)	0.10	0.10	0.30
平衡浓度/(mol/L)	x	0.10	$0.30+2(0.10-x)$

该反应总的平衡常数

$$K^{\ominus}=\frac{K_a^{\ominus}}{K_{sp}^{\ominus}}=\frac{1.2\times10^{-21}}{8.0\times10^{-27}}=1.5\times10^5$$

$$K^{\ominus}=\frac{\{c(H^+)/c^{\ominus}\}^2}{\{c(Cd^{2+})/c^{\ominus}\}\cdot\{c(H_2S)/c^{\ominus}\}}=\frac{(0.50-2x)^2}{0.10x}=1.5\times10^5$$

因为 x 值很小，所以 $0.50-2x\approx0.50$

解出 $x=1.7\times10^{-5}$

$$c(Cd^{2+})=1.7\times10^{-5}\text{mol/L}$$
$$c(H^+)=(0.50-2x)\text{mol/L}=0.50\text{mol/L}$$

由于当 $c(H^+)=0.39$mol/L 时 ZnS 不沉淀，所以当 $c(H^+)=0.50$mol/L 时更不会产生 ZnS 沉淀，故溶液中 $c(Zn^+)=0.10$mol/L。

3.3.3.3 分步沉淀

在实际工作中，溶液中往往含有多种离子，当加入某种沉淀剂时，这些离子有可能都产生沉淀。但由于它们的溶度积不同，所以产生沉淀的先后次序就会不同。这种先后沉淀的现象称为**分步沉淀**（fractional precipitation）。

【例 3-26】 在含有相同浓度（浓度均为 0.10mol/L）的 Cl^- 和 I^- 的溶液中，逐滴加入 $AgNO_3$ 溶液，判断哪种离子先沉淀，哪种离子后沉淀，并计算后沉淀的离子开始沉淀时先沉淀的离子是否沉淀完全。[已知 $K_{sp}^{\ominus}(AgCl)=1.77\times10^{-10}$，$K_{sp}^{\ominus}(AgI)=8.51\times10^{-17}$]

解：(1) 析出 AgCl 和 AgI 沉淀所需要的 Ag^+ 最低浓度分别为：

$$\text{AgCl}:c(Ag^+)=\frac{K_{sp}^{\ominus}(AgCl)}{c(Cl^-)/c^{\ominus}}\cdot c^{\ominus}=\frac{1.77\times10^{-10}}{0.10}\cdot1\text{mol/L}=1.77\times10^{-9}\text{mol/L}$$

$$\text{AgI}:c(Ag^+)=\frac{K_{sp}^{\ominus}(AgI)}{c(I^-)/c^{\ominus}}\cdot c^{\ominus}=\frac{8.51\times10^{-17}}{0.10}\cdot1\text{mol/L}=8.51\times10^{-16}\text{mol/L}$$

可以看出析出 AgI 沉淀所需的 $c(Ag^+)$ 比析出 AgCl 沉淀所需要的 $c(Ag^+)$ 小得多，所以，当滴加 $AgNO_3$ 溶液时，必然首先满足 AgI 的沉淀条件，黄色 AgI 先沉淀出来。白色 AgCl 后沉淀出来。

(2) 当 AgCl 开始沉淀时，溶液中剩余的 I^- 浓度为：

$$c(I^-)=\frac{K_{sp}^{\ominus}(AgI)}{c(Ag^+)}=\frac{8.51\times10^{-17}}{1.77\times10^{-9}}=4.81\times10^{-8}\text{mol/L}$$

计算表明，当 AgCl 开始析出沉淀，即 $c(Ag^+) \geqslant 1.77\times10^{-9}$mol/L 时，$I^-$ 早已沉淀完全（一般认为离子浓度小于 10^{-5}mol/L 时即沉淀完全）。

结论：当溶液中存在几种可沉淀的离子时，所需沉淀剂浓度低的离子先沉淀，所需沉淀剂浓度高的离子后沉淀。当后沉淀的离子开始沉淀时，先沉淀的离子浓度小于 10^{-5}mol/L，就可以用沉淀法进行离子分离。

3.3.3.4　沉淀的转化

有些沉淀既不溶于酸，也不能用氧化-还原反应和配位反应的方法溶解。这种情况下，可以借助合适的试剂，把一种难溶沉淀转化为另一种难溶沉淀，然后再使其溶解。这种将一种沉淀转化为另一种沉淀的过程，称为**沉淀的转化**（inversion of precipitate）。例如，附在锅炉内壁的锅垢（主要成分为 $CaSO_4$，既难溶于水，又难溶于酸），可以用 Na_2CO_3 溶液将 $CaSO_4$ 转化为可溶于酸的 $CaCO_3$ 沉淀，这样就容易把锅垢清除了。其反应过程如下：

$$CaSO_4(s) \rightleftharpoons Ca^{2+}(aq) + SO_4^{2-}(aq) \qquad K_{sp}^{\ominus}(CaSO_4)$$

$$CaCO_3(s) \rightleftharpoons Ca^{2+}(aq) + CO_3^{2-}(aq) \qquad K_{sp}^{\ominus}(CaCO_3)$$

两式相减得：

$$CaSO_4(s) + CO_3^{2-}(aq) \rightleftharpoons CaCO_3(s) + SO_4^{2-}(aq)$$

$$K^{\ominus} = \frac{c(SO_4^{2-})/c^{\ominus}}{c(CO_3^{2-})/c^{\ominus}} = = \frac{K_{sp}^{\ominus}(CaSO_4)}{K_{sp}^{\ominus}(CaCO_3)} = \frac{9.6\times10^{-6}}{2.8\times10^{-9}} = 3.4\times10^{3}$$

该转化反应的平衡常数 $K^{\ominus}$ 较大，因此 $CaSO_4$ 很容易转化为可溶于酸的 $CaCO_3$ 沉淀而被除去。

可见，对于类型相同的难溶电解质，沉淀转化程度的大小，取决于两种难溶电解质溶度积的相对大小。溶度积较大的沉淀容易转化为溶度积较小的沉淀；反之，则比较困难，甚至不可能转化。

3.3.3.5　沉淀的溶解

根据溶度积规则，沉淀溶解的必要条件是 $Q_i < K_{sp}^{\ominus}$。因此，一切能使溶液中有关离子浓度降低的方法，都能促使沉淀溶解。通常可利用酸效应、配位效应和氧化还原效应来使沉淀溶解。

【例 3-27】 将 100mL 0.2mol/L $MgCl_2$ 溶液与 100mL 0.2mol/L 氨水溶液混合。问：(1) 有无 $Mg(OH)_2$ 沉淀生成？(2) 在此溶液中需加入多少克固体 NH_4Cl 才能使生成的 $Mg(OH)_2$ 沉淀溶解？[已知 $Mg(OH)_2$ 的 $K_{sp}^{\ominus}=5.61\times10^{-12}$，$NH_3\cdot H_2O$ 的 $K_b^{\ominus}=1.79\times10^{-5}$]

解：(1) 混合后溶液中各物质浓度为：

$$c(Mg^{2+}) = \frac{100\text{mL}\times0.20\text{mol/L}}{100\text{mL}+100\text{mL}} = 0.10\text{mol/L}$$

$$c(NH_3\cdot H_2O) = \frac{100\text{mL}\times0.20\text{mol/L}}{100\text{mL}+100\text{mL}} = 0.10\text{mol/L}$$

由式(3-16) 得：

$$c(OH^-) = \sqrt{cK_b^{\ominus}/c^{\ominus}}\cdot c^{\ominus} = \sqrt{0.10\times1.79\times10^{-5}}\text{mol/L} = 1.34\times10^{-3}\text{mol/L}$$

$$Q_i = \{c(Mg^{2+})/c^{\ominus}\}\cdot\{c(OH^-)/c^{\ominus}\}^2 = 0.1\times(1.34\times10^{-3})^2 = 1.79\times10^{-7} > K_{sp}^{\ominus}$$

所以，有 $Mg(OH)_2$ 沉淀生成。

(2) 首先根据 $K_{sp}^{\ominus}$ 求出 Mg^{2+} 不生成 $Mg(OH)_2$ 沉淀所允许的最高 OH^- 浓度。

$$K_{sp}^{\ominus} = \{c(Mg^{2+})/c^{\ominus}\}\cdot\{c(OH^-)/c^{\ominus}\}^2$$

$$c(OH^-)/c^\ominus=\sqrt{\frac{K_{sp}^\ominus}{c(Mg^{2+})/c^\ominus}}=\sqrt{\frac{5.61\times10^{-12}}{0.1}}=7.49\times10^{-6}$$

当 $c(OH^-)<7.49\times10^{-6}$ mol/L 时，不生成 $Mg(OH)_2$ 沉淀。

加入 NH_4Cl 后，与 $NH_3\cdot H_2O$ 组成缓冲溶液。由于同离子效应，溶液中 OH^- 浓度减少。

由式(3-23) 得：
$$c(H^+)/c^\ominus=K_a^\ominus\frac{c(酸)/c^\ominus}{c(碱)/c^\ominus}$$

得
$$c(NH_4Cl)/c^\ominus=\frac{c(H^+)/c^\ominus}{K_a^\ominus}\cdot c(NH_3\cdot H_2O)/c^\ominus=\frac{\frac{K_w^\ominus}{c(OH^-)/c^\ominus}}{\frac{K_w^\ominus}{K_b^\ominus}}\cdot c(NH_3\cdot H_2O)/c^\ominus$$

$$=K_b^\ominus\cdot\frac{c(NH_3\cdot H_2O)/c^\ominus}{c(OH^-)/c^\ominus}=1.79\times10^{-5}\times\frac{0.10}{7.49\times10^{-6}}$$

$$=0.24$$

当 $c(NH_4Cl)>0.24$mol/L 时，此时 $c(OH^-)<7.49\times10^{-6}$ mol/L，不生成 $Mg(OH)_2$ 沉淀。所以：

$$m(NH_4Cl)>c(NH_4Cl)\times V\times M(NH_4Cl)=0.24\text{mol/L}\times0.20\text{ L}\times53.5\text{g/mol}=2.57\text{g}$$

即至少需加入 2.57 g NH_4Cl 固体才能使生成的 $Mg(OH)_2$ 沉淀溶解。

3.4 配位反应及其应用

配位化合物（coordination compound），简称**配合物或络合物**（complex compound，简称 complex），是一类非常重要的化合物，最早见于文献的配合物是 1704 年德国涂料工人迪士巴赫（Diesbach）在研制美术颜料时合成的普鲁士蓝 $KFe[Fe(CN)_6]$。配合物的研究始于 1798 年法国化学家塔萨厄尔（B. M. Tassaert）关于 $CoCl_3\cdot6NH_3$ 的发现，之后 1893 年瑞士化学家维尔纳（A. Werner）提出配位理论，奠定了配位化学的基础。如今配合物化学已经从无机化学的分支发展成为一门独立的学科—配位化学，其研究领域已渗透到有机化学、结构化学、分析化学、催化动力学、生命科学等前沿学科。本节只对配合物的基本概念、配离子在溶液中的解离平衡以及配合物的应用进行简要介绍。

3.4.1 配合物的组成和命名

3.4.1.1 配合物的组成

在蓝色的 $CuSO_4$ 溶液中滴加过量的浓氨水，溶液的颜色由天蓝色变成了深蓝色。往深蓝色溶液中加入乙醇，有深蓝色晶体析出。通过实验证明这种深蓝色的化合物是 $CuSO_4$ 和 NH_3 形成的复杂的化合物 $[Cu(NH_3)_4]SO_4$。反应式为：

$$CuSO_4+4NH_3\rightleftharpoons[Cu(NH_3)_4]SO_4$$

$[Cu(NH_3)_4]SO_4$ 称为**配位化合物**（coordination compound），简称配合物。$[Cu(NH_3)_4]^{2+}$ 称为**配离子**（complex ion），或称配合物的**内界**（inner）。为了与简单离子区别，配离子往往用方括号 [] 表示。而与配离子电荷相反的离子称为配合物的**外界**（outer），如 SO_4^{2-}。内外界之间是离子键结合，在水溶液中全部解离。

$$[Cu(NH_3)_4]SO_4\longrightarrow[Cu(NH_3)_4]^{2+}+SO_4^{2-}$$

在配离子（即内界）中，占据中心位置的一般是正离子（如 Cu^{2+}）或原子，通常称为**中心离子**（central ion）或原子。在它的周围直接配位着一些中性分子或带负电荷的离子称为**配位体**，简称**配体**（ligand），如 NH_3。配位体中直接与中心离子键合（以配位键相结合）的原子叫做**配位原子**（coordination atom），如 NH_3 中的 N。配位原子的总数叫做**配位数**（coordination number），如 NH_3 括号右下角的“4”，以上这些关系可用图 3-8 表示。

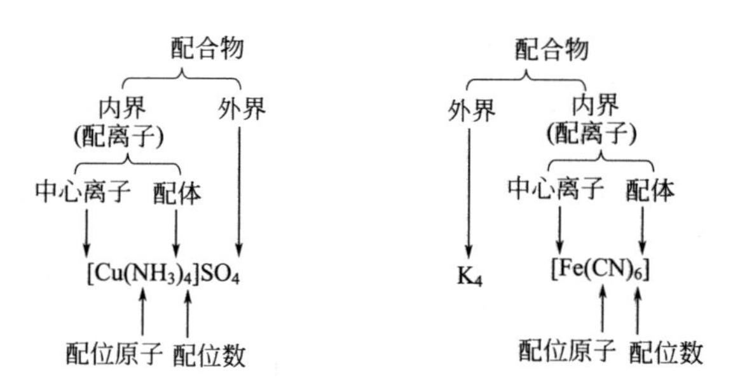

图 3-8　配合物的组成

注意：外界离子所带的电荷总数与内界配离子的电荷数在数值上相等，符号相反；配离子的电荷数等于中心离子（或原子）的电荷数与配位体的总电荷数的代数和。

3.4.1.2　配合物的化学式和命名

（1）配合物的化学式　书写配合物的化学式应该遵循以下两个原则。

① 配合物的化学式中总是阳离子在前，阴离子在后。

② 配离子或配分子的化学式中，应先列出中心离子或原子的元素符号，再依次列出阴离子和中性配体；无机配体在前，有机配体在后，然后将配离子或配分子的化学式置于方括号 [] 中。

（2）配合物的命名　配合物的命名与一般无机化合物的命名原则相同。命名时阴离子在前，阳离子在后。若为配阳离子配合物，则在外界阴离子和配离子之间用“化”或“酸”字连接，叫做某化某或某酸某。若为配阴离子配合物，则在配离子和外界阳离子之间用“酸”字连接，叫做某酸某。若外界阳离子为氢离子，则在配阴离子之后缀以“酸”字，叫做某酸。

配合物的命名关键在于配离子的命名，配离子的命名按下列原则进行。

① 先命名配体，后命名中心离子。

② 在配体中，先阴离子后中性分子，不同配体之间用圆点“·”分开，最后一个配体名称之后加“合”字。

③ 同类配体名称的排列次序按配位原子元素符号的英文字母顺序。

④ 同一配体的数目用倍数字头一、二、三、四等数字表示。

⑤ 中心离子的氧化态用带圆括号的罗马数字（Ⅰ、Ⅱ、Ⅲ、Ⅳ、…）在中心离子之后表示出来。

此外，某些常见的配合物，除按系统命名外，还有习惯名称或俗名。表 3-6 列举了一些配合物命名的实例。

表 3-6　一些配合物的化学式和系统命名实例

类别	化学式	系统命名
配位酸	$H_2[PtCl_6]$	六氯合铂(Ⅳ)酸
	$H_2[SiF_6]$	六氟合硅(Ⅳ)酸
配位碱	$[Ag(NH_3)_2]OH$	氢氧化二氨合银(Ⅰ)
	$[Cu(NH_3)_4](OH)_2$	氢氧化四氨合铜(Ⅱ)
	$[Cu(en)_2](OH)_2$	氢氧化二乙二胺合铜(Ⅱ)

续表

类别	化学式	系统命名
配位盐	$[Cu(NH_3)_4]SO_4$ $K_3[Fe(CN)_6]$ $[Pt(NO_2)_2(NH_3)_4]Cl_2$ $[Co(NH_3)_5H_2O]Cl_3$ $[NiCl_2(NH_3)_4]Cl$ $[PtCl(NO_2)(NH_3)_4]CO_3$ $[Cu(NH_3)_4][PtCl_4]$ $Na_3[Co(NCS)_3(SCN)_3]$	硫酸四氨合铜(Ⅱ) 六氰合铁(Ⅲ)酸钾 二氯化二硝基·四氨合铂(Ⅳ) 三氯化五氨·一水合钴(Ⅲ) 氯化二氯·四氨合镍(Ⅱ) 碳酸一氯·一硝基·四氨合铂(Ⅳ) 四氯合铂(Ⅱ)酸四氨合铜(Ⅱ) 三异硫氰根·三硫氰根合钴(Ⅲ)酸钠
配分子	$Fe(CO)_5$ $Ni(CO)_4$ $[CoCl(OH)_2(NH_3)_3]$	五羰基合铁 四羰基合镍 一氯·二羟基·三氨合钴(Ⅲ)

3.4.1.3 配位体

在配合物中与中心离子或中心原子键合的原子称为**配位原子**（coordination atom），如 NH_3 中的N、CN^- 中的C、OH^- 中的O都是配位原子。它们有一个共同的特点：配位原子必须含有孤对电子与中心离子或中心原子形成配位键，如：NH_3、：OH^-、：CN^- 等。

根据配位体中含有配位原子的数目，配位体可分为两大类，即单齿配位体和多齿配位体。

(1) 单齿配位体　只含有一个配位原子的配体称为**单齿配体**（monodentate ligand）。它包含阴离子和中性分子，如 NH_3、H_2O、CN^-、SCN^-、Cl^- 等。单齿配体与中心离子直接配位形成的配合物称为简单配合物。

(2) 多齿配位体　含有两个或两个以上配位原子的配位体称为**多齿配体**（polydentate ligand），如乙二胺，简称en；乙二胺四乙酸，简称EDTA。由于多齿配体中含有两个或两个以上的配位原子，因此与中心离子配位时形成环状结构，其结构形状类似蟹以双螯钳住中心离子，故此类配合物称为**螯合物**（chelate）。这种多齿配位体也称为**螯合剂**（chelating agent）。例如，2个乙二胺和 Cu^{2+} 离子可形成两个五元环：

$$\begin{array}{ccccc} H_2C-NH_2 & & & & H_2N-H_2C \\ | & \searrow & & \swarrow & | \\ & & Cu^{2+} & & \\ | & \nearrow & & \nwarrow & | \\ H_2C-NH_2 & & & & H_2N-H_2C \end{array}$$

螯合物和简单配合物相比，其稳定性明显提高，这是由于螯合物中的螯合环大多是五元环和六元环，这两种环的键角分别是108°和120°，有利于成键，形成稳定结构。

一些常见的配体和配位原子见表3-7所列。

表3-7　常见的配体和配位原子

类型	配位原子	实　例
单齿配体	C	CO(羰基)，CN^-(氰根)
	N	NH_3，RNH_2，NO(亚硝酰)，NO_2^-(硝基)，NCS^-(异硫氰酸根)，C_5H_5N(吡啶)
	O	H_2O，ROH，RCOOH，OH^-(羟基)，ONO^-(亚硝酸根)
	P	PH_3，PR_3，PR_2^-
	S	H_2S，RSH，SCN^-(硫氰酸根)，$S_2O_3^{2-}$(硫代硫酸根)
	X(卤素)	F^-，Cl^-，Br^-，I^-

续表

类型	配位原子	实　例
二齿配体	N	$H_2NCH_2CH_2NH_2$（乙二胺，en） 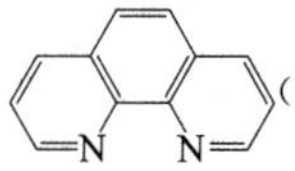（邻菲咯啉，phen）
	O	$C_2O_4^{2-}$（草酸根，ox）
三齿配体	N	$H_2N-CH_2-CH_2-NH-CH_2-CH_2-NH_2$ （二乙基三胺，dien）
五齿配体	N、O	$N(CH_2COO^-)_3$（氨三乙酸根，NTA）
六齿配体	N、O	$(HOOCH_2C)_2NCH_2-CH_2N(CH_2COOH)_2$ （乙二胺四乙酸，EDTA）

3.4.2　配位平衡

配合物的稳定性是配合物的重要性质之一，主要是指配合物在水溶液中是否易解离。根据化学平衡原理，配位平衡也有其标准平衡常数，通常称为配合物的**形成常数**（formation constant），又称为**稳定常数**（stablility constant），以 $K_f^\ominus$ 表示；或者称为配合物的**解离常数**（dissociation constant），又称为**不稳定常数**（unstablility constant），以 $K_d^\ominus$ 表示。

3.4.2.1　配位平衡及稳定常数

化学平衡的一般原理完全适用于配位平衡。在水溶液中，配离子是以比较稳定的结构单元存在的，但仍存在部分解离的现象。**配位平衡**（coordination equilibrium）是指水溶液中配离子与其解离产生的各种形式的离子和配位体间的解离平衡。在水溶液中，配离子的解离与多元弱电解质的解离相似，是分步进行的，其各级解离反应的难易程度用**逐级解离常数**（stepwise dissociation constant）$K_d^\ominus$ 来衡量。如 $[Cu(NH_3)_4]^{2+}$ 在水溶液中解离反应如下：

$$[Cu(NH_3)_4]^{2+} \rightleftharpoons [Cu(NH_3)_3]^{2+} + NH_3 \qquad K_{d_1}^\ominus = \frac{\{c([Cu(NH_3)_3]^{2+})/c^\ominus\}\{c(NH_3)/c^\ominus\}}{c([Cu(NH_3)_4]^{2+})/c^\ominus}$$

$$[Cu(NH_3)_3]^{2+} \rightleftharpoons [Cu(NH_3)_2]^{2+} + NH_3 \qquad K_{d_2}^\ominus = \frac{\{c([Cu(NH_3)_2]^{2+})/c^\ominus\}\{c(NH_3)/c^\ominus\}}{c([Cu(NH_3)_3]^{2+})/c^\ominus}$$

$$[Cu(NH_3)_2]^{2+} \rightleftharpoons [Cu(NH_3)]^{2+} + NH_3 \qquad K_{d_3}^\ominus = \frac{\{c([Cu(NH_3)]^{2+})/c^\ominus\}\{c(NH_3)/c^\ominus\}}{c([Cu(NH_3)_2]^{2+})/c^\ominus}$$

$$[Cu(NH_3)]^{2+} \rightleftharpoons Cu^{2+} + NH_3 \qquad K_{d_4}^\ominus = \frac{\{c(Cu^{2+})/c^\ominus\}\{c(NH_3)/c^\ominus\}}{c([Cu(NH_3)]^{2+})/c^\ominus}$$

$[Cu(NH_3)_4]^{2+}$ 在水溶液中总的解离反应如下：

$$[Cu(NH_3)_4]^{2+} \rightleftharpoons Cu^{2+} + 4NH_3$$

$$K_d^\ominus = \frac{\{c(Cu^{2+})/c^\ominus\}\{c(NH_3)/c^\ominus\}^4}{c[Cu(NH_3)_4]^{2+}/c^\ominus} = K_{d_1}^\ominus \cdot K_{d_2}^\ominus \cdot K_{d_3}^\ominus \cdot K_{d_4}^\ominus$$

由此可见，配离子的总解离常数 $K_d^\ominus$ 等于各逐级解离常数的乘积。

$K_d^\ominus$ 越大，说明配离子的解离程度越大，在水溶液中越不稳定。

配离子解离反应的逆反应即为配离子的形成反应，配离子的形成反应也是分步进行的，每一步都有一个稳定常数 $K_f^{\ominus}$。如：

$$Cu^{2+} + NH_3 \rightleftharpoons [Cu(NH_3)]^{2+} \quad K_{f_1}^{\ominus} = \frac{c([Cu(NH_3)^{2+}])/c^{\ominus}}{\{c(Cu^{2+})/c^{\ominus}\} \cdot \{c(NH_3)/c^{\ominus}\}} = 10^{4.31} = \frac{1}{K_{d_4}^{\ominus}}$$

$$[Cu(NH_3)]^{2+} + NH_3 \rightleftharpoons [Cu(NH_3)_2]^{2+} \quad K_{f_2}^{\ominus} = \frac{c([Cu(NH_3)_2]^{2+})/c^{\ominus}}{\{c[Cu(NH_3)]^{2+})/c^{\ominus}\} \cdot \{c(NH_3)/c^{\ominus}\}} = 10^{3.67} = \frac{1}{K_{d_3}^{\ominus}}$$

$$[Cu(NH_3)_2]^{2+} + NH_3 \rightleftharpoons [Cu(NH_3)_3]^{2+} \quad K_{f_3}^{\ominus} = \frac{c([Cu(NH_3)_3]^{2+})/c^{\ominus}}{\{c([Cu(NH_3)_2]^{2+})/c^{\ominus}\} \cdot \{c(NH_3)/c^{\ominus}\}} = 10^{3.04} = \frac{1}{K_{d_2}^{\ominus}}$$

$$[Cu(NH_3)_3]^{2+} + NH_3 \rightleftharpoons [Cu(NH_3)_4]^{2+} \quad K_{f_4}^{\ominus} = \frac{c([Cu(NH_3)_4]^{2+})/c^{\ominus}}{\{c([Cu(NH_3)_3]^{2+})/c^{\ominus}\} \cdot \{c(NH_3)/c^{\ominus}\}} = 10^{2.3} = \frac{1}{K_{d_1}^{\ominus}}$$

显然，逐级稳定常数与相应的逐级解离常数互为倒数。一般逐级稳定常数随配位数的增加而减小。

$[Cu(NH_3)_4]^{2+}$ 总的形成反应如下：

$$Cu^{2+} + 4\ NH_3 \rightleftharpoons [Cu(NH_3)_4]^{2+}$$

$$K_f^{\ominus} = \frac{c([Cu(NH_3)_4]^{2+})/c^{\ominus}}{\{c(Cu^{2+})/c^{\ominus}\} \cdot \{c(NH_3)/c^{\ominus}\}^4} = K_{f_1}^{\ominus} \cdot K_{f_2}^{\ominus} \cdot K_{f_3}^{\ominus} \cdot K_{f_4}^{\ominus} = 10^{13.32} = \frac{1}{K_d^{\ominus}}$$

由此可见，配离子的总稳定常数 $K_f^{\ominus}$ 等于各逐级稳定常数的乘积。稳定常数 $K_f^{\ominus}$ 与解离常数 $K_d^{\ominus}$ 互为倒数。

将各逐级稳定常数的乘积称为各级**累积稳定常数**（overall stablility constant），用 β_i 来表示。例如 $[Cu(NH_3)_4]^{2+}$ 各级累积稳定常数 β_i 与各逐级稳定常数 $K_{fi}^{\ominus}$ 及配离子的总稳定常数 $K_f^{\ominus}$ 的关系如下：

$$\beta_1 = K_{f_1}^{\ominus}$$

$$\beta_2 = K_{f_1}^{\ominus} \cdot K_{f_2}^{\ominus}$$

$$\beta_3 = K_{f_1}^{\ominus} \cdot K_{f_2}^{\ominus} \cdot K_{f_3}^{\ominus}$$

$$\beta_4 = K_{f_1}^{\ominus} \cdot K_{f_2}^{\ominus} \cdot K_{f_3}^{\ominus} \cdot K_{f_4}^{\ominus} = K_f^{\ominus}$$

可见，最高级的累积稳定常数 β_n 等于配离子的总稳定常数 $K_f^{\ominus}$。

$K_f^{\ominus}$ 和 $K_d^{\ominus}$ 是配离子的特征常数，可由实验测得。一般 $K_f^{\ominus}$ 越大，则该配离子越稳定。比较同类型配离子的稳定性时可以直接比较其 $K_f^{\ominus}$ 或 $K_d^{\ominus}$ 的大小。此外利用 $K_f^{\ominus}$ 可进行配位平衡中有关离子浓度的计算。

【例 3-28】 在室温下，0.010mol 的 $AgNO_3$ 固体溶于 1.0 L 0.030mol/L 的氨水中（设体积不变），计算该溶液中游离的 Ag^+、NH_3、$[Ag(NH_3)_2]^+$ 的浓度各是多少？（已知：$[Ag(NH_3)_2]^+$ 的 $K_f^{\ominus} = 1.12 \times 10^7$）

解：设平衡时 $[Ag(NH_3)_2]^+$ 解离产生的 Ag^+ 的浓度为 $x$mol/L。

	$Ag^+(aq)$	+ $2NH_3(aq)$	$\rightleftharpoons$ $[Ag(NH_3)_2]^+(aq)$
初始浓度/（mol/L）	0	$0.030 - 2 \times 0.010$	0.010
变化浓度/（mol/L）	x	$2x$	$-x$
平衡浓度/（mol/L）	x	$0.010 + 2x$	$0.010 - x$

$$K_f^{\ominus} = \frac{\{c[Ag(NH_3)_2^+]/c^{\ominus}\}}{\{c(Ag^+)/c^{\ominus}\}\{c(NH_3)/c^{\ominus}\}^2} = \frac{0.010 - x}{x(0.010 + 2x)^2}$$

因为 $K_f^{\ominus}$ 较大，说明配离子稳定性高，解离得到的 Ag^+ 的浓度相对较小；又因配位体 NH_3 过量，更进一步抑制了配离子的解离，因此可近似处理，即 $0.010 + 2x \approx 0.010$，$0.010 - x \approx 0.010$

$$K_f^{\ominus} = 1.12 \times 10^7 \approx \frac{0.010}{x \cdot (0.010)^2}，解得：$$

$$x = 8.9 \times 10^{-6}$$

所以平衡时 $c(Ag^+)=8.9\times10^{-6}$mol/L，$c(NH_3)=c([Ag(NH_3)_2]^+)\approx0.010$mol/L

3.4.2.2　配位平衡的移动

金属离子 M^{n+} 和配位体 A^- 生成配离子 $MA_x^{(n-x)}$，在水溶液中存在如下平衡：

$$M^{n+}+xA^-\rightleftharpoons MA_x^{(n-x)}$$

配位平衡也是动态平衡。当外界条件改变时，配位平衡会发生移动。当体系中生成弱电解质或更稳定的配离子、发生沉淀反应及氧化还原反应时，导致各组分浓度发生变化，配位平衡发生移动，直至建立起新的平衡状态。因此，溶液 pH 的变化、沉淀剂的加入、另一配位剂或金属离子的加入、氧化剂或还原剂的存在等，都将影响配位平衡，此时该过程是涉及配位平衡与其他化学平衡的多重平衡。

(1) 酸碱反应对配位平衡的影响　在配位平衡中，当溶液的酸度改变时，常常有两类副反应发生。一类副反应是某些易水解的高价金属离子和 OH^- 反应生成一系列羟基配合物或氢氧化物沉淀，使金属离子浓度降低，导致配位平衡向配离子解离的方向移动，这种现象称**金属离子的水解效应**（hydrolysis effect of metal ion）。

溶液的 pH 值愈大，愈有利于水解的进行。例如：Fe^{3+} 在碱性介质中容易发生水解反应，溶液的碱性愈强，水解愈彻底，甚至生成 $Fe(OH)_3$ 沉淀。

$$[FeF_6]^{3-}\rightleftharpoons Fe^{3+}+6F^-$$

$$+$$

$$3OH^-$$

$$\Updownarrow$$

$$Fe(OH)_3$$

另一类副反应是当溶液酸度增大时，弱酸根配体（即弱碱，如 $C_2O_4^{2-}$、$S_2O_3^{2-}$、F^-、CN^-、CO_3^{2-}、NO_2^- 等）或碱性配体（如 NH_3、OH^-、en 等）与 H^+ 发生酸碱反应，使配体浓度降低，配位平衡也向配离子解离的方向移动，这种现象称为**配体的酸效应**（acid effect of ligands）。如在含 $[Ag(NH_3)_2]^+$ 配离子的溶液中加入少量酸，平衡向 $[Ag(NH_3)_2]^+$ 解离的方向移动。

$$[Ag(NH_3)_2]^+\rightleftharpoons Ag^++2NH_3$$

$$+$$

$$2H^+$$

$$\Updownarrow$$

$$2NH_4^+$$

配位体的碱性愈强，溶液的 pH 值愈小，配离子愈易被破坏。因此，要形成稳定的配离子，常需控制适当的酸度范围。

(2) 沉淀反应对配位平衡的影响　配位平衡和沉淀—溶解平衡之间是相互影响的，水中可溶的配离子在适当的沉淀剂作用下可转化为沉淀；而沉淀可溶解于适当的配位剂中转化为可溶的配离子，这类转化反应的难易配离子的稳定常数、沉淀的溶度积常数有关。

在配离子溶液中，加入适当的沉淀剂，金属离子生成沉淀使配位平衡发生移动。如在含 $[Ag(NH_3)_2]^+$ 的溶液中加入 KI，有黄色的 AgI 沉淀生成。

$$[Ag(NH_3)_2]^+\rightleftharpoons Ag^++2NH_3$$

$$+$$

$$I^-$$

$$\Updownarrow$$

$$AgI$$

相反，在沉淀中加入适当配位剂，又可破坏沉淀溶解平衡，使平衡向生成配离子的方向移动。如向 AgCl 沉淀中加入氨水溶液，则沉淀溶解，平衡向生成 $[Ag(NH_3)_2]^+$ 的方向移动。

$$
\begin{array}{c}
AgCl(s)^{+} \rightleftharpoons Ag^{+} + Cl^{-} \\
+ \\
2NH_3 \\
\Updownarrow \\
[Ag(NH_3)_2]^{+}
\end{array}
$$

【例 3-29】 计算在含有 1.0×10^{-3} mol/L $[Cu(NH_3)_4]^{2+}$，1.0mol/L 的 NH_3 溶液中 (1) 处于平衡状态时的游离 Cu^{2+} 的浓度； (2) 在 1.0L 该溶液中，加入 0.0010mol 的 NaOH，有无 $Cu(OH)_2$ 沉淀生成？(3) 若加入 0.0010mol 的 Na_2S，有无 CuS 沉淀生成？(已知：$[Cu(NH_3)_4]^{2+}$ 的 $K_f^\ominus=2.09\times10^{13}$，$K_{sp}^\ominus[Cu(OH)_2]=2.2\times10^{-20}$，$K_{sp}^\ominus(CuS)=8.5\times10^{-45}$)

解：(1) $Cu^{2+}(aq)+4NH_3(aq) \rightleftharpoons [Cu(NH_3)_4]^{2+}(aq)$

初始浓度/(mol/L)	0	1.0	1.0×10^{-3}
平衡浓度/(mol/L)	x	$1.0+4x$	$1.0\times10^{-3}-x$

因为 $[Cu(NH_3)_4]^{2+}$ 的 $K_f^\ominus$ 值很大，故 x 很小，可近似处理，即：

$$1.0+4x\approx1.0,\ 1.0\times10^{-3}-x\approx1.0\times10^{-3}$$

将上述各项代入稳定常数表达式：

$$K_f^\ominus=\frac{\{c(Cu(NH_3)_4^{2+})/c^\ominus\}}{\{c(Cu^{2+})/c^\ominus\}\cdot\{c(NH_3)/c^\ominus\}^4}$$

$$c(Cu^{2+})=\frac{\{c(Cu(NH_3)_4^{2+})/c^\ominus\}}{K_f^\ominus\cdot\{c(NH_3)/c^\ominus\}^4}\cdot c^\ominus=\frac{1.0\times10^{-3}}{2.09\times10^{13}\times(1.0)^4}\text{mol/L}=4.8\times10^{-17}\text{mol/L}$$

(2) 当加入 0.0010mol 的 NaOH 后，忽略 $NH_3\cdot H_2O$ 电离产生的 OH^-，则：

溶液中的 $c(OH^-)=0.0010$mol/L

根据 (1) 计算可知溶液中 $c(Cu^{2+})=4.8\times10^{-17}$ mol/L

因此 $Q_i=\{c(Cu^{2+})/c^\ominus\}\cdot\{c(OH^-)/c^\ominus\}^2=4.8\times10^{-17}\times(0.0010)^2=4.8\times10^{-23}$

已知 $K_{sp}^\ominus[Cu(OH)_2]=2.2\times10^{-20}$，则：$Q_i<K_{sp}^\ominus[Cu(OH)_2]$

所以，在 1.0L 该溶液中加入 0.0010mol NaOH 后，溶液中无 $Cu(OH)_2$ 沉淀生成。

(3) 当加入 0.0010mol 的 Na_2S 后，溶液中的 $c(S^{2-})=0.0010$mol/L（未考虑 S^{2-} 的水解）

$$Q_i=\{c(Cu^{2+})/c^\ominus\}\cdot\{c(S^{2-})/c^\ominus\}=4.8\times10^{-17}\times0.0010=4.8\times10^{-20}$$

已知 $K_{sp}^\ominus(CuS)=8.5\times10^{-45}$，则：$Q_i>K_{sp}^\ominus(CuS)$

所以，在 1.0L 该溶液中加入 0.0010mol Na_2S 后，溶液中有 CuS 沉淀生成。其反应式为：

$$[Cu(NH_3)_4]^{2+}(aq)+S^{2-}(aq)\rightleftharpoons CuS(s)+4NH_3(aq)$$

(3) 配离子间的转化　与沉淀之间的转化类似，配离子之间的转化反应容易向生成更稳定配离子的方向进行。两种配离子的稳定常数相差越大，转化就越完全。

【例 3-30】 向含有 $[Ag(NH_3)_2]^+$ 溶液中加入 KCN 和 $Na_2S_2O_3$，此时发生下列反应：

$$[Ag(NH_3)_2]^+ +2CN^- \rightleftharpoons [Ag(CN)_2]^- + 2NH_3 \quad (1)$$

$$[Ag(NH_3)_2]^+ +2S_2O_3^{2-} \rightleftharpoons [Ag(S_2O_3)_2]^{3-} + 2NH_3 \quad (2)$$

在相同情况下，判断哪个反应进行得较完全？(已知（$[Ag(NH_3)_2]^+$ 的 $K_f^\ominus=1.12\times10^7$，$[Ag(CN)_2]^-$ 的 $K_f^\ominus=1.26\times10^{21}$，$[Ag(S_2O_3)_2]^{3-}$ 的 $K_f^\ominus=2.88\times10^{13}$)

解：反应式(1) 标准平衡常数表示式为：

$$K_1^\ominus=\frac{\{c[Ag(CN)_2]^-/c^\ominus\}\cdot\{c(NH_3)/c^\ominus\}^2}{\{c[Ag(NH_3)_2]^+/c^\ominus\}\cdot\{c(CN^-)/c^\ominus\}^2}$$

分子分母同乘 $c(Ag^+)/c^\ominus$ 后，可得：

$$K_1^\ominus=\frac{c[Ag(CN)_2]^-/c^\ominus}{\{c(Ag^+)/c^\ominus\}\cdot\{c(CN^-)/c^\ominus\}^2}\times\frac{\{c(Ag^+)/c^\ominus\}\cdot\{c(NH_3)/c^\ominus\}^2}{\{c[Ag(NH_3)_2]^+/c^\ominus\}}$$

$$=\frac{K_f^\ominus[Ag(CN)_2]^-}{K_f^\ominus[Ag(NH_3)_2]^+}=\frac{1.26\times10^{21}}{1.12\times10^7}=1.13\times10^{14}$$

同理可求出反应式(2) 的标准平衡常数：

$$K_2^\ominus=\frac{K_f^\ominus[Ag(S_2O_3)_2]^{3-}}{K_f^\ominus[Ag(NH_3)_2]^+}=\frac{2.88\times10^{13}}{1.13\times10^7}=2.55\times10^6$$

$K_1^\ominus>K_2^\ominus$，说明反应式(1) 比反应式(2) 进行的更完全。

3.4.3 配位化合物的应用

配位化学已成为当代化学最活跃的前沿领域之一，它的发展打破了传统的无机化学和有机化学之间的界限。在实验研究中，常利用形成配合物的方法来检验金属离子、分离物质、定量测定物质组成等；在生产中，配合物被广泛应用于染色、电镀、硬水软化、金属冶炼等领域；在许多尖端领域如激光材料、超导材料、抗癌药物、新型高效催化剂等方面，配合物发挥着越来越大的作用。

3.4.3.1 在分析化学方面

在分析化学中配位合物的应用十分广泛，它通常用做显色剂、金属指示剂、掩蔽剂和解蔽剂等，用来鉴定、分离某些离子或对溶液进行比色分析以测定有关离子浓度等。

(1) 离子的鉴定　例如，Fe^{3+} 的鉴定反应，是在溶液中加入硫氰化物，即有下列反应发生：$Fe^{3+}+nSCN^-=[Fe(SCN)_n]^{3-n}$ ($n=1\sim6$)，所生成的 $[Fe(SCN)_n]^{3-n}$ 呈血红色。此反应的灵敏度极高，极微小含量的 Fe^{3+} 也可被检出；同时，还可利用此反应进行比色分析，半定量测定 Fe^{3+} 的浓度，或采用分光光度计定量测定 Fe^{3+} 的浓度。又如，用丁二酮肟与 Ni^{2+} 在氨溶液生成鲜红色的丁二酮肟镍螯合物沉淀，用来鉴定溶液中 Ni^{2+} 的存在，此鉴定反应的灵敏度也相当高。

(2) 沉淀的分离　配位剂在元素分离中的应用，最早是将它作为沉淀剂使用。这是由于一些性质相近的离子在形成配合物后它们的溶解度相差巨大，因而有利于元素的分离。例如 Zr(Ⅳ) 和 Hf(Ⅳ) 两者半径相似、性质非常相似，用一般的方法很难将它们完全分离。但 Zr(Ⅳ) 和 Hf(Ⅳ) 可以形成 K_2ZrF_6 和 K_2HfF_6 配合物，它们在溶解度上具有很大的差距，据此可以使它们得到很好的分离。对于配位沉淀剂特别是螯合沉淀剂，它们不仅具有选择性高、组成稳定的特点，而且往往得到的产品是溶解度极小的晶形沉淀，因为螯合剂一般不含有亲水基团。因此生成的螯合物沉淀不仅有利于沉淀的过滤，而且也减少了对溶液中其他离子的吸附和共沉淀现象的发生。

(3) 离子的交换　离子交换是利用离子交换树脂来分离和提纯物质的一种方法，也是现代技术领域中的一种重要的分离方法。目前它被广泛用于核燃料的处理、高纯稀土金属的制备、稀有金属的回收和工业水的软化及高纯水的制备领域。该法的最大特点是获得的产品纯度极高，例如铀的提取和分离。天然铀形成配合物的能力很强，能与一些阴离子形成配阴离子，若用苏打水浸取，则在浸取液中形成 $[UO_2(CO_3)_3]^{4-}$ 配离子；若用硫酸溶液浸取，则得到 $[UO_2(SO_4)_3]^{4-}$ 配离子，而具有这种配位能力的其他金属离子极少，因此就可以通过阴离子交换树脂，铀配阴离子会被吸附而与其他金属离子分离，再用淋洗剂洗脱就可以得到铀金属配合物，达到浓缩和提取铀的目的。

（4）离子的掩蔽　在配位滴定中若溶液中含有多种金属离子，它们的存在对待测离子的测定有一定的干扰作用，因此，化学分析时必先消除共存离子的干扰，再进行各个待测离子的定量测定。消除干扰离子的方法很多，但最简便、有效和常用的方法是利用掩蔽反应来消除干扰离子，即在溶液中加入一种配位剂，使干扰离子与它形成稳定的配合物，从而大大降低干扰离子的浓度，消除了它们对待测离子的干扰。例如在测定 Cu^{2+} 含量时，试液中常混有 Fe^{3+} 干扰测定，通常加入 NaF 或 NH_4F，使 Fe^{3+} 生成无色的 $[FeF_6]^{3-}$ 稳定配合物，可以消除 Fe^{3+} 对测定 Cu^{2+} 的干扰；又如水样中 Ca^{2+}、Mg^{2+} 含量测定，为了防止 Fe^{3+}、Al^{3+} 对 Ca^{2+}、Mg^{2+} 含量测定的干扰，通常加入 NH_4F 掩蔽 Fe^{3+}、Al^{3+} 离子；NaF 或 NH_4F 称为**掩蔽剂**。

（5）显色剂和金属指示剂　以分光光度法和配位滴定法进行离子含量分析时，常要求在形成配合物时有明显的颜色变化，这样配位剂在分光光度法作为显色剂而在配位滴定作为金属指示剂，在分光光度分析中，不但要求显色剂选择性高、灵敏度高，而且要求形成的配合物组成和化学性质稳定，且与显色剂具有明显的颜色差别。对于金属指示剂要求它与被滴定的离子所形成的配合物的稳定性要低于金属离子与滴定剂所形成配合物的稳定性，且与金属指示剂和金属离子形成的配合物在颜色上具有明显的差别。

3.4.3.2　在电镀工业方面

电镀是一项重要的工业技术，它与电化学、配位化学、有机化学和表面化学等学科密切相关。从电镀液的配制与解析、优质镀层的形成等方面与配位化学关系尤为密切。简单地说，电镀过程就是金属离子配合物在阴极上放电还原为金属单质的过程。但是，金属离子在溶液或电极界面上形成不同形态和结构的配合物，相应的放电过程机理和活化能也不相同。因此在阴极上得到的镀层的性能差别就相当大。为了得到光亮和性能优良的镀层，电镀液中配位剂、添加剂和浓度的选择将对镀层的质量产生重大的影响。另外，电镀液的 pH、温度、流动状态等因素也将对镀层的质量产生影响。例如电镀铜时，用 $CuSO_4$ 溶液作电镀液，操作简单，但镀层粗糙、厚薄不匀、与镀件附着力差；如果使用 Cu^{2+} 与 $K_4P_2O_7$（焦磷酸钾）反应生成的配离子 $[Cu(P_2O_7)_2]^{6-}$ 作电镀液，就可以得到光滑、均匀、致密、附着力好的镀层。

3.4.3.3　在配位催化方面

由反应物和催化剂（过渡金属化合物）形成配合物所引起的催化作用，称为配位催化作用。当配位催化作用进行时，反应物与过渡金属形成配合物，使反应物围绕在过渡金属原子的周围，使反应物处于活化状态而发生特定的反应。这些配位催化中的特殊反应主要有：与中心原子配位的某些配体插入到相邻的金属-碳、金属-氢键中去形成插入反应；由 σ 键合的有机金属配合物，其 β-碳位上的 C-H 键容易断裂生成金属氢化物，有机配体则在端基形成双键而离开配合物形成插入反应的逆过程；某些配位不饱和的过渡金属配合物，将一个中性分子分解为两个离子加成到金属配合物的配位空位上形成氧化加成和还原消除反应；若共轭烯烃对 M-R 键进行 1、4 插入反应，将形成一个烯丙基配位体，它有 σ、π 两种配位方式，这两种配位方式在一定条件下发生 σ-π 重排反应。例如在合成橡胶、合成树脂的过程中经常应用配位催化反应。

另外，目前能源问题也是人们最关心的问题之一，世界各国大量研究结果认为氢是最理想的能源之一。利用太阳能分解水制备氢气的研究中有应用配位催化的报导。另外，利用太阳能借光化学反应转换为热能及光电转换等亦依赖于配位催化。

3.4.3.4　在冶金工业方面

在冶金工业上，配位化合物也起着重要的作用。例如经典的氰化法提炼金是用氰化物溶液处理磨细的矿粉，通入空气，Au与CN^-形成可溶性的配离子$[Au(CN)_2]^-$，将含$[Au(CN)_2]^-$的溶液与未溶矿物分开，然后用金属锌还原而得Au。反应方程式如下：

$$4Au+8CN^-+2H_2O+O_2 = 4[Au(CN)_2]^-+4OH^-$$

$$Zn+2[Au(CN)_2]^- = 2Au+[Zn(CN)_4]^{2-}$$

可用同样的方法提炼银。

贵金属铂的提取是将铂矿粉溶解在王水中，铂转化为溶于水的配合物氯铂酸$H_2[PtCl_6]$：

$$3Pt+18HCl+4HNO_3 = 3H_2[PtCl_6]+4NO\uparrow+8H_2O$$

再将$H_2[PtCl_6]$转化为氯铂酸铵$(NH_4)_2[PtCl_6]$沉淀，经过滤、洗涤、高温分解后得到海绵状金属铂：

$$H_2[PtCl_6]+2NH_4Cl \longrightarrow (NH_4)_2[PtCl_6]\downarrow+2HCl$$

$$3(NH_4)_2[PtCl_6] \xlongequal{800℃} 3Pt+16HCl+2NH_4Cl+2N_2\uparrow$$

3.4.3.5　在生命科学方面

配位化合物在生命科学中也有着广泛的应用，生物机体的许多元素以配合物的形式存在，特别是各种金属酶，几乎都是金属离子和蛋白质结合的复杂生物配合物。这些生物催化酶具有高效的生物催化活性和高度的专一性，在生命过程中起着重要的作用。例如在植物中起着特殊催化作用的各种生物酶几乎都是以各种形式的金属配合物存在，如铁酶、锌酶和铜酶等；在植物的光合作用中起着关键作用的叶绿素，它是镁的卟啉螯合物，对生物体核酸合成起重要作用；具有抗恶性贫血症的维生素B，是钴的螯合物（氰钴胺素）；人体中的血红素是铁的有机配合物，近年来，人们已模拟合成了结构类似于血红素的配合物，用于制造人造血。煤气（CO）和氰化物（CN^-）使人体中毒的基本原理是CO和CN^-与血红蛋白形成的配合物比O_2稳定，使血红蛋白中断输氧，造成组织缺氧而中毒。

在医学上又常常利用配合反应来治疗某些疾病。例如，由于乙二胺四乙酸或其钠盐（EDTA）能与铅和汞等重金属离子及铀、钍和钚等放射性元素形成稳定且不被人体吸收的螯合物，通过新陈代谢排出体外，而达到缓解或消除重金属离子和放射性元素中毒的目的；治疗糖尿病的胰岛素，治疗血吸虫病的酒石酸锑钾以及抗癌药顺铂、二氯茂钛等都属于配合物；现已证实顺铂$[Pt(NH_3)_2Cl_2]$及其一些类似物对子宫癌、肺癌、睾丸癌有明显疗效；最近还发现金的配合物$[Au(CN)_2]^-$有抗病毒作用。

3.4.3.6　其他方面

在照相中，使用硫代硫酸钠（$Na_2S_2O_3$）做定影剂，就是利用它能与照相底片上未分解的AgBr作用，转化成可溶解的$[Ag(S_2O_3)_2]^{3-}$配离子。应用同样原理，又可从大量废定影液中回收贵重的银。反应方程式如下：

$$Ag^+ + 2S_2O_3^{2-} \rightleftharpoons [Ag(S_2O_3)_2]^{3-}$$

$$2[Ag(S_2O_3)_2]^{3-}+S^{2-} \rightleftharpoons Ag_2S\downarrow+4S_2O_3^{2-}$$

再用硝酸氧化Ag_2S，得到可溶性的$AgNO_3$而回收。

配位化合物还广泛应用于工业废水处理、土壤改良中。某些配合物具有特殊光电、热磁等功能，这对于电子、激光和信息等高新技术的开发具有重要的前景。

我国配位化学研究已步入国际先进行列，研究水平大为提高，特别是在下列几个方面取得了重要进展：新型配合物、簇合物、有机金属化合物和生物无机配合物，特别是配位超分子化合物的基础无机合成及其结构研究取得丰硕成果，丰富了配合物的内涵；开展了热力学、动力学和反应机理方面的研究，特别在溶液中离子萃取分离和均向催化等应用方面取得了成果；现代溶液结构的谱学研究及其分析方法以及配合物的结构和性质的基础研究水平大为提高；随着高新技术的发展，具有光、电、热、磁特性和生物功能配合物的研究正在取得进展。

3.4.3.7 配位超分子化学

传统理论认为配合物是由配体和中心离子组成，配体是能够给出孤对电子或一定数目不定域电子构成的离子（或分子），中心离子是具有接受孤对电子或不定域电子的空位的原子（或离子），它们由配位键按一定组成和空间构型而形成的。后来新发现的配合物与传统的理论，有不吻合之处。例如环聚醚腔体中包入-NH_3^+；多铵大环中嵌入无机酸根、羧酸根；环糊精中装入中性 $C_5H_5Mn(CO)_3$ 等，从中已找不到能给出孤对电子或不定域电子的配体，也没有能接收孤对电子或不定域电子的中心原子，根本谈不上配位键，显然配位化学的范围大大发展了。

Lehn 强调分子之间的相互作用，即超分子作用，叫做**配位超分子化学**（supramolecular coordination），又被称作广义配位化学，与中心原子相应的部分被叫做底物，与配体相应的则称作受体。不论是配合物分子内的配体间弱相互作用，还是分子间的配体间弱相互作用，都是由配位化合物形成超分子体系的重要基础。事实上，超分子体系所具有的独特有序结构正是以其组分分子间的非共价键弱相互作用为基础的。Lehn 等人在超分子化学领域中的杰出工作，使得配位化学的研究范围大为扩展，为今后的配位化学开拓了一个富有活力的广阔前景。因此，徐光宪院士指出，21 世纪的配位化学是研究广义配体与广义中心原子结合的“配位分子片”，及由分子片组成的单核、多核配合物、簇合物、功能复合配合物及其组装器件、超分子、“锁和钥匙”复合物，一维、二维、三维配位空腔及其组装器件等的合成和反应，制备、剪裁和组装，分离和分析，结构和构象，粒度和形貌，物理和化学性能，各种功能性质，生理和生物活性及其输运和调控的作用机制，以及上述各方面的规律，相互关系和应用的化学。简言之，配位化学是研究具有广义配位作用的泛分子的化学。

配位超分子化学，通过配合物构筑超分子化合物，已经逐渐成为超分子化学、晶体工程（crystal engineering）研究领域的新热点。配位超分子化学的研究包括两个方面，一方面金属与配体相互作用构筑丰富多样的具有零维、一维、二维、三维结构的超分子合成子；另一方面以各种超分子作用力构筑具有丰富拓扑结构和复杂镶嵌程度的新颖结构的配位超分子化合物。因此，超分子化学的产生和发展不但扩充了配位化学的内涵，也为未来的配位化学的发展注入了新的活力和生长点。对于具有特殊光、电、磁或多功能金属配合物的超分子材料的研究，目前已经广泛深入到能源、材料、信息和生命科学等各个领域。光电转换功能的研究主要包括诱导电子转移和能量传递基本过程的研究，这是太阳能利用、传感器、分子电子器件和光电转换信息等材料研制的重要基础。

超分子化学作为一门新兴的边缘学科，其内容新颖，生命力强大，用途广泛，方兴未艾。为此我们有理由相信，随着世界科学家对该领域研究的不断深入，它必将在生命科学、环境科学、能源科学、材料科学、医药学等领域的应用中大放异彩。

3.5 水质和水资源保护

从化学定义上说，水是由氢氧两种元素组成的化合物，以固态、液态、气态这三种形式存在。众所周知，水是生命之源，是地表生命系统和非生命系统的组成要素，是国民经济和社会发展的基础资源，是维系地球生态环境可持续发展的首要资源。

许多人把地球想象为一个蔚蓝色的星球，其表面的 72% 被水覆盖。地球的储水量是很丰富的，共有 13.6 亿立方千米。地球上的水，尽管数量巨大，但是能被人们直接使用的水却少得可怜，这是因为地球上绝大部分的水是海水，只有 2.5% 是淡水。而在淡水中，有近 70% 的淡水固定在南极和格陵兰的冰盖中，其余多为土壤水分或深层地下水，难以开采供人类使用。江河、湖泊、水库及浅层地下水等易于开采可供人类直接使用的淡水量不足世界淡水量的 1%，约占地球上全部水量的 0.007%，总量约为 5 万立方千米。所有可资利用或有可能被利用的水源，被称为**可利用水资源**（accessible water resource），简称**水资源**（water resource）。按世界人口 60 亿计算，每人可获得的年均水资源量约为 8000m^3。然而，由于水资源分布的不均匀性和人口分布的不均匀性，加之部分水资源被污染，每人真正可利用的年均水资源量远远低于这个数字。一般来说，人均可利用的年均水资源量小于 500m^3，可认为是严重水资源短缺。按照这一标准，全球 161 个国家中有 15 个国家属于严重水资源短缺的国家。

据世界银行发表的报告说，全球有 3 亿人面临长期缺水，有 12 亿人得不到足够的清洁水供应，有 20 亿人用水不够卫生，导致了每年有 500 万人因患与缺水有关的疾病而死亡。在世界最贫穷的国家中，有 1/3 以上的人无法获得安全的饮用水。

目前，我国年均水资源总量为 28000 万亿立方米，占全球水资源的 6%，仅次于巴西、俄国和加拿大，位居世界第 4。但由于我国人口众多，每人可获得的年均水资源量仅为 2200 立方米，仅相当于世界人均水资源量的 1/4、美国人均水资源量的 1/5，在世界上位列第 42 位。同时由于我国地域辽阔、水资源时空分布不均，大量淡水资源集中在南方，而北方淡水资源只有南方淡水资源的 1/4，因此我国北方部分地区水资源短缺问题非常严重。

1993 年国际人口行动提出的“持续水—人口和可更新水的供给前景”报告认为：人年均水资源量少于 1700 立方米为**用水紧张**（water stress）；人年均水资源量少于 1000 立方米为**缺水**（water scarcity）；人年均水资源量少于 500 立方米为**严重缺水**（absolute water scarcity）。目前我国的水资源主要集中在南方的长江、珠江、东南诸河、西南诸河这 4 个流域，约为全国水资源总量的 80%，人年均水资源量为 3343 立方米，属于水资源相对丰富的地区。与此相比，地处北方的黑龙江、辽河、海河、黄河、淮河这 5 个流域的水资源约为全国水资源总量的 14.4%，人年均水资源量仅为 717 立方米，属于缺水的地区。尤其是海河和淮河流域，人年均水资源量已经低于 500 立方米，属于严重缺水的地区。

目前在我国 660 座城市中，有 400 多座城市缺水，其中 110 座城市严重缺水；正常年份全国城市年缺水量为 60 亿立方米，日缺水量为 0.16 亿立方米。目前我国城市供水以地表水或浅层地下水为主，或者两种水源混合使用，因此我国一些地区长期透支地下水，导致某些区域地下水位下降，最终形成区域地下水位的降落漏斗。目前全国已形成区域地下水降落漏斗 100 多个，面积达 15 万平方千米，甚至有的城市形成了几百平方公里的大漏斗。由于地下水长年超采、补给不足、储量下降，导致我国即将进入严重缺水期。除了缺水，我国水污染问题也较突出。由于工业废水的肆意排放，导致 80%以上的地表水被污染。另外据监测，我国浅层地下水资源污染也比较普遍，全国多数城市地下水受到一定程度的污染，且有逐年加重的趋势。目前全国浅层地下水大约有 50%的地区遭到一定程度的污染，约一半城市市区的浅层地下水污染比较严重。

目前我国的基本水情是：人多水少，水资源时空分布不均，水土资源与生产力布局不匹配，水土流失严重，水污染和水浪费的现象日趋加重，尤其是我国日趋严重的水污染现象令人担忧。以下数据表明，解决我国水资源的安全问题已是当务之急：①中国 90%以上的城市水污染严重；②中国 80%流经城市的水域已被污染；③中国 78%的城市水源不符合饮用水标准；④中国 70%的人饮用不合标准的水；⑤中国 50%的地下水被污染。

日趋严重的水污染不仅降低了水体的使用功能，加剧了水资源短缺的矛盾，对我国正在实施的可持续发展战略带来了严重影响，而且还严重威胁到城市居民的饮水安全和人民群众的健康。水利部预测，2030 年中国人口将达到 16 亿，届时人均水资源量仅有 1750m^3。在充分考虑节水情况下，预计用水总量为 7000 亿～8000 亿立方米，要求供水能力比现在增长

1300亿～2300亿立方米，而全国实际可利用水资源量已经接近合理利用水量上限，水资源开发难度极大。

随着人口的增加和社会经济的飞速发展，尤其是城市化进程的提速，对水资源的需求日趋增加，造成水资源短缺、水生态环境恶化等问题的产生。目前水资源问题已经成为人类社会亟待解决的一个根本问题，关系到人类社会的稳定和经济的可持续发展，因此保护水资源是人类最伟大、最神圣的天职。

3.5.1 水质和水质量的评价

3.5.1.1 水体的组成

水是一种优良的溶剂，自然界中许多物质都可以溶于水，因此自然界的水不是纯水，而是溶解了气体、离子、胶体物质以及有机物的综合体，此外还有一些不溶于水的杂质（如矿物质、有机碎物、泥浆、砂石、油污、微生物等）悬浮于水中。因此**水体**（water body）是被水覆盖区域的自然综合体，包括地表水和地下水，是江河、湖泊、海洋、地下水、冰川等的总称，是由水、水中的悬浮物、溶解物、胶体物、底泥和水生生物等构成的一个完整的生态系统。水体中的物质按其存在状态可分为四类：溶解气体、溶解物质、悬浮物质和胶体物质。

（1）溶解气体　水中溶解的气体主要有：氮气（N_2）、氧气（O_2）、二氧化碳（CO_2）等。其中 N_2 是惰性气体，通常不考虑其影响。

水中溶解的 O_2 是对动植物正常生理活动影响较大的气体，同时它也是导致水中金属腐蚀的最重要原因之一。水中所含的溶解 O_2 量随水温升高而降低；通常情况下，水温每增加10℃，O_2 的化学反应速率增加一倍。

水中溶解的 CO_2 主要来源于土壤中的有机质在腐化过程中分解释放出的 CO_2；此外还来自人和动物的呼吸过程、人类活动所排放的废气等（如锅炉排放烟气、汽车尾气等）。当 CO_2 溶于水时，就会发生化学反应，生成碳酸（H_2CO_3），进而离解成 H^+ 及 HCO_3^-，反应式如下：

$$CO_2 + H_2O \rightleftharpoons H_2CO_3 \rightleftharpoons H^+ + HCO_3^-$$

此反应使水体中 H^+ 浓度增加，pH 值降低，使水具有腐蚀性。

（2）溶解物质　溶解物质是指以溶解状态存在于水中的固体物质，通常以离子形式存在。水中主要存在的阳离子有 Ca^{2+}、Mg^{2+}、Na^+ 和 K^+；另外还存在一些其他阳离子，如 NH_4^+、Fe^{2+}、Fe^{3+} 等；主要存在的阴离子有 Cl^-、SO_4^{2-} 和 HCO_3^-，其中 Cl^- 分布最广；另外还存在一些其他阴离子，如 CO_3^{2-}、PO_4^{3-}、HPO_4^{2-}、$H_2PO_4^-$、F^-、I^-、NO_3^-、NO_2^- 等。

（3）胶体物质　胶体物质的粒径一般在1～100nm之间。天然水中的胶体物质主要是铁、铝、硅的化合物。

（4）悬浮物质　悬浮物质的粒径一般在100nm以上，包括未溶解的矿物质、有机碎物、泥浆、砂石、油污、微生物等，它们靠浮力和黏滞力悬浮或分散在水中。

3.5.1.2 水质与水质指标

仅仅根据水中物质的组成和颗粒大小还不能全面反映水体的物理、化学和生物方面的性质，通常采用**水质**（water quality）和**水质指标**（water quality index）综合评价水体的质量。

水质（water quality）是指水和其中所含的物质所共同表现的物理、化学和生物方面的综合特性。水和杂质各自有其自身的化学组成、结构和性质，二者形成一种新的体系即水体后，除可以保持原有的某些特性外，也使水体呈现新的特性。杂质进入水中后，既有杂质相互之间可能发生的化学反应，又有杂质和水之间可能发生的化学反应，不管反应进行得快慢，水体在宏观上还是保持一个相对稳定的状态，水体具有的所有性质即为水质。水质具有两方面的含义：一方面水质体现水体的实际性质，如温度、比重、颜色和色度、浊度、臭和味、pH 值、杂质含量、电导率、生理功能等；另一方面水质体现水的质量，即人类和生物活动、现代生产对水的质量要求。

水质指标（water quality index）是表示水中物质的种类、成分和数量，是判断水质能否满足某种特定要求的具体衡量标准，是国家规定的各种用水在物理性质、化学性质和生物性质方面的要求。

水质指标种类繁多，总共可有上百种，根据其性质可分为物理性水质指标、化学性水质指标和生物学水质指标这三大类。

（1）物理性水质指标

① 温度　**温度**（temperature）是最常用的物理性水质指标之一。由于水的许多物理特性、水中进行的化学反应和微生物过程都同温度有关，所以需要知道水的温度。

② 颜色和色度　纯净的水无色透明，混有有色杂质的水一般呈现某种特定的颜色。例如，含有黄腐酸的天然水呈黄褐色；含有藻类的天然水呈绿色或褐色；含有高价铁或锰呈黄色至棕黄色；工业废水由于受到不同物质的污染，颜色各异。水中有色杂质可处于溶解状态、悬浮状态或胶体状态，因此水的颜色可用表色和真色来描述。**表色**（apparent color）是指未经静置沉淀或离心的原始水样的颜色，通常只能用文字定性描述，例如废水和污水的颜色呈淡黄色、黄色、棕色、褐色、棕红色、棕褐色、绿色等。**真色**（actural color）为除去悬浮杂质后水样的颜色，即由胶体及溶解杂质所产生的颜色。水质分析中一般对天然水和饮用水的真色进行定量测定，并以**色度**（chromaticity）作为水质指标。国家标准中规定，饮用水的色度必须小于 15 度。另外工业用水的色度也有严格规定，如染色用水的色度小于 5 度，纺织用水的色度小于 10～12 度，造纸用水的色度小于 15～30 度。因此，对特殊工业用水使用前需要进行脱色处理。此外，一些有色工业废水在排放之前也需要进行脱色处理，以减少对水体的污染。

③ 臭和味　受到污染的水常常会使人感觉到有不正常的气味，用鼻闻到的称为**臭**（smell），用口尝到的称为**味**（taste），有时臭和味不易截然分开。根据水的臭和味可推测水中所含的某些物质，例如含硫化氢的水有臭鸡蛋味；含氯酚臭类物质有特殊的臭味，其臭觉阈为 0.01mg/L；含有机物及原生动物有腐物味、霉味、土腥味；含高价铁有发涩的锈味；含钠有咸味等。臭和味这一指标主要用于生活饮用水，是判断水是否适合饮用的重要指标之一。国家标准中规定，饮用水应无异臭、无异味。

④ 浑浊度　由于水中含有悬浮状态及胶体状态的杂质导致水体浑浊，通常用**浑浊度**（turbidity）表示水的浑浊程度，是天然水和饮用水的一项重要水质指标，并以浊度为单位。地表水常含有泥沙、黏土、有机质、微生物、浮游生物等悬浮物质而呈浑浊状态，如我国黄河、海河、长江等主要河流的水都比较浑浊，其中黄河是典型的高浊度河流。浊度是水可能受到污染的重要标志之一，如果是由生活污水和工业废水引起的浊度往往是有害的，将使水中的生态环境发生变化。我国饮用水标准中规定浊度不超过 1 度，在受到水源与净水技术条件限制情况下水的浊度不得超过 3 度；为保证不结垢和不影响工业产品质量，某些工业用水对浊度有特殊的要求，如冷却用水的浊度不得超过 50～100 度，造纸用水的浊度不得超过2～5 度，纺织、漂染用水的浊度小于 5 度，半导体集成电路用水的浊度应为 0 度。

⑤ 总固体含量　是指水中所含固体杂质的总量，是重要的水质指标之一。水中总固体含量可分为以下几种：蒸发残余物总量，即水样在一定温度下蒸发干燥后所残留的固体物质

总量；悬浮物质总量，当水样过滤后，滤渣干燥后所得的固体物质总量，其中包括不溶于水的泥沙、黏土、有机质、微生物、浮游生物等悬浮物质和可沉固体等；溶解物质总量，水样过滤后，滤液蒸干后所得的固体物质总量，其中包括可溶于水的无机盐类及有机物质。总固体含量是悬浮物质总量和溶解物质总量两者之和。此外，还有可沉降固体、固体灼烧减重等指标。总固体含量高的水，一般不适于饮用，并可能引起饮用者不适的生理反应，我国饮用水标准中规定溶解性总固体含量不得大于1000mg/L；另外总固体含量高的水对许多工业用水也不适用。

⑥ 电导率　**电导率**（conductivity）又称为比电导，是表示水溶液传导电流的能力，可间接用于表示水中溶解性固体的相对含量。电导率也是净化水的一个特征指标，通常用于检验蒸馏水、去离子水和高纯水的纯度，监测水质受污染情况以及锅炉用水和纯水制备中的自动控制等。我国实验室用水国家标准中规定：25℃时，一级水的电导率不得大于0.01mS/m；二级水的电导率不得大于0.10mS/m；三级水的电导率不得大于0.50mS/m。

（2）化学性水质指标

① pH值　**pH值**（pH value）是表示水的酸碱性的指标，是常用的水质指标之一，也是水处理中的一项重要因素和指标。例如在化学混凝、消毒、软化、除盐、水质稳定、腐蚀控制、生物化学处理、污泥脱水等水处理过程中，控制pH值是必需的。另外pH值对水中有毒物质的毒性和一些重金属离子配合物的形成等都有重要影响。一般天然水的pH值在7.0～8.5之间，各种生活用水、工农业用水和排放水对pH值都有一定的要求。例如我国饮用水标准中规定pH值在6.5～8.5之间；为防止金属被腐蚀，锅炉用水的pH值在7.0～8.5之间；工业排放水的pH值须保持在6.0～9.0之间，以减少工业排放水对水体pH值的影响。

② 酸度和碱度　**酸度**（acidity）和**碱度**（alkalinity）是水的酸碱性的综合度量。根据酸碱质子理论，酸是能给出质子的物质，包括强酸（如HNO_3、HCl、H_2SO_4等）、弱酸（如碳酸、醋酸、单宁酸等）、弱碱强酸盐（如硫酸亚铁和硫酸铝等）。水的酸度是指水中酸的总量，酸度的测定可反映水源水质的变化情况。水中的酸不仅对金属有腐蚀性，而且对许多化学反应速率、化学物质的形态和生物过程等都有影响。另外含有强酸的工业废水排放之前，必须进行中和处理。

根据酸碱质子理论，碱是能接受质子的物质，水的碱度是指水中碱的总量。通常情况下，水的碱度是指水中HCO_3^-、CO_3^{2-}和OH^-这3种离子的总量。一般天然水中只含有HCO_3^-碱度，碱性较强的水含有CO_3^{2-}和OH^-这2种碱度。组成碱度的这些离子，一般不会对人体造成危害，但它们同水中许多化学反应过程密切相关，所以列为水质指标之一。

③ 硬度　**硬度**（hardness of water）是指水中Ca^{2+}离子、Mg^{2+}离子的总量。水的硬度的表示方法有很多，在水质指标中通常以$CaCO_3$的含量表示，单位为mg/L。水的硬度有暂时硬度和永久硬度之分。暂时硬度是指当水中含有钙、镁的酸式碳酸盐时，遇热即形成碳酸盐沉淀而失去硬性；永久硬度是指当水中含有钙、镁的硫酸盐、氯化物、硝酸盐时，即使加热也不产生沉淀。暂时硬度和永久硬度的总和称为总硬。由镁离子形成的硬度称为镁硬，由钙离子形成的硬度称为钙硬。含有Ca^{2+}离子、Mg^{2+}离子的水不仅可与肥皂作用生成沉淀，造成肥皂的浪费，而且会使锅炉内壁产生水垢，影响传热，浪费大量燃料，甚至导致锅炉爆炸。因此，生活和生产用水对硬度都做了规定，如我国规定饮用水的硬度不得大于450mg/L（以$CaCO_3$计）；锅炉用水硬度更有严格要求，如1.5～2.5MPa水管锅炉的用水硬度不得大于8.9mg/L（以$CaCO_3$计）。

④ 总含盐量　**总含盐量**（total salty quantity）又称全盐量，也称矿化度，表示水中各种盐类的总量，也就是水中全部阳离子和阴离子的总量。

⑤ 有毒性的化学性水质指标　是指各种重金属离子、氰化物、多环芳烃、卤代烃、各种农药等有毒物质的含量。在我国饮用水标准中对这些有毒物质的含量有非常严格的规定。例如剧毒或毒性很大的汞的浓度要求小于 0.001mg/L；镉的浓度要求小于 0.005mg/L；氰化物和铬的浓度要求小于 0.05mg/L；砷和铅的浓度要求小于 0.01mg/L 等。

⑥ 有机污染物综合指标　**有机污染物综合指标**（comprehensive index of organics polluting）主要有**溶解氧**（dissolved oxygen，DO）、**化学需氧量**（chemical oxygen demand，COD）、**生化需氧量**（biochemical oxygen demand，BOD）、**总有机碳**（total organic carbon，TOC）、**总需氧量**（total oxygen demand，TOD）、**活性炭氯仿萃取物**（CCE）等。

a. **溶解氧**（dissolved oxygen，DO）是水中的溶解氧量，以每升水里氧气的毫克数表示。水中溶解氧的含量与空气中氧的分压、水的温度都有密切关系。通常情况下，空气中的含氧量变动不大，故水温是影响水中溶解氧含量的主要因素，水温愈低，水中溶解氧的含量愈高；当水温一定时，水中溶解氧的含量存在一个饱和值。例如在 20℃、100kPa 条件下，1L 纯水里大约溶解氧 9mg。有些有机化合物在好氧菌作用下发生生物降解，要消耗水里的溶解氧。如果有机物以碳来计算，根据 $C+O_2 = CO_2$ 可知，每 12g 碳要消耗 32g 氧气。当水中的溶解氧值降到 5mg/L 时，一些鱼类的呼吸就发生困难。

水中溶解氧由于空气里氧气的溶入及绿色水生植物的光合作用会不断得到补充。但当水体受到有机物污染、耗氧严重时，溶解氧得不到及时补充，水体中的厌氧菌就会很快繁殖，有机物因腐败而使水体变黑、发臭，因此水中溶解氧的多少是衡量水体自净能力的一个指标。水中溶解氧被消耗，要恢复到初始状态所需的时间短，说明该水体的自净能力强，或者说水体污染不严重；否则说明水体污染严重，水体的自净能力弱，甚至失去自净能力。

b. **化学需氧量**（chemical oxygen demand，COD）是指在一定条件下，采用强氧化剂处理水样时所消耗氧化剂的量，结果以 O_2 的含量表示，单位为 mg/L。COD 是表示水中还原性物质含量的一个指标，水中的还原性物质有各种有机物和无机物（如亚硝酸盐、硫化物、亚铁盐等）。通常情况下，水中还原性物质主要是有机污染物，而还原性无机物浓度都比较低。因此，COD 主要反映水体受有机物污染的程度，COD 值越大，说明水体受有机物的污染越严重。有机污染物对工业水系统的危害很大，当含有机污染物的水在通过除盐系统时有机污染物会污染离子交换树脂，使树脂交换能力降低，同时使炉水 pH 值降低，造成系统腐蚀；另外在循环水系统中有机物含量高会促进微生物繁殖。因此，不管对除盐、炉水或循环水系统，COD 值都是越低越好。目前 COD 值的测定方法主要是酸性高锰酸钾氧化法与重铬酸钾氧化法。高锰酸钾法氧化效率较低，但比较简便，可测定水样中有机物相对含量；重铬酸钾法氧化效率高，再现性好，适用于测定水样中有机物的总量。

c. **生化需氧量**（biochemical oxygen demand，BOD）是指在一定时间内，某些还原性物质特别是有机物在微生物作用下进行好氧分解所消耗的溶解氧的质量，单位为 mg/L。如果进行生物氧化的时间为五天，就称为五日生化需氧量（BOD_5）；相应地还有十日生化需氧量（BOD_{10}）、二十日生化需氧量（BOD_{20}）。生化需氧量 BOD 值可采用微生物电极法进行测量，是反映水中有机污染物含量的一个综合指标，其值越高，说明水中有机污染物越多，水污染越严重。但是，由于水体中往往存在阻碍微生物作用的毒理物质，也会存在难以被微生物分解的有机物，因此有时 BOD 值低不一定表明水体中的有机污染物浓度低，只是表明能被微生物分解（即生物降解，biodegradation）的有机污染物浓度低。由于不可生物降解的有机污染物对环境造成的危害可能更大，因此我们可以通过 BOD 值和 COD 值的比值说明水中不可生物降解的有机污染物含量是多少。因为 BOD 值测定的是可生物降解的有机污染物需氧量，而 COD 值测定的是可生物降解的有机污染物需氧量和不可生物降解却可氧化的有机污染物需氧量的总和，因此 BOD 值和 COD 值的比值越小，说明不可生物降解的有机污染物的含量越高。

d. **总有机碳**（total organic carbon，TOC）是指水体中溶解性和悬浮性有机物含碳的总量，是有机物总量快速检定的综合指标，通常采用燃烧法进行测定。由于 TOC 值的测定是采用燃烧法，因此能将有机物全部氧化，它比 BOD 值或 COD 值更能直接表示有机物的总量，通常作为评价水体有机物污染程度的重要依据。水中有机物的种类很多，目前还不能全部进行分离鉴定，由于 TOC 值不能反映水中有机物的种类和组成，因而不能反映总量相同的总有机碳造成的水污染后果不同。

e. **总需氧量**（total oxygen demand，TOD）是指水中能被氧化的物质的总量，主要是有机物通过燃烧变成稳定的氧化物时所需要的氧量，结果以 O_2 的含量表示，单位为 mg/L。TOD 值能反映几乎全部有机物经燃烧后变成 CO_2、H_2O、NO、SO_2 等所需要的氧量，它比 BOD 值和 COD 值更接近于理论需氧量值。根据 TOD 值和 TOC 值的比例关系可粗略判断有机物的种类。对于含碳有机化合物，因为一个碳原子消耗两个氧原子，即 $O_2/C=2.67$（质量），因此从理论上说，含碳有机化合物的 TOD 值等于 2.67 倍 TOC 值。若某水样的 TOD 值为 TOC 值的 2.67 倍左右，可认为主要是含碳有机物；若 TOD/TOC＞4.0，则应考虑水中含 S、P 的有机物的含量较大；若 TOD/TOC＜2.6，就应考虑水中硝酸盐和亚硝酸盐的含量可能较大，它们在高温和催化条件下分解放出氧，使 TOD 值的测定呈现负误差。

f. **活性炭氯仿萃取物**（CCE）是在给定条件下，水中有机物吸附在活性炭上，然后用氯仿萃取后所测定的有机物的含量，单位为 mg/L。

以上这些有机污染物综合指标可作为水中有机物总量的水质指标，其中 BOD_5 值、COD 值、TOC 值、TOD 值是目前最常用的有机物污染综合指标，但它们之间也没有固定的相关关系。有研究表明，$BOD_5/TOD=0.1\sim0.6$，$COD/TOD=0.5\sim0.9$，具体比值取决于废水的性质，因此它们在水处理、水质分析中有着重要意义，并得到广泛应用。

(3) 生物学水质指标　生物学水质指标一般包括菌落总数、总大肠菌数、各种病原细菌、病毒和寄生虫卵等。**菌落总数**（total number of bacterial colony）是指水在相当于人体温度（37℃）下经 24h 培养后，每毫升水中所含各种细菌的总个数。大肠杆菌本身并非致病菌，一般对人体无害。但水中有大肠杆菌，说明水体已被粪便污染，进而说明有存在病原菌的可能性，因此常以大肠杆菌数作为一种危害健康的指标。我国饮用水标准规定生活饮用水中不应含有各种病原细菌、病毒和寄生虫卵等，菌落总数不得大于 100CFU/mL。

3.5.1.3　水质评价方法

对水质进行评价是指根据水体的具体用途，按照一定的评价参数和水环境质量标准，选取正确的评价方法，对水体的质量做出科学有效的评判，判明水体的水质状况和被污染程度，确定其应用价值，为水体污染综合防治和水资源合理开发、利用、保护与管理提供科学依据。

水质评价方法包括观察水的物理特性和化学特性，并以此预测生物群落的演替。例如饮用水一般可用人的感官嗅觉作初步评判：水的味道主要由水中余氯、氯化物、盐类及一些难挥发的有机物所致。在分析了水的味道、水味来源以及水味与水质标准之间的关系后，有专家指出水味是由一些相关因素综合作用的结果。为规划和评估水质，有些专家研制了水质模型，如一般统计法、综合水质标志指数评价方法、数理统计法、模糊数学综合评判法、浓度级数模式法等；还有一些专家运用单要素污染指数来描述水质的污染程度，如高锰酸盐指数法（COD_{Mn}）等。尽管COD_{Mn}没有包括水味（臭味）的所有来源，但基本涉及了造成水味的主要因素，故在2006年新修订的生活饮用水水质标准中增加COD_{Mn}指标（以O_2计），要求不得大于3mg/L，这样就可更方便地检测、控制和有效减少水味问题。

除高锰酸盐指数法外，水质评价方法还有生物水质评价方法。它包括生物指示物法、生物指数法及多样化指数法。为评估农田灌溉水的水质，一些专家用传导率、钠吸附率、硼、Na_2CO_3、Cl^-等作为评价调查的指示物，将农田灌溉水分成五个等级。

现在，国际上有一种直接观察生物学影响的新动向，可以得到更加准确的污染影响信息。例如，生物指示器可显示微生物种类数量是否减少，或某种微生物的变种是否下降；生物指示器还能显示别的状况，如海生动物是否健康，它们的DNA是否改变，或者它们的生长率是否改变。另外水中的硅藻类能提供有价值的河流监测数据，尤其是在有机污染物方面；但是，以复杂硅藻类为基础的指标受到硅藻类鉴定机构的制约；因为在分类学中，硅藻类是一个很大的分支，只有少数分类学专业人员才能准确鉴定硅藻类别。

3.5.1.4 水质标准

水质标准（water quality standards）是国家规定的各种用水的物理、化学和生物学的质量标准，即根据生活饮用水、工农业用水等各种用途，针对水中存在的具体杂质或污染物，提出了相应的最低数量或浓度的限制和要求。由于用途不同，相应的水质标准也不同，例如：染色、纺织、人造纤维、造纸用水对水的色度要求不同，半导体工业中对水的纯度要求不同，高压锅炉随锅炉压力不同对水的硬度要求不同等。另外工业废水和生活污水也不能随便排放，需经处理，使污染物含量达到规定要求，才能排入水体，相应的水质标准为污水排放标准。由于污水来源广、种类多，我国污水排放标准分为污水综合排放标准和行业排放标准。

水质标准不是一成不变的，而是随着生产的发展和社会的进步而不断修改。1914年美国颁布的《公共卫生署饮用水水质标准》是最早而有明确意义的水质标准，但也只对细菌作了规定。1950年后由于水污染日趋严重，水污染物的种类和含量快速增加，同时水分析技术以及水质与人类健康的关系的研究日益深入，各国不断完善本国的水质标准，每次修订均增加水质检测项目或修改最高允许浓度。水质检测项目的增加既体现对水质要求的提高，亦反映水质污染加重，以及人们对污染物危害的认识及治理水平的提高。

下面重点介绍与大家日常生活密切相关的生活饮用水水质标准和地表水环境质量标准，简略介绍工业用水水质标准、渔业和农业用水水质标准。

（1）生活饮用水卫生标准　饮用水是各国政府特别关注的水种。生活**饮用水**（drinking water）水质标准是为维持人体正常的生理功能，对饮用水中有害元素的限量、感官性状、细菌学指标以及制水过程中投加的物质含量等所作的规定。1914年美国首先提出饮用水标准，共2项；1942年为18项；1962年为28项；1976年为47项；1986年83项；1994年88项，其中有机污染物为57种，占总数的65%。根据90年代以后的有关资料，美国、日本、欧盟、世界卫生组织的饮用水水质标准代表了当前世界上对饮用水的质量要求，加强了对有机污染物的控制，尤其是对消毒副产物的控制。世界卫生组织 WHO 在 1993 年公布的《**饮用水水质指南**》(guidelines for drinking-water quality) 中规定有浓度值的指标数为 98 种，其中有机污染物有 78 种，占总数的 79%；世界卫生组织 WHO 在 2004 年公布的《饮用水水质指南》(第三版) 中全面提供了各主要水质指标（特别是微生物和化学物质）的背景资料，从而为各个国家制定水质标准提供了全面的科学依据。

我国的饮用水标准亦经多次修订，作出了符合我国国情的规定。1956 年我国首次制定《饮用水水质标准》，共 16 项；1973 年颁布了《生活饮用水卫生规程》，为 23 项；1985 年颁布了《生活饮用水卫生标准》(GB 5749－85)[1]，共 35 项；2001 年颁布了《生活饮用水水质卫生规范》(sanitary standard for drinking water quality)，将生活饮用水水质卫生要求的检验项目分为常规检验项目及非常规检验项目，常规检验项目 33 项，非常规检验项目 60 项，二者共 95 项，比 85 年标准多出 60 项。

随着经济的发展，人口的增加，不少地区水源短缺，有的城市饮用水水源污染严重，居民生活饮用水安全受到威胁。我国 1985 年颁布的《生活饮用水卫生标准》(下面称为老标准) 已不能满足保障人民群众健康的需要。为此，2006 年卫生部和国家标准化管理委员会对老标准进行了修订，联合发布新的强制性国家标准——《生活饮用水卫生标准》(GB 5749—2006) (下面称为新标准)，表 3-8 列出了新标准的一些项目及相关的水质标准。

表 3-8 生活饮用水卫生标准 (GB 5749—2006)

项目	标准 (最大允许浓度)	项目	标准 (最大允许浓度)
(1)微生物指标		(3)感官性状和一般化学指标	
总大肠菌群	不得检出	色度	15(铂钴色度单位)
耐热大肠菌群	不得检出	浑浊度	1(NTU-散射浊度单位)
大肠埃希氏菌	不得检出	水源与净水技术条件限制时浑浊度	3(NTU-散射浊度单位)
菌落总数	100 CFU/mL	臭和味	无异臭、异味
贾第鞭毛虫	<1个/10L	肉眼可见物	无
隐孢子虫	<1个/10L	pH	6.5～8.5
(2)毒理指标		铝	0.2mg/L
砷	0.01mg/L	铁	0.3mg/L
镉	0.005mg/L	锰	0.1mg/L
铬(六价)	0.05mg/L	铜	1.0mg/L
铅	0.01mg/L	锌	1.0mg/L
汞	0.001mg/L	氯化物	250mg/L
硒	0.01mg/L	硫酸盐	250mg/L
氰化物	0.05mg/L	溶解性总固体	1000mg/L
氟化物	1.0mg/L	总硬度(以 $CaCO_3$ 计)	450mg/L
硝酸盐(以 N 计)	10mg/L	挥发酚类(以苯酚计)	0.002mg/L
地下水源限制时硝酸盐	20mg/L	阴离子合成洗涤剂	0.3mg/L
三氯甲烷	0.06mg/L	耗氧量(COD_{Mn}法，以 O_2 计)	3mg/L
四氯化碳	0.002mg/L	水源限制，原水耗氧量>6mg/L 时耗氧量	5mg/L
甲醛(使用臭氧时)	0.9mg/L	(4)放射性指标指导值	
亚氯酸盐(使用二氧化氯消毒时)	0.7mg/L	总 α 放射性	0.5Bq/L
氯酸盐(使用复合二氧化氯消毒时)	0.7mg/L	总 β 放射性	1.0Bq/L
溴酸盐(使用臭氧时)	0.01mg/L		

[1] GB 表示国标，5749 表示标准号，85 表示发布年代，即 1985 年。

2006 年发布的新标准中水质项目和指标值的选择，充分考虑了我国实际情况，并参考了世界卫生组织的《饮用水水质指南》，参考了欧盟、美国、俄罗斯和日本等国饮用水标准。1985 年发布的老标准里，饮用水浑浊度的指标是"3～5"，新标准则将之提高到"1～3"，也就是说，抛开一大堆非专业人员看不懂的理化指标不说，人们最能直观感受到的是水色将更加清亮。事实上，浊度不仅是感官指标，而且水的浊度越低，越能使细菌和病毒裸露于水中，这样消毒剂才能有效杀灭细菌和病毒。因此，让饮用水更健康才是新标准的核心所在。

1985 年的老标准只有 35 项检测项目，其中关于无机污染物的检测项目居多，涉及的有机污染物、农药较少，而且根本没有检测微生物指标（如微囊藻毒素等），这与近年来我国水污染致使水中有机物大大增加的形势严重不适应。和老标准相比，新标准新增了 71 项水质指标，其中感官性状和一般理化指标由 15 项增加至 20 项；微生物学指标由 2 项增至 6 项，增加了对蓝氏贾第鞭毛虫、隐孢子虫等易引起腹痛等肠道疾病、一般消毒方法很难全部杀死的微生物的检测；毒理学指标中无机化合物由 10 项增至 21 项；毒理学指标中有机化合物由 5 项增至 53 项；饮用水消毒剂指标由 1 项增至 4 项；增加了对净化水质时产生二氯乙酸等卤代有机物质、存在于水中藻类植物中微囊藻毒素等的检测；并且还对原标准 35 项指标中的 8 项进行了修订。同时，鉴于加氯消毒方式对水质安全的负面影响，新标准还在水处理工艺上重新考虑安全加氯对供水安全的影响，增加了与此相关的检测项目。新标准不仅适用于各类集中式供水的生活饮用水，也适用于分散式供水的生活饮用水。和老标准相比，新标准具有以下三个特点：加强了对水质中有机物、微生物和水质消毒等方面的要求；统一了城镇和农村饮用水卫生标准；实现饮用水标准与国际接轨。

（2）地表水环境质量标准　为了防止水污染、保护地表水水质、保障人体健康、维护良好的生态环境，2002 年国家环保总局重新修订了《地表水环境质量标准》（GB 3838—2002），主要参考了美国的水质基准数据以及美国各州、日本、俄国、欧洲等国家及地区的水质标准值，并于 2002 年 6 月 1 日实施。该标准按照地表水环境功能分类和保护目标，规定了水环境质量应控制的项目及限值，适用于江河、湖泊、运河、渠道、水库等具有使用功能的地表水水域。

根据地表水使用目的和保护目标，依据地表水环境质量标准，将我国地表水分为五大类：

Ⅰ类：主要适用于源头水，国家自然保护区。Ⅰ类水质良好，地表水经简易净化处理（如过滤等）、消毒后即可作为生活饮用水。

Ⅱ类：主要适用于集中式生活饮用水、地表水源地一级保护区，珍稀水生生物栖息地，鱼虾类产卵场，仔稚幼鱼的索饵场等。Ⅱ类水受轻度污染，经常规净化处理（如絮凝、沉淀、过滤等）、消毒后即可作为生活饮用水。

Ⅲ类：主要适用于集中式生活饮用水、地表水源地二级保护区，鱼虾类越冬、洄游通道，水产养殖区等渔业水域及游泳区。

Ⅳ类：主要适用于一般工业用水区及人体非直接接触的娱乐用水区。

Ⅴ类：主要适用于农业用水区及一般景观要求水域。

此外还有劣Ⅴ类水，是指超出Ⅴ类水质质量标准限值、基本无直接使用和利用的价值、必须经过处理后才能使用的水。

地表水环境质量标准项目共计 109 项，其中基本项目 24 项，集中式生活饮用水地表水源地补充项目 5 项，集中式生活饮用水地表水源地特定项目 80 项，分别见表 3-9～表 3-11 所列。

表 3-9 地表水环境质量标准基本项目标准限值 单位：mg/L

序号			Ⅰ类	Ⅱ类	Ⅲ类	Ⅳ类	Ⅴ类
1	水温/℃		人为造成的环境水温变化应限制在： 周平均最大温升≤1 周平均最大温降≤2				
2	pH 值		6～9				
3	溶解氧	≥	7.5	6	5	3	2
4	高锰酸盐指数	≤	2	4	6	10	15
5	化学需氧量(COD)	≤	15	15	20	30	40
6	五日生化需氧量(BOD_5)	≤	3	3	4	6	10
7	氨氮(NH_3-N)	≤	0.15	0.5	1.0	1.5	2.0
8	总磷(以 P 计)	≤	0.02 (湖库 0.01)	0.1 (湖库 0.025)	0.2 (湖库 0.05)	0.3 (湖库 0.1)	0.4 (湖库 0.2)
9	总氮(湖库以 N 计)	≤	0.2	0.5	1.0	1.5	2.0
10	铜	≤	0.01	1.0	1.0	1.0	1.0
11	锌	≤	0.05	1.0	1.0	2.0	2.0
12	氟化物(以 F^- 计)	≤	1.0	1.0	1.0	1.5	1.5
13	硒	≤	0.01	0.01	0.01	0.02	0.02
14	砷	≤	0.05	0.05	0.05	0.1	0.1
15	汞	≤	0.00005	0.00005	0.0001	0.001	0.001
16	镉	≤	0.001	0.005	0.005	0.005	0.01
17	铬(六价)	≤	0.01	0.05	0.05	0.05	0.1
18	铅	≤	0.01	0.01	0.05	0.05	0.1
19	氰化物	≤	0.005	0.05	0.2	0.2	0.2
20	挥发酚	≤	0.002	0.002	0.005	0.01	0.1
21	石油类	≤	0.05	0.05	0.05	0.5	1.0
22	阴离子表面活性剂	≤	0.2	0.2	0.2	0.3	0.3
23	硫化物	≤	0.05	0.1	0.05	0.5	1.0
24	粪大肠菌群/(个/L)	≤	200	2000	10000	20000	40000

表 3-10 集中式生活饮用水地表水源地补充项目标准限值 单位：mg/L

序号	项目	标准值
1	硫酸盐(以 SO_4^{2-} 计)	250
2	氯化物(以 Cl^- 计)	250
3	硝酸盐(以 N 计)	10
4	铁	0.3
5	锰	0.1

表3-11　集中式生活饮用水地表水源地特定项目标准限值　　单位：mg/L

序号	项目	标准值	序号	项目	标准值
1	三氯甲烷	0.06	41	丙烯酰胺	0.0005
2	四氯化碳	0.002	42	丙烯腈	0.1
3	三溴甲烷	0.1	43	邻苯二甲酸二丁酯	0.003
4	二氯甲烷	0.02	44	邻苯二甲酸二(2-乙基己基)酯	0.008
5	1,2-二氯乙烷	0.03	45	水合肼	0.01
6	环氧氯丙烷	0.02	46	四乙基铅	0.0001
7	氯乙烯	0.005	47	吡啶	0.2
8	1,1-二氯乙烯	0.03	48	松节油	0.2
9	1,2-二氯乙烯	0.05	49	苦味酸	0.5
10	三氯乙烯	0.07	50	丁基黄原酸	0.005
11	四氯乙烯	0.04	51	活性氯	0.01
12	氯丁二烯	0.002	52	滴滴涕	0.001
13	六氯丁二烯	0.0006	53	林丹	0.002
14	苯乙烯	0.02	54	环氧七氯	0.0002
15	甲醛	0.9	55	对硫磷	0.003
16	乙醛	0.05	56	甲基对硫磷	0.002
17	丙烯醛	0.1	57	马拉硫磷	0.05
18	三氯乙醛	0.01	58	乐果	0.08
19	苯	0.01	59	敌敌畏	0.05
20	甲苯	0.7	60	敌百虫	0.05
21	乙苯	0.3	61	内吸磷	0.03
22	二甲苯①	0.5	62	百菌清	0.01
23	异丙苯	0.25	63	甲萘威	0.05
24	氯苯	0.3	64	溴清菊酯	0.02
25	1,2-二氯苯	1.0	65	阿特拉津	0.003
26	1,4-二氯苯	0.3	66	苯并[a]芘	2.8×10^{-6}
27	三氯苯②	0.02	67	甲基汞	1.0×10^{-6}
28	四氯苯③	0.02	68	多氯联苯⑥	2.0×10^{-5}
29	六氯苯	0.05	69	微囊藻毒素-LR	0.001
30	硝基苯	0.017	70	黄磷	0.003
31	二硝基苯④	0.5	71	钼	0.07
32	2,4-二硝基甲苯	0.0003	72	钴	1.0
33	2,4,6-三硝基甲苯	0.5	73	铍	0.002
34	硝基氯苯⑤	0.05	74	硼	0.5
35	2,4-二硝基氯苯	0.5	75	锑	0.005
36	2,4-二氯苯酚	0.093	76	镍	0.02
37	2,4,6-三氯苯酚	0.2	77	钡	0.7
38	五氯酚	0.009	78	钒	0.05
39	苯胺	0.1	79	钛	0.1
40	联苯胺	0.0002	80	铊	0.0001

① 二甲苯：指对-二甲苯、间-二甲苯、邻-二甲苯。
② 三氯苯：指1,2,3-三氯苯、1,2,4-三氯苯、1,3,5-三氯苯。
③ 四氯苯：指1,2,3,4-四氯苯、1,2,3,5-四氯苯、1,2,4,5-四氯苯。
④ 二硝基苯：指对-二硝基苯；硝基氯苯。
⑤ 指间-硝基氯苯、邻-硝基氯苯。
⑥ 多氯联苯：指PCB-1016、PCB-1221、PCB-1232、PCB-1242、PCB-1248、PCB-1254、PCB-1260。

（3）工业用水水质标准　工业用水主要有生产用水、锅炉用水和冷却水等。根据行业要求的不同，各种工业生产对水质要求的标准也各不相同。例如：染色、纺织、人造纤维、造纸用水对水的色度要求不同，分别为5度、10～12度、15度、15～30度；纺织、人造纤维、鞣革用水对水中铁含量均要求不得大于0.2mg/L；电子工业中要求纯水的含盐量在0.05～0.5mg/L，超纯水的含盐量在0.05mg/L以下；高压锅炉（5～12.5 MPa）用水对水中溶解氧（DO）要求不得大于1.8mg/L，对水的硬度要求为0.0mg/L（以$CaCO_3$计）；食品工业用水首先必须符合饮用水标准，然后还要考虑影响食品质量的其他成分。由于工业企业的种类繁多，生产形式各异，各项生产用水很难有统一的用水水质标准。有关工业用水水质标准参见有关文献。

（4）农业与渔业用水水质标准　农业用水主要是农田灌溉用水，其水质一般需考虑水温、pH值、含盐量、盐分组成、钠离子与其他阴离子的相对比例、硼和其他有益或有毒元素的浓度等指标，且要求在农田灌溉后，人不因食用其灌溉的农作物而对身体产生不良影响。例如，根据农田灌溉用水水质标准，灌溉用水的水温应适宜，不超过35℃。实际上，我国北方和南方不同农作物区对水温的要求也有所差别。在我国北方以10～15℃为宜，在南方水稻生长区以15～25℃为宜，过低或过高的灌溉水温对农作物生长都不利。另外水中所含盐类成分也是影响农作物生长和土壤结构的重要因素。对农作物生长而言，最有害的是钠盐，尤以$NaHCO_3$的危害为最大，它能腐蚀农作物根部，使农作物死亡，还能破坏土壤的团粒结构；其次是氯化钠，它能使土壤盐化变成盐土，使农作物不能正常生长，甚至枯萎死亡。此外，由于近几年来水体的工业污染严重，灌溉水中有毒有害的微量重金属元素含量升高，利用这部分水体进行农田灌溉时，尽管不产生盐害、碱害或盐碱害，但有毒重金属元素在农作物中的积累，已对农作物的产品质量及人体健康造成极大的危害，这种危害是潜在的、长期的，因此应特别注意有毒微量重金属元素的危害，严格控制灌溉用水的水质，保证农作物的产品质量。

渔业用水除保证鱼类正常生存、繁殖外，还要防止因水中有毒有害物质通过食物链在鱼体内积蓄、转化引起鱼类死亡或食用有毒有害水产品对人类自身造成的健康损害。

3.5.2 水污染

3.5.2.1 水污染

水污染（water pollution）是指水体受到自然因素（物质或能量）的影响，或由于人类的生活和生产活动向水体排放的各类污染物在水体中的含量超过了水体的自净能力，导致水体的化学、物理、生物或者放射性等方面特征的改变，从而影响水的有效利用，危害人体健康或者破坏生态环境，造成水质恶化的现象。

早在19世纪，英国由于只注重工业发展，而忽视了水资源保护，大量的工业废水废渣倾入江河，1800年每天排污400多吨，1850年每天增至900多吨，造成泰晤士河严重污染，水生物基本绝迹，基本丧失了利用价值，从而制约了经济的发展，同时也影响到人们的健康和生存。之后经过百余年治理，投资5亿多英镑，直到20世纪70年代，泰晤士河河水的水质才得到改善。1960～1970年美国发生了100多起水污染事件。1986年11月1日，瑞士巴塞尔市桑多兹化工厂仓库失火，近30吨剧毒的硫化物、磷化物与含有汞的化工产品随灭火剂和水流入莱茵河；顺流而下150公里内60多万条鱼被毒死，500km以内河岸两侧的井水不能饮用，靠近河边的自来水厂关闭，啤酒厂停产；有毒物沉积在河底，使莱茵河因此而“死亡”20年。后来经过数十年的不懈治理，才使莱茵河碧水畅流，达到饮用水标准。前苏联在60年前曾向德萨河倾倒核废料，1990年探测表明水中放射线强度仍超标100多倍。2000年1月30日，罗马尼亚境内一处金矿污水沉淀池，因积水暴涨漫坝，10多万升含有大量氰化物、铜、铅等重金属的污水冲泄到多瑙河支流蒂萨河，并顺流南下，迅速汇入多瑙河向下游扩散，造成河鱼大量死亡，河水不能饮用，使匈牙利、南斯拉夫等国深受其害，国民经济和人民生活都遭受一定的影响，严重破坏了多瑙河流域的生态环境，并引发了国际诉讼。目前，在一些发达国家水污染得到了有效的控制，但仍存在不同程度的水污染问题和突发的水污染事故。2011 年 3 月 11 日日本大地震引发海啸，导致福岛第一核电站发生核泄漏危机，在核电站附近的地下水中测出了放射性锶，而在取水口附近的海水中也测出了活度相当于法定最高活度 240 倍的锶；在福岛第一核电站附近海底泥土中，检测出远高于正常浓度的放射性物质；2011 年 4 月 6 日日本政府同意东京电力公司向海洋中排放 11500t 含有高浓度低放射性物质污染水，导致海水遭受核污染，破坏了海洋的生态环境，海洋生物可能会受到核辐射损害，通过食物链进而会影响到人体健康。

近年来，我国水污染事故也频繁发生。据报道，2001～2004 年就发生水污染事故 3988 件，其中绝大多数是因企业违法排污和事故而引发的水污染事件。随后最引人注目的是 2005 年 11 月，吉林石化公司双苯厂发生爆炸，造成 100t 左右的苯系化合物泄入松花江，长达百公里的江段受到污染，导致沿江居民饮用水发生困难。同年 12 月，广东韶关冶炼厂超标排放含镉废水，导致下游 10 万人无法饮用江水。2006 年 1 月，湖南省株洲市霞港湾因水利工程施工不当，导致含镉废水流入湘江。2007 年 5 月江苏太湖无锡水域爆发大面积蓝藻，自来水有一股浓郁的臭味，导致近百万无锡市民日常饮用水和基本生活成为难题。随后，安徽巢湖、云南滇池也相继出现蓝藻暴发，南京玄武湖还出现了因蓝藻造成的“黑水”现象，贵阳红枫湖也首次蓝藻暴发，而武汉市内湖面上漂浮着由于蓝藻肆虐而致的 20 万斤死鱼，在东北的吉林经历了历史上严重干旱威胁时，长春市重要的水源地也发现了大量蓝藻。2007 年 7 月 2 日至 4 日，江苏省沭阳县因饮用水源受到沂河上游地区排放的超标超量污水的严重污染，短时间内大流量的污水进入到沭阳自来水厂的取水口，使整个沭阳县城停水 44h。2007 年 7 月 22 日湖北宜昌境内发生大面积高强度降雨，导致长阳境内某锰业公司渣场矿渣夹杂大量污水外泄，冲入清江，使清江水体发生污染。2007 年 7 月 26 日晚，湖南娄底市冷水江市中泰矿业有限公司铅锌矿发生尾砂泄漏事故，部分含铅、锌等重金属元素的尾砂流入资江，一度造成冷水江市及下游新化县城停水。2009 年 2 月 20 日清晨，江苏盐城发生一起震惊一时的水污染事件，该市标新化工厂将 30t 高浓度含酚钾盐废水排入厂区外河沟，导致城区发生饮用水污染，至少 20 万居民生活用水受到影响，直到 23 日供水才恢复正常，使盐城人民深受其害。频繁发生触目惊心的水污染事件接连向人们发出警告，水污染已严重威胁到生态平衡、饮水安全和人体健康。

(1) 地表水体污染　因地表水与外界广泛接触，因此最容易受到外界污染物的污染。当某些对人体健康有害的成分超过标准值时，该水体就不适于饮用；当某些成分超过某种行业的工业企业用水水质标准时，该水体就不能直接作为工业用水。根据调查：我国污水的年排放总量已达 600 多亿吨，其中 80%以上是没有经过任何处理就直接排入水域的污水。污水排放量的加大，使地表水体环境质量急剧恶化，江河湖海普遍受到污染，全国 7 大河流经过的主要大城市的河段，大部分水质污染严重，75%的湖泊出现了不同程度的富营养化，有的已经不适宜作为饮用水源。

2004 年环保总局的环境公报中关于淡水环境七大水系（长江、黄河、珠江、松花江、淮河、海河和辽河）的 412 个水质监测断面中，Ⅰ～Ⅲ类、Ⅳ～Ⅴ类和劣Ⅴ类水质的断面比例分别为 41.8%、30.3%和 27.9%。各大水系污染程度由重到轻的顺序是海河、辽河、淮河、黄河、松花江、长江和珠江。城市及其临近河段污染严重，50%以上大城市的水资源不宜直接饮用，在南方水污染造成 60%～70%的城市水源短缺。据水利部 2005 年资料，全国 78%流经城市的河段已不适宜作为饮用水源。经过对 532 条河流的监测，有 436 条河流遭受了不同程度的污染。中国 7 大河流经过的 15 个主要大城市的河段中，有 13 个河段水质污染严重。

随着水资源保护法的不断完善、人们环保意识的增强、污染物排放总量的减小和水污染治理水平的提高，我国地表水总体水质明显改善。2006年，上述七大水系的197条河流408个监测断面中，Ⅰ～Ⅲ类、Ⅳ～Ⅴ类和劣Ⅴ类水质的断面比例分别为46%、28%和26%，主要污染指标为高锰酸盐指数、石油类和氨氮。2008年，长江、黄河、珠江、松花江、淮河、海河和辽河七大水系水质总体与2007年持平。200条河流409个断面中，Ⅰ～Ⅲ类、Ⅳ～Ⅴ类和劣Ⅴ类水质的断面比例分别为55.0%、24.2%和20.8%。与2004年相比，全国地表水Ⅰ～Ⅲ类水质断面比例提高了13.2%，Ⅳ～Ⅴ类水质断面比例下降了6.1%，劣Ⅴ类比例下降了7.1%，其中，珠江、长江水质总体良好，松花江为轻度污染，黄河、淮河、辽河为中度污染，海河为重度污染。

总体上看，我国流域污染状况是干流水质好于支流，一般河段强于城市河段，污染从下游地区逐步向上游转移。到2010年上半年，我国地表水总体水质进一步明显改善。与2005年同期相比，全国地表水国控断面Ⅰ～Ⅲ类水质断面比例提高了17.2%，劣Ⅴ类比例下降了11.2%，高锰酸盐指数平均浓度由8.0mg/L降至5.1mg/L。上述七大水系水质持续改善，Ⅰ～Ⅲ类水质比例为56.8%，与2008年相比提高1.8%；劣Ⅴ类水质比例为19.2%，与2008年相比降低1.6%，其中，长江干流、黄河干流、珠江支流及三峡水库水质为优，珠江干流、长江支流、南水北调东线输水干线水体水质良好。

除长江、黄河、珠江、松花江、淮河、海河和辽河这七大水系外，我国湖泊也普遍遭到污染，尤其是重金属污染和富营养化问题十分突出。多数湖泊的水体以富营养化为特征，主要污染指标为总磷、总氮、化学需氧量和高锰酸盐指数。在几大湖泊中，75%以上的湖泊富营养化，尤以太湖、巢湖和滇池污染最为严重。

太湖在20世纪80年代初期水质尚好，80年代后期开始出现轻污染，特别是1987年以后，污染趋势更为严重，水体中有机污染指标和水体富营养化指标升高。到90年代中期，太湖以Ⅲ类水质为主，并开始出现了Ⅴ类水质，意味着太湖已被严重污染。

巢湖流域目前仍处于富营养状态，11个水质监测点中，7个属Ⅴ类水质和劣Ⅴ水质。

滇池在20世纪70年代水质良好，生物多样性丰富。到90年代，滇池出现严重的富营养化，水质超出Ⅴ类标准，特别是氮、磷浓度很高，曾分别达到7.5mg/L和9.19mg/L。由于昆明市及滇池周围地区大量工业污水和生活污水的排入，致使滇池重金属污染和富营养化十分严重，作为饮用水源已有多项指标不合格，藻类丛生，夏秋季84%的水面被藻类覆盖。沿湖不少农村的井水也不能饮用，造成30多万农民饮水困难。由于饮用污染的水，中毒事件时有发生；滇池特产银鱼大幅度减产，鱼群种类减少，名贵鱼种基本绝迹。

目前在28个国家监控的重点湖（库）中，满足Ⅱ类水质的4个，占14.3%；Ⅲ类水质的2个，占7.1%；Ⅳ类水质的6个，占21.4%；Ⅴ类水质的5个，占17.9%；劣Ⅴ类水质的11个，占39.3%。主要污染指标为总氮和总磷。在监测营养状态的26个湖（库）中，重度富营养的1个，占3.8%；中度富营养的5个，占19.2%；轻度富营养的6个，占23.0%。

10个重点国控大型淡水湖泊中，洱海和兴凯湖为Ⅱ类水质，博斯腾湖为Ⅲ类水质，南四湖、镜泊湖和鄱阳湖为Ⅳ类水质，洞庭湖为Ⅴ类水质，达赉湖、洪泽湖和白洋淀为劣Ⅴ类水质。各湖主要污染指标是总氮和总磷。

城市内湖的水污染情况更为严重。昆明湖（北京）为Ⅳ类水质，西湖（杭州）、东湖（武汉）、玄武湖（南京）、大明湖（济南）为劣Ⅴ类水质。城市内湖的主要污染指标也是总氮和总磷。

地表水污染加剧了我国水资源短缺的矛盾，对工农业生产和人民生活造成了极大的危害。

(2) 地下水体污染 由于地下水储存于地下含水层中，相对地表水而言，外界污染物进入水体前一般要经过过滤，不易造成污染。但是，地下水在含水层中储存运移过程中，除受外界补给源水（可能含有污染物）和周围岩石颗粒的影响外，同时发生一系列的物理化学作用，显著地改变了地下水环境，导致地下水受到污染，使地下水形成比地表水更加复杂的水质类型。

由于人类活动的影响，特别是城市生活污水的排放及垃圾堆放、工业三废的排放、农业大量使用的化肥、农药等，导致地下水污染问题日益突出。地下水中不仅检出的污染物越来越多、越来越复杂，而且地下水受污染的程度和深度也在不断增加，有些地区深层地下水中已有污染物检出。

地下水污染的主要评价指标有总含盐量、总硬度、COD 值、酚、氰化物、硝酸盐、亚硝酸盐、氨氮、铁、锰、砷、汞、铬、氯化物、硫酸盐、氟化物和 pH 值等。地下水污染的特点是：深层地下水质量普遍优于浅层地下水；地下水开采程度低的地区优于开采程度高的地区；地下水中三氮（即 NO_3^-、NO_2^- 和 NH_4^+）污染严重；地下水的硬度高；地下水中酚、氰化物、砷、汞、铬、氟等有毒有害物质含量高。这类物质不易分解，不易沉淀，尤其是某些金属容易被生物体富集转化成毒性更强的有机化合物，对人体健康有严重危害。

另外，地下水超量开采与水污染互相影响，形成恶性循环。水污染造成的水质型缺水，加剧了对地下水的开采，形成漏斗、吊泵现象，使地下水漏斗面积不断扩大，地下水水位大幅度下降；地下水位的下降又改变了原有的地下水动力条件，导致工业废水、生活污水以及海水等均可通过渗透或回灌的方式进入地下水中造成地下水质不断恶化，浅层污水不断向深层流动，地下水水污染向更深层发展，使地下水污染的程度不断加重。目前我国地下水污染正面临着由点污染、条带污染到面污染扩散、由浅层到深层渗透、由城市到农村不断蔓延和污染程度日益严重的趋势。

另外全国已有不少地区降落酸雨，并呈由北向南扩展之势。近年来，全国降水年平均的 pH 值低于 5.6，导致酸雨地区城市地下水的 pH 值也明显下降。由于水质酸化日趋突出，造成地下水总硬度增加、重金属污染和有机物污染加剧。

目前我国地下水污染的情况也很严重，全国 195 个城市监测结果表明，97%的城市地下水受到不同程度污染，40%的城市地下水污染有逐年加重趋势。三氮污染在全国各地区均较突出；总含盐量和总硬度超标主要分布在东北、华北、西北和西南等地；铁和锰超标主要在东北和南方地区；且北方城市地下水污染重于南方城市，超标率高；在北京，浅层地下水中普遍检测出了具有巨大潜在危害的滴滴涕（DDT）、六六六等有机农药残留和单环芳烃、多环芳烃等“三致”(致癌、致畸、致突变）有机物。新疆、青海、甘肃、内蒙 5 个省（区）的地下水资源中，Ⅴ类水质所占比例达到 36.2%。可见如果不解决地下水污染的问题，长此以往，当代人可利用的水资源就日趋减少，到了下一代，将会无可用之水。

(3) 海洋水体污染 2006 年，中国近岸海域污染状况仍未得到改善，局部海域污染严重，远海海域水质持续保持良好状况。全海域未达到清洁海域水质标准（即Ⅰ类海水水质标准）的面积约 14.9 万平方千米，比 2005 年增加约 1.0 万平方千米，严重污染（劣Ⅳ类水质）海域面积达 2.9 万平方千米，依然主要分布在辽东湾、渤海湾、长江口、杭州湾、江苏近岸、珠江口和部分大中城市近岸局部海域。渤海、黄海、东海、南海四大海域中，东海、渤海污染最为严重。海水中的主要污染物为无机氮、活性磷和石油类，各海域均面临着严重的富营养化问题。2006 年全年共发生赤潮 93 次，较 2005 年增加约 13%；赤潮累计发生面积约 19840 平方公里，较 2005 年减少约 27%。全海域共发生 100 平方公里以上的赤潮 31

次，其中，面积超过1000平方公里的赤潮为7次。东海海域是赤潮高发区，赤潮发生次数和累计发生面积分别占全海域的68%和76%。赤潮主要影响到沿岸鱼类和贝类养殖。有些赤潮生物分泌赤潮毒素，当鱼、贝类处于有毒赤潮区域内，摄食这些有毒生物，虽不能被毒死，但生物毒素可在体内积累，其含量大大超过人体可接受的水平。如果含有生物毒素的这些鱼虾、贝类不慎被人食用，就引起人体中毒，严重时可导致死亡。据统计，全世界因赤潮毒素的贝类中毒事件约300多起，死亡300多人。

2009年，近岸海域监测面积共27.99万平方千米，其中Ⅰ、Ⅱ类水质的海水面积21.32万平方千米，Ⅲ类水质为1.88万平方千米，Ⅳ类、劣Ⅳ类水质为4.79万平方千米。四大近岸海域中，黄海和南海近岸海域水质良，渤海近岸海域水质一般，东海近岸海域水质差。全国近岸海域水质总体为轻度污染，与2008年相比，水质未明显变差。

3.5.2.2 水体污染源

随着我国经济与工业高速增长，城市规模迅速扩大以及人民群众生活水平日益提高，工业废水、城市生活污水、农村生活污水、农田灌溉水渗漏和盐碱侵蚀等原因造成水污染和水质量下降问题日趋严重，废水、地下水及COD的处理速度远远落后于污染物的排放速度。排入水体的污染负荷的发生源即为**水体污染源**（water pollution source）。水体污染源的来源包括**点污染源**（point source）和**非点污染源**（non-point source）。

（1）**点污染源**（point source） 即特定污染负荷发生源，是指集中产生、并有可能集中排入水体的污染源，如工业废水和城市生活污水。目前，许多企业，特别是工矿企业和重化工企业，生产设备还相对落后，资源利用率低，污染物排放量大。

（2）**非点污染源**（non-point source） 又称为面污染源，即非特定污染负荷发生源，是指非集中产生、不可能集中排入水体的污染源，是一种大面积或大范围的分散污染源。面污染源主要来自面广量大的农村生活污水、乡镇小企业废水、农田径流、畜禽养殖、水产养殖及酸雨降尘等。例如通过降雨、融雪和灌溉产生的地表径流携带土壤中的化肥、农药残留物等成分一起进入河流，以及在洪水期地表各种废弃物、人畜粪便被带入河中形成污染就具有面污染源的性质；山区、林地等产生的天然污染物也属于面污染源；另外，大量未处理的废水和污水渗入地下，如农业生产大量使用化肥、农药以及污水灌溉，地下水过量开采等都可导致地下水遭受面污染。

据水利部2005年资料，全国日排污水量已超过1.3亿吨，其中80%以上未经任何处理就直接排放，使我国江河湖海普遍受到污染，又由于我国在水污染控制方面，存在技术落后、投入不足、管理不力、治理滞后等问题，水污染已逐渐形成点污染源与面污染源共存、生活污染和工业排放彼此叠加、各种新旧污染与二次污染形成复合污染的态势，使我国的水安全问题日趋严重。

3.5.2.3 水体污染物

水体污染物（pollution substances of water body）可分为两大类：天然污染物和人为污染物。**天然污染物**（natural pollution substances）是由自然因素所产生的，一般是指由于水资源分布环境中某些物质的含量较高且易进入水体，从而造成水体污染的物质。通常情况下天然污染物对水体的污染比人为污染物小得多，岩石和矿物的风化和水解、火山喷发、水流冲蚀地表、雨水对大气和地面的清洗后所挟带的各种物质、天然植物或动物在地球化学循环中释放的各种化学物质等等都属于天然污染物。例如某一地区的地质化学条件特殊，某种化学元素（如氟等）大量富集于地层中，在地表径流和地下水流的作用下，使氟进入水体，氟浓度超标，导致水污染。人们若长期饮用这种高氟水，易导致地方性氟中毒。

人为污染物（man-made pollution substance）是人为因素造成的，是指由于人类在生产、生活过程中产生的大量污染物进入水体后造成水质状况恶化，使水体的使用功能下降或失去使用功能的物质。随着人类活动的不断拓展和人类社会生产产品种类和规模的不断扩大，人为污染物对水体的影响日益严重，是主要的水体污染物。人为污染物可分为以下 3 类：工业污染物、农业污染物和生活污染物。

（1）工业污染物　**工业污染物**（industrial pollution substances）是造成我国水资源破坏和水污染的最重要原因。水在工业上主要用于生产原料、洗涤产品、冷却设备、产生蒸气、输送废物等方面，几乎没有一种工业能够离开水。工业用水量非常大，因此也相应地产生大量的工业废水，具有量大、面广、种类繁多、成分复杂、毒性强、污染物含量变化大、不易净化、难处理等特点，是对各类水体最具威胁性的污染物。工业污染物主要集中在一些产业污染比较严重的行业（如造纸、化工、纺织、冶金以及采矿等）、一些城市和农村水域周围的农产品加工和食品工业（如酿酒、制革、印染等）；另外，工业生产过程中产生的其他废弃物进入水体也会造成大量的水污染，如大气污染，最后可能以酸雨的形式污染水体。例如黄河中上游长期以来形成了以重化工为主的工业结构，煤炭、石油等资源开发强度大，利用效率较低，污染排放强度高的行业分布比较密集。黄河流域内化工、食品酿造、石油加工、炼焦、造纸等主导产业污染比较严重，部分企业工艺落后，原材料及水资源利用效率低，污染治理设施投入严重不足，有些企业甚至排放汞、镉、铅、砷、铬、挥发酚、氰化物等有毒有害物质，严重威胁饮水安全，容易发生水污染事故。

2001 年，我国工业废水排放量为 200.7 亿吨，比上年增加 3.5%；工业废水中化学需氧量 COD 的排放量为 607.5 万吨，比上年减少 13.8%。实际上，工业废水排放量远远超过这个数，因为许多乡镇企业工业废水的排放量难以统计。虽然工业废水排放量很大，但由于当时人们对工业污染物的危害认识不足，对工业废水处理技术水平低，导致工业废水处理率约 80%，废水治理水平低，能达标排放的工业废水只有 60%。随着我国经济与工业高速增长和人们环保意识的提高，虽然工业废水排放量逐年增加，但工业废水处理率也逐年提高。到 2008 年，工业废水排放量为 241.7 亿吨，和 2001 年相比增加了 20.4%；而工业废水中化学需氧量 COD 的排放量 457.6 万吨，和 2001 年相比减少了 24.7%。

工业污染物是水环境中的主要污染物，虽然其排放量要比生活污染物少，但是其危害要比生活污染物大得多，如果这些工业污染物不经处理直接排到自然水体中，将对生态环境造成严重破坏，因此在水污染防治中需重点治理工业污染物，要求各生产企业排放的工业污水要符合我国污水综合排放标准和污水行业排放标准，达标后才能排放。

（2）农业污染物　**农业污染物**（agricultural pollution substances）是指畜禽粪便以及残留在农田土壤中的化肥、农药等随农田灌溉排水、降雨和融雪产生的地表径流进入水体，致使水体污染的物质。农业污染物主要有两个来源。①畜禽养殖废弃物对农村水环境的污染。随着禽畜养殖业规模化发展，禽畜粪便排放量急剧增加，成为农村环境污染的主要来源之一。2004 年全国禽畜粪便产生量约 28 亿吨，而畜禽粪便的还田率仅为 30%～50%，未经安全处理的畜禽粪便直接排放或任意堆放造成氮、磷污染所致的水体富营养化，严重污染地下水和地表水环境，导致广大农村地区饮用水出现安全问题。②化肥和农药等化学品造成的水环境污染。我国单位耕地面积的化肥投入量是世界平均用量的 2.8 倍。据统计，2004 年我国化肥施用量 4412 万吨，居世界第 1 位。但我国化肥利用率平均只有 30%～50%，大量的化肥流失导致农田土壤污染，通过农田径流加剧了湖泊和河流的富营养化，成为水体面源污染的主要来源。此外，我国单位面积农药用量为世界平均水平的 3 倍，其中大多数是难降解的有机磷农药和剧毒农药，一般农药只有10％～20％附着在农作物上，绝大部分都被冲刷进入水体。因此农业污染物具有两个显著特点：有机质、植物营养物及病原微生物含量高；农药、化肥含量高。

和工业污染物相比，农业污染物的成分简单，种类较少，有毒有害污染物毒性低、含量较小，对水体的影响也较小。但据有关资料显示，中国是世界上水土流失最严重的国家之一，每年表土流失量约50亿吨，致使大量禽畜粪便、农药、化肥随表土流入江河湖泊，其中含有的氮、磷、钾等营养元素使2/3的湖泊受到不同程度的富营养化污染，造成藻类以及其他浮游生物异常繁殖，引起水体透明度和溶解氧的变化，从而致使水质恶化。农业污染物的化学需氧量COD、总氮和总磷排放量均高于工业污染物，分别为1324.09万吨、270.46万吨和28.47万吨，分别占全国排放量的43.7％、57.2％和67.4％。因此要从根本上解决我国的水污染问题，必须把农业污染物防治纳入环境保护的重要议程。

(3) 生活污染物　**生活污染物**（domestic pollution substances）主要来源于人口集中的城镇和农村，是人们日常生活中使用的各种洗涤剂和由此产生的生活污水、粪便等，对水体的影响也比工业污染物小，据统计每人每天排出的污水约有数百升左右，污染负荷量为几十克BOD。这些污水除含有无毒的无机盐类、碳水化合物、蛋白质、氨基酸、动植物脂肪、尿素、氨、肥皂及合成洗涤剂等物质外，还含有细菌、病毒等使人致病的微生物。除此以外，生活污染物还包括大量的生活垃圾，如果经各种途径转入水中，也会污染水质，这类污染的情况相当复杂。

2001年，我国城镇生活污水的排放量为227.7亿吨，比上年增加3.0％；生活污水中的COD排放量为799万吨，比上年增加8.0％。随着我国人口的不断增加，生活污水排放量也逐年增加，2006年全国生活污水排放量增加至296.6亿吨；2007年全国生活污水排放量增加至309.0亿吨；到2008年，全国生活污水排放量增加至330.1亿吨，生活污水中的COD排放量863.1万吨，氨氮排放量为97.3万吨。而我国城市污水的集中处理率仅为57.1％，导致90％以上城市的水域受到污染，50％左右的地下水受到污染，50％以上重点城镇的饮用水源不符合标准，对工农业生产和人民生活造成极大的危害，因此生活污染物的防治刻不容缓。

3.5.2.4 水体污染物的危害

天然污染物和人为污染物的种类十分繁杂，据统计，目前水中污染物已达2221种，它们对人类和动植物的影响与危害程度各不相同，而且进入水体后污染物之间可能发生某些化学和物理等作用，对人类和动植物的影响也会不同程度地增强或减弱。因此了解和掌握水体污染物对人类和动植物的影响与危害对进一步做好水资源的保护和利用、维护生态平衡有着十分重要的意义。

(1) 病原体污染物的危害　生活污水、畜禽饲养场污水、制革、屠宰和医院等排出的废水都含有相当数量的有害微生物，如病原菌、病毒及寄生性虫卵等各种病原体，水体一旦遭到病原体污染并与人体或动物接触后，即有可能发生以水为媒介的传染病，影响人体或动物的健康和正常的生命活动，严重时会造成死亡。病原菌可能引起细菌性肠道炎传染病如伤寒、痢疾、肠炎、霍乱等。肠道内常见的病毒如脊髓灰质炎病毒、柯萨奇病毒、腺病毒、传染性肝炎病毒等，皆可通过水污染引起相应的传染病。贾第鞭毛虫（giardia）以孢囊（cyst）的形态存在于水中，大小约8～12 μm；而隐孢子虫（cryptosporidium）以卵囊（oocyst）的形式存在于水中，大小为4～6 μm。它们都是单细胞的寄生虫。贾第鞭毛虫致病剂量为10～100个活孢囊，而隐孢子虫致病剂量仅为1～10个活卵囊，因此我国饮用水标准规定贾第鞭毛虫和隐孢子虫在10L水中均不得超过1个（表3-8）。近年来，在英美等国以饮用水为媒介引起的贾第鞭毛虫和隐孢子虫疾病不断爆发流行，对饮用水安全构成了严重威胁，已经引起世界各国有关部门和专家的关注；另外其他一些寄生虫病如阿米巴痢疾、血吸虫病等，以及由钩端螺旋体引起的钩端螺旋体病等，也可通过水传播。

(2) 营养物质的危害　生活污水和某些工业废水中常含有一定数量的氮、磷、钾等营养物质，农田径流中也因农田施用化肥而常含有大量残留的氮肥、磷肥。这些营养物质排入水中，引起不良藻类和其他浮游生物迅速繁殖。水中浮游生物的过度繁殖就会使水体溶解氧的含量下降，造成水质恶化，进而使鱼类及其他生物因缺氧而大量死亡，造成水体严重污染，影响渔业生产和危害人体健康，这种现象叫**富营养化**（eutrophication）。当水体出现富营养化时，浮游生物大量繁殖，因占优势的浮游生物颜色不同，水面往往呈蓝色、红色、棕色、乳白色等。这种现象在江河湖泊中称为**水华**（water bloom），在海洋中则称为**赤潮**（red tide）。

藻类等浮游生物聚集在水体上层，一方面发生光合作用，放出大量氧气，使水体表层的溶解氧达到过饱和状态；另一方面藻类遮蔽了阳光，使底生植物因光合作用受到阻碍而死亡。这些在水体底部死亡的藻类和底生植物在厌氧条件下发生腐烂、分解，又将氮、磷等营养物质重新释放到水体中，再供藻类利用。这样周而复始，就形成了营养物质在水体中的物质循环，使它们可以长期存在于水体中。富营养化水体的上层处于溶解氧过饱和状态，下层处于缺氧状态，底层则处于厌氧状态，显然对鱼类生长不利，在藻类大量繁殖的季节，会造成大量鱼类的死亡。同时，大量藻类尸体沉积在水体底部，会使水深逐渐变浅，年深月久，这些湖泊、水库等水体会演变成沼泽，引起水体生态系统的变化。

在藻体大量死亡分解的过程中，不但散发恶臭，破坏景观，同时释放藻毒素，危害人类饮用水安全。淡水水华中已检测到**微囊藻毒素**（microcystins，MC），由于其毒性较大，分布较广，是目前研究较多的一类有毒化合物。此毒素是蛋白磷酸酶-1和蛋白磷酸酶-2A的强烈抑制剂，是迄今为止发现的最强的肝肿瘤促进剂，流行病学调查显示饮用水中的微囊藻毒素-LR与肝癌的发病率高度相关。我国集中式生活饮用水地表水源地特定项目标准规定：饮用水中的微囊藻毒素-LR含量不得超过0.001mg/L。

因藻类等浮游生物大量繁殖引起的水源污染，造成许多自来水厂被迫减产或停产。藻类及其副产物给传统净水工艺带来的诸多不利影响，主要表现在：使饮用水产生令人厌恶的臭和味；藻类及其可溶性代谢产物是氯消毒副产物的前体物；影响水处理中的沉淀效果；滤池运行周期缩短，反冲水量增加；造成管网水质恶化，加速配水系统的腐蚀和结垢；产生的微囊藻毒素很难被除去。

(3) 无机污染物的危害　无机污染物包括各种酸、碱、盐等无机物。其主要来源是：化学工业、印染工业、机械制造、建筑材料等工业生产排出的污水；铜、锌、砷、铁、镉等金属硫化矿的排水；矿物堆场、废石堆场、选矿厂、冶炼厂、金属精炼厂等处的废水；金属污染地带的地表径流；煤矿废水及硅酸、陶土的采集地等。各种酸、碱和盐类的排放，会引起水体污染，其中所含的重金属如铅、镉、汞、铜会在生物或土壤中积累，通过食物链危害人体与生物。无机污染物主要是通过沉淀-溶解、氧化-还原、配合作用、胶体形成、吸附-解吸等一系列物理化学作用进行迁移转化，参与和干扰各种环境化学过程和物质循环过程，最终以一种或多种形态长期存留在环境中，造成永久性的潜在危害。

① 酸和碱　酸和碱对水体的污染，主要是使水体的pH值发生变化，破坏其自然缓冲作用，抑制微生物生长，阻碍水体的自净作用。pH值是废水处理一个重要指标，因为生物生存的合适pH值范围往往比较狭小，且生物生存对pH值也很敏感，pH值的微小变化可能会导致生态环境的恶化。例如废水的pH值过高或过低，会影响生化处理的进行，或使水体变质；酸性废水如不经中和处理直接排放到水体中去，还会对渔业生产带来危害，当pH值小于5时，就能使一般的鱼类死亡。另外酸性废水对排水管道及水处理设备有一定的腐蚀

作用。

② 非重金属无机盐　无机盐溶于水，首先是会造成水体的总含盐量增高，水体的总硬度变大，给工农业生产和生活用水带来不利影响。例如在工业生产过程中，高含盐量的水会大大增加锅炉结垢、管道腐蚀，增加水处理的难度与成本；高含盐量的水进入农田灌溉会使农田盐渍化，造成减产甚至绝收；高含盐量的水还会严重影响人体健康，特别是对心血管疾病有不利影响。此外还有一些非金属无机盐，如氰化物、氟化物、硫化物、硝酸盐和亚硝酸盐等对人体有直接和严重的毒理作用，下面分别介绍之。

a. 氰化物　常见的氰化物有氰化钠、氰化钾、氰化烃，这三者都能溶于水，且都是剧毒物质，统称为**氰化物**（cyanide）。氰化物主要来源于电镀废水、高炉煤气、洗涤冷却水及化工厂的含氰废水。氰化物经口、呼吸道或健康的皮肤都能进入人体，而且非常容易地被人体吸收，使全身细胞缺氧，造成呼吸衰竭窒息死亡。一般人一次口服 0.1 g 左右的氰化物就会致死；当水中 CN^- 含量达到 0.3～0.5mg/L 时便可使鱼类及其他水生生物致死。为保证在生态上不产生有害作用，水中氰化物的含量不允许超过 0.4mg/L。我国城市供水水质标准（CJ/T 206—2005）中规定氰化物和 CNCl 含量的限值分别为 0.05mg/L、0.07mg/L；我国饮用水标准规定氰化物含量不得超过 0.05mg/L（表 3-8）；农业灌溉水质标准规定氰化物含量不得超过 0.5mg/L。在非致死剂量范围内，氰化物经体内一系列代谢转化，与硫结合生成硫氰化物从尿中排出；如硫氰化物的生成速度超过排出速度，则体内有硫氰化物蓄积，而硫氰化物对甲状腺素的合成有一定的抑制作用，引起甲状腺功能低下。

b. 氟化物　自然界中的**氟化物**（fluoride）主要来源于火山爆发、高氟温泉、干旱土壤、含氟岩石的风化释放以及化石燃料的燃烧等。这些氟化物可以分布在空气中，也可以溶解在水体中，因此氟化物广泛存在于自然水体中。天然水中含氟量一般为 1～25mg/L，但在一些国家如印度、南非等，氟浓度远高于 25mg/L。

人体各组织中都含有氟，但主要积聚在牙齿和骨骼中，适当的氟是人体所必需的，但过量的氟对人体有危害，氟化钠对人的致死量为 6～12g。当饮用水中含氟量为 2.4～5mg/L 时则可能出现地方性氟中毒。

地方性氟中毒是同地理环境中氟含量有密切关系的一种世界性地方病，是由于当地岩石、土壤中氟含量过高，造成饮水和食物中氟含量增高而引起。氟中毒是一种慢性全身性疾病，早期表现为疲乏无力、食欲不振、头晕、头痛、记忆力减退等症状。随着过量氟的摄入，使人体内的钙、磷代谢平衡受到破坏，导致人体中氟蓄积而引起氟斑牙、氟骨症等牙齿和骨骼病变的现象。氟斑牙是在牙齿表面出现白色不透明的斑点，斑点扩大后牙齿失去光泽，明显时呈黄色、黄褐色或黑褐色斑纹；严重者牙面出现浅窝或花样缺损，牙齿外形不完整，往往早期脱落。氟骨症表现为腰腿痛、关节僵硬、骨骼变形、下肢弯曲、驼背，甚至瘫痪；妇女因骨盆变形而造成难产。地方性氟中毒分布范围很广，主要流行于印度、前苏联、波兰、捷克斯洛伐克、德国、意大利、英国、美国、阿根廷、墨西哥、摩洛哥、日本、马来西亚等国；在中国，主要流行于贵州、陕西、甘肃、山西、山东、河北、辽宁、吉林、黑龙江等。我国规定饮用水中氟浓度小于 1.0mg/L（表 3-8），但我国农村约有 6000 万人的饮用水中氟化物超过此标准，约有 2400 万人患地方性氟斑牙和氟骨症。

c. 硫化物　由于酸雨和矿物废水排放造成饮用水源硫化物污染，**硫化物**（sulfide）污染的水体中常含有硫酸盐，在厌氧菌的作用下还原成硫化物及硫化氢，产生的硫化氢可能在被生物氧化过程中形成硫酸，造成对水管的腐蚀，产生黑水、有味；当硫化物浓度大于 200mg/L 时，还会导致生化过程的失败。

d. 硝酸盐和亚硝酸盐　**硝酸盐**（nitrate）在早期的地下水中没有被普遍重视。美国最近对水井的调查勘测发现，超过一半的井水中可检出硝酸盐。据估计，约有 1.2%的公共水井和 2.4%的农用水井的 NO_3^- 中 N 含量超过了 10mg/L 的饮用水标准（表 3-8），因此美国关闭了一些污染严重的地下水源井。在欧洲，人口密度的增加使硝酸盐的问题趋于恶化。在我国的不少地区硝酸盐的污染问题已相当严重，但相关研究不多。

亚硝酸盐（nitrite）是氮循环过程的中间产物，可氧化成硝酸盐，也可还原成氨。亚硝酸盐在血液中可使血红蛋白氧化成高铁血红蛋白，后者失去携氧能力，使组织出现缺氧现象；另外亚硝酸盐还可与仲胺类物质反应，生成亚硝胺化合物（强致癌物质），因此亚硝酸盐是致癌物质之一。

③ 重金属有毒物质 重金属有毒物质主要来源于化石燃料的燃烧、采矿、冶炼等向环境释放的污染物中。当水体中的重金属有毒物质的含量超过一定限度时，就会对人类身体健康带来现实或潜在的损害。这里的重金属主要是指汞（Hg）、镉（Cd）、铅（Pb）、铬（Cr）、锰（Mn）、钒（V）、镍（Ni）等，以及具有重金属特性的类金属砷（As）等生物毒性显著的重元素。由于微生物不能降解重金属，相反某些重金属有可能在微生物作用下转化为金属有机化合物，产生更大的毒性，因此重金属排放于天然水体后不可能减少或消失，却可能通过沉淀、吸附及食物链而不断富集，对生态环境和人体健康都会造成严重危害。重金属进入人体后能够和生理高分子物质（如蛋白质和酶等）发生强烈的相互作用，使它们失去活性，也可能累积在人体的某些器官中，造成慢性积累性中毒，短则 10 年，长则 30 年，发病后很难治疗。

a. 亲硫元素 水中有毒重金属元素如汞（Hg）、铅（Pb）、镉（Cd）和类金属元素砷（As）等，它们与硫有较大的亲合力，可以形成硫化物。硫化物是水体中常见的危害较大的污染物，由于其容易发生价态变化，在水体中变化多端，时而沉入底质，时而进入水中。它们进到人体后，与人体组织中的某些重要酶的活性中心的巯基（—SH）有特强的亲合力，结合后就会抑制酶的活性，对人体产生毒害作用。

汞（mercury，Hg），俗称水银，不是人体必需元素，在自然界主要以金属汞、无机汞和有机汞化合物的形式存在。汞及其化合物均属于剧毒物质，可在体内蓄积。天然水中汞的本底浓度很低，一般不超过 0.01μg/L；丰水期江水中总汞含量明显高于平水期和枯水期，这是由于地表径流使江底沉积汞转变为悬浮态，汞溶解度增大，使江水中总汞含量也相应提高。汞污染的来源主要是工业生产中排出的含汞废水，其中氯碱工业占首位，其次是农药、机械、炸药等。除此之外，汞化合物在农业上被用作杀虫剂、杀菌剂、防霉剂和选种剂，亦可引起水中汞污染。当水体遭含汞废水污染后，水中含汞量可明显增加，进入水中的汞多吸附在悬浮固体微粒上并沉降于水底。进入水体的无机汞离子在厌氧微生物的作用下，可转化为毒性更大的有机汞（甲基汞、二甲基汞），无机汞和有机汞均能在生物体内富集，通过生物富集和食物链大大提高了汞的危害性。无机汞化合物被人体吸收程度小，进入人体后遍布全身，并经肾脏排泄；有机汞化合物中毒性最大的是甲基汞，甲基汞对人的作用特别顽固，进入人体后遍布全身各器官组织中，主要侵害神经系统，尤其是中枢神经系统，并且这些损害是不可逆的。甲基汞还可通过胎盘屏障侵害胎儿，使新生儿发生先天性疾病。此外甲基汞对精细胞的形成有抑制作用，使男性生育能力下降。著名的水俣病就是甲基汞中毒的典型疾病。日本熊本县水俣镇一家氮肥公司排放的废水中含有汞，这些废水排入海湾后经过某些生物的转化，形成甲基汞。这些汞在海水、底泥和鱼类中富集，又经过食物链使人中毒。当时，最先发病的是爱吃鱼的猫，中毒后的猫发疯痉挛，纷纷跳海自杀。没有几年，水俣地区连猫的踪影都不见了。1956 年，出现了与猫的症状相似的病人。因为开始病因不清，所以用当地地名命名。1991 年，日本环境厅公布的水俣病人仍有 2248 人，其中 1004 人死亡。我国饮用水标准规定汞含量不得超过 0.001mg/L（表 3-8）。

铅（lead，Pb）是三种放射性元素铀、钍、锕衰变的最终产物，空气中的铅随雨水进入水体而导致污染，但铅污染主要来源是含铅废水的排放；此外，城市街道径流中的含铅农药也可使地面水受到铅污染。铅在自来水中可接受的最大浓度为0.01mg/L（表3-8），铅一旦进入水体中后很长时间仍然保持活性，几乎不再降解。由于铅的长期持久性，又对许多生命组织有较强的潜在毒性，所以铅一直被列为强污染物。急性铅中毒症状为胃疼、头痛、颤抖和神经性烦躁，在最严重的情况下，可能人事不省，直至死亡。在很低的浓度下，铅的慢性中毒表现为影响大脑和神经系统，影响骨髓中发育期的红细胞，影响血红素血红蛋白的合成而引起贫血。铅可使脑内毛细血管内皮细胞受损、脑组织肿胀和水肿，周围神经发生退行性变化，阻碍神经冲动的传导，导致神经错乱。铅对肾脏的毒性主要表现为肾小管损伤，出现蛋白尿、血尿，严重时表现为氮质血症、高尿酸血症和肾小球硬化。除此之外铅还有致癌、致畸及致突变作用。

镉（cadmium，Cd）也不是人体必需元素，在自然界中常以化合物状态存在，与同族的锌共生。当水体受到镉污染后，镉可在生物体内富集，通过食物链进入人体引起慢性中毒。镉被人体吸收后，在体内形成镉硫蛋白，选择性地蓄积肝、肾中。其中，肾脏可吸收进入体内近1/3的镉，是镉中毒的“靶器官”。其他脏器如脾、胰、甲状腺和毛发等也有一定量的蓄积。由于镉损伤肾小管，病者出现糖尿、蛋白尿和氨基酸尿；特别是镉能使骨骼的代谢受阻，造成骨质疏松、萎缩、变形等一系列症状，骨痛病就是慢性镉中毒最典型的例子。日本富山县的一些铅锌矿在采矿和冶炼过程中向河流中排放含镉废水，当地人长期饮用含镉河水，食用含镉河水浇灌生产的稻谷，就会得“骨痛病”。该病以疼痛为特点，始于腰背痛，继而肩、膝、髋关节痛，逐渐扩至全身。病人骨骼严重畸形、剧痛，身长比健康时缩短10～30cm，骨脆易折，这是由于全身出现骨萎缩、脱钙所至。由于感觉神经节出血，压迫神经，止痛药不奏效。总之，镉中毒是慢性过程，潜伏期最短为2～8年，一般为15～20年。根据摄入镉的量、持续时间和机体机能状况，病程大致分潜伏期、警戒期、疼痛期、骨骼变化期和骨折期。另外若摄入硫酸镉20毫克，就会造成死亡。我国饮用水标准中规定镉含量不得超过0.005mg/L（表3-8）。

砷（arsenic，As）及其合物广泛存在于环境中，砷的单质因不溶于水，几乎没有毒性，而且有研究认为，微量的砷有助于造血和加速组织生长。但砷的化合物有毒，如三氧化二砷（俗称砒霜）是剧毒物。水体中的砷化合物通常为亚砷酸盐As（Ⅲ）和砷酸盐As（Ⅴ），As（Ⅲ）的毒性较As（Ⅴ）高60倍，前者常见于还原性较强的缺氧地下水中，而后者则主要存在于地表水体。一般情况下，土壤、水、空气、植物和人体都含有微量的砷，环境中的砷化合物不超过人体负荷时就不会危害人体健康。若因自然或人为因素，使人体对砷化合物的摄入量超过排泄量，就会引起砷中毒。砷化合物进入人体后，主要蓄积于肝、肾、肺、骨骼等部位，特别是在毛发、指甲中蓄积。砷化合物的毒理作用主要是与细胞中的酶结合，使许多酶的生理作用受到抑制或失去活性，造成机体代谢障碍。长期摄入低剂量的砷化合物，经过十几年甚至几十年的体内蓄积才发病。慢性砷中毒主要表现为食欲不振、胃痛、恶心、肝腹水、多发性末梢神经炎、神经衰弱症等，引起皮肤病变，主要表现为皮肤色素高度沉着和皮肤高度角质化，严重时发生龟裂性溃疡、原位癌。急性砷中毒多见于消化道摄入，主要表现为剧烈腹痛、腹泻、恶心、呕吐，抢救不及时可造成死亡。印度、孟加拉等地因环境地球化学行为异常引起地下水砷含量严重超标，近年来发现该地区有上万人具有明显的砷中毒症状。我国砷含量偏高的地下水主要分布在新疆、内蒙古、山西和广东一带，在那里有1500万人饮用含砷浓度较高的地下井水。现已发现，皮肤癌和其他恶性肿瘤疾病也与饮用含砷浓度较高的水密切相关。我国饮用水标准中规定砷含量不得超过0.01mg/L（表3-8）。

b. 铁族元素　水中常见的铁族元素污染物是铁和镍。**铁**（iron，Fe）是人体血液的重要组成部分，缺铁会引起贫血。成人每天约需补充1～2mg的铁，多从食物中摄取，但铁过多会引发肠胃病。目前制定的饮用水水质标准中，主要是从对水色和水味影响的角度出发确定铁的最大允许含量为 0.3mg/L（表 3-8）。

镍（nickel，Ni）在正常人体血液中的含量为 30 μg/L，至今尚未证实镍是人体所必需的微量元素。但水中的镍及其化合物进入人体后，可广泛地分布在各种组织中，并在肾脏、脾脏和肝脏内蓄积，能抑制精氨酸酶、酸性磷酸酶和脱碳酶等的活性，从而引发病变。另外当水中的镍达到一定浓度时能抑制微生物的生长和繁殖，从而影响水中有机物的分解和氧化，使水体自净的能力受到抑制，影响水体的水质。我国集中式生活饮用水地表水源地特定项目标准规定：饮用水中镍含量不得超过 0.02mg/L（表 3-11）。

c. 亲岩元素　水中常见的亲岩元素污染物是铬、锰和钒等。**铬**（chromium，Cr）是废水中最常见的污染物之一，也是毒性较大的污染物，在水中常以铬（Ⅲ）和铬（Ⅵ）的形态存在。微量铬［主要是铬（Ⅲ）］是人体必需的元素，主要参与体内的正常糖代谢过程，使胰岛素与细胞膜结合，促进胰岛素的作用。但铬（Ⅵ）有毒，是蛋白质和核酸的沉淀剂。在酸性条件下，铬（Ⅵ）容易还原为铬（Ⅲ），在其还原为铬（Ⅲ）的过程中，可造成细胞损伤，抑制红细胞内的谷胱甘肽还原酶的活性，使人体内出现高铁血红蛋白。铬可经不同途径侵入人体，相应的临床表现也不一样。若饮用含铬水，可致腹部不适及腹泻等中毒症状；若经呼吸进入，可对呼吸道产生刺激和腐蚀作用，引起鼻炎、咽炎、支气管炎，严重时鼻中隔糜烂，甚至穿孔；若皮肤接触含铬废水，则引起过敏性皮炎或湿疹；此外铬还是致癌因子。我国饮用水标准中规定铬（Ⅵ）含量不得超过 0.05mg/L（表 3-8）。

锰（manganese，Mn）也是水体中常见的污染物，易在水体中发生价态变化，对水中阴、阳离子的活动均有影响。锰是人体正常代谢所必需的微量元素，它对葡萄糖、脂肪的氧化磷酸化及其他基础生化作用都是必需的。但是过量的锰则会引起中毒，且锰的化合价愈低毒性愈大。过量锰的毒理作用主要是对人的神经系统有毒害作用，临床表现为食欲减退、便秘、面具样表情、流涎、肌张力减退等症状。我国饮用水标准中规定锰含量不得超过 0.1mg/L（表 3-8）。

钒（vanadium，V）是钛铁矿的伴生金属，自然条件下水体中的含量一般较少，其化合物对人体具有多种致毒作用，可引起造血、呼吸器官、神经系统和物质代谢的变化。我国集中式生活饮用水地表水源地特定项目标准中规定：饮用水中钒含量不得超过 0.05mg/L（表 3-11）。

（4）有机污染物的危害　水体中有机物污染主要是由于城市生活废水、含有机污染物的工业废水及残留在农田径流水中的有机农药造成的。各种有机农药、有机染料、食品添加剂、洗涤剂等有机化合物往往对人体和生物具有毒性，有的能引起急性中毒，有的则导致慢性疾病，有的还会引起人体畸形、病变等现象。水体中的有机污染物主要包括：酚类化合物、苯胺类化合物、硝基苯类、二噁英类、多氯联苯类化合物、有机磷农药、有机氯农药、邻苯二甲酸酯类、三氯甲烷、四氯化碳、苯并［a］芘、四氯乙烯、三氯甲醚、多环芳烃、石油类等。

① 酚类化合物　**酚类化合物**（phenolic compounds）主要来源于合成纤维、农药、炼焦、煤气、炼油等工业所排放的含酚废水；另外粪便和含氮有机物在分解过程中也会产生的少量酚类化合物，因此城市排出的大量粪便污水也是水体中酚类污染物的主要来源之一。

酚类化合物是细胞原浆毒物，属高毒物质，以苯酚毒性最大。酚类化合物的毒理作用是与细胞原浆中蛋白质发生化学反应，形成变性蛋白质，使细胞失去活性。酚类化合物的毒理作用与酚浓度有关。当水体中酚的浓度低时，只会影响鱼类的洄游繁殖；当酚浓度为 0.1～0.2mg/L 时，鱼肉含有酚味；当酚浓度高于 5mg/L 时，会引起鱼类大量死亡，甚至绝迹。

另外高浓度含酚废水不宜用于农田灌溉，否则会使农作物枯死或减产。

酚类化合物可以通过吸入、食入或透过皮肤吸收而导致人体中毒。人的皮肤接触含酚废液后，可引起严重灼伤，局部皮肤呈灰白色，起皱、软化，继而转化为红色、棕红色甚至黑色。人类长期饮用受酚污染的水源可引起头昏、出疹、贫血和各种神经系统症状。酚急性中毒大多发生于生产事故中，中毒者主要表现为恶心、呕吐、腹胀、腹痛、腹泻、食欲不振等消化系统症状和头昏、头晕、口舌麻木等神经系统症状，可以造成昏迷甚至死亡。

若地表饮用水源被酚类化合物污染，当加氯消毒饮用水时，水中微量的酚类化合物与氯作用生成令人厌恶的氯酚臭类物质，使自来水有特殊的氯酚臭，其臭觉阈为0.01mg/L，而在不含游离氯的水中酚的嗅觉阈为1mg/L。因此，我国规定地表水中酚类化合物最高容许浓度为0.01mg/L；饮用水中酚类化合物（以苯酚计）浓度不超过0.002mg/L。

② 苯胺类化合物 **苯胺类化合物**（aniline compounds）有强烈气味，稍溶于水，与乙醇、乙醚、苯混溶，是重要的化工原料，用于制染料、药物等，因此在环境中有一定残留，污染水体。苯胺及其衍生物可经皮肤、黏膜、呼吸道、口等多种途径进入人体内而导致中毒：进入人体血液循环系统，形成高铁血红蛋白造成损害；进入肌体后，易通过血脑屏障，与含大量类脂质的神经物质发生作用，引起神经系统的损害；直接作用于肝细胞，引起肝中毒性损害；致癌和致突变。因此我国集中式生活饮用水地表水源地特定项目标准规定：饮用水中苯胺含量不得超过0.1mg/L（表3-11）。

③ 硝基苯类化合物 **硝基苯类化合物**（nitroaromatic compounds）有硝基苯、二硝基苯、二硝基甲苯、三硝基甲苯及二硝基氯苯等，均难溶于水，易溶于乙醇、乙醚及其他有机溶剂。硝基苯类化合物主要存在于染料、炸药和制革等工业废水中，全世界每年排入环境中的硝基苯类化合物约为3万吨。硝基苯类化合物是强致癌、致突变的有毒有机污染物，被美国环境保护署（EPA）列为环境优先控制污染物，且硝基苯的BOD_5/COD比值较低，一般在0～0.1，是生物难降解有机物，因此我国集中式生活饮用水地表水源地特定项目标准中规定：饮用水中硝基苯含量不得超过0.017mg/L（表3-11）。硝基苯类化合物排入水体后，可影响水的感官性状。人体可通过呼吸道吸入或皮肤吸收而产生毒性作用，除致癌和致突变外，硝基苯还可引起神经系统症状、贫血和肝脏疾患等。

④ 二噁英类 **二噁英类**（dioxin）是指含有2个或1个氧键连结2个苯环的含氯有机化合物，由于Cl原子的取代数量和取代位置不同，构成75种多氯代二苯异构体（全称多氯二苯并二噁英，polychlorinated dibenzo-p-dioxin，简称PCDDs）和135种多氯二苯并呋喃异构体（polychlorinated dibenzofuran，简称PCDFs），通常总称为二噁英（共210种化合物）。自然界微生物的降解作用对二噁英的分子结构影响较小，因此，环境中的二噁英很难自然降解消除。二噁英产生的机会十分广泛，只要有机物与氯一起加热，只要是有水的地方都有可能产生。例如除草剂、发电厂、木材燃烧、造纸业、水泥业、金属冶炼、纸浆加氯漂白、垃圾焚烧处理等过程都会释放出二噁英，是迄今为止发现的无意识合成的副产品中毒性最强的化合物。

二噁英的毒性十分大，是砒霜的900倍，有“世纪之毒”之称，万分之一甚至亿分之一克的二噁英就会给人体健康带来严重的危害。二噁英类的毒性因氯原子的取代数量和取代位置不同而有差异，含有1～3个氯原子的二噁英被认为无明显毒性；含4～8个氯原子的二噁英有毒，其中2,3,7,8-四氯代二苯-并-对二噁英（2,3,7,8-TCDD）是迄今为止人类已知的毒性最强的污染物，只要1盎司（28.35g），就可以杀死100万人，相当于氰化钾（KCN）毒性的1000倍，国际癌症研究中心已将其列为人类一级致癌物。此外二噁英还有明显的免疫毒性，可引起动物胸腺萎缩、细胞免疫与体液免疫功能降低等。二噁英还能引起皮肤损伤，在暴露的实验动物和人群可观察到皮肤过度角质化、色素沉着以及氯痤疮等症状。二噁英中毒的动物可出现肝脏肿大，严重时发生变性和坏死。

二噁英也是环境荷尔蒙的代表。环境荷尔蒙泛指“来自环境的内分泌干扰物质”，又称环境激素，是指释放到环境中能导致内分泌障碍的化学物质。一些人工合成的化学物质造成环境污染后，通过食物链再回到人体或其他生物体内，它可以模拟体内的天然荷尔蒙，干扰荷尔蒙作用，进而影响身体内的最基本的生理调节机能。另外环境荷尔蒙可经由母乳传给下一代，因此环境荷尔蒙可能会影响生物体的生殖机能与发育。在全球约 1000 万种各类化学物质中，已有 70 种被确认为是环境荷尔蒙类物质，其中 67 种均为有机化合物，另外 3 种为镉、铅、汞重金属类物质。例如二噁英能引起雌性动物卵巢功能障碍，抑制雌激素的作用，使雌性动物不孕、胎仔减少、流产等；二噁英使雄性动物出现精细胞减少、成熟精子退化、雄性动物雌性化等症状。流行病学研究发现，在生产中接触 2,3,7,8-TCDD 的男性工人血清睾酮水平降低，促卵泡激素和黄体激素增加，暗示它可能有抗雄激素（antiandrogen）和使男性雌性化的作用。

因此二噁英除了具有致癌毒性以外，还具有生殖毒性和遗传毒性，直接危害子孙后代的健康和生活。因此二噁英造成的污染是关系到人类存亡的重大问题，必须严格加以控制。例如 2011 年 01 月，德国下萨克森邦的多家农场传出动物饲料遭二噁英污染的事件，农场生产的鸡蛋在 38 次检验中，有 5 次不合格，其二噁英含量超过标准 77 倍多，导致德国当局关闭了将近 5000 家农场，销毁约 10 万只鸡蛋。

⑤ 多氯联苯类化合物　多氯联苯类化合物（polychlorinated biphenyls，PCBs）是联苯分子中一部分或全部氢被氯取代后所形成的各种异构体混合物的总称。多氯联苯有剧毒，极难溶于水，易溶于有机溶剂，脂溶性强，易被生物吸收，不易降解。因多氯联苯的化学性质很稳定，不易燃烧，强酸、强碱、氧化剂都难以将其分解，耐热性高，绝缘性好，蒸气压低，难挥发，因此多氯联苯作为绝缘油、润滑油、添加剂等广泛用于变压器、电容器，以及各种塑料、树脂、橡胶等工业，存在于这些工业的废水中而被排入水体。多氯联苯在天然水和生物体内都很难降解，一旦侵入人体就不易排出体外，容易蓄积于脂肪组织及肝等器官中，引起皮肤和肝脏损伤等，是一种很稳定的环境污染物。另外多氯联苯也属于环境荷尔蒙的一种，对人和动物的内分泌系统、免疫功能、生殖机能均造成危害。因此我国集中式生活饮用水地表水源地特定项目标准中规定：饮用水中多氯联苯含量不得超过 2.0×10^{-5} mg/L（表 3-11）。

⑥ 农药　**农药**（pesticide）对环境造成的影响非常广泛，它通过大气、水体、土壤、农作物经食物链富集造成危害。由于农药的化学性质不同，在水体中的溶解度不同，对人体的影响也不同。

有机磷农药（organophosphorus pesticide）大多呈油状或结晶状，工业品呈淡黄色至棕色，不溶于水，易溶于有机溶剂如苯、丙酮、乙醚、三氯甲烷等，对光、热、氧均较稳定，遇碱易分解破坏。但敌百虫例外，为白色结晶，能溶于水，遇碱可转变为毒性较大的敌敌畏。除敌百虫和敌敌畏之外，有机磷农药大多有蒜臭味。有机磷农药主要用于防治植物病、虫、害，品种多，药效高，用途广，易分解，在人、畜体内一般不蓄积，是极为重要的一类农药。但有机磷农药中的不少品种对人、畜的急性毒性很强，在使用时要特别注意安全。有机磷农药可经消化道、呼吸道及完整的皮肤和黏膜进入人体。职业性农药中毒主要由皮肤污染引起。吸收的有机磷农药在体内分布于各器官，其中以肝脏含量最大，脑内含量则取决于农药穿透血脑屏障的能力。有机磷农药是一种神经毒剂，会造成神经中毒，能抑制体内胆碱酯酶的活性，使胆碱酯酶失去催化乙酰胆碱水解的作用，造成乙酰胆碱蓄积，导致神经功能紊乱。有的有机磷农药可引起支气管哮喘、过敏性皮炎及接触性皮炎。近年来，有机磷农药高效低毒的品种发展很快，逐步取代了一些高毒品种，使有机磷农药的使用更安全有效。

有机氯农药（organochlorinated pesticide）主要有两大类：一类是以苯为原料，如使用最早、应用最广的杀虫剂滴滴涕（DDT）和六六六；另一类是以环戊二烯为原料，如作为杀虫剂的氯丹、环氧七氯、艾氏剂等。有机氯农药分子中的氯苯结构较稳定，难以被生物体内的酶降解，所以蓄积在动、植物体内的有机氯农药分子消失缓慢。由于这一特性，通过生物富集和食物链的作用，水体中的残留农药会进一步得到浓缩和扩散。通过食物链进入人体的有机氯农药能在肝、肾、心脏等组织中蓄积，特别是由于有机氯农药脂溶性强，因此有机氯农药主要蓄积在人体的脂肪中。有机氯农药也属于环境荷尔蒙的一种，对人和动物的内分泌系统、免疫功能、生殖机能均造成危害。蓄积的残留农药也能通过母乳排出，或转入卵蛋等组织，影响后代。有机氯农药对人的急性毒性主要是刺激神经中枢，慢性中毒表现为食欲不振、体重减轻，有时也可产生小脑失调、造血功能障碍等。文献报道，有的有机氯农药对实验动物有致癌性，我国已于六十年代开始禁止将DDT、六六六用于蔬菜、茶叶、烟草等作物上。

⑦ 邻苯二甲酸酯类 **邻苯二甲酸酯类**（phthalic acid esters，PAEs），又称酞酸酯，是邻苯二甲酸形成的酯的统称。邻苯二甲酸酯类一般为无色透明、挥发性很低的黏稠液体，难溶于水，易溶于有机溶剂如甲醇、乙醇、丙酮、乙醚等。邻苯二甲酸酯是一类能起到软化作用的化学品，被普遍应用于玩具、食品包装、乙烯地板、壁纸、清洁剂、指甲油、喷雾剂、洗发水和沐浴液等数百种产品中。当被用作塑料增塑剂（即塑化剂）时，一般指的是邻苯二甲酸与4～15个碳的醇形成的酯。研究表明，邻苯二甲酸酯属于环境荷尔蒙的一种，在人体和动物体内发挥着类似雌性激素的作用，可干扰内分泌，使男性精液量和精子数量减少，精子运动能力低下、形态异常，严重的还会导致死精症和睾丸癌，是造成男性生殖问题的罪魁祸首，因此我国集中式生活饮用水地表水源地特定项目标准中规定：饮用水中**邻苯二甲酸二丁酯**（di-n-butyl phthalate，DBP）、**邻苯二甲酸(2-乙基己基)酯**（di-2-ethylhexyl phthalate，DEHP）的含量分别不得超过0.003mg/L、0.008mg/L（表3-11）。2011年4月，台湾岛内卫生部门例行抽验食品时，在一款“净元益生菌”粉末中发现有害健康的塑化剂—邻苯二甲酸（2-乙基己基）酯，浓度高达600ppm。追查发现，DEHP来自昱伸香料公司所供应的起云剂内。到2011年6月10日为止，台湾受塑化剂污染产品种类增至948项，涉及282家厂商，在饮料、果汁、茶饮、果冻、方便面、果酱等食品中均检出塑化剂DEHP，其毒性比三聚氰胺毒20倍，是近30年最严重的食品掺毒事件。此次污染事件规模之大为历年罕见，在台湾引起轩然大波，并有越演越烈之势。

⑧ 其他致癌有机污染物 三氯甲烷、苯并［a］芘、四氯化碳、四氯乙烯、三氯甲醚、多环芳烃等致癌有机物污染水体后，可在水中悬浮物、底泥和水生生物内蓄积，长期饮用这类水质或食用这类生物可能诱发癌症。这些致癌有机污染物大都来源于工业污染，但还有一些污染物并非来自工业废水，而是来自饮用水的氯消毒过程。当饮用水用氯气灭菌时，有可能产生三氯甲烷、四氯化碳等含氯致癌有机物。例如美国新奥尔良的自来水引自密西西比河，采用氯气净化灭菌，结果发现饮用这种水的居民癌症死亡率高于常用井水的居民。后来从这些居民血液中检测到三氯甲烷、四氯化碳及四氯乙烯等致癌化合物，这是由于存在于密西西比河水中的有机物在氯作用下分解而生成的。据美国国立癌症研究所的实验，将三氯甲烷大量给予小鼠，可使95%～98%的小鼠死于肝癌，因此我们也可以看出，很多化合物一旦超出了它们的最高允许浓度，就会给人类健康带来不良的影响。因此我国饮用水标准规定三氯甲烷、四氯化碳的含量分别不得超过0.06mg/L、0.002mg/L（表3-8）。

⑨ 石油类 近年来石油对水体的污染现象也十分严重，特别是海湾及近海水域。石油对水体污染的主要污染物是各种烃类化合物，包括烷烃、环烷烃、芳香烃等。在石油的开采、炼制、贮运、使用过程中，原油和各种石油制品进入环境而造成污染，其中包括通过河

流排入海洋的废油、船舶排放、海底油田泄漏和井喷事故等等。当前，石油对海洋的污染已成为世界性的环境问题。

石油及其制品进入海洋等水域后，对水体质量有很大影响，这不仅是因为石油中的各种成分都有一定的毒性，还因为它会破坏生物的正常生态环境，造成生物机能障碍。石油比水轻且不溶于水，覆盖在水面上形成薄膜层，既阻碍了大气中氧在水中的溶解，又因油膜的生物分解和自身的氧化作用，会消耗水中大量的溶解氧，致使海水缺氧，同时因石油覆盖或堵塞生物的表面和微细结构，抑制了生物的正常运动，阻碍了小动物的正常摄取食物、呼吸等活动。例如石油膜会堵塞鱼的鳃部，使鱼呼吸困难，甚至引起鱼类死亡。若以含石油的污水灌田，也会因石油膜黏附在农作物上而使其枯死。

水体中对人体健康和生态系统造成危害的污染物还有很多，有些物质产生毒害作用的机理尚不十分清楚，这给有毒污染物的防治带来一定困难，而随着经济的发展和科技的进步，可能又会产生更多新的污染物。因此在目前情况下只有预防才是最好的解决方法，这就要求各级有关部门必须加强对水污染的监控和治理，尽最大可能地消除污染物对生态系统特别是对人体健康的影响。

3.5.3　水体的净化

3.5.3.1　水体自净

水体中污染物浓度自然逐渐降低的现象称为**水体自净**（self-purify of water body）。污染物一旦进入水体后，就开始了水体的自净过程，该过程由弱至强，直至趋于恒定，使水体的水质逐渐恢复到正常水平。如果排入水体的污染物超过水体的自净能力，就会导致水体污染。

水体的自净过程很复杂，主要有 3 种机制：①物理净化，是通过水体的稀释、混合、扩散、沉积、冲刷、再悬浮等作用而使污染物浓度降低的过程，但污染物总量不变；②化学净化，是通过酸碱中和、化学吸附、化学沉淀、氧化还原、水解等过程而使污染物浓度降低的过程，这时污染物存在的形态发生变化、浓度降低，但污染物总量还是不变；③生物净化，是通过水体中的水生生物、微生物的生命活动，使有机污染物降解成简单的无害无机物，是污染物浓度和总量都降低的过程。

水体自净的 3 种机制往往是同时发生，并相互交织在一起，哪一方面起主导作用取决于污染物性质和水体的水文学及生物学特征。对水中有机污染物而言，最重要的是在溶解氧存在的条件下，好氧微生物对有机物进行氧化分解，将有机物氧化分解成二氧化碳、水和其他小分子无机物，使有机污染物的总量得以降低。有机物的分解将不断消耗水中的溶解氧，为了维持水体的自净作用，必须保持水中有足够的溶解氧量，使水体始终处于好氧状态。但是如果排入水体的有机污染物过多，溶解氧消耗量过大，水体就会变为厌氧状态，出现厌氧性细菌。厌氧菌利用有机物内部所含的氧进行有机物分解，生成硫化氢、甲烷、二氧化碳等气体。即使在水体整体处于好氧状态的条件下，水体底部也会因局部缺氧而发生厌氧反应。这种厌氧反应虽然也是一种自净作用，但所需时间较长，且产生有害气体，同时在厌氧条件下鱼类难以生存，因此不是好的水环境。

水体污染恶化过程和水体自净过程是同时发生和存在的。但在某一水体的部分区域或一定时间内，这 2 种过程总有一种过程是相对主要的过程，它决定着水体污染的总特征。因此，当污染物排入清洁水体之后，水体一般呈现出 3 个不同水质区，即水质恶化区、水质恢复区和水质清洁区。

3.5.3.2　水污染处理

水是人类生存的基本条件，是人类必不可少的资源之一。随着人口和经济的增长，一方面人类对水的需求和品质要求越来越高；另一方面，随着人口增加和工业生产的发展，大量的生活、生产废水的排放，对水体造成严重污染。由于水体污染物种类和数量的不断增加，超过了水体自净的能力，从而严重威胁着人类生存环境和身体健康，也对工农业生产造成一定的影响。解决水资源短缺和水污染的一个主要途径是水处理，在很多地方并不是没有水，而是水质不可用，如果能通过人工处理，使不可用之水变成可用之水，以满足人类的需求，则缺水问题将不复存在。因此，进行废水处理、减轻环境污染负荷是保护生态环境的积极措施。现阶段，科研人员针对含不同污染物的废水研究出很多水处理方法，按照其作用原理可分为物理、化学、物理化学、生物四大类，每一种方法又可分成若干小类，它们在实际应用中取得了巨大成效。现将常见的水处理方法分别介绍如下。

(1) 水处理的物理方法　采用物理方法进行水处理一般不涉及化学反应，但影响水的性质、结构、水与杂质之间的相互作用。常见的物理方法有自然沉降法、吸附法、萃取法等。

① 自然沉降法　水中粒径较大的悬浮颗粒、杂质、泥砂等，依靠重力作用，使其在沉降池中自然沉降、澄清，降低浊度，达到初步净化的目的，这种水处理方法称为自然沉降法，一般用作污水预处理。

② 吸附法　吸附法主要利用疏松多孔性介质的吸附作用，以脱除水中的微量污染物，包括脱色、除臭味、脱除重金属离子、各种溶解性有机物、放射性元素、细菌等。在水处理流程中，吸附法可以作为离子交换、膜分离等方法的预处理，以去除有机物、胶体及余氯等，也可以作为二级处理后的深度处理手段，以保证回用水的水质。目前常用的吸附剂有活性炭、合成高分子吸附材料（如大孔吸附树脂、螯合树脂、螯合纤维等）、活性氧化铝、纳米材料等。

③ 萃取法　萃取法主要用于去除不溶于水的有机污染物，通过加入一种与水不互溶、但能良好溶解有机污染物的溶剂（又称为萃取剂），使其与废水充分混合接触。由于污染物在萃取剂中的溶解度大于其在水中的溶解度，因而大部分污染物转移到萃取剂中，然后分离水和萃取剂，即可达到分离、浓缩污染物和净化废水的目的，现已用于含酚废水、含有机重金属废水的处理。

(2) 水处理的化学方法　水处理的化学方法是通过化学反应处理有害污染物的方法。经典的化学方法主要是混凝法、中和法、化学沉淀法和氧化还原法。虽然这类方法进行水处理的效果受到化学平衡的限制，但当有害污染物浓度较高时仍可首选化学处理法。

① 混凝法　混凝法是现代水处理中一个十分重要的方法，包括凝聚和絮凝两个过程。凝聚是指胶体被压缩双电层而脱稳的过程；絮凝是指胶体脱稳后聚结成大颗粒絮体的过程。混凝法主要是通过投加混凝剂，使水中的胶体物质形成大的絮凝颗粒，沉淀后与水分离，达到去除污染物的目的。

目前在给水和废水处理中广泛应用的混凝剂是无机混凝剂，如硫酸亚铁、氯化铁、聚合硫酸铁、聚合三氯化铁、硫酸铝、硫酸铝铵、聚合氯化铝（PAC）、聚合硫酸铝（PAS）、聚磷氯化铝、聚硅酸等。由于无机混凝剂存在投加量大，生成污泥量多，且对低温低浊度水的混凝效果差等缺点，将逐渐被淘汰。

与无机混凝剂相比，水溶性有机高分子混凝剂（如聚丙烯酰胺等）具有投加量少、生成污泥量小、絮凝效果好等优点，已逐步取代目前正广泛使用的无机混凝剂。常用的合成有机高分子混凝剂有：非离子型有机高分子絮凝剂，如聚丙烯酰胺、聚氧乙烯、苛性淀粉等；阳离子型有机高分子絮凝剂，如季铵盐、聚乙胺、聚硫铵、水溶性苯胺树脂、聚乙烯吡啶等；阴离子型高分子混凝剂，如聚丙烯酸钠等；两性高分子混凝剂。常见的天然有机高分子混凝剂有：碳水化合物类，如淀粉、纤维素、半纤维素、木质素等；甲壳素类，如甲壳素、壳聚糖等。

此外，将有机高分子混凝剂与无机聚合态混凝剂（如聚合氯化铝、聚合硫酸铝等）复配使用也是混凝法目前发展的方向。

② 中和法　在酸性废水和碱性废水中投加碱或者酸，使废水的 pH 值接近中性，达到水质要求。常用的酸性废水中和剂有石灰、石灰石、白云石、氢氧化钠等；碱性废水中和剂主要是盐酸和硫酸。在废水中和处理中，尽量采用酸性废水中和碱性废水，以达到“以废治废”目的；同时当酸性废水中酸含量超过 4%或碱性废水中碱含量超过 2%时，应首先考虑酸或者碱的回收和综合利用。

③ 化学沉淀法　化学沉淀法是向水中投加某种化学试剂，使之与水中的某些可溶污染物发生化学反应，形成难溶的沉淀物，然后进行固液分离，从而去除水中污染物的方法。化学沉淀法适合于处理废水中的重金属离子（如 Hg、Pb、Zn、Ni、Cr、Cd、Cu）及某些非金属（As、F、S、B、P），也适用于水质软化，去除碱金属离子（如 Ca、Mg）和二氧化硅。常见的化学沉淀法有氢氧化物沉淀法、硫化物沉淀法、铁氧体沉淀法和其他化学沉淀法，最常见的沉淀剂是石灰，其他为氢氧化钠、碳酸钠、硫化氢、碳酸钡等。

④ 氧化还原法　用氧化剂或还原剂将废水中有毒有害的污染物转变成无毒、无害的物质，称为氧化还原法。常用的氧化剂有臭氧、氯气、三氯化铁等，可以用来处理焦化废水、有机废水和医院污水等；常用的还原剂有硫酸亚铁、亚硫酸盐、SO_2、锌粉等。如含有 Cr(Ⅵ) 的废水，当通入 SO_2 后，可使废水中的 Cr(Ⅵ) 还原为 Cr(Ⅲ)，微量的 Cr(Ⅲ) 不仅对人体无害，而且是人体必需的离子。除了传统的氧化还原法外，目前已研究开发出许多环保、高效的氧化处理水的新方法，有湿式催化氧化法、超临界水氧化法等。

a. 湿式催化氧化法　湿式催化氧化法是一种先进的氧化技术，以氧气或空气为氧化剂，在高温（125～320℃）、高压（5～20 MPa）和高活性的氧化催化剂存在的条件下进行水中有机物的氧化分解反应。与普通氧化反应（即常温、常压、无催化剂）相比，有很大差别，不仅反应条件变得温和，而且提高了反应速率。这是由于：随温度升高时水的密度和黏度逐渐变小，表明水分子间缔合作用减弱；在高温、高压下，氧在水中的扩散系数不断增大；当温度超过 100℃时氧的溶解度不是随温度升高而减小，而是显著增大，当氧的分压为 5MPa 时水中溶解氧含量达到 1000mg/L；高活性的氧化催化剂参与了自由基的形成过程。由于在高温、高压下，水的黏度减小，溶解氧含量增加，增加了反应物接触碰撞机会，同时催化剂改变了反应历程，使湿式催化氧化的效率高，适用于对微生物有毒性且不可生物降解的有机物污染的废水处理，可用于中、高浓度有机污染物的处理。我国学者对该方法进行了许多研究工作，所用氧化剂为空气中氧，采用 Pd、Ru、Pt 载于 γ-Al_2O_3 上为催化剂，对高浓度有机废水进行处理，COD 去除率可达 95%以上。日本的 Sholsnbae 公司用贵金属作催化剂，在温度为 200℃、压强为 4 MPa 的条件下处理高浓度有机废水，COD 去除率达 99%。

b. 超临界水氧化法　20 世纪 80 年代中期，美国学者 Modell 提出**超临界水氧化法**（supercritical water oxydation，简称 SCWO 法），立即受到国内外众多科研院所、国家重点实验室的重视，被美国环保界誉为最有发展前途的新型废水处理技术。

临界是物质相态稳定存在的限界。当一种流体物质（如水）在升温、加压时，气液两相间仍保持着相界面，气相和液相性质有明显差异。若继续升温、加压至某一温度、压强下，液气相界面会消失，成为气液不分的均匀体系，此时体系的状态称为**临界态**（ctitical state）。临界态时流体所处的温度、压强、体积、密度分别称为临界温度、临界压强、临界体积、临界密度，例如水的临界温度、临界压强、临界体积、临界密度分别为 374.2℃、22.1MPa、0.045L/mol、320 kg/m^3。当流体的温度、压强高于临界温度、临界压强时，称该流体为**超临界流体**（superctitical fluid，SCF）。超临界流体的流动性极好，类似于气体，但密度比气体大得多。

超临界水（$T \geqslant 374.2℃$，$p \geqslant 22.1 MPa$）与普通水相比，性质有极大的不同，尤其是其溶解性发生了质的变化。无机盐在普通水中的溶解度大，而有机物、O_2 等在普通水中溶解度小；但无机盐在超临界水中的溶解度显著降低，而有机物、O_2 等的溶解度显著增大，这样就使废水中的有机污染物、O_2 等变得易溶于水并形成均匀体系，此时相间传质阻力消失，为有机污染物的氧化创造了充分反应的环境，氧化反应进行得很快，一般在几分钟内甚至几秒钟内即可完成。此外超临界水还具有高介电常数、高扩散性（扩散系数增加约 100 倍）、低黏度等特性，使废水中的有机污染物及 O_2 等在超临界水中迅速溶解并被彻底氧化分解成无害的 CO_2、H_2O、N_2 等。例如在 380℃、28.2 MPa 的超临界水中，氧化剂用 H_2O_2 和 O_2，在 90 秒内苯酚的去除率可达 97%；另外据文献报道，二噁英、多氯联苯、氰化物等有毒物质均可在超临界水中氧化，说明超临界水氧化法可快速、有效去除废水中的有害有毒污染物。

（3）水处理的物理化学方法　水处理的物理化学方法是基于物理化学或化学物理的原理对废水中的污染物进行处理的方法，例如光化学氧化法、超声声化学氧化法、电化学氧化法、磁化法、膜分离法、离子交换法等。

① 光化学氧化法　光化学氧化法是近 30 年才出现的水处理方法，是在光化学作用下，产生氧化能力极强的羟基自由基（·OH）。·OH 自由基是近年来最为引人注目的自由基氧化剂，与其他氧化剂相比，·OH 自由基氧化力强，氧化电位比 O_3 还要高，但氧化选择性低，能够无选择性地氧化水中的有机污染物，将其完全氧化成 CO_2 和 H_2O 等简单无机物，且反应速率高，处理程度亦高。·OH 自由基不是稳定的化学物种，半衰期短，只有在一定的条件和一定的体系中产生和存在，光化学就是一种能产生·OH 自由基的方法。以·OH 自由基为主要氧化剂的方法称为高级氧化法，简称 AOP 法，是现代水处理中最主要的新型氧化方法。

目前光化学氧化法处理废水的研究相当活跃，最引人注目的是纳米 TiO_2 材料的应用研究，1995 年 Blake 综述了此法的进展，列出 1200 多种有关光化学氧化过程的刊物和专刊，42 篇相关研究的评述和 300 种可被光化学氧化的有机化合物，充分肯定了此法的可行性，有些研究成果已接近商业化。例如，采用 TiO_2 光催化氧化法处理含磷有机物废水，可以使 P 完全转化为 PO_4^{3-}；处理含硫有机物废水，可以使 S 完全转化为 SO_4^{2-}；处理含氮有机化合物的氧化较为复杂，苯环上含氮原子较多时难以完全降解；对农药六六六的四种异构体氧化速率大致相同；对其他含氯有机物，一氯苯、1,2-二氯苯、氯苯酚、2,4-二氯苯酚、2,4,6-三氯苯酚、五氯酚、苯酚、邻苯二酚、间苯二酚、对苯二酚等均能有效去除。另外 TiO_2 光催化氧化法亦可用于饮用水的深度处理，例如光催化氧化对降解水体中的腐殖酸十分有效，可以将其完全氧化为无机物；饮用水用氯消毒灭菌过程中产生的三氯甲烷，可采用 $UV/TiO_2/H_2O_2$ 工艺可以有效去除。TiO_2 光催化氧化法对某些无机物的转化亦很有效，例如 CN^- 可氧化为 NO_3^-；Pb^{2+}、Mn^{2+}、Tl^+、Co^{2+} 可氧化为相应的氧化物 PbO_2、MnO_2、Tl_2O_3、Co_2O_3，使它们从水中沉淀出来，达到去除重金属离子的目的。光化学氧化法在 20 世纪末取得了重要进步，当其工艺进一步完善后，由于其耗能少、高效率、无二次污染、常温操作等优点，将在水处理中发挥重要作用。

② 超声声化学氧化法　超声声化学氧化法是降解水体中有毒有害污染物的物理化学方法之一。超声波是指声波频率超过 20kHz 的声波。许多试验证明，超声波通过液体介质时会产生一系列物理和化学效应，使液体介质产生微小空气泡，此微小空气泡称为空化泡。而此空化泡又在短时间内崩溃，迅速释放出空化泡内集中的声场能量，在空化泡周围产生 1900～5200K 的高温和超过 $5 \times 10^7 Pa$ 的高压，且温度变化率高达 $10^9 K/s$，同时伴有强烈的冲击波和 400 km/h 的高速射流。此过程称为声空化过程，它对周围介质产生的作用称为声

空化效应。声空化效应在极小的空间和极短的时间内发生能量的集中和释放，引起水体中水及水中其他物质化学结合的变化。水分子吸收能量，化学键断裂产生氧化能力极强的·OH、·O_2H、H_2O_2，均有极强的反应活性，特别是·OH 自由基对许多有机物的氧化速率都很快。超声波不仅使水产生自由基，而且还会使 O_2 产生·O 自由基。上述过程生成的·OH、·O_2H、H_2O_2 和·O 可以与水中有机污染物发生反应，并使有机物逐步降解。研究表明，保持超声波一定的频率和强度以及足够的时间，可使有机污染物最终降解为简单无害无机化合物。

超声声化学氧化法操作简便，有机污染物降解速率快，可单独或与其他技术联合使用。虽然，目前由于其存在能量转化效率低、能耗高的缺点使其还未在实际中大规模使用，但超声声化学氧化法在处理有毒害、难降解有机废水中具有独特作用，为其将来的实际应用提供一条新途径。

③ 电化学氧化法　电化学氧化法是指在外加电场的作用下，通过阳极反应直接降解有机物，或通过阳极反应产生羟基自由基（·OH)、臭氧一类的氧化剂降解有机物，有机污染物完全氧化为 CO_2 和 H_2O，进而达到去除有机污染物的目的。采用电化学氧化法降解有机污染物的方法使有机物分解更加彻底，不易产生有毒害的中间产物，更符合环境保护的要求。电化学法处理废水的设备简单，易控制，无须多加催化剂，无二次污染产生。但长期以来，受电极材料的限制，电化学氧化降解有机污染物的电流效率低、电耗高，难以实现实用化。实际中常用超声声化学氧化法和电化学氧化法配合使用，可缩短降解时间，提高有机污染物的降解率，因此在加深对电化学氧化过程认识的基础上，与其他技术的配合，将会有更广阔的应用前景。

④ 磁化法　从 20 世纪 90 年代开始，研究者根据磁化水可改变水的一些物理特性、改善生物机能、促使生物生长等特性，开展了磁化法处理污水的试验研究。有人在废水中加入包裹着一层氢氧化铁胶体的磁性粉末 Fe_3O_4，形成磁种。利用磁种在酸性或碱性条件下分别带正电荷或负电荷，进行吸附或脱附，达到水处理的目的。在 pH 值为 5.5 左右时，采用一次磁化处理废水后的色浊度及 COD 去除率达 60%。经适当增加磁种数量或处理次数，处理后的废水完全可达到排放标准；若配以光化学催化法共同处理废水则效果更佳。

⑤ 膜分离法　膜分离法是近年来发展起来的一种新型水处理方法，原理是利用渗透装置，在膜两侧形成压力差，并使其超过渗透压，引起溶剂倒流，使浓度较高的溶液进一步浓缩。膜分离法可分为电渗析法（ED)、反渗透法（RO)、微滤法（MF)、超滤法（UF)、渗析法（D)、乳液膜法（ELM）等。膜分离法具有能耗低、适用范围广、分离效率高、操作简单、再生容易、无二次污染等优点，已广泛应用于化工、环保、医药、电子、轻工、食品、冶金等工业废水处理。但由于工作膜易受污染、反应器投资及运行费用高等因素的影响和制约，使得膜分离法在应用方面进展缓慢。相信经过化学工作者的努力，不久的将来此方法会得到更广泛的实际应用。

⑥ 离子交换法　离子交换法是我国目前应用最广泛的水处理方法之一。其所用的树脂是一种高分子聚合物，按官能团的性质分为强酸、强碱、弱酸、弱碱四类；按其基团性质分为阳离子交换树脂和阴离子交换树脂。阳离子交换树脂是指含有酸性基团的离子交换树脂，能使树脂上吸附的 H^+ 与溶液中的阳离子发生交换。阴离子交换树脂是指含有碱性基团的离子交换树脂，能使树脂上吸附的 OH^- 与溶液中的阴离子发生交换。离子交换法常与膜分离法（反渗透法 RO）结合使用，废水先经反渗透膜除去水中 90%左右的物质，然后用离子交换法处理。这种结合使用的方法很适合于浓缩水、高含盐水、纯水、放射性废水及有机废水处理，也可用于回收重金属离子。

（4）水处理的生物方法　水处理的生物方法是利用微生物在生命活动过程中通过吸附、

氧化、还原、分解水中某些污染物，吸收其中可利用成分作为营养物，结果使污染物发生转化，从而使废水得到净化的处理方法。水处理生物方法中所用的微生物主要是细菌，例如球衣菌在1000万平方米中可吸收30t有机物质，其中20t被分解为无机物质，10t被细菌吸收。水处理生物方法中所用的微生物除细菌外，还有霉菌、真菌、放线菌、原生动物（其中纤毛虫就有许多种，如小口钟虫、褶累枝虫，彩盖虫等）、轮虫（如转轮虫、红眼旋轮虫、长足轮虫等）。传统的水处理生物方法有好氧法、厌氧法等。随着生物技术的迅猛发展，国内外相继开展了以环境污染的生物处理为主的微生物学基础和应用方面的研究，为含重金属、石油、印染、油脂、农药等有毒有害污染物的废水以及城市生活垃圾、生活污水等的处理，提供了效果好、投资省、运行成本低的新兴生物处理技术和设备，如固定化技术、微生物絮凝剂技术、生物吸附技术、膜生物反应器、生物沥滤法、电极生物膜法、生物强化处理技术等。

① 好氧法　好氧法是依靠好氧菌在有氧的条件下，进行废水处理的方法，根据好氧菌胶团的形式可以分为活性污泥法和生物膜法。活性污泥法可分为传统曝气、推流式曝气、延时曝气、间歇式曝气和氧化沟等，且在池形上又有矩形、圆形、椭圆形等；生物膜法又有浸没滤池（接触氧化）、滴滤池、塔式生物滤池、生物转盘等形式，具有投资少、处理效率高、能耗低等优点。

② 厌氧法　厌氧法是依靠厌氧菌，在无氧状态下使污水中的有机污染物消化、分解的方法，适用于处理高浓度有机废水，具有能耗低、可回收生物气作能源、无机营养料需要量少、处理费用低、剩余污泥少等特点，根据目前的发展趋势，厌氧法有望代替好氧法，并且可以达到物理、化学方法进行水处理时难以达到的效果，正被人们逐渐重视。

③ 固定化技术　固定化技术是指通过化学或物理手段将游离的微生物等固定在限定的空间区域（如非水溶性的高分子载体）中，使其保持活性，并可反复使用。能用于固定化的微生物主要是指那些活性高且不易形成沉降、性能良好的菌胶团或生物膜的微生物。一些具有特异性的优势微生物不断得到改造或创造，将这些微生物进行固定化后，微生物脱落少，微生物密度高，污水停留时间长，污泥量低，反应过程易于控制，大大提高了废水处理效率，尤其是对难降解有机污染物具有明显优势。工作形式是：把培养驯化好的固定化微生物放入反应器中，利用反应器中的载体及微生物自身的吸附作用，在一定的接触时间内，使微生物附着于载体表面。当污水通过附有固定化微生物的载体时，固定化微生物以吸附、分解等方式降解水中有机污染物，从而达到净化废水的目的。

现在，固定化技术在处理高浓度有机废水、降解难生物降解有机物、脱氮除磷、脱色、饮用水深度处理等方面的研究已很广泛，部分技术已进入实际应用。例如，固定化微生物后的活性炭对水中微量有机污染物去除率及活性炭的使用寿命都较普通活性炭有很大提高；和活性污泥法相比，固定化优势细菌在处理高浓度有机废水时针对性强，对特定物质的负荷能力高，处理效果好；固定化硝化菌处理废水，废水中的氨氮去除率达99%以上；固定化藻细胞，对低浓度氨氮的去除率也达90%以上。还有研究表明，用经海藻酸胶包埋固定后的热带假丝酵母，在三相流化反应器中对含酚废水进行连续处理，把酚浓度从300mg/L降到0.5mg/L，用黄杆菌ND_3降解萘，去除率达98%以上；Livingston等开发的一种新型生物反应器对硝基苯和氯硝基苯的去除率达到99%。

④ 微生物絮凝剂技术　微生物絮凝剂是利用生物技术，通过微生物发酵，在微生物细胞外分泌一种具有絮凝功能且能够自然降解的高分子有机物，像粘多糖、糖蛋白、纤维素、DNA等；有些则是直接利用微生物细胞，如一些存在于土壤、活性污泥中的细菌、霉菌、放线菌和酵母菌等，其本身即可用作絮凝剂；还有些是通过细胞壁提取的，像葡聚糖、蛋白质、甘露聚糖和N-乙酰葡萄糖胺等也都可作絮凝剂使用。能够分泌絮凝剂的微生物称为絮

凝剂产生菌。至今发现的絮凝剂产生菌至少有 19 种，其中霉菌 8 种，细菌 5 种，放线菌 5 种，酵母菌 1 种。最具代表性的有，用酱油曲霉生产的絮凝剂（AJ7002）；用拟青霉属微生物生产的絮凝剂（PF101）；用红平红球菌生产的絮凝剂（NOC1）。

微生物絮凝剂的菌源来自土壤、污水处理厂的污水和活性污泥，培养过程同其他好氧微生物的培养过程相似，培养基的氮源、碳源、pH 值、培养温度、通气速度等是其主要影响因素。另外，可加入某些无机盐类增强絮凝剂的絮凝活性。在培养初期，要对菌种进行筛选，筛选包括初筛和复筛两个过程。菌种样品在经过连续富集培养 2～3 次后涂于平板培养皿上。选择表面光滑、带黏性的单菌株作为纯菌种，然后通过摇床培养，将所得培养液进行絮凝活性的测定，选取具有一定絮凝活性的菌种作为初筛菌种，之后将初筛后的菌种继续摇床培养，再复测絮凝活性，最终复筛出具有较高絮凝活性的菌种。例如，对假单细胞菌属，以葡萄糖为碳源效果很好；用酵母膏作氮源，还可产生絮凝剂必不可少的激活因子；初始 pH 值为 7～9 较好，尤其不能太偏酸性。对于芽孢杆菌，用淀粉作碳源效果最佳，可在工业化生产中代替葡萄糖；蛋白胨、酵母膏和牛肉膏作氮源都有利于该菌产生絮凝剂；pH 值为 9 时效果最佳。提取微生物絮凝剂，首先要用过滤或离心方法去除菌体；然后再根据发酵液的组成成分及絮凝物质的种类，用乙醇、硫酸铵盐析，最后用丙酮或者盐酸胍等加以沉淀。对于结构较复杂的絮凝剂，先用酸、碱或有机溶剂反复溶解、沉淀得到初品，然后将初品溶于水或缓冲液，再通过凝胶色谱、离子交换等方法纯化，最后获得絮凝剂产品。微生物絮凝剂是一种新型、高效、无毒的具有生物分解性和安全性的廉价水处理剂，这些是无机或有机合成高分子絮凝剂所不具备的。其特点是降解性能好，成本低，无二次污染等。随着生物技术的发展，微生物絮凝剂具有良好的开发与应用前景。

⑤ 生物吸附技术　生物吸附现象早已为人们所认识和利用，是配位、螯合、离子交换和吸附等一系列生化作用的总称，分为主动吸附和被动吸附两个过程。在活性污泥反应池内，微生物本身及其分泌物与水中悬浮颗粒凝聚在一起，形成活性污泥絮凝体，表面被以多糖类为主体的黏质层所覆盖，表面张力较低，有很强的吸附能力。絮凝体的吸附主要有物理吸附和伴有生化反应的生物吸附。生物吸附剂即以生物体为吸附剂，是生物吸附技术的核心部分。

生物吸附剂主要有两大类：一类是高比表面积和高吸附率的生物体吸附水中的污染物；另一类是集生物吸附和生物降解能力为一体、净化废水中污染物的生物吸附剂。生物吸附剂对重金属离子都有较强的吸附能力，大多数金属都螯合在细胞壁上，因为细胞壁特殊的化学结构和细胞表面的活性基团的作用，使得重金属离子同这些活性基团进行离子交换或相互结合。这些活性基团主要有羧基、羟基、铵基和磷酸根等。部分重金属离子通过物理性吸附沉积在细胞壁表面。经研究，食品工业和饮料工业利用的酵母菌、化学工业（如柠檬酸工厂）利用的真菌、酶工业（如生产葡萄糖和脂酶等）利用的真菌以及制药工业利用的真菌等都可作为生物吸附剂的原料。

作为处理重金属离子污染的一项新技术，生物吸附技术与其他同类技术（如混凝、沉淀、吸附、离子交换等）相比具有以下优点：在低浓度下，可以选择性地去除有毒有害的重金属离子，而对钙镁离子的吸附量较小；处理效率高；pH 值和温度条件范围宽；投资小，运行费用低；可有效地回收一些贵金属。

⑥ 膜生物反应器　膜生物反应器（MBR）是一种把传统的活性污泥法（生物反应器）和膜分离技术组合在一起而形成的一种新型的污水处理技术。MBR 分膜组件和生物反应器两部分组成，膜对反应器内污泥混合液起截留过滤作用，膜能将污泥微生物完全截留在反应器内，所以反应器中的微生物能最大限度的增长。以酶，微生物或动、植物细胞为催化剂，进行化学反应或生物转化，同时凭借超滤分离膜不断分离出反应产物并截留催化剂而进行连

续反应。近年来随着膜材料与膜技术的发展，MBR 在污水处理方面的技术应用取得了较好效果。研究表明，同其他水污染控制生物技术相比，MBR 去污效率高，尤其是对某些难降解的有机污染物；出水中没有悬浮物，出水水质稳定；剩余污泥量少；消化能力强；占地面积小，结构紧凑，易于自动控制和运行管理；特别是它在废水资源化及回用方面更具潜力。研究表明，MBR 工艺的出水水质优于膜曝气生物反应器（MABR）和曝气生物滤池（BAF）。现代新型的膜生物反应器，其共同特点是反应器内装有比表面大的载体，有利于微生物附着生长形成生物膜，供气或供给其他反应条件优越、污染物具有充分与微生物接触的时间、有利于增强微生物的分解代谢能力。目前，2000 m^3 的反应器已经问世，虽然其处理能力较低，造价较高，但其管理方便，运行费用低，所以欧美地区约有 7%的污水处理厂采用该技术。

⑦ 生物沥滤法　近年来，生物沥滤法用于沥滤污泥中的重金属，效果较为显著。生物法沥滤污泥中的重金属时，因为活性污泥中存在以 Fe^{2+} 和还原性硫为生长质的硫细菌，金属硫化物在铁氧化细菌作用下被氧化成金属硫酸盐，同时 Fe^{2+} 被氧化成 Fe^{3+}，Fe^{3+} 又和金属硫化物反应生成金属离子和元素硫，元素硫则继续被硫细菌氧化成硫酸，使污泥下降并促使金属进一步溶出。生物沥滤法在去除活性污泥和土壤中的重金属离子方面有较大的潜力，但因其具体的反应控制方法尚未被人们完全掌握，所以还需要对它的试验和生产运行继续进行研究。

⑧ 电极生物膜法　电极生物膜法就是利用电极作为微生物膜的载体，对硝酸盐和亚硝酸盐的去除率要高于相同生物量的普通生物膜法。这主要是由于电场微电水释放出的 H^+ 为反硝化菌提供受体。一方面，H^+ 是从生物膜外因电场吸引力作用向内扩散，因此生物膜中的微生物就能高效利用 H^+ 进行反硝化作用；另一方面，阴极板上产生的氢气又通过生物膜溢出，在生物膜附近形成了缺氧环境，又有利于反硝化菌的生长。例如，邱凌峰等用电极生物膜法去除废水中的硝酸盐和亚硝酸盐，去除率分别达 60%～80%和 85%～95%，都比普通生物膜法高。

⑨ 生物强化处理技术　为了提高废水处理的效果，向废水中投加从自然界中筛选出的优势菌种，或通过基因组合技术产生的高效菌种，以去除某一种或某一类有害物质。主要强化方法有：高浓度活性污泥法，以长泥龄和高浓度的活性污泥来促进对难分解物质的处理，加快反应速率，日本采用该法处理难分解的聚乙烯醇和粪便污水，取得显著效果；生物-铁法，在普通活性污泥中加入无机盐，常用铁盐（氢氧化铁或氧化铁粉）形成生物铁絮凝体活性污泥，具有高浓度活性污泥法的特点，主要用来提高除磷效果；生物-活性炭法，综合利用微生物氧化能力和活性炭良好的吸附能力，使两者产生协同增效作用，在该系统中，每 1g 活性炭可去除 1～3g COD，分解废水中有毒有害物质的能力明显增强，同时提高脱氮水平。

3.5.4　水资源保护措施

随着水资源的日趋匮乏、水污染的加剧以及生活、工农业生产对水质水量需求的变化，人们越来越清醒地认识到，水是一种极其重要的资源，是经济繁荣的保证，是人类赖以生存的基础。水资源的缺乏、水质水量的不达标已成为经济快速发展的瓶颈。联合国曾对世界发出警告：石油危机之后就是水危机。近年来联合国又预言：今后人们不会为政治、领土、经济贸易打仗，但会为水源打仗。因此，当务之急是寻求解决水污染、保证水资源安全的手段，用可持续发展观解决我国目前的水资源问题。如果各国政府不从现在开始投入更多的资金治理水资源，专家预测到 2025 年用不上洁净水的人口将增长到 25 亿，相当于全球总人口的 1/3。因此，建立合理的水安全保障制度，保护人类生存不可缺少的宝贵资源迫在眉睫。

3.5.4.1　水资源保护法律制度逐步完善

针对水资源短缺、水环境污染等水资源危机的出现，世界上一些国家从 20 世纪 40 年代开始就提出了相应的水资源保护法。例如，英国早在 1944 年就颁发了《水资源保护法》，以后又在 1945 年、1948 年、1958 年、1963 年和 1974 年颁布了有关的法律。1974 年通过水法后，英国对水的管理体制进行了重大的改革，在英格兰和威尔士地区成立了 10 个水管理局，它们的任务是综合管理水源、供水、污水处理、污染控制、内陆排水、防洪、航运、渔业以及娱乐用水等，这样就逐渐解决了水资源与水污染控制和其他方面的矛盾。在美国，《水污染控制法》于 1948 年开始生效。1965 年成立了水资源利用委员会。1966 年美国颁布了新的清洁水保护法，根据此法，每个州都必须制定有效地消除地面水污染的控制规划。日本于 1958 年 12 且颁布了《水质保护法》和《工厂废水控制法》，这两项法律于 1959 年 3 月生效。1967 年 8 月日本颁布了《环境污染控制基本法》。1971 年 6 月，日本又颁布了《水污染控制法》。

我国在水资源和水环境保护方面的立法起步较晚，相对滞后，但也取得了一些进展。1973 年，国务院召开了第一次全国环境保护会议，研究、讨论了我国的环境问题，制定了《关于保护和改善环境的若干规定》。这是我国第一部关于环境保护的法规性文件。1984 年 5 月 11 日颁布了《中华人民共和国水污染防治法》，自 1984 年 11 月 1 日起施行；1996 年 5 月 15 日，部分修订《中华人民共和国水污染防治法》；2008 年 2 月 28 日，再一次修订《中华人民共和国水污染防治法》，并于 2008 年 6 月 1 日起施行。新修订的水污染防治法，对很多条款都进行了补充和完善，如地下水污染防治方面，饮用水安全方面，水污染责任，处罚力度等等都进行了完善，为全面推动新时期水污染防治工作提供了坚实的法律依据。从三年来的实践看，修订后的《水污染防治法》为我国进一步加强对水污染控制工作的监督管理力度和强化执法奠定了坚实的法律基础，对水资源保护工作起到了至关重要的作用。

3.5.4.2　强化水体污染的控制与治理

由于工业和生活污水的大量、稳久的排放，以及农业面源和水土流失的影响，造成地面水体的富营养化，地下水体有毒有害污染物的污染，严重影响和危害生态环境和人体健康。对于水体污染的控制与治理，主要是控制污染物的总排放量。

大多数国家和地区根据水源污染控制与治理的法律法规，制订减少营养物和工厂有毒物排放标准和目标，严格规定企事业单位的污水排放基准值，限制氮、磷的排放浓度，在法律上禁止含磷合成洗涤剂的使用；设立实现减排的污水处理厂，加大城市污水和工业废水的治理力度，建立城市污水和垃圾集中处理系统，改造给水、排水系统等基础设施建设；利用物理、化学和生物技术加强水质的净化处理，加大污水排放和水源水质监测的力度。通过以上这些措施，达到减少污染物的总排放量、实现水体质量的显著提高的目的。

对于量大面广的农业面源，通过制订合理的农业发展规划，有效的农业结构调整，有机和绿色农业的推广、无污染小城镇的建设，实现面源的源头控制。农业生产上要科学合理使用氮磷化肥，生活污水、养殖废水进行适当处理后再进行排放。强化对饮用水源取水口的保护，并定期组织人员进行检查，从根本上杜绝污染，达到标本兼治的目的。

水体污染的控制与治理应在重视治理化学污染的同时，注意以植物营养元素富集引起水体富营养化的治理；在重视点源污染治理的同时，注意面源污染的控制；在重视水污染对人体健康影响的同时，注意生态环境建设；在重视污染源治理和城市综合性污水治理的同时，重视水资源重复利用和污水资源化等等。

几乎所有的国家都在经历着污染到治理的艰难过程，而解决污染的根本途径是消除污染源，不应是先污染后治理；因此我们要同时运用法律手段和现代科技方法逐步消除和控制污染源，使水污染降到最低程度。在经济快速增长、能源消耗加速的情况下，我国主要污染物排放总量依然保持了持续下降。2009年，全国化学需氧量、二氧化硫排放总量分别为1277.5万吨、2214.4万吨，比2008年下降3.27%和4.60%；与2005年相比，分别下降9.66%和13.14%。目前我国水污染物排放总量已得到有效控制，二氧化硫减排进度已超过“十一五”减排10%的目标要求。到2010年上半年，我国地表水总体水质进一步明显改善，与2005年相比，全国地表水国控断面Ⅰ～Ⅲ类水质断面比例提高了17.2%，劣Ⅴ类水质比例下降了11.2%，高锰酸盐指数平均浓度由8.0mg/L降至5.1mg/L；与2008年相比，七大淡水系Ⅰ～Ⅲ类水质比例提高1.8%；劣Ⅴ类水质降低1.6%，其中，长江干流、黄河干流、珠江支流及三峡水库水质为优，珠江干流、长江支流、南水北调东线输水干线水体水质良好。

3.5.4.3 加强公民的环保意识

改善水环境不仅要对其进行治理，更重要的是通过各方面的宣传来增强公民的环保意识。安全的饮用水是每一个人生存的先决条件，而水污染日趋严重的现状正威胁着我们的生命、威胁着子孙后代的生存环境。在国家不断加强水污染控制的前提下，必须尽快唤醒公民的水污染控制意识。公民的环保意识增强了，破坏环境的行为自然就减少了。同时更要强化青少年的环保意识，加强对青少年进行保护水资源的教育，通过宣传片、宣传活动，让中国未来的公民都有节约用水、保护水资源的意识，这样我国的水污染问题就会逐渐减小。

加强公民的环保意识还有一个作用是能充分调动公民对水污染控制的社会监督功能，对污染企业、地方保护主义乃至环保部门的执法施加一定的社会压力、舆论压力，尽快改变政府部门与污染企业单打独斗的简单局面，促使我国水污染现状尽快得到改善。

地球上可被利用的水并没有人类想象的那么多，如果说将地球的水比作一大桶的话，那么我们能用的只有一勺；如果再让它们继续遭到人类的摧残，早晚有一天，它会消失的。如果还不珍惜，最后一滴水将与血液等价。

习　题

3-1. 计算下列溶液中的 $c(H^+)$、$c(OH^-)$ 及 pH。

(1) 0.01mol/L HCl 溶液；

(2) 0.05mol/L HOAc 溶液。

答：(1) 10^{-2} mol/L，10^{-12} mol/L，2.0；
(2) 9.5×10^{-4} mol/L，1.05×10^{-11}，3.0

3-2. 试计算：

(1) pH=1.00 与 pH =3.00 的 HCl 溶液等体积混合溶液的 pH 值；

(2) pH=2.00 的 HCl 溶液与 pH=11.00 的 NaOH 溶液等体积混合溶液的 pH 值。

答：(1) 1.26；(2) 2.35

3-3. 根据酸碱质子理论，下列分子或离子哪些是质子酸，哪些是质子碱，哪些是两性物质？

HF　HCO_3^-　NH_4^+　NH_3 ClO_4^-　H_2O　H_2S　H_3PO_4　HPO_4^{2-}

答：质子酸：HF，HCO_3^-，NH_4^+，H_2O，H_2S，H_3PO_4，HPO_4^{2-}；
质子碱：HCO_3^-，NH_3，ClO_4^-，H_2O，HPO_4^{2-}；
两性物质：HCO_3^-，HPO_4^{2-}，H_2O

3-4. (1) 写出下列各质子酸的共轭碱：

H_2CO_3　$H_2PO_4^-$　NH_4^+　HCN　H_2O　H_2S

(2) 写出下列各质子碱的共轭酸：

OAc^-　$H_2PO_4^-$　Cl^-　S^{2-}　H_2O　OH^-

答：(1) HCO_3^-，HPO_4^{2-}，NH_3，CN^-，OH^-，HS^-

(2) HOAc，H_3PO_4，HCl，HS^-，H_3O^+，H_2O

3-5. 健康人血液的 pH 值为 7.35～7.45，患某种疾病的人血液的 pH 值可降到 5.90，问此时血液中 $c(H^+)$ 为正常状态的多少倍？

答：27～34 倍

3-6. 已知某一元弱酸 0.010mol/L 溶液的 pH 值为 4.00，求这一元弱酸的解离平衡常数和该条件下的解离度。

答：1.0×10^{-6}；1.0%

3-7. 室温下 H_2S 饱和溶液的浓度为 0.10mol/L，欲使 H_2S 饱和溶液中 $c(S^{2-})=1.0\times10^{-18}$mol/L，该溶液的 pH 值应控制为多少？

答：1.42

3-8. 取 50mL 0.10mol/L 某一元弱酸溶液，与 20mL 0.10mol/L KOH 溶液混合，将混合溶液稀释至 100mL，测得此溶液的 pH 值为 5.25，求此一元弱酸的标准解离常数。

答：3.75×10^{-6}

3-9. 计算下列溶液的 pH 值：

(1) 0.50mol/L NH_4NO_3　(2) 0.04mol/L NaCN；　(3) 0.010mol/L $NaNO_2$

答：(1) 4.78；(2) 10.90；(3) 7.57

3-10. 计算下列缓冲溶液的 pH 值（设体积无变化）：

(1) 100mL 1.0mol/L HOAc 溶液加入 2.8g KOH；

(2) 6.6g $(NH_4)_2SO_4$ 溶于 0.5 L 浓度为 1.0mol/L 的氨水。

答：(1) 4.74；(2) 9.95

3-11. 欲配制 pH=5.00 的缓冲溶液，在 300 mL 0.50mol/L 的 HOAc 溶液中需加入多少克固体 NaOAc?

答：21.10g

3-12. 在 20mL 0.10mol/L 氨的水溶液，逐步加入一定量的 0.10mol/L HCl 溶液，试计算：

(1) 当加入 10mL HCl 后，混合液的 pH 值；

(2) 当加入 20mL HCl 后，混合液的 pH 值；

(3) 当加入 30mL HCl 后，混合液的 pH 值。

答：(1) pH=9.25；(2) pH=5.27；(3) pH=1.7

3-13. 已知下列物质的溶解度，计算其溶度积：

(1) $CaCO_3$($s=5.3\times10^{-3}$g/L)　(2) Ag_2CrO_4($s=2.2\times10^{-2}$g/L)

答：(1) 2.8×10^{-9}；(2) 1.1×10^{-12}

3-14. 已知下列物质的溶度积，计算其饱和溶液中各种离子的浓度：

(1) CaF_2 ($K_{sp}^{\ominus}=5.3\times10^{-9}$)　(2) $PbSO_4$ ($K_{sp}^{\ominus}=1.6\times10^{-8}$)

答：(1) $c(Ca^{2+})=1.09\times10^{-3}$mol/L，$c(F^-)=2.18\times10^{-3}$mol/L

(2) $c(Pb^{2+})=c(SO_4^{2-})=1.26\times10^{-4}$mol/L

3-15. 由给定条件计算下列物质的溶度积 $K_{sp}^{\ominus}$：

(1) $Mg(OH)_2$ 饱和溶液的 pH=10.52；

(2) $Ni(OH)_2$ 在 pH=9.00 溶液中，$s=2.0\times10^{-5}$mol/L。

答：(1) $K_{sp}[Mg(OH)_2]=18\times10^{-11}$；

(2) $K_{sp}[Ni(OH)_2]=2.0\times10^{-15}$

3-16. 在 100mL 0.02mol/L $MnCl_2$ 溶液中加入浓度为 0.01mol/L 氨水 100mL，计算加入多少克 NH_4Cl 才不至于出现 $Mn(OH)_2$ 的沉淀？

答：0.21g

3-17. 某溶液中含有 0.10mol/L Ba^{2+} 和 0.10mol/L Ag^+，滴加 0.10mol/L Na_2SO_4 溶液时（忽略体积变化），(1) 哪种离子先沉淀；(2) 当第二种离子沉淀时，第一种离子是否沉淀完全，两种离子有无可能用沉淀法完全分离？

答：(1) Ba^{2+}；(2) 沉淀完全，可以完全分离

3-18. 指出下列配离子的中心离子、配体、配位原子及中心离子的配位数。

配离子	中心离子	配体	配位原子	配位数
$[Cr(NH_3)_6]^{3+}$				
$[Co(H_2O)_6]^{2+}$				
$[Al(OH)_4]^-$				
$[Fe(OH)_2(H_2O)_4]^+$				
$[PtCl_5(NH_3)]^-$				

3-19. 命名下列配合物，并指出配离子的电荷数和中心离子的氧化数。

配合物	名称	配离子的电荷	中心离子的氧化数
$H_2[PtCl_6]$			
$[Cu(NH_3)_4](OH)_2$			
$Na_3[Ag(S_2O_3)_2]$			
$K_4[Fe(CN)_6]$			
$[Co(NH_3)_6]Cl_3$			
$[Ni(CO)_4]SO_4$			
$[Cu(NH_3)_4][PtCl_4]$			
$[PtCl_2(en)]$			

3-20. 判断下列配位反应进行的方向。

(1) $[Cu(NH_3)_4]^{2+} + Zn^{2+} \rightleftharpoons [Zn(NH_3)_4]^{2+} + Cu^{2+}$

(2) $[FeF_6]^{3-} + 6CN^- \rightleftharpoons [Fe(CN)_6]^{3-} + 6F^-$

(3) $[HgCl_4]^{2-} + 4I^- \rightleftharpoons [HgI_4]^{2-} + 4Cl^-$

答：(1) 左；(2) 右；(3) 右。

3-21. 在 1L 6mol/L 的氨水中加入 0.01mol 的固体 $CuSO_4$，溶解后，在此溶液中再加入 0.01mol 固体 NaOH，通过计算判断溶液中是否会有 $Cu(OH)_2$ 沉淀生成？（已知 $[Cu(NH_3)_4]^{2+}$ 的稳定常数 $\beta=2.1\times10^{13}$，$Cu(OH)_2$ 的 $K_{sp}^{\ominus}=2.2\times10^{-20}$）

答：没有 $Cu(OH)_2$ 沉淀生成

3-22. 某工厂处理含有 $FeCl_2$ 和 $CuCl_2$ 的废水，两者的浓度均为 0.10mol/L，通 H_2S 至饱和（饱和 H_2S 溶液的浓度为 0.10mol/L），通过计算说明是否会生成 FeS 沉淀？[$K_{sp}^{\ominus}(FeS)=3.7\times10^{-19}$，$K_{sp}^{\ominus}(CuS)=6.0\times10^{-36}$，$H_2S$：$K_{a_1}^{\ominus}=5.7\times10^{-8}$，$K_{a_2}^{\ominus}=1.2\times10^{-15}$]

答：CuS 先沉淀；不能生成 FeS 沉淀

3-23. 计算下列反应的平衡常数：(1) $[CuCl_2]^- \rightleftharpoons CuCl\downarrow + Cl^-$；(2) $2[Ag(CN)_2]^- +$

$S^{2-} \rightleftharpoons Ag_2S \downarrow + 4CN^-$。已知 $\beta[CuCl_2]^- = 3.1 \times 10^5$，$\beta[Ag(CN)_2]^- = 1.3 \times 10^{21}$，$K_{sp}^{\ominus}(CuCl) = 1.72 \times 10^{-7}$，$K_{sp}^{\ominus}(Ag_2S) = 6.3 \times 10^{-50}$。

答：(1) 18.8；(2) 9.4×10^6

3-24. 什么是水资源？如何保护水资源？

3-25. 什么是水质？什么是水质指标？

3-26. 化学需氧量、生化需氧量、总有机碳、总需氧量之间的联系与区别？

3-27. 什么是水污染？水中常见的污染物有哪些？

3-28. 环境荷尔蒙物质对人体有哪些危害？常见的环境荷尔蒙物质有哪些？

3-29. 如何实现水体的净化？

3-30. 水处理的方法有哪些？

第4章 电化学基础与金属材料防护、化学电源

4.1 氧化还原反应

4.1.1 氧化数

氧化还原反应的特征是反应前后元素化合价有变化，这种变化的实质是反应物之间有电子转移。由于化合价有电价、共价、配价之分，在许多复杂化合物中元素化合价不易直观确定，化学上为了统一说明氧化还原反应，提出了氧化数的概念。1970年，IUPAC把**氧化数**（oxidation number）定义为元素的一个原子的**表观电荷数**（apparent charge number）。这种表观电荷数是假设把分子中键合的电子指定给电负性较大的原子之后所带的电荷。具体确定的方法如下。

① 在单质中，元素原子的氧化数皆定为零。如在白磷（P_4）中，P的氧化数为0。

② 在离子化合物中，简单离子的氧化数等于该离子所带的电荷。如$CaCl_2$中Ca的氧化数是+2，Cl的氧化数是−1。

③ 在结构已知的共价化合物中，把属于两原子共用的电子指定给其中电负性较大的一个原子之后，在两原子上所表示的表观电荷即为它们的氧化数。如H_2S中，共用电子对指定给S，这样S原子好像获得2个电子，表观电荷为−2，它的氧化数就为−2；H原子好像失去1个电子，表观电荷为+1，它的氧化数即为+1。

④ 对于组成复杂或结构未知的化合物，按照“分子中各元素原子氧化数的代数和等于零；离子中各元素原子氧化数的代数和等于离子的电荷”原则确定元素原子的氧化数。

⑤ 碱金属、碱土金属在化合物中的氧化数分别为+1、+2。

⑥ 卤化物中卤素的氧化数为−1；氟在所有化合物中的氧化数皆为−1。

⑦ 氧的氧化数除了在过氧化物中（如H_2O_2）为−1、超氧化物中（如KO_2）为−1/2、氧的氟化物中（如OF_2、O_2F_2）为+2、+1外，在其他含氧化合物中皆为−2。

⑧ 氢的氧化数一般为+1，只有与电负性比它小的原子结合时氢的氧化数为−1，如NaH、CaH_2等。

氧化数可为正数、负数、整数、小数、分数或零。如$Na_2S_4O_6$中Na的氧化数为+1，O的氧化数−2，S的平均氧化数为+2.5；Fe_3O_4中Fe的平均氧化数为+8/3。

化合价和氧化数这两个概念是有区别的。化合价只表示元素原子结合成分子时，原子数目的比例关系，从分子结构来看，化合价也就是离子键化合物的电价数或共价键化合物的共价数，所以不可能有分数。如在Fe_3O_4中Fe的氧化数为+8/3，而化合价为+2(FeO)和+3(Fe_2O_3)。化合价虽比氧化数更能反映分子内部的基本属性，但在分子式的书写和反应式的配平中，氧化数的概念更有实用价值。

【例4-1】 求$KMnO_4$中Mn的氧化数。

解：设在$KMnO_4$中Mn的氧化数为x。

则有：

$$1\times1+x+(-2)\times4=0$$

$$x=+7$$

所以Mn的氧化数为+7。

【例 4-2】 求连四硫酸 $H_2S_4O_6$ 中 S 的氧化数。

解：设在 $H_2S_4O_6$ 中 S 的氧化数为 x。

则有：

$$1\times2+4x+(-2)\times6=0$$

$$x=+2.5$$

所以 S 的氧化数为 +2.5。

4.1.2 氧化还原反应

4.1.2.1 氧化剂和还原剂

在氧化还原反应中，元素的原子（或离子）氧化数升高的过程称为**氧化**（oxidation）；反之氧化数降低的过程则为**还原**（reduction）。而在反应中能使别的元素氧化而本身被还原的物质称为**氧化剂**（oxidizing agent）；能使别的元素还原而本身被氧化的物质称为**还原剂**（reducing agent）。例如：

$$2K\overset{+7}{Mn}O_4+5H_2\overset{-1}{O}_2+3H_2SO_4 = 2\overset{+2}{Mn}SO_4+5\overset{0}{O}_2+K_2SO_4+8H_2O$$

（氧化剂）（还原剂）　　（还原产物）（氧化产物）

H_2O_2 中的 O 失去 1 个电子，氧化数由 −1 升至 0，发生氧化反应，即 −1 价的 O 被氧化，故 H_2O_2 称为还原剂；$KMnO_4$ 中的 Mn 得到 5 个电子，氧化数由 +7 降为 +2，发生还原反应，即 +7 价的 Mn 被还原，所以 $KMnO_4$ 称为氧化剂。值得一提的是，能作还原剂的物质是指它的还原性比较显著，能作氧化剂的物质是指它的氧化性比较显著，一般判断一个物质是作氧化剂还是还原剂可以依据以下原则。

① 当元素原子的氧化数是最高值时，因为它本身的氧化数不能再升高，故含有该元素的化合物只能作氧化剂。反之，当元素原子的氧化数为其最低值时，它的氧化数不能再降低，故含有该元素的化合物只能作还原剂。如 $KMnO_4$ 中的 Mn 的氧化数为 +7，为其最高氧化数，故只能作氧化剂；H_2S 中 S 的氧化数为 −2，处于 S 的最低氧化态，故 H_2S 只能作还原剂。

② 处于中间氧化态的元素，它既可作氧化剂，也可作还原剂，视具体情况而定。如 SO_2 既可作氧化剂，又可作还原剂，因为 SO_2 中 S 的氧化数是 +4，处于中间状态。当它遇到氧化性更强的氧化剂时，它就作还原剂，如：$SO_2+O_2 = SO_3$；当它遇到还原性更强的还原剂时，它就作氧化剂，如：$SO_2+2CO = S+2CO_2$。

③ 物质的分子结构与性质也影响它的氧化还原性。如 H_2SO_4 和 Na_2SO_4 两者中的 S 的氧化数都是 +6，但由于 Na_2SO_4 性质比 H_2SO_4 稳定，因此通常 H_2SO_4 可作氧化剂，而 Na_2SO_4 则不能。

④ 反应条件也影响物质的氧化还原性。如单质 C 在高温时是强还原剂，但在常温下还原性不明显。

4.1.2.2 氧化还原半反应和氧化还原电对

根据电子的得失关系，任何一个氧化还原反应都可以拆分为两个**氧化还原半反应**（redox half-reaction）来表示。例如氧化还原反应：

$$Zn(s)+CuSO_4(aq) \rightleftharpoons Cu(s)+ZnSO_4(aq)$$

反应中 Zn 失去电子，生成 Zn^{2+}，这个半反应是氧化反应：

$$Zn(s)-2e^- \rightleftharpoons Zn^{2+}(aq)$$

反应中 Cu^{2+} 得到电子，生成 Cu，这个半反应是还原反应：

$$Cu^{2+}(aq)+2e^- \rightleftharpoons Cu(s)$$

在氧化还原反应中，电子有得必有失，氧化反应和还原反应同时存在，且反应过程中得失电子的数目相等。

氧化还原半反应用通式表示为：

$$\text{氧化型} + ne^- \rightleftharpoons \text{还原型}$$

或

$$Ox + ne^- \rightleftharpoons Red$$

式中，n 为半反应中电子转移的数目。符号 Ox 表示氧化型物质，在氧化型物质中某元素原子的氧化数相对较高；符号 Red 表示还原型物质，在还原型物质中某元素原子的氧化数相对较低。同一元素原子的氧化型物质及对应的还原型物质称为两共轭的氧化还原体系或称**氧化还原电对**（redox electric couple）。氧化还原电对通常写成：氧化型/还原型（Ox/Red），如 Cu^{2+}/Cu 和 Zn^{2+}/Zn。每个氧化还原半反应中都含有一个氧化还原电对。

当溶液中的介质参与半反应时，尽管它们在反应中未得失电子，为了准确体现反应中原子的种类和数目，应将它们也写入半反应中。如半反应：

$$ClO_3^-(aq) + 6H^+(aq) + 6e^- \rightleftharpoons Cl^-(aq) + 3H_2O(l)$$

式中，电子转移数为 6，氧化型包括 ClO_3^- 和 H^+，还原型包括 Cl^- 和 H_2O。

氧化还原电对在反应过程中，如果氧化剂降低氧化数的趋势越强，它的氧化能力越强，则其共轭还原剂升高氧化数的趋势就越弱，还原能力越弱。同理，还原剂的还原能力越强，则其共轭氧化剂的氧化能力越弱。在氧化还原反应过程中，自发反应的方向是从较强氧化剂和较强还原剂向生成较弱还原剂和较弱氧化剂的方向进行。例如在 $Cu^{2+} + Zn = Zn^{2+} + Cu$ 反应过程中，较强氧化剂 Cu^{2+} 氧化数降低，其产物 Cu 是较弱还原剂；较强还原剂 Zn 氧化数升高，其产物 Zn^{2+} 是较弱氧化剂。

4.1.3 氧化还原反应方程式配平

氧化还原方程式一般比较复杂，除氧化剂和还原剂之外还有其他介质（酸、碱和水）参与反应，反应物和生成物的化学计量系数有时比较大，用直观法不易配平，必须按一定步骤进行。最常用的配平方法有离子-电子法、氧化数法。

（1）离子-电子法　离子-电子法配平氧化-还原方程式的原则是：氧化剂获得电子的总数等于还原剂失去电子的总数，反应前后每种元素的原子个数相等。现以 NaClO 在碱性介质中氧化 $NaCrO_2$ 生成 Na_2CrO_4 和 NaCl 的反应为例，说明配平的步骤。

① 根据实验事实写出相应的离子方程式；

$$ClO^- + CrO_2^- \longrightarrow Cl^- + CrO_4^{2-}$$

② 根据氧化还原电对，将离子方程式拆分成一个氧化半反应和一个还原半反应；

$$ClO^- \longrightarrow Cl^- \quad \text{（还原半反应）}$$

$$CrO_2^- \longrightarrow CrO_4^{2-} \quad \text{（氧化半反应）}$$

③ 分别配平两个半反应式使两边的各种元素原子总数和电荷总数均相等。如果半反应中，反应物和生成物的氧原子数不同，可以根据反应在酸性或碱性介质中，采取在半反应式中添加 H^+（或 OH^-）和 H_2O 的办法来配平；

$$ClO^- + H_2O \longrightarrow Cl^- + 2OH^-$$

$$CrO_2^- + 4OH^- \longrightarrow CrO_4^{2-} + 2H_2O$$

然后配平电荷数：

$$ClO^- + H_2O + 2e^- = Cl^- + 2OH^-$$

$$CrO_2^- + 4OH^- = CrO_4^{2-} + 2H_2O + 3e^-$$

④ 将两个半反应式各乘以适当的系数，使得失电子总数相等，然后将两个半反应式合并，得到一个配平的氧化还原方程式；

$$3\times(ClO^- + H_2O + 2e^- = Cl^- + 2OH^-)$$

$$2\times(CrO_2^- + 4OH^- = CrO_4^{2-} + 2H_2O + 3e)$$

$$3ClO^- + 2CrO_2^- + 2OH^- = 3Cl^- + 2CrO_4^{2-} + H_2O$$

已知反应介质为 NaOH，写出相应的分子方程式为：

$$3NaClO + 2NaCrO_2 + 2NaOH = 3NaCl + 2Na_2CrO_4 + H_2O$$

（2）氧化数法　氧化数法配平氧化还原反应方程式的依据是：氧化剂的氧化数降低的总数等于还原剂氧化数升高的总数。下面以氯酸和磷作用生成氯化氢和磷酸的反应为例，说明配平的具体步骤：

① 确定氧化还原产物，写出反应物和生成物的分子式；

$$HClO_3 + P_4 \longrightarrow HCl + H_3PO_4$$

② 标出元素有变化的氧化数，计算出反应前后氧化数变化的数值；

(−1)−(+5)=−6

$$\overset{+5}{HClO_3} + \overset{0}{P_4} \longrightarrow \overset{-1}{HCl} + H_3\overset{+5}{PO_4}$$

4[(+5)−0]=+20

③ 按照最小公倍数的原则对各氧化数的变化值乘以相应的系数，使氧化数降低值和升高值相等；

$$(-1)-(+5)=-6 \quad \times 10=-60$$
$$4[(+5)-0]=+20 \quad \times 3=60$$

④ 将找出的系数分别乘在氧化剂和还原剂的分子式前面，配平氧化剂、还原剂及氧化还原产物；

$$10HClO_3 + 3P_4 \longrightarrow 10HCl + 12H_3PO_4$$

⑤ 配平氧化数没有变化的元素；

$$10HClO_3 + 3P_4 + 18H_2O \longrightarrow 10HCl + 12H_3PO_4$$

上述方程式右边的氢原子比左边多，证明有水分子参加了反应，补进足够的水分子使两边的氢原子数相等；

⑥ 如果反应方程式两边的氧原子数相等，即证明该方程式已配平。上述方程式两边的氧原子都是 48 个，所以方程式已配平，此时可将方程式中的"⟶"变为等号"═"。

$$10HClO_3 + 3P_4 + 18H_2O = 10HCl + 12H_3PO_4$$

4.2　原电池与电极电势

4.2.1　原电池

每个氧化还原反应都会发生电子转移，但真正将氧化剂和还原剂放在一起发生反应时却并没有电流产生，只是溶液的温度升高，这是因为电子直接由还原剂转移到氧化剂上，没有形成电子的定向流动，所以不会产生电流。氧化还原反应所释放的化学能转化为热能，散发到环境中，不能被直接利用。但如果设计一种装置，将还原半反应和氧化半反应分开，分别在两个容器中进行，将还原剂失去的电子通过导体间接地传给氧化剂，那么在外电路中就会有电流产生，并利用此电流来做功。这种借助于氧化-还原反应将化学能转变为电能的装置称为**原电池**（primary cell）。

4.2.1.1　原电池的组成

下面以铜锌原电池为例说明原电池的组成。

一只烧杯中放入 $ZnSO_4$ 溶液和锌片，另一只烧杯中放入 $CuSO_4$ 溶液和铜片，将两只烧杯中的溶液用一个倒置的 U 形管连接起来，U 形管中装满用饱和 KCl 和琼脂作成的冻胶。这种装满冻胶的 U 形管叫**盐桥**（salt bridge）。用导线连接锌片和铜片，并在导线中间连一只电流计，就可以看到电流计的指针发生偏转，说明有电流产生。从指针偏转的方向可以知

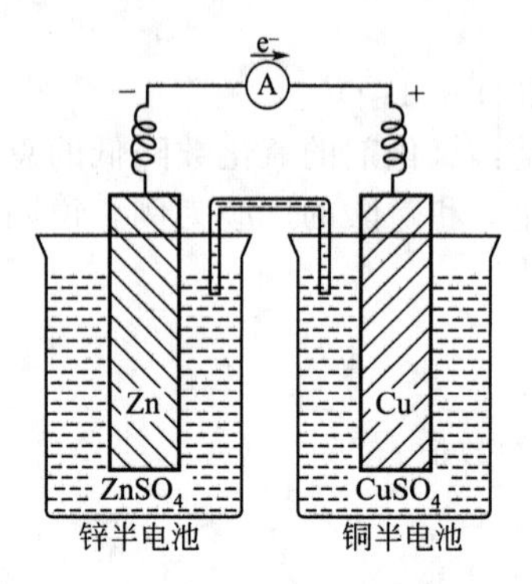

图 4-1 铜锌原电池示意

道电子是由锌片流向铜片的，这就是铜锌原电池，又称丹尼尔（Daniell）电池，如图 4-1 所示。按同样的道理，也可以组装其他的原电池。

从图 4-1 可以得出以下几点。

① 每个原电池是由两个**半电池**（half cell）组成的，每个半电池包含一个氧化还原电对，半电池中做导体的固态物质称为**电极**（electrode）。其中一个电极向外电路发出电流，另一个电极接受外电路流入的电流。

② 从指针偏转的方向可以说明电子是由锌片流向铜片的（电流是由铜片流向锌片），同时发现锌片逐渐溶解，铜片表面有金属铜沉积析出。在原电池中，电子流出的电极称为**负极**（negative pole），又称为**阳极**（anode）❶，发生氧化反应；电子流入的电极称为**正极**（positive pole），又称为**阴极**（cathode），发生还原反应。两极上的反应称为**电极反应**（electrode reaction）；又因每个电极是原电池的一半，故此电极反应又称为**半电池反应**（half cell reaction）。

在铜锌原电池中，两极发生的电极反应如下：

锌片，负极（氧化反应）$Zn(s) \rightleftharpoons Zn^{2+}(aq)+2e^-$

铜片，正极（还原反应）$Cu^{2+}(aq)+2e^- \rightleftharpoons Cu(s)$

两电极反应（半电池反应）相加，就得到电池反应：

$$Zn(s)+CuSO_4(aq) \rightleftharpoons Cu(s)+ZnSO_4(aq)$$

③ 原电池要起作用，除了必须有一个供电子流动的外电路外，还需要一个供原电池离子流动的内部通道，盐桥正是起了这种内部通道的作用。这是因为，随着反应的进行，Zn 失去电子变成 Zn^{2+} 进入 $ZnSO_4$ 溶液，将使 $ZnSO_4$ 溶液因 Zn^{2+} 增加而带正电荷，$CuSO_4$ 溶液中的 Cu^{2+} 从铜片上获得电子，成为金属铜沉积在铜片上，将使 $CuSO_4$ 溶液因 SO_4^{2-} 过剩而带负电荷，这两种情况都会阻碍电子从锌到铜的移动，导致反应终止。盐桥的作用就是使整个装置形成一个回路，随着反应的进行，盐桥中的正离子（K^+）向 $CuSO_4$ 溶液移动，负离子（Cl^-）向 $ZnSO_4$ 溶液移动，以保持溶液电中性，从而保证了两个半电池中溶液的电荷平衡，使电流得以持续产生。

4.2.1.2 原电池的电池符号

从理论上讲，任何一个自发的氧化还原反应，原则上都可以组成一个原电池。在电化学中，原电池的装置可以用符号来表示。书写原电池组成式有以下几点规定。

① 以（−）和（+）分别表示电池的负极和正极，负极写在左边，正极写在右边，电极（如 Zn、Cu 等）总是写在电池符号的两侧。

② “|”表示相界面，同一相中的不同物质之间，以及电极中的其他相界面用“,”分开；“‖”表示盐桥；“c”表示溶液中离子浓度（严格地说，应以质量摩尔浓度表示；为方便起见，本书常采用物质的量浓度表示）；“p”表示气体的分压。

③ 应注明各物质的浓度、分压或物态，未注明则表示该物质处于标准态。

④ 当气体或液体不能直接和普通导线相连时，应以不活泼的惰性电极（如 Pt 电极、C 电极等）起导电作用。

❶ 电化学规定：进行氧化反应的电极称为阳极，进行还原反应的电极称为阴极，因此 Zn 电极是阳极，Cu 电极是阴极。在物理学中规定电流的方向与电子流的方向相反，对铜锌原电池而言，电子从 Zn 电极通过导线流向 Cu 电极，因此电流的方向是从 Cu 电极流向 Zn 电极，故 Cu 电极为正极，Zn 电极为负极。

例如锌铜原电池的电池符号为：

$$(-)Zn|ZnSO_4(c_1)||CuSO_4(c_2)|Cu(+)$$

又如电池反应为 $H_2(g) + 2Fe^{3+}(aq) \rightleftharpoons 2H^+(aq) + 2Fe^{2+}(aq)$ 的原电池用电池符号表示为：

$$(-)Pt,H_2(p_1)|H^+(c_1)||Fe^{3+}(c_2),Fe^{2+}(c_3)|Pt(+)$$

原电池中正、负极以电极反应的类型来确定，发生还原反应的是正极，其电极电势高；发生氧化反应的是负极，其电极电势低。

4.2.2　常见电极的种类

氧化还原反应都存在电子的转移，都可以设计成原电池。然而氧化还原电对中的物质可以是非金属单质及其所含该非金属的离子，也可以是同一金属的不同氧化态，因此，采用的电极也不尽相同，一般原电池中的电极可以分为以下四种类型。

（1）金属电极　由金属及其阳离子组成，是将金属片插入含有同一金属离子的盐溶液中构成的电极。其电极符号和电极反应方程式如下：

电极符号：$M | M^{n+}(c)$

电极反应：$M^{n+}(aq) + ne^- \rightleftharpoons M(s)$

例如银电极，电极符号：$Ag(s)|Ag^+(c)$

电极反应：$Ag^+(aq) + e^- \rightleftharpoons Ag(s)$

（2）金属-金属难溶盐电极　该类电极是将金属表面涂以该金属的难溶盐（或氧化物），浸入与其盐具有相同阴离子的溶液中组成的电极，如银-氯化银电极和甘汞电极。银-氯化银电极是将表面涂有氯化银的银丝浸在盐酸溶液中构成；甘汞电极是将 $Hg\text{-}Hg_2Cl_2$ 浸在氯化物溶液中构成的，其电极符号和电极反应如下：

电极符号：$Cl^-(c)|Hg_2Cl_2(s)|Hg(l)|Pt(s)$

电极反应：$Hg_2Cl_2(s) + 2e^- \rightleftharpoons 2Hg(l) + 2Cl^-(aq)$

（3）气体电极　该类电极是将气体通入其相应离子溶液中，气体与其溶液中的阴离子构成平衡体系。因气体不导电，需借助不参与电极反应的惰性金属铂组成电极，常见的有氢电极、氧电极和氯电极。氧电极的电极符号和电极反应如下：

电极符号：$Pt,O_2(p) | OH^-(c)$

电极反应：$O_2(g) + 2H_2O(l) + 4e^- \rightleftharpoons 4OH^-(aq)$

（4）氧化还原电极　氧化还原电极是指将惰性电极插在含有同种元素两种价态离子的溶液中构成。例如：将铂电极插在含有 Fe^{3+}、Fe^{2+} 两种离子的溶液，组成氧化还原电极：

电对：Fe^{3+}/Fe^{2+}

电极符号：$Pt | Fe^{3+}(c_1),Fe^{2+}(c_2)$

电极反应：$Fe^{3+}(aq) + e^- \rightleftharpoons Fe^{2+}(aq)$

4.2.3　电极电势的产生

从铜锌原电池来看，Cu 电极的电极电势高于 Zn 电极，为什么这两个电极的电位不等，电极电势又是怎样产生的？德国化学家能斯特（W. H. Nernst）提出了双电层理论，解释了电极电势产生原因。

由金属键理论可知，金属晶体是由金属离子（或原子）和自由电子以金属键来连接的，当将金属片插入其盐溶液后，存在两种相反的倾向。一方面由于溶液的极性使部分金属离子脱离金属表面并以水合离子的形式进入溶液，而电子留在金属片上，使得金属表面带负电荷。

$$M(s) \longrightarrow M^{n+}(aq) + ne^-$$

另一方面，溶液中的 M^{n+} 又从金属 M 表面获得电子而沉积到金属表面上。

$$M^{n+}(aq) + ne^{-} \longrightarrow M(s)$$

对于上面两个过程的相对大小，主要取决于金属的本性。金属越活泼，溶液越稀，金属进入溶液的趋向越大；金属越不活泼，溶液越浓，金属离子沉积趋向越大。当溶解与沉积的速率相等时，则达到一种动态平衡。

$$M(s) \rightleftharpoons M^{n+}(aq) + ne^{-}$$

当达到平衡时，如果金属溶解的趋势大于金属离子沉积的趋势，则金属表面带负电荷，而金属表面附近的溶液带正电荷，如图 4-2(a) 所示。反之，若金属离子沉积的趋势大于金属溶解的趋势，金属表面带正电荷，而金属表面附近的溶液带负电荷，如图 4-2(b) 所示。无论发生上述两种现象中的哪一种现象，在金属表面与溶液之间都会形成电势差。这种产生于金属表面与其金属离子的溶液之间的电势差，称为金属电极的**电极电势**或**电极电位**（electrode potential）。

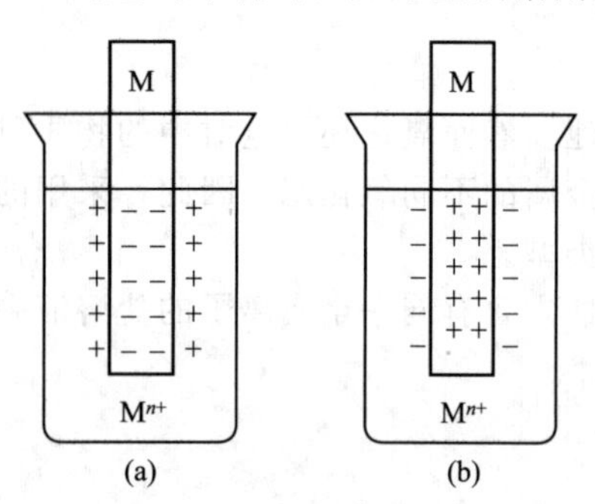

图 4-2 双电层结构示意

电极电势的大小主要取决于电极的本性，此外还与离子浓度、介质及温度有关。当外界条件一定时，电极电势的大小只取决于电极的本性。例如 Zn 电极和 Cu 电极相比，金属 Zn 失去电子的趋势比 Cu 大，所以 Zn 片上有过剩的电子，Cu 片上则缺少电子。若用导线将 Zn 片和 Cu 片相连，则电子就从 Zn 片流向 Cu 片，产生电流。

4.2.4 电极电势

电极电势反映了氧化还原电对在水溶液中得失电子的能力，如果能测定出各电对的电极电势的绝对数值，就可以定量地比较各种氧化剂和还原剂在水溶液中的强弱，就能判断氧化还原反应在给定条件下进行的方向。然而，电极电势的绝对数值是无法测定的。因为测定单个电极的电极电势时，总是需要将另一个导体插到待测溶液中，这样便组成了另一个电极，测定的仍是两个电极的电极电势的差值。通常选定一个电极作为比较标准，规定其标准电极电势为零，再确定其他各个电极对此比较电极（又称为参比电极）的相对电极电势。利用此相对电极电势，就可以计算出任意两个电极所组成的原电池的电动势，比较氧化剂和还原剂的相对强弱，判断氧化还原反应进行的方向。

4.2.4.1 标准氢电极

原则上，任意电极均可作为比较电极。1953 年，IUPAC 建议采用**标准氢电极**（standard hydrogen electrode，SHE）作为比较电极。这个建议已被接受，并成为正式约定。根据这个规定，某一电极的电极电势就是在指定温度下此电极与标准氢电极所组成的原电池的电动势。

标准氢电极是用镀有一层疏松铂黑的铂片作为电极，插入氢离子浓度（严格地说为活度）为 1.0mol/kg（近似为 1.0mol/L）的酸溶液中，在指定温度下，不断通入 100kPa 纯 H_2，使铂黑吸附 H_2 达到饱和，如图 4-3 所示。这样，吸附在铂片上的 H_2 与溶液中的 H^+ 建立了如下动态平衡：

$$H_2(g) \rightleftharpoons 2H^+(aq) + 2e^-$$

这样就形成了一个标准氢电极。该电极表达式为：

$$\text{Pt(铂黑)}, H_2(100\text{kPa}) | H^+(1\text{mol/L})$$

这种产生在 100kPa H_2 饱和了的铂片与 H^+ 活度为 1mol/L 的酸溶液之间的电势差，称为标准氢电极的电极电势，并规定标准氢电极的电极电势为零：

$$\varphi^{\ominus}(H^+/H_2) = 0.0000V$$

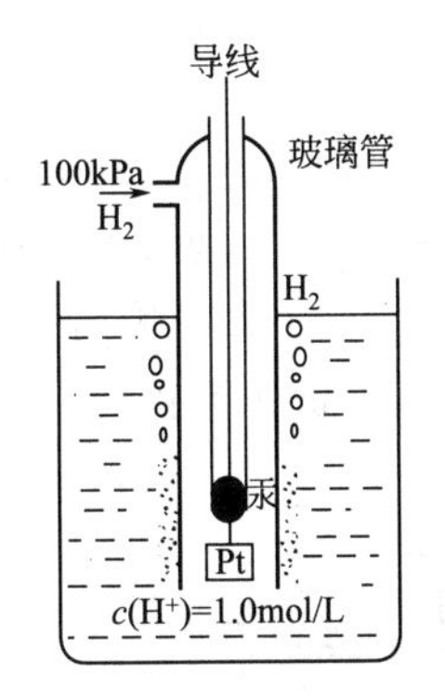

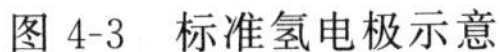
图 4-3 标准氢电极示意

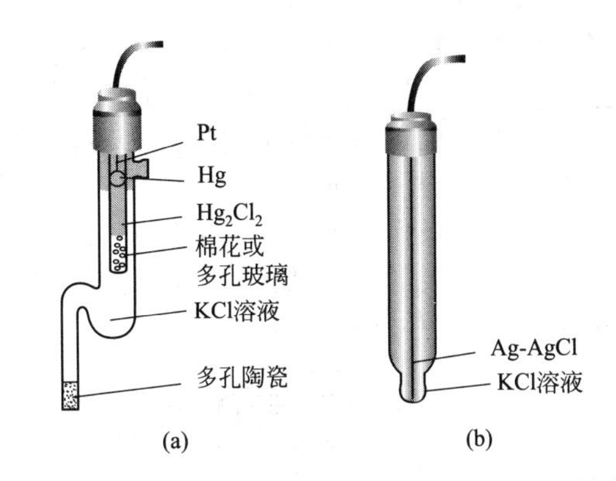

图 4-4 甘汞电极（a）和银-氯化银电极（b）结构

4.2.4.2 其他参比电极

由于标准氢电极使用不方便，实际工作中人们常用其他一些电极电势稳定、使用方便的电极作**参比电极**（reference electrode）。参比电极是指电极电势已知且稳定、其电极电势不受待测溶液组成变化而变化的电极。常用的参比电极有甘汞电极和银-氯化银电极等。图 4-4 给出了甘汞电极和银-氯化银电极的结构。

甘汞电极是在电极内放入少量汞和少量由甘汞（Hg_2Cl_2）、汞和 KCl 溶液制成的糊状物，充满了饱和甘汞的 KCl 溶液，将 Pt 电极插入汞中，再用导线导出［图 4-4(a)］。甘汞电极的电极电势取决于溶液中 Cl^- 的浓度。298.15K 时，内充 0.1mol/L KCl 溶液、1mol/L KCl 溶液、饱和 KCl 溶液的甘汞电极的电极电势分别为 0.3337V、0.2801V 和 0.2412V。由于 KCl 的溶解度受温度的影响，所以饱和甘汞电极的温度系数较大。

甘汞电极的电极符号： $Cl^-(c)|Hg_2Cl_2(s)|Hg(l)|Pt(s)$

电极反应： $Hg_2Cl_2(s) + 2e^- \rightleftharpoons 2Hg(l) + 2Cl^-(aq)$

银-氯化银电极由 Ag、AgCl 以及 KCl 溶液组成。外层是一玻璃管，下端用石棉丝封住，内盛一定浓度的 KCl 溶液，溶液中插入一根涂有 AgCl 薄层的银丝，上端接出导线［图 4-4(b)］。银-氯化银电极的电极电势也取决于溶液中 Cl^- 的浓度。298.15K 时，Cl^- 的浓度为 0.1mol/L、1.0mol/L、饱和 KCl 溶液时，电极电势分别是 0.2815V、0.2223V、0.1971V。银-氯化银电极的优点是对温度变化不敏感，甚至可以在 80℃以上使用。

银-氯化银电极的电极符号：$Cl^-(c)|AgCl(s),Ag(s)$

电极反应：$AgCl(s) + e^- \rightleftharpoons Ag(s) + Cl^-(aq)$

【例 4-3】 用饱和甘汞电极作参比电极，25℃时测得电极 Ni | $NiSO_4$（1mol/L）相对于饱和甘汞电极的电极电势值为－0.4982V，则该电极相对于标准氢电极的电极电势为多少？

解：25℃时饱和甘汞电极的电极电势为 φ（甘汞）＝0.2412V，又已知

$$\varphi(Ni^{2+}/Ni) - \varphi(\text{甘汞}) = -0.4982V$$

所以 $\varphi(Ni^{2+}/Ni) = -0.4982V + \varphi(\text{甘汞}) = -0.4982V + 0.2412V = -0.2570V$

4.2.4.3 标准电极电势

如前所述，电极电势的大小主要取决于电极的本性，同时还与温度、浓度和压力等因素有关。为了便于应用，提出了标准电极电势的概念。

将标准态下的待测电极与标准氢电极组成原电池，测定原电池的电动势就可知道该待测电极的**标准电极电势**（standard electrode potential），用符号 $\varphi^{\ominus}_{\text{氧化态/还原态}}$ 表示，单位是伏特（V）。

该原电池为：

$$(-)Pt, H_2(100kPa)|H^+(1mol/L) \| \text{待测电极}(+)$$

该原电池的标准电动势用$E^{\ominus}$表示，为：

$$E^{\ominus}=\varphi^{\ominus}_{正极}-\varphi^{\ominus}_{负极}=\varphi^{\ominus}_{待测}-\varphi^{\ominus}_{H^+/H_2} \tag{4-1}$$

由于标准氢电极的电极电势规定为零，则测得的原电池电动势$E^{\ominus}$就等于待测电极的标准电极电势。值得注意的是，当待测电极与标准氢电极组成原电池时，若待测电极上发生还原反应，则该电极作为正极，标准氢电极作为负极，该电极的标准电极电势为正值［图 4-5(a)］；若待测电极上发生氧化反应，则该电极作为负极，标准氢电极作为正极，该电极的标准电极电势为负值［图 4-5(b)］。

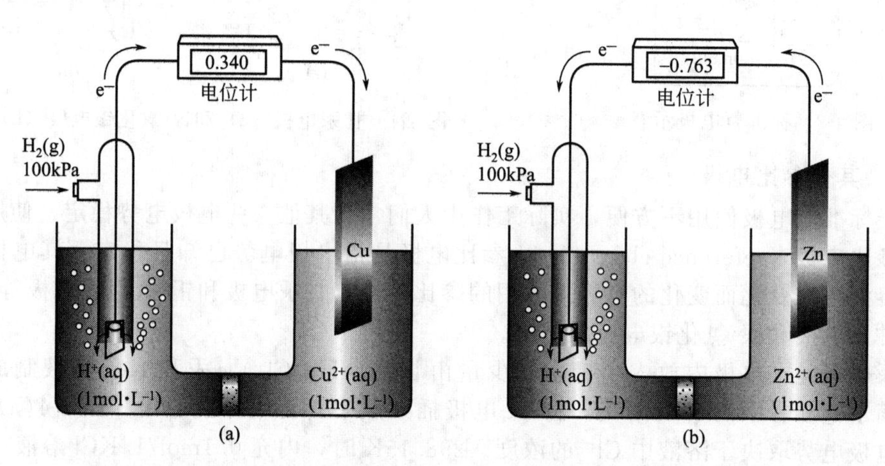

图 4-5 标准电极电势测定装置示意图 (a) 标准铜电极 (b) 标准锌电极

【例 4-4】 (1) 使用标准铜电极作正极与标准氢电极组成原电池，测得电池的电动势为 0.34V；(2) 使用标准锌电极作负极与标准氢电极组成原电池，测得电池的电动势为 0.763V。试求标准铜电极和标准锌电极的标准电极电势。

解：(1) 测定$Cu^{2+}|Cu$电极标准电极电势的原电池为

$$(-)Pt,H_2(100kPa)|H^+(1mol/L)\|Cu^{2+}(1mol/L)|Cu(+)$$

$$E^{\ominus}=\varphi^{\ominus}(Cu^{2+}/Cu)-\varphi^{\ominus}(H^+/H_2)$$
$$=\varphi^{\ominus}(Cu^{2+}/Cu)-0=\varphi^{\ominus}(Cu^{2+}/Cu)$$

得 $$\varphi^{\ominus}(Cu^{2+}/Cu)=E^{\ominus}=0.34V$$

(2) 测定$Zn^{2+}|Zn$电极标准电极电势的原电池为

$$(-)Zn|Zn^{2+}(1mol/L)\|H^+(1mol/L)|H_2(100kPa),Pt(+)$$

$$E^{\ominus}=\varphi^{\ominus}(H^+/H_2)-\varphi^{\ominus}(Zn^{2+}/Zn)$$
$$=0-\varphi^{\ominus}(Zn^{2+}/Zn)=-\varphi^{\ominus}(Zn^{2+}/Zn)$$

得 $$\varphi^{\ominus}(Zn^{2+}/Zn)=-E^{\ominus}=-0.763V$$

注意：电池的电动势总是正的。锌电极的电极电势为负，表明锌失去电子的倾向大于H_2，或Zn^{2+}得电子的能力小于H^+；铜电极的电极电势为正，表明铜失去电子的倾向小于H_2，或Cu^{2+}得电子的能力大于H^+，也可以说 Zn 比 Cu 活泼，Zn 比 Cu 更容易失去电子。

上述方法不仅可以用来测定金属电极的标准电极电势，它同样可以用来测定非金属离子和气体的标准电极电势。对那些与水剧烈反应而不能直接测定的电极，例如Na^+/Na，F_2/F^-等的电极电势则可以通过热力学数据用间接方法来计算标准电极电势。将不同电极反应的标准电位数值，按照由小到大的顺序排列，就得到**标准电极电势表**（table of standard electrode potential）。编制成表的方式有多种，本书按电极电势从负到正（由低到高）的次序编制，部分常见氧化还原电对的标准电极电势见表 4-1，其他氧化还原电对的标准电极电势数据见附录 8 或相关物理化学手册。

表 4-1　一些常见的氧化还原电对的标准电极电势（298.15 K）

电极	电极反应	$\varphi^{\ominus}$/V
Li^{+}/Li	$Li^{+} + e^{-} \rightleftharpoons Li$	−3.04
K^{+}/K	$K^{+} + e^{-} \rightleftharpoons K$	−2.93
Ba^{2+}/Ba	$Ba^{2+} + 2e^{-} \rightleftharpoons Ba$	−2.90
Sr^{2+}/Sr	$Sr^{2+} + 2e^{-} \rightleftharpoons Sr$	−2.89
Ca^{2+}/Ca	$Ca^{2+} + 2e^{-} \rightleftharpoons Ca$	−2.87
Na^{+}/Na	$Na^{+} + e^{-} \rightleftharpoons Na$	−2.71
Mg^{2+}/Mg	$Mg^{2+} + 2e^{-} \rightleftharpoons Mg$	−2.73
Al^{3+}/Al	$Al^{3+} + 3e^{-} \rightleftharpoons Al$	−1.66
Zn^{2+}/Zn	$Zn^{2+} + 2e^{-} \rightleftharpoons Zn$	−0.76
Cr^{3+}/Cr	$Cr^{3+} + 3e^{-} \rightleftharpoons Cr$	−0.74
Fe^{2+}/Fe	$Fe^{2+} + 2e^{-} \rightleftharpoons Fe$	−0.45
Ni^{2+}/Ni	$Ni^{2+} + 2e^{-} \rightleftharpoons Ni$	−0.23
Sn^{2+}/Sn	$Sn^{2+} + 2e^{-} \rightleftharpoons Sn$	−0.15
Pb^{2+}/Pb	$Pb^{2+} + 2e^{-} \rightleftharpoons Pb$	−0.13
H^{+}/H_2	$2H^{+} + 2e^{-} \rightleftharpoons H_2$	0.00
S/S^{2-}	$S + 2H^{+} + 2e^{-} \rightleftharpoons H_2S$	+0.14
Sn^{4+}/Sn^{2+}	$Sn^{4+} + 2e^{-} \rightleftharpoons Sn^{2+}$	+0.15
Cu^{2+}/Cu	$Cu^{2+} + 2e^{-} \rightleftharpoons Cu$	+0.34
O_2/OH^{-}	$O_2 + 2H_2O + 4e^{-} \rightleftharpoons 4OH^{-}$	+0.40
I_2/I^{-}	$I_2 + 2e^{-} \rightleftharpoons 2I^{-}$	+0.54
Mn(Ⅶ)/Mn(Ⅵ)	$MnO_4^{-} + e^{-} \rightleftharpoons MnO_4^{2-}$	+0.56

氧化剂的氧化能力增强（↓）

还原剂的还原能力增强（↑）

使用标准电极电势表时，注意以下几点。

① 在电极反应 $M^{n+} + ne^{-} \rightleftharpoons M$ 中，M^{n+} 为物质的氧化型，M 为物质的还原型。例如 Na^{+}、Cl_2、MnO_4^{-} 是氧化型，而 Na、Cl^{-}、Mn^{2+} 是对应的还原型，它们之间是相互依存的。同一物质在某一电对中是氧化型，在另一电对中则可能是还原型。例如电对 Fe^{3+}/Fe^{2+} 中的 Fe^{2+} 是还原型，而在电对 Fe^{2+}/Fe 中，Fe^{2+} 是氧化型。查阅标准电极电势数据时，要注意电对的具体存在形式、状态和介质等条件。

② $\varphi^{\ominus}$ 越大，其对应电对中氧化剂在标准态下的氧化能力越强，还原剂在标准态下的还原能力越弱；反之，则其对应电对中还原剂在标准态下的还原能力越强，氧化剂在标准态下的氧化能力越弱。故 $\varphi^{\ominus}$ 可用来判断各物质在标准态下的氧化还原能力。

③ 标准电极电势是强度性质，其值与电极反应式的写法无关，因此对 Cl_2/Cl^{-}，其标准电极电势为 $\varphi^{\ominus}(Cl_2/Cl^{-})$，而不是 $\varphi^{\ominus}(Cl_2/2Cl^{-})$。例如：

电极反应式	$\varphi^{\ominus}$/V	$\Delta G^{\ominus}$/(kJ/mol)
$1/2Cl_2(g) + e^{-} \rightleftharpoons Cl^{-}(aq)$	1.36	−131
$Cl_2(g) + 2e^{-} \rightleftharpoons 2Cl^{-}(aq)$	1.36	−262
$3Cl_2(g) + 6e^{-} \rightleftharpoons 6Cl^{-}(aq)$	1.36	−786
$2Cl^{-}(aq) - 2e^{-} \rightleftharpoons Cl_2(g)$	1.36	+262

而 $\Delta G^{\ominus}$、$\Delta H^{\ominus}$、$\Delta S^{\ominus}$ 为广度（容量）性质，其值与电极反应计量系数写法有关。

④ 表中的数据为 298.15K 时的标准电极电势，在一般情况下，室温范围内都可直接应用表 4-1 和附录 8 的数据。

4.3 电动势

4.3.1 原电池电动势与吉布斯自由能

原电池是将化学能转化为电能的装置，可以对外做电功。那么，用什么物理量来衡量一个原电池作电功的能力呢？通常采用电池电动势。电池电动势是原电池产生电流的推动力，是衡量氧化还原反应推动力大小的判据，与热力学上使用反应体系的吉布斯（Gibbs）自由能的变化作为反应自发倾向的判据是一致的。电池电动势和吉布斯自由能变两者之间存在某种内在的联系。

一个原电池能对外作的最大电功 W_{max} 为：

$$W_{max}=-nFE \tag{4-2}$$

式中，n 为电池反应中得失电子数；F 为法拉第（Farady）常数，其值为 96485C/mol；E 为电池的电动势。

【例 4-5】 已知某原电池电动势为 0.65V，电池反应为 $Hg_2^{2+}(aq)+H_2(g)=2Hg(l)+2H^+(aq)$，试问：消耗 0.5mol H_2 时，电池所作的最大电功是多少？

解：因为 $W_{max}=-nFE$

可以从半电池反应式中得到 n 的数值，即该电池的半电池反应为：

负极反应：$H_2(g) \rightleftharpoons 2H^+(aq)+2e^-$

正极反应：$Hg_2^{2+}(aq)+2e^- \rightleftharpoons 2Hg(l)$

因为 $n=2$

消耗 1mol H_2 时，$W_{max}=-2FE$

消耗 0.5mol H_2 时，$W_{max}=-0.5mol\times 2FE=-0.5mol\times 2\times 96485C/mol\times 0.65V=-6.3\times 10^4 J$

从化学热力学可知，如果一个原电池在工作过程中，电池反应所释放的化学能全部转变为电能做电功，而无其他能量损失，那么在恒温、恒压条件下，电极反应的摩尔吉布斯自由能变 ΔG_m 就等于原电池所作的最大电功 W_{max}，即：

$$\Delta G_m=W_{max} \tag{4-3}$$

根据公式(4-2)，有：

$$\Delta G_m=-nFE \tag{4-4}$$

当电池中各物质均处于标准态时，式(4-4) 可表示为：

$$\Delta G_m^{\ominus}=-nFE^{\ominus} \tag{4-5}$$

式(4-4) 及式(4-5) 揭示了电池电动势和吉布斯自由能变两者之间的内在联系，表明了原电池中化学能与电能之间转化的定量关系，是联系化学热力学与电化学的重要关系式。

从热力学中已知，系统的吉布斯自由能变 ΔG 是等温恒压下化学反应自发性的判据。根据电池电动势和吉布斯自由能变两者之间的关系，ΔG 和 E 都可以作为等温恒压下氧化还原反应自发性的判据。所以，电池反应的自发性可以通过电动势 E（标准态用 $E^{\ominus}$）来判断，即：

$E>0$ 反应自发进行；

$E<0$ 反应不能自发进行；

$E=0$ 反应达到平衡状态。

只有能自发进行的电池反应才能组成原电池。

【例 4-6】 试按下列所给出的电池表达式，写出电极反应和电池反应，并按所给的 $E^{\ominus}$ 值判断该电池反应是否自发？

(1) 25℃，$(-)Zn|Zn^{2+}(c_1)\|Ag^+(c_2)|Ag(+)$ $E^{\ominus}=1.562V$

（2） 25℃，(−)Ag|Ag^+(c_1) ‖ H^+(c_2)|H_2(p_1)，Pt(+)　　　$E^\ominus = -0.799V$

解：（1） 负极反应：$Zn(s) \rightleftharpoons Zn^{2+}(aq) + 2e^-$

正极反应：$Ag^+(aq) + e^- \rightleftharpoons Ag(s)$

电池反应：$Zn(s) + 2Ag^+(aq) \rightleftharpoons Zn^{2+}(aq) + 2Ag(s)$

因为 $E^\ominus = 1.562V > 0$，电池反应按所写方向可以自发进行。

（2） 负极反应：$Ag(s) \rightleftharpoons Ag^+(aq) + e^-$

正极反应：$2H^+(aq) + 2e^- \rightleftharpoons H_2(g)$

电池反应：$2H^+(aq) + 2Ag(s) \rightleftharpoons H_2(g) + 2Ag^+(aq)$

因为 $E^\ominus = -0.799V < 0$，电池反应按所写方向不能自发进行。

【例 4-7】 求（−） Pt，H_2(100kPa)|H^+(1mol/L)||Cl^-(1mol/L)|AgCl，Ag(+)电池的 $E^\ominus$？[已知：298K 时反应 $1/2H_2 + AgCl = Ag + HCl$ 的 $\Delta_r H_m^\ominus = -40.4kJ/mol$，$\Delta_r S_m^\ominus = -63.6J/(mol \cdot K)$]

解：负极反应：$1/2\ H_2 - e^- \rightleftharpoons H^+$ （氧化）

正极反应：$AgCl + e^- \rightleftharpoons Ag + Cl^-$ （还原）

$$\Delta_r G_m^\ominus = \Delta_r H_m^\ominus - T\Delta_r S_m^\ominus$$
$$= -40.4 \times 10^3 J/mol - 298K \times (-63.6) J/(mol \cdot K)$$
$$= -21.4 \times 10^3 J/mol$$
$$\Delta_r G^\ominus = -nFE^\ominus$$
$$E^\ominus = -\frac{\Delta_r G_m^\ominus}{nF} = -\frac{-21.4 \times 10^3 J/mol}{1mol \times 96485C/mol} = 0.22V \quad \text{（注意单位的统一）}$$

4.3.2 原电池电动势和化学平衡常数

化学反应进行的最大限度可以通过平衡常数表示，氧化还原反应的平衡常数可以根据原电池的标准电动势求算。

从热力学中已知：$\Delta G_m^\ominus = -RT\ln K^\ominus$，根据式(4-5)：$\Delta G_m^\ominus = -nFE^\ominus$，可得：

$$-nFE^\ominus = -RT\ln K^\ominus$$
$$\ln K^\ominus = \frac{nFE^\ominus}{RT} \tag{4-6}$$

298.15K 时，将 $R = 8.314J/(mol \cdot K)$，$F = 96485C/mol$，代入式(4-6) 得：

$$\lg K^\ominus = \frac{nE^\ominus}{0.0592} = \frac{n(\varphi_{正极}^\ominus - \varphi_{负极}^\ominus)}{0.0592} \tag{4-7}$$

式中，n 是配平的氧化还原反应方程式中转移的电子数。在一定温度下，$K^\ominus$ 与电池电动势 $E^\ominus$ 有关；与氧化剂和还原剂的本性有关；与反应物的浓度无关。

如果已知两个电极的标准电极电势，就可以求出电池对应的氧化还原反应的平衡常数 $K^\ominus$，进而判断氧化还原反应进行的程度。

【例 4-8】 写出下面氧化还原反应对应的原电池的电池符号，并求 298 K 时该反应的平衡常数 $K^\ominus$。[已知 $\varphi^\ominus$ (Cu^{2+}/Cu) =0.34V，$\varphi^\ominus$(Cl_2/Cl^-)=1.36V]

$$1/2\ Cu(s) + 1/2\ Cl_2(g) \rightleftharpoons 1/2\ Cu^{2+}(aq) + Cl^-(aq)$$

解：（1） 将氧化还原反应分解为两个半反应：

$$1/2\ Cl_2(g) + e^- \rightleftharpoons Cl^-(aq)$$
$$1/2\ Cu^{2+}(aq) + e^- \rightleftharpoons 1/2\ Cu(s)$$

（2） 判断正负极

在反应中发生还原反应的物质所对应的半反应为正极的电极反应，发生氧化反应的物质所对应的半反应为负极的电极反应，故对应的电池符号为：

$$(-)Cu|Cu^{2+}(1.0mol/L)\parallel Cl^{-}(1.0mol/L)|Cl_2(p^{\ominus}),Pt(+)$$

（3）根据两个电极的标准电极电势：$\varphi^{\ominus}(Cu^{2+}/Cu)=0.34V$，$\varphi^{\ominus}(Cl_2/Cl^{-})=1.36V$

$$E^{\ominus}=\varphi^{\ominus}(Cl_2/Cl^{-})-\varphi^{\ominus}(Cu^{2+}/Cu)=1.36V-0.34V=1.02V$$

（4）根据式(4-7)得：

$$\lg K^{\ominus}=\frac{nE^{\ominus}}{0.0592}=\frac{1\times 1.02}{0.0592}=17.23$$

【例 4-9】 利用有关标准电极电势值，求 AgCl(s) 在 298K 的溶度积常数。

解：
$$Ag^{+}(aq)+Cl^{-}(aq)\rightleftharpoons AgCl(s) \qquad K^{\ominus}=1/K_{sp}^{\ominus}$$

该反应不是氧化还原反应，但可改写为：

$$Ag^{+}(aq)+Cl^{-}(aq)+Ag(s)\rightleftharpoons AgCl(s)+Ag(s)$$

设计为原电池：

$$(-)Ag(s),AgCl(s)|Cl^{-}(1mol/L)\parallel Ag^{+}(1mol/L)|Ag(s)(+)$$

负极反应：$Ag(s)+Cl^{-}(aq)-e^{-}\rightleftharpoons AgCl(s)$ $\qquad \varphi^{\ominus}(AgCl/Ag)=+0.2223V$

正极反应：$Ag^{+}(aq)+e^{-}\rightleftharpoons Ag(s)$ $\qquad \varphi^{\ominus}(Ag^{+}/Ag)=+0.7996V$

原电池的总电池反应为：$Ag^{+}(aq)+Cl^{-}(aq)\rightleftharpoons AgCl(s)$

$$E^{\ominus}=\varphi^{\ominus}(Ag^{+}/Ag)-\varphi^{\ominus}(AgCl/Ag)=0.7996-0.2223=0.5773V$$

$$\lg K^{\ominus}=\frac{nE^{\ominus}}{0.0592}=\frac{1\times 0.5773}{0.0592}=9.752$$

$$K^{\ominus}=5.65\times 10^{9}$$

$$K_{sp}^{\ominus}=1/K^{\ominus}=1.77\times 10^{-10}$$

4.4 能斯特方程

标准电极电势是在标准态下测得的，它只能在标准态下应用，而绝大多数氧化还原反应都是在非标准态下进行的。那么非标准态下的电极电势和电池电动势受哪些因素影响？它们的关系又如何呢？

4.4.1 电极电势的能斯特方程

1889 年，德国化学家能斯特（W. H. Nernst）从理论上推导出电极电势与温度、浓度的关系式——能斯特方程。

对于任意给定的电极，电极反应通式为：

$$a\,Ox+n\,e^{-}\rightleftharpoons b\,Red \qquad 则$$

$$\varphi(Ox/Red)=\varphi^{\ominus}(Ox/Red)+\frac{RT}{nF}\ln\frac{[c(Ox)/c^{\ominus}]^{a}}{[c(Red)/c^{\ominus}]^{b}} \tag{4-8}$$

式(4-8)就是著名的能斯特方程式，它是电化学中最重要的公式之一。式中 n 是配平的氧化还原反应方程式中转移的电子数；φ 表示电对在非标准态下的电极电势；$\varphi^{\ominus}$ 表示电对的标准电极电势；T 为热力学温度；R 为气体常数；F 为法拉第常数。

298.15K 时，将 $R=8.314J/(mol\cdot K)$，$F=96485C/mol$，代入式(4-8)得：

$$\varphi(Ox/Red)=\varphi^{\ominus}(Ox/Red)+\frac{0.0592}{n}\lg\frac{[c(Ox)/c^{\ominus}]^{a}}{[c(Red)/c^{\ominus}]^{b}} \tag{4-9}$$

由能斯特方程式可以看出，非标准态下电极电势的大小不仅与电极的本性有关，还与温度、溶液浓度及气体分压等因素有关。

应用能斯特方程式时，应注意以下几点：

① 组成电极的某物质为纯固体或纯液体时，其浓度为常数，被认为是 1，不列入能斯特方程式的计算；溶液用浓度（$c/c^{\ominus}$）、气体用分压（$p/p^{\ominus}$）代入能斯特方程式的计算。

② 除氧化型和还原型外，若有 H^+、OH^- 或 Cl^- 等介质参加电极反应，尽管它们在反应中未得失电子，但为了准确体现反应中原子的种类和数目，它们的浓度也必须列入能斯特方程式的计算中。介质若处于反应式氧化型一侧，就当作氧化型处理；若处于反应式还原型一侧，则当作还原型处理，浓度的幂次等于电极反应中相应物质前的化学计量数。

【例 4-10】 写出下列电极反应的 Nernst 方程式。

（1）$Cr_2O_7^{2-}(aq) + 14H^+(aq) + 6e^- \rightleftharpoons 2Cr^{3+}(aq) + 7H_2O(l)$

（2）$2H^+(aq) + 2e^- \rightleftharpoons H_2(g)$

解：（1）$\varphi(Cr_2O_7^{2-}/Cr^{3+}) = \varphi^{\ominus}(Cr_2O_7^{2-}/Cr^{3+}) + \dfrac{0.0592}{6}\lg\dfrac{\{c(H^+)/c^{\ominus}\}^{14}\{c(Cr_2O_7^{2-})/c^{\ominus}\}}{\{c(Cr^{3+})/c^{\ominus}\}^2}$

（2）$\varphi(H^+/H_2) = \varphi^{\ominus}(H^+/H_2) + \dfrac{0.0592}{2}\lg\dfrac{\{c(H^+)/c^{\ominus}\}^2}{p(H_2)/p^{\ominus}}$

4.4.2　浓度对电极电势的影响

应用能斯特方程式，可计算非标准态下电对物质浓度的变化对电极电势和电池电动势的影响。但是浓度对电极电势的影响是对数关系，还要乘上小于 1 的量 $0.0592/n$，因此在通常情况下，氧化型、还原型物质浓度的变化对电极电势的影响往往不显著。然而，在一些特殊情况下，浓度对电极电势的影响很大。例如借助于改变反应介质的酸碱度、或者通过生成难溶盐、配合物等方式可以使电极电势发生较大的改变。

下面分别讨论溶液中各种情况的变化对电极电势的影响。

【例 4-11】 计算下列两种情况下 25℃时，电极 $Pt \mid Fe^{2+}(c_1)$，$Fe^{3+}(c_2)$ 的电极电势。计算结果说明了什么？已知 $\varphi^{\ominus}(Fe^{3+}/Fe^{2+}) = 0.770V$。

（1）$c_1 = 0.0010mol/L$，$c_2 = 1.000mol/L$；

（2）$c_1 = 0.0010mol/L$，$c_2 = 0.1000mol/L$。

解：电极反应为：$Fe^{3+}(aq) + e^- \rightleftharpoons Fe^{2+}(aq)$

根据能斯特方程：

（1）
$$\varphi(Fe^{3+}/Fe^{2+}) = \varphi^{\ominus}(Fe^{3+}/Fe^{2+}) + 0.0592\lg\frac{\{c(Fe^{3+})/c^{\ominus}\}}{\{c(Fe^{2+})/c^{\ominus}\}}$$
$$= 0.770 + 0.0592\lg\frac{1.000}{0.0010} = 0.948(V)$$

（2）
$$\varphi(Fe^{3+}/Fe^{2+}) = \varphi^{\ominus}(Fe^{3+}/Fe^{2+}) + 0.0592\lg\frac{\{c(Fe^{3+})/c^{\ominus}\}}{\{c(Fe^{2+})/c^{\ominus}\}}$$
$$= 0.770 + 0.0592\lg\frac{0.1000}{0.0010} = 0.888(V)$$

上述计算结果表明，对同一种电极，当反应物质浓度变化时，其电极电势也会发生变化。当氧化型浓度减小时，电极电势值降低；反之亦然。

【例 4-12】 试求 20℃时的中性溶液中，氧电极的电极电势 $\varphi(O_2/OH^-)$。已知 $p(O_2) = p^{\ominus}$，$\varphi^{\ominus}(O_2/OH^-) = 0.401V$。

解：电极反应：　$O_2(g) + 2H_2O(l) + 4e^- \rightleftharpoons 4OH^-(aq)$

根据能斯特方程：

$$\varphi(O_2/OH^-) = \varphi^{\ominus}(O_2/OH^-) + \frac{0.0592}{4}\lg\frac{p(O_2)/p^{\ominus}}{\{c(OH^-)/c^{\ominus}\}^4}$$
$$= 0.401 + \frac{0.0592}{4}\lg\frac{1}{(10^{-7})^4} = 0.815(V)$$

从以上计算结果可知，当 $c(OH^-)$ 从 1mol/L 降低到 10^{-7}mol/L 时，氧电极的电极电势从 0.401V 增大至 0.815V，表明有 OH^- 参与的电极反应的平衡电位受溶液酸碱度的影响；且 OH^- 位于还原型一侧，说明当还原型浓度减小时，电极电势值升高；反之亦然。

【例 4-13】 通过计算说明金属银不能置换水中的氢，而加入 KCN 后银可以置换水中的氢。已知 $\varphi^\ominus(Ag^+/Ag)=0.7996V$，$[Ag(CN)_2]^-$ 的 $K_f=1.26\times10^{21}$。

解：(1) 根据标准电极电势，$\varphi^\ominus(Ag^+/Ag) > \varphi^\ominus(H^+/H_2)$，金属银不能置换水中的氢。

(2) 对于标准银电极，$c(Ag^+)=1.00mol/L$，加入 KCN 后，可生成 1.00mol/L $[Ag(CN)_2]^-$，此时溶液中的 Ag^+ 来源于$[Ag(CN)_2]^-$的解离。当 CN^- 浓度为 1.00mol/L，$c(Ag^+)$ 可根据配位平衡算出。

$$Ag^+ + 2CN^- \rightleftharpoons [Ag(CN)_2]^-$$

$$K_f=\frac{c[Ag(CN)_2]^-/c^\ominus}{\{c(CN^-)/c^\ominus\}^2\{c(Ag^+)/c^\ominus\}}=\frac{1}{c(Ag^+)/c^\ominus}=1.26\times10^{21}$$

$$c(Ag^+)/c^\ominus=7.94\times10^{-22}$$

此时银电极的电极电势为

$$\begin{aligned}\varphi(Ag^+/Ag)&=\varphi^\ominus(Ag^+/Ag)+0.0592\lg\{c(Ag^+)/c^\ominus\}\\&=\varphi^\ominus(Ag^+/Ag)+0.0592\lg7.94\times10^{-22}\\&=-0.449V\end{aligned}$$

当加入 KCN 后，由于形成 $[Ag(CN)_2]^-$ 配离子，使 $\varphi(Ag^+/Ag)<0$，提高了金属银的还原能力，此时银可以置换水中的氢。

电极电势的大小，反映了氧化-还原电对中氧化型物质和还原型物质的氧化、还原能力的相对强弱。根据标准电极电势的大小可判断各物质在标准态下的氧化还原能力。各物质在非标准态下的氧化还原能力，则可依据能斯特方程，得出在此条件下的电极电势，进而可以判断各物质在此条件下的氧化还原能力。电极电势的代数值越大，该电对中的氧化型物质越易得到电子，是越强的氧化剂，还原型物质的还原能力越弱；电极电势的代数值越小，其对应电对中还原型物质的还原能力越强，氧化型物质的氧化能力越弱。

【例 4-14】 已知 25℃时，$\varphi^\ominus(H_3AsO_4/H_3AsO_3)=0.560V$，$\varphi^\ominus(I_2/I^-)=0.535V$，在两电对的物质中，标准态下哪个是较强的氧化剂，哪个是较强的还原剂？当 pH=7.0，其他各物质均处于标准态时，哪个是较强的氧化剂，哪个是较强的还原剂？

解：(1) 在标准态下可用 $\varphi^\ominus$ 值的相对大小比较氧化还原能力，因为：

$$\varphi^\ominus(H_3AsO_4/H_3AsO_3)>\varphi^\ominus(I_2/I^-)$$

所以在上述物质中 H_3AsO_4 是较强的氧化剂，I^- 是较强的还原剂。

(2) 两电对的电极反应分别是：

$$H_3AsO_4+2H^++2e^- \rightleftharpoons H_3AsO_3+H_2O$$

$$2I^- - 2e^- \rightleftharpoons I_2$$

已知 $c(H_3AsO_4)=c(H_3AsO_3)=1.0mol/L$，当 pH=7.0 时，

根据能斯特方程：

$$\varphi(H_3AsO_4/H_3AsO_3)=\varphi^\ominus(H_3AsO_4/H_3AsO_3)+\frac{0.0592}{2}\lg\frac{\{c(H^+)/c^\ominus\}^2\{c(H_3AsO_4\}/c^\ominus]}{[c(H_3AsO_3)/c^\ominus]}$$

$$=0.560+\frac{0.0592}{2}\lg(10^{-7})^2=0.146(V)$$

而 $\varphi(I_2/I^-)$ 不受溶液 pH 值的影响，因此当 pH=7.0 时 $\varphi(H_3AsO_4/H_3AsO_3)<\varphi(I_2/I^-)$。此时，$I_2$ 是较强的氧化剂，H_3AsO_3 是较强的还原剂。

4.5　金属腐蚀的形态、防护和利用

4.5.1　金属腐蚀的形态

当金属和周围介质接触时，由于发生化学和电化学作用而引起的破坏叫做**金属腐蚀**（metal corrosion）。从热力学观点看，除少数贵金属（如 Au、Pt 等）外，各种金属都有转变成离子的趋势，就是说金属腐蚀是自发的普遍存在的现象。按照金属腐蚀过程的不同特点，金属腐蚀可以分为化学腐蚀和电化学腐蚀。

（1）**化学腐蚀**（chemical corrosion）　金属表面和非电解质发生纯化学反应而引起的损坏称为化学腐蚀。化学腐蚀通常是在一些干燥气体及非电解质溶液中进行，反应特点是金属表面的原子与非电解质中的氧化剂直接发生氧化还原反应，生成腐蚀产物，在腐蚀过程中没有电流产生。金属的化学腐蚀主要是指金属与氧发生氧化反应的化学过程，还包括金属与活性气态介质如二氧化硫、硫化氢、卤素、水蒸气和二氧化碳等在高温下的化学作用。化学腐蚀的实质是金属与介质发生了化学反应，其发生的条件是金属与介质必须接触。

（2）**电化学腐蚀**（electrochemical corrosion）　金属和电解质溶液接触时，由于电化学作用引起的腐蚀称为电化学腐蚀。电化学腐蚀是金属腐蚀中最为常见的一种，当金属置于水溶液或者潮湿的空气中时，金属表面会形成微电池，也称为腐蚀电池。通常规定腐蚀电池中电位较低的金属为阳极，电位较高的金属为阴极。电位较低的阳极发生氧化反应，金属会失去电子成为带正电的离子并游离到溶液中去，使阳极发生溶解。阴极上发生还原反应，起传递电子的作用。

金属的电化学腐蚀是由氧化反应与还原反应组成的腐蚀原电池过程。电化学腐蚀机理在于介质与金属的相互作用被分为两个独立的共扼反应，阳极过程是金属原子直接转移到溶液中，形成水合金属离子或溶剂化金属离子；共扼的阴极过程是留在金属内的过量电子被溶液中的电子接受体或去极化剂所接受而发生还原反应。电化学腐蚀发生条件是两个电位不同的金属形成阳极、阴极；存在电解质溶液；在阳极和阴极之间形成电子通路。防止金属产生电化学腐蚀的措施也就是破坏三个条件中的任何一个，来阻止电化学腐蚀的产生。金属的电化学腐蚀形态按阳极与阴极的可分辨性可以分为宏观腐蚀和微观腐蚀，按腐蚀面积可以分全面腐蚀和局部腐蚀。

4.5.1.1　宏观腐蚀

宏观腐蚀电池（macroscopic corrosion cell）是用肉眼可分辨的阳极与阴极构成的腐蚀电池，包括电偶腐蚀电池和浓差电池。电偶腐蚀电池是由于金属电极电势的差异性，造成同一介质中异种金属接触处发生局部腐蚀作用的原电池。当两种不同的金属浸在腐蚀性或导电性的溶液中，电位低的金属不断遭到腐蚀而溶解，电位较高的金属得到保护，这种金属腐蚀称为**电偶腐蚀**、**接触腐蚀**或者**双金属腐蚀**。两种金属的电极电势相差越大，电偶腐蚀越严重。如图 4-6 所示，在铁-铜双金属的宏观腐蚀电池中，电极反应为：

阳极：$Fe-2e^- \rightleftharpoons Fe^{2+}$

阴极：$H_2O+1/2O_2+2e^- \rightleftharpoons 2OH^-$

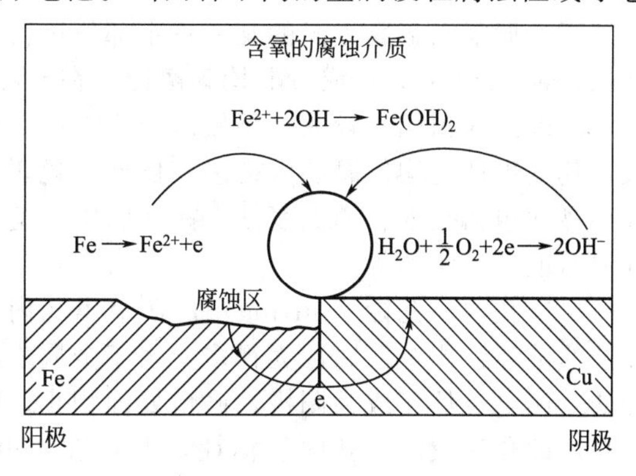

图 4-6　铁-铜双金属电偶腐蚀电池

浓差电池是同一种金属浸入到同一种电解质溶液中，由于电解质溶液的局部浓度、温度或不同区域里氧含量不同而构成浓差、温差或氧浓差腐蚀电池。氧浓差电池是由于金属与含氧量不同的溶液接触而形成的，位于高氧浓度区域的金属为阴极，位于低氧浓度区域的金属为阳极。金属构件由于生锈形成的缝隙或者金属构件之间互相连接形成的缝隙，往往会形成氧浓差电池，使金属受到腐蚀破坏。例如，在大气和土壤中金属生锈，船舶的水线腐蚀等都属于氧浓差电池腐蚀，阳极区金属将被溶解腐蚀，而阴极区发生氧的去极化反应。

4.5.1.2 **微观腐蚀**

由于金属表面电化学不均匀性，在电解溶液中，金属表面形成微小区域之间电位差，结果造成电位低的部位金属受到腐蚀，这种腐蚀原电池叫**微观腐蚀电池**（microscopic corrosion cell），其特点是电池的电极无法用肉眼辨认。在金属表面，只要存在电化学不均匀性区域，就会发生微电池腐蚀过程，这种电化学不均匀性包括：金属化学成分不均匀性，金属组织的不均匀性和金属表面物理化学状态不均匀性等。例如，碳钢在水中的电化学过程形成微观腐蚀，碳钢由铁素体（Fe）和渗碳体（Fe_3C）这两个基本相所组成，因为钢中铁素体的电极电势低于渗碳体的电极电势，铁素体构成微电池的阳极，渗碳体为阴极。阳极是溶解电极，即：$2Fe \rightleftharpoons 2Fe^{2+} + 4e^-$。电子向阴极 Fe_3C 移动，与介质中的 O_2 和 H_2O 作用形成 OH^- 离子，即：$2H_2O + O_2 + 4e^- \rightleftharpoons 4OH^-$。$Fe^{2+}$ 在介质中与 OH^- 相遇又形成 $Fe(OH)_2$，即整个过程的反应为：$2Fe + O_2 + 2H_2O = 2Fe(OH)_2$，这样钢铁在水中不断被腐蚀（图 4-7）。合金中各种元素或组织在电解质中会构成多电极的微电池电化学腐蚀。

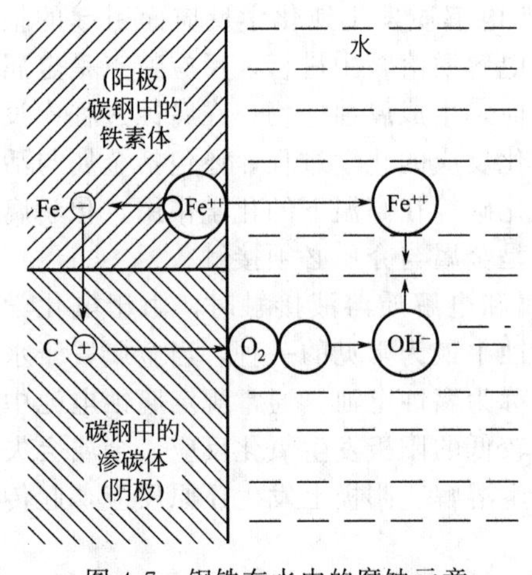

图 4-7 钢铁在水中的腐蚀示意

4.5.1.3 **全面腐蚀**

腐蚀在金属的全部或大部分面积上进行，称为**全面腐蚀**（general corrosion）或者**均匀腐蚀**，特点是金属被均匀腐蚀。在大气中，铁生锈或钢失泽以及金属的高温氧化均属于全面腐蚀。若腐蚀产物不生成膜，称为**无膜全面腐蚀**，例如铁在盐酸中的腐蚀，这种腐蚀速度相当快。若腐蚀产物生成膜，则称为**成膜全面腐蚀**，其中有的膜缺乏保护性，有的具有保护性。例如不锈钢和铝等金属在氧化环境中产生的氧化膜，具有优良的保护性，使腐蚀变得相当缓慢，甚至几乎停止。全面腐蚀虽然会导致金属的大量损伤，但不会造成突然破坏事故，与局部腐蚀相比危险性小些。

4.5.1.4 **局部腐蚀**

腐蚀局限在金属表面的某一特定部位进行，其余大部分几乎不发生腐蚀，称为**局部腐蚀**（localized corrosion）或者**非均匀腐蚀**。在局部腐蚀过程中，阴极区域和阳极区域是分开的，通常阴极区面积相对较大，阳极区面积很小，结果使腐蚀高度集中在局部位置上，腐蚀强度大，其危害性比均匀腐蚀大得多，例如在化工设备的腐蚀损害中，70%是局部腐蚀造成的。局部腐蚀包括孔蚀、缝隙腐蚀、晶间腐蚀、应力腐蚀、选择性腐蚀、电偶腐蚀、冲刷腐蚀、气泡腐蚀、氢腐蚀等。

（1）孔蚀 **孔蚀**（pitting）是在金属孔内进行的腐蚀，是一种高度集中局部腐蚀形态。孔蚀的破坏性比全面腐蚀大得多。由于金属表面存在缺陷，如钝化膜局部被破坏，微小破口处的金属电位低而成为阳极，破口处面积小，腐蚀电流高度集中，腐蚀迅速向内发展而形成蚀孔，蚀孔形成后，孔内氧消耗，孔内进一步成为氧浓差电池的阳极，加速孔内腐蚀。另外，邻接蚀孔的表面由于产生阴极还原反应获得阴极保护而不受腐蚀，因此，腐蚀在蚀孔局部面积内快速进行而不在大面积上均匀进行。小而深的孔可能使金属板穿孔，引起物料流失、火灾、爆炸等事故，它是破坏性和隐患最大的腐蚀形态之一。

(2) 缝隙腐蚀　腐蚀发生在缝隙内称为**缝隙腐蚀** (crevice corrosion)，它的发生和发展的机理与孔蚀相类似。缝隙腐蚀是由于缝隙内是缺氧区，它成为氧浓差电池的阳极而迅速被腐蚀。防止缝隙腐蚀最有效的方法是消除缝隙。

(3) 晶间腐蚀　在金属晶界处发生局部腐蚀的现象称为**晶间腐蚀** (intergranular corrosion)。以电化学的观点来看，材料的晶粒为阴极，晶界为阳极，在均匀腐蚀的情况下，晶界处的腐蚀性仍稍大于晶粒处，在特殊情况下，材料的晶界抗蚀元素相对减少，晶间腐蚀的现象就会发生。因此，晶间腐蚀是由于晶界沉积了杂质或元素分配不均，以致形成腐蚀电池。以奥氏体不锈钢 1Cr18Ni9Ti 为例，当它被加热到 450～900℃时，过饱和的碳从奥氏体中析出，在晶界就容易析出碳化铬 ($Cr_{23}C_6$)，而使得附近的铬量不足，发生“贫铬区”现象，在适当的溶液中形成“碳化铬-铬区”电池，使晶界处的贫铬区产生腐蚀，即发生了晶间腐蚀。

(4) 应力腐蚀　腐蚀和拉应力同时作用下使金属产生破裂称为**应力腐蚀** (stress corrosion)。一方面金属表面生成的保护膜在拉应力的作用下产生局部破裂，产生孔蚀或缝隙腐蚀，使其向纵深发展，另一方面由于拉应力的作用使缝隙两端的膜反复破裂，腐蚀沿着与拉应力垂直的方向前进，造成裂缝，严重时发生断裂。应力腐蚀会使材料在没有明显预兆的情况下突然断裂，是危险性最大的局部腐蚀之一。

(5) 选择性腐蚀　金属材料常含有不同的成分，在一定的条件下，其中一部分元素被腐蚀浸出，只剩下其余组分构成的海绵状物质，强度和延性丧失，这种破坏形态称为**选择性腐蚀** (selective corrosion)。例如黄铜在腐蚀介质中锌被浸出，铸铁脱铁等。

(6) 冲刷腐蚀　流体对金属表面同时产生磨损和腐蚀的破坏形态称为**冲刷腐蚀** (erosion corrosion) 或者**磨损腐蚀**。一般是在高速流体的冲击下，使金属表面的保护膜破损，破口处的金属加速腐蚀。磨损腐蚀外表特征是局部的沟槽、波纹、圆孔，通常显示流体流动的方向性。如果流体中含有固体粒子或气泡，磨损腐蚀就相当严重。

(7) 气泡腐蚀　**气泡腐蚀** (bubble corrosion) 又称空泡腐蚀、气蚀或空蚀，当金属与液体的相对运动速度增大时，金属表面的某些局部液体压力下降到常温液体蒸气压以下，发生“沸腾”而产生气泡，当气泡破裂时产生的冲击力使材料呈蜂窝状损伤，这种破坏称为气泡腐蚀。这种气泡破裂时产生的冲击波压力可高达 4000atm，可使金属保护膜破坏，并能引起塑性形变，甚至可将金属粒子撕裂。膜破口处的金属遭受腐蚀，随即重新生膜，在同一点上又有新的气泡破灭，这个过程反复进行，结果产生分布紧密的深蚀孔，表面变得粗糙。

(8) 氢腐蚀　在腐蚀反应、阴极保护和电解过程中都能产生氢，如果氢原子不能迅速结合为氢分子排出，则部分氢原子可能扩散到金属内部引起的各种破坏称为**氢腐蚀** (hydrogen corrosion)。氢腐蚀的主要形态有氢鼓泡、氢脆、氢蚀等。**氢鼓泡**是指氢原子扩散到金属内部，一般会通过壁面在另一端结合为氢分子逸出，但如果金属内有空穴或非金属，则氢原子在此处结合为氢分子，由于氢分子不能扩散，就会积累形成巨大内压，引起金属表面鼓泡，甚至破裂。**氢脆**是指氢原子进入金属后使晶格变形，因而降低金属韧性及延性，引起脆化，氢脆与金属内的空穴无关。**氢蚀**是指高温高压下氢进入金属内与某组分发生化学反应，使金属破坏。例如高温时氢进入低碳钢内，与碳化物反应生成甲烷或与氧化物反应生成水汽，生成物占有较大的体积，因而产生小裂缝或空穴，使钢变脆，受力则破裂。

4.5.2　金属腐蚀的防护

根据对金属腐蚀机理的讨论以及金属腐蚀原因的分析，主要有以下这几种金属腐蚀的防护方法。

4.5.2.1 电化学保护法

电化学保护法是根据电化学原理对金属采取保护措施，使之成为腐蚀电池中的阴极，从而防止或减轻金属腐蚀的方法。

(1) 牺牲阳极保护法　用电极电势比被保护金属更低的金属或合金做阳极，固定在被保护金属上形成腐蚀电池，被保护金属作为阴极而得到保护。牺牲阳极保护法一般常用的材料有铝、锌及其合金。此法常用于保护海轮外壳，海水中的各种金属设备和构件，防止巨型设备（如贮油罐）以及石油管路的腐蚀。图 4-8 是采用牺牲阳极保护法的金属防腐示意。

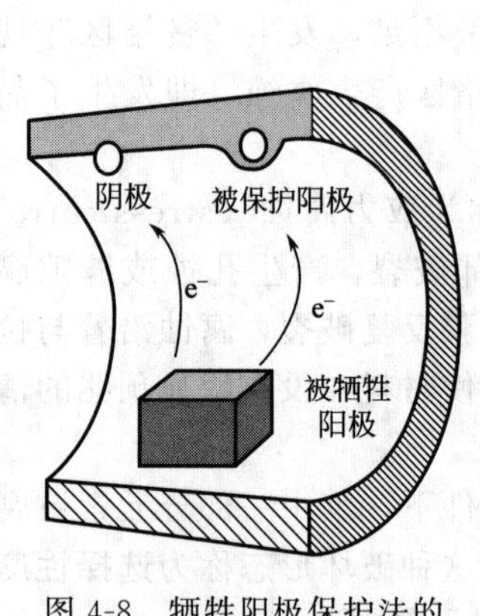

图 4-8　牺牲阳极保护法的金属防腐示意

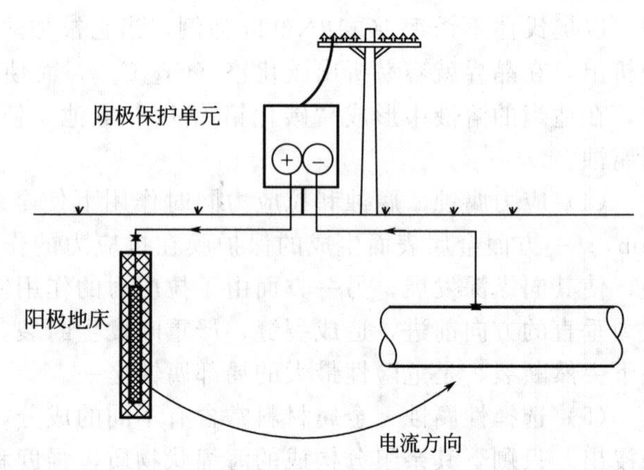

图 4-9　外加电流阴极保护法的金属防腐示意

(2) 外加电流阴极保护法　被保护金属与另一附加电极作为电解池的两个电极，使被保护的金属作为阴极，在外加直流电的作用下使阴极得到保护。此法主要用于防止土壤、海水及河水中金属设备的腐蚀。图 4-9 是外加电流阴极保护法的金属防腐示意。

4.5.2.2 形成保护层

在金属表面覆盖各种保护层，把被保护金属与腐蚀性介质隔开，是防止金属腐蚀的有效方法。工业上普遍使用的保护层有非金属保护层和金属保护层两大类，例如各种有机无机涂层，如油漆、搪瓷、电镀金属、喷漆、塑料衬里等，它们一般通过化学方法、物理方法和电化学方法来实现。

(1) 金属的磷化处理　钢铁制品去油、除锈后，放入特定组成的磷酸盐溶液中浸泡，即可在金属表面形成一层不溶于水的磷酸盐薄膜，这种过程叫做磷化处理。磷化膜呈暗灰色至黑灰色，厚度一般为 5～20μm，在大气中有较好的耐腐蚀性。膜是微孔结构，对油漆等的吸附能力强，如用作油漆底层，耐腐蚀性可进一步提高。

(2) 金属的氧化处理　将钢铁制品加到 $NaOH$ 和 $NaNO_2$ 的混合溶液中，加热处理，其表面即可形成一层厚度约为 0.5～1.5μm 的蓝色氧化膜（主要成分为 Fe_3O_4），以达到钢铁防腐蚀的目的，此过程称为发蓝处理，简称发蓝。这种氧化膜具有较大的弹性和润滑性，不影响零件的精度，故精密仪器和光学仪器的部件、弹簧钢、薄钢片、细钢丝等常用发蓝处理。

(3) 非金属涂层　用非金属物质如油漆、塑料、搪瓷、矿物性油脂等涂覆在金属表面上形成保护层，称为非金属涂层，也可达到防腐蚀的目的。例如，船身、车厢、水桶等常涂油漆，汽车外壳常喷漆，枪炮、机器常涂矿物性油脂等。用塑料（如聚乙烯、聚氯乙烯、聚氨酯等）喷涂金属表面，比喷漆效果更佳。塑料这种覆盖层致密光洁、色泽艳丽，兼具防腐蚀与装饰的双重功能。搪瓷是含 SiO_2 量较高的玻璃瓷釉，有极好的耐腐蚀性能，因此作为耐腐蚀非金属涂层，广泛用于石油化工、医药、仪器等工业部门和日常生活用品中。

（4）金属保护层　金属保护层是以一种金属镀在被保护的另一种金属制品表面上所形成的保护镀层。前一种金属常称为镀层金属。金属镀层的形成，除电镀、化学镀外，还有热浸镀、热喷镀、渗镀、真空镀等方法。热浸镀是将金属制件浸入熔融的金属中以获得金属涂层的方法，作为浸涂层的金属是低熔点金属，如 Zn、Sn、Pb 和 Al 等。热镀锌主要用于钢管、钢板、钢带和钢丝等；热镀锡用于薄钢板和食品加工等的贮存容器；热镀铅主要用于化工防腐蚀和包覆电缆；热镀铝则主要用于钢铁零件的抗高温氧化等。

4.5.2.3　改善金属本质

选择合适的金属使它在介质中的腐蚀速度很小或根本不腐蚀。根据不同的用途选择不同的材料组成耐蚀合金，或在金属中添加合金元素，提高其耐腐蚀性，可以防止或减缓金属的腐蚀。例如，在钢中加入镍制成不锈钢可以增强防腐蚀能力。

4.5.2.4　改善腐蚀环境

改变腐蚀介质的浓度、性能和 pH 值，除去介质中的氧，控制环境温度、湿度等方法都可以减少和防止金属腐蚀，也可以采用在腐蚀介质中添加能降低腐蚀速率的物质（称缓蚀剂）来减少和防止金属腐蚀，使金属的腐蚀受到极大地抑制，改善环境对减少和防止腐蚀有重要意义。

4.5.3　金属腐蚀的利用

金属的腐蚀对生产带来很大危害，但事物总有其两面性，可以利用电化学腐蚀的原理发展出金属腐蚀加工技术，为生产服务。

4.5.3.1　阳极氧化

阳极氧化是利用电化学方法使金属表面形成氧化膜以达到防腐目的的一种电化学工艺。电化学氧化膜的生成是两种不同化学反应同时进行的结果。下面以铝为例，阳极氧化一般在稀硫酸、铬酸或者草酸电解质溶液中进行：

阳极反应：$2Al+3H_2O-6e^- \rightleftharpoons Al_2O_3+6H^+$，$2H_2O-4e^- \rightleftharpoons O_2+4H^+$

阴极反应：$2H^++2e^- \rightleftharpoons H_2$

一方面是 Al_2O_3 的生成反应（即阳极反应），另一方面是 Al_2O_3 不断被电解液溶解的反应（$Al_2O_3+6H^+ = 2Al^{3+}+3H_2O$）。当 Al_2O_3 的生成速率大于溶解速率时，氧化膜就能顺利地生长，并保持一定的厚度。阳极氧化虽然不一定总是需要直流电源，在使用交流电源的情况下阳极和阴极在不断地交替变化，但 Al_2O_3 的生成反应总是在作为阳极时发生。由于氧化膜的不断生成，电阻不断增大，为保持稳定的电流，需要不断地调整电压。阳极氧化过程中形成的氧化膜在靠近金属基体一边是纯度较高的 Al_2O_3 膜，致密而薄，在靠近电解液一边是由 Al_2O_3 和 $Al_2O_3 \cdot H_2O$ 所组成的膜，硬度比较低。由于氧化膜不均匀以及酸性电解液对膜的溶解作用，形成了疏松孔，即生成了多孔层，电解液通过疏松孔到达铝表面，使铝基体上的氧化膜连续不断地生长。

阳极氧化所得的氧化膜与金属基体结合得很牢固，因而大大提高了金属及其合金的耐腐蚀性能和耐磨性，并可提高表面电阻而增强绝缘性能。阳极氧化所得到的氧化膜富有多孔性，它具有很好的吸附能力，能吸附各种染料，实际中常根据不同需要用有机染料及无机染料染成各种颜色。对于不需要染色的表面孔隙，则要进行封闭处理，使膜层的疏松孔缩小，以改善膜层的弹性、耐磨性和耐蚀性。封闭处理通常是将工件浸在重铬酸盐或铬酸盐溶液中，以使疏松孔被生成的碱式盐 $Al(OH)(Cr_2O_7)$ 或 $Al(OH)(Cr_2O_4)$ 所封闭。本方法也适用于镁、铜、钛、铅等金属及合金。

4.5.3.2 电解抛光

电解抛光（electrolytic polishing）是利用在电解过程中金属表面上凸出部分在酸性电解液中的溶解速率大于金属表面凹入部分的溶解速率的特点，使金属表面达到平滑光亮和抗腐蚀目的。

目前常用的电解抛光液主要有：硫酸、磷酸、铬酐、高氯酸组成的抛光液；硫酸和柠檬酸组成的抛光液；硫酸、磷酸、氢氟酸及甘油或类似化合物组成的混合抛光液。磷酸（H_3PO_4）是应用最广的一种抛光液，因为磷酸能与金属或其氧化物反应，生成各种各样的盐，它们在过饱和溶液中都有较高的黏度和极化作用，而且没有结晶趋向，易形成黏性薄膜。由于磷酸本身是中强酸，对大多数金属不起强烈的腐蚀作用，又无臭、无毒，因而大多数情况下都采用磷酸作抛光电解液。硫酸（H_2SO_4）主要用于提高溶液的导电性，因为它是强电解质，酸性很强，硫酸含量一般控制在15%以下，否则会使金属溶解加快，以致金属得不到光滑平整的表面。铬酐（CrO_3）溶于水生成的重铬酸（$H_2Cr_2O_7$）是一种强氧化剂，它在抛光溶液中能使大多数金属与合金处于钝化状态，并在其表面形成保护膜，保护金属表面不受腐蚀，进而得到光滑平整的表面，在使用铬酐时要注意浓度是否合适。高氯酸（$HClO_4$）能与许多金属及溶液中其他负离子生成高黏度、高电阻的配合物，产生极化作用，高氯酸还对许多金属都有很好的抛光作用，因此被广泛采用。纯的高氯酸为无色液体，很不稳定，在储藏中有时也会爆炸。在加热和高浓度时还会与有机物发生猛烈作用，因此在使用时要特别注意。但其水溶液很稳定，特别是使用低浓度的高氯酸溶液没有上述危险。

电解抛光具有机械抛光所没有的优点，但是也有缺点，例如在工件表面产生的点状腐蚀和非金属薄膜，这多为电解液配制不当所致。实际工作中，常常将电解抛光与机械抛光互相结合，以发挥各自优点，弥补各自的不足。

4.5.3.3 化学铣削

化学铣削（chemical milling）是利用腐蚀来进行金属加工的一种方法，也叫腐蚀加工。它是把某种材料先用保护层将不需要腐蚀的地方保护起来，然后浸入腐蚀液中进行化学腐蚀的一种方法。化学铣削通常包括清洁处理、涂防蚀层、刻划防蚀层图形、腐蚀加工和加工完毕的零件或半成品去掉防蚀层。

防蚀层是一种涂在化学铣削零件表面上的包覆层，用来限定和保护零件表面上不需要腐蚀的部分。防蚀层必须在工作条件下仍能牢固地粘着在零件表面上，而且还要有足够的内在强度，以保护腐蚀区域的边缘，并使加工出来的凹槽或凸台轮廓整齐清晰。但粘附力过大，也会造成剥离的困难。此外，还应考虑用作防蚀层的高分子化合物的柔顺性，使化学铣削时产生的气体很容易从凹槽内排出。目前常用以氯丁橡胶为基体的合成橡胶或异丁烯异戊间二烯共聚物作防蚀层，而用于艺术品上的蚀刻和制造印刷图片的凹版常用沥青、石蜡和松香为基体的防蚀层。光刻工艺的防蚀层是感光胶防蚀层，把感光胶（例如重铬酸铵和明胶或聚乙烯醇等组成的重铬酸盐胶）涂布在需要蚀刻的器件表面并进行短时间光照，胶层见光后，重铬酸盐的 $Cr_2O_7^{2-}$ 在光的作用下被还原剂（例如聚乙烯醇或明胶）还原成三价铬离子（Cr^{3+}），它能与胶体聚合物分子上的活性官能团形成配位键而产生交联作用，形成感光胶防蚀层。此外，在电子工业上广泛采用印刷电路，其制作原理是用照相复印的方法将线路印在铜箔上，然后将图形以外不受感光胶保护的铜用三氯化铁溶液腐蚀，就可以得到线条清晰的印刷电路板。三氯化铁腐蚀铜的反应如下：$2FeCl_3 + Cu = 2FeCl_2 + CuCl_2$。此外还有电化学刻蚀、等离子体刻蚀等新技术，比三氯化铁腐蚀铜的湿化学刻蚀方法更好、分辨率更高。

腐蚀液因不同金属而异。铝是两性物质，铣削铝合金可以使用碱性腐蚀液，例如氢氧化钠溶液中加入与金属离子发生配位的乙二胺四乙酸、柠檬酸盐等，也可以使用酸性腐蚀液如盐酸、硝酸和氢氟酸等。对于不锈钢、镍合金等，可用王水添加磷酸所组成的腐蚀液。王水中有 NOCl、Cl_2、HClO 等多种氧化性物质存在，它们在反应中组成的氧化还原电对的电极电势值都较大，所以能对金属进行有效的腐蚀。钛、铌、钼、钽、钨等合金一般都较耐腐蚀，但可以用氢氟酸为基础并添加硝酸等氧化剂来进行腐蚀。氢氟酸作用是和金属离子结合生成氟化物或氟的配位化合物，以进一步降低被腐蚀金属离子浓度。化学铣削的腐蚀反应一般都是放出热量，这有利于提高化学铣削的速率。目前，化学铣削已成为一种有很高应用价值的加工方法，它能承担机械切削难以完成的许多精密加工。

4.6 化学电源

化学电源是通过化学反应将化学能转化为电能的一种装置，不仅种类繁多、形式多样，而且可以是再生性能源，由于它自身的特点，有着其他能源所不可替代的重要位置。其中，化学电池按工作性质分一次电池和二次电池。一次电池是不可充电的电池，如干电池（原电池）。二次电池是可充电的电池，如蓄电池。以下分别概要介绍一次电池、二次电池、新型绿色化学电源以及超级电容器。

4.6.1 一次电池（原电池）

一次电池（primary battery）即原电池，是指电池放电后，不能用简单的充电方法使活性物质复原而继续使用的电池。一次电池主要有锌锰电池、银锌电池、锌汞电池、锌空气电池、锂锰电池、镍锌电池等。

4.6.1.1 锌锰电池

锌锰电池（zinc-manganese battery）是最常见的化学电源，也是制造最早而至今仍大量生产的原电池，有圆柱式和叠层式两种结构。其特点是使用方便、价格低廉、原材料来源丰富、适合大量自动化生产，但放电电压不够平稳，容量受放电率影响较大，适于中小放电率和间歇放电使用。普通锌锰电池是**酸性锌锰电池**（acidic zinc-manganese battery），它是以二氧化锰为正极，锌为负极，氯化铵水溶液为电解液的原电池。用面粉、淀粉等使电解液成为凝胶，不流动，形成隔离层，或用棉、纸等加以分隔。新型酸性锌锰干电池采用高浓度氯化锌电解液、优良的二氧化锰粉和纸板浆层结构，使容量和寿命均提高一倍，并改善了密封性能。锌锰电池的开始电压随着二氧化锰种类、电解液组成和 pH 值等因素的不同而异，一般在 1.55～1.75V，公称电压为 1.5V，最适宜的使用温度为 15～30℃。

图 4-10(a) 是酸性锌锰电池的结构示意图。锌锰电池以锌筒外壳作为负极，以石墨棒为正极，石墨棒周围裹上一层 MnO_2 和炭粉的混合物，两电极之间的电解液是由 NH_4Cl、$ZnCl_2$、淀粉和一定量水加热调制成的糊浆，糊浆趁热灌入锌筒，冷却后成半透明的胶冻不再流动。锌筒上口加沥青密封，防止电解液的渗出。

酸性锌锰电池表达式：$(-)Zn|ZnCl_2,NH_4Cl$(糊状)$\|MnO_2|C$(石墨)$(+)$

负极放电反应：$Zn(s) - 2e^- \rightleftharpoons Zn^{2+}$

正极放电反应：$2NH_4^+ + 2e^- \rightleftharpoons 2NH_3 + H_2$；$H_2 + 2MnO_2 \rightleftharpoons 2MnO(OH)$

电池总反应：$Zn + 2MnO_2 + 2NH_4^+ = Mn_2O_3 + 2NH_3 + Zn^{2+} + 2H_2O$

加入 MnO_2 是因为碳电极上 NH_4^+ 离子获得电子产生 H_2，妨碍碳棒与 NH_4^+ 的接触，使电池的内阻增大，即产生“极化作用”，添加 MnO_2 就能与 H_2 反应生成 MnO(OH)，这样就能消除电极上氢气的集积现象，使电池畅通，所以 MnO_2 起到消除极化的作用。

碱性锌锰电池（alkaline zinc-manganese battery）是酸性锌锰电池升级换代的高性能电

池产品，它是以二氧化锰为正极，锌为负极，氢氧化钾溶液为碱性电解液的原电池，简称碱锰电池，俗称碱性电池。电池活性物质典型配方（质量）：正极为电解二氧化锰 90%～92%，石墨粉 8%～9%，乙炔炭黑 0.5%～1%；负极为汞齐锌粉 88%～90%，氧化锌 5%～7%，羧甲基纤维素钠盐 3%～4%；电解液为 8～12mol/L KOH 溶液，并溶入适量氧化锌。

碱性锌锰电池表达式：(－)Zn(Hg)|$ZnCl_2$,KOH(aq)‖MnO_2|C(石墨)(＋)

负极放电反应：$Zn+2OH^- -2e^- \rightleftharpoons Zn(OH)_2$

正极放电反应：$MnO_2+H_2O+e^- \rightleftharpoons MnO(OH)+OH^-$；

$$MnO(OH)+H_2O+OH^- \rightleftharpoons Mn(OH)_4^-$$；

$$Mn(OH)_4^- +e^- \rightleftharpoons Mn(OH)_4^{2-}$$；

$$Zn(OH)_2+2OH^- \rightleftharpoons Zn(OH)_4^{2-}$$

电池总反应：$Zn+MnO_2+2H_2O+4OH^- = Mn(OH)_4^{2-}+Zn(OH)_4^{2-}$

最普及的碱性锌锰电池有圆筒式和纽扣式两种，此外还有方形和扁形等种类。图 4-10（b）是碱性锌锰电池结构示意图，圆筒式碱性锌锰电池的外壳为一带有正极帽的镀镍钢壳，它兼作正极集电体。壳内与之紧密接触的是用电解二氧化锰、石墨和炭黑压制成的正极环（阴极），中间填充由锌粉和凝胶碱液调制成的锌膏，即负极胶（阳极），其内插有一根黄铜集电体，正负极之间用耐碱吸液的隔离管隔离，负极集电体与负极帽相焊接，并套入塑料封圈，将此组合件插入钢壳并卷边密封，钢壳外用热缩性薄膜商标包住，即成为商品电池。

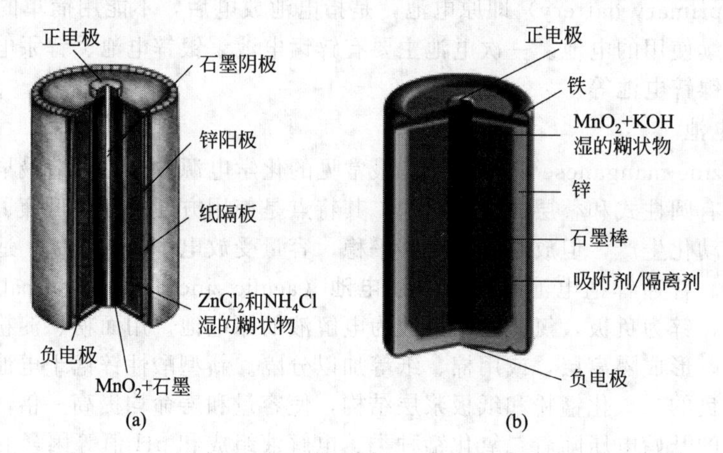

图 4-10 （a）酸性锌锰电池和（b）碱性锌锰电池的结构示意

4.6.1.2 银锌电池

银锌电池（silver-zinc battery）是以氧化银为正极、锌汞齐为负极和氢氧化钾溶液为电解液的原电池。

银锌电池表达式：(－)Zn(s)|$Zn(OH)_2$(s)|KOH(40%)＋K_2ZnO_2(饱和溶液)‖Ag_2O(s)|Ag(s)(＋) 或者 (－)Zn(s)|ZnO(s)|KOH(aq)‖Ag_2O(s)|Ag(s)(＋)

负极放电反应：$Zn+2OH^- -2e^- \rightleftharpoons Zn(OH)_2$

正极放电反应：$Ag_2O+H_2O+2e^- \rightleftharpoons 2Ag+2OH^-$

电池总反应：$Zn+Ag_2O+H_2O = Zn(OH)_2+2Ag$

根据 $\varphi^\ominus(Zn(OH)_2/Zn)=-1.249V$，$\varphi^\ominus(Ag_2O/Ag)=0.345V$ 可知，银锌电池的标准电动势 $E^\ominus=\varphi^\ominus(Ag_2O/Ag)-\varphi^\ominus(Zn(OH)_2/Zn)=0.345V-(-1.249V)=1.594V$，该电池反应的标准摩尔吉布斯函数变 $\Delta G_m^\ominus=-307.6kJ/mol$；标准摩尔熵变 $\Delta S_m^\ominus=-66J/(K\cdot mol)$；电池温度系数 $\gamma=-3.4\times10^{-4}V/K$。因温度系数数值较小，银锌电池在较大的温度范围内

使用不会引起电动势太大的波动。当用化学或电化学方法获得的正极活性物质是过氧化银时，则存在着正极还原反应由过氧化银生成氧化银的阶段，而负极反应不变。

负极放电反应：$Zn+2OH^- -2e^- \rightleftharpoons Zn(OH)_2$

正极放电反应：$Ag_2O_2+H_2O+2e^- \rightleftharpoons Ag_2O+2OH^-$；$Ag_2O+H_2O+2e^- \rightleftharpoons 2Ag+2OH^-$

电池总反应：$Zn+Ag_2O_2+H_2O = Zn(OH)_2+Ag_2O$

根据 $\varphi^{\ominus}(Ag_2O_2/Ag_2O)=0.607V$，$\varphi^{\ominus}[Zn(OH)_2/Zn]=-1.249V$ 可知，银锌电池的标准电动势 $E^{\ominus}=\varphi^{\ominus}(Ag_2O_2/Ag_2O)-\varphi^{\ominus}[Zn(OH)_2/Zn]=0.607V-(-1.249V)=1.856V$。

图 4-11 是微型纽扣式银锌电池的结构示意图。微型纽扣式银锌电池由正极壳、负极盖（两者都用不锈钢做成金属外壳）、绝缘密封圈、隔板（羧甲级纤维素隔离膜）、正极活性材料（氧化银和少量石墨粉，后者起导电作用）、负极活性材料（含汞量很少的锌汞合金）、电解质溶液（浓氢氧化钾溶液）等组装而成。这种电池一次用完后即报废，不能再次充电使用。

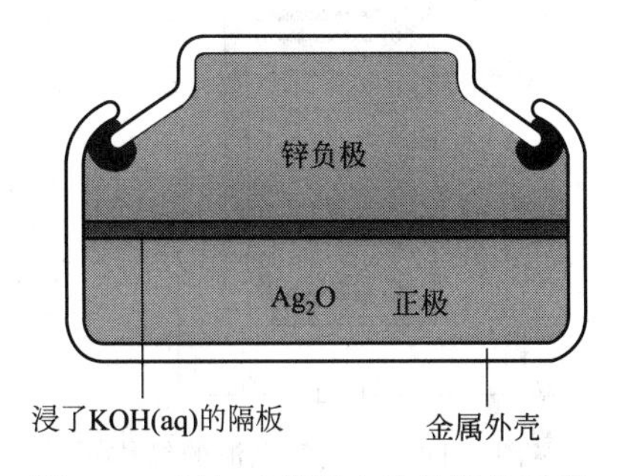

图 4-11　纽扣式银锌电池的结构示意

银锌电池的比能量高于普通酸性锌锰电池和碱性锌锰电池，并且放电电压比较平稳，使用温度范围广和重负荷性能好。银锌电池的特点还在于自放电小，贮存寿命长。主要缺点是使用了昂贵的银作为电极材料，因而成本高，其次，锌电极易变形和下沉，特别是锌枝晶的生长容易穿透隔膜而造成短路。银锌电池也可以做成二次电池，但其充放电次数（最高 150 次）不高，这些都限制了银锌电池的发展。尽管存在上述弊端，但银锌电池适应了化学电源小型化要求，又可作为航空航天等特殊用途的电源，广泛应用于石英手表、照相机、助听器等小型、微型电器的轻工领域。

4.6.1.3　锌汞电池

锌汞电池（zinc-mercury battery）是以氧化汞为正极，锌汞齐为负极，氢氧化钾溶液为电解液的原电池。

锌汞电池表达式：$(-)Zn|Hg|KOH(含\ ZnO) \parallel HgO|Hg|Pt(+)$

负极放电反应：$Zn+2OH^- -2e^- \rightleftharpoons ZnO+H_2O$

正极放电反应：$HgO(s)+H_2O+2e^- \rightleftharpoons Hg(l)+2OH^-$

电池总反应：$Zn+HgO = ZnO+Hg$

纽扣式锌汞电池的结构类似于纽扣式银锌电池，只是正极材料以氧化汞代替氧化银，并加入 5%～15%石墨以降低内阻。负极材料的锌电极中掺加一些二氧化锰可以提高电池电压，现在已经大多数采用锌汞齐。锌汞电池有很高的电荷体积密度和稳定的放电电压，很快在民用电子器件上得到广泛应用，形成了多种形状和尺寸系列的电池。锌汞电池主要用于自动曝光照相机、助听器、医疗仪器、电路板上的固定偏置电压及一些军事装备中。锌汞电池缺点是低温性能差，只能在 0℃以上使用，并且电池中大量使用氧化汞，用完后随意丢弃会严重污染环境，故其生产及使用范围正在趋向缩小，锌汞电池已逐渐被其他系列的电池代替。

4.6.1.4　锌空气电池

锌空气电池（zinc air battery）是以活性炭吸附空气中的氧或纯氧作为正极活性物质，以锌为负极，以氯化铵或苛性碱溶液为电解质的原电池，又称锌氧电池，它可分为中性和碱性两个体系。锌空气电池放电后，负极锌板或锌粒被氧化成氧化锌而失效，通常采用直接更换锌板或锌粒和电解质的方法，使锌空气电池得到完全更新。在正极壳体上开有小孔以便氧气源源不断地进入才能使电池进行化学反应。锌空气电池放电时正、负极和电池总反应的化学方程式如下。

电池表达式：(－)Zn|NaOH(KOH)‖O_2(C)(＋)

负极放电反应：$Zn+2OH^- -2e^- \rightleftharpoons ZnO+H_2O$

正极放电反应：$1/2O_2+H_2O+2e^- \rightleftharpoons 2OH^-$

电池总反应：$Zn+1/2O_2 \longrightarrow ZnO$

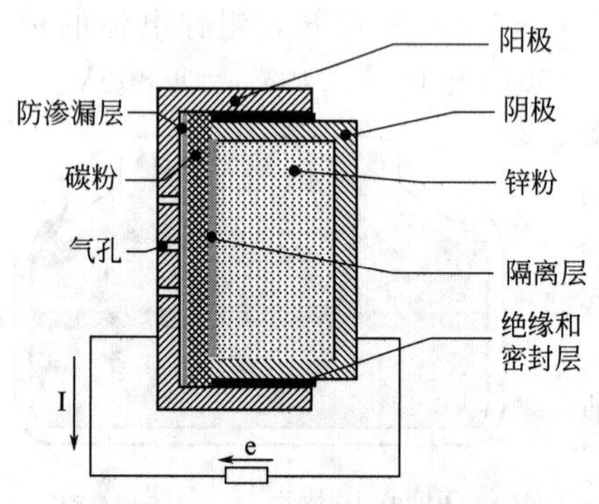

图 4-12 锌空气电池的结构示意

图 4-12 是锌空气电池的结构示意。负极是从空气中吸收氧的碳粉，正极是锌粉和电解液的糊状混合物，中性电解液采用氯化铵与氯化锌，碱性电解液采用高浓度氢氧化钾水溶液，隔离层是用于防止两电极间固体粉粒的移动，绝缘和密封衬垫是尼龙材料，电池外表面是镍金属外壳，具有良好防腐性的导体。电池壳体上的孔可让空气中的氧进入腔体附着在正极碳粉上，同时负极锌被氧化。

锌空气电池的电压为 1.4V 左右，放电电流和放电深度可引起电压变化。放电电流受活性炭电极吸附氧及扩散速度的制约，每一型号的电池有其最佳使用电流值，超过极限值时活性炭电极会迅速劣化。电池的荷电量一般比同体积的锌锰电池大 3 倍以上，大型锌空气电池的电荷量一般在 500～2000Ah，主要用于铁路和航海灯标装置上。纽扣式锌空气电池的电荷量在 200～400mAh，已广泛用于助听器中。

4.6.2 二次电池（充电电池）

二次电池（rechargeable battery）是指电池放电后，可通过充电的方法，使活性物质复原而继续使用，而这种充放电可达到数十次到数千次循环。二次电池主要包括铅酸电池、镍镉电池、镍氢电池、锂离子电池等。

4.6.2.1 铅酸电池

铅酸电池（Lead Acid Battery）的生产已有一百多年的历史，其特点在于电池电动势较高、结构简单、使用温度范围大、电容量也大、而且原料来源丰富、价格低廉，但也存在比较笨重、防震性差、自放电较强、有氢气放出，如不注意易引起爆炸等缺点。铅酸电池主要用于汽车启动电源、拖拉机、小型运输车和实验室中。铅酸电池的充放电反应如下所示。

铅酸电池表达式：(－)Pb(s)|H_2SO_4(aq)‖PbO_2(s)|Pb(s)(＋)

负极充放电反应：$PbSO_4 + 2H^+ + 2e^- \underset{放电}{\overset{充电}{\rightleftharpoons}} Pb + H_2SO_4$

正极充放电反应：$PbSO_4 + 2H_2O - 2e^- \underset{放电}{\overset{充电}{\rightleftharpoons}} PbO_2 + 4H^+ + SO_4^{2-}$

电池总反应：$2PbSO_4 + 2H_2O \underset{放电}{\overset{充电}{\rightleftharpoons}} PbO_2 + Pb + 2H_2SO_4$

从以上反应可以看出，铅酸电池放电时，在正极和负极均生成 $PbSO_4$，沉积在电极上而不溶解在溶液中。H_2SO_4 在电池中不仅传导电流，而且作为反应物参加电池反应，随着放电的进行，H_2SO_4 不断消耗，同时反应生成水，导致电池中电解液浓度不断降低。反之，在充电时，H_2SO_4 却不断地生成，其浓度不断增加。H_2SO_4 浓度的变化可用比重计测定，从而推测铅酸电池荷电状况。常用铅酸电池主要分为普通蓄电池、干荷蓄电池和免维护蓄电池。图 4-13 是铅酸电池的结构示意。

(1) 普通蓄电池　普通蓄电池的极板是由铅和铅的氧化物构成，电解液是硫酸的水溶液。它的主要优点是电压稳定、价格便宜；缺点是比能低（即每公斤蓄电池存储的电能）、使用寿命短和日常维护频繁。

（2）干荷蓄电池　干荷蓄电池的全称是干式荷电铅酸蓄电池，它的主要特点是负极板有较高的储电能力，在完全干燥状态下，能在两年内保存所得到的电量，使用时只需加入电解液，等待20～30min 就可使用。

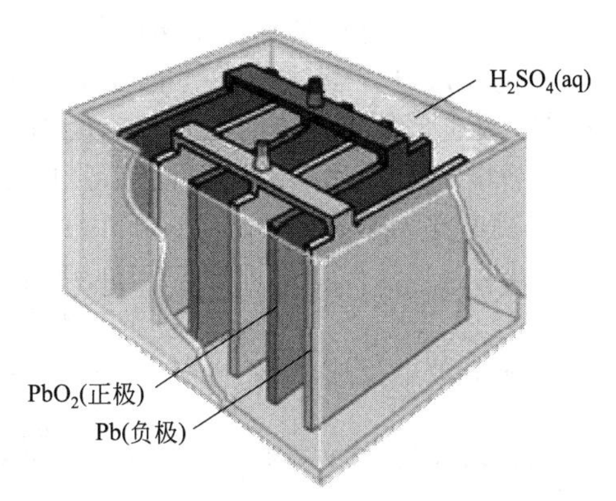

图 4-13　铅酸电池的结构示意

（3）免维护蓄电池　免维护蓄电池由于自身结构上的优势，电解液的消耗量非常小，在使用寿命内基本不需要补充蒸馏水，它还具有耐震、耐高温、体积小、自放电小的特点，使用寿命一般为普通蓄电池的 2 倍。免维护蓄电池也有两种：第一种是开口式铅酸电池，在购买时一次性加电解液，以后使用中不需要维护（添加补充液）；另一种是全密封铅酸电池，电池本身出厂时就已经加好电解液并封死，用户根本就不能加补充液。现在使用的铅酸电池都已实现了免维护密封式结构，这是铅酸蓄电池在原理和工艺技术上最大的改进。传统的铅酸电池由于反复充电使水分有一定的消耗，使用者需要补充蒸馏水加以维护。同时在充电后期或过充电时会造成正极析氧和负极析氢，因而电池不能密封给使用带来不便。现今采用负极活性物质 Pb 过量，当充电后期时只是正极析氧而负极不产生氢气，同时产生的氧气通过多孔膜和电池内部上层空间等位置到达负极，海绵状的铅被氧化，发生下列反应：

$$Pb + O_2 + H_2SO_4 = PbSO_4 + H_2O;\ PbSO_4 + 2e^- = Pb + SO_4^{2-}$$

这样生成水，可以减少维护或免维护，同时由于负极 Pb 过量而发生“氧再复合”过程，不会使气体溢出，使铅酸电池可以制成密封式。在电极材料上，由原来铅锑合金更新为氢超电势较高的铅钙合金，负极活性物质的量大于正极活性物质的量，使电解液减少到致使电极露出液面的程度，选择透气性好的隔板，使氧气在负极“吸收”，实现密封式蓄电池。

4.6.2.2　镍镉电池

镍镉电池（nickel-cadmium battery，Ni-Cd battery）是以金属镉为负极，氧化镍或者氢氧化镍为正极，碱液（主要是 KOH）为电解质的二次电池。图 4-14 是镍镉电池的结构示意，正、负极活性材料分别填充在穿孔的镀镍钢带（或镍带）中，聚酰胺非织布等材料作为隔离层，氢氧化钾或者氢氧化钠水溶液作为电解质溶液，电极经卷绕或叠合组装在塑料或镀

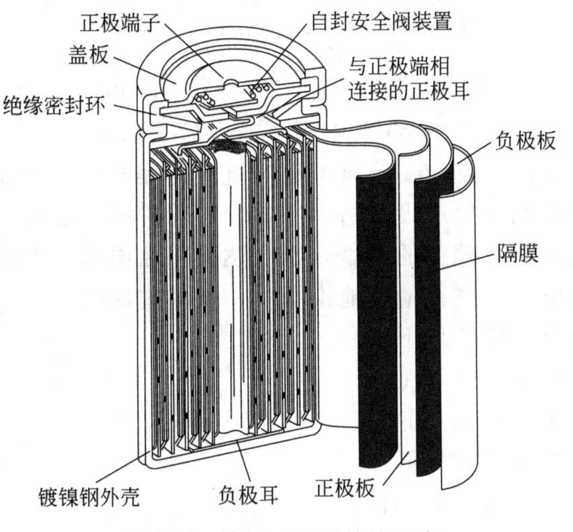

图 4-14　镍镉电池的结构示意

镍钢壳内。镍镉电池具有使用温度范围宽、循环和贮存寿命长、自放电小、低温性能好、能以较大电流放电，耐过充放电能力强、维护简单等特点，但价格较贵、有污染，特别存在“记忆”效应，常因规律性的不正确使用造成储电性能下降。由于镍镉电池可重复充放电使用数百次，这样使用镍镉电池比锌锰电池还便宜。

镍镉电池表达式：(－)Cd | KOH(NaOH) ‖ NiOOH(＋)

负极充放电反应：$Cd(OH)_2 + 2e^- \underset{放电}{\overset{充电}{\rightleftharpoons}} Cd + 2OH^-$

正极充放电反应：$2Ni(OH)_2 + 2OH^- - 2e^- \underset{放电}{\overset{充电}{\rightleftharpoons}} 2NiOOH + 2H_2O$

电池总反应：$Cd(OH)_2 + 2Ni(OH)_2 \underset{放电}{\overset{充电}{\rightleftharpoons}} Cd + 2NiOOH + 2H_2O$

根据 $\varphi^\ominus[Cd(OH)_2/Cd] = -0.809V$ 和 $\varphi^\ominus[NiOOH/Ni(OH)_2] = +0.490V$ 可知，镍镉电池的标准电动势 $E^\ominus = 1.299V$，根据热力学关系式计算出该电池反应的标准摩尔吉布斯自由能变 $\Delta G_m^\ominus = -248kJ/mol$，比容量为 8～28Ah/kg，比能量为 10～35Wh/kg，这样的数据在蓄电池中并不算很高。

4.6.2.3 镍氢电池

镍氢电池（nickel-metal hydride battery，Ni-MH battery）是由镍镉电池改良而来的，它采用环境友好型的储氢金属合金代替有毒性的镉金属，与镍镉电池相比较，它具有更高的比电容量、更长的使用寿命、没有明显的记忆效应以及无环境污染等特点，被称为绿色环保电池。

(1) 镍氢电池的充放电反应　镍氢电池采用与镍镉电池相同的氧化镍或氢氧化镍作为正极，储氢金属合金作为负极，碱液（主要是 KOH）作为电解液，镍氢电池的电化学原理如下：

镍氢电池表达式：(－)MH | KOH(NaOH) ‖ NiOOH(＋)

负极充放电反应：$M + H_2O + e^- \underset{放电}{\overset{充电}{\rightleftharpoons}} MH + OH^-$

正极充放电反应：$Ni(OH)_2 + OH^- - e^- \underset{放电}{\overset{充电}{\rightleftharpoons}} NiOOH + H_2O$

电池总反应：$M + Ni(OH)_2 \underset{放电}{\overset{充电}{\rightleftharpoons}} MH + NiOOH$

以上反应方程式中 M 为储氢金属合金，MH 为吸附了氢原子的储氢金属合金。最常用储氢合金材料为 $LaNi_5$，因此，充放电反应式是：

$$Ni(OH)_2 \underset{放电}{\overset{充电}{\rightleftharpoons}} NiOOH + 1/2H_2$$

充电时，负极析出氢气，贮存在电池容器中，正极由 $Ni(OH)_2$ 变成 NiOOH；放电时，在负极上氢气被消耗掉，在正极上由 NiOOH 变成 $Ni(OH)_2$。

(2) 镍氢电池的过充放电反应　镍氢电池的过充电是指已经充满电的电池再继续充电，一般是电池充电过程中控制失效或没有适当的方法进行控制，造成当电池充足电后未及时停止。过放电是指电池放完内部储存的电量，电压达到一定值后，继续放电，一般是发生在串联电池组中容量较小的电池，在其他电池推动下，发生过放电。

当发生过充电时，正负电极反应如下：

负极反应：$2H_2O + 2e^- \rightleftharpoons H_2 + 2OH^-$

正极反应：$4OH^- - 4e^- \rightleftharpoons 2H_2O + O_2$

当发生过放电时，正负电极反应如下：

负极反应：$H_2 + 2OH^- - 2e^- \rightleftharpoons 2H_2O$

正极反应：$2H_2O + 2e^- \rightleftharpoons H_2 + 2OH^-$

镍氢电池一般采用负极容量过量的制作方式，当发生过充电时，正极上析出氧气，负极上析出氢气，由于含有催化剂的负极面积大，氢气能够随时扩散到储氢合金电极表面，因此，氢气和氧气能够很容易在镍氢电池内部再化合生成水，使容器内的气体压力保持不变，这种再化合的速率很快，可以使镍氢电池内部氧气的浓度不超过千分之几。当发生过放电时，正极上析出的氢气又可在储氢合金表面与碱生成水，使得电池具有很好的耐过充放电能力。

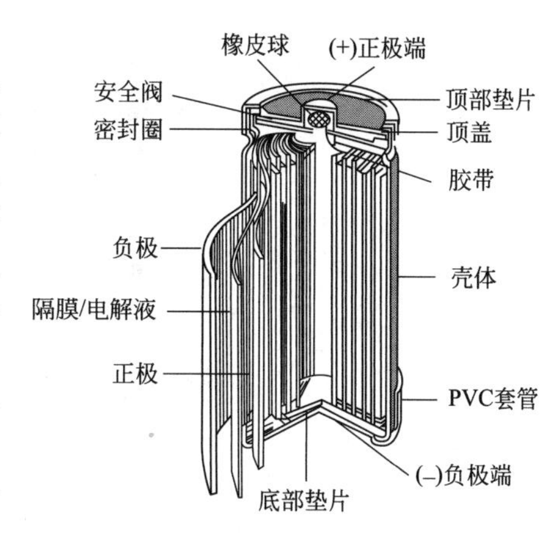

图 4-15 镍氢电池的内部结构

(3) 镍氢电池的结构 图 4-15 是镍氢电池的结构示意，镍氢电池主要由正负电极、隔膜、电解质、壳体及安全装置等部件组成。镍氢电池的作用原理和结构与镍镉电池相似，但是负极充放电过程中的生成物不同。当电池充电时，氢氧化钾电解液中释放出的氢原子被这些金属合金化合物吸收，避免形成氢气，以保持电池内部的压力和体积。当电池放电时，这些氢原子经由可逆过程而回到原来状态。从镍氢电池的过充电与过放电反应方程式可以看出，它可以做成密封型结构，为了防止充电过程后期电池内压过高，电池中设置安全阀及防爆装置。

电极材料：镍氢电池的正极材料采用氧化镍或者氢氧化镍，负极材料采用金属合金氢化物（MH）。许多种类的具有储氢功能的金属合金可以应用于镍氢电池，它们主要分为两大类，最常见的一类金属合金是由 AB_5 构成，A 是稀土元素或者钛（Ti），B 则是镍（Ni）、钴（Co）、锰（Mn）或者铝（Al）。而另一类金属合金是由 AB_2 构成，A 是钛（Ti）或者钒（V），B 则是锆（Zr）、镍（Ni）、铬（Cr）、钴（Co）、铁（Fe）或者锰（Mn），所有这些化合物都能起到相同的作用——可逆地形成金属氢化物。

电解质：镍氢电池的电解质通常是氢氧化钾（KOH）或者氢氧化钠（NaOH）水溶液电解质，并加入少量 LiOH。此外，还有交联聚丙烯酸与 KOH 形成的水凝胶电解质。

电极隔膜：镍氢电池的隔膜是构成电池的基本材料之一，为了提高电池的比容量和比能量、降低电池的内阻，需要尽量减小正负电极之间的距离。电池隔膜置于正负电极之间，起到既可以使两电极尽量靠近又可避免正负极活性物质接触短路的作用。镍氢电池隔膜要求电子绝缘性好、离子导电性高、薄而均匀、力学强度好、耐强碱和电化学稳定性好。一般而言，镍氢电池采用经亲水化处理的多孔维尼纶无纺布、尼龙无纺布或聚丙烯无纺布作隔膜。

4.6.3 新型绿色环保电池

绿色环保电池是指近年来已投入使用或正在研发的一类高性能、无污染电池。目前已经大量使用的电池有无汞碱性锌锰电池、镍氢电池、锂离子电池以及正在研发的电化学燃料电池、钠硫电池以及利用太阳能进行光电转换的太阳能电池。以下主要介绍锂离子电池、电化学燃料电池、太阳能电池等这几种新型绿色环保电池。

4.6.3.1 锂离子电池

锂离子电池（lithium ion battery）是由可逆嵌入（插入）及脱嵌（脱插）锂离子的金属氧化物作正极、可逆嵌入及脱嵌锂离子的碳材料作负极和锂离子溶液工作电解质构成，具有很低的自放电率、很高的能量密度、几乎没有“记忆效应”以及不含有毒物质等优点，因而得到了普遍应用。目前，锂离子电池常用的正极材料是金属氧酸锂 $LiMO_2$（例如钴酸锂 $LiCoO_2$、锰酸锂 $LiMn_2O_4$、镍酸锂 $LiNiO_2$ 以及铁磷酸锂 $LiFePO_4$ 等），负极材料是层状石墨 C。

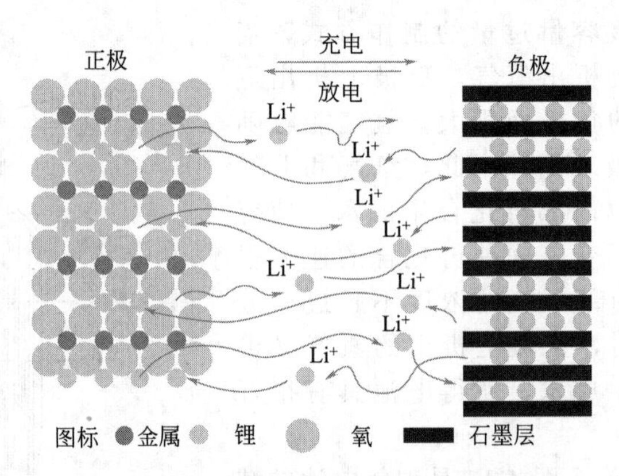

图 4-16 锂离子电池充放电的工作原理

图 4-16 是锂离子电池的充放电工作原理。当对电池进行充电时，电池正极上有锂离子生成，生成的锂离子经过电解液迁移到负极。而作为负极的碳呈层状结构，它有很多微孔，到达负极的锂离子就嵌入到碳层的微孔中，嵌入的锂离子越多，充电容量越高。同样道理，当对电池进行放电时，嵌在负极碳层中的锂离子脱出，又迁移到正极。在充放电过程中，锂离子在正、负极之间往返嵌入/脱嵌和插入/脱插，被形象地称为“摇椅电池”。

锂离子电池的电化学表达式：(－)C|$LiPF_6$－EC＋DEC‖$LiMO_2$(＋)

负极充放电反应：$nC + xLi^+ + xe^- \underset{放电}{\overset{充电}{\rightleftharpoons}} Li_xC_n$

正极充放电反应：$LiMO_2 - xe^- \underset{放电}{\overset{充电}{\rightleftharpoons}} Li_{1-x}MO_2 + xLi^+$

电池总反应：$LiMO_2 + nC \underset{放电}{\overset{充电}{\rightleftharpoons}} Li_{1-x}MO_2 + Li_xC_n$

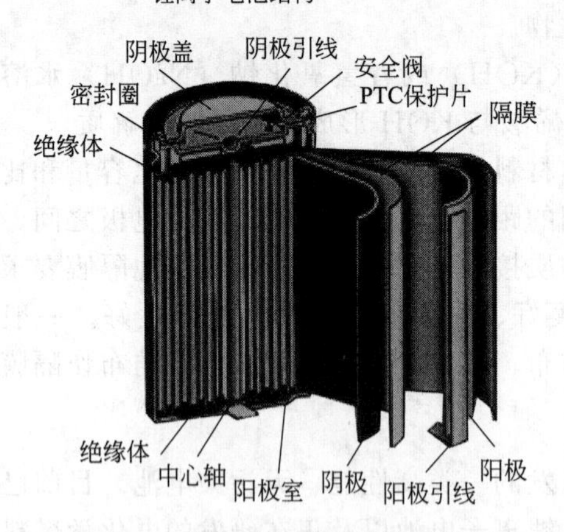

图 4-17 锂离子电池的结构示意

由此可见，充电时，Li^+ 从正极脱出经过电解质嵌入负极，负极处于富锂状态，正极处于贫锂状态，同时电子通过外电路从正极流向负极进行电荷补偿。放电时相反，Li^+ 从负极脱出，经过电解质嵌入正极，正极处于富锂状态，负极处于贫锂状态，同时电子通过外电路从负极流向正极进行电荷补偿。因此，锂离子电池实际上是一个锂离子浓差电池，正负极由两种不同的锂离子嵌入化合物组成，锂离子电池的工作电压与构成电极的锂离子嵌入化合物及其锂离子浓度有关。

如图 4-17 所示是锂离子电池的结构示意。锂离子电池结构主要有正极、负极、电解质、电极隔膜、电池外壳这五部分组成。

正极材料：电化学活性物质一般为钴酸锂或者锰酸锂，现在又研发出镍钴锰酸锂和磷酸铁锂，导电集流体使用厚度 10～20μm 的电解铝箔。可选的正极材料很多，基于不同正极材料的锂离子电池的储电性能比较见表 4-2 所列。

表 4-2 基于不同正极材料的锂离子电池的输出电压和能量密度

正极材料	输出电压/V	能量密度/(mA·h/g)	正极材料	输出电压/V	能量密度/(mA·h/g)
$LiCoO_2$	3.7	140	$LiFePO_4$	3.3	170
$LiMn_2O_4$	4.0	100	Li_2FePO_4F	3.6	115

目前主流产品大多采用磷酸铁锂，充放电时正极上发生可逆嵌入/脱嵌锂离子的电化学反应：$LiFePO_4 \rightleftharpoons Li_{1-x}FePO_4 + xLi^+ + xe^-$。另外，采用导电聚合物（p 型掺杂能力的聚吡咯（PPy）、聚噻吩（PTh）、聚苯胺（PAn）及它们的衍生物）作为正极材料，其比能量是现有锂离子电池的 3 倍左右，是最新一代高容量锂离子电池。

电极隔膜：锂离子电池的电极隔膜采用一种特殊的聚合物膜，它可以让离子通过，却是电子的绝缘体。目前，隔膜材料主要有聚丙烯（PP）、聚乙烯（PE）单层微孔膜，以及由 PP 和 PE 复合的多层微孔膜。

负极材料：电化学活性物质为石墨，或近似石墨结构的碳材料，导电集流体使用厚度 7～15μm 的电解铜箔。在充放电过程中，负极上发生可逆嵌入/脱嵌锂离子的电化学反应：$xLi^+ + xe^- + nC \rightleftharpoons Li_xC_n$。最新研究发现尖晶石钛酸锂是更好的负极材料，它在充放电过程中其骨架结构几乎不发生变化，是一种零应变材料，具有良好的循环性能、安全性高和热稳定性好等特点，相应的可逆嵌入/脱嵌锂离子的电化学反应：$Li_4Ti_5O_{12} + 3Li^+ + 3e^- \rightleftharpoons Li_7Ti_5O_{12}$。基于钛酸锂负极的锂离子电池不易损坏，其储存能量要远远大于常规石墨负极的锂离子电池，而且使用寿命更长。

电解质：电解质常采用锂盐，例如高氯酸锂（$LiClO_4$）、六氟磷酸锂（$LiPF_6$）、四氟硼酸锂（$LiBF_4$）等。此外，由于锂离子电池工作电压远高于水的分解电压，因此常采用有机溶剂，如乙醚、乙烯碳酸酯、丙烯碳酸酯、二乙基碳酸酯及其他碳酸酯类。有机溶剂常常在充电时破坏石墨的结构，导致其剥脱，并在其表面形成固体电解质膜（Solid Electrolyte Interphase，SEI）导致电极钝化。这些有机溶剂还可能带来易燃、易爆等安全性问题，由此研发出了高分子聚合物类有机电解液。目前性能较好的凝胶聚合物电解质（GPE），主要有聚氧化乙烯（PEO）系、聚丙烯腈（PAN）系、聚甲基丙烯酸甲酯（PMMA）系和聚偏氟乙烯（PVDF）系等。

电池外壳：分为钢壳（方型电池很少使用）、铝壳、镀镍铁壳（圆柱电池使用）、铝塑膜（软包装电池）等，还有电池的盖帽，也是电池的正负极引出端。

根据锂离子电池所用电解质或者电极材料不同，锂离子电池可以分为**液态锂离子电池**（lithium ion battery，简称为 LIB）和**聚合物锂离子电池**（lithium ion polymer battery，简称为 LIP）两大类。液态锂离子电池的正极材料为钴酸锂、锰酸锂、镍钴锰酸锂和磷酸铁锂等，负极材料为石墨，电解质为锂离子有机溶液。聚合物锂离子电池的正极、负极与电解质这三项构成要素中至少有一项或一项以上使用高分子聚合物材料。图 4-18 是聚合物锂离子电池的工作原理图和结构组装图。聚合物锂离子电池与液态锂离子电池的工作原理基本一致，但两者也有不同之处。第一类是以电解质来区别，液态锂离子电池采用有机液体电解

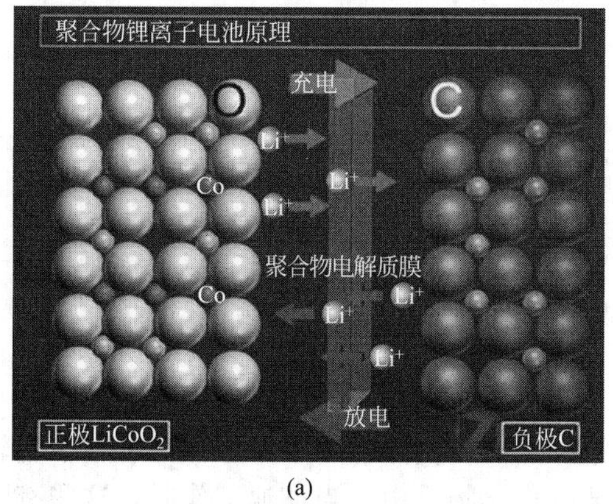

(a)

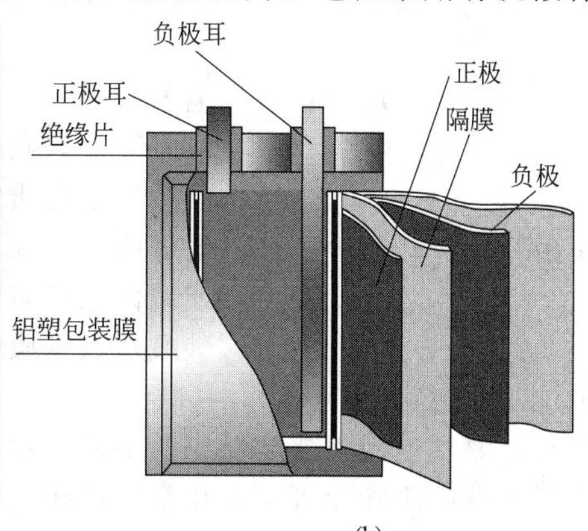

(b)

图 4-18　聚合物锂离子电池的（a）工作原理图和（b）结构组装

质，而聚合物锂离子电池则以固体导电聚合物电解质来代替，这种聚合物可以是“干态”的，也可以是“胶态”的，目前大部分采用凝胶聚合物电解质。第二类是以正极材料来区别，液态锂离子电池正极采用无机金属氧酸锂，而聚合物锂离子电池则以导电高分子聚合物来代替。聚合物锂离子电池可分为三类。固体聚合物电解质锂离子电池：电解质为聚合物与盐的混合物，这种电池在常温下的离子电导率低，适于高温使用。凝胶聚合物电解质锂离子电池：在固体聚合物电解质中加入增塑剂等添加剂，从而提高离子电导率，使电池可在常温下使用。聚合物正极材料的锂离子电池：采用导电聚合物作为正极材料，其比能量是现有锂离子电池的 3 倍左右，是最新一代的锂离子电池。

液态锂离子电池使用有机相液体电解质，需要坚固的二次包装来容纳可燃的活性成分，这就增加了重量，另外也限制了尺寸的灵活性。而聚合物锂离子电池的有机电解液贮存于聚合物膜中，或是使用导电聚合物为电解质，电池中通常没有多余的游离电解质，可以用铝塑料复合膜实现热压封装，具有重量轻、形状可任意改变、安全性更好的特点。因此，这种聚合物锂离子电池更稳定，也不易因电池的过量充电、碰撞或其他损害以及过量使用而造成危险情况。新一代的聚合物锂离子电池在形状上可做到薄形化（电池最薄可达 0.5 毫米，相当于一张卡片的厚度）、任意面积化和任意形状化，大大提高了电池造型设计的灵活性，从而可以配合产品需求，做成任何形状与容量的电池，为应用设备开发商在电源解决方案上提供了高度的设计灵活性和适应性，以最大化地优化其产品性能。目前，聚合物锂离子电池的能量密度可以达到 170Wh/kg 和 350Wh/L 以上，其储能效率比常规的液体锂离子电池提高了 50%，其容量、充放电特性、安全性、工作温度范围、循环寿命（超过 500 次）与环保性能等方面都较液态锂离子电池有大幅度的提高。

4.6.3.2 燃料电池

燃料电池（fuel cell）是一种不经过燃烧，将燃料（氢或者甲烷、丁烷、甲醇、乙醇等可燃性物质）化学能经过电化学反应直接转变为电能的装置。它和其他电池中的氧化还原反应一样，都是自发的化学反应，不会发出火焰，其化学能可以直接转化为电能，且废物排放量很低。

以氢氧燃料电池为例，它是一种将氢和氧的化学能通过电极反应直接转换成电能的装置，从本质上说是水电解的逆装置。在电解水过程中，通过外加电源将水电解，产生氢和氧；而在燃料电池中，则是氢和氧通过电化学反应生成水，并释放出电能。氢氧燃料电池工作原理如下：在负极（阳极）上，氢气通过氧化作用失去电子，这些电子从外电路转移到正极（阴极），同时，产生的阳离子（氢离子）通过电解液转移到正极（阴极）。在正极（阴极）上，氧气通过还原反应获得电子，并与氢离子发生化合作用生成水，燃料电池电极反应如下：

负极（阳极）反应：酸性电解质中 $H_2-2e^- \rightleftharpoons 2H^+$；

中性或碱性电解质中 $H_2+2OH^- -2e^- \rightleftharpoons 2H_2O$；

熔融碳酸盐电解质中 $H_2+CO_3^{2-}-2e^- \rightleftharpoons H_2O+CO_2$

正极（阴极）反应：酸性电解质中 $O_2+4H^+ +4e^- \rightleftharpoons 2H_2O$；

中性或碱性电解质中 $O_2+2H_2O+4e^- \rightleftharpoons 4OH^-$；

熔融碳酸盐电解质中 $1/2O_2+CO_2+2e^- \rightleftharpoons CO_3^{2-}$

电池总反应：$1/2O_2+H_2 = H_2O$

由此可见，燃料电池电化学反应的最终产物与燃料进行燃烧反应的产物完全相同。

燃料电池的工作原理与电化学电池相类似，然而从实际应用来考虑，两者存在着较大的差别。电化学电池是将化学能储存在电池内部的化学物质中，当电池工作时，这些有限的物质发生反应，将储存的化学能转变成电能，直至这些化学物质全部发生反应。对于原电池而言，电池所放出的能量取决于电池中储存的化学物质量，对于可充电池而言，则可以通过外部电源进行充电，使电池工作时发生的化学反应逆向进行，得到新的活性化学物质，电池可重新工作。因此电化学电池实际上只是一个有限的电能输出和储存装置。而燃料电池则不同，参与反应的化学物质（氢和氧）分别由燃料电池外部的单独储存系统提供，因而只要能保证氢和氧反应物的供给，燃料电池就可以连续不断地产生电能，从这个意义上说，燃料电池是一个氢氧发电装置。燃料电池的主要组成材料和分类如下所述。

电极材料：燃料电池的正负电极材料都是采用多孔碳和多孔镍、铂、钯等兼有催化剂特性的惰性金属，两电极的材料相同。因此，燃料电池的电极是由通入气体的成分来决定。通入可燃物的电极为负极（阳极），可燃物在该电极上发生氧化反应；通入空气或氧气的电极为正极（阴极），氧气在该电极上发生还原反应。

电解质：不同类型的燃料电池可有不同种类的电解质，其电解质通常有水剂体系电解质（酸性稀硫酸溶液或磷酸溶液、中性氯化钠溶液、碱性氢氧化钠或氢氧化钾溶液）、熔融盐电解质（碳酸锂和碳酸钠熔融盐混合物）、固体电解质（氧化物系的氧化锆-氧化钇或者聚合物系的质子交换膜）等。燃料电池有多种，各种燃料电池之间的主要区别在于使用的电解质不同。按电解质划分，燃料电池大致上可分为五类。

（1）磷酸型燃料电池（phosphoric acid fuel cell，PAFC）　采用磷酸为电解液的燃料电池，这类电池用于小型固定工厂，目前世界上有数百台 200kW 的磷酸燃料电池电站在运行。

（2）熔融碳酸盐燃料电池（molten carbonate fuel cell，MCFC）　采用碳酸锂或碳酸钾为电解液的燃料电池，这类电池用于大型固定工厂。

（3）固体氧化物燃料电池（solid oxide fuel cell，SOFC）　采用氧化锆或氧化钇为电解液的燃料电池，这类电池用于大型固定工厂。

（4）碱性燃料电池（alkaline fuel cell，AFC）　采用氢氧化钾为电解液的燃料电池，这类电池最贵，用于航天和其他特殊用途（如导弹、宇宙飞船、卫星等空间飞行器）。

（5）质子交换膜燃料电池（proton exchange membrane fuel cell，PEMFC）　采用极薄的质子交换膜为电解质的燃料电池，这类电池用于汽车、潜艇、便携式电源、小型固定工厂。

质子交换膜燃料电池（PEMFC）是目前世界上最成熟的一种能将氢气与空气中的氧气化合成洁净水并释放出电能的燃料电池，其工作原理如图 4-19 所示。氢气通过管道或导气板到达负极（阳极），在负极（阳极）催化剂作用下，氢分子解离为带正电的氢离子（即质子）并释放出带负电的电子；氢离子穿过电解质（质子交换膜）到达正极（阴极），电子则通过外电路到达正极（阴极），电子在外电路形成电流，通过适当连接可向负载输出电能；在电池另一端，氧气（或空气）通过管道或导气板到达正极（阴极），在正极（阴极）催化剂作用下，氧与氢离子及电子发生反应生成水。质子交换膜燃料电池以质子交换膜为电解质，其特点是工作温度低（约 70～80℃），启动速度快，特别适用于动力电池，电池内化学反应温度一般不超过 80℃，故称为“冷燃烧”。目前，质子交换膜材料主要是全氟磺酸膜（Nafion 膜），该膜具有较好的热稳定性、出色的抗电化学氧化性、良好的机械性能和较高的电导率（0.05～0.2S/cm），基本可以满足目前大多数质子交换膜燃料电池的应用要求。为了实现更高效率、高能量密度的质子交换膜燃料电池，满足不同燃料的要求，开始研究开发新型质子交换膜，如磺化聚砜、磺化聚苯硫

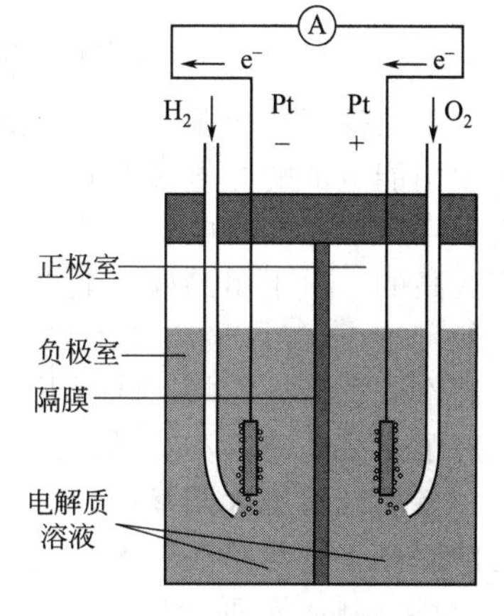

图 4-19　质子交换膜燃料电池工作原理

醚、磺化聚醚醚酮、磺化聚苯并咪唑、磺化聚磷腈等。

燃料电池作为新一代绿色环保电源具有以下特征：燃料电池由于反应过程中不涉及到燃烧，它是把化学能直接转化为电能，而不经过热能这一种中间形式，因此其能量转换效率不受“卡诺循环”的限制，其能量转换率高达60%～80%，实际使用效率则是普通内燃机的2～3倍，所以它的电效率比其他任何形式的发电技术的电效率都高；燃料电池的废物（如SO_2、CO、NO_x）排放量极低，大大减少了对环境的污染，其中氢氧燃料电池则完全没有环境污染；燃料电池中无运动部件，工作时很安静且无机械磨损；燃料电池还具有燃料多样化的特点。总之，燃料电池是一种新型无污染、无噪声、高效率及可靠性好的汽车动力和发电设备，其投入使用可有效的解决能源危机、污染问题，是继水力、火力、核能发电后的第四类发电——化学能发电，被称为21世纪改善人类生活的“绿色电源”。

4.6.3.3 太阳能电池

太阳能电池（solar cell）是通过光电效应或者光化学效应直接把光能转化成电能的装置。太阳能电池按结晶状态可分为结晶系薄膜式和非结晶系薄膜式两大类，而前者又分为单结晶形和多结晶形。按材料可分为硅薄膜形、化合物半导体薄膜形和有机膜形，而化合物半导体薄膜形又分为非结晶形（SiH、SiHF、SixGel-xH等）、Ⅲ-Ⅴ族（GaAs、InP等）、Ⅱ-Ⅵ族（CdS）和磷化锌（Zn_3P_2）等。太阳能电池根据所用材料的不同还可分为：硅太阳能电池、多元化合物薄膜太阳能电池、聚合物多层修饰电极型太阳能电池、纳米晶太阳能电池、有机太阳能电池，其中硅太阳能电池的技术发展最成熟，在应用中居主导地位。

（1）硅太阳能电池　**硅太阳能电池**（silicon solar cell）分为单晶硅薄膜太阳能电池、多晶硅薄膜太阳能电池和非晶硅薄膜太阳能电池三种，如图4-20所示。太阳光照在半导体p-n结上，形成新的空穴-电子对，在p-n结电场的作用下，空穴由n区流向p区，电子由p区流向n区，接通电路后就形成电流，这就是光电效应太阳能电池的工作原理。

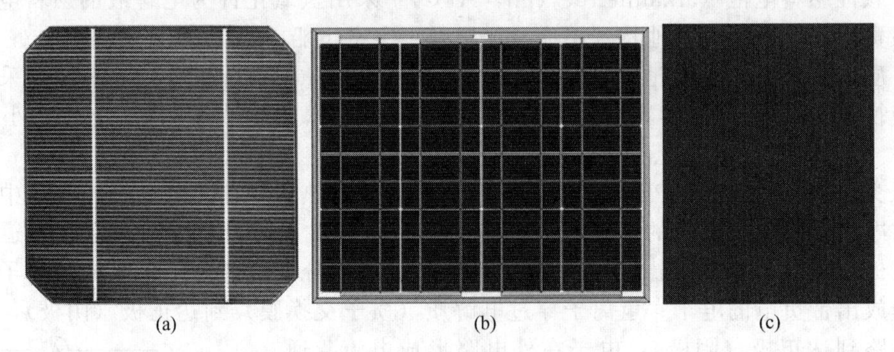

图4-20　(a) 单晶硅太阳能电池；(b) 多晶硅太阳能电池；(c) 非晶硅太阳能电池

单晶硅薄膜太阳能电池（mono-crystaline silicon thin film solar cell）：目前，单晶硅薄膜太阳能电池的光电转换效率最高，技术也最成熟。实验室样品的最高转换效率为24.7%，规模生产产品的光电转换效率为15%左右，这是目前所有种类的太阳能电池中光电转换效率最高的。由于单晶硅一般采用钢化玻璃以及防水树脂进行封装，因此坚固耐用，使用寿命一般可达15年，最高可达25年，在大规模应用和工业生产中仍占据主导地位。但由于单晶硅制作成本高，大幅度降低其成本很困难，以至于它还不能普遍地使用。为了节省硅材料，发展了多晶硅薄膜和非晶硅薄膜作为单晶硅太阳能电池的替代产品。

多晶硅薄膜太阳能电池（polycrystalline silicon thin film solar cell）：多晶硅薄膜太阳电池的制作工艺与单晶硅太阳电池差不多，从制作成本上来讲，比单晶硅太阳能电池要便宜一些，材料制造简便，节约电耗，总的生产成本较低，因此得到大量发展。但是，多晶硅太阳能电池的使用寿命比单晶硅太阳能电池短。多晶硅薄膜太阳能电池的光电转换效率低于单晶硅薄膜电池，而高于非晶硅薄膜电池，实验室样品的转换效率最高值为 18%，工业规模生产产品的转换效率为 10%～12%，2004 年日本夏普公司出品的多晶硅太阳能电池达到 14.8%的世界最高转换效率，因此，多晶硅薄膜电池不久将会在太阳能电池市场上占据重要地位。

非晶硅薄膜太阳能电池（amorphous silicon thin film solar cell）：非晶硅薄膜太阳能电池与单晶硅和多晶硅太阳能电池的制作方法完全不同，工艺过程大大简化，硅材料消耗很少，电耗更低，它的主要优点是在弱光条件也能发电。但非晶硅太阳电池存在的主要问题是光电转换效率偏低，目前国际先进水平为 10%左右，且不够稳定，随着时间的延长，其转换效率衰减。非晶硅薄膜太阳能电池成本低、重量轻，易于大规模生产，有极大的潜力。但受制于其材料引发的光电效率衰退效应，稳定性不高，直接影响了它的实际应用。如果能进一步解决稳定性问题及提高转换率问题，那么，非晶硅太阳能电池无疑是太阳能电池的主要发展产品之一。

（2）多元化合物薄膜太阳能电池　**多元化合物薄膜太阳能电池**（multiple compound thin film solar cells）采用无机盐化合物作为电极材料，而不是单一元素半导体。其主要包括砷化镓Ⅲ-Ⅴ族化合物、硫化镉、铜铟硒或者铜铟镓硒太阳能电池薄膜电池等，现在各国研究的品种繁多，大多数尚未工业化生产。

硫化镉（CdS）、碲化镉（CdTe）多晶薄膜电池的效率比非晶硅薄膜太阳能电池的效率高，成本较单晶硅电池低，并且也易于大规模生产，但由于镉有剧毒，会对环境造成严重的污染，因此，这类电池并不是晶体硅太阳能电池最理想的替代产品。

砷化镓（GaAs）Ⅲ-Ⅴ化合物电池的转换效率可达 28%，GaAs 化合物材料具有十分理想的光学带隙以及较高的吸收效率，抗辐照能力强，对热不敏感，适合于制造高效太阳能电池，但是 GaAs 材料的价格不菲，因而在很大程度上限制了 GaAs 电池的普及。铜铟二硒（$CuInSe_2$，简称 CIS）和铜铟镓二硒［$Cu(In,Ga)Se_2$，简称 CIGS］是性能优良太阳光吸收材料，这种多元半导体材料具有梯度能带间隙（导带与价带之间的能级差），可以扩大太阳能吸收光谱范围，以它为基础设计的薄膜太阳能电池光电转换效率可以达到 18%，明显高于硅薄膜太阳能电池，此类多元化合物薄膜太阳能电池到目前为止未发现光辐射导致性能衰退效应，其光电转化效率比目前商用的薄膜太阳能电池提高约 50%～75%，在薄膜太阳能电池中属于世界最高水平的光电转化效率，并且还具有价格低廉、性能良好和工艺简单等优点，将成为今后发展太阳能电池的一个重要方向。唯一的问题是材料的来源，由于铟和硒都是比较稀有的元素，因此，这类电池的发展必然受到制约。铜铟镓二硒薄膜太阳能电池的结构如图 4-21 所示。

（3）聚合物多层修饰电极型太阳能电池　**聚合物多层修饰电极型太阳能电池**（polymer solar cells）工作原理是利用不同氧化还原型聚合物的不同氧化还原电势，在导电材料表面

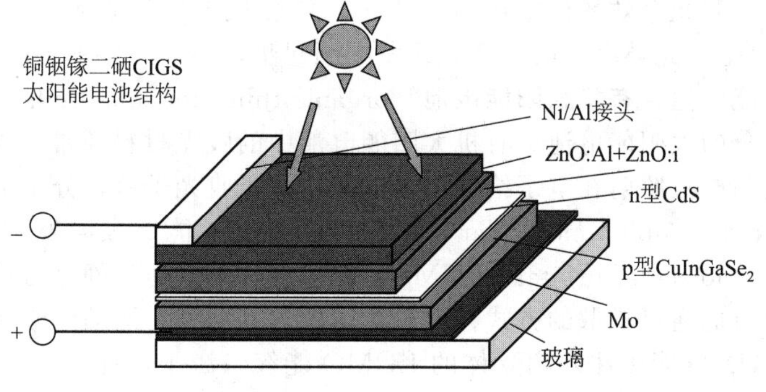

图 4-21　铜铟镓二硒薄膜太阳能电池的结构

进行多层复合，制成类似无机 p-n 结单向导电装置的太阳能电池。其中一个电极的内层由还原电位较低的聚合物修饰，外层聚合物的还原电位较高，电子转移方向只能由内层向外层转移；另一个电极的修饰正好相反，并且第一个电极上两种聚合物的还原电位均高于第二个电极上两种聚合物的还原电位。当两个修饰电极放入含有光敏化剂的电解液中时，光敏化剂吸收光子能后产生的电子转移到还原电位较低的电极上，还原电位较低电极上积累的电子不能向外层聚合物转移，通过外电路转移到还原电位较高的电极，因此外电路产生光电流。由于聚合物材料柔性好，制作容易，材料来源广泛，成本低等优势，从而对大规模利用太阳能和提供廉价电能具有重要意义。

(4) 纳米晶太阳能电池 **纳米晶太阳能电池**（nanocrystalline photovoltaic solar cell）是由一种窄禁带半导体材料或者有机光敏染料修饰、组装到另一种大能隙半导体材料上形成的光伏电池。其中，窄禁带半导体材料可以采用硫化镉（CdS）、硒化镉（CdSe）或者硫化铅（PbS）等，有机光敏染料可以采用多联吡啶钌、锇的配位化合物或者金属卟啉和金属酞菁等，大能隙半导体材料通常是 TiO_2 或者 ZnO 半导体纳米晶，此外纳米晶太阳能电池还需要选用适当的氧化还原电解质。

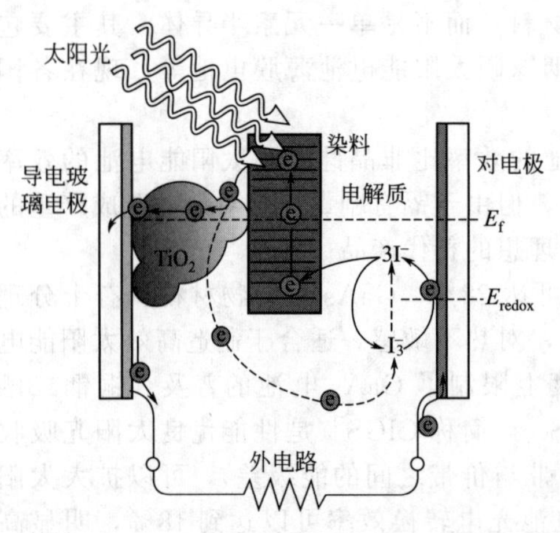

图 4-22 染料敏化太阳能电池工作原理

染料敏化太阳能电池（dye sensitized solar cells，DSSC）是由瑞士化学家 Michael Grätzel 首先提出的，它是由染料敏化剂、宽带隙半导体、氧化还原电解质和对电极四部分构成，图 4-22是染料敏化太阳能电池工作原理。染料分子吸收太阳光能跃迁到激发态，激发态不稳定，电子快速注入到紧邻的 TiO_2 导带，染料中失去的电子则很快从电解质中得到补偿，进入 TiO_2 导带中的电子最终进入导电膜，然后通过外回路产生光电流。目前染料敏化太阳能电池的最高光电转化效率为 11%，由钌联吡啶配合物、二氧化钛、I^-/I^{3-} 氧化还原电对和铂对电极获得。染料敏化太阳能电池的效率已经达到了传统的硅半导体电池的水平，与后者相比，前者的制作工艺简单，成本低廉，应用前景更加光明。在硅电池中，半导体硅承担三个重要功能，即吸收光子能，承受电子与空穴分离所需的电场，电子的传输。因为同时高效执行这三项任务，半导体硅材料的纯度必须非常高，这就是基于硅的太阳能电池成本昂贵，不能与传统发电方法进行商业竞争的主要原因。相反，染料敏化太阳能电池的四个组成部分分别执行不同的功能，对各个部分可以从效率和成本两个方面分别进行优化，降低成本和提高效率的空间很大。纳米晶太阳能电池优点在于它廉价的成本和简单的工艺及稳定的性能。其光电效率稳定在 10%以上，制作成本仅为硅太阳电池的 1/5～1/10，寿命能达到 20 年以上，此类电池的研究和开发刚刚起步，不久的将来会逐步走上市场。

(5) 有机太阳能电池 **有机太阳能电池**（organic thin film solar cells）是由有机材料构成光电转换核心部分的太阳能电池。有机太阳能电池中的吸光材料通常是电子给体，亦即 p 型材料，光通过透明电极照射在电子给体上，电子给体吸收光子后，分子中的电子从**最高被占分子轨道**（highest occupied molecular orbital，HOMO）能级被激发到**最低空分子轨道**（lowest unoccupied molecular orbital，LUMO）能级上，形成通过静电力结合的激子。激子是电中性的，因此只能通过扩散的方式在电子给体中运动，当它运动到给体/受体界面上时，电子会从给体的 LUMO 能级注入到受体的 LUMO 能级，激子由此分成一对自由的电子和空穴，电子和空穴在电池的内建电场作用下分别向电池的负极（金属电极）和正极（透明电极）运动，由此形成光电压和光电流输出。影响有机太阳能电池的工作效率主要有四个因素。

① 有机材料的吸光能力　这决定了太阳光照射下，电池中所能形成的激子数量。

② 有机材料中激子的扩散距离　也就是激子在有机材料中的寿命，激子只能在给体/受体界面上分离，未能分离成自由电子和空穴的激子在一定时间后会“复合”，也就是激发态的电子通过弛豫过程，又回到了电子基态，而原来吸收的光子能量则变成了热。激子在有机材料中能存在的时间越长，能扩散的距离越远，扩散到给体/受体界面上的概率越大。

③ 激子分离效率　激子扩散到给体/受体界面上之后，电子可以从给体的 LUMO 能级上注入受体的 LUMO 能级，但同时还会有一些与之竞争的过程，主要就是电子从受体 LUMO 回传到给体 LUMO 的概率。第一个过程应该远快于第二个过程，激子才能有效地分离为自由电子与空穴。

④ 载流子传输效率　有机半导体材料中存在许多束缚点，电子或者空穴途经这些束缚点时会被困住，无法抵达相应的电极。影响有机半导体材料传输能力的主要参数是载流子迁移率，迁移率越大，载流子的传输效率越高。

4.6.4　电化学超级电容器

4.6.4.1　电化学超级电容器类型

电化学超级电容器（electrochemical supercapacitor）亦称超大容量电容器，是一种介于电池和静电电容之间的新型储能器件。超级电容器具有功率密度比电池高、能量密度比静电电容高、充放电速度快、循环寿命长、对环境无污染等优点，成为本世纪的一种新型绿色能源。利用超级电容和电池组成混合动力系统能够很好地满足电动汽车启动、爬坡、加速等高功率密度输出场合的需要，并保护蓄电池系统。另外超级电容器可以用于电路元件、小型电器电源、直流开关电源等，还可以用于燃料电池的启动动力，移动通讯和计算机的电力支持等。电化学超级电容器依据其储能原理可以分为双电层电容器、法拉第准电容器、混合型电容器和锂离子电容器，电极材料主要有碳材料、金属氧化物和导电聚合物等。

(1) 双电层电容器　**双电层电容器**（electric double layer capacitor，EDLC）是建立在 Helmhotz 双电层理论基础之上，通过电极与电解质之间形成界面双电层来存储能量的新型器件。双电层电容是在电极/溶液界面通过电子或离子的定向排列造成电荷的对峙而产生的。对一个电极/溶液体系，会在电子导电的电极和离子导电的电解质溶液界面上形成双电层。当在两个电极上施加电场后，溶液中的阴、阳离子分别向正、负电极迁移，在电极表面形成双电层；撤销电场后，电极上的正负电荷与溶液中的相反电荷离子相吸引而使双电层稳定，在正负极间产生相对稳定的电位差。这时对某一电极而言，会在一定距离内（扩散层）产生与电极上的电荷等量的异性离子电荷，使其保持电中性；当将两极与外电路连通时，电极上的电荷迁移而在外电路中产生电流，扩散层内离子迁移到体相溶液中呈电中性，这就是双电层电容的充放电原理。

双电层电容理论模型首先是由 Brian E Conway 提出。图 4-23 是电极在水溶液或有机溶液电解质中形成双电层电容原理。双电层是在电极材料与电解质交界面两侧形成的，双电层电容量的大小取决于双电层上分离电荷的数量，因此电极材料和电解质对电容量的影响最大。通常，双电层

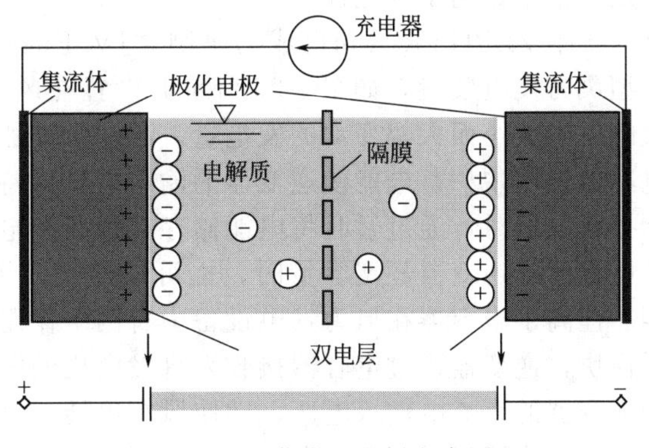

图 4-23　电化学双电层电容原理

电容器的电极材料采用多孔碳材料，有活性炭（活性炭粉末、活性炭纤维）、碳气凝胶、碳纳米管等。双电层电容器的容量大小与电极材料的孔隙率有关，孔隙率越高，电极材料的比表面积越大，双电层电容也越大。但不是孔隙率越高，电容器的容量越大。保持电极材料孔径大小在 2～50nm 之间，提高孔隙率才能提高材料的有效比表面积，从而提高双电层电容。采用高比表面积多孔碳作为双电层电容器电极材料，其比表面积可达 $1000\sim3000m^2/g$，比电容可达 280F/g。

（2）法拉第准电容器 **法拉第准电容器**（Faradic capacitor）是在电极材料表面和近表面或体相中的二维或准二维空间上，电活性物质进行欠电位沉积，发生高度可逆的化学吸附/脱附和氧化还原反应，产生与电极充电电位有关的电容。对于法拉第准电容器，其储能过程不仅包括双电层存储电荷，而且包括电解液离子与电极活性物质发生的氧化还原反应。当电解液中的离子（如 H^+、OH^-、Li^+ 等）在外加电场的作用下由溶液中扩散到电极/溶液界面时，会通过界面上的氧化还原反应而进入到电极表面活性氧化物的体相中，从而使得大量的电荷被存储在电极中。放电时，这些进入氧化物中的离子又会通过以上氧化还原反应的逆反应重新返回到电解液中，同时所存储的电荷通过外电路而释放出来，这就是法拉第准电容器的充放电机理。由于在准法拉第过程中，电化学反应可以在整个体相中进行，法拉第准电容不仅发生在电极表面，而且可深入电极内部，因而可获得比双电层电容更高的电容量和能量密度。相同电极面积下，法拉第准电容可以是双电层电容量的 10～100 倍。比如碳材料双电层电容通常被认为是 $2\times10^{-5}F/cm^2$，而氧化还原型法拉第准电容可以达到 $2\times10^{-3}F/cm^2$，因而这种法拉第准电容器可实现最大的比电容值。

（3）混合型电容器 **混合型电容器**（hybrid capacitor）一般由双电层电容过程和法拉第准电容过程共同来构成，一部分是由碳电极形成双电层电容，另一部分是由导电聚合物或金属氧化物电极进行氧化还原反应或锂离子嵌入反应形成法拉第准电容。在水溶液电解质体系中，可以形成碳/氧化镍、碳/二氧化锰等混合电容器；在有机电解质体系中，可以形成双电层碳/锂离子嵌入型碳的锂离子型混合电容器。此外，按照超级电容器的电极材料分类，则可分为碳基型、氧化物型和导电聚合物型；按照超级电容器的电解质类型分类，则又可分为水溶液电解质型和非水电解质型。在有机电解质溶液中，其电容器工作电压可提高至 2.5V 以上。

（4）锂离子电容器 **锂离子电容器**（lithium-ion capacitor）是一种特殊的混合型电容器，它是将锂离子充电电池的负极与双电层电容器的正极组合在一起构造，是一种正负极充放电原理不同的非对称电容，因而同时具备双电层电容和锂离子电池的电化学储电性能。目前，锂离子电容器已经开始了实际工程应用。

图 4-24 是双电层电容与锂离子电容的储能原理。双电层电容采用对称型正负极材料（两个相同的活性炭电极）；锂离子电容采用非对称型正负极材料（一个是活性炭电极，另一个是预掺杂锂离子碳电极）。

日本 ZEPHYR 公司已成功研制“JM Energy”锂离子电容器模块以及“Air Dolphin”小型风力发电装置，如图 4-25 所示。设置在风车与逆变器之间的锂离子电容器模块能够吸收随风力大小而大幅变动的发电量，起到缓冲器作用，即使突然发电停止也可以通过锂离子电容器模块中积蓄电能使逆变器的输入电压保持正常。另外，在微风下的小发电量低于逆变器损耗电量时，通过暂时将电能储存在锂离子电容器中就可实现蓄电。相反，在强风下的大发电量超过逆变器额定容量时，也可以通过向锂离子电容器内蓄电来避免浪费所产生的电能。锂离子电容器在风力发电设备中有两个作用，一方面，在各个发电机中设置锂离子电容器模块，逆变器通过电容器接收来自发电机的电力；另一方面，通过锂离子电容器调节施加给逆变器的直流电输入电压，即使风车停转、供电停止，也能释放储存在锂离子电容器中的电能，防止流向逆变器的电流出现剧烈的输入输出变动。

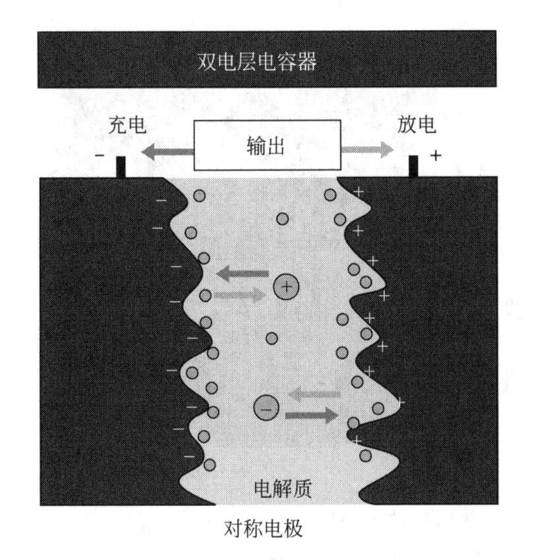

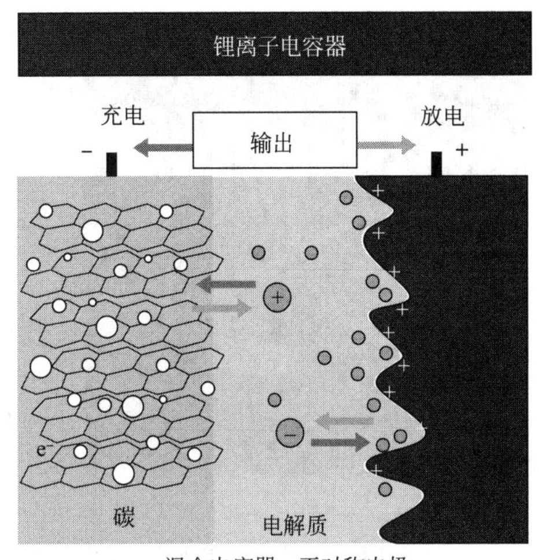

图 4-24　锂离子电容与双电层电容的储能原理

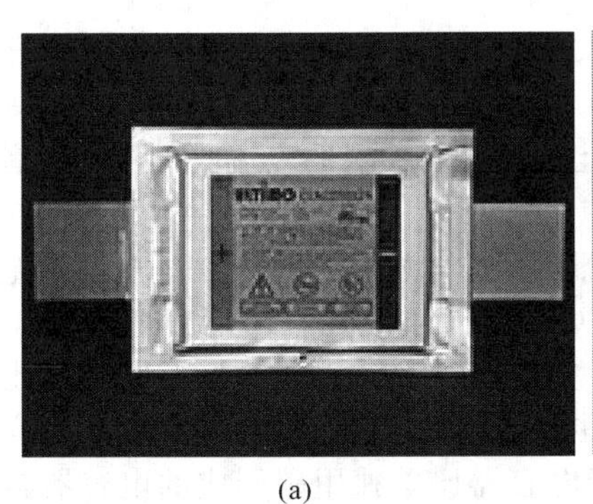

(a)　(b)

图 4-25　(a)"JM Energy"锂离子电容器模块；
(b) 基于锂离子电容器的"Air Dolphin"风力发电设备

日本 L-kougen 公司开发出集锂离子电容器、太阳能电池面板及 LED 照明于一体的街灯，如图 4-26 所示。储电单元采用了 Advanced Capacitor Technologies (ACT) 开发的静电容量为 5000F 的 Premlis 锂离子电容器模块，该产品以平均 0.6W 功率驱动 2 只 1W 的 LED 照明灯，在充满电的条件下足以使用一个晚上。锂离子电容器的控制模块简单、能轻松应对发电变动、且能量密度较高。由于采用了锂离子电容器，因而能够高效率储存变动较大的、来自太阳能电池板的电能。

4.6.4.2　超级电容器电极材料

高性能超级电容器需要具有高比功率和高比能量的特征，而电极材料的表面积、微结构、电导率、电化学活性和稳定性等因素都能影响电容器性能。电化学超级电容器电极材料主要有三种：碳基材料、过渡金属氧化物及其水合物材料和导电聚合物材料。

(1) 碳材料　用于电化学超级电容器电极的碳材料主要有：活性炭粉末、炭黑、碳纤维、玻璃碳、碳气溶胶、纳米碳管等。对于碳材料，采用高比表面积可得到大电容。根据双电层理论，电极表面的双电层电容平均约为 $25\mu F/cm^2$，如果比表面积为 $1000m^2/g$，则电容器比容量为 250F/g。目前碳的比表面积可达 $2000m^2/g$，水系和非水系的比电容分别达到 280F/g 和 120F/g。碳材料的电容量不仅仅局限于双电层的限制，碳表面的活性基团（如—COOH、—OH 等）也可能发生吸附反应而产生准电容。所以，表面处理对电容量有很大

图 4-26 (a) 集锂离子电容器、太阳能电池面板及 LED 照明于一体的路灯；(b) Premlis 锂离子电容器模块；(c) 使用白天储存在锂离子电容器中的电能来点亮 LED

的影响，其改性方法有液相氧化法、气相氧化法、等离子体处理、惰性气体中进行热处理等，可以增加表面积和孔隙率，增加官能团浓度，提高润湿性能。碳材料有较高的等效串联内阻，在碳电极中掺入金属，使用金属泡沫做高比表面积活性炭的电流收集器，或者制作真空升华金属沉积层，都可以提高导电性。

(2) 过渡金属氧化物　金属氧化物超级电容器所用的电极材料主要是一些过渡金属氧化物，例如 MnO_2、V_2O_5、RuO_2、IrO_2、NiO、WO_3、PbO_2 和 Co_3O_4 等。电容性能最好的过渡金属氧化物超级电容器是以氧化钌（RuO_2）为电极材料，由于 RuO_2 电导率比碳大两个数量级，在硫酸（H_2SO_4）溶液中稳定，性能也更好，在 H_2SO_4 电解液中其比容能达到 700～760F/g。此外，碳与金属氧化物制成的超级电容器比单独用碳制成的电容器具有更高的比能量和比功率，其方法是在活性碳上沉积无定形氧化钌膜薄层，其比容量可达 900F/g。由于金属钌价格昂贵，为了降低成本，探讨其他金属氧化物取代或部分取代钌的超级电容器。例如从 MnO_2 及 NiO 等常规过渡金属氧化物中找到电化学性能优越的电极材料以代替 RuO_2。采用液相法把醋酸镍制成 NiO 微纳米颗粒的比容量达到 64F/g，采用热分解把 $KMnO_4$ 制成 MnO_2 超细颗粒的比容量达到 240F/g，用醇盐水解溶胶凝胶方法制备 Co_2O_3 超细颗粒的比容量达 291F/g。

(3) 导电聚合物　**导电聚合物**（conductive polymer）应用于电化学超级电容器电极材料是一个新的发展方向，一般将共轭聚合物的电导性与掺杂半导体进行比较，p 型掺杂和 n 型掺杂分别用于描述电化学氧化和还原的结果。导电聚合物借助于电化学氧化还原反应在电子共轭聚合物链上引入正电荷和负电荷中心，正、负电荷中心的充放电程度取决于电极电势。具有高电化学活性的导电聚合物在充放电过程中进行快速可逆的 p 型或 n 型掺杂和去掺杂的氧化还原反应，使导电聚合物达到很高的存储电荷密度，产生法拉第准电容，因此，它是通过准法拉第过程实现储电功能。目前，具有代表性的导电聚合物有聚吡咯、聚苯胺、聚噻吩、聚乙炔、聚并苯、聚对苯及其衍生物。通常导电聚合物超级电容器的比容量性能一般高于以活性炭为电极材料的双电层电容器，但是充放电循环使用寿命和热稳定性等方面还需要进一步提高。

4.6.4.3　超级电容器和其他储能器件比较

电化学超级电容器是一种介于普通静电电容器和可充电电池之间的新型储能器件，表 4-3 是超级电容器、静电电容器和可充电电池的电化学储电性能比较，从表中可以看出超级电容器的能量密度、功率密度和充放电次数都介于静电电容器与可充电电池之间。超级电容器不同于普通静电电容器和可充电电池，其存储的能量可达到静电电容器的 100 倍以上，特别是高性能锂离子电容器的能量密度已经接近于铅酸电池，同时其功率密度高出可充电电池 10～100 倍，接近于双电层电容器。因此，电化学超级电容器具有非常高的功率密度和较高的能量密度、充电速度快、使用寿命长、低温性能优越等特征，具有许多化学电池无法比拟的优点，从发展趋势看，超级电容器将来会取代或部分取代化学电池。根据电化学储能器件的储电性能比较可知（图 4-27），能量密度按以下顺序递升：双电层电容器＜铅酸电池≈锂离子电容器＜镍氢电池＜锂离子电池＜燃料电池。功率密度按以下顺序递升：燃料电池＜锂离子电池≈镍氢电池≈铅酸电池锂＜双电层电容器≈锂离子电容器。

表 4-3　电化学储能器件的储电性能

存储能器件类型	能量密度/(Wh/kg)	功率密度/(W/kg)	充放电次数
静电电容器	＜0.2	10^4～10^6	＞10^6
超级电容器	0.2～20	10^2～10^4	＞10^5
可充电电池	20～200	＜500	＜10^4

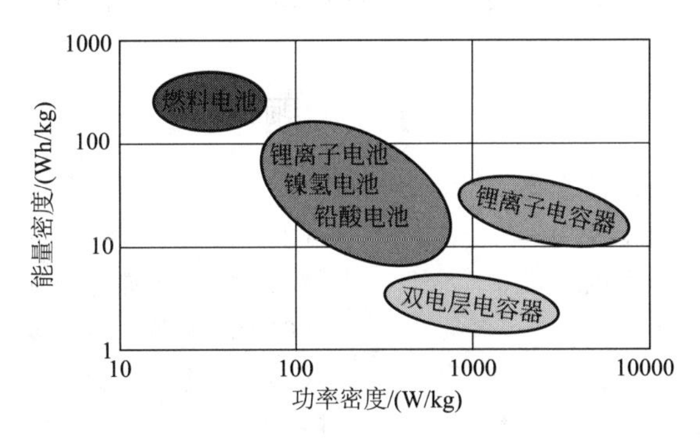

图 4-27　电化学储能器件的功率密度和能量密度

4.6.4.4　超级电容器主要应用领域

电动汽车所面临的最大挑战就是蓄电池问题。无论是铅酸电池、锂离子电池还是氢燃料电池都具有相似的缺点，如成本高、寿命短、存在安全隐患等，正是这些瓶颈制约着电动汽车的发展，很难在短时间内得到大规模商业推广，于是提出了一种“超级电容”技术，与普通蓄电池相比，超级电容器使用寿命更长，持久力更强，没有化学反应所带来的污染，没有蓄电池的记忆问题，并且具有工作温度宽、可靠性好、可快速循环充放电和长时间放电等特点，广泛用作备用电源、太阳能充电器、报警装置、家用电器、照相机闪光灯和飞机点火装置等，尤其是在电动汽车领域中的开发应用已引起广泛重视。超级电容器有以下几种主要用途。

(1) 电动汽车电源　将超级电容器与电池联用作为电动汽车的动力系统。对汽车而言，实际上发动机是一种极大的能源浪费，仅有一小部分被充分利用。比如一辆重 2t 的汽车要满足其顺利启动、加速、爬坡需要功率为 150kW 的发动机，而当它以 80km/h 速度运行时仅需 5kW 的功率就可满足要求，这时大部分功率没有发挥作用。如果仅用蓄电池驱动这样的汽车，要提供如此高的功率，对电池的要求将很苛刻，而且会造成 60%以上的能量浪费。如果采用超大容量超级电容器—电池混合驱动系统可以满足电动车启动、加速、爬坡的功率需求而不降低蓄电池性能，超级电容器与电池联合应用作为电动汽车的动力电源是解决电动汽车驱动的一个可行方案。

(2) 大功率输出　超级电容器最适用于在短时间大功率输出的场合。例如汽车和摩托车的启动型铅酸蓄电池，要求在几秒钟内提供几十到上千安培电流的大功率输出，实际上大部分能量都利用不上，而且蓄电池低温性能较差，在低温条件下汽车启动困难，铅酸电池循环寿命也有限，且对于环境也会造成污染。如果采用超级电容器替代目前广泛使用的铅酸电池，这正好发挥了电容器大功率输出的特点，也能大大延长直流电源使用寿命，节约成本。超级电容器在这个方面的应用具有极大的市场前景。

(3) 不间断电源　很多电子器件中都有存储元件或滤波用低压低频电容元件，超级电容器可用于记忆性存储器、微型计算机、系统主板和时钟的不间断后备电源。例如，电脑中常用大容量的钽电解电容器，以保证突然断电时电容器能提供足够的电量让内存的资料存盘。如果采用超级电容器，能将这一时间延长。超级电容器取代电池作为小型电器电源是一个可行方案。

(4) 交替工作式电源　与光能电池联用，在白天，电子负载由光能电池提供动力，同时光能电池给超级电容器充电，在夜里，电子负载由超级电容器提供动力，在航空航天领域中超级电容器的应用范围非常广泛。

(5) 短时间快速充放电　电动玩具采用超级电容器作为电源，可以在几秒钟至一两分钟内完成充电，然后重新投入使用，而且超级电容器的循环使用寿命远高于可充电电池。

习　题

4-1. 说出下列各组名词的含义：

(1) 氧化反应与还原反应　　(2) 氧化剂与还原剂

(3) 电极反应与电池反应　　(4) 电极电势与标准电极电势

(5) 原电池与半电池　　(6) 氢标准电极与参比电极

(7) 正极与负极　　(8) 阴极与阳极

4-2. 什么叫氧化数？确定氧化数的规则有哪些？

4-3. 怎样利用电极电势来判断原电池的正、负极，计算原电池的电动势？

4-4. 举例说明电极电势与有关离子浓度或有关气体分压力之间的关系。

4-5. 根据标准电极电势：

(1) 按照由弱到强的顺序排列以下氧化剂：Fe^{3+}，I_2，Ce^{4+}，Sn^{4+}

(2) 按照由弱到强的顺序排列以下还原剂：Cu，Fe^{2+}，Br^-，Hg

答：(1) Sn^{4+}，I_2，Fe^{3+}，Ce^{4+}；(2) Br^-，Hg，Fe^{2+}，Cu

4-6. 制作印刷电路板，常用 $FeCl_3$ 溶液刻蚀铜箔，问该反应可否自发进行？

答：该反应正向自发进行

4-7. 已知 $\varphi^\ominus(I_2/I^-)=+0.5355V$，$\varphi^\ominus(IO^{3-}/I_2)=+1.195V$。

(1) 在标准态时，由这两电对组成的电池电动势是多少？写出电池反应式。

(2) 若 $c(I^-)=0.0100mol/L$，其他条件不变，通过计算说明对电池电动势有何影响？

答：(1) 电动势是 0.659V；电池反应：$IO^{3-}+5I^-+6H^+ \rightleftharpoons 3I_2+3H_2O$

(2) I^- 浓度变小，电池电动势降低

4-8. 已知电极反应 $MnO_4^- + 8H^+ + 5e^- \rightleftharpoons Mn^{2+} + 4H_2O(l)$ $\varphi^\ominus=1.507V$，若 MnO_4^- 和 Mn^{2+} 仍为标准态，即浓度均为 1mol/L。求 298.15K，pH=6 时，此电极的电极电势。

答：0.939V

4-9. 求 $KMnO_4$ 在稀硫酸溶液中与 $H_2C_2O_4$ 反应的平衡常数 $K^{\ominus}$（温度 298.15K，相关电极的标准电极电势可查电极电势表）。

答：2.14×10^{337}

4-10. 金属材料的电化学防腐主要有哪些方法？

4-11. 比较常用化学电源的储能效率。

4-12. 绿色环保电池有哪些？

4-13. 锂离子电池与锂离子电容器的异同点？

第5章　化学生物学与医药生物工程

在发展和危机并存的21世纪，生物科学将成为自然科学的带头学科。揭示生物的本质、探索生物的起源仍将是科学研究的主旋律。而如今的生物科学已经从宏观深入到微观，如何了解在分子层次发生的反应成为我们深入认知生命现象的关键。化学学科，因其研究的对象就是分子和化学反应，从而顺其自然的成为其中的中坚力量。20世纪，因为化学的参与促使生物科学出现了惊人的进展，并先后派生出生物化学、分子生物学等学科。

近年来，随着化学合成技术、化合物分离手段和化学分子结构解析技术的发展，以及人们在分子识别、分子间相互作用的理论和研究技术上所取得的进步，大家对于小分子化合物如何与生物大分子相互作用的认识以及如何利用其去探讨生命现象的研究上也达到了一个前所未有的高度。正如哈佛大学的Tim Mitchison教授曾指出，要探索生命过程必须有干扰生命过程的手段，然后才能了解其后果。特别是随着“人类基因组序列图”的完成，人类基因组的研究进入“功能基因组”研究的时代，其研究目标之一就是揭示人体基因所表达的蛋白质功能。而传统的基因组学研究手段过于耗时，如何探讨出一条快速、高通量的研究基因功能手段已势在必行。因此，上述两方面的结合为人类在分子水平上对生命过程的了解和调控又提供了一种新的手段与途径，并诞生出一门新的学科化学生物学。有理由相信上述领域的发展不仅有效地加快人类对生命认识的步伐，同时也必将促进化学学科自身的发展。

生物工程也称生物技术，是指运用生命科学、化学和工程学相结合的手段，利用生物有机体或其生命系统以及生物化学反应原理来发展新工艺、生产新产品的一种科学技术体系。它包括基因工程、酶工程、细胞工程、发酵工程以及蛋白质工程等方面，重组DNA技术、PCR技术、核移植技术、原生质体和原生质体融合技术、淋巴细胞杂交瘤技术、细胞与组织培养技术、单克隆抗体、手性药物合成技术、选择性生物催化合成技术、代谢调控技术、生物分离工程技术、基因治疗、基因组学技术、药物基因组技术、分子印迹技术、蛋白质组学技术、生物信息学技术和生物芯片技术等前沿生物技术，为科技创新带来新的机遇与挑战。

因此，本章从生物化学、化学生物学及生物工程等学科角度，通过各种生物大分子的基本化学结构与性质、利用小分子去探讨生命现象以及生物工程等方面的基本知识点介绍，试图让读者在掌握以上知识点的同时，了解到化学作为一门中心学科是如何参与到生命科学问题的探索中去。

5.1　生物活性物质

尽管自然界的生物物种千千万万，生命现象繁杂纷飞，但在分子水平上研究生命，使我们认识到各种生命现象的基本原理却是高度一致的。从最简单的单细胞生物到最高等的人类，它们最基本最重要的组成物质都不同程度地涉及核酸、蛋白质、糖、脂类、酶及维生素等生物活性物质。一个典型的细胞内，一般含有一万到十万种生物分子，其中近半数是小分子，相对分子质量一般在500以下。其余都是生物小分子的聚合物，分子量很大，一般在一万以上，有的高达10^{12}，因而称为生物大分子，如前面谈到的核酸、蛋白质、糖就是分别由核苷酸、氨基酸、单糖构成的复杂生物大分子。这些生物大分子通过行使自己专一的功能，使得各种生命现象得以有序进行。核酸是生物体遗传信息的携带者，所有生物体能世代相传，就是依靠核酸分子可以精确复制的性质；蛋白质是生命活动的主要承担者；糖类却是生命活动的主要能源。脂类物质除了参与生物膜的构成，同时也可以作为细胞的贮存燃料。而生物体内各种反应的进行都是酶的参与下完成。人体内尽管所含维生素的量很少，但其作为酶的辅酶或辅物和维持生理功能等方面发挥重要作用。严格说来，任何生物分子的存在，都有其特殊的生物学意义。考虑篇幅及侧重点的不同，本节主要介绍核酸、蛋白质、糖、脂类、酶及维生素的基本化学结构与性质。

5.1.1　生物体能量供给（糖）

作为植物光合作用的初生产物，糖类物质是自然界分布广泛且数量最多的一类物质。地球上的**生物质**（biomass）干重中，50%以上是由葡萄糖的聚合物构成。在植物中糖类物质约占其干重的85%～90%，构成了植物细胞壁的主要成分。在动物体内，尽管糖的含量较少，但却是生物体内的主要能源物质（正常情况下约占机体所需总能量的50%～70%）。它通过生物氧化释放出能量（1g葡萄糖在体内完全氧化可释放16.7kJ的能量），供生命活动的需要。同时，有些糖还是重要的中间代谢物分子，为合成其他生物分子如氨基酸、核苷酸、脂肪等提供碳骨架。另外，糖类是继核酸和蛋白质之后的第三类生物信息分子，通过变换一个寡糖链中单糖种类、连接位置、异头碳构型和糖环类型的可能排列组合，其潜在的信息编码容量将远远大于核酸与蛋白质。现在研究发现，在细胞识别包括粘着、接触抑制和归巢行为、免疫保护、代谢调控、受精作用、形态发生等行为都与糖蛋白中的糖链密切相关。按照许多国际知名学者的表述，糖科学研究是“分子细胞生物学领域最后一个遗留的前沿”。进入21世纪后，继基因组学和蛋白质组学之后，糖组学在国际上已经得到全方位的认可。

从元素组成上看，大多数糖类物质只由碳、氢、氧三种元素组成，其中氢和氧的原子数比是2∶1，犹如水分子中氢和氧之比，因此过去常常将糖类化合物称之为**碳水化合物**（carbonhydrate），这种表述是不准确的，但由于沿用已久，目前仍广泛使用。因为有些化合物尽管其分子中碳、氢、氧三种原子组成符合1∶2∶1，但其性质与糖类化合物完全不同，如乙酸$C_2H_4O_2$，而有些糖如脱氧核糖（$C_5H_{10}O_4$）等物质却不符合这一比例。因此，从化学角度看，糖应该是多羟基的醛、多羟基的酮或其衍生物，或水解时能产生这些化合物的物质。目前，糖的命名是根据其来源给予一个通俗名称，如葡萄糖、果糖、乳糖等。具体地可以分为以下几类：单糖，是最小单元的糖类，不能被进一步水解。根据碳的个数分为三碳糖（丙糖）、四碳糖（丁糖）、五碳糖（戊糖）等；寡糖，是由2到20个单糖组成，如二糖（蔗糖、乳糖等）水解时，可得到两分子单糖；多糖，指水解时产生20个以上单糖分子的糖类，如淀粉、纤维素等。此外，在生物体内，还将糖类分子与蛋白质、脂类等生物分子共价结合的化合物统称为糖复合物，如糖蛋白、糖脂和蛋白聚糖等。下面从旋光异构、单糖结构与性质、寡糖和糖复合物性质以及寡糖的合成与结构测定等角度对其进行介绍。

5.1.1.1　旋光异构

为了更好地了解糖分子的立体结构与复杂性，在介绍糖性质之前，非常有必要了解立体化学中一些基本概念。大家知道，异构现象是有机化学中一个极为普遍的现象，如图5-1所示，一般将同分异构分为构造异构和立体异构两个部分，而后者可进一步分为构型异构与构象异构。

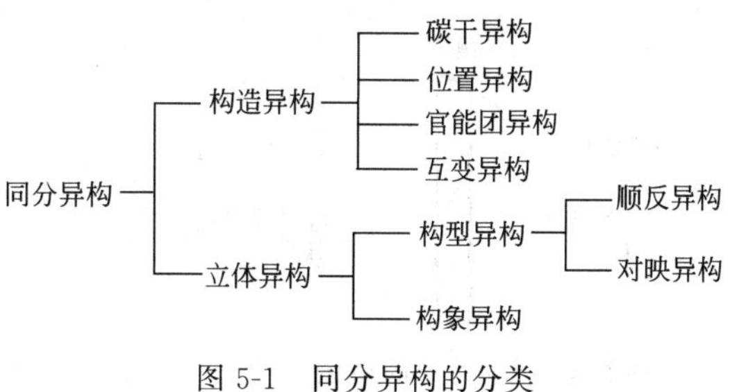

图5-1　同分异构的分类

构型异构中的顺反异构是由于分子中双键或环的存在或其他原因限制原子

间的自由旋转而引起的。对映异构是指分子式、构造式相同，构型不同，互呈镜像对映关系的一种立体异构现象，最常见的是分子内存在不对称碳原子。两个对映异构体间除具有程度相等而方向相反的旋光性和不同的生物活性外，其物理性质和化学性质基本相同。

（1）旋光性 如图 5-2 所示，当一束平面偏振光通过待测溶液时，如果能使平面偏振光振动平面发生旋转的话，就把这种物质称为旋光性物质（如乳酸），这种性质称为**旋光性**(opticity)。能使偏振光振动平面向右旋转的物质称**右旋体**（+）（dextro isomer)，能使偏振光振动平面向左旋转的物质称**左旋体**（−）（levo isomer)，使偏振光振动平面旋转的角度称为**旋光度**（specific rotation)，用 α 表示。其大小与测定时的温度、光波波长、溶剂种类以及 pH 等有关，因此测定旋光度时必须标明这些因素。

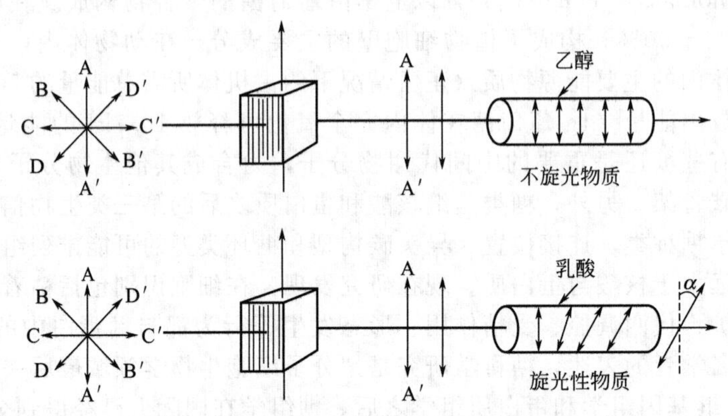

图 5-2 乙醇与乳酸的旋光性测量示意图

（2）不对称碳原子、费歇尔投影式 不对称碳原子是指与四个不同的原子或原子基团共价连接并因而失去对称性的四面体碳，用 C* 表示。如图 5-3 所示，乳酸分子的 C* 周围分别连有氢、羟基、甲基与羧基四种不同的基团（楔型线表示指向纸平面前面的键，虚线表示指向纸平面后面的键，碳原子与实线处于纸平面内）。从而使得乳酸有两种不同构型，两者不能完全重叠，呈物体与镜像关系（左右手关系），互为对映体。当物质分子互为实物和镜像关系（像左手和右手一样）彼此不能完全重叠的特征，称为分子的**手性**（chiralty)。具有手性（不能与自身的镜像重叠）的分子叫做**手性分子**（chiral molecule)。手性和旋光性是一对孪生子，有旋光性的分子就有手性，反之亦然。

对映体的构型可用立体结构（透视式）和费歇尔（E· Fischer）投影式两种方式表示。图 5-3 展示乳酸分子结构时就是利用透视式，它的优点是形象生动、一目了然，缺点是书写不方便。为此，1891 年费歇尔（E· Fischer）首次提出投影式（图 5-4），它可看成是透视式结构在纸面的投影。这是为了方便书写与比较，特别是对于含有多个手性碳原子的糖化合物。需要注意的是，这样投影式在纸面可以转动 180°而不改变原来的构型，但不允许旋转 90°或 270°。

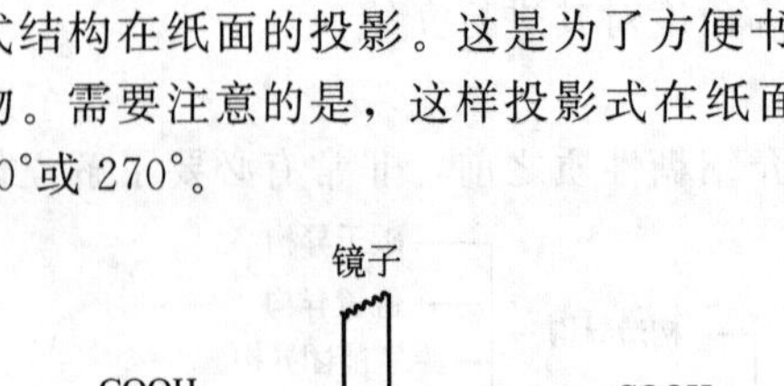

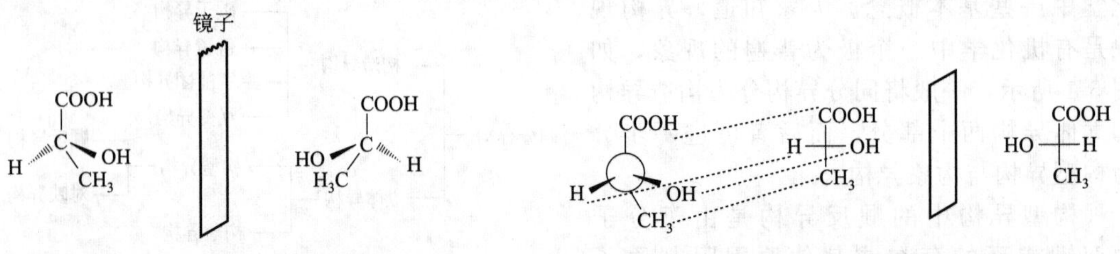

图 5-3 乳酸分子的镜像示意

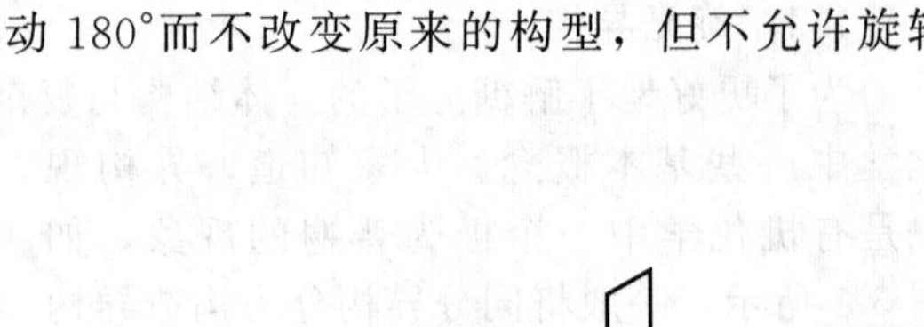

图 5-4 乳酸对映体的费歇尔投影式

5.1.1.2　单糖结构与性质

（1）D 系单糖与 L 系单糖　单糖的种类有很多种，习惯上用 D 型和 L 型来对单糖归类，它是以 D-(＋) 甘油醛和 L-(－) 甘油醛为参照体进行规定的，如图 5-5 所示。凡糖分子中离羰基最远的手性碳原子构型与 D-(＋) 甘油醛相同时，其属于 D 型，反之，属于 L 型。自然中存在的单糖大多数是 D 型。需要指出的是，糖的构型（D、L）与旋光方向（＋、－）并无直接联系。

```
     CHO                  CHO
      |                    |
  H—C—OH             HO—C—H
      |                    |
    CH2OH                CH2OH
```

图 5-5　D-(＋) 甘油醛（左）和 L-(－) 甘油醛（右）的立体结构

（2）单糖的链状结构与环状结构　这里主要以葡萄糖（醛糖）和果糖（酮糖）为代表，介绍其开链式（费歇尔投影式）和氧环式（哈沃斯透视式）。从图 5-6 可以看出，葡萄糖为五羟基己醛，含有四个手性碳原子，对应着 8 对对映体。但在通常平衡系统中，以上开链葡萄糖含量只占 0.1%，由于羰基与羟基之间容易发生亲和加成反应，实际过程中绝大部分葡萄糖分子是通过 C-1 醛基和 C-5 羟基（或 C-4 羟基）之间形成半缩醛的形式，以六元或五元环状结构存在，如图 5-6 与图 5-7 所示。以图 5-6 中六元环结构为例，由于 C ═O 为平面结构，羟基可从平面的两边进攻 C ═O，所以每种环状结构又可以得到两种异构体 α 构型（C-1 半缩醛羟基与 C-5 羟甲基分别处于糖环平面两侧时）和 β 构型（同一侧）。在环状结构中，这种半缩醛碳原子也称为异头碳原子或异头中心。由于 D-葡萄糖的六元环结构与吡喃的结构相似，也称其为 D-吡喃葡糖，而将 D-葡萄糖的五元环结构称为 D-呋喃葡糖。对葡萄糖而言，其吡喃型比呋喃型稳定。

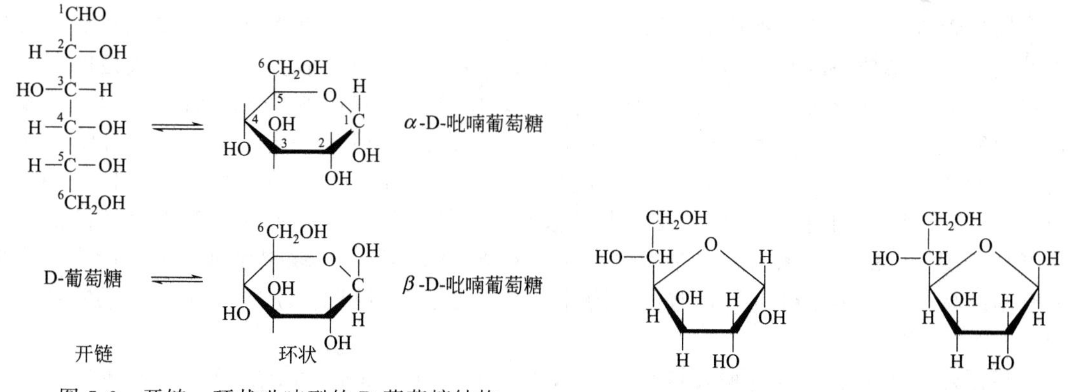

图 5-6　开链、环状吡喃型的 D-葡萄糖结构

图 5-7　呋喃型的 D-葡萄糖结构

图 5-8 给出 D-果糖的相应结构，其中开链结构为五羟基己酮，C_2 为羰基，含有三个手性碳原子，对应着 4 对对映体。类似的，D-果糖的氧环式结构也存在吡喃型与呋喃型两种形式。顺便指出，在构象上，呋喃糖环在不同的构象态之间可以发生快速互换，因此，其比吡喃糖环具有更大的柔性，这可以说明为什么 RNA 和 DNA 的组分中选择呋喃型核糖。

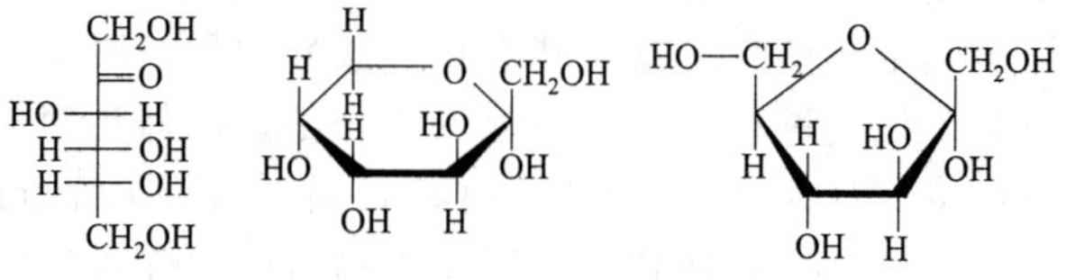

图 5-8　开链、环状吡喃型与呋喃型的 D-果糖结构

（3）单糖的性质　以上单糖的独特结构赋予了其以下一些重要物理、化学性质。①变旋现象，许多单糖的新配制溶液易发生旋光度改变，这种现象称为变旋。导致这种现象产生的原因是在环状结构中，单糖的α构型和β构型通过直链（开链）形式发生互换造成的。②异构化，单糖在稀酸相对稳定，但在碱性水溶液中容易发生分子重排，通过烯二醇中间物互相转化，发生酮-烯醇互变异构，如D-葡萄糖可以转变成D-甘露糖和D-果糖。③单糖的氧化，醛糖含游离醛基，具有很好的还原性，易被Fehling试剂（酒石酸钾钠、氢氧化钠和硫酸铜）或Benedict试剂（柠檬酸、碳酸钠和硫酸铜）氧化成羧基，同时生成还原产物红色氧化亚铜，易于观察。因此，这种性质被广泛用于糖尿病自测试剂盒。对于许多酮糖，由于在碱性溶液中发生异构化，部分转化成醛糖，从而也呈现出还原性。④形成糖脎，许多还原糖可以与苯肼反应生成脎，由于不同还原糖生成的脎，其晶形与熔点各不相同，因此可以利用成脎反应来鉴别多种还原糖。⑤成酯反应，单糖中所有羟基都可以与酰氯或酸酐发生成酯反应。在生物体内单糖与磷酸生成各种重要的代谢中间物磷酸酯，如葡萄糖-1-磷酸等。⑥形成糖苷，环状单糖的半缩醛（或半缩酮）羟基与另一化合物发生缩合形成的缩醛（缩酮）称为糖苷或苷。在糖苷分子中，将提供半缩醛羟基的糖部分称**糖基**（glycosyl group），与之缩合的“非糖”部分称为配基或糖苷配基，这两部分的连接键称**糖苷键**（glycosidic bond）。生物体内最常见的有O-苷、N-苷等。形成糖苷后，由于破坏了单糖由环状结构向链状结构转变，抑制了异构化的发生，因此一般不显示醛的性质，没有还原性。

5.1.1.3　寡糖、多糖和糖复合物的结构和性质

寡糖又称**低聚糖**（oligosaccharide），一般指由2～20个单糖通过糖苷键连接而成的糖类物质，主要存在于植物中。根据其结构特点可以从以下四个方面进行归类：参与组成的单糖单位，有些寡糖如麦芽糖是由同一种单糖（葡萄糖残基）组成，另一些寡糖是由两种或多种不同的单糖组成的；参与成键（或糖苷键）的碳原子位置，以前面介绍的D-吡喃葡糖为例，每个糖环含有五个羟基，理论上均可以与另外一个糖环中的羟基发生连接，从而形成多种连接方式。常见寡糖中以1-1、1-4、1-2、1-6连接为主，1-3、1-5较少见。参与成键的每一异头碳羟基的构型（异头定向），异头碳的构型对寡糖分子形状影响很大，而分子形状涉及能否被酶所识别，例如催化麦芽糖（含α糖苷键）和纤维二糖（β糖苷键）水解需要不同的酶，虽然两者都是D-葡萄糖通过1-4连接的二聚体。单糖单位的次序（如果不是同一种单糖残基），糖苷键在多数情况下只涉及一个单糖的异头碳，另一个单糖的异头碳是游离的，一般书写时把寡糖的非还原糖放在左边。根据以上结构的分类，可以想象糖链分子所表达出来的空间结构与信息将十分巨大，这也是为什么糖类是继核酸和蛋白质之后的第三类生物信息分子的重要原因。

多糖是由多个单糖通过糖苷键连接而成的高分子化合物，分子量极大，大多数不溶于水。根据来源不同，分为植物多糖、动物多糖和微生物多糖。从生物功能角度，淀粉、糖原等属于储能多糖，前者是植物体内养分的库存，后者是人和动物体内的储藏多糖。纤维素、壳多糖及不同种类的杂多糖都属于结构多糖。其中，纤维素属于植物细胞壁的主要成分，壳多糖主要存在昆虫、虾蟹等无脊椎动物内，是其骨骼的主要结构物质。

糖复合物指糖类与蛋白质或脂类以共价键结合的一大类化学物，包括糖蛋白、蛋白聚糖及糖脂等。在糖蛋白中，糖链作为缀合蛋白质的辅基，一般含有10～15个单糖单位。在介绍寡糖结构时，已经指出其结构信息丰富，甚至超过核酸和蛋白质。因此在生物体系中，糖蛋白中的糖链广泛参与分子识别过程，许多膜蛋白和分泌蛋白都是糖蛋白。根据糖链和多肽的连接方式不同，进一步将其分为*N*-连接糖蛋白和*O*-连接糖蛋白。同时，由于多肽和寡糖分别具有十分重要的生命活性，所以两者结合后在生物体内发挥着各种功能，几乎参与所有的生命过程，如组成细胞壁、组成连接组织、存在于胃黏液、血浆中等。其功能主要有细胞

识别（包括粘着、接触抑制和归巢行为、免疫保护、代谢调控、受精作用、形态发生等行为）、运输功能、激素功能及酶的功能等。从结构角度看，糖链与肽链的一个重要区别是，糖基的环状结构和糖苷键的特征使得糖链具有很大的刚性，并因众多的羟基而呈现高度水合与伸展的状态，而非像肽链那样具有很大的柔性，并且通常折叠盘绕成致密的球状结构域。因此，与分子量相等的肽链相比，糖链占据更大的空间。一个普通 *N*-连接寡糖链的自然伸展长度与一个免疫球蛋白结构域相仿，前者的糖基数量只有 11 个，而后者的氨基酸残基数量竟高达 110 个。可见，在糖蛋白中尽管糖链所占总分子量的比例较小，但糖链对该糖蛋白空间结构的影响却很大。糖链的这种空间位阻可以对肽链起到“护拦效应”，使酶、受体或细胞粘着分子的活性位点保持正确“姿势”，防止肽链的过度摇摆变形，从而限制了无关反应的发生，降低了反应的自由能。此外，糖链这种排斥性作用还有效防止蛋白质聚集和结晶。这是因为糖链的存在封闭了蛋白质的疏水性表面，并因其空间作用，有效阻断溶液中或生物膜上的同种蛋白质分子由于过度接近而形成聚集物或结晶。

蛋白聚糖是一类特殊的糖蛋白，由一条或多条糖胺聚糖和一个核心蛋白共价连接而成。其中，糖胺聚糖是由已糖醛酸和已糖胺组成的二糖单位构成，具有较强的亲水性，多价阴离子，对 K^+、Na^+ 等离子有较大的亲和力。按照单糖残基、残基间连键的类型以及硫酸基的数目和位置，糖胺聚糖可分为四类：透明质酸、硫酸软骨素和硫酸皮肤素、硫酸角质素以及硫酸乙酰肝素和肝素。相对糖蛋白，蛋白聚糖中按重量计算糖的比例高于蛋白质，糖含量可达 95%或更高。这种结构特征使得蛋白聚糖成为细胞外基质的组要成分，特别是对保持疏松结缔组织中的水分子、抗压和弹性以及维持结缔组织的形态和功能方面起着重要作用。

糖脂是糖类以糖苷键与脂类连接形成的糖复合物。一般分为：鞘糖脂、甘油糖脂、胆固醇衍生的糖脂、糖磷脂酰肌醇等。它是细胞膜的结构组分，发挥着参与细胞的识别、分解及信号转导等功能。

5.1.1.4　寡糖的合成与结构测定

糖是一类高度复杂同时又变化多端的生物大分子，不像寡核苷酸和多肽，糖类不只是线性的寡聚体，通常还具有分支结构；9 种单糖可以连接成比 20 种天然存在的氨基酸或 4 种核苷酸相连接更具有多样性的结构。糖类结构的这种复杂性使得从天然来源中获取纯的糖类化合物非常困难。另外，从生物技术方面看，糖的合成也没有与 DNA 的 PCR 技术相媲美的扩增方法，同时，其生物合成也没有类似从 DNA 到蛋白质这样的合成模板，而是通过糖基转移酶和糖苷酶在内质网和高尔基体内合成，除受酶基因表达的调控，还受酶活性的影响。因此，用于生物学研究的纯糖类化合物的来源主要依赖于化学合成。

目前广泛应用的方法主要有以下几种。

① 将糖的结构模块按一定顺序加入反应容器中，待前一步偶联反应结束后再加入新的结构模块，与前一步偶联产物进行下一步反应，重复此过程，从而得到最终产物，如图 5-9 所示。这里糖的结构模块一般指进行了选择性羟基保护及糖苷键活化的最基本反应单元。反应结束后，脱去保护基团，即可得到所需目标化合物。但这种方法常常需要对单糖结构模块上的不同位置的羟基进行选择性的保护，而这个过程实际操作起来不容易，从而增加了该方法的推广难度。

②“从头”合成法，提供了一种合成不同保护的结构模块新途径。如图 5-10 所示，MacMillan 等人提出利用两步选择性醇醛缩合反应来合成不同保护的六碳糖结构模块。反应过程分两步：第一步，α-羟基醛在 L-脯氨酸的催化下进行对映选择性的醇醛缩合反应生成二聚体；第二步，二聚体与 α-乙酰氧基烯醇硅醚在路易斯酸催化下进行 Mukaiyama 醇醛加成-环化反应生成六碳糖。实验中发现，只需简单的改变路易斯酸和溶剂，反应就可以选择性地得到葡萄糖、甘露糖和阿洛糖，反应的收率与立体化学纯度都很高。

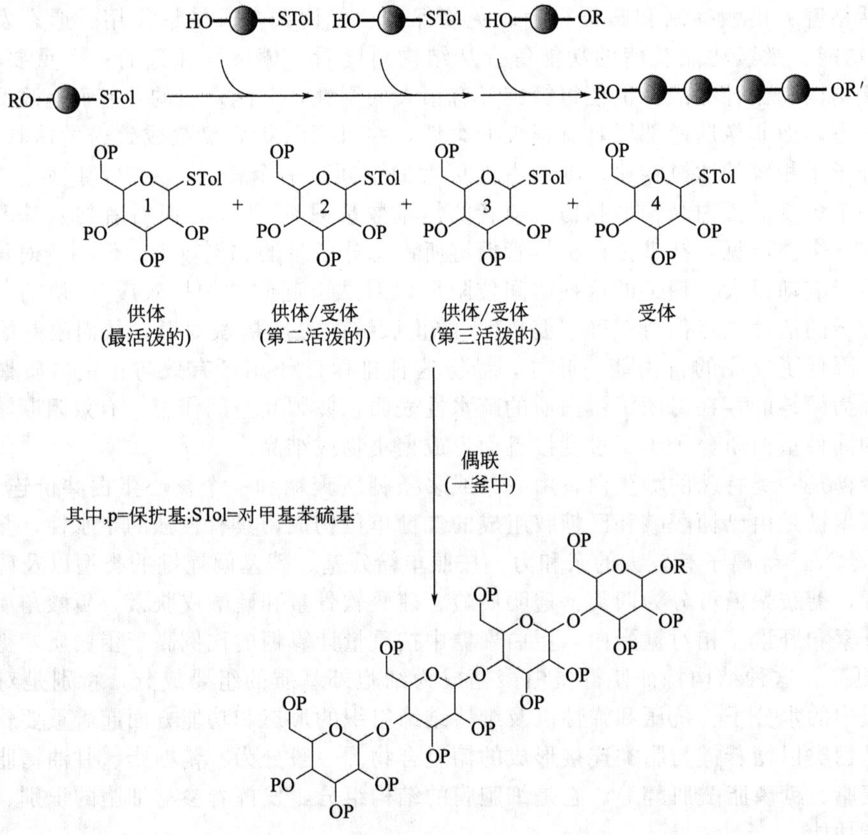

供体（最活泼的） 供体/受体（第二活泼的） 供体/受体（第三活泼的） 受体

偶联（一釜中）

其中，p=保护基；STol=对甲基苯硫基

图 5-9 程序化“一釜”寡糖合成的原理

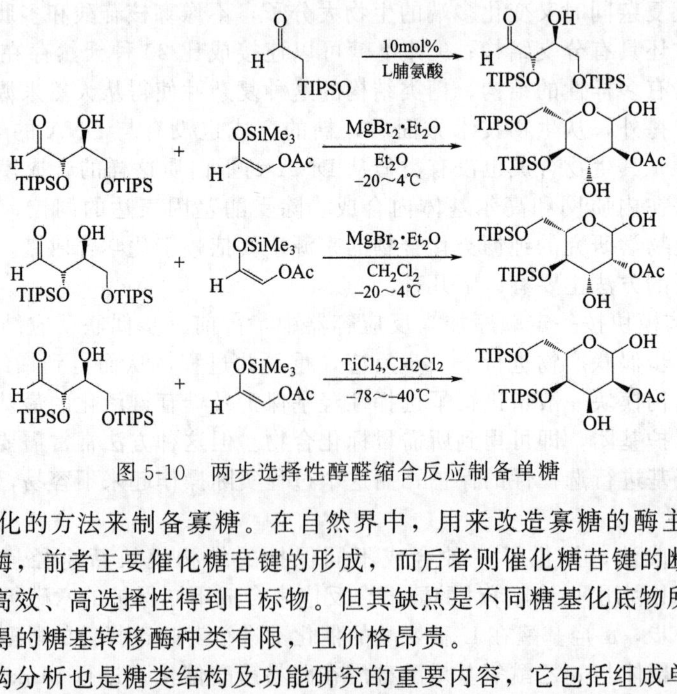

10mol% L脯氨酸

$MgBr_2 \cdot Et_2O$ Et_2O −20～4℃

$MgBr_2 \cdot Et_2O$ CH_2Cl_2 −20～4℃

$TiCl_4$, CH_2Cl_2 −78～−40℃

图 5-10 两步选择性醇醛缩合反应制备单糖

③ 利用酶催化的方法来制备寡糖。在自然界中，用来改造寡糖的酶主要有两大类：糖基转移酶和糖苷酶，前者主要催化糖苷键的形成，而后者则催化糖苷键的断裂。通过对这两种酶的使用，可高效、高选择性得到目标物。但其缺点是不同糖基化底物所要求酶种类不一样，而目前可获得的糖基转移酶种类有限，且价格昂贵。

寡糖链的结构分析也是糖类结构及功能研究的重要内容，它包括组成单糖种类、糖链分支位点及组成单糖的构型等几个方面。一般分为以下几步：先从糖蛋白中释放完整的寡糖；对获得的均一样品用 GLC 法（气液色谱）测定单糖组成，根据高碘酸氧化或甲基化分析确定糖苷键的位置，并用专一性糖苷酶确定糖苷键的构型；糖链序列可采用外切糖苷键连续断裂或 FAB-MS（快速原子轰击-质谱法）等方法加以测定。

5.1.2　生物体功能多样性（蛋白质）

2001 年 2 月在“Nature”、“Science”历史性公布人类基因组序列草图，欢庆基因组计划辉煌成就的同时，分别发表了“And now for the proteome”和“Proteomics in genome-land”的评述与展望，对蛋白质组学的研究发出了时代性呼唤。作为遗传信息的表达物质，蛋白质是细胞内最丰富的有机分子，占人体干重的 45%，某些组织含量更高，例如脾、肺及横纹肌等高达 80%。它是生命的物质基础，机体中的每一个细胞和所有重要组成部分都有蛋白质的参与。归纳起来，蛋白质主要发挥着以下生物功能：催化功能、结构功能、运输功能、运动与支持作用、代谢调节功能、免疫保护作用及其他一些异常功能，如贝类分泌一类胶质蛋白，能将贝壳牢固地粘在岩石或其他硬表面上。

已知自然界中存在成千上万种蛋白质，尽管其功能与形态各一，但其基本化学组成大致相同，即蛋白质水解后的产物均为氨基酸，主要由 C、H、O、N 和 S 元素构成；有些蛋白质含有少量磷或金属元素铁、铜、锌、锰、钴、钼，个别蛋白质还含有碘。由于体内的含氮物质以蛋白质为主，另外各种蛋白质的含氮量很接近，平均为 16%，因此，只要测定生物样品中的含氮量，就可以根据以下公式推算出蛋白质的大致含量：

100g 样品中蛋白质的含量（g%）＝每克样品含氮克数× 6.25×100

下面从其最基本的结构单元氨基酸的组成和性质、蛋白质的结构及性质与蛋白质组学技术平台等方面逐一论述。

5.1.2.1　氨基酸的组成和性质

（1）氨基酸的组成　从各种生物体中发现的氨基酸已有 180 余种，但组成人体蛋白质的常见氨基酸或称基本氨基酸仅有 20 种（表 5-1），绝大多数是不参与蛋白质组成的，这些氨基酸也称为**非蛋白质氨基酸**（non-protein amino acids）。在这 20 种基本氨基酸中，苏氨酸、甲硫氨酸、亮氨酸、异亮氨酸、苯丙氨酸、赖氨酸、缬氨酸与色氨酸这 8 种氨基酸在人体内不能合成，必须从外界食物中获取，称为必需氨基酸。精氨酸和组氨酸被称为半必需氨基酸，因为人体虽然可以合成，但合成量甚少。图 5-11 给出了氨基酸的一般通式，从中可以看出，与羧基相邻的 α-碳原子（α-C）上都有一个氨基，不同氨基酸的区别仅在于侧链 R 不同。另外，从蛋白质的酸水解或酶促水解中分离的氨基酸都是 L-型（甘氨酸除外）。

表 5-1　20 种基本氨基酸的名称与简写符号

名　称	三字母符号	单字母符号	名　称	三字母符号	单字母符号
丙氨酸(alanine)	Ala	A	亮氨酸(leucine)	Leu	L
精氨酸(arginine)	Arg	R	赖氨酸(lysine)	Lys	K
天冬酰胺(asparagine)	Asn	N	甲硫氨酸(methionine)	Met	M
天冬氨酸(aspartic acid)	Asp	D	苯丙氨酸(phenylalanine)	Phe	F
半胱氨酸(cysteine)	Cys	C	脯氨酸(proline)	Pro	P
谷氨酰胺(glutanine)	Gln	Q	丝胺酸(serine)	Ser	S
谷氨酸(glutamic acid)	Glu	E	苏氨酸(threonine)	Thr	T
甘氨酸(glicine)	Gly	G	色氨酸(tryptophan)	Trp	W
组氨酸(histidine)	His	H	酪氨酸(tyrosine)	Tyr	Y
异亮氨酸(isoleucine)	Ile	I	缬氨酸(valine)	Val	V

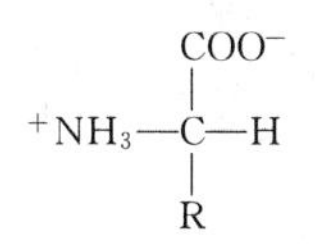

图 5-11　氨基酸的一般通式（R 代表不同侧链）

根据侧链 R 基的化学结构不同，进一步可将 20 种基本氨基酸分为以下三类：脂肪族、芳香族和杂环族三大类。

① 脂肪族氨基酸　中性氨基酸：甘氨酸、丙氨酸、缬氨酸、亮氨酸和异亮氨酸；

酸性氨基酸及其酰胺：天冬氨酸、谷氨酸、天冬酰胺与谷酰胺；

碱性氨基酸：赖氨酸、精氨酸；

含有羟基或含硫氨基酸：丝氨酸、苏氨酸、半胱氨酸、甲硫氨酸（也称蛋氨酸）。

② 芳香族氨基酸　包括苯丙氨酸、色氨酸及酪氨酸。

③ 杂环族氨基酸　包括组氨酸、脯氨酸。

（2）氨基酸的理化性质　氨基酸的物理性质：由于一个氨基酸分子中，同时含有羧基与氨基两个功能团，容易发生解离，导致分子间产生库仑吸引力，因此常见 α-氨基酸的熔点很高，一般在 200℃以上。同时，这种结构还使得氨基酸具有另外一个极其重要的性质：等电点。从结构上可以预测，当氨基酸在偏酸性环境中时，$—NH_2$ 接受 H^+，变成$—NH_3^+$，带正电荷。而在偏碱性环境中，—COOH 则给出 H^+ 变成$—COO^-$，带上负电荷。只有在某一 pH 的溶液中，氨基酸解离成阳离子和阴离子的趋势及程度相等，成为兼性离子，呈电中性。此时溶液的 pH 值称为该氨基酸的等电点。等电点是进行氨基酸的分析分离工作的基础。

对于芳香族氨基酸如色氨酸、酪氨酸，还存在另外一个物理性质，即紫外吸收特性。这两种氨基酸在紫外区有吸收峰，其中最大吸收峰在 280 nm 附近。由于大多数蛋白质都含有这两种氨基酸残基，所以测定蛋白质溶液 280nm 的光吸收值是分析溶液中蛋白质含量的快速简便的方法。

氨基酸的化学性质：氨基酸的化学性质可以体现在三个方面，即 α-氨基参加的反应、α-羧基参加的反应及两者均参加的反应，这些反应均在氨基酸和蛋白质的检测、甚至蛋白质的合成与测序过程中发挥着重要作用。其中，α-氨基参加的反应有：与亚硝酸的反应，测量氮气的体积可计算氨基酸的含量；与酰化试剂的反应，可用于氨基的保护；烃基化反应，可用于测定多肽链的氮末端氨基酸；形成希夫碱的反应，为转氨基反应的中间步骤；脱氨基反应，为氨基酸分解反应的重要中间步骤。α-羧基参加的反应包含：成盐和成酯反应，可用于羧基的保护；与酰氯反应，可用于羧基的活化；脱羧基反应是生成胺类的重要反应。α-氨基与 α-羧基均参加的反应：将氨基酸与茚三酮水合物共热，可生成蓝紫色化合物，其最大吸收峰在 570nm 处。由于此吸收峰值与氨基酸的含量存在正比关系，因此可作为氨基酸定量分析方法。

5.1.2.2　蛋白质的结构及性质

（1）蛋白质的一级结构　如前面所提，氨基酸是蛋白质的最小水解单元，在蛋白质分子中，不同氨基酸之间利用一个氨基酸的氨基与另一个氨基酸的羧基缩合失去一个水分子连接而成，这样形成的键称为**肽键**（peptide bond）（图 5-12）。通常把含有几个至十几个氨基酸残基的肽链统称为**寡肽**（oligopeptide），更长的肽称为多肽，当然这种分类不是很严格。蛋白质的一级结构就是指其分子中这种氨基酸的线性排列顺序，其中，带有自由氨基的一端称为 N 端，带有自由羧基的一端称为 C 端，书写时规定从 N 端向 C 端，图 5-13 所示的五肽为一个丝氨酰甘氨酰酪氨酰丙氨酰亮氨酰五肽（Ser-Gly-Tyr -Ala-Leu），如反过来来书写，

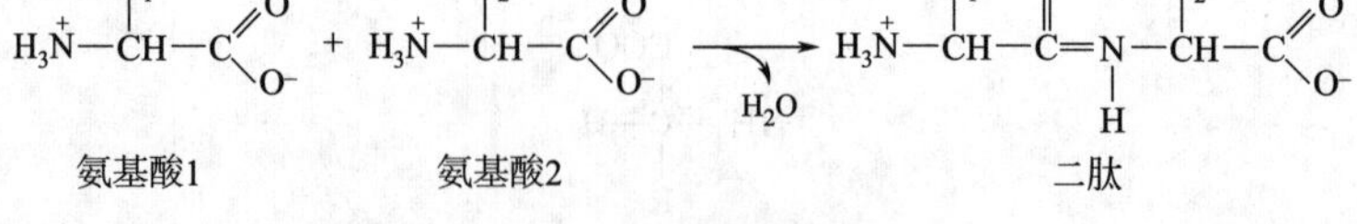

$$\underset{\text{氨基酸1}}{H_3\overset{+}{N}—\underset{}{\overset{R_1}{CH}}—C(=O)O^-} + \underset{\text{氨基酸2}}{H_3\overset{+}{N}—\overset{R_2}{CH}—C(=O)O^-} \xrightarrow[H_2O]{} \underset{\text{二肽}}{H_3\overset{+}{N}—\overset{R_1}{CH}—\overset{O}{C}=\underset{H}{N}—\overset{R_2}{CH}—C(=O)O^-}$$

图 5-12　肽键的形成

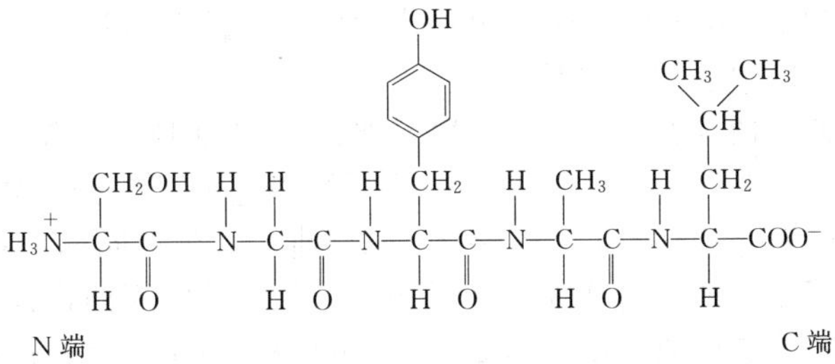

N 端　　　　C 端

图 5-13　丝氨酰甘氨酰酪氨酰丙氨酰亮氨酰五肽（Ser-Gly-Tyr-Ala-Leu）

则变成另一个不同的五肽 Leu - Ala -Tyr - Gly - Ser。

从上面的五肽结构可以看出，肽链的骨干是由-N-C_α-C-序列重复排列而成，称为共价主链，这里 N 是酰胺氮，C_α 是氨基酸残基的 α 碳，C 是羰基碳。各种肽的主链结构都是相同，只是侧链 R 基的排列顺序不一样。

下面讨论一下肽键，其结构对后面蛋白质进一步折叠成高级结构有着重要影响。图 5-14给出了肽键中所涉及 C、O 和 N 原子间的共振相互作用，从中可以看出：由于酰胺氮上的孤对电子离域与羰基碳轨道重叠，因此在酰胺氮和羰基氧之间发生**共振相互作用**(resonance interaction)。共振的两种极端形式之一就是肽基的 C 处于平面的 sp^2 杂化，N 原子可能还是 sp^3 杂化，即 C 和 O 原子间由一个 δ 键和一个 π 键连接，这样的结构允许 C—N 键间可以自由旋转。另一种共振形式是肽基的 C 和 N 原子参与 π 键形成，在羰基 O 上留下一对孤对电子，而 N 带正电荷，这种结构阻止了 C—N 键间的自由旋转。但大多数情况下肽基的 N 原子上的孤对电子与 C=O 之间的双键形成共轭体系，使得肽键具有部分双键性质。

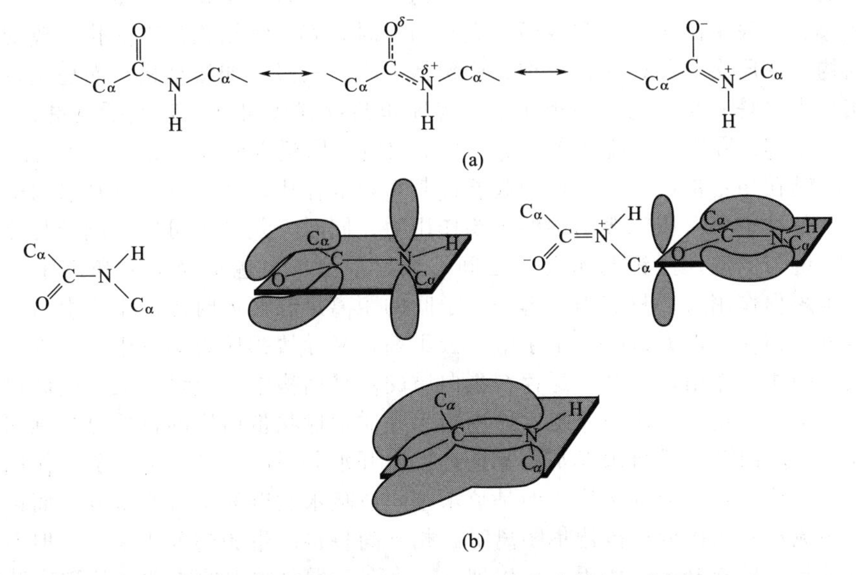

图 5-14　肽基的 C、O 和 N 原子间的共振相互作用

以上的肽键共振产生几个重要结果：①限制绕肽键的自由旋转，给肽主链的每一氨基酸残基只保留两个自由度：绕 N- C_α 键的旋转和绕 C_α-C 键的旋转；②组成肽基的 4 个原子和 2 个相邻的 C_α 原子倾向于共平面，形成所谓多肽主链的酰胺平面，也称肽基平面或肽平面；③C—N 键的长度为 0.133nm，比正常的 C—N 键（如 C_α— N 键长为 0.145nm）短，但比典型的C═N长；④在肽平面内，两个 C_α 可以处于顺式构型或反式构型。在反式构型中，两

个 C_α 原子及其取代基团相互远离，而在顺式构型中它们彼此接近，引起 C_α 上的 R 基之间的空间位阻。因此，肽链中肽键一般是反式构型。

生物界蛋白质的种类估计在 $10^{10}\sim10^{12}$ 数量级。造成种类如此众多的原因主要是 20 种参与蛋白质组成的氨基酸在肽链中的排列顺序不同所引起的。根据排列理论，由 20 种氨基酸组成的二十肽，其序列异构体有：$20!=2\times10^{18}$ 种。但在不同的生物体中，行使相同或相似功能的蛋白质，其多肽链长度往往相同或相近，其氨基酸序列也具有明显的相似性，通常将该类蛋白质称为**同源蛋白质**（homologous protein），如血红蛋白在不同的脊椎动物中都具有输送氧气的功能。在同源蛋白质中，有许多位置的氨基酸对所有种属来说都是相同的，这部分氨基酸称为**不变残基**（invariant residue），而其他位置的氨基酸残基对不同物种有相当大的变化，因而称**可变残基**（variant residue）。一般来说，不变残基高度保守，对维护蛋白质的功能是必需的。而可变残基中，个别氨基酸的变化不影响蛋白质的功能。通过比较同源蛋白质的氨基酸序列的差异可以研究不同物种间的亲缘关系和进化，亲缘关系越远，同源蛋白的氨基酸顺序差异就越大。

镰刀形红细胞贫血症是一种典型的因一个氨基酸残基改变就影响到整个蛋白质功能的分子病。成人的血红蛋白是由两条相同的 α 链和两条相同的 β 链组成 α2β2，而镰刀形红细胞中，血红蛋白 β 链第 6 位的氨基酸残基由正常的谷氨酸残基变成了疏水性的缬氨酸残基。这个疏水氨基酸正好适合另一血红蛋白分子 β 链 EF 角上的“口袋”，这使两条血红蛋白链互相“锁”在一起，最终与其他血红蛋白链共同形成一个不溶的长柱形螺旋纤维束，使红细胞扭旋成镰刀形。该血红蛋白对 O_2 的结合力比正常的低。同时，红细胞容易发生溶血作用（血细胞溶解）等临床症状。

（2）蛋白质的三维结构　前面介绍了蛋白质的一级结构，但在生物体中，蛋白质并不是以完全伸展的多肽链而是以更为高级的三维结构存在，并且其生物功能也与这种紧密折叠的构象密切相关。一般蛋白质发生变性而丧失其功能时，其一级结构没有变化，改变的是蛋白质的三维结构。从层次上分，这种三维结构包括二级、三级及四级结构。而稳定蛋白质三维结构的作用力主要是一些所谓弱的相互作用或称非共价键或次键，它包括氢键、范德华力、疏水作用和离子键。另外，二硫键在稳定某些蛋白质的构象方面也起着一定作用。

其中，氢键在稳定蛋白质的结构中起着极其重要的作用。多肽链上羰基氧与酰胺氢之间形成的氢键，是稳定蛋白质二级结构的主要作用力。同时，氢键还可以在侧链与侧链、侧链与水分子、主链与侧链及主链与水分子之间形成。范德华力包括吸引力和排斥力两种作用力，它是一种短程作用力。只有当非键合原子间的距离足够接近时才产生吸引力，但是当非键合原子或分子相互挨得太近时，由于电子云重叠，又导致排斥力的发生。尽管范德华力本身是一种很弱的相互作用，但其广泛存在蛋白质的高级结构中，数量巨大，因此也成为蛋白质结构中一种不可忽视的作用力。疏水作用指水介质中球状蛋白质的折叠总是倾向于将疏水残基埋藏在分子的内部、或疏水残基相互接近以避开水分子的一种行为。疏水作用并不是疏水基团之间存在什么吸引力的缘故，而是疏水基团或疏水侧链为了避开水分子而被迫相互接近。当然，当疏水基团接近到范德华距离时，相互间将将产生弱的范德华力，但不是主要作用力。离子键是一种静电相互作用。在生理 pH 值下，蛋白质中的酸性氨基酸或碱性氨基酸残基的侧链可解离成带不同电荷的基团，从而发生不同电荷之间的吸引与排斥。同时，这些基团还与介质水发生相互作用，形成有序的水化层，对稳定蛋白质的构象有一定的作用。二硫键存在两个半胱氨酸之间，RNA 酶的复性实验结果表明，在二硫键形成之前，蛋白质分子已经折叠形成了其特有的三维结构。也就是说，二硫键的形成并不规定多肽链的折叠，但是一旦蛋白质形成了三维结构后，该键的形成将对其构象起稳定作用。

① 蛋白质二级结构　蛋白质分子的**二级结构**（secondary structure）是指多肽主链有规

则的盘曲折叠所形成的构象，维持这种折叠的主要作用力是氢键，它是由主链肽键上的 C=O 和 N-H 规则排列后产生的 C=O…H-N 相互作用。常见的二级结构元件有 α-螺旋、β 折叠、β 转角与无规卷曲等。

a. α-螺旋　α-螺旋是蛋白质分子中最常见的一种稳定构象，它是由多肽主链环绕一个中心轴有规则地一圈一圈盘旋前进形成的螺旋状构象，如图 5-15 所示。根据肽链的盘旋方向不同，分为右手螺旋与左手螺旋两种。天然蛋白质分子中主要是右手螺旋，左手螺旋只在少数蛋白质中被发现，如嗜热菌的蛋白酶。典型的 α-螺旋具有以下结构特点：主链环绕中心轴按右手螺旋方向盘旋；每圈螺旋由 3.6 个氨基酸残基构成，沿螺旋轴上升 0.54nm，称为螺距；相等螺旋之间由第 n 个氨基酸残基（羧基）的 O 原子与第 $n+4$ 个氨基酸残基（—NH—）的 H 原子之间形成氢键，其取向几乎与螺旋轴平行。大量的链内氢键维系 α-螺旋，使其结构非常稳定。而每个氨基酸的侧链 R 基团都在螺旋外侧，不影响螺旋的稳定性。蛋白质能否形成 α-螺旋以及形成结构是否稳定，与其氨基酸组成和排列顺序直接相关。当肽链中有脯氨酸时，α-螺旋就被中断，这是因为脯氨酸的 α-亚氨基上 H 原子参与形成肽键以后，没有多余的 H 原子形成氢键，并且其 α-C 原子位于五元环上，其 C_α-N 不能自由旋转，所以难形成 α-螺旋。甘氨酸残基由于没有侧链的约束，其二面角可以任意取值，难以形成 α-螺旋所需的二面角。另外，当肽链中连续存在带相同电荷的氨基酸残基，也会由于同性电荷相排斥而影响其稳定性。

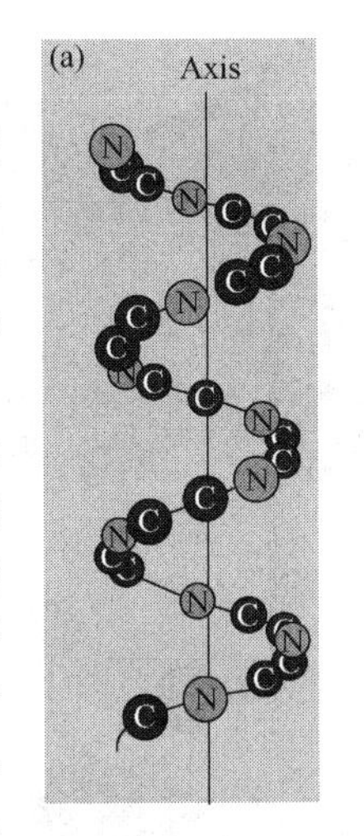

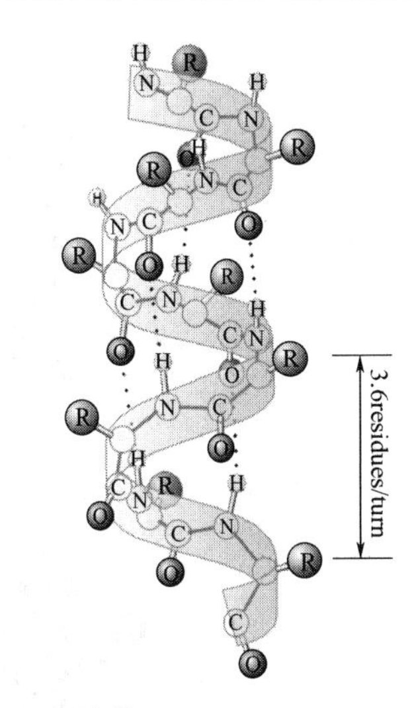

图 5-15　α-螺旋模型

b. β-折叠　它指两条或两条以上充分伸展成锯齿状折叠构象的肽链，侧向聚集，按肽链的长轴方向平行并列，形成的折扇状构象。如图 5-16 所示，C 原子位于折叠片上，氨基酸残基的侧链都垂直于折叠片的平面，并交替地从平面上下两侧伸出。在此结构中氢键主要是股间而不是股内形成。按照肽链的排列方向不同，可将 β-折叠分为平行式和反平行式两种。平行式 β-折叠的肽链都按同一方向排列，N 端都在同一端，C 端都在另一端。而反平行式 β-折叠的肽链呈一顺一反的排列。在 β-折叠片中肽主链处于最伸展的构象，且平行 β-折叠片的伸展程度略小于反平行 β-折叠，因此平行 β-折叠片中形成的氢键有明显的弯折。反平行 β-折叠中重复周期为 0.70 nm，而平行 β-折叠中为 0.65 nm。在纤维状蛋白质中，β-折叠片主要是反平行的，而球状蛋白质中反平行和平行两种方式几乎同样广泛存在。

c. β-转角　也称 β-弯曲或发夹结构，它是一种非重复性结构，主要存在球状蛋白质中。如图 5-17 所示，在 β-转角中第一个残基的 C═O 与第四个残基的 N—H 上氢形成氢键，构成一个紧密的环，使 β-转角成为比较稳定的结构。某些氨基酸如脯氨酸和甘氨酸经常在 β-转角序列中存在，其中甘氨酸缺少侧链（只有一个 H），在 β-转角中能很好地调整其姿态，降低空间阻碍，因此是立体化学上最适合的氨基酸；而脯氨酸具有环状结构和固定的 Φ 角，因此在一定程度上迫使 β-转角形成，促使多肽链自身回折。目前发现的 β-转角多数都处于蛋白质分子的表面，在这里改变多肽链方向的阻力比较小。

d. 无规则卷曲　它是多肽主链中不规则的、多向性随机盘曲所形成的构象。泛指那些不能归入上述明确的二级结构的肽段。无规则卷曲在同一种蛋白质分子中出现的部位和结构

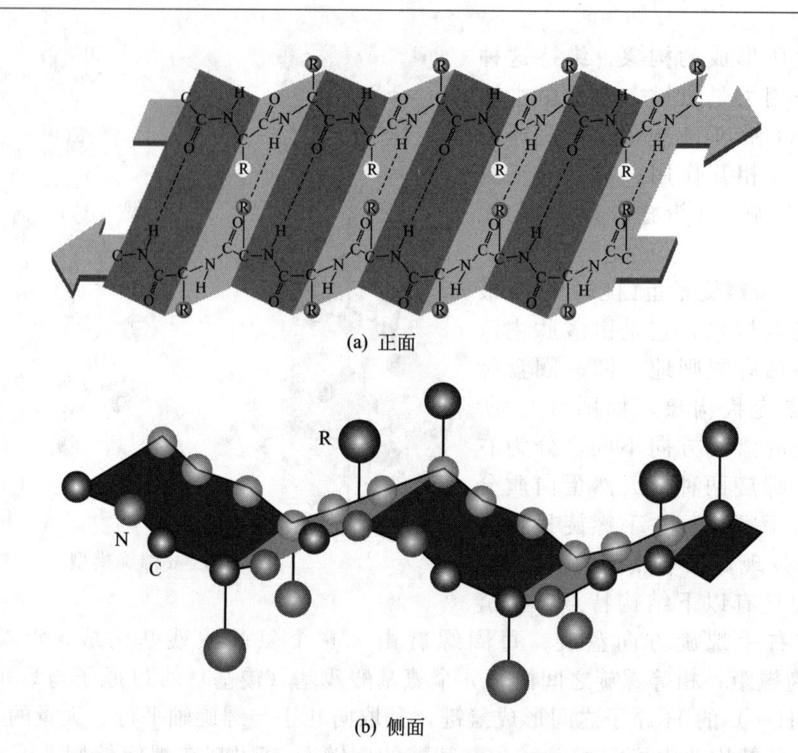

(a) 正面

(b) 侧面

图 5-16 多肽链的β-折叠模型

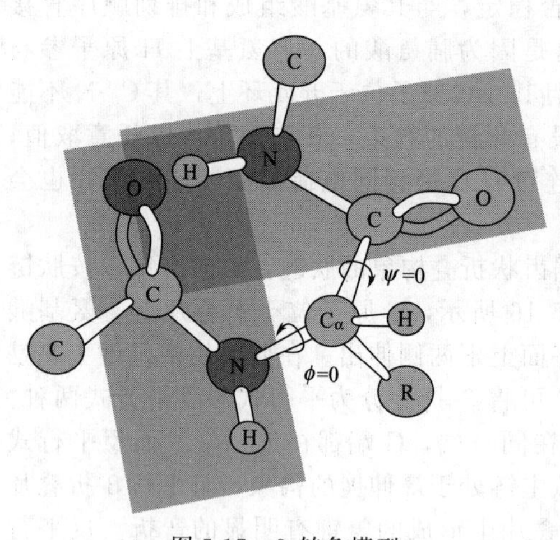

图 5-17 β-转角模型

完全一样，在这个意义上，无规则卷曲实际上是有规律的，是一种稳定的构象。但在不同种类的蛋白质或同一分子的不同肽段所出现的无规则卷曲，彼此间没有固定的格式。不像α-螺旋、β-折叠，无论出现在什么蛋白质分子中，都只有少数几种构象。从这个角度看，无规则卷曲的结构规律又不是固定的，而是多种多样的。

上述蛋白质分子二级结构的几种主要构象，在不同蛋白质中分布差别很大。纤维状蛋白质的二级构象单一，如毛发等α-角蛋白的二级结构只有α-螺旋。丝心蛋白（β-角蛋白）的二级结构只有高度伸展的β-折叠片层。而球状蛋白质分子的二级结构一般都不是单一构象。此外，在二级结构和三级结构之间还存在过渡层次：超二级结构和结构域。

超二级结构（supersecondary structure）是指在蛋白质分子中特别是在球状蛋白质分子中若干相邻的二级结构元件（主要是α-螺旋和β-折叠片）组合在一起，彼此相互作用，形成种类不多的、有规则的二级结构组合或二级结构串的一种结构，在多种蛋白质中充当三级结构的构件。现在已知的超二级结构有 3 种基本的组合形式：αα、βαβ 和 ββ。**结构域**（structural domain）是指多肽链在二级结构或超二级结构的基础上形成三级结构的局部折叠区，它是相对独立的紧密球状实体。最常见的结构域含序列上连续的 100～200 个氨基酸，少至 40 个左右，多至 400 个以上。对于那些较少的球状蛋白质分子或亚基来说，结构域与后面提到的三级结构是一个意思。

② 蛋白质三级结构　蛋白质的**三级结构**（tertiary structure）是指在二级结构基础上，

借助次级键形成的相对独立的完整结构，它包括了蛋白质分子主链和侧链所有原子和基团的空间排布关系。维系结构的作用力主要是疏水作用。对于纤维状蛋白质而言，一般是通过二级结构平行排列成的基本单位，逐级扩大形成蛋白质分子。而对于球状蛋白质，则是在二级结构基础上进一步进行多向性盘曲折叠，形成特定的近似球状的构象。虽然每种球状蛋白质都有各自独特的三维结构，但是它们仍具有某些共同的特征：含有多种二级结构单位、具有明显的折叠层次、呈现紧密的球状或椭球状实体、疏水性氨基酸残基埋藏在分子内部及亲水性残基暴露在分子表面、表面存在结合底物和效应物的空穴（或裂隙、口袋）。

③ 蛋白质四级结构　蛋白质的**四级结构**（quaternary structure）是具有三级结构的组成单位之间的聚合方式，这种三级结构单元也称为一个亚基或亚单元，四级结构的稳定性主要靠亚基间的疏水作用维系，同时离子键、氢键、范德华力等次级键也有不同程度的作用。亚基缔合可分为相同亚基之间和不相同亚基之间的缔合。相同亚基之间的缔合可进一步分为同种缔合和异种缔合。前者中相互作用的表面是相同的，形成的结构一定是封闭的二聚体。后者指相互作用的表面是不相同的，形成开放末端的结构，它可以几乎无限聚合，形成线性或螺旋型的大聚集体。通过这种亚基缔合的方式形成蛋白质四级结构具有以下优越性：增强结构稳定性、提高遗传经济性和效率、能使催化基团汇集在一起、以及赋予蛋白质协同性和别构效应。

(3) 蛋白质的理化性质　蛋白质是由氨基酸组成的大分子化合物，在其分子中保留着游离的末端 α-氨基和 α-羧基以及侧链上的各种功能团。因此，蛋白质的物理、化学性质有些是与氨基酸相同或相似的，例如，侧链上功能团的化学反应、两性电解质性质、等电点、颜色反应等。如同氨基酸一样，这些性质被广泛应用于不同蛋白质分子间的分离纯化与分析过程中。SDS 聚丙烯酰胺凝胶电泳（SDS-PAGE）法就是基于上述性质的一种蛋白质分离技术。

同时，蛋白质分子又不同于氨基酸，由于其分子量颇大，分子大小已达到胶粒 1～100nm 范围之内，因而又表现出一些胶体性质、变性等特性。

例如，蛋白质溶液和一般胶体系统一样具有丁达尔效应、布朗运动、扩散速度慢以及不易透过半透膜等性质。在该溶液中，蛋白质分子表面的亲水基团，如—NH_2、—COOH、—OH 以及—CO—NH—等，能与水分子起水化作用，使蛋白质分子表面形成一个水化层。另外，在一定 pH 值下，这些基团还发生解离，与周围的反离子构成稳定的双电层。两者共同作用使得蛋白质分子相当稳定，如无外界因素的影响下，就不致相互凝集而沉淀。因此，可以利用以上性质对蛋白质进行透析，即将混有小分子杂质的蛋白质溶液放于半透膜制成的囊内，置于流动水或适宜的缓冲液中，小分子杂质皆易从囊中透出，保留了比较纯化的囊内蛋白质。或者用于超滤法纯化蛋白质，用压力或离心力使蛋白质溶液透过有一定截留分子量的超滤膜，达到纯化蛋白质的目的。

变性作用（denaturation）是蛋白质的另外一个重要特性，它是指在一些特定的物理（如加热、加压、脱水、搅拌、振荡、紫外线照射、超声波的作用等）和化学因素（强酸、强碱、尿素、重金属盐、SDS、酒精等）作用下，蛋白质的特定天然空间结构被破坏，从而导致其理化性质发生改变和生物学活性的丧失。本质上讲，变性的蛋白质只有空间构象的破坏，即维持蛋白质高级结构的一些非共价键力如氢键、范德华力、二硫键等被破坏，而不涉及一级结构的改变或者是肽键的断裂。当然，变性也并非是不可逆的变化，当变性程度较轻时，如去除变性因素，有的蛋白质仍能恢复或部分恢复其原来的构象及功能，通常这个过程也被称为**复性**（renaturation）。正是有了这种特性，日常生活中我们才可以利用上述提到的某些物理或化学因素进行消毒、灭菌及保存蛋白质制剂等基本卫生操作。

5.1.2.3 蛋白质组学技术平台

蛋白质组学之所以得以飞快发展，主要与以下蛋白质分子合成、序列分析及高灵敏的检测分析手段的建立是密不可分的，如脱离这些合成与分析技术，人们在面临以下问题将无所适从，诸如有限的样品物质、样品的变质、庞大的各种生物体组织、动态和瞬态的特征等。目前，这些技术平台及方法学的构建和发展已远远超出了生物学的范畴，成为化学、物理及其相关技术学科等领域科学家的研究热点。

（1）肽和蛋白质的人工合成　为了得到一定氨基酸序列的肽或蛋白质，我们必须按照一定顺序控制合成；同时，进行肽反应所需试剂不能同时和其他不应参加接肽的功能团发生作用，如N端氨基酸残基的游离氨基和侧链上的一些活泼基团。因此，接肽以前首先把这些基团加以封闭或保护，以免反应时生成不需要的肽键或其他键。在肽键形成之后，再将保护基除去。此外，正常条件下，羧基和氨基之间不会自发形成肽键，因此，反应前需将这两个基团中的至少一个进行活化，通常是羧基。在完成以上工作的基础上，按照事先设好的顺序将氨基酸一个接着一个从C端向N端延长（图5-18）。近30年发展起来的固相肽合成技术更是控制合成技术上的一个重要进步。在固相合成中，肽链的逐步延长是在不溶性聚苯乙烯树脂小珠上进行的，这是为了反应后可通过简单的过滤回收被延长的产物，用于下一步合成。需要提到的是，利用人工合成技术，1965年我国科学工作者首次在世界上人工合成了蛋白质-结晶牛胰岛素，这标志着人类在研究生命起源的历程中迈进了一大步。现在，固相肽合成在我国医药工业上已经得到应用。如人工合成的催产素由于没有混杂的加压素，因此比提取的天然产品还要好。

（2）肽和蛋白质的序列测定　相对于基因组序列的测定，蛋白质的序列测定显得较为复杂与低效。目前最常用的也是最有效的Edman化学降解法，一次只能连续降解几十个残基。其测定策略和一些重要方法主要参照Sanger发明的测序技术进行，共分以下几个步骤：

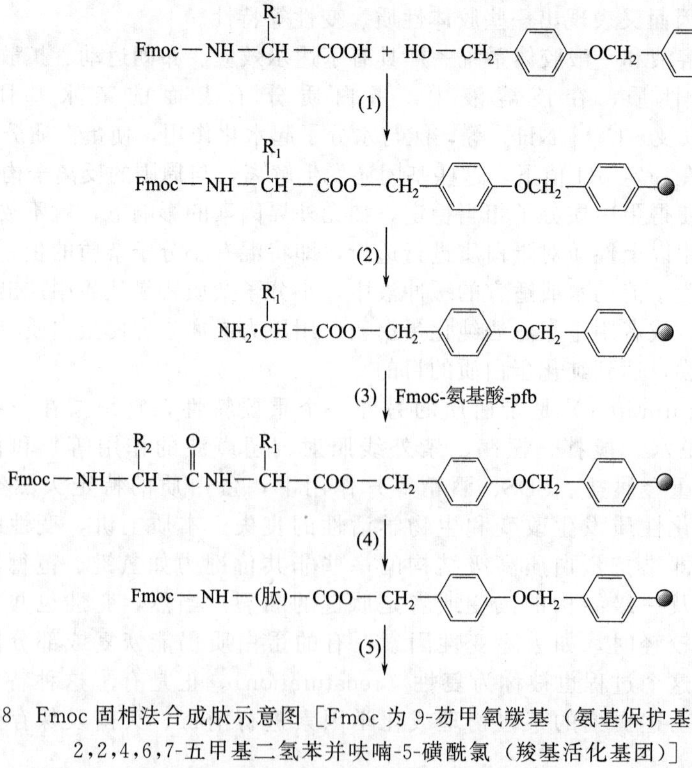

Fmoc—NH—CH(R_1)—COOH + HO—CH_2—C_6H_4—OCH_2—C_6H_4—●

↓ (1)

Fmoc—NH—CH(R_1)—COO—CH_2—C_6H_4—OCH_2—C_6H_4—●

↓ (2)

NH_2·CH(R_1)—COO—CH_2—C_6H_4—OCH_2—C_6H_4—●

↓ (3) Fmoc-氨基酸-pfb

Fmoc—NH—CH(R_2)—C(=O)NH—CH(R_1)—COO—CH_2—C_6H_4—OCH_2—C_6H_4—●

↓ (4)

Fmoc—NH—(肽)—COO—CH_2—C_6H_4—OCH_2—C_6H_4—●

↓ (5)

图5-18　Fmoc固相法合成肽示意图［Fmoc为9-芴甲氧羰基（氨基保护基团），pfb为2,2,4,6,7-五甲基二氢苯并呋喃-5-磺酰氯（羧基活化基团）］

①测序前的准备工作，包括蛋白质的纯度鉴定、测定相对分子质量、确定亚基种类及数目、测定氨基酸组成、N 端和 C 端分析、肽链的部分裂解和肽段的分离纯化以及肽段纯度鉴定；②肽段的序列测定，主要使用 Edman 化学降解法，由 P. Edman 于 1950 年首次提出。如图 5-19 所示，测定分三步进行：第一步是偶联反应，将苯异硫氰酸酯（PITC）与多肽链的游离氨基作用，一般该反应在弱碱性介质中进行；第二步是环化断裂反应，将第一步反应中形成的 PITC-肽放在无水强酸介质，最靠近 PITC 基的肽键将发生断裂，环化塞唑啉酮苯胺衍生物（ATZ）；第三步是转化反应，由于第二步生成的 ATZ 不稳定，还需进一步将其水解生成 PITC-氨基酸，然后环化成苯乙内酰硫脲衍生物（PTH-氨基酸），该物质在紫外区有强烈吸收，可以用层析法分离鉴定。理论上讲，每轮 Edman 反应后，只要通过过滤回收剩余的肽链，以利反应循环进行，进行 n 轮反应就能测出 n 个残基的序列；③肽链的拼接；④二硫键、酰胺及其他修饰基团的确定。

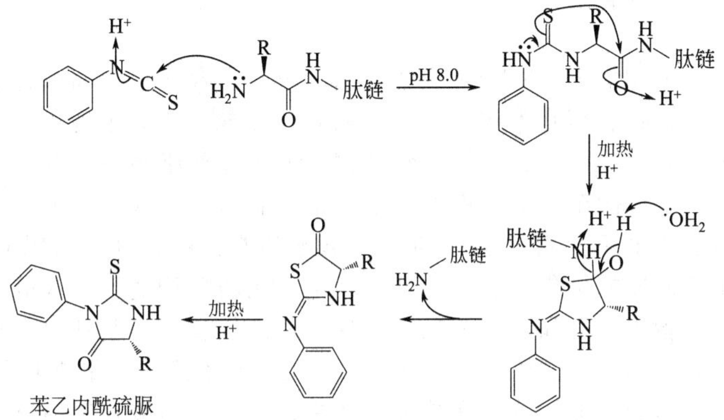

图 5-19　Edman 化学降解法示意

（3）肽和蛋白质的检测分离新技术　在 20 世纪 90 年代以前，蛋白质的鉴定主要依靠 Sanger 发明的测序技术，但如前所说，该方法存在操作复杂、工作量大等缺点。直到 20 世纪 90 年代初美国科学家芬恩（J. B. Fenn）等发明了生物大分子质谱技术，这方面才有了突破性的进展。1994 年蛋白质组学被正式提出，一个重要依据就是生物质谱已经可以用来测定蛋白质组及其他生物大分子结构。生物质谱另一个优点在于它还可以了解蛋白生成的早期结构以及当时显示出来的可以鉴定翻译后修饰的能力，甚至可以测定非共价键如抗体-抗原结合作用。根据质谱的原理，有机化合物分子和生物大分子同在离子源中受到热电子撞击后，失去一个或多个电子，成为带正电的离子。这些阳离子在电场和磁场的综合作用下，按照离子质量大小依次排列成谱并被记录下来，就成为质谱（MS）。但由于蛋白质这类生物大分子挥发度低，加热又容易被分解，因此要想获得用于质谱分析的气相离子就要求有新的离子化方法。直到 1984 年芬恩博士实验室首次报道将电喷雾接口（ESI）与质谱仪联合起来，这方面才取得巨大突破。另一项与 ESI 技术具有同样重要地位的技术是基质辅助激光解吸附离子化技术（MALDI），它由日本科学家 Tanaka 首次在日中双边质谱研讨会上报道。他们均被授予 2002 年的诺贝尔化学奖。

另外，核磁共振技术（NMR）近年来也用于蛋白质与小分子复合物结构及其结合强度的测定。化合物与靶蛋白形成复合物后在核磁共振中产生不同的扩散系数，从而导致与靶蛋白结合的化合物共振信息发生相应地影响，在适当的脉冲下，应用一维核磁谱就能确定化合物是否与蛋白质结合。

5.1.3 细胞的燃料（脂肪）

脂质类物质是指一大类不溶于水而溶于有机溶剂的生物有机分子，它涉及范围很广、化学结构差异较大。对大多数脂质而言，其本质是脂肪酸和醇所形成的脂类及其衍生物。其中，脂肪酸都是四碳以上的长链一元羧酸，醇成分包括甘油（丙三醇）、鞘氨醇、高级一元醇和固醇。一般来说，脂质类物质的生物学作用可以分为三类。①储存脂质，作为细胞内能量的主要贮存形式，在氧化分解时可以为机体提供大量能量，主要包括三酰甘油和腊。由于这些物质是疏水的，有机体以其作为贮存燃料时可以不必携带像贮存多糖那样多的结合水。②结构脂质，参与构成生物膜的某些大分子。生物膜指构成细胞的外周膜（质膜）、核膜和各种细胞器的膜总称。除少量固醇和糖脂外，生物膜主要是由磷脂类构成的双分子层或脂双层。这类分子在结构上的有一个共同特点即具有亲水部分（极性部分）和疏水部分（非极性部分）。③具有特定活性的活性脂质，如数百种类固醇和萜（类异戊二烯），前者是类固醇激素的主要构成，后者为维生素 A、D、E、K 的重要构成。尽管其含量少，但具有专一的重要生物活性。

（1）脂肪酸　在生物体内，除少量脂肪酸以游离状态存在组织和细胞中，大部分都以结合形成如甘油三酯、磷脂、糖脂等物质存在。从化学结构上看，它是由一条长的烃链（尾）和一个末端羧基组成的。烃链不含双键（和三键）的为饱和脂肪酸，含一个或多个双键的为不饱和脂肪酸，含两个或两个以上双键的称多不饱和脂肪酸。饱和与不饱和脂肪酸的构象有很大差异，饱和脂肪酸由于其碳骨架中的每个单键都能自由转动，所以它能以多种构象存在，最稳定的是完全伸展的构象，能量最低。不饱和脂肪酸烃链由于双链不能旋转，出现一个或多个结节。不同脂肪酸之间的主要区别体现在烃链的长度、双键数目和位置的不同。天然脂肪酸骨架长度为 4～36 个碳原子，多数为 12～24 个碳原子，最常见的为 16 和 18 个碳原子，如软脂酸、硬脂酸和油酸等。在陆地生物中，天然脂肪酸骨架的碳原子数目几乎多是偶数，这是因为在生物体内脂肪酸是以二碳单位（乙酰 CoA 形式）从头合成的。在大多数单不饱和脂肪酸中双键的位置在 C9 和 C10 之间（$\triangle^9$）。在多不饱和脂肪酸中通常一个双键也位于$\triangle^9$，其余双键多位于$\triangle^9$ 和烃链的末端甲基之间，分子中双键安排的形式多数属于非共轭系统。人体及哺乳动物能合成多种脂肪酸，但不能向脂肪酸引入超过$\triangle^9$ 的双键，因而不能合成如亚油酸和亚麻酸等多不饱和脂肪酸。因为这些脂肪酸对人体功能是必不可少的，但必须由膳食提供，因此也称之为**必需脂肪酸**（essential fatty acid）。

脂肪酸和含脂肪酸化合物的物理、化学性质在很大程度上决定于其烃链的长度和不饱和度。在室温下 12～24 碳的饱和脂肪酸为蜡状固体，而同样链长的不饱和脂肪酸为油状液体。这是因为其中的结节阻碍不饱和脂肪酸像饱和脂肪酸那样紧密排列，因此分子间的相互作用力被减弱。同时，脂肪酸盐具有亲水基（电离的羧基）和疏水基（长的烃链），是典型的两亲化合物，一种离子型去污剂。

（2）三酰甘油　**三酰甘油**（triacylglycerol）是甘油和脂肪酸形成的三酯，其化学通式如图 5-20 所示，其中 R_1、R_2 和 R_3 代表了不同脂肪酸的烃链，它是动植物油脂的主要成分。常温下呈液态的酰基甘油称油，呈固态的称脂。如图 5-20 所示，当 R_1、R_2 和 R_3 相同时，该化合物称为简单三酰甘油，如棕榈酸甘油酯、油酸甘油酯等。当 R_1、R_2 和 R_3 中任

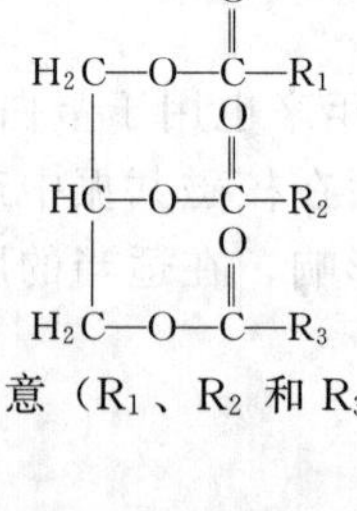

```
                O
                ‖
H2C—O—C—R1
 |
 |              O
 |              ‖
HC—O—C—R2
 |
 |              O
 |              ‖
H2C—O—C—R3
```

图 5-20　三酰甘油的结构示意（R_1、R_2 和 R_3 代表了不同脂肪酸的烃链）

何两个不同或 3 个各不相同时，称为混合三酰甘油。大多数天然油脂都是简单甘油三酯和混合甘油三酯的复杂混合物，因此也就没有明确的熔点。纯的三酰甘油是无色、无臭、无味的，天然油脂的颜色来自溶于其中的色素物质（如类胡萝卜素）。三酰甘油能在酸、碱或脂酶的作用下水解为脂肪酸和甘油。当在碱性溶液中水解，其产物之一为脂肪酸盐，具有表面活性剂的作用，因此俗称皂，同时也将该过程称为**皂化作用**（saponification）。油脂分子中的不饱和脂肪酸也和游离不饱和脂肪酸一样，能与氢或卤素发生加成反应。在食品工业中，利用这一过程通过催化剂如 Ni 对油脂中的双键进行加氢制造人造黄油和半固体的烹调脂。另外，天然油脂长时间暴露在空气中，还会导致其中不饱和成分发生自动氧化，降解成挥发性醛、酮、酸等复杂混合物，产生难闻的气味，这一现象称为**酸败**（rancidity）。与此现象类似的，由于多不饱和脂肪酸同时还是磷脂的组分，而磷脂是构成生物膜的主要成分，因此，在生物体内也存在脂质过氧化作用。人类的许多疾病如肿瘤、血管硬化以及衰老现象都涉及脂质过氧化作用。

（3）磷脂　磷脂主要参与细胞膜系统的组成，少量存在于细胞的其他部位，包括甘油磷脂和鞘磷脂两类。①甘油磷脂也称磷酸甘油酯，其最简单结构如图 5-21 所示，甘油骨架 C_1 和 C_2 位被脂肪酸酯化，而 C_3 位与磷酸发生脱水反应生成的化合物，称 3-sn-磷脂酸，同时也是其他甘油磷脂的母体化合物［图 5-21(a)］。磷脂酸的磷酸基进一步被一个极性醇（X-OH）酯化，即可形成常见的甘油磷脂［图 5-21(b)］。当 X 分别为胆碱、乙醇胺、丝氨酸及 1D-肌醇时，对应所得产物称为磷脂酰胆碱（卵磷脂）、磷脂酰乙醇胺、磷脂酰丝氨酸和磷脂酰肌醇。它们在生物体内发挥着重要的生物学功能。②鞘磷脂即鞘氨醇磷脂，在高等动物的脑髓鞘和红细胞膜中特别丰富，也存在于许多植物种子中。它由鞘氨醇（图 5-22）、脂肪酸和磷酰胆碱（少数是磷酰乙醇胺）组成。其中，鞘氨醇分子中的 C_1、C_2 和 C_3 携有 3 个功能团（—OH、—NH_2、—OH），很像甘油分子的 3 个羟基。至今发现的鞘氨醇已有 60 多种，哺乳动物中最常见的是 18 碳不饱和的 4-烯鞘氨醇、饱和的二氢鞘氨醇与 4-羟二氢鞘氨醇。当脂肪酸通过酰胺键与鞘氨醇的—NH_2 相连，得到的产物称为神经酰胺。鞘磷脂同时也可以看作是神经酰胺的 1-位羟基（伯羟基）被磷酰胆碱或磷酰乙醇胺酯化形成的化合物。

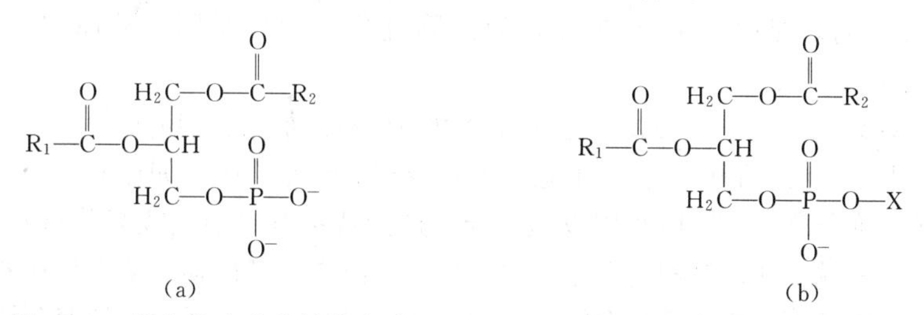

图 5-21　磷酸甘油酯的结构示意图（R_1 和 R_2 代表了不同脂肪酸的烃链，X 分别为胆碱、乙醇胺、丝氨酸及 1D-肌醇）

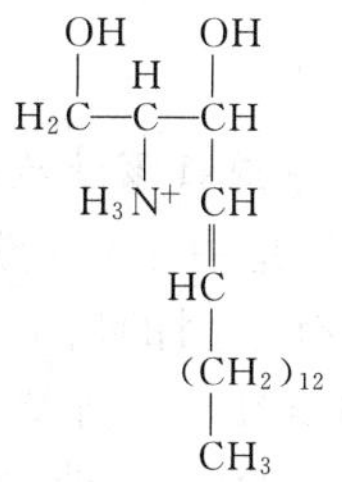

图 5-22　鞘氨醇的结构示意

基于磷脂分子的这种成膜特性，目前该类分子被广泛用于人工合成膜的构建，并将这种由磷脂双层构成的具有水相内核的脂质微囊称为**脂质体**（liposomes）。脂质体主要用来研究蛋白质与生物膜的相互作用、生物膜中离子的转运、药物与膜受体作用、酶催化活性模拟、包载药物、基因转移等行为。特别是由于脂质体对机体毒副作用小，其脂质双分子层与生物膜有较大的相似性与组织相容性，易于被组织吸收。当药物被包裹后可降低药物毒性，减小药物使用量，具有缓释和控释作用。因此，近年来，脂质体在药物分子包裹、进行靶向给药及提高药物效果等方面得到广泛应用。

(4) 固醇　固醇类是环戊烷多氢菲的衍生物，由四个环组成的一元醇，有α、β两种构型。如图 5-23 所示，R 为支链，C-3 上有羟基，α或β型是根据 C-3 羟基的立体位置与 C-10 上 CH_3 基的位置关系来判断的。当两者在面两侧时，称为α型，在同侧时，称为β型。

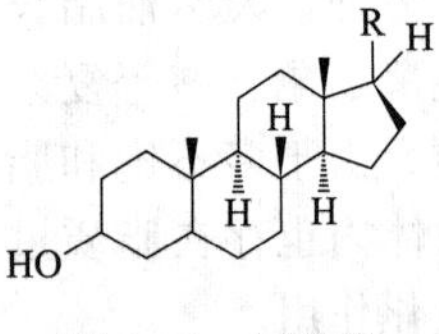

图 5-23　固醇类结构示意

图 5-24 为胆固醇结构，其 C-17 位上连接一个含有 8 个碳的支链。它以游离及对应的酯形态（如棕榈酸酯、硬脂酸酯和油酸酯）存在于一切动物组织中，植物组织中无胆固醇。胆固醇介电常数高、不导电，为传导冲动神经结构的良好绝缘物，因此在神经组织和脑中含量较高。尽管胆固醇也是两性分子，但它的极性头基弱小，而非极性部分大且刚性，这种特性使得其对膜中脂质的物理状态具有调节作用。在相变温度以上，胆固醇阻挠脂分子脂酰链的旋转异构化运动，从而降低膜的流动相。在相变温度以下，胆固醇的存在又会阻止磷脂的脂酰链的有序排列，从而降低其相变温度，防止向凝胶态的转化，保持膜的流动相。同时，尽管胆固醇是生理必需的，可以通过体内合成和膳食获取，但体内过多的胆固醇又会引起某些疾病，如胆结石症患者的胆石几乎是胆固醇的晶体，冠心病患者血清总胆固醇含量多，超过正常值。

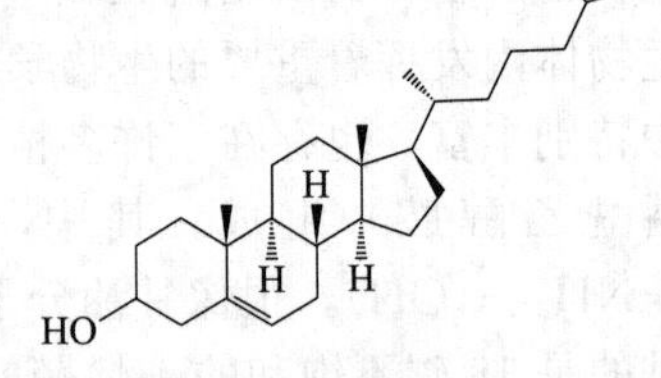

图 5-24　胆固醇类结构示意

动物体内从胆固醇衍生来的类固醇包括以下物质：雄性激素、雌性激素、孕酮、糖皮质激素和盐皮质激素、维生素 D_3 和胆汁酸。人体内每天合成胆固醇约 1.0～1.5g，其中 0.4～0.6g 在肝内转变为胆汁酸。其盐是很强的去污剂，能溶于油-水界面，使油脂乳化，形成微团，从而促进肠道中油脂及脂溶性维生素的消化吸收。

(5) 脂质的提取与分离　一般说，脂质混合物的分离是根据它们的极性差别或在非极性溶剂中的溶解度差别进行。由于脂质存在于细胞、细胞器和细胞外的体液如血浆、胆汁中，提取前先将这部分组织或细胞分离出。然后利用以上差异，选择特定有机溶剂或某些特殊技术进行分离。对于非极性脂质（三酰甘油、蜡和色素等）用乙醚、氯仿或苯等很容易从组织中提取出来。而膜质（磷脂、糖脂、固醇等）要用极性有机溶剂如乙醇或甲醇提取，因为这种溶剂既能降低脂质分子间的疏水作用，又能减弱膜脂与膜蛋白之间的氢键结合和静电相互作用。被提取的脂质混合物可进一步采用色谱方法（如高效液相色谱 HPLC、薄层层析 TLC 等）进行分级分离。

5.1.4　生命的模板（核酸）

核酸是一类重要的生物大分子，包括脱氧核糖核酸（DNA）和核糖核酸（RNA）两种。生物机体中，通过 DNA 复制而将遗传信息由亲代传递给子代，再通过 RNA 转录和翻译而使遗传信息在子代得以表达。DNA 具有基因的所有属性，基因也就是 DNA 的一个片段。基因的功能最终需由蛋白质来体现，而 RNA 控制着蛋白质的合成：rRNA 起装配和催化作用；tRNA 携带氨基酸并识别密码子；mRNA 携带 DNA 的遗传信息并作为蛋白质合成的模板。作为主要遗传物质，DNA 分布在原核细胞的核区、真核细胞的核和细胞器中。另外，多种病毒中也含有 DNA。通常 DNA 是双链分子，真核细胞染色体 DNA 以及某些病毒 DNA 是线型双链分子，而原核细胞的染色体 DNA、质粒 DNA、真核细胞的细胞器 DNA

以及某些病毒都是环状双链分子。对于 RNA 来说，细胞 RNA 通常都是线型单链分子，但病毒 RNA 有双链、单链、环状及线型多种形式。

2003 年，随着国际人类基因组测序组宣布“人类基因组序列图”提前完成，标志着生命科学已经进入了**后基因组时代**（post-genome era）。在后基因组时代，科学家的研究重点已从揭示基因组 DNA 的序列转移到在整体水平上对基因组的研究。这种转向的第一个标志就是产生了一门称为功能基因组学的新学科。此外，RNA 又成为分子生物学研究的一个新的热点和焦点，在短短几年内已取得突破性的进展，许多传统观点被打破。从 2002 年起 miRNA（MicroRNA）、SiRNA（Small interfering RNA）和 RNAi（RNA interference）分子连续几年一直被 Nature、Science 评为生物医学中最闪耀的明星分子。有理由相信，随着各种合成及检测手段的进步和完善，许多核酸结构所具有的生物学意义也将有着全新的阐释。本节从化学的角度对核酸的发现、结构、性质及检测等进行概括性介绍。

5.1.4.1　确定核酸为遗传物质的化学基础

1868 年，瑞士科学家 F. Miescher 最早从脓细胞的细胞核中，提取到一种含磷量很高的酸性物质，将其称为核素（核酸）。Hammers 于 1894 年证明酵母核酸中的糖是戊糖。后来，Kossel 及其同事进一步确定了其中的大部分碱基结构。1912 年，Levene 提出核酸中含有等量的四种核苷酸。1945 年至 1950 年，E. Chargaff 应用紫外分光光度法结合层析等技术，分析了多种生物 DNA 的碱基组成，发现以下规律：①几乎所有的 DNA，无论种属来源如何，其腺嘌呤摩尔数与胸腺嘧啶摩尔数相同，鸟嘌呤摩尔数与胞嘧啶摩尔数相同，且总的嘌呤摩尔数与总的嘧啶摩尔数相同；②不同生物来源的 DNA 碱基组成不同；③同一种生物的不同组织其 DNA 碱基组成相同；④一种生物 DNA 碱基组成不随生物体的年龄、营养状态或环境变化而变化。

1951 年左右，伦敦 King’s College 的物理学家 M. Wilkins 和化学家 R. Franklin 利用 X 射线衍射技术进一步得到 DNA 的 X 射线衍射结果。与此同时，著名化学家 L. Pauling 已于 1939 年首创化学键理论，并成功构建了多肽的 α-螺旋的分子结构模型。正是基于以上核酸的化学结构知识、晶体结构及非共价键理论等方面的基础，1953 年 J. D. Watson 和 F. Crick 提出了 DNA 双螺旋结构模型，并进一步预测了 DNA 半保留复制机制，为分子生物学发展奠定了基础，成为 20 世纪自然科学中最伟大的成就之一。

5.1.4.2　核酸的基本结构

（1）核酸的化学组成　核酸是一种多聚核苷酸，其基本结构单元为核苷酸。它可进一步分为两类：脱氧核糖核酸（DNA）与核糖核酸（RNA）。图 5-25 与表 5-2 中给出了两者的基本结构与化学组成，可以看出核苷酸可进一步分为核苷和磷酸，核苷再由碱基和戊糖两部分构成。所以核酸的完全水解产物是磷酸、戊糖和碱基。

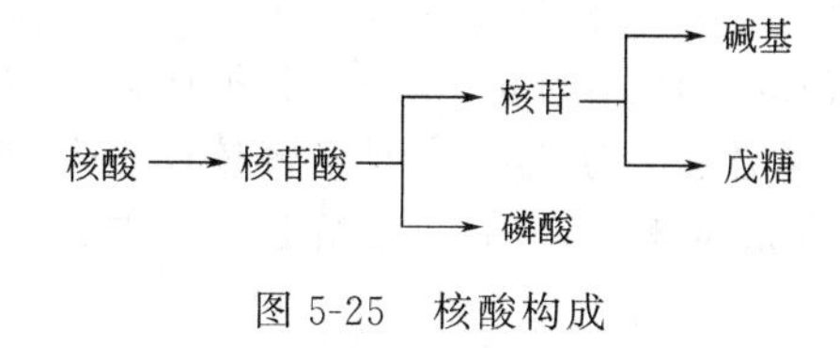

图 5-25　核酸构成

表 5-2　两类核酸的基本化学组成

组成成分		DNA	RNA
碱基	嘌呤碱	腺嘌呤(A)、鸟嘌呤(G)	腺嘌呤(A)、鸟嘌呤(G)
	嘧啶碱	胞嘧啶(C)、胸腺嘧啶(T)	胞嘧啶(C)、尿嘧啶(U)
戊糖		D-2-脱氧核糖	D-核糖
酸		磷酸	磷酸

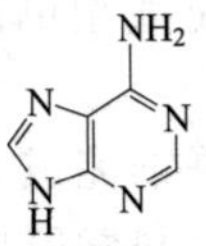

腺嘌呤 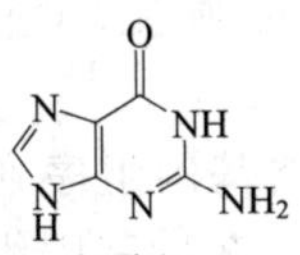　鸟嘌呤 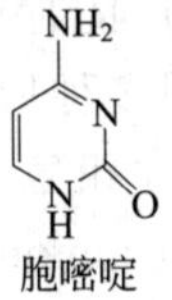　胞嘧啶 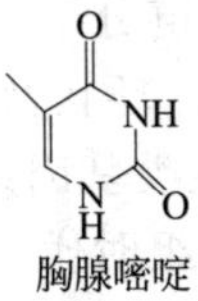　胸腺嘧啶 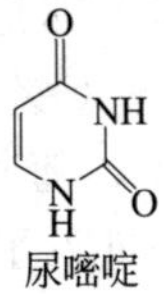　尿嘧啶

① 碱基　碱基分两大类：嘌呤碱与嘧啶碱。其中 RNA 中的碱基主要有四种：腺嘌呤、鸟嘌呤、胞嘧啶、尿嘧啶；而 DNA 中的碱基有三种与 RNA 中相同，只是胸腺嘧啶取代了尿嘧啶。除以上五种主要碱基外，核酸分子中还存在一些含量甚少的稀有碱基，其种类极多，但大多数是核酸合成后经甲基化酶修饰而成的修饰碱基，其中 tRNA 中含量较高。X 射线衍射分析证明了各种嘌呤和嘧啶的结构接近平面，这为核酸的高级结构形成奠定了良好基础。此外，五种碱基中的酮基和氨基，均位于碱基环中氮原子的邻位，可以发生酮式-烯醇式或氨基-亚氨基之间的结构互变，而这种变化可引起 DNA 结构的变异，在基因突变和生物进化中具有一定作用。

② 戊糖　DNA 中的戊糖是脱氧核糖，而 RNA 是核糖，两者均为 β-呋喃型。对于生物体中为什么选择 DNA 的戊糖为脱氧核糖？也有部分学者提出以下解释，如果五元糖的 2′-位有一个羟基（核糖），在碱的作用下，这个羟基生成的醇负离子很容易进攻与 3′-碳相连的磷原子，使另一个糖的 5′-氧负离去，从而破坏核酸的聚合结构，这也是 RNA 比 DNA 更容易在碱存在下发生水解的一个重要原因。因此生物体宁可多花能量合成脱氧核苷，也要保证 DNA 的稳定性。

③ 核苷　核苷是由戊糖和碱基缩合而成，两者间以糖苷键相连。即糖的 1 号位碳原子（C_1）与嘧啶碱的第一位氮原子（N_1）或与嘌呤碱的第九位氮原子（N_9）相连接，一般称之为 N-糖苷键。

④ 核苷酸　核苷中戊糖的自由羟基与磷酸通过磷酸酯键相连生成核苷酸。由于核糖核苷的糖环上有 3 个自由羟基，所以能形成 3 种不同的核苷酸：2′-核糖核苷酸、3′-核糖核苷酸和 5′-核糖核苷酸。而脱氧核苷形成两种：3′-脱氧核糖核苷酸、5′-脱氧核糖核苷酸。生物体内游离存在的核苷酸多是 5′-核苷酸，构成核酸大分子的核苷酸单位也是 5′-核苷酸。此外，细胞内还有一些游离存在的多磷酸核苷酸，它们是核酸合成的前体、重要的辅酶和能量载体，如最常见的是腺苷三磷酸（ATP）。

(2) 核酸结构

① 核酸的一级结构　如图 5-26(a) 所示，**DNA 的一级结构**（DNA primary structure）是指由数量众多的四种脱氧核糖核苷酸通过 3′,5′-磷酸二酯键连接而成的直线型或环形多聚体。由于其主链骨架是由戊糖-磷酸形成的重复单元，保持不变，其差异主要体现在侧链碱基的不同，所以也可用侧链顺序代表核酸的一级结构，原则上 5′在左侧，3′在右侧。作为绝大多数生物遗传信息的载体，DNA 的相对分子量非常大。以人类为例，其基因组大小为 3.2 Gb。RNA 的一级结构也是无分支的线型多聚核糖核苷酸［图 5-26(b)］，尽管其核糖环 C_2' 上有一羟基，但并不形成 2′,5′-磷酸二酯键，主要还是 3′,5′-磷酸二酯键彼此连接起来。

② 核酸的高级结构

a. DNA 二级结构

1953 年 J. D. Watson 和 F. Crick 提出了 DNA 双螺旋结构模型，如图 5-27 所示。其要点是：DNA 分子由两条反向平行的多核苷酸围绕同一个中心轴形成右手双螺旋结构。双螺旋结构的表面形成两条沟，一条较深，一条较浅，分别称为大沟和小沟，近年来研究表明，以上大、小沟携带了其他分子识别的信息，是蛋白质-DNA 相互作用的基础；双螺旋的直径是 2nm，相邻两个碱基对之间的堆积距离为 0.34nm，两个核苷酸之间的夹角为 36°，螺旋每旋

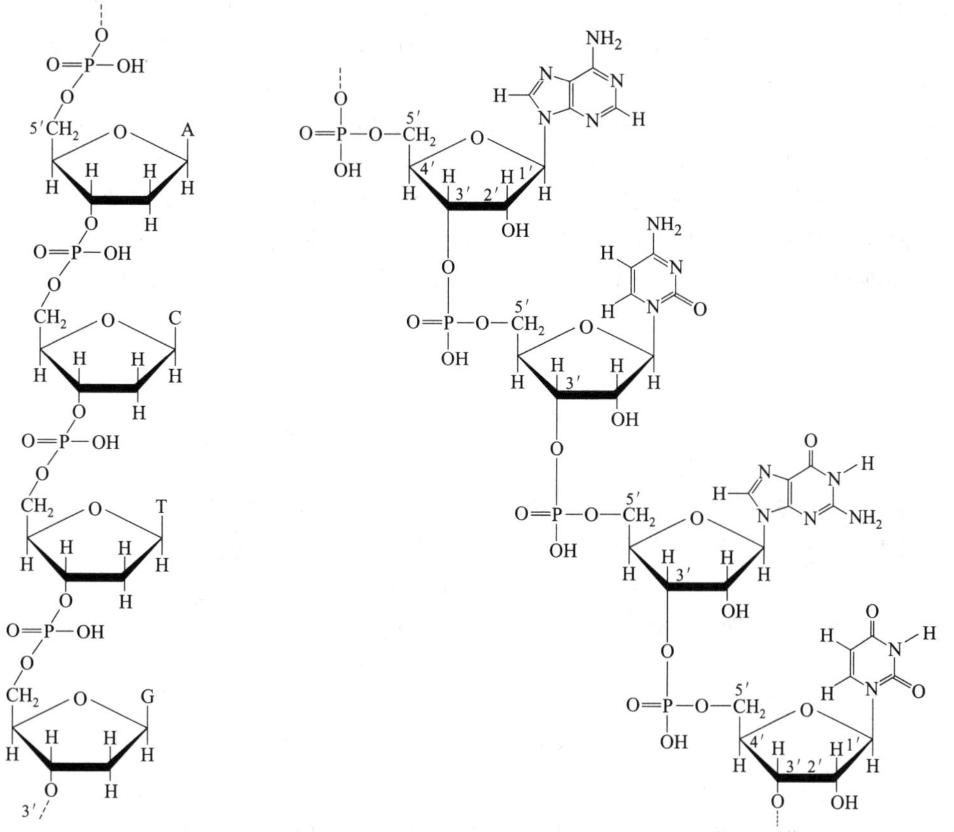

图 5-26　DNA（a）与 RNA（b）分子中的一小段结构

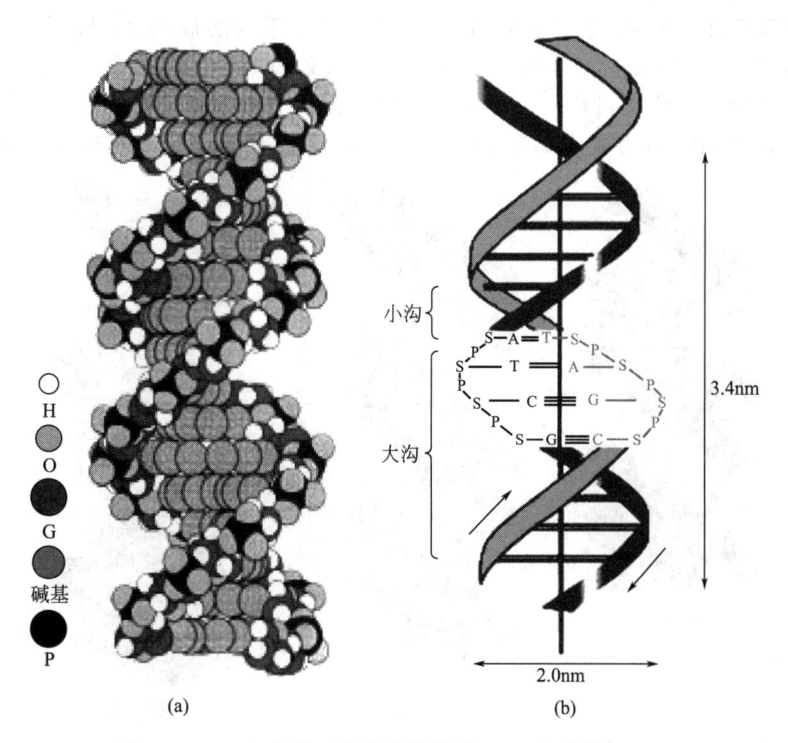

图 5-27　DNA 分子双螺旋结构模型（a）及其图解（b）

转一圈需 10 个核苷酸残基，故螺距为 3.4nm；脱氧核糖和磷酸构成的骨架结构位于双螺旋的外侧，碱基位于内侧。碱基平面与双螺旋的中心轴垂直，糖环的平面则与中心轴平行；两条核苷酸依靠彼此碱基之间形成的氢键相联系而结合在一起，如图 5-28 所示，A 只能与 T 相配对，形成 2 个氢键，G 与 C 相配对，形成 3 个氢键，所以 GC 之间的连接较为稳定；碱基在一条链上的排列顺序不受任何限制。但是根据碱基配对限制，当一条多核苷酸的序列被确定后，即可决定另一条互补链的序列。这也是 DNA 序列进行半保留复制的物质基础。此外，除前面介绍的碱基之间形成的氢键是稳定 DNA 双螺旋结构的重要作用力外，碱基对疏水的芳香环堆积所产生的疏水作用力、π 电子云相互作用以及堆积的碱基对间的范德华力，也是维持 DNA 双螺旋结构稳定的主要作用力。

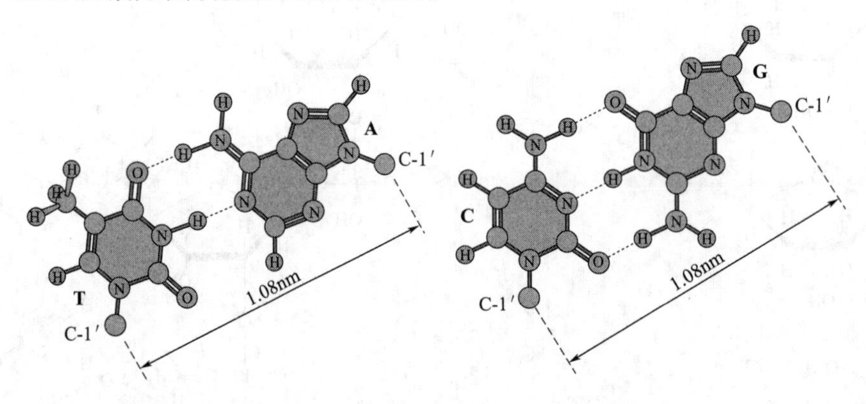

图 5-28 DNA 分子中的 A-T、G-C 配对

事实上，DNA 的结构受环境条件的影响而改变。以上 Watson 和 Crick 所提出的结构代表了 DNA 钠盐在较高湿度（92%）下形成的纤维结构，也称为 B 结构。由于它的水分含量较高，可能接近大部分 DNA 在细胞中的**构像**（conformation）。除 B 结构外，DNA 还能以多种不同的构像存在，如 A 型、C 型、D 型、E 型和左手双螺旋的 Z 型，图 5-29 分别给出了 A-DNA、B-DNA 与 Z-DNA 结构示意图。现在人们认识到 DNA 分子就像变色龙一样，它们可以随着环境的变化通过将自身扭曲、旋转、拉伸等方式将其结构调整为另一种完全不同的结构。从碱基间配对方式上看，特定条件下，除主要形成 Watson-Crick 碱基配对外，

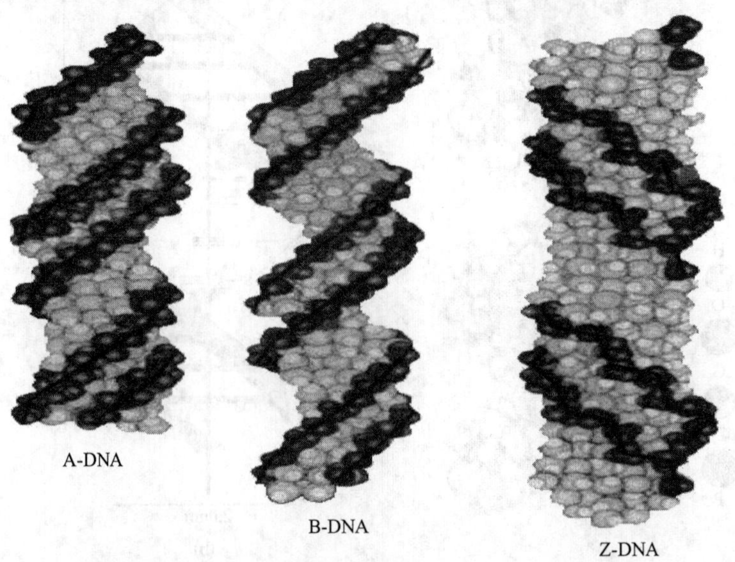

图 5-29 A-DNA、B-DNA 与 Z-DNA 之比较

还有另外 27 种在任何 2 个碱基之间形成至少 2 个氢键的截然不同的可能方式。其中包括 9 种形式的嘌呤-嘧啶的碱基配对、7 种嘌呤-嘌呤的碱基对、4 种异型嘌呤-嘌呤的碱基对、7 种嘧啶-嘧啶的碱基对。

另外，一些特定序列的寡核苷酸间还能够形成三股或四链螺旋结构。如 H-DNA 是一个分子内的三螺旋结构，链上含有较长的多聚嘌呤-多聚嘧啶的 DNA 序列，在低 pH 值条件下会形成 H-DNA。在这个结构中，富含嘧啶的链与其互补的链部分解离，然后平行地结合在 Watson- Crick 双链的大沟中。一般认为这种结构在基因的表达中对转录的控制有一定的作用。G-DNA 是四链的核酸，在金属阳离子的参与下形成的一种独特结构，其序列中一般富含鸟嘌呤碱基。G-四链在端粒中形成，构成染色体的末端，并且对于维持基因组的完整性起到必不可少的作用。

b. DNA 的三级结构　DNA 在二级结构基础上还可以产生三级结构，超螺旋是其主要形式。如图 5-30 所示，根据双螺旋结构内的缠绕方向，可进一步将其分为正超螺旋［图 5-30(a)］和负超螺旋［图 5-30(b)］，前者指双螺旋结构的 DNA 以同一方向再绕它的轴旋转，使其结构更加紧密。而后者则以相反方向再绕它的轴旋转，降低其扭曲压力［图 5-30(c)］，这种结构在 DNA 复制和转录起始阶段发挥重要作用。绝大多数原核生物都是共价闭环，裸露而不与蛋白质结合，很容易形成以上结构。但对于真核生物的染色体而言，在细胞生活周期的大部分时间内是以染色质形式存在，它是一种纤维结构，最小重复单元为核小体，后者由双螺旋 DNA 和一组称为组蛋白的蛋白质共同构成，维系着 DNA 的高级结构。

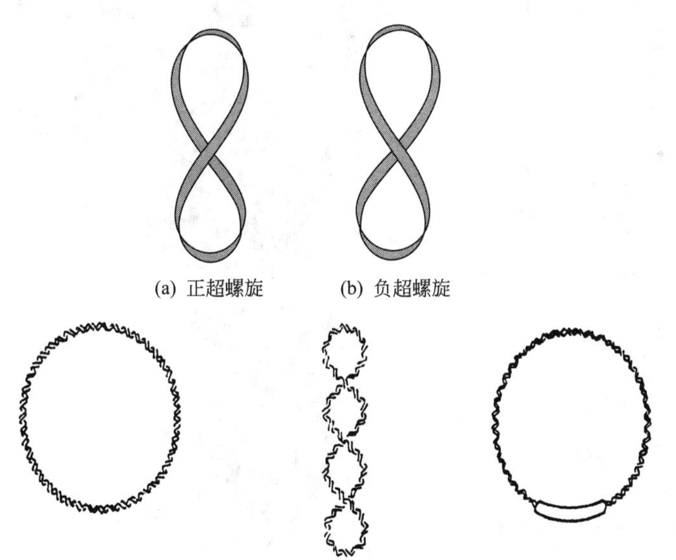

图 5-30　DNA 的三级结构示意

c. RNA 高级结构　相对于 DNA 而言，RNA 种类繁多，生物功能多样化。大家知道，**信使 RNA**（ messenger RNA，mRNA）、**核糖体 RNA**（ribosomal RNA，rRNA）和**转移 RNA**（transfer RNA，tRNA）主要参与蛋白质的合成。这三类 RNA 无论是原核生物或是真核生物都具有。两者中 tRNA 的大小和结构基本相同，而 rRNA 和 mRNA 却有明显差别。但自 20 世纪 80 年代以来，陆续发现许多新的具有特殊功能的 RNA，几乎涉及细胞功能的各个方面。如在转录、转录后的加工、编辑、修饰中扮演了重要角色，具有重要的催化和持家功能，对基因表达和细胞功能进行调节，并在生物进化中起重要作用。对于这些

RNA 分子，或是以其大小来分类，如 4.5S RNA、5SRNA 等，其分子大小大致在 300 个核苷酸左右或更小，常统称为**小 RNA**（small RNA，sRNA）。或是以其在细胞中的位置来分类，如**核内小 RNA**（small nuclear RNA，snRNA）、**核仁小 RNA**（small nucleoar RNA，sno RNA）、**胞质小 RNA**（small cytoplasmic RNA，scRNA）。已知功能的 RNA 也可以用其功能来命名和分类，如**反义 RNA**（antisence RNA）、**核酶**（ribozyme）等。

RNA 的分子量一般相对较小，通常为单链线型结构，但自身局域部位可通过碱基配对形成双螺旋结构（二级结构），进而折叠（三级结构）。配对时，除发生 A 和 U、G 和 C 外，还存在非标准配对，如 G 和 U 配对。这种形成的螺旋结构类似于 A 型 DNA 双螺旋结构，而单链非互补区则膨胀形成环，一般将这种双螺旋区域和环称为**发夹结构**（hairpin）。发夹结构是 RNA 中最常见的二级结构，它可进一步折叠成三级结构。RNA 与蛋白质复合物则是四级结构。下面以酵母 tRNA 为例，简要介绍其高级结构。如图 5-31 所示，其二级结构都呈三叶草形，双螺旋区形成叶柄、环区好像是三叶草的三片小叶，共由氨基酸臂（CCA 端）、二氢尿嘧啶环（DHU 环）、反密码子环、额外环与 TϕC 环等组成。由于双螺旋结构所占比例较高，所以 tRNA 的二级结构十分稳定。tRNA 折叠形成的三级结构已由 X 射线衍射证明为 L 形，目前认为氨酰 rRNA 合成酶是结合于倒 L 形的侧臂上。此外，tRNA 被甲基化时，加甲基部位也可能与其三级结构有关，从而增加了 tRNA 的识别功能。

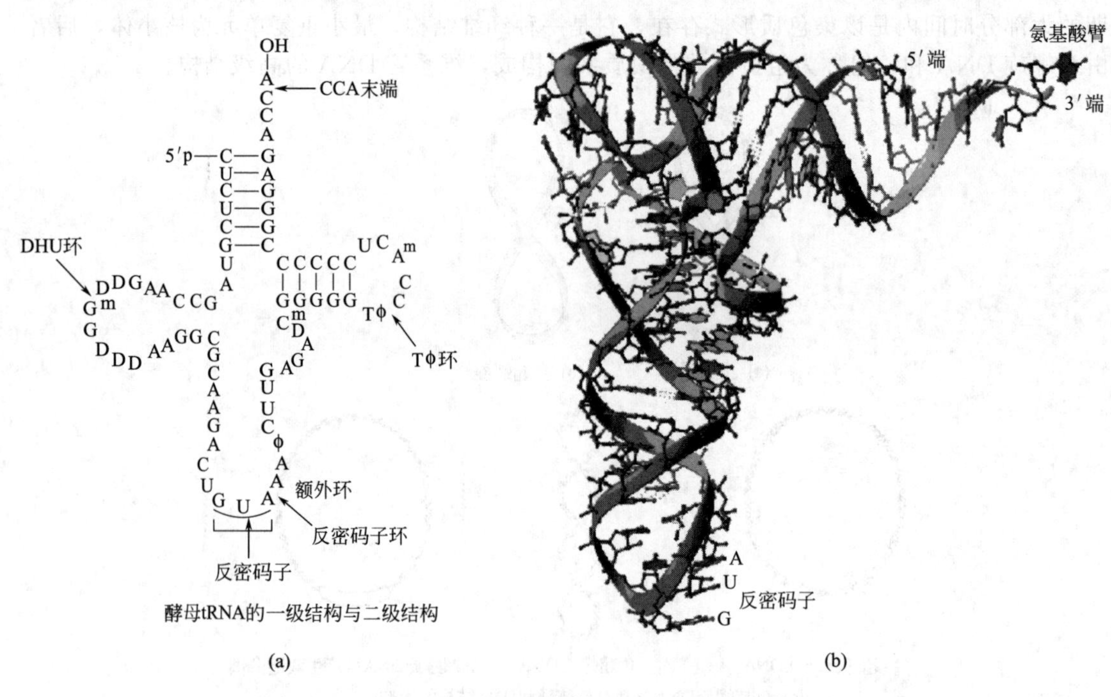

图 5-31 酵母 tRNA 的二级结构（a）与三级结构模型（b）

目前，关于 RNA 的结构与功能（转录后加工、转运以及基因表达调控等过程发挥的作用）正成分子生物学家研究热点，相信随着对其理解程度的增加，人们对 RNA 分子结构是如何在以上功能中发挥作用将有着更全面的认识。

5.1.4.3 核酸的基本性质

核酸结构决定了其特定的物理、化学性质，为其分离纯化、定量及分析等实验操作奠定了理论基础。如 DNA 为白色纤维状固体，RNA 为白色粉末，微溶于水，不溶于乙醇、氯仿等一般有机溶剂，实际中正是利用以上性质将其从细胞中萃取分离。核酸是两性电解质，含有酸性的磷酸基与碱性的碱基，从而可以利用凝胶电泳将不同长度 DNA 进行纯化。核酸中嘌呤碱和嘧啶碱具有共轭双键，使碱基、核苷、核苷酸及核酸在 240～290 nm 的紫外波段有一强烈的吸收峰，其最大吸收波长在 260 nm 附近，因此，可以利用核酸在 260 nm 处的吸光度作为其定量测定的基础。

DNA 变性（DNA denaturation）是核酸的另外一个重要性质，是指双链 DNA 分子在某些理化因素的影响下，双螺旋结构中碱基对间的氢键受到破坏，变成两条无规卷曲单链的过程。引起 DNA 变性的因素很多，包括高温、酸、碱、有机溶剂、尿素及酰胺等。随着 DNA 变性，其紫外吸收强度增强、生物活性降低。反之，**DNA 复性**（DNA renaturation）是指在适当条件下，两条彼此分开的链重新缔合成为双螺旋结构的过程，又称退火。复性后，DNA 许多性质得到恢复，生物活性也可以得到部分恢复。根据变性和复性原理，将不同来源的 DNA 变性，如这些不同来源 DNA 之间某些区域有序列互补，则可在退火条件下形成 DNA-DNA 异源双链，这种过程称为**分子杂交**（molecular hybridization）。目前该技术在分子生物学和分子遗传学等研究中应用极为广泛。

5.1.4.4　DNA 的化学合成、序列测定与分子检测

核酸作为生物遗传信息的物质基础，如何化学合成 DNA 片段（如用于 PCR 扩增时的引物、各种荧光分子修饰的探针等都需要人工合成特定序列长度的 DNA 片段），如何通过测定其序列来了解基因表达水平与不同基因型细胞的表型分析，进而将其用于药物设计和筛选、疾病相关基因的诊断，以及如何快速、高通量的进行核酸检测，对核酸的研究都起着十分关键的作用，同时也正是有了以上技术的发展，才促成了各种核酸研究方法的构建。

（1）亚磷酰胺三酯法固相合成 DNA 片段　亚磷酰胺三酯法固相合成 DNA 片段具有高效、快速的偶联以及起始反应物稳定的特点，目前广泛用于短序列 DNA 的化学合成。如图 5-32 所示，预先制得亚磷酰胺保护的核苷酸单体，其 5′-OH 利用二对甲氧基三苯甲基（DMT）保护，碱基上的氨基用苯甲酸保护。反应前将连接在固相载体（如玻璃珠）上的核苷与三氯乙酸反应，脱去其 5′-羟基的保护基团 DMT，获得游离的 5′-羟基。具体包括以下四个步骤：第一步偶联，将亚磷酰胺保护的核苷酸单体，与活化剂四氮唑混合，得到核苷亚磷酸活化中间体，由于它的 3′端被活化，很快与固相载体上连接碱基的 5′- OH 发生缩合反应；第二步封闭，缩合反应中会有少量 5′-羟基没有参加反应，用乙酸酐和 1-甲基咪唑封闭 5′-羟基，使其不能再继续发生反应，这种短片段在纯化时可以分离去除；第三步氧化，在氧化剂碘的作用下，亚磷酰形式转变为更稳定的磷酸三酯；第四步脱 DMT，以三氯乙酸脱去它的 5′-羟基上的保护基团 DMT，暴露出 5′-羟基等待下一轮反应。经过以上四个步骤，

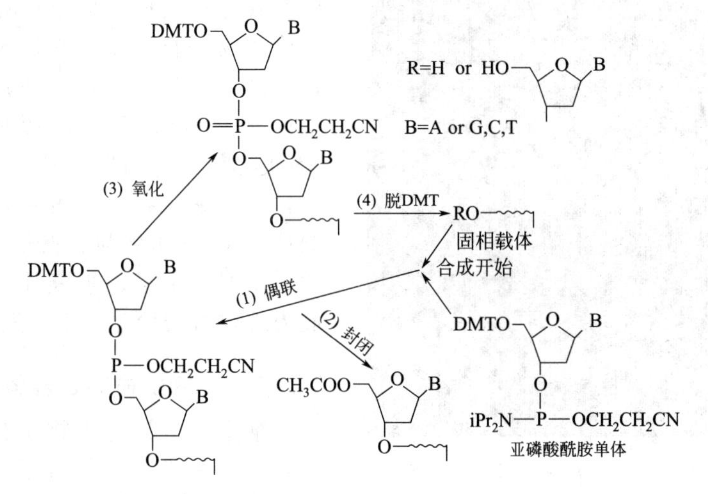

图 5-32　亚磷酸酰胺法寡核苷酸固相合成原理

一个脱氧核苷酸被连接到固相载体的核苷酸上，重复以上步骤，直到所有要求合成的碱基被接上去。整个过程中由待合成 DNA 序列的 3′端向 5′端进行，相邻核苷酸通过 3′→5′磷酸二酯键连接。

(2) 核酸的序列测定技术　核酸的序列测定技术是核酸研究得以迅猛发展的重要技术支撑。

对于 DNA 序列的测定主要有以下方法。

① DNA 的酶法测序：Sanger 于 1975 年设计的 DNA 快速测序法称为“加减法”，该方法以单链 DNA 为模板，加入适当的引物、四种脱氧核苷三磷酸（dNTP）和 DNA 聚合酶，使合成反应尽可能随机进行，从而得到各种长度的 DNA 片段。随后将反应物分为 8 组，4 组用于加法系统，反应时只加 A、G、C、T 中的一种。另外 4 组用于减法系统，加入 4 种碱基中的三种。在加法系统中，由于每组只有一种 dNTP，因此，DNA 聚合酶的 5′-3′外切酶将除该核苷酸外所有 3′末端都水解，于是 3′末端核苷酸都变成了该核苷酸。在减法系统中，DNA 聚合酶能够把片段继续合成下去，直到遇到所缺的核苷酸为止才停止；最后，利用高分辨率的聚丙烯酰胺凝胶电泳将其分开匹对，从而推测出 DNA 的核苷酸序列。

② DNA 的化学测序法：是由 Maxam 和 Gilbert 于 1977 年所发明。其原理是用特异的化学试剂作用于 DNA 分子中不同碱基，然后用哌啶切断反应碱基的多核苷酸链。用四组不同的特异反应，使末端标记的 DNA 分子切成不同长度的片段，并具有相同碱基的末端。最后，同样利用变性凝胶电泳和放射自显影技术得到测序图谱。

目前有关 RNA 序列的测序，一般采用以下三种方法：用酶特异切断 RNA 链；用化学试剂裂解 RNA，类似以上化学法测 DNA 序列法；先逆转录成 cDNA 然后测序。

(3) 核酸检测　尽管理论上均可用测序法来检测某特定 DNA 片段的序列，但实际应用中由于费用昂贵、操作不方便（需要特定测序仪等）等原因，特别是需要某特定 DNA 片段的含量时（基因表达水平时），往往需要发展更为便捷、灵敏的检测手段。为此，近 20 多年来，在化学家的努力推动下，发展了以基因芯片为代表的一系列核酸检测技术。**基因芯片**(gene chip) 是指将成千上万的密集排列的基因探针固定在很小的固体表面（如玻璃片等），利用探针选择性与标记检测分子杂交，再通过对标记物进行检测（如荧光探针），从而能够在同一时间内分析大量的 DNA 片段，使人们可迅速地读取遗传密码，如图 5-33 所示。这将是继大规模集成电路之后的又一次具有深远意义的科学技术革命。另外，电化学检测也是研究最多的检测技术之一。在各种检测技术中，其基本过程均是先利用 PCR 技术对目标检测物进行扩增，然后利用分子杂交原理，最后对不同标记物所产生的光（如分子信标）、电、磁（巨磁阻效应）、压电（石英晶体）等物理信号进行检测分析。此外，随着纳米技术的发展，如何结合纳米颗粒（Au 纳米颗粒、量子点等）的特异性质，发展高灵敏、重复性好的检测手段已成为现在核酸检测技术的发展主流。

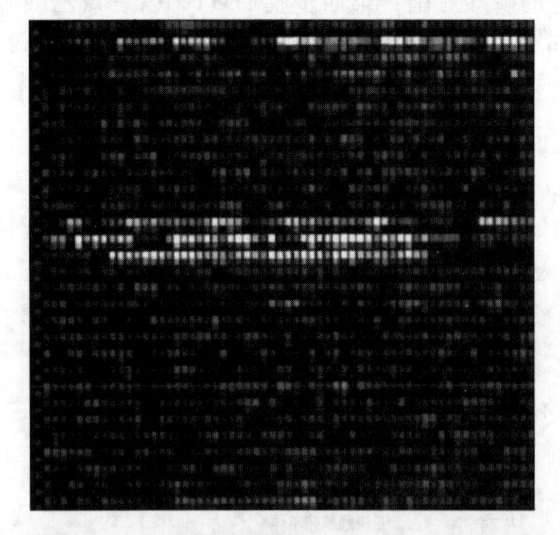

图 5-33　基因芯片的局部放大图（不同颜色的区域反映不同荧光分子标记的检测分子与探针的杂交程度）

5.1.5　维持生命的营养素（维生素）

维生素是参与生物生长、发育和代谢所必需的一类微量小分子有机化合物。它不同于糖类、脂肪和蛋白质，不用来供能或构成生物体的组成部分。绝大多数维生素作为酶的辅酶或辅基的组成成分，在生物代谢中起重要作用。当机体缺乏维生素时，易发生代谢障碍，产生各种疾病。从化学结构上看，各种维生素分子间无共性，涉及类型较广，它包含脂肪族、芳香族、脂环族、杂环和甾类化合物等。根据溶解性不同，将其分为脂溶性和水溶性两大类。前者指能溶于脂肪及脂溶剂（如苯、乙醚及氯仿等）一类维生素，包括维生素 A、D、E 和 K 等，后者能溶解于水溶液中，包括维生素 B 族、硫辛酸和维生素 C，下面对其性质进行逐一简单介绍。

5.1.5.1　脂溶性维生素

（1）维生素 A　又名视黄醇，是具有脂环的不饱和一元醇，通常以视黄醇酯的形式存在，其醛的形式称为视黄醛。它是一种类异戊二烯分子，由异戊二烯构件分子生物合成的。一般可从动物饮食中吸收或植物来源的 β 胡萝卜素合成。维生素 A 在体内除构成视觉细胞内感光物质的成分外，同时还在刺激组织生长及分化中起到重要作用。当维生素 A 缺乏时，可使视紫红合成受阻，暗适应能力降低，严重时可出现夜盲症。

（2）维生素 D　为类甾醇衍生物。其家族中最重要的成员是麦角钙化醇与胆钙化醇，后者可通过太阳作用于植物甾醇-麦角甾醇而产生。在生物体内，可以促进细胞对钙和磷的吸收，而这两种元素对骨骼的形成起到关键作用。因此，维生素 D 具有抗佝偻病作用，也称为抗佝偻病维生素。

（3）维生素 E　俗称生育酚。天然的维生素 E 共有 8 种，均系苯骈二氢吡喃的衍生物，主要存在植物油中。它是动物和人体中最有效的抗氧化剂，能阻止生物膜磷脂中不饱和脂肪酸的过氧化反应，保护生物膜的结构和功能。另外，当动物缺乏维生素 E 时，其生殖器官受损而不育，所以临床上常用维生素 E 治疗先兆流产和习惯性流产。

（4）维生素 K　包含维生素 K_1 和 K_2 两种，是 2-甲基-1，4-萘醌的衍生物。其主要生理功能是促进肝脏合成凝血酶原，进而促进凝血，所以也被称为凝血维生素。一般情况下，人体不会缺乏维生素 K，因为一方面维生素 K 在自然界绿色植物中含量丰富，另一方面人和哺乳动物肠道中的大肠杆菌可以合成维生素 K。

5.1.5.2　水溶性维生素

（1）维生素 B 族　包括维生素 B_1、B_2、PP、B_6、泛酸、生物素、叶酸及 B_{12} 等。该族维生素均作为酶的辅酶或辅基的主要成分，参与体内的物质代谢。不同于脂溶性维生素的是，人体中多余水溶性维生素及代谢产物均自尿中排出，体内不能多储存，因而需要及时补充。

维生素 B_1 是由含硫的噻唑环和含氨基的嘧啶环组成，也称硫胺素，在生物体内主要以硫胺素焦磷酸辅酶形成存在。该辅酶主要用在糖代谢中羰基碳（醛和酮）合成与裂解反应中，特别是其中 α-酮酸的脱酸和 α-羟酮的形成与裂解都依赖于它。

维生素 B_2 又名核黄素，是核醇与 7,8-二甲基异咯嗪的缩合物。在生物体内，主要以黄素单核苷酸（FMN）和黄素腺嘌呤二核苷酸（FAD）形式存在，在氧化还原过程中发挥着传递氢的作用。由于 FMN、FAD 广泛参与体内各种氧化还原反应，因此维生素 B_2 能促进糖、脂肪和蛋白质的代谢，对维持皮肤、黏膜和视觉的正常机能均有一定的作用。

维生素 PP 包括烟酸和烟酸胺。在体内，烟酰胺与核糖、磷酸、腺嘌呤组成脱氢酶的辅酶，主要以烟酰胺腺嘌呤二核苷酸（NAD^+，辅酶Ⅰ）、烟酰胺腺嘌呤二核苷酸磷酸（$NADP^+$，辅酶Ⅱ）以及它们的还原形式 NADH 和 NADPH 存在。该类辅酶是电子受体，在各种酶促氧化-还原反应中起着重要作用，但其氧化能力比黄素弱些。

泛酸则是辅酶 A 和磷酸泛酰巯基乙胺的组成成分，它是 β-丙氨酸通过肽键与 α,γ-二羟基 β,β-二甲基丁酸缩合而成的一种有机酸。在生物体内辅酶 A 有两个主要功能：一是通过亲核攻击转移活化的酰基；二是吸取一个质子活化酰基的 α-氢。因此，辅酶 A 主要发挥传递酰基的作用，是各种酰化反应中的辅酶。由于携带酰基的部位在—SH 基上，故常以 CoASH 表示。

生物素是由噻吩环和尿素结合而成的一个双环化合物，在左侧链上有一个分子戊酸，它在种种酶促酸化反应中作为羧基载体。此外，由于生物素与亲和素之间特异性的相互作用，该化合物还常用于各种生物分子的标记。

叶酸是由 2-氨基-4-羟基-6-甲基蝶啶、对氨基苯甲酸和 L-谷氨酸三部分组成，又称蝶酰谷氨酸。它是除 CO_2 之外所有氧化水平碳原子一碳单元的重要受体和供体。四氢叶酸是叶酸的活性辅酶形式，称辅酶 F。由于叶酸与核酸的合成有关，当叶酸缺乏时，DNA 合成受到抑制，骨髓巨红细胞中 DNA 合成减少，细胞分裂速度降低，细胞体积较大，细胞核内染色质疏松，称巨红细胞，这种红细胞大部分在骨髓内成熟前就被破坏造成贫血，称巨红细胞贫血，因此叶酸在临床上可用于治疗巨红细胞性贫血。

维生素 B_{12} 是唯一含有金属元素的维生素，其分子包括一个咕啉环、钴原子以及 5、6 二甲基苯并咪唑的结构，故又称钴胺素。它是甲硫氨酸合成酶的辅基，参与甲基的转移。

(2) 维生素 C 又称抗坏血酸，是一种含有 6 个碳原子的酸性多羟基化合物，其分子中 C-2 及 C-3 位上两个相邻的烯醇式羟基极易解离出 H^+，故维生素 C 具有酸性。另外，这两个位置上羟基又容易被氧化成酮基，所以维生素 C 又是很强的还原剂。在体内，维生素 C 参与体内羟化反应、氧化还原作用及抗病毒作用等生理活动。人体不能合成维生素 C，所以一般通过新鲜水果及蔬菜获得，成人每日需要维生素 C 60mg。

(3) 硫辛酸 硫辛酸结构为 6,8-二硫辛酸，能还原为二氢硫辛酸，是硫辛酸乙酰转移酶及 α-酮戊二酸氧化脱羧反应的辅酶，对体内物质代谢有重要意义，故有人将其列入维生素，但至今尚未发现人类的硫辛酸缺乏症。

5.1.6 推动生命体快速反应的开关（酶）

生物体内的一切新陈代谢过程，包括分解和合成作用，均在一系列酶的催化作用下进行的。酶参与了生物的生长发育、繁殖、遗传、运动与神经传导等生命活动的各个过程，可以说没有酶的参与，生命活动一刻也不能进行。正是在酶的催化下，机体内的物质代谢才有条不紊地进行，同时又在许多因素的影响下，通过对酶的催化过程影响间接地对代谢发挥着巧妙的调节作用。广义的生物催化剂虽然包括微生物、动植物细胞或各种亚细胞器，但真正起催化作用的还是存在其中的酶。通常将酶催化的化学反应称为**酶促反应**（enzyme catalytic reaction），在酶作用下进行化学变化的物质称为**底物**（substrate）。由于现已有数千种酶经研究证明其化学组成是蛋白质，因此，长期以来人们一直认为酶的本质就是蛋白质。直到 20 世纪 80 年代，美国 Cech 和 Altman 各自独立地发现 RNA 具有生物催化功能，才改变了上述观念。目前为止，对该类酶的作用机制了解还很有限，其种类也为数不多，主要作用于核酸，称为核酶和脱氧核酶。

酶与一般催化剂一样，都能显著地改变化学反应速率，使之加快达到平衡，但不能改变反应的平衡常数，它对正、逆反应速率的影响是一样的。此外，酶本身在反应前后都没有质和量的改变。同时，酶作为生物大分子又表现出特殊性。①反应条件温和。酶对周围环境敏感，凡能使生物大分子变性的因素，如高温、强碱、强酸、重金属盐或紫外线等都能使酶失去催化活性。因此酶所催化的反应往往都是在比较温和的常温、常压和接近中性条件下的水溶液介质中进行。②极高的催化效率。酶的催化效率通常比一般催化剂高 $10^7 \sim 10^{13}$ 倍，更有效地降低反应的活化能。③高度的专一性。酶对催化的反应和反应物都有严格的选择性，往往只能催化一种或一类反应，作用于一种或一类物质。而一般的催化剂没有这么严格。④酶促反应的可调节性。酶促反应受多种因素的调控，以适应机体对不断变化的内外环境和生命活动的需要，其中包括：利用对酶生成与降解量的控制来调节酶浓度、反馈抑制调节酶活性（许多小分子物质的合成是由一连串的反应组成，催化此物质生成的第一步的酶往往被它们终端产物所抑制)、抑制剂和激活剂对酶活性的调节等方面。

5.1.6.1　酶的分类、组成与活性中心

国际酶学委员会规定，按酶促反应的性质把酶分成六类：氧化还原酶、转移酶、水解酶、裂解酶、异构酶与连接酶。大量的实验及分析证实，以上绝大多数酶其化学本质是蛋白质。主要依据是：水解的最终产物是氨基酸；能被蛋白酶水解而失去活性；凡能使蛋白质变性的因素均能使酶失活；特定的 pH 值下，表现出两性电解质与等电点的特性；具有不能透过半透膜的胶体性质；具有蛋白质所有的呈色反应。另外，根据酶分子组成，可进一步将酶分为单纯酶和结合酶两种。**单纯酶**（simple enzyme）仅由肽链构成，如脲酶、淀粉酶等。**结合酶**（conjugated enzyme）由蛋白质部分和非蛋白质部分组成，前者称为酶蛋白，后者称为辅助因子。最常见的辅助因子包括金属离子或小分子有机化合物。其中，金属离子通过使底物直接结合到活性部位或者间接地使酶的结构保持在适合于结合的特殊构象下来控制催化作用。许多代谢物，特别是核苷酸类物质都是以金属复合物的形式存在，如 Mg^{2+}-ATP，而酶反应的真正底物是这些复合物，而不是核苷酸本身。因此，金属离子能够通过改变尚未复合的底物化学性质来发挥它们的催化效力。

如图 5-34 所示，酶活性中心特指与底物结合，形成酶-底物复合物的那一区域，它为两者的结合提供了有利条件。从整个酶结构看，酶的活性中心只是其分子的很小部分，酶蛋白的大部分氨基酸残基并不与底物接触。组成酶活性中心的氨基酸残基的侧链存在不同的功能基团，如—NH_2、—COOH、—SH、—OH 和咪唑基等，它们来自酶分子多肽链的不同部位，在一级结构上可能相距很远，但在空间结构上彼此靠近，组成具有特定空间结构的区域如裂缝或缺陷，深入到酶分子的内部。通过与底物形成的复合中间态，降低了反应过程中老键断裂与新键形成所需的活化能。一般将与酶活性密切相关的化学基团称做酶的必需基团，它包括结合基团和催化基团两类。**结合基团**（binding group）结合底物和酶，使之与酶形成复合物。**催化基团**（catalytic group）则影响底物中某些化学键的稳定性，催化底物发生化学反应并将其转变成产物。

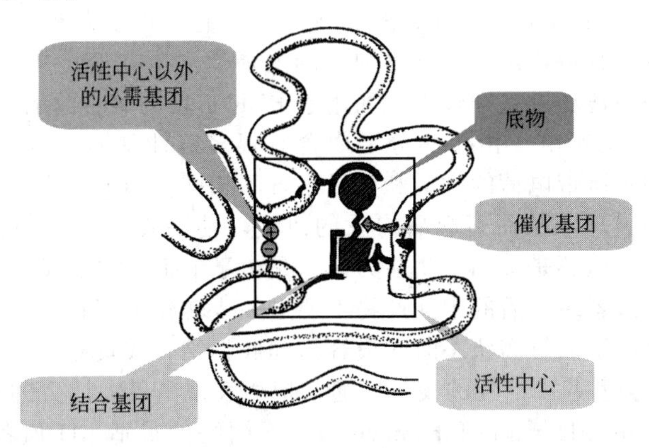

图 5-34　酶活性中心示意

5.1.6.2　酶反应速度及影响因素

(1) 底物与酶浓度对反应速率的影响　大量实验数据证明，当酶催化某一化学反应时，它首先与底物结合形成中间复合物（ES)，然后再生成产物释放出酶，通常也把这种观念称为**酶底物中间络合物学说**。1913 年，Michaelis 和 Menten 根据这一学说，提出酶促反应速度与底物浓度关系的数学方程式，即米氏方程式：

$$\nu=\frac{V_{\max}\times[S]}{K_{\mathrm{m}}+[S]} \tag{5-1}$$

式中，$V_{\max}$为反应速率；$[S]$ 为底物浓度；K_{m} 为**米氏常数**（Michaelis constant）；ν是在不同［S］时的反应速度。其中，K_{m} 值是酶的特性常数之一，其大小与酶的结构、底物和反应环境（如温度、pH 值、离子强度）有关，与酶的浓度无关。各种酶的 K_{m} 值范围很广，大致在 $10^{-6}\sim10^{-2}$mol/L 之间。对于同一底物，不同酶有不同的 K_{m} 值。

从上述方程中可以得出以下关系：

(a) 当 $[S]\ll K_{\mathrm{m}}$ 时，以上关系式可以变成：

$$\nu=\frac{V_{\max}\times[S]}{K_{\mathrm{m}}}=K[S] \tag{5-2}$$

由于$V_{\max}$和 K_{m} 为常数，两者的比可用一常数 K 表示，因此 $V=K[S]$，反应速率与底物浓度成正比关系，表现为一级反应。这是由于底物浓度低，酶没有全部被底物所饱和，所以反应速率取决于底物浓度。

(b) 当 $[S]\gg K_{\mathrm{m}}$ 时，米氏方程可以变为：

$$\nu=\frac{V_{\max}\times[S]}{[S]}\quad \nu=V_{\max} \tag{5-3}$$

当底物浓度远大于 K_{m} 值时，底物浓度对反应速率影响变小，最后反应速率与底物浓度几乎无关，反应达到最大速率，表现出零级反应。

(c) 当 $[S]=K_{\mathrm{m}}$ 时，米氏方程可以变为：

$$\nu=\frac{V_{\max}\times[S]}{[S]+[S]}=\frac{V_{\max}}{2} \tag{5-4}$$

即当底物浓度等于 K_{m} 值时，反应速率为最大速率的一半，因此 K_{m} 值就代表反应速率达到最大反应速率一半时的底物浓度。

(2) 温度对反应速率的影响　温度对酶促反应速度具有双重影响。一方面当温度升高时，与一般化学反应一样，反应速率加快。一般来说，反应温度提高10℃，反应速率为原反应的 2 倍。另一方面，由于绝大多数酶是一种蛋白质，因此随着温度升高，又会使酶蛋白逐渐变性而失去活性，降低反应速率。通常将酶促反应速度最快时的环境温度称为**酶促反应的最适温度**（the optimum temperature for enzyme），它是以上两种因素的综合结果。每一种酶在一定条件下都有其最适温度，动物细胞的酶最适温度在 35～40℃，植物细胞在 40～50℃，微生物中的酶最适温度差别较大，如用于 PCR 扩增的聚合酶的最适温度高达 70℃。

(3) pH 对酶反应的影响　由于酶分子中含有很多极性基团，在不同的 pH 值条件下，其解离状态不同，导致所带电荷的种类和数量也各不相同。因此，当溶液过酸或过碱时，均可以使酶的空间结构破坏，从而引起酶构象的改变，使酶丧失活性。有时即使 pH 改变很小，酶结构虽未改变，但还是影响了酶活力。这是由于 pH 影响了底物的解离状态，或者使底物不能和酶结合，或者结合后的中间产物不能进一步转化为产物。另外，酶活性中心的某些必需基团往往仅在特定的解离状态时才最容易同底物结合或具有最大的催化作用，此时如改变了 pH 值，同样会引起酶活性的丧失。通常把酶表现出最大活力的 pH 值称为该**酶的最适 pH 值**（the optimum pH value for enzyme）。不同酶的最适 pH 值各不相同，除少数酶外，动物体内的酶的最适 pH 值在 6.5～8.0 之间。需要指出的，酶的最适 pH 值不是一个常数，它受底物浓度、缓冲液的种类与浓度以及酶的纯度等多种因素影响，因此最适 pH 值只有在一定条件下才有意义。

(4) 抑制剂和激活剂的影响　凡能使酶的催化活性下降而不引起酶蛋白变性的物质统称酶的**抑制剂**（inhibitor）。它与变性剂不同，通常一种抑制剂只能使一种酶或一类酶产生抑制作用，因此抑制剂对酶的抑制作用是有选择性的，除去抑制剂后酶的活性得以恢复。根据抑制剂与酶的作用方式及抑制作用是否可逆，将其分成两大类：不可逆的抑制作用，该种抑制剂常与酶活性中心的必需基团以共价键相结合，使酶失活，它不能用透析、超滤等方法去除；可逆的抑制作用，具有可逆性抑制作用的抑制剂通过非共价键与酶或酶-底物的中间态结合，使其活性降低或消失，能用物理方法除去抑制剂而使酶复活。它可进一步分为三种：第一种是竞争性抑制，指抑制剂与底物结构类似，可与底物竞争酶的结合部位，从而影响了底物与酶的正常结合。这种原理可用来解释某些药物的作用机制，并指导合成控制代谢类的新药开发；第二种非竞争性抑制，这种抑制作用的特点是抑制剂和底物均能与酶相结合，两者间无竞争关系，但形成的酶-底物-抑制剂中间态不能进一步释放出产物；第三种反竞争性抑制，与前两种不同的是，该类抑制剂只与酶-底物的中间态相结合，从而阻碍了中间态向产物的转变。

激活剂（activator）是指能提高酶活性的一类物质，其中大部分是无机离子或简单的有机化合物。比如 Mg^{2+} 是多数合成酶的激活剂，Cl^- 是唾液淀粉酶的激活剂。半胱氨酸、还原型谷胱甘肽等还原剂对某些含巯基的酶具有激活作用，它使酶中的二巯键还原成巯基，从而提高酶活性。另外，某些酶原可被一些蛋白酶选择性水解肽键而被激活，这些蛋白酶也可看成激活剂。需要指出的是，激活剂对酶的作用具有一定的选择性，即一种激活剂对某些酶起激活作用，而对另一种酶可能起抑制作用。

5.1.6.3　酶作用机制

为了解释酶的作用机制，历史上曾先后提出两种观念。一种是“锁与钥匙”学说，它简单地将酶与底物在结构上互补性比拟成锁与钥匙的关系。其缺陷是不能解释酶的逆反应。另一种是诱导契合学说，认为酶在发挥催化作用之前，必须先与底物密切结合，在两者相互接近时，其结构发生诱导、相互变形和相互适应，最后酶与底物在此基础上互补契合进行反应。在对酶反应机理的研究过程中，化学家一般利用有机化学的反应理论和合成的工具，设计合成酶的模拟物以及不同结构特点的底物，来揭示酶在生物体系中催化机理。另外，近年来的 X 射线晶体结构分析的实验结果支持了诱导契合学说，证明了酶与底物结合时，确有显著的构象变化。

上面分别介绍了六种生物分子的基本结构与性质，对它们的了解是认识生命过程的基础。同时，生命的活动过程也正是上述一系列生物分子的相互作用与组装结果，如 DNA、RNA 与蛋白、蛋白与蛋白，以及一系列生物大分子与传递信息的有机小分子和无机离子之间的相互作用。因此，化学家要深入地了解生命过程就不仅仅只是单独地、分割地研究以上各个生物分子的结构与性质，而是要整体地把它们放到生物体系去研究。而这些都是一些相对比较慢的过程和比较复杂的体系。作用的方式也不仅是化学键的断裂、组合或重排，而且包含了很多的弱相互作用（氢键、偶极作用、范德华力等）。从形式上看，大分子与大分子的相互作用以及大分子与小分子的相互作用又联系到复杂的结构层次上的变化。不像小分子之间的反应，分子在反应体系中作布朗运动无序碰撞而反应，大分子可能通过有序的高级结构重组，其中的能量传递、信号分子的传递又会产生新的变化。所有这些对于过去已经习惯了对一些相对比较快的反应和比较简单的体系进行研究的化学家而言，还有待在理论、实践及相应的技术上进行更深入的研究。

5.2　化学生物学

近年来，在分子生物学、化学和生物物理学等各学科技术上的一些进展，为我们从分子水平上更好地理解生物体系的本质提供了各种手段。比如，化学家们在处理一些问题时，比较多地从分析化学、生物化学、药物学和结构生物学等方面来考虑，通过设计和构建一些小分子作为一些光谱学的探针、或作为某些功能的一些类似物、或作为一些诊断或治疗试剂。同时，分子生物学的发展为以上问题的研究则提供了非常好的方法与手段。例如，利用突变来探索酶反应的机制。通过大量制备各种各样的纯蛋白，用于光谱学和生物物理研究等。此外，通过化学计算方法应用到复杂的生物体系，也使得我们对于一些生物小分子和一些以计算为基础的模型生物小分子与大分子之间相互作用的能量学和动力学等，得到更深入的了解。很显然，在化学和生物学之间的传统界限变得更加模糊。因此，为了使人们能够更好在化学、生物学、人类健康、现代的生物技术和生物工程工业技术等方面更好的发展，非常需要在生物学与化学两方面有比较强基础的研究者，这就导致化学生物学学科的出现。可以说，化学生物学的出现为化学、生物等各种学科领域的交叉和相互交融提供了一个新的平台。

化学生物学作为一门新兴的交叉学科，目前对其还没有一个明确、公认的定义，根据哈佛大学的 Stuart Schreiber 等人观念，其主要内涵是利用分子生物学的手法，搭配有机化学的方式，探讨细胞内核酸或蛋白质等生物体内分子的功能或反应，特别是利用小分子调节剂的手段研究生物大分子的功能，从而从分子水平认识生命现象的本质。与生物学家常用的遗传学手段相比，化学生物学的特点是它为后基因组研究提供一个可以以不同时间、不同剂量和可逆操作的方式来检测特定蛋白质功能的手段。此外，化学生物学还可以针对生理或病理过程中的特定靶标，开发出具有特异作用的活性物质（新药先导化合物），对生理或病理过程进行有效的调控，为医学和生命科学研究提供重要的研究工具，为新药开发提供重要的先导化合物资源，推动药物开发的源头创新。目前，化学生物学方法已被广泛应用于细胞凋亡和分化、细胞周期调控、生长因子信号转导通路等方面的研究，并以此为基础，成功地开发了大量的药物或诊断试剂用于临床。本节从化学基因组学、化学物质与生物分子的相互作用这两个角度进行论述，以便对这一领域有个初步认识。

5.2.1 化学基因组学

2003 年 4 月 14 日，随着国际人类基因组测序组宣布“人类基因组序列图”提前完成，人类基因组的研究进入“功能基因组”研究的时代。其研究目标之一就是揭示人体基因所表达的蛋白质功能。而传统的基因组学研究手段过于耗时，因此，如何探讨出一条快速、高通量的研究基因功能手段已势在必行。化学基因组学正是在这样的背景下诞生的，它可借助于组合化学和大规模筛选等技术，利用小分子来调控和研究蛋白质的生理功能。与传统遗传学的研究方法相比，它具有以下优点：及时性，加入小分子后很快就可以起到调节作用；可逆性，由于代谢的清除作用，小分子的调节作用可以被解除；可调性，可通过改变小分子浓度来影响它的作用效果；可操作性，可以在细胞及有机体生长分化过程中的任何阶段加入小分子。

在研究方法上，化学基因组学可以分为正向化学基因组与反向化学基因组学两个部分。**正向化学基因组学**（forward chemogenomics）是利用小分子化合物来干扰细胞的功能，而不是采用随机地诱导基因突变的方法来进行研究。该过程通常是先将细胞和小分子化合物放在多孔板上进行培养，然后采用不同检测手段来评价这些化合物是否对细胞的功能有影响。当细胞表面一些特定蛋白质浓度或细胞形态发生改变时，针对性地对引起这些变化的分子作进一步研究，因为细胞表型的改变是通过这些小分子与细胞内特定蛋白质相互作用而实现的。因此，如能获得这些特定小分子，并进一步研究它们影响蛋白质功能的机理，将为深入理解生命过程提供至关重要的证据。**反向化学基因组学**（reverse chemogenomics）是利用已知的靶蛋白来寻找与其相互作用的小分子。其研究的第一步是确定一个感兴趣的蛋白质作为靶蛋白，然后根据该蛋白质结构合成一个化合物库，在设计化合物库时尽量让库中分子在空间结构、电荷性、疏水性等方面与靶蛋白在空间和理化性质上相匹配。这样的合成设计被称之为“目标导向合成”。利用这样的筛选模型，人们就可以从合成的化合物库中找出一些能调节靶蛋白功能的化合物。

化学基因组学作为一门新兴交叉领域，其发展主要构建在以下三项技术上：化学库的建立、模型构建与高通量筛选方法、靶点蛋白的鉴定。

5.2.1.1　化学库的建立

对于化学库，一般要求它的化学结构具有多样性，相对分子量较小，易于在细胞内转运和代谢。根据研究目标不一样，可以分为两大类。一类是以那些已知具有生物活性的天然产物为基础来设计合成化合物库，通过对它们的骨架结构进行系统地修饰，合成一系列的结构类似分子。由于天然产物是大自然通过几千甚至上万年漫长的筛选和进化选择出来的，与生命活动有着千丝万缕的关联。因此，利用它们来研究和理解小分子和蛋白质间的相互作用，可以事半功倍。这样的化学库所含化合物的数目一般不大，从几十到几百个化合物，但纯度要求较高。另一类是以寻找新的蛋白质和探索蛋白质的新功能为主要研究目标进行建库。其设计原则是利用单一的起始原料来尽量地合成骨架众多的特异分子。在合成过程中尽量构建不同的基本骨架，引入不同的功能团，希望最终得到的化合物涵盖尽可能多的化学多样性。可以想象，这样的化合物库的数目偏大，一般从几百到上千个化合物。

组合化学（combinatorial chemistry）是获得以上化合物库的一种有效手段，其原理是在同一个化学反应体系中加入不同的结构单元，利用这些结构单元的排列组合，用少数几步的反应系统地合成大量的化合物。一般采用固相合成法，先将反应物通过连接分子固定在树脂上，反应在液相体系中进行，反应完成后再将产物从树脂上切下来，其优点是中间产物不需要分离纯化，易于实现自动化操作。

另外，一些公共数据库的建立也方便了以上工作的开展。如 1992 年，在美国国家卫生研究生院的支持下，美国国家生物信息中心建立了存储成千上万个基因信息和序列的数据库——“基因银行”。后又与欧洲分子生物学实验室、日本国立遗传学研究所合作建立了国际核酸序列数据库，这是目前国际上最大的核酸序列库，截止到 1998 年 11 月份，该数据库收纳了全世界包括人类、动物、植物、微生物在内的 275 万个序列记录。

5.2.1.2　模型构建与高通量筛选方法

筛选过程中首先是确定生物活性靶点以及检测活性的方法，然后再设计相应的用于高通量筛选的方法，运用自动化的筛选系统在相对短时间内，通过特定的生物模型来对成千上万化合物进行活性筛选。一般来说，筛选模型可分为基于靶点的体外生化筛选模型、细胞水平筛选模型与胚胎水平的筛选模型三类。其中，体外生化筛选模型主要用来研究与生物体内重要生理过程相关的酶与底物、受体与拮抗剂或激动剂、蛋白质与蛋白质的相互作用。而细胞水平筛选模型主要用于研究涉及信号传导和转录调节过程中的相关靶点。相对于体外生化筛选模式，它不仅可以了解化合物与所研究的生物靶点的作用强度及作用机理，而且可以同时评价细胞通透性、细胞毒性、特异性以及稳定性等问题。胚胎水平的筛选模型要比细胞水平的筛选更接近活体环境，可以看做是药物研发过程中动物试验的改进。比较常用的是斑马鱼胚胎和果蝇胚胎等。

目前发展较快的高通量筛选方法主要有生物芯片技术，其概念由 Fodor 等在 1991 年提出，特指能够快速并行处理多个样品，并对其所包含的各种生物信息进行解剖的微型器件。它综合运用了微电子工业和微机电系统加工中所采用的一些方法，只是处理和分析的对象是生物样品，所以定义为**生物芯片**（bio-chip），它包括微流控与微阵列芯片两大类。在生物芯片技术中，基因芯片（或称 DNA 微阵列）技术建立最早，也最为成熟。它是把大量已知序列的寡核苷酸探针集成在同一个基片上（如玻璃、尼龙膜等载体），经过标记的若干靶核苷酸序列与芯片特定位点上的探针杂交，通过标记杂交信号对生物细胞或组织中大量的基因信息进行分析。在随后的发展中，又进一步延伸出蛋白质芯片、细胞芯片与组织芯片等**微阵列芯片**（microarray chip）。与基因芯片所不同的是，它们分别在很小载体表面上有序排列成千上万具有生物识别功能的蛋白质分子、细胞与特定组织，然后利用生物分子之间的相互作用去检测特定的目标分子。在分析样品前同样需对其标记（同位素、酶或荧光等）。在生物分子标记方面，同位素标记法灵敏度高，但空间分辨率低，反应物需特殊处理防止污染。酶标记法主要应用到一些生色底物，如辣根过氧化物酶、碱性磷酸酶等，其检测系统为CCD，成本低。而荧光标记广泛用于DNA芯片的检测，特别是双色检光的应用大大方便了表达差异检测的分析，常用的标记荧光素有Cy3和Cy5。顺便指出，随着标记技术的快速发展（如显色反应、荧光、化学发光以及同位素标记等），对于细胞水平和胚胎水平的筛选模型也可以通过直接观测表型来分析功能分子对生物过程的影响。生物芯片的另一主要技术领域是**微流控芯片**（microfluidic chip），最初是在分析化学领域发展起来，其目的是通过化学分析设备的微型化与集成化，最大限度地把分析实验室的功能转移到便携的分析设备中，甚至方寸大小的芯片上。目前已有十余家厂商将其微流控芯片产品推向市场，其应用必将加快分析速度、减少试样与试剂的使用量，提供实时监测，为以组合化学为基础的化合物库的筛选研究提供对应的技术平台。

为了进一步加深对高通量筛选技术的了解，下面给出一个实例。细胞印迹（又称高通量整细胞免疫检测），它是在传统**酶偶联免疫吸附测定**（ELISA）和**免疫印迹**（western blotting）等生物技术的基础上发展起来。该方法可用于快速检测小分子对DNA合成蛋白翻译后加工（如乙酰化、磷酸化）及细胞周期等的影响。其基本原理与免疫印迹十分类似，但是检测某一类细胞中的分子是在多孔培养板上的整细胞水平进行的。首先以待检测的分子作为抗原制备抗体，即一抗；然后选择合适的二抗进行检测，如采用连有辣根过氧化酶的二抗与一抗偶联，形成的复合物通过加入氨基苯二酰一肼（luminol）、过氧化氢和对碘苯酚进行检测。若细胞中有待检测的分子（即抗原）存在，则引发的化学发光反应使底片感光；若不存在，则无发光反应。

5.2.1.3 靶点蛋白的鉴定

靶点蛋白的鉴定是正向化学基因组学的收尾工作，也是相当重要的工作。为了阐述所筛选出来的小分子化合物的作用机制，寻找与该分子相互作用的靶蛋白是化学基因组学的目的之一。经典的鉴定方法包括小分子标记技术，蛋白质纯化技术，多肽测序和亚克隆技术等。利用基因芯片或蛋白质芯片辅助完成靶点蛋白的鉴定，有助确定疾病细胞的基因表达模式特征谱和鉴定潜在的作用靶点。

另外，酵母双杂交技术也是研究蛋白与蛋白（或多肽）间相互作用的常用技术，主要基于以下基本原理：很多真核生物的位点特异转录激活因子通常具有两个可分割开的结构域，即**DNA特异结合域**（DNA-binding domain，BD）与**转录激活域**（transcriptional activation domain，AD）。这两个结构域各具功能，互不影响。但一个完整的激活特定基因表达的激活因子必须同时含有这两个结构域，否则无法完成激活功能。不同来源激活因子的BD区与AD结合后则特异地激活被BD结合的基因表达。基于这个原理，可将两个待测蛋白分别与这两个结构域建成融合蛋白，并共表达于同一个酵母细胞内。如果两个待测蛋白间能发生相互作用，就会通过待测蛋白的桥梁作用使AD与BD形成一个完整的转录激活因子并激活相应的报告基因表达。通过对报告基因表型的测定可以很容易地知道待测蛋白分子间是否发生了相互作用。

5.2.2 小分子化学物质与生物分子的相互作用

在谈及小分子化学物质与生物分子的相互作用之前，首先介绍**分子识别**（molecular

recognition)。它是指生物分子的选择性相互作用，例如抗原与抗体间、酶与底物或抑制剂间、激素与受体间的专一性结合。分子识别是通过两个分子各自的结合部位来实现的。要实现分子识别，一是要求两个分子的结合部位是结构互补；二是要求两个结合部位有相应的基团，相互间能产生足够的作用力，使两个分子结合在一起。分子识别是一种普遍的生物学现象。像前面第一节里面谈到的糖链、蛋白质、核酸和脂质各自间以及它们相互之间都存在分子识别。至于细胞识别实际上就是细胞表面分子的相互识别。另外，大家常提到的受体与配体的相互作用就是一种分子识别过程。

这里所讲的小分子化学物质与生物分子的相互作用就有点类似于上述过程中的分子识别，体系比较复杂，作用的形式不仅仅局限于化学键的断裂、组合或重排，还包含了很多的弱相互作用（氢键、疏水作用、偶极作用、范德华作用等）。大分子与小分子的相互作用涉及复杂的结构变化，其中大分子可能产生有序的高级结构重组，并发生能量转移、信号分子传递等新的变化。目前化学家对小分子之间的相互作用已经有了一系列深入研究，并发展了定性、定量检测及理论计算的方法，而对大分子与大分子、大分子与小分子相互作用的研究相对滞后。下面结合核酸与蛋白质酶两种生物分子的结构特点，简单分析它们与小分子化合物的可能作用形式。

5.2.2.1　化学物质与核酸的相互作用

核酸靶点有 DNA 和 RNA 两个部分，这里先介绍化学物质与 DNA 的相互作用。从结构上看，DNA 通常以右手双螺旋的形式存在，并形成了两种形式的沟区，即大沟与小沟。当化学物质与其发生作用时，通常有两种不同的作用方式：一种是化合物与 DNA 中的碱基、糖或磷酸形成共价化合物，如氮芥、顺铂类化合物，都是与碱基的亲和性原子结合，主要作用于嘌呤碱基上；另一类是非共价结合，即化合物与 DNA 通过氢键、电性和疏水相互作用而结合，按结合模型又可分为碱基对插入作用、沟区结合区和 DNA 三螺旋。从作用结果和作用部位看，分为以下几种。

① DNA 双螺旋，小分子对于 B-Z 构型的平衡影响。大多数插入 DNA 碱基对之间的小分子，如溴化乙锭等，会诱导 DNA 的 Z-构型转化为 B-构型。这是因为这些分子对于 B-构型有更高的亲和性，从而促使 DNA 构象平衡向利于 B-构型移动。长链多胺，一般来说，会诱导核酸形成 Z-构型。在核酸损伤的研究中，许多药物小分子与 DNA 相互作用，改变 DNA 的双螺旋结构，有的与 DNA 形成共价键结合物，这些结构多含有新的构象，而影响到 DNA 的生物功能。另外，有关 DNA 的空间结构对小分子与 DNA 相互作用的立体选择性影响也是目前研究的一个热点。

② G-四链，端粒上突出的单链易形成 G-四链，为抗癌药物设计的新靶点。大量实验表明，G-四链的形成会抑制端粒酶的活性，而对端粒酶的抑制又会调控细胞死亡。因此，能稳定 DNA 形成 G-四链的小分子，可以干扰酶的活性并表现出抗癌活性。

③ DNA 凸起结构，核酸凸起结构在核酸的蛋白质识别、移码突变、修复酶的非正常同源重组、反义 RNA 的生成、DNA 三联子重复序列的延伸合成等生物过程中具有重要的生物学意义。从结构上，它不像双链区那么稳定，容易与小分子化合物接触且活性较高。因此，一些常见的小分子如二乙基焦炭酸酯（DEPC）、四氧化锇、溴代乙醛等都是非常有效的探针。

尽管 RNA 通常是以单链的形式存在，但单链分子自身折叠造成内部碱基配对而形成双链区。RNA 功能的多样性就是归因于它可以通过大量的二级结构和三级结构的相互作用，而体现出复杂的三维立体空间结构。尤其是其结构和功能基团的空间伸展、RNA 折叠产生的静电场等共同产生了可以和小分子、蛋白质结合的潜在作用口袋。另外，RNA 中富含非正常碱基配对结构，如核酸突起、发夹等，这些位点也是许多小分子作用的位点。具体到对

RNA 复合物的作用方式上，可以分为以下几类。以 RNA-蛋白质复合物为对象，以 RNA 为靶点设计小分子抑制 RNA-蛋白质相互作用，从而特异调控 RNA 或蛋白质功能。以 mRNA 的序列结构为基础，设计反义寡核苷酸抑制基因的表达。一个 14～18 碱基序列大小的寡核苷酸，通过 Watson-Crick 氢键与互补的靶序列结合，并激活 RNase H 而将靶 RNA 降解，从而抑制基因表达。以 mRNA 的序列及折叠结构为基础，寻找小的 RNA 分子，通过小 RNA 分子与其作用而调控。

5.2.2.2 化学物质与蛋白质的相互作用

作为生物体内最重要的成分之一，蛋白质几乎参与了所有的生命过程和细胞活动。它通过与自身或其他蛋白质以及核酸形成复合体来发挥生物学功能：参与运输、起激素调节作用、实现免疫反应、接受和传递信息（如受体）以及调节或控制细胞的生长、分化和遗传信息的表达等，而所有这些均离不开蛋白质-蛋白质、蛋白质-小分子之间的相互作用。其中，小分子与蛋白质的相互作用是通过促进或者抑制蛋白质功能来实现的，这种调节作用不仅完善了生物体正常的生理功能，同时增加了自身对外界环境的适应。由于小分子化学物质与蛋白质的作用形式较为复杂，这里仅从蛋白质-蛋白质相互作用特点的角度，介绍一下小分子物质如何对蛋白质发挥作用。

（1）界面的大小　蛋白质与蛋白质结合的界面通常较大，有人对 59 个不同的蛋白质复合物进行研究分析发现，同源二聚体相互作用的可溶剂化表面为 368～4746$Å^2$，异源复合物的可溶剂化表面为 639～3228$Å^2$。因此，通常的小分子很难覆盖整个界面，进而发生相互作用。然而“热点区域”概念的出现却打破了这种观点。所谓的**热点区域**（hot spots）是指对蛋白质复合物的结合自由能贡献比较大的残基，它的面积为 600$Å^2$，一般位于蛋白质-蛋白质相互作用界面的中心或其附近，通常为色氨酸、酪氨酸和精氨酸。由于这些热点区域对蛋白的结合贡献较大，当发生小分子与蛋白质相互作用时，小分子并不需要覆盖整个作用界面，只要能够与界面上的热点区域有很好的作用，就可以干扰或抑制蛋白质与蛋白质的结合。

（2）界面的形状　界面的形状是影响小分子结合的一个重要因素。蛋白界面的扭曲程度越大，被掩埋的残基数目就越多，形成的复合物也就越稳定，也就越不利于小分子化合物的进入。但是，平整的界面也不利于小分子的结合。因此，小分子通常作用在具有很好结合口袋且扭曲程度不是很大的界面上。一般而言，异源蛋白复合物的结合界面比同源二聚体的界面平整，永久性蛋白复合物的蛋白质结合界面比非永久性的界面扭曲的程度大。

（3）界面的性质　界面性质的范围比较广，其中互补性和疏水性对蛋白质-小分子的影响较大。互补性是指界面上蛋白与蛋白之间残基的匹配情况。互补性小的界面，结合力较小，较易被小分子抑制。同源二聚体和永久复合物的互补性比较好，而异源复合物和非永久性复合物的互补性相对较差。界面上水分子的多少反映了界面的疏水程度。而疏水表面比极性表面更适合与非极性小分子发生作用。一般情况下，蛋白质-蛋白质相互作用界面包括 56％的非极性基团、29％的极性基团和 15％的带电基团。

（4）蛋白质复合物的结合力　蛋白质复合物的结合力一般较强，同源二聚体的结合常数 K_D为 10^{-9}～10^{-12} mol/L，非永久性复合物的结合力的结合常数 K_D 也达到 10^{-6}～10^{-9} mol/L。理论上小分子抑制剂难以破坏很强的相互作用，但在很多情况下，结合平衡的微小变化就足以产生很大的生物学效应，因此抑制剂并不需要完全抑制住蛋白质之间的相互作用。

5.3 医药生物工程

生物工程技术（bioengineering and technology）是当今世界发展最快、潜力最大和影响最深远的高技术之一，为人类社会发展提供新资源、新手段、新途径，也是 21 世纪人类彻底解决人口、资源与环境三大危机、实现可持续发展的有效途径。生物技术的重大突破正在迅速孕育和催生新的产业革命，新的国际产业分工格局快速形成。

起步于 20 世纪 70 年代的生物工程技术以其崭新的路径、独特的魅力和毋庸置疑的发展潜力渗透到各个领域。毫无疑问，在这个现代生物技术时代，我们谁都无法置身其外，生物工程技术也称生物技术，它包括基因工程、酶工程、细胞工程、发酵工程以及蛋白质工程等方面。重组 DNA 技术、PCR 技术、核移植技术、原生质体和原生质体融合技术、淋巴细胞杂交瘤技术、细胞与组织培养技术、单克隆抗体、手性药物合成技术、选择性生物催化合成技术、代谢调控技术、生物分离工程技术、基因治疗、基因组学技术、药物基因组技术、分子印迹技术、蛋白质组学技术、生物信息学技术和生物芯片技术等前沿生物技术，为科技创新带来新的机遇与挑战。

近半个世纪以来，通过有机化学和生物化学的帮助，科学工作者深入了解了生物代谢产物中的化学组成及生命活动中酶和酶的化学反应，使生物技术提高到分子水平，同时积极地向化学学科渗透。反过来，又可通过现代生物技术在化学中的应用，来帮助生物化学和有机化学工作者解决一些复杂和疑难的微生物代谢产物合成和化学合成的反应，创造出不少人工合成的新化合物，制备了许多难以大规模工业生产的天然药物和人工半合成药物，推动了制药工业的发展。

生物工程技术在医药行业的应用，显示出广阔的发展前景。已有生物技术药物包括了重组多肽、蛋白质类药物、单克隆抗体及基因工程抗体、基因治疗制剂、核酸疫苗、反义药物、核酶、端粒酶、以及微生物药物、海洋药物和生物制品等天然产物药物。

医药行业被喻为 21 世纪的“朝阳产业”，现代生物工程技术应用于制药业给投资者和生产企业带来丰厚的回报。**医药生物工程**（pharmaceutical bioengineering）已被许多国家视为强劲的经济增长点加以重点支持，随着我国加入 WTO 以及生物制药业的迅猛发展，医药生物工程已成为我国生物技术创新的重要基地。生物工程技术药物的创新性正在进一步提高，医药产品的重点：①开发靶向药物，并以开发肿瘤药物作为重点；②改造抗生素工艺：各类药物中，抗生素用量最大，可采用基因工程与细胞工程技术和传统生产技术相结合的方法，选育优良菌种，加快应用现代化生产技术生产高效低毒的抗生素；③中草药及其有效活性成分的发酵生产，应用医药生物技术大规模工业化生产中草药及有效活性成分，发展具有中国特色的生物技术医药工业；④大力开展疫苗与酶诊断试剂，重点是乙肝基因疫苗与单克隆抗体诊断试剂；⑤发展氨基酸工业和开发甾体激素：应用微生物转化法发展氨基酸工业和开发甾体激素，并对传统生产工艺进行改造；⑥开发活性蛋白质与多肽类药物，开发重点是干扰素、生长激素等。

5.3.1　生物酶工程与化学酶工程

酶工程（enzyme engineering）是生物技术的重要组成部分，无论是基因工程、蛋白质工程、细胞工程和发酵工程都需要酶蛋白的参与。酶催化的高效性、特异性和反应体系简单等优点使酶工程技术成为现代生物技术的主要支柱之一。酶工程主要研究酶的生产、纯化、固定化技术、酶蛋白结构的修饰和改造以及在工农业、医药产业和理论研究等方面的应用。

酶工程主要任务是：固定化酶和细胞、固定化多酶体系及辅因子再生，特定生物反应器的研究和应用；利用基因工程技术开发新酶品种和提高酶产量；利用生物细胞（组织）研究酶传感器；酶的非水相催化技术，酶分子修饰与改造以及酶型高效催化剂人工合成的研究与应用；分解天然大分子如纤维素、木质素等，使低分子有机物聚合、检测与分解有毒物质及废物综合利用等的新酶开发。酶工程技术将开创从分子水平根据遗传设计蓝图创造出超自然生物机器的新时代。

酶工程主要采用两种方法。一种是**化学酶工程**（primary enzyme engineering），即通过对酶的化学修饰或固定化技术，改善酶的性质以提高酶催化的效率和减低成本，以及通过化学合成法制造人工酶。分别为**固定化酶**（immobilizsed enzyme）、**化学修饰酶**（chemical modification enzyme）、**人工合成酶**（synzyme）。

另一种是**生物酶工程**（advanced enzyme engineering），即用基因重组技术生产酶以及对酶基因进行修饰或设计新基因，从而获得具有新的生物活性及催化效率更高的酶。生物酶工程是在化学酶工程基础上发展起来的，包括：①用基因工程技术大量生产酶（克隆酶）；②修饰酶基因产生遗传修饰酶（突变酶）；③设计出新酶基因，合成自然界从未有过的酶（杂合酶）；④其他新酶，如**抗体酶**（abzyme）、**核酶**（ribozyme）。

值得注意的是，酶的固定化技术被称为是酶工程的“心脏”。由于酶在本质上是蛋白质，遇到高温、强酸、强碱时就会失去活性；酶催化反应在溶液中进行，反应完毕，酶蛋白难以回收；酶蛋白的分离、提纯和生产，过程复杂，成本很高。而固定化后的酶在保持原有催化活性的同时，又可以同工业催化剂一样能回收和反复使用，并在生产工艺上实现连续化和自动化，因此，固定化酶技术为酶工程的实际应用增添了新的生机和活力。固定化酶在高值精细化学品制造、能源与环境、生物医药以及医学快速诊断等领域产生巨大经济效益。

以固定化酶为中心的化学酶工程的发展步伐，也将与酶固定化技术的发展紧紧相连。本节重点阐述固定化酶方法、固定化酶载体、以及酶工程技术在医药工业的应用。

5.3.1.1 自然酶

酶工程的发展经历了如下过程：自然酶的生产、分离纯化和利用→固定化酶和固定化细胞→多酶反应器仿生技术。自然酶通过微生物发酵而来，制成工业用酶制剂，多用于食品、轻工行业，例如洗涤剂、皮革生产等用的蛋白酶；纸张制造、棉布退浆等用的淀粉酶；漆生产用的多酚氧化酶；乳制品中的凝乳酶等。这些未经化学修饰或固定化处理的酶制剂在使用时，存在稳定性差、易变性失活、反应后酶蛋白难回收等不足，酶的固定化是解决上述问题的主要方法之一。

5.3.1.2 酶的固定化

固定化酶在文献中曾用水不溶酶、不溶性酶、固相酶、结合酶、固定酶、酶树脂及载体结合酶等名称，1971 年第 1 届国际**酶工程**（enzyme engineering）会议上，正式采用了“固定化酶”的名称。**固定化酶**（immobilized enzyme）是指用物理或化学方法处理水溶性的酶使之变成不溶于水或固定于固相载体但仍具有酶活性的酶衍生物。

固定化酶与游离酶相比具有下列优点。

① 稳定性有较大提高。对热、pH 环境等的稳定性提高，对抑制剂的敏感性降低。

② 易于分离，改善了后处理过程。反应完成后经过简单的过滤或离心，产物即可与酶蛋白有效分离。

③ 固定化体系适合于连续化、自动化生产，有利于酶催化过程控制。

④ 固定化酶经回收可反复使用，提高了酶的利用效率，降低了生产成本。

⑤ 固定化酶具有一定的机械强度，可以用搅拌或装柱的形式作用于底物溶液，较水溶性酶更适用于多酶体系的反应。

固定化酶的制备方法、制备材料多种多样，不同的制备方法和材料，固定化酶的特性不同。固定化酶的活性与稳定性取决于固定化方法以及固定化载体材料。对于特定的目标酶，要根据酶自身的性质、应用目的、应用环境来选择固定化载体和方法。

（1）固定化酶制备原则　固定化酶在催化反应中，它以固相状态作用于底物，反应完成后，容易与水溶性反应物分离，可反复使用。固定化酶不但仍具有酶的高度专一性和高催化效率的特点，且比水溶性酶稳定，可重复使用。为了最大限度发挥固定化酶的优势，酶固定化须遵循下列原则：

① 必须注意维持酶的正常构象。酶的催化反应取决于酶蛋白质所特有的高级结构和活性中心，为了不损害酶的催化活性及专一性，需要保证酶与载体的结合部位不是酶的活性部位，应避免活性中心的氨基酸残基参与固定化反应。

② 酶与载体必须有一定的结合程度。酶的固定化既不影响酶的原有构象，又能使固定化酶能有效回收贮藏，利于反复使用。

③ 固定化应有利于自动化、机械化操作。这要求用于固定化的载体必须有一定的机械强度，才能使之在制备过程中不因机械搅拌或其他作用力而破碎或脱落。

④ 固定化酶应有最小的空间位阻，尽可能不妨碍酶与底物的接近以及产物的扩散，以提高催化效率和产量。

⑤ 固定化酶应有最大的稳定性。在使用过程中，所选载体应不和底物、产物或反应液发生化学反应。

⑥ 固定化酶的成本适中。工业生产必须要考虑到固定化成本，要求固定化酶制备步骤应相对简单易行，以利于工业生产。

(2) 酶的固定化方法　酶的固定化方法可以分为以下几种：吸附法；共价法；交联法；包埋法（凝胶固定法、微囊固定法）。各种酶固定化方法原理示意图见图 5-35。

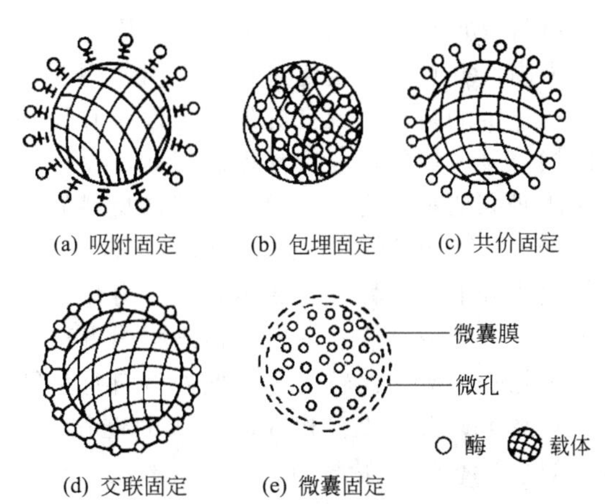

图 5-35　酶固定化方法原理示意

① **吸附法**（adsorption）　是通过载体表面和酶分子表面间的次级键相互作用而达到固定化酶目的的方法，是固定化中最简单的方法。酶与载体之间的亲和力是范德华力、疏水相互作用、离子键和氢键等，分为离子键吸附与物理吸附。操作简便、条件温和是其显著特点。吸附过程可同时达到纯化和固定化的目的。其载体选择范围很大，可以采用天然或合成的无机、有机高分子材料，如纤维素、琼脂糖等多糖类，或多孔玻璃、离子交换树脂等。但由于靠吸附作用，酶和载体结合不牢固，在使用过程中容易脱落。

② **共价法**（covalent binding）　即酶蛋白的非必需基团通过共价键和载体形成不可逆的连接。由于共价键的键能高，酶和载体之间的结合相当牢固，即使用高浓度底物溶液或盐溶液，也不会使酶分子从载体上脱落下来，具有酶稳定性好、可连续使用较长时间的优点。酶蛋白上可供载体结合的功能基团包括氨基、羧基、半胱氨酸的巯基、组氨酸的咪唑基、酪氨酸的酚基、丝氨酸和苏氨酸的羟基。常用来和酶共价偶联的载体的功能基团有芳香氨基、羟基、羧基和羧甲基等。共价固定法必须保证参加共价结合的氨基酸残基应当是酶催化活性的非必需基团。但是由于载体活化的难度较大，反应条件较剧烈，酶活损失大。

③ **交联法**（cross-linking）　依靠双功能团试剂使酶分子之间发生交联凝集成网状结构，使之不溶于水从而形成固定化酶。除了酶分子之间发生交联外，还存在着一定的分子内交联，固定化酶的结合力强，稳定性高。常采用的双功能团试剂有戊二醛、己二胺、异氰酸衍生物、双偶氮联苯和 N,N'-乙烯双顺丁烯二酰亚胺等，其中使用最广泛的是戊二醛。戊二醛和酶蛋白中的游离氨基发生 Schiff 反应，形成薛夫碱，从而使酶分子之间相互交联形成固定化酶。由于酶蛋白的功能团，如氨基、酚基、巯基和咪唑基，参与此反应，所以酶的活性中心结构可能受到影响，酶活损失明显。

④ **包埋法**（entrapment） 是将酶包埋在高聚物的凝胶网格中或高分子半透膜内的固定化方法。前者又称为**凝胶固定法**，酶被包埋成网格型；后者又称为**微囊固定法**，酶被包埋成微胶囊型。包埋法操作简便，不需要载体与酶蛋白的氨基酸残基起结合反应，较少改变酶的高级结构，酶的回收率较高。但它仅适用于小分于底物和产物的酶，因为只有小分子物质才能扩散进入高分子凝胶的网格。凝胶包埋法常用的载体有海藻酸钠凝胶、角叉菜胶、明胶、琼脂凝胶、卡拉胶等天然凝胶以及聚丙烯酰胺、聚乙烯醇和光交联树脂等合成凝胶或树脂。常用于微胶囊的载体材料有聚酰胺、火棉胶、醋酸纤维素等。

固定化酶的形式多样，可以做成各种形状，如颗粒状、管状、膜状，装成酶柱用于连续生产，也可制成酶膜、酶管等应用于分析，又可制成微胶囊酶，作为治疗酶应用于临床。目前有采用酶膜（包括细胞、组织、微生物制成的膜）与电、光、热等敏感的元件组装成生物传感器，用于测定有机化合物和生化过程信息的传递及环境保护中有害物质的检测。

（3）固定化酶载体材料 固定化酶的性能主要取决于固定化方法和所使用的载体材料。其中，载体材料的物理和化学性能直接影响其固定化酶的催化活性和稳定性。酶的固定化对载体材料有很高的要求。一般来说，固定化过程中所使用的载体需符合以下条件：对酶的结合能力高，并且在固定化过程中不引起酶变性；有一定的机械强度，并对酸碱有一定的耐受性；有一定的亲水性及良好的稳定性；有良好的耐微生物和酶的分解能力；有一定的疏松网状结构，颗粒均匀，廉价易得。因此，设计、开发和制备性能更加优异的载体材料已成为固定化酶研究的重点之一。常见的载体材料如下。

① 无机载体材料 无机载体稳定性好，机械强度高，对酶和微生物无毒性、不易被酶和微生物分解、耐酸碱、成本较低、寿命长，如硅藻土、高岭土、硅胶、活性炭、氧化铁、氧化铝、多孔玻璃等，一般是借助吸附方法来固定化酶，或经小分子化学改性以共价键合方式固定化酶，应用比较广泛。此外将自身是纳米结构的酶与纳米多孔载体相组装而成的纳米酶催化技术，大大改善和提高了酶的催化性能。无机纳米载体在酶固定化方面有较大的优势，如纳米 SiO_2、纳米 TiO_2 和纳米金，不仅生物相容性好、表面性质可调控，而且在纳米酶反应体系中充分发挥了小尺寸效应、表面或界面效应、吸附浓集与吸附定向效应。

② 天然高分子载体材料 天然高分子是指自然界存在的高分子化合物。按照其化学组成和结构单元可以分为多糖类（如淀粉衍生物、阿拉伯树胶、海藻酸凝胶、纤维素、甲壳素等）、蛋白质类（如白蛋白、丝素蛋白、明胶、胶原及衍生物等）和其他类。这类载体一般无毒性，并且有良好的生物相容性和传质性能，易于改性，材料来源广，成本低，但易被微生物分解。

③ 合成高分子载体材料 有机合成高分子载体也是固定化酶研究及应用中备受关注的载体材料之一，如聚乙烯醇、聚丙烯酰胺、聚偏氟乙烯、光硬化树脂等，具有良好的抗微生物性能，机械强度大，其改性则是人们获得理想固定化酶载体材料重要途径。

④ 新型载体材料 随着对固定化酶研究的不断深入，固定化酶逐渐被应用于诸多方面，对载体材料的要求也越来越高。在改进传统载体材料的同时，研究开发新型材料成为今后固定化酶载体研究的主要方向。新型载体具有特殊的结构和功能，如磁性高分子微球，它是一种内部有磁性金属或金属氧化物超细粉末，从而具有磁响应性的高分子微球，磁性高分子微球可以通过共价键来结合酶分子，反应结束借助外部磁场方便地分离回收固定化酶。此外还有 pH 敏感性、温度敏感性以及导电性等新型高分子载体材料。

（4）固定化酶研究示例

① 海藻酸凝胶固定化酶 **海藻酸**（alginic acid）是一种多糖类天然水溶性高分子，其结构如图 5-36 所示。海藻酸是从海带或海藻中提取的一种天然多糖类化合物，由古洛糖醛酸（G 段）与其立体异构体甘露糖醛酸（M 段）2 种结构单元通过 α,β(1-4) 糖苷键链接而成的

线性嵌段共聚物。

海藻酸在 Al^{3+}、Ca^{2+}、Sr^{2+}、Ba^{2+} 等多价金属离子的引发下，古洛糖醛酸上的钠离子与多价阳离子交换，形成三维网络结构的凝胶，即**海藻酸凝胶**（alginic acid gel）。海藻酸凝胶具有良好的多孔性和凝胶网络，生物相容性好。采用海藻酸凝胶固定化酶时，首先将海藻酸与酶溶液混合，然后用针筒注射器将海藻酸与酶的混合溶液滴入到缓慢搅拌的多价离子溶液中，离子交换促成交联，形成含酶凝胶颗粒。海藻酸凝胶固定化酶制备过程操作简便、条件温和，已成为最常用的酶固定化载体之一。

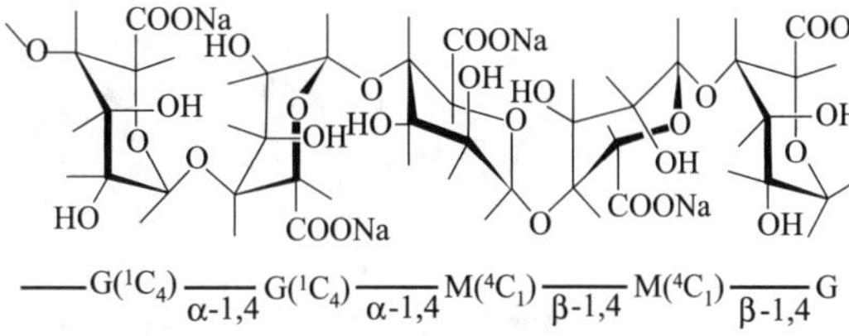

—G($^1C_4$) $\overline{\alpha\text{-}1,4}$ G($^1C_4$) $\overline{\alpha\text{-}1,4}$ M($^4C_1$) $\overline{\beta\text{-}1,4}$ M($^4C_1$) $\overline{\beta\text{-}1,4}$ G

图 5-36　海藻酸分子链状结构

然而海藻酸凝胶具有较大的凝胶孔径，凝胶在老化过程易发生酶分子泄露，因此将二氧化硅等无机材料掺杂于海藻酸网络中，利用二氧化硅的吸附作用和由海藻酸凝胶与二氧化硅协同形成的笼效应共同作用，制备出海藻酸-二氧化硅无机-有机杂化载体材料，不但能有效降低酶的泄漏，并且能为酶提供一个适宜的微环境，从而提高酶的活性和稳定性。海藻酸-SiO_2 杂化凝胶形貌如图 5-37 所示。

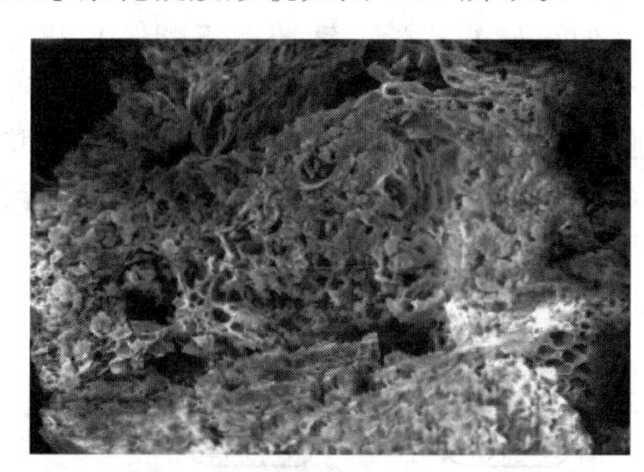

图 5-37　海藻酸-SiO_2 杂化凝胶内部结构的扫描电镜

② 磁性微球固定化酶　磁性物质作为一种绿色材料是近年来研究较多的材料，采用磁性微球固定化脂肪酶，可以稳定地分散在有机溶剂中，在非水相系统中催化酯的合成。分散于有机溶剂中的磁性粒子吸附的脂肪酶，显示出比水相催化更高的酶活性和稳定性。利用磁性颗粒作为固定化酶的载体，能够在外加磁场的作用下方便快捷的实现酶蛋白分离回收，为酶在连续化生产中的重复使用提供了一条可行途径。

图 5-38 为通过悬浮交联法，将壳聚糖和四氧化三铁粒子结合，形成具有一定磁性的微米级载体。以此磁性壳聚糖微球作为载体，来固定化乳糖酶，因含有纳米磁性粒子，固定化乳糖酶具有顺磁性，可在外加磁场下分离回收。

图 5-39 为以 $FeCl_2$、$FeCl_3$ 为原料，制备磁性 Fe_3O_4 颗粒，吸附牛血清白蛋白，在超声波作用下诱发细胞有序排列。

③ **溶胶-凝胶**固定化酶　**溶胶-凝胶**（sol-gel）包埋以仿生学原理为基础，是近年来发展

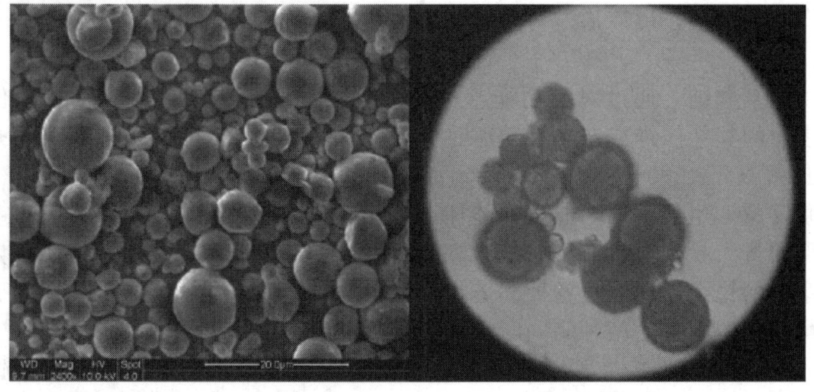

A　　B(1000×)

图 5-38　磁性壳聚糖微球的扫描电镜图和光学显微镜图

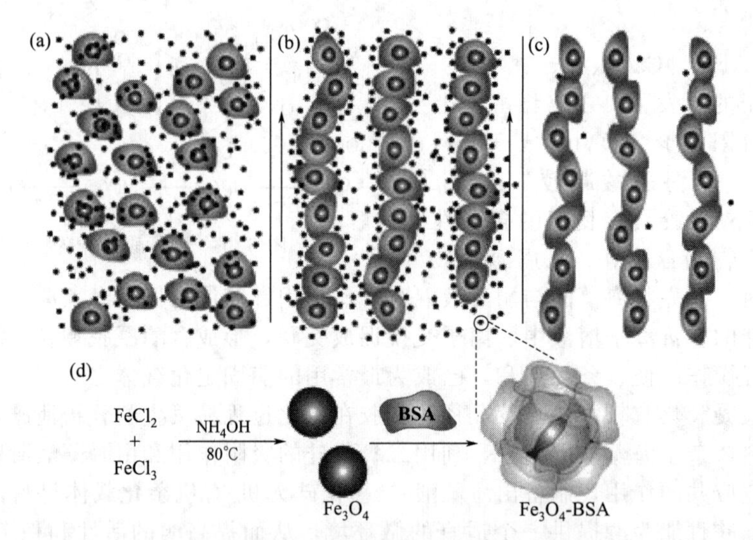

图 5-39 磁性 Fe_3O_4 颗粒吸附牛血清白蛋白 BSA

较快的酶固定化方法。溶胶-凝胶以金属有机化合物（如正硅酸乙酯、钛酸四丁酯等）和部分无机盐为前驱体，如在液相下将这些原料均匀混合，并进行水解、缩合化学反应，在溶液中形成稳定的透明溶胶体系，溶胶经陈化胶粒间缓慢聚合，形成三维空间网络结构的凝胶（图 5-40）。溶胶-凝胶技术以其温和的反应条件，良好的化学、机械和热力学稳定性，较高的酶活稳定性等突出优点，已经成为固定化酶技术领域颇具潜力的研究方向。

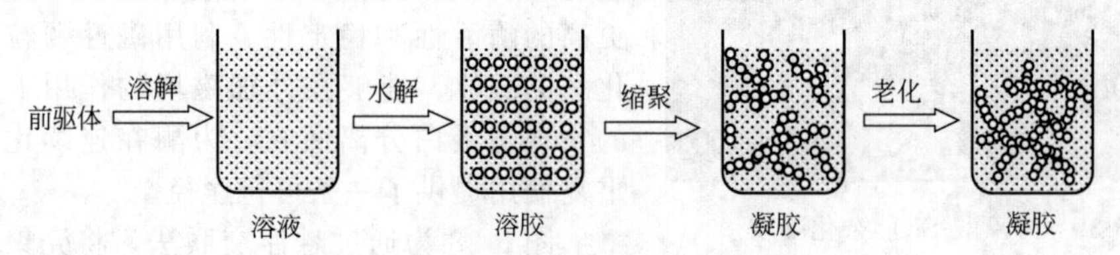

图 5-40 溶胶-凝胶固定化酶载体制备示意

5.3.1.3 化学修饰酶

酶作为生物催化剂，其作用不言而喻。但是大多数酶是蛋白质，其理化性质与其他蛋白质类似，因而作用条件往往有很多限制。**化学修饰酶**（chemical modification enzyme）的目的主要是通过对蛋白酶主链的剪接切割和侧链的化学修饰，人为改变酶的某些性质，创造天然酶所不具备的某些优良特性甚至是创造出新的活性，扩大酶的应用范围。

化学修饰酶的途径，可以通过对酶分子表面进行修饰，也可对酶分子内部进行修饰。主要方法如下。

（1）酶功能基修饰　通过对酶功能基的化学修饰提高酶的稳定性和活性。例如将 α-胰凝乳蛋白酶表面的氨基修饰成亲水性更强的—$NHCH_2COOH$，可使酶抗不可逆热失活的稳定性在 60℃时提高了 1000 倍。

（2）交联反应　用某些双功能试剂能使酶分子间或分子内发生交联反应而改变酶的活性或稳定性。例如将人 α-半乳糖苷酶 A 经交联反应修饰后，其酶活性比天然酶稳定，对热变性与蛋白质水解的稳定性也明显增加。若将两种大小、电荷和生物功能不同的药用酶交联在一起，则有可能在体内将这两种酶同时输送到同一部位，提高药效。

（3）大分子修饰　可溶性高分子化合物如肝素、葡聚糖、聚乙二醇等可修饰酶蛋白侧链，提高酶的稳定性，改变酶的一些重要性质。如 α-淀粉酶与葡聚糖结合后热稳定性显著增加，在 65℃结合酶的半衰期为 63min，而天然酶的半衰期只有 2.5min。

木瓜蛋白酶（papain）分子含11个赖氨酸残基，其催化活性位点由半胱氨酸25-组氨酸159-天冬酰胺175组成，可采用一系列小分子化合物酸酐（如邻苯二甲酸酸酐）对木瓜蛋白酶的活性部位之外的赖氨酸基团进行了化学修饰，提高酶的表面活性，改善酶与其他物质的相容性，如图5-41所示。

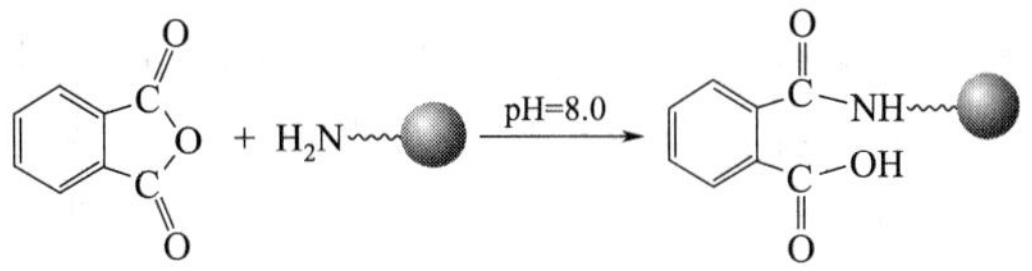

图5-41　邻苯二甲酸酸酐对木瓜蛋白酶的化学修饰

然而化学修饰酶也存在一些局限性：①一种修饰剂对某一种氨基酸侧链的化学修饰专一性是相对的，缺少对某种氨基酸侧链有绝对专一的化学修饰剂；②化学修饰后酶的构象或多或少都有一些改变，因此这种构象的变化将妨碍对酶修饰结果的解释；③酶的化学修饰只能在具有极性的氨基酸残基侧链上进行，而非极性氨基酸侧链无法进行酶的化学修饰；④酶化学修饰的结果对于研究酶的结构和功能的关系能提供一些信息，但化学修饰会使酶失去活力。因此化学修饰法研究酶结构和功能关系上缺乏准确性和系统性。

5.3.1.4　人工合成酶

人工合成酶（synzyme）就是根据酶的作用原理，模拟酶的活性中心和催化机制，用化学合成方法制成的高效、高选择性、结构比天然酶简单、具有催化活性、稳定性较高的非蛋白质分子的一类新型催化剂，也称酶的合成类似物、酶模型、人工酶。

在深入了解酶的结构与功能以及催化作用机制的基础上，近年来，科学家模拟酶的生物催化功能，用化学半合成法或化学全合成法合成了人工酶催化剂，即半合成酶和全合成酶。**半合成酶**（semisynthetic enzyme）是以天然蛋白质或酶为母体，用化学或生物学方法引进适当的活性部位或催化基团，或改变其结构从而形成一种新的人工酶。例如将电子传递催化剂 [Ru（NH_3）]$^{3+}$ 与巨头鲸肌红蛋白结合，产生了一种"半合成的无机生物酶"，这样把能和氧气结合而无催化活性的肌红蛋白变成能氧化各种有机物（如抗坏血酸）的半合成酶，它接近于天然的抗坏血酸氧化酶的催化效率。**全合成酶**（artificial enzyme）不是蛋白质，而是一些非蛋白质有机物，它们通过引入酶的催化基团与控制空间构象，使非蛋白组成的全合成酶，像天然酶那样专一地催化化学反应。全合成酶包括小分子有机物（大多为金属络合物）、抗体酶（催化抗体）、人工聚合物酶等。例如利用环糊精成功地模拟了胰凝乳蛋白酶、**核糖核酸酶**（rnase）、转氨酶、碳酸酐酶等。其中胰凝乳蛋白模拟酶，催化简单酯反应的速率和天然酶接近，但热稳定性与pH稳定性大大优于天然酶，酶活力在80℃仍能保持，在pH 2～13的宽范围内都较稳定。

人工合成酶对固氮酶的模拟研究也取得令人瞩目的进展。人们从天然固氮酶由铁蛋白和铁相蛋白两种成分组成，得到启发，提出了多种固氮酶模型，如过渡金属（铁、钴、镍等）的氮络合物、过渡金属（钒等）的氮化物、石墨络合物、过渡金属的氨基酸络合物等。此外，利用铜、铁、钴等金属络合物，可以模拟过氧化氢酶等。

人工合成酶在结构上与酶蛋白类似，具有两个特殊部位，一个是底物结合位点，一个是催化位点。现已发现，构建底物结合位点比较容易，而构建催化位点比较困难，两个位点可以分开设计。如果在分子中设计一个一个反应过渡态的结合位点，则该位点常常会同时具有结合位点和催化位点的功能，从而获得高催化效率。

5.3.2　酶工程技术在医药工业的应用

酶法合成进入到医药工业领域，带来了新的机遇和革命，酶法合成的专一性、选择性较化工合成有明显的优势。利用酶区域、位点、立体的选择性，采用羟化、环氧化、异构化、水解、对映体拆分等手段，实现药物及药物中间体合成，是现代酶工程的热点。

酶工程制药是分子酶学与制药技术相结合的一种新兴技术。酶工程制药可初步定义为利用酶的催化性质、动力学性质、可固定化性质制备药物或者药物中间体。酶工程制药的迅速发展在于其绿色合成工艺及手性选择性合成，目前制药工业中药物化学合成过程多存在如：副反应多、产品产率低、副产品处理的额外成本高、高温高压导致的能耗高、手性药物合成的难度高、步骤多、大规模生产困难等不足，几乎所有的这些缺点都能通过使用酶工程技术而避免，酶工程制药不涉及有毒原料，反应条件温和，底物原料利用率高。

手性（chirality）制药是医药行业的前沿领域，2001年诺贝尔化学奖就授予分子手性催化的主要贡献者。自然界里有很多**手性化合物**（chiral molecules），这些手性化合物具有两个对映异构体。对映异构体很像人的左右手，它们看起来非常相似，但是不完全相同。当一个手性化合物进入生命体时，它的两个对映异构体通常会表现出不同的生物活性。

手性药物（chiral drug）是指具有药理活性的手性化合物组成的药物，它们的药理作用多是通过与生物体内大分子之间的严格手性匹配和分子识别来实现的，因此它的两个对映体在体内以不同的途径被吸收、活化或降解，所以在体内的药理活性、代谢过程及毒性存在着显著的差异（图5-42）。对于手性药物，一个异构体可能是有效的，而另一个异构体可能是无效甚至是有害的，例如“反应停”事件。20世纪50年代，德国一家制药公司开发出一种镇静催眠药-反应停，对于消除孕妇妊娠反应效果很好，但发现许多孕妇服用后，生出了无头或缺腿的先天畸形儿，即“海豹儿”。虽然各国当即停止了销售，但却造成6000多名“海豹儿”出生的灾难性后果。后来经过研究发现，反应停是包含一对对映异构体的消旋药物，它的一种构型R-对映体有镇静作用，另一种构型S-对映体才是真正的罪魁祸首，对胚胎有很强的致畸作用，结构式如图5-42所示。为了避免反应停这类悲剧的再次发生，世界各国由此开始关注手性药物，加强了手性药物合成的研究，以开发出药效高、副作用小的药物。在临床治疗方面，服用纯对映体的手性药物不仅可以排除由于无效（不良）对映体所引起的毒副作用，还能减少药剂量和人体对无效对映体的代谢负担，对药物动力学及剂量有更好的控制，提高药物的专一性。

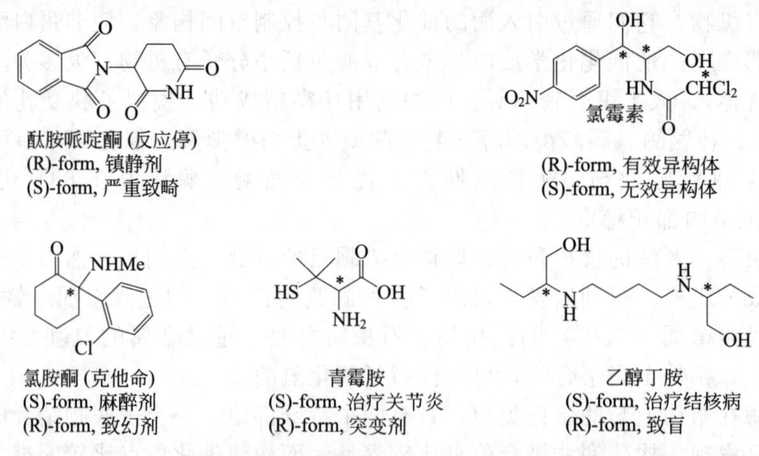

图5-42 手性药物不同生理活性

5.3.2.1 酶工程技术用于制备手性药物

目前世界正在开发的新药中有三分之二是手性的，**手性药物的大规模生产**（chiral synthesis with biocatalyst）一直是全球性的技术挑战。制备手性药物的方法主要有化学法和生物法两种。

化学法主要如下。

① 不对称合成法　就是将不对称因素如手性试剂、催化剂等作用于底物进行反应，使

之只形成一个对映体的手性产品。

② 化学拆分法　由于非对映体的物理性质不相同，人们可以将外消旋体转化为非对映体，即可达到拆分的目的。

③ 选择吸附法　利用某种旋光性物质作为吸附剂，使之选择性的吸附外消旋体中的一个对映体，从而达到拆分的目的。另外还有动力学拆分法、色谱拆分法、物理拆分法、手性源合成法等。

生物法是指利用生物催化剂进行手性化合物拆分和不对称合成的方法，主要有以下几种。

① 天然产物提取法，是从生物体内分离提取手性化合物，是最直接、最原始的获得手性化合物的方法。但是由于受生物资源和手性化合物含量的限制，天然产物提取法难以满足人类对手性药物日益增长的需要。

② 酶催化动力学拆分，利用酶对对映体的识别作用，将外消旋体进行拆分，得到光学纯的化合物。

③ 酶法不对称合成，利用酶的高度立体选择性，将含**潜手性碳原子**（prochiral carbon atoms）的化合物选择性地转化为手性化合物。另外还有微生物发酵法、催化抗体法等方法获得手性药物。以下主要介绍的是酶催化动力学拆分和酶催化不对称合成的简单应用。

a. 酶催化动力学拆分　利用酶对对映体的识别作用，可有效地拆分外消旋药物。其主要特点是拆分效率和立体选择性高、反应条件温和。通常以脂肪酶、酯酶、蛋白酶等水解酶为手性拆分催化剂，采用下述两个策略制备作为药物或其合成子的光学活性醇、酸、酯。

水相酯水解：

$$\underset{\text{外消旋酯}}{(\pm)\text{-}R_1^*COOR_2} + H_2O \xrightarrow{\text{酶}} \underset{\text{光学活性酸或酯}}{(R_1^*COOH + R_1^*COOR_2)} + R_2OH$$

$$\underset{\text{外消旋酯}}{(\pm)\text{-}R_1COOR_2^*} + H_2O \xrightarrow{\text{酶}} \underset{\text{光学活性醇或酯}}{(R_2^*OH + R_1COOR_2^*)} + R_1COOH$$

有机相醇酰化：

$$\underset{\text{外消旋醇}}{(\pm)\text{-}R_3^*OH} + R_1COOR_2 \xrightarrow{\text{酶}} \underset{\text{光学活性酯或醇}}{(R_1COOR_3^* + R_3^*OH)} + R_2OH$$

b. 酶催化不对称合成　以具有氧化或还原作用的酶为手性合成催化剂，催化潜手性基团，可直接构建光学活性药物的手性中心。常用的酶是醇脱氢酶和单加氧酶。

溴沙特罗又称**布泽特罗**（broxatherol），是一种强效 β_2-肾上腺素受体激动剂，用作支气管扩张剂治疗哮喘。其 S-对映体活性至少是 R-对映体的 100 倍，可由从一株**高温厌氧菌**（thermoanerobium brockii）中分离的醇脱氢酶按图 5-43 所示的合成路线进行制备。

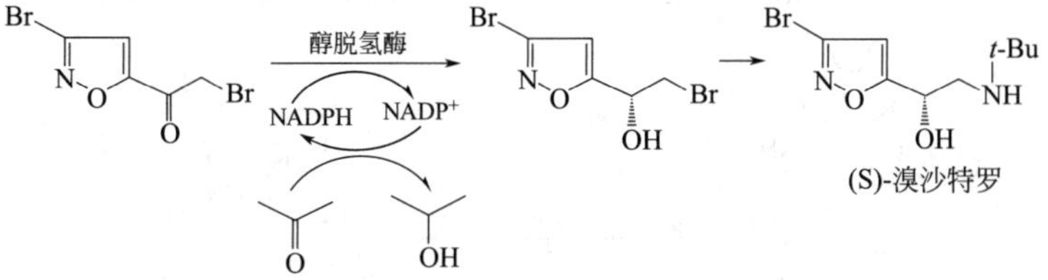

图 5-43　S-溴沙特罗的酶催化不对称合成

2S-(-)-4-氨基-2-羟基丁酸（图 5-44）是半合成糖苷类抗生素丁氨卡那霉素的结构单元，亦为神经递质 4-氨基丁酸最强的抑制剂，可由两个酵母菌还原前手性酮合成。

药物活性成分，分子结构复杂，合成往往需要 10 多个合成步骤。一般认为不对称合成

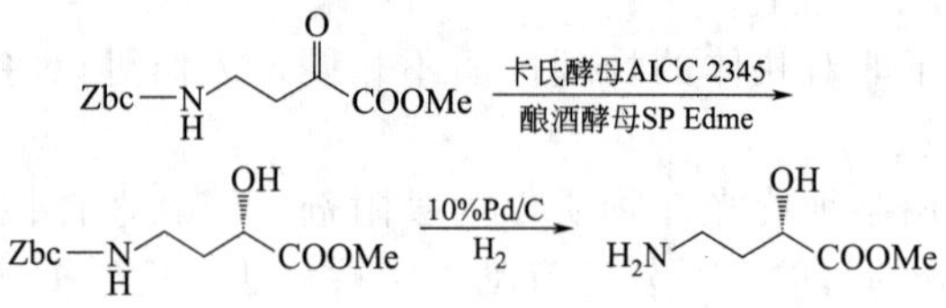

Zbc—NH—CH₂CH₂—CO—COOMe 卡氏酵母AICC 2345 / 酿酒酵母SP Edme

Zbc—NH—CH₂CH₂—CH(OH)—COOMe 10%Pd/C, H_2 → H_2N—CH₂CH₂—CH(OH)—COOMe

图 5-44 2S-(-)-4-氨基-2-羟基丁酸的酶催化不对称合成

适合单手性中心的化合物，多手性中心的化合物的合成更倾向于利用生物催化。因此酶工程技术在手性药物合成中具有非常大的应用前景。

5.3.2.2 固定化酶技术在传统制药工业中的应用

固定化酶技术在制药工业最为成功的应用，是采用固定化青霉素酰化酶生产半合成青霉素，以及固定化氨基酰化酶拆分混旋氨基酸。

(1) 青霉素酰化酶的固定化 自从 Fleming1929 年发现青霉素以来，β-内酰胺类抗生素由于疗效高，毒副作用小，已发展成为一大类重要的抗感染类药物。它的抗菌作用机制是抑制细胞壁的合成。其分子内的β-内酰胺环的完整性是其具有抗菌作用的前提。由于天然青霉素的长期使用，产生了抗药菌。抗药菌产生的酶类可以水解青霉素分子内的β-内酰胺环，使青霉素失活。分析表明，所有的天然青霉素都含有一个相同的母核，即 6-氨基青霉烷酸(6-APA)，但它们的侧链结构是不同的，其中天然青霉素侧链基团的改变可增加β-内酰胺环的稳定性。若人工改变其侧链结构，就能改变各种天然青霉素的抗菌谱、水溶性、耐酸性及抗β-内酰胺酶等能力，即可得到各种半合成青霉素。而各种半合成青霉素具有杀菌广谱、稳定性好、可口服等优点，因而在临床上迅速取代了天然青霉素。

1950 年，Sakaguchi 和 Murao 在青霉素产生菌—**产黄青霉**（penicillium chrgsogenum Q176 菌）的培养液中，发现酰胺酶，青霉素的酰基侧链可因该酶的作用而脱落，于是人们对这种酶进行了深入研究。直到 1959 年，**青霉素酰化酶**（penicillin acylase）得以确认，这一发现为酶法生产半合成青霉素提供了可能性。

目前，在世界范围内百分之八十以上的天然青霉素都是用来生产半合成青霉素的。6-氨基青霉烷酸（6-APA）是生产半合成青霉素的关键性中间产物，6-APA 的生产包括 5 个步骤：青霉素的生产；酶的生产；酶的固定化；青霉素的酶促水解；6-APA 的提纯。其中，青霉素和酶的生产都已有成熟的工业发酵工艺，而青霉素酰化酶的固定化则是 6-APA 生产中的最关键步骤。可见研究青霉素酰化酶的固定化对医药产业意义重大。目前青霉素酰化酶的固定化及反应器的研究是固定化酶研究中最活跃的领域（图 5-45）。

(2) 氨基酰化酶的固定化 世界上第一个获得工业化应用的固定化酶，即是 DEAE-Sephadex（2-氯乙基二乙胺基盐酸 DEAE-交联葡聚糖 Sephadex A25）吸附的氨基酰化酶。**氨基酰化酶**（N-acylamino- acidamidohydrolase 或 acylasel）是一种高分子量、双亚基的蛋白

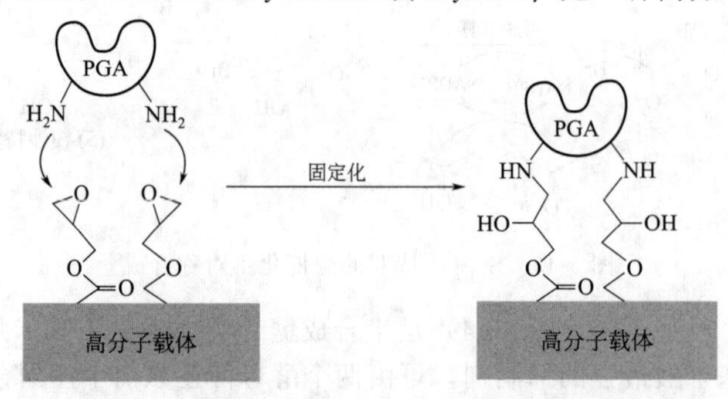

图 5-45 含环氧基团的聚合物载体固定化青霉素酰化酶

质酶，广泛存在于各种生物。由于它能专一水解 N-酰基-L-氨基酸的酰基，因此很早就被用来分离 DL-氨基酸，特别是在 L-蛋氨酸和 L-苯丙氨酸生产中氨基酰化酶被广泛采用。固定化氨基酰化酶的成功制备使酶法连续拆分混旋氨基酸的工业化得以实现。

针对吸附法固定法，国内外科研人员选择不同载体进行了很多研究，例如采用膨润土、氧化铝、多孔玻璃、介孔分子筛 MCM-41、含铁分子筛 MCM-41、层状材料一水滑石等载体通过直接吸附法制备固定化酶等，取得了较好的固定化效果。

针对 DEAE-Sephadex 系列的固定化载体粒径小、易变形、流体力学性质差的不足。研究人员设计合成了一系列以聚丙烯酰胺为骨架的高分子载体作为氨基酰化酶的固定化载体，包括功能基化的丙烯酸甲酯-二乙烯基苯交联共聚物、功能基化聚丙烯酸甲酯、功能基化丙烯酰胺-丙烯酸甲酯交联共聚物等载体，对它们的固定化研究也颇有成效。

5.3.2.3 酶法在中药提取中的应用

此外，酶工程技术在中药现代化研究中具有很大的开发前景和应用潜力。随着中药研究的现代化，中药有效成分逐渐明晰，其提取过程不再是简单的物理提取。通过酶工程技术可以在温和的条件下对药效成分进行高选择性转化，不仅可以克服工业中常用的醇水提取方法中有效成分提取率低、工序复杂等问题，还可以在提取中改变原有天然成分的结构，增加提取物的生理活性。

（1）酶法提取的原理　植物细胞由细胞壁、细胞膜和细胞质组成。细胞壁主要成分是**纤维素**（cellulose），还有半纤维素和**果胶质**（pectin）。纤维素分子是由椅式 D-β-吡喃葡萄糖通过 β-1,4-糖苷键连接而成的多糖链。天然纤维素为直链式结构，链与链之间有晶状结构和排列次序较差的无定形结构；纤维素分子以结晶或非结晶方式组合成微原纤维，微原纤维集束形成微纤维，以微纤维为基本构造构成纤维素。半纤维素的结构和组成十分复杂，主要包括木聚糖、甘露聚糖、阿拉伯聚糖、阿拉伯半乳聚糖和木聚糖等多种组分，含量仅次于纤维素。

果胶质是一类以聚半乳糖醛酸为主体的多糖类物质，由 D-α-半乳糖醛酸以 α-1,4-糖苷键，聚合链状的聚半乳糖醛酸以及它们的甲酯组成，存在于所有高等植物初生细胞壁和细胞间质中。因此，植物细胞壁是具有一定硬度的支持和保护结构，是中药材提取有效成分的主要屏障。

在提取药用植物有效成分过程中，当细胞质中的有效成分向提取介质扩散时，必须克服细胞壁及细胞间质的双重阻力。选用适当的酶作用于药用植物材料，如纤维素酶、果胶酶等，可以使细胞壁及细胞间质中的纤维素、半纤维素、果胶等物质降解，引起细胞壁及细胞间质结构产生局部疏松、膨胀、崩溃等变化，从而增大有效成分的扩散面积，减少细胞壁、细胞间质等传质屏障对有效成分从细胞内提取介质扩散的传质阻力，从传质角度促进有效成分的高提取率。

（2）果胶酶在中药中的应用

果胶酶及其作用机制　**果胶酶**（pectinase）是指分解果胶物质的一类酶的总称，主要由黑曲霉产生，按作用方式的不同分为：**果胶酯酶**（pectinesterase，PE）、**水解酶**（pectin hydrolysis enzyme）和**裂解酶**（pectin lyases，PL）。

果胶酯酶（pectinesterase）随机切割甲酯化果胶分子中的甲氧基，产生甲醇和游离羧基。

水解酶（pectin hydrolysis enzyme）专一水解果胶分子的糖苷键，可分为：聚甲基半乳糖醛酸酶（polymethylgalacturonase，PMG）；聚半乳糖醛酸酶（polygalacturonase，PG）。

裂解酶（pectin lyases）则通过反式消去作用切割果胶分子的 α-1,4-糖苷键，降解产物带有还原基团和双键，双键位于产物非还原末端 C_4、C_5 之间。裂解酶可分为：聚甲基半乳糖醛酸裂解酶（polymethylgalacturonate lyase，PMGL），俗称果胶裂解酶；聚半乳糖醛酸酶裂解酶（PGL），又称果胶酸裂解酶。

果胶酶对果胶进行降解的作用模式如图 5-46 所示。

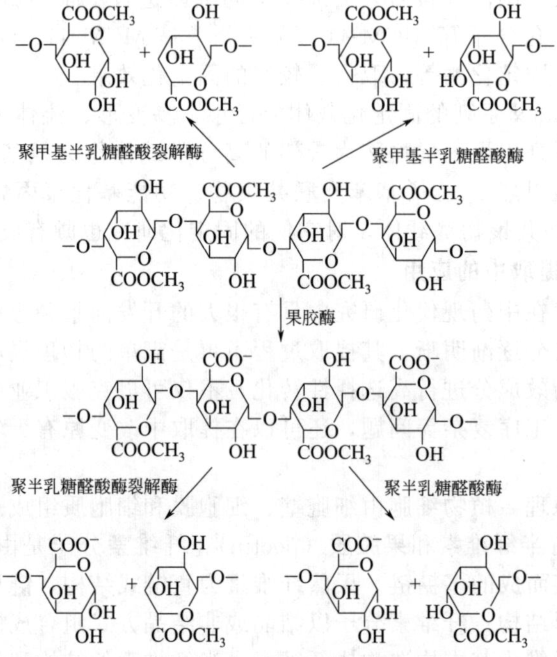

聚甲基半乳糖醛酸裂解酶　　聚甲基半乳糖醛酸酶

果胶酶

聚半乳糖醛酸酶裂解酶　　聚半乳糖醛酸酶

图 5-46　果胶酶降解果胶机制

研究表明将果胶酶用于金耳菌丝体多糖的提取、果胶酶法提取银杏叶总黄酮、红枣中的有效成分、山楂黄酮类化合物、提取巴楚蘑菇多糖等，均能显著提高提取收率。

5.3.2.4　酶工程制药现状与前景

构建新酶，如抗体酶、核酶、人工合成酶等，是酶工程一个前沿生长点。

（1）抗体酶　**抗体酶**（abzyme）又称**催化抗体**（catalyticantibody），是人们赋予其催化功能的免疫球蛋白。抗体是目前最大的多样性家族，可与抗原特异结合，但无催化活性。而酶在催化反应时，酶与底物也是特异结合，并与底物结合形成过渡态，降低反应能垒。因此人们设想以过渡态类似物作为半抗原，用诱导法、拷贝法、插入法、化学修饰法和基因工程法，制备有催化功能的抗体酶。目前在哺乳动物中已制备了五十多种抗体酶，包括催化羧酸酯水解的分枝酸变位酶、有胆碱酯酶及过氧化物酶活性的抗体酶等。抗体酶的研究可为酶作用机理及过渡态理论提供依据，可以用来设计出专一性强的多肽水解酶、破坏病毒蛋白或清除血管凝血块的抗体酶（图 5-47），可用于戒毒、减轻化疗副作用、拆分手性药物的对映体等。但大多数抗体酶催化效率与天然酶仍相差很远，急需建立抗体基因库，用基因克隆突变技术和催化辅因子引入技术，正确选择过渡态类似物，探讨酶结构与功能的分子关系，才能真正获得有实际应用的抗体酶。

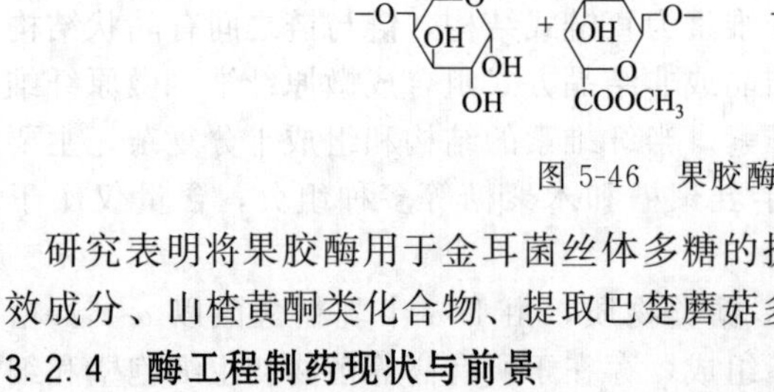

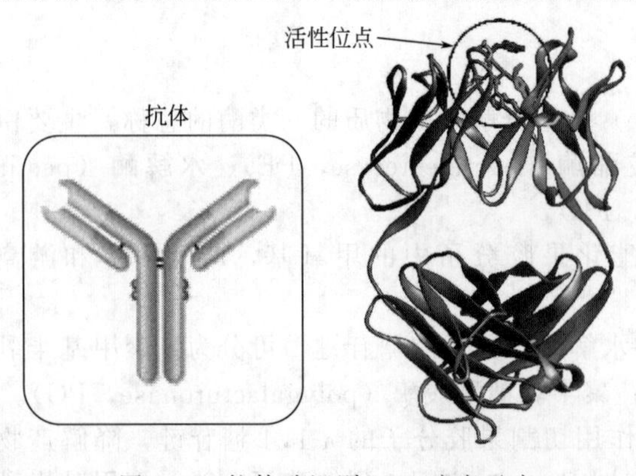

图 5-47　抗体酶识别 HIV 病毒示意

（2）核酶　近年来发现 RNA 也是一种

多功能生物催化剂，称为**核酶**（ribozyme）。核酶又称为核酸类酶、酶 RNA、核酶类酶 RNA，核酶具有初级与高级结构（图 5-48），可催化四种类型的 RNA 自我切割及断裂反应，即 RNA 具有催化以及自身复制功能。核酶的发现打破了酶是蛋白质的传统观念，也提供了先有核酸、后有蛋白质的自然进化证据。随着生物学的发展，不仅仅是 RNA 分子，如今人们还人工合成了一些 DNA 分子，也具有催化活性。

图 5-48　核酶高级结构

但与蛋白质酶相比，核酶的催化效率较低，是一种较为原始的催化酶。

核酶的发现为设计 RNA 药物提供了机会，已经认识到核酶在遗传病、肿瘤和病毒性疾病治疗上的潜力。如对于艾滋病毒 HIV 的转录信息来源于 RNA 而非 DNA，核酶能够在特定位点切断 RNA，使它失去活性。如果一个能专一识别 HIV 病毒的 RNA 的核酶存在于被病毒感染的细胞内，那么它就能建立抵抗病毒入侵的第一防线。甚至即使当 HIV 病毒确实进入到了细胞并进行了复制，RNA 也可以在病毒生活史的不同阶段切断 HIV 病毒的 RNA 而不影响自身的 RNA。又如，白血病是造血系统的恶性肿瘤，目前尚缺少有效的治疗方法。核酶的发现，尤其是锤头状核酶，为白血病的基因治疗带来了新的希望。

但由于核酶具有不稳定性及催化效率低的缺点，要使其能够得到广泛应用，还需要进一步地加深对核酶的认识和研究。

（3）人工合成酶　**人工合成酶**（synzyme）是合成具有催化功能的非蛋白分子，目前使用**分子印迹技术**（molecular imprinting technique，如图 5-49 所示）和**生物印迹技术**（biological imprinting technique）制备人工酶，原理与抗体酶过渡态理论大致相同。

分子印迹技术是将天然酶的催化原理运用到合成催化材料的设计中，通过对模板分子在聚合物中的印迹，产生类似于酶的活性中心的空腔。即当模板分子（印迹分子）与聚合物单体接触时会形成多重作用点，通过交联聚合过程这种作用就会被记忆下来，当模板分子除去后，聚合物中就形成了与模板分子空间构型相匹配的具有多重作用点的空腔，这样的空腔将对模板分子及其类似物具有选择识别特性。根据分子印迹技术制得的人工合成酶与天然酶相比，具有构效预定性、特异识别性和广泛实用性。基于这些特性，近年来分子印迹材料作为

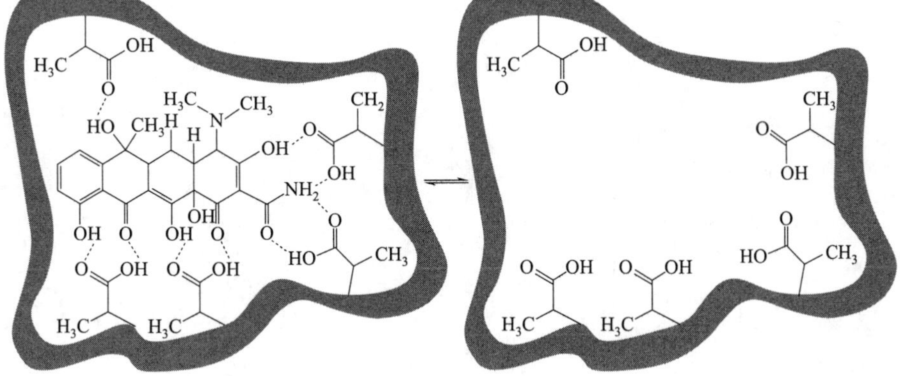

图 5-49　分子印迹酶

纳米反应器应用在立体、区域性选择性合成以及模拟酶催化等方面的应用也获得了迅猛发展。

生物印迹技术是指以天然的生物材料，如蛋白质和糖类物质为骨架，在其上进行分子印迹而产生对印迹分子具有特异性识别空腔的过程。

总之，酶工程技术在医药工业的发展拥有巨大的潜力，应用前景光明。深信经过研究者的努力，定能通过酶工程技术创造出更多更好的有效新药，不断向人类传送健康和幸福的佳音，为医治人类的疑难病症创造新的奇迹，为我国医药工业步入新时代做出应有贡献。

习 题

5-1. 用葡萄糖的结构来说明单糖的链状结构与环状结构。

5-2. 试从糖化学结构角度简述为什么糖类是继核酸和蛋白质之后的第三类生物信息分子。

5-3. 蛋白质是由什么组成的？何为蛋白质的一级、二级、三级结构？

5-4. 什么是DNA的二级结构，维持其结构的主要因素是哪些？

5-5. 简述维生素的含义、分类及其基本生理作用。

5-6. 简述化学物质与核酸作用的基本方式。

5-7. 酶作为催化剂，与一般催化剂相比，有何共性与特性。

5-8. 试述酶工程技术在生物技术第三次浪潮中的地位和作用。

5-9. 酶工程的主要任务和主要内容是什么？

5-10. 试述酶分子修饰的必要性及技术手段。

5-11. 酶的固定化方法有哪些？各有什么优缺点？

5-12. 酶蛋白的化学结构包括哪些内容？它与核酶的化学结构有何不同？

5-13. 试述制备手性药物的必要性及生物技术手段。

附　　录

附录1　历届诺贝尔化学奖获奖资料

年份	获奖者	国籍	获奖原因
1901年	雅各布斯・亨里克斯・范托夫 (Jacobus Henricus van't Hoff)	荷兰	发现了化学动力学法则和溶液渗透压 for his discovery of the laws of chemical dynamics and osmotic pressure in solutions
1902年	赫尔曼・费歇尔 (Hermann Emil Fischer)	德国	在糖类和嘌呤合成中的工作 for his work on sugar and purine syntheses
1903年	斯凡特・奥古斯特・阿伦尼乌斯 (Svante August Arrhenius)	瑞典	提出了电离理论 for his electrolytic theory of dissociation
1904年	威廉・拉姆齐爵士 (Sir William Ramsay)	英国	发现了空气中的惰性气体元素并确定了它们在元素周期表的位置 for his discovery of the inert gaseous elements in air, and his determination of their place in the periodic system
1905年	阿道夫・冯・拜尔 (Johann Friedrich Wilhelm Adolf von Baeyer)	德国	对有机染料以及氢化芳香族化合物的研究,促进了有机化学与化学工业的发展 for the advancement of organic chemistry and the chemical industry, through his work on organic dyes and hydroaromatic compounds
1906年	亨利・莫瓦桑 (Henri Moissan)	法国	研究并分离了氟元素,并且使用了后来以他名字命名的电炉 for his investigation and isolation of the element fluorine, and for electric furnace called after him
1907年	爱德华・比希纳 (Eduard Buchner)	德国	生物化学研究中的工作和发现无细胞发酵 for his biochemical researches and his discovery of cell-free fermentation
1908年	欧内斯特・卢瑟福 (Ernest Rutherford)	英国、新西兰	对元素的蜕变以及放射化学的研究 for his investigations into the disintegration of the elements, and the chemistry of radioactive substances
1909年	威廉・奥斯特瓦尔德 (Wilhelm Ostwald)	德国	对催化作用的研究工作和对化学平衡以及化学反应速率的基本原理的研究 for his work on catalysis and for his investigations into the fundamental principles governing chemical equilibria and rates of reaction
1910年	奥托・瓦拉赫 (Otto Wallach)	德国	在脂环族化合物领域的开创性工作促进了有机化学和化学工业的发展的研究 for his services to organic chemistry and the chemical industry by his pioneer work in the field of alicyclic compounds
1911年	玛丽・居里 (Marie Curie)	波兰	发现了镭和钋元素,提纯镭并研究了这种引人注目的元素的性质及其化合物 for the discovery of the elements radium and polonium, by the isolation of radium and the study of the nature and compounds of this remarkable element

续表

年份	获奖者	国籍	获奖原因
1912年	维克多·格林尼亚 (Victor Grignard)	法国	发明了格氏试剂 for the discovery of the Grignard reagent
	保罗·萨巴捷 (Paul Sabatier)	法国	发明了在微细金属粉存在下的有机化合物的加氢法 for his method of hydrogenating organic compounds in the presence of finely disintegrated metals
1913年	阿尔弗雷德·维尔纳 (Alfred Werner)	瑞士	对分子内原子连接的研究,特别是在无机化学研究领域 for his work on the linkage of atoms in molecules especially in inorganic chemistry
1914年	西奥多·威廉·理查兹 (Theodore William Richards)	美国	精确测定了大量化学元素的原子量 for his accurate determinations of the atomic weight of a large number of chemical elements
1915年	里夏德·梅尔廷·维尔施泰特 (Richard Martin Willstätter)	德国	对植物色素的研究,特别是对叶绿素的研究 for his researches on plant pigments, especially chlorophyll
1916年	未颁奖		
1917年	未颁奖		
1918年	弗里茨·哈伯 (Fritz Haber)	德国	单质合成氨的研究 for the synthesis of ammonia from its elements
1919年	未颁奖		
1920年	瓦尔特·能斯特 (Walther Hermann Nernst)	德国	对热化学的研究 for his work in thermochemistry
1921年	弗雷德里克·索迪 (Frederick Soddy)	英国	为人们了解放射性物质的化学性质做出贡献,以及对同位素的起源和性质的研究 for his contributions to our knowledge of the chemistry of radioactive substances, and his investigations into the origin and nature of isotopes
1922年	弗朗西斯·阿斯顿 (Francis William Aston)	英国	使用质谱仪发现了大量非放射性元素的同位素,并且阐明了整数法则 for his discovery, by means of his mass spectrograph, of isotopes, in a large number of non-radioactive elements, and for his enunciation of the whole-number rule
1923年	弗里茨·普雷格尔 (Fritz Pregl)	奥地利	创立了有机化合物的微量分析法 for his invention of the method of micro-analysis of organic substances
1924年	未颁奖		
1925年	里夏德·阿道夫·席格蒙迪 (Richard Adolf Zsigmondy)	德国、匈牙利	阐明了胶体溶液的异相性质,并创立了相关的分析法 for his demonstration of the heterogeneous nature of colloid solutions and for the methods he used
1926年	特奥多尔·斯韦德贝里 (Theodor Svedberg)	瑞典	对分散系统的研究 for his work on disperse systems
1927年	海因里希·奥托·威兰 (Heinrich Otto Wieland)	德国	对胆汁酸及相关物质结构的研究 for his investigations of the constitution of the bile acids and related substances
1928年	阿道夫·温道斯 (Adolf Otto Reinhold Windaus)	德国	对甾类的结构以及它们和维生素之间关系的研究 for his research into the constitution of the sterols and their connection with the vitamins

续表

年份	获奖者	国籍	获奖原因
1929 年	阿瑟·哈登 (Arthur Harden) 汉斯·冯·奥伊勒-切尔平 (Hans Karl August Simon von Euler-Chelpin)	英国 德国	对糖类的发酵以及发酵酶的研究 for their investigations on the fermentation of sugar and fermentative enzymes
1930 年	汉斯·费歇尔 (Hans Fischer)	德国	对血红素和叶绿素组成的研究，特别是对血红素的合成的研究 for his researches into the constitution of haemin and chlorophyll and especially for his synthesis of haemin
1931 年	卡尔·博施 (Carl Bosch) 弗里德里希·贝吉乌斯 (Friedrich Bergius)	德国 德国	发明与发展化学高压技术 for their contributions to the invention and development of chemical high pressure methods
1932 年	欧文·兰米尔 (Irving Langmuir)	美国	对表面化学的研究与发现 for his discoveries and investigations in surface chemistry
1933 年	未颁奖		
1934 年	哈罗德·克莱顿·尤里 (Harold Clayton Urey)	美国	发现了重氢 for his discovery of heavy hydrogen
1935 年	让·弗雷德里克·约里奥-居里 (Jean Frédéric Joliot-Curie) 伊伦·约里奥-居里 (Irene Joliot-Curie)	法国 法国	合成了新的放射性元素 for their synthesis of new radioactive elements
1936 年	彼得·约瑟夫·威廉·德拜 (Peter Joseph William Debye)	荷兰	通过对偶极矩以及气体中的 X 射线和电子衍射的研究来了解分子结构 for his work on molecular structure through his investigations on dipole moments and the diffraction of X-rays and electrons in gases
1937 年	沃尔特·霍沃思 (Walter Norman Haworth)	英国	对碳水化合物和维生素 C 的研究 for his investigations on carbohydrates and vitamin C
	保罗·卡勒 (Paul Karrer)	瑞士	对类胡萝卜素、黄素、维生素 A 和维生素 B_2 的研究 for his investigations on carotenoids, flavins and vitamins A and B_2
1938 年	里夏德·库恩 (Richard Kuhn)	德国	对类胡萝卜素和维生素的研究 for his work on carotenoids and vitamins
1939 年	阿道夫·布特南特 (Adolf Friedrich Johann Butenandt)	德国	对性激素的研究 for his work on sex hormones
	拉沃斯拉夫·鲁日奇卡 (Leopold Ruzicka)	瑞士	对聚亚甲基和高级萜烯的研究 for his work on polymethylenes and higher terpenes
1940 年	未颁奖		
1941 年	未颁奖		
1942 年	未颁奖		
1943 年	乔治·德海韦西 (George de Hevesy)	匈牙利	在化学过程研究中使用同位素作为示踪物 for his work on the use of isotopes as tracers in the study of chemical processes

续表

年份	获奖者	国籍	获奖原因
1944 年	奥托·哈恩 (Otto Hahn)	德国	发现重核的裂变 for his discovery of the fission of heavy nuclei
1945 年	阿尔图里·伊尔马里·维尔塔宁 (Artturi Ilmari Virtanen)	芬兰	对农业和营养化学的研究发明,特别是提出了饲料储藏方法 for his research and inventions in agricultural and nutrition chemistry, especially for his fodder preservation method
1946 年	詹姆斯·B·萨姆纳 (James Batcheller Sumner)	美国	发现了酶可以结晶 for his discovery that enzymes can be crystallized
	约翰·霍华德·诺思罗普 (John Howard Northrop)	美国	制备了高纯度的酶和病毒蛋白质 for their preparation of enzymes and virus proteins in a pure form
	温德尔·梅雷迪思·斯坦利 (Wendell Meredith Stanley)	美国	
1947 年	罗伯特·鲁宾逊爵士 (Sir Robert Robinson)	英国	对具有重要生物学意义的植物产物,特别是生物碱的研究 for his investigations on plant products of biological importance, especially the alkaloids
1948 年	阿尔内·蒂塞利乌斯 (Arne Wilhelm Kaurin Tiselius)	瑞典	对电泳现象和吸附分析的研究,特别是对于血清蛋白的复杂性质的研究 for his research on electrophoresis and adsorption analysis, especially for his discoveries concerning the complex nature of the serum proteins
1949 年	威廉·吉奥克 (William Francis Giauque)	美国	在化学热力学领域的贡献,特别是对超低温状态下的物质的研究 for his contributions in the field of chemical thermodynamics, particularly concerning the behaviour of substances at extremely low temperatures
1950 年	奥托·迪尔斯 (Otto Paul Hermann Diels)	德国	发现并发展了双烯合成法 for their discovery and development of the diene synthesis
	库尔特·阿尔德 (Kurt Alder)	德国	
1951 年	埃德温·麦克米伦 (Edwin Mattison McMillan)	美国	发现了超铀元素 for their discoveries in the chemistry of transuranium elements
	格伦·西奥多·西博格 (Glenn Theodore Seaborg)	美国	
1952 年	阿彻·约翰·波特·马丁 (Archer John Porter Martin)	英国	发明了分配色谱法 for their invention of partition chromatography
	理查德·劳伦斯·米林顿·辛格 (Richard Laurence Millington Synge)	英国	
1953 年	赫尔曼·施陶丁格 (Hermann Staudinger)	德国	在高分子化学领域的研究发现 for his discoveries in the field of macromolecular chemistry
1954 年	莱纳斯·鲍林 (Linus Carl Pauling)	美国	对化学键性质的研究以及在对复杂物质结构的阐述上的应用 for his research into the nature of the chemical bond and its application to the elucidation of the structure of complex substances

续表

年份	获奖者	国籍	获奖原因
1955年	文森特·迪维尼奥 (Vincent du Vigneaud)	美国	对具有生物化学重要性的含硫化合物的研究，特别是首次合成了多肽激素 for his work on biochemically important sulphur compounds, especially for the first synthesis of a polypeptide hormone
1956年	西里尔·欣谢尔伍德爵士 (Sir Cyril Norman Hinshelwood) 尼古拉·谢苗诺夫 (Nikolay Nikolaevich Semenov)	英国 苏联	对化学反应机理的研究 for their researches into the mechanism of chemical reactions
1957年	亚历山大·R·托德男爵 (Lord Alexander R. Todd)	英国	在核苷酸和核苷酸辅酶研究方面的工作 for his work on nucleotides and nucleotide co-enzymes
1958年	弗雷德里克·桑格 (Frederick Sanger)	英国	对蛋白质结构组成的研究，特别是对胰岛素的研究 for his work on the structure of proteins, especially that of insulin
1959年	雅罗斯拉夫·海罗夫斯基 (Jaroslav Heyrovsky)	捷克斯洛伐克	发现并发展了极谱分析法 for his discovery and development of the polarographic methods of analysis
1960年	威拉得·利比 (Willard Frank Libby)	美国	发展了使用碳14同位素进行年代测定的方法，被广泛使用于考古学、地质学、地球物理学以及其他学科 for his method to use carbon-14 for age determination in archaeology, geology, geophysics, and other branches of science
1961年	梅尔文·卡尔文 (Melvin Calvin)	美国	对植物吸收二氧化碳的研究 for his research on the carbon dioxide assimilation in plants
1962年	马克斯·佩鲁茨 (Max Ferdinand Perutz) 约翰·肯德鲁 (John Cowdery Kendrew)	英国 英国	对球形蛋白质结构的研究 for their studies of the structures of globular proteins
1963年	卡尔·齐格勒 (Karl Ziegler) 居里奥·纳塔 (Giulio Natta)	德国 意大利	在高聚物化学性质和技术领域中的研究发现 for their discoveries in the field of the chemistry and technology of high polymers
1964年	多萝西·克劳福特·霍奇金 (Dorothy Crowfoot Hodgkin)	英国	利用X射线技术解析了一些重要生化物质的结构 for her determinations by X-ray techniques of the structures of important biochemical substances
1965年	罗伯特·伯恩斯·伍德沃德 (Robert Burns Woodward)	美国	在有机合成方面的杰出成就 for his outstanding achievements in the art of organic synthesis
1966年	罗伯特·S·马利肯 (Robert S. Mulliken)	美国	利用分子轨道法对化学键以及分子的电子结构所进行的基础研究 for his fundamental work concerning chemical bonds and the electronic structure of molecules by the molecular orbital method
1967年	曼弗雷德·艾根 (Manfred Eigen) 罗纳德·乔治·雷伊福特·诺里什 (Ronald George Wreyford Norrish) 乔治·波特 (George Porter)	德国 英国 英国	利用很短的能量脉冲对反应平衡进行扰动的方法，对高速化学反应的研究 for their studies of extremely fast chemical reactions, effected by disturbing the equilibrium by means of very short pulses of energy

续表

年份	获奖者	国籍	获奖原因
1968年	拉斯·昂萨格 (Lars Onsager)	美国	发现了以他的名字命名的倒易关系，为不可逆过程的热力学奠定了基础 for the discovery of the reciprocal relations bearing his name, which are fundamental for the thermodynamics of irreversible processes
1969年	德里克·巴顿 (Derek H. R. Barton) 奥德·哈塞尔 (Odd Hassel)	英国 挪威	发展了构象的概念及其在化学中的应用 for their contributions to the development of the concept of conformation and its application in chemistry
1970年	卢伊斯·弗德里科·莱洛伊尔 (Luis F. Leloir)	阿根廷	发现了糖核苷酸及其在碳水化合物的生物合成中所起的作用 for his discovery of sugar nucleotides and their role in the biosynthesis of carbohydrates
1971年	格哈德·赫茨贝格 (Gerhard Herzberg)	加拿大	对分子的电子构造与几何形状，特别是自由基的研究 for his contributions to the knowledge of electronic structure and geometry of molecules, particularly free radicals
1972年	克里斯琴·B·安芬森 (Christian B. Anfinsen)	美国	对核糖核酸酶的研究，特别是对其氨基酸序列与生物活性构象之间的联系的研究 for his work on ribonuclease, especially concerning the connection between the amino acid sequence and the biologically active conformation
	斯坦福·摩尔 (Stanford Moore) 威廉·霍华德·斯坦 (William Howard Stein)	美国 美国	对核糖核酸酶分子的活性中心的催化活性与其化学结构之间的关系的研究 for their contribution to the understanding of the connection between chemical structure and catalytic activity of the active centre of the ribonuclease molecule
1973年	恩斯特·奥托·菲舍尔 (Ernst Otto Fischer) 杰弗里·威尔金森 (Geoffrey Wilkinson)	德国 英国	对金属有机化合物(又被称为夹心化合物)的化学性质的开创性研究 for their pioneering work, performed independently, on the chemistry of the organometallic, so called sandwich compounds
1974年	保罗·弗洛里 (Paul J. Flory)	美国	高分子物理化学的理论与实验两个方面的基础研究 for his fundamental work, both theoretical and experimental, in the physical chemistry of macromolecules
1975年	约翰·康福思 (John Warcup Cornforth)	澳大利亚、英国	酶催化反应的立体化学的研究 for his work on the stereochemistry of enzyme-catalyzed reactions
	弗拉迪米尔·普雷洛格 (Vladimir Prelog)	瑞士	有机分子和反应的立体化学的研究 for his research into the stereochemistry of organic molecules and reactions
1976年	威廉·利普斯科姆 (William N. Lipscomb)	美国	对硼烷结构的研究，解释了化学成键问题 for his studies on the structure of boranes illuminating problems of chemical bonding

续表

年份	获奖者	国籍	获奖原因
1977年	伊利亚·普里高津 (Ilya Prigogine)	比利时	对非平衡态热力学的贡献，特别是提出了耗散结构的理论 for his contributions to non-equilibrium thermodynamics, particularly the theory of dissipative structures
1978年	彼得·米切尔 (Peter D. Mitchell)	英国	利用化学渗透理论公式，为了解生物能量传递作出贡献 for his contribution to the understanding of biological energy transfer through the formulation of the chemiosmotic theory
1979年	赫伯特·布朗 (Herbert C. Brown) 格奥尔格·维蒂希 (Georg Wittig)	美国 德国	分别将含硼和含磷化合物发展为有机合成中的重要试剂 for their development of the use of boron- and phosphorus-containing compounds, respectively, into important reagents in organic synthesis
1980年	保罗·伯格 (Paul Berg)	美国	对核酸的生物化学研究，特别是对重组DNA的研究 for his fundamental studies of the biochemistry of nucleic acids, with particular regard to recombinant-DNA
	沃特·吉尔伯特 (Walter Gilbert) 弗雷德里克·桑格 (Frederick Sanger)	美国 英国	对核酸中DNA碱基序列的确定方法 for their contributions concerning the determination of base sequences in nucleic acids
1981年	福井谦一 (Kenichi Fukui) 罗德·霍夫曼 (Roald Hoffmann)	日本 美国	通过他们各自独立发展的理论来解释化学反应的发生 for their theories, developed independently, concerning the course of chemical reactions
1982年	阿龙·克卢格 (Aaron Klug)	英国	发展了晶体电子显微术，并且研究了具有重要生物学意义的核酸-蛋白质复合物的结构 for his development of crystallographic electron microscopy and his structural elucidation of biologically important nucleic acid-protein complexes
1983年	亨利·陶布 (Henry Taube)	美国	特别是对金属配合物中电子转移反应机理的研究 for his work on the mechanisms of electron transfer reactions, especially in metal complexes
1984年	罗伯特·布鲁斯·梅里菲尔德 (Robert Bruce Merrifield)	美国	开发了固相化学合成法 for his development of methodology for chemical synthesis on a solid matrix
1985年	赫伯特·豪普特曼 (Herbert A. Hauptman) 杰尔姆·卡尔 (Jerome Karle)	美国 美国	在发展测定晶体结构的直接法上的杰出成就 for their outstanding achievements in developing direct methods for the determination of crystal structures
1986年	达德利·赫施巴赫 (Dudley R. Herschbach) 李远哲 (Yuan T. Lee) 约翰·查尔斯·波拉尼 (John C. Polanyi)	美国 美国 加拿大、匈牙利	对研究化学基元反应的动力学过程的贡献 for their contributions concerning the dynamics of chemical elementary processes

续表

年份	获奖者	国籍	获奖原因
1987年	唐纳德·克拉姆 (Donald J. Cram) 让-马里·莱恩 (Jean-Marie Lehn) 查尔斯·佩德森 (Charles J. Pedersen)	美国 法国 美国	发展和使用了可以进行高选择性结构特异性相互作用的分子 for their development and use of molecules with structure-specific interactions of high selectivity
1988年	约翰·戴森霍费尔 (Johann Deisenhofer) 罗伯特·胡贝尔 (Robert Huber) 哈特穆特·米歇尔 (Hartmut Michel)	德国 德国 德国	对光合反应中心的三维结构的测定 for their determination of the three-dimensional structure of a photosynthetic reaction centre
1989年	悉尼·奥尔特曼 (Sidney Altman) 托马斯·切赫 (Thomas R. Cech)	加拿大、美国 美国	发现了RNA的催化性质 for their discovery of catalytic properties of RNA
1990年	艾里亚斯·詹姆斯·科里 (Elias James Corey)	美国	发展了有机合成的理论和方法学 for his development of the theory and methodology of organic synthesis
1991年	理查德·恩斯特 (Richard R. Ernst)	瑞士	对开发高分辨率核磁共振(NMR)谱学方法的贡献 for his contributions to the development of the methodology of high resolution nuclear magnetic resonance (NMR) spectroscopy
1992年	鲁道夫·马库斯 (Rudolph A. Marcus)	美国	对化学体系中电子转移反应理论的贡献 for his contributions to the theory of electron transfer reactions in chemical systems
1993年	凯利·穆利斯 (Kary B. Mullis)	美国	发展了以DNA为基础的化学研究方法，开发了聚合酶连锁反应(PCR) for contributions to the developments of methods within DNA-based chemistry for his invention of the polymerase chain reaction (PCR) method
	迈克尔·史密斯 (Michael Smith)	加拿大	发展了以DNA为基础的化学研究方法，对建立寡聚核苷酸为基础的定点突变及其对蛋白质研究的发展的基础贡献 for contributions to the developments of methods within DNA-based chemistry for his fundamental contributions to the establishment of oligonucleotide-based, site-directed mutagenesis and its development for protein studies
1994年	乔治·安德鲁·欧拉 (George A. Olah)	美国、匈牙利	对碳正离子化学研究的贡献 for his contribution to carbocation chemistry
1995年	保罗·克鲁岑 (Paul J. Crutzen) 马里奥·莫利纳 (Mario J. Molina) 弗兰克·舍伍德·罗兰 (F. Sherwood Rowland)	荷兰 美国 美国	对大气化学的研究，特别是有关臭氧分解的研究 for their work in atmospheric chemistry, particularly concerning the formation and decomposition of ozone

续表

年份	获奖者	国籍	获奖原因
1996年	罗伯特·柯尔 (Robert F. Curl Jr.) 哈罗德·克罗托爵士 (Sir Harold W. Kroto) 理查德·斯莫利 (Richard E. Smalley)	美国 英国 美国	发现富勒烯 for their discovery of fullerenes
1997年	保罗·博耶 (Paul D. Boyer) 约翰·沃克 (John E. Walker)	美国 英国	阐明了三磷酸腺苷(ATP)合成中的酶催化机理 for their elucidation of the enzymatic mechanism underlying the synthesis of adenosine triphosphate (ATP)
	延斯·克里斯蒂安·斯科 (Jens C. Skou)	丹麦	首次发现了离子传输酶,即钠钾离子泵 for the first discovery of an ion- transporting enzyme, Na^{+}, K^{+}-ATPase
1998年	沃尔特·科恩 (Walter Kohn)	美国	创立了密度泛函理论 for his development of the density- functional theory
	约翰·波普 (John A. Pople)	英国	发展了量子化学中的计算方法 for his development of computational methods in quantum chemistry
1999年	亚米德·齐威尔 (Ahmed H. Zewail)	埃及、美国	用飞秒光谱学对化学反应过渡态的研究 for his studies of the transition states of chemical reactions using femtosecond spectroscopy
2000年	艾伦·黑格 (Alan J. Heeger) 艾伦·麦克德尔米德 (Alan G MacDiarmid) 白川英树 (Hideki Shirakawa)	美国 美国、新西兰 日本	发现和发展了导电聚合物 for their discovery and development of conductive polymers
2001年	威廉·斯坦迪什·诺尔斯 (William S. Knowles) 野依良治(Ryoji Noyori)	美国 日本	对手性催化氢化反应的研究 for their work on chirally catalysed hydrogenation reactions
	巴里·夏普莱斯 (K. Barry Sharpless)	美国	对手性催化氧化反应的研究 for his work on chirally catalysed oxidation reactions
2002年	约翰·贝内特·芬恩 (John B. Fenn) 田中耕一 (Koichi Tanaka)	美国 日本	发展了对生物大分子进行鉴定和结构分析的方法,建立了软解析电离法对生物大分子进行质谱分析 for the development of methods for identification and structure analyses of biological macromolecules for their development of soft desorption ionisation methods for mass spectrometric analyses of biological macromolecules
	库尔特·维特里希 (Kurt Wüthrich)	瑞士	发展了对生物大分子进行鉴定和结构分析的方法,建立了利用核磁共振谱学来解析溶液中生物大分子三维结构的方法 for the development of methods for identification and structure analyses of biological macromolecules for his development of nuclear magnetic resonance spectroscopy for determining the three-dimensional structure of biological macromolecules in solution

续表

年份	获奖者	国籍	获奖原因
2003年	彼得·阿格雷 (Peter Agre)	美国	对细胞膜中的离子通道的研究,发现了水通道 for discoveries concerning channels in cell membranes for the discovery of water channels
	罗德里克·麦金农 (Roderick MacKinnon)	美国	对细胞膜中的离子通道的研究,对离子通道结构和机理的研究 for discoveries concerning channels in cell membranes for structural and mechanistic studies of ion channels
2004年	阿龙·切哈诺沃 (Aaron Ciechanover) 阿夫拉姆·赫什科 (Avram Hershko) 欧文·罗斯 (Irwin Rose)	以色列 以色列 美国	发现了泛素介导的蛋白质降解 for the discovery of ubiquitin-mediated protein degradation
2005年	伊夫·肖万 (Yves Chauvin) 罗伯特·格拉布 (Robert H. Grubbs) 理查德·施罗克 (Richard R. Schrock)	法国 美国 美国	发展了有机合成中的复分解法 for the development of the metathesis method in organic synthesis
2006年	罗杰·科恩伯格 (Roger D. Kornberg)	美国	对真核转录的分子基础的研究 for his studies of the molecular basis of eukaryotic transcription
2007年	格哈德·埃特尔 (Gerhard Ertl)	德国	对固体表面化学进程的研究 for his studies of chemical processes on solid surfaces
2008年	下村脩 (Osamu Shimomura) 马丁·查尔菲 (Martin Chalfie) 钱永健 (Roger Y. Tsien)	美国 美国 美国	发现和改造了绿色荧光蛋白(GFP) for the discovery and development of the green fluorescent protein, GFP
2009年	文卡特拉曼·拉马克里希南 (Venkatraman Ramakrishnan) 托马斯·施泰茨 (Thomas A. Steitz) 阿达·约纳特 (Ada E. Yonath)	英国 美国 以色列	对核糖体结构和功能方面的研究 for studies of the structure and function of the ribosome
2010年	理查德·海克 (Richard F. Heck) 根岸荣一 (Ei-ichi Negishi) 铃木章 (Akira Suzuki)	美国 日本 日本	有机合成中钯催化交叉耦合 Organic synthesis catalyzed cross-coupling palladium

附录 2　一些基本的物理常数

真空中的光速	$c = 2.99792458\times10^{8}$ m/s
电子的电荷	$e = 1.60217733\times10^{-19}$ C
原子质量单位	$u = 1.6605402\times10^{-27}$ kg
质子静质量	$m_p = 1.6726231\times10^{-27}$ kg
中子静质量	$m_n = 1.6749543\times10^{-27}$ kg
电子静质量	$m_e = 9.1093897\times10^{-31}$ kg
玻尔(Bohr)半径	$a_0 = 5.2917706\times10^{-11}$ m
理想气体摩尔体积	$V_m = 2.241410\times10^{-2}$ m³/mol
摩尔气体常数($T=273.15$K，$p_0=101.325$kPa)	$R = 8.314510$ J/(mol·K)
阿伏加德罗(Avogadro)常数	$N_A = 6.0221367\times10^{23}$ /mol
法拉第(Faraday)常数	$F = 9.6485309\times10^{4}$ C/mol
普朗克(Planck)常数	$h = 6.6260755\times10^{-34}$ J·s
里得堡(Rydberg)常数	$R_\infty = 1.097373177\times10^{7}$ /m
玻耳兹曼(Boltzmann)常数	$k = 1.380658\times10^{-23}$ J/K

附录 3　常用的量和单位

量的名称	量的符号	单位名称	单位符号	原来名称
质量	m	千克	kg	重量
物质的量	n	摩尔	mol	
体积	V	立方米，升	m³，L	体积
原子的相对原子量	Ar			原子量
物质的相对分子量	Mr			分子量
摩尔质量	M	克每摩尔	g/mol	
摩尔体积	V_m	立方米每摩尔	m³/mol	
成分 B 的质量浓度	ρ_B	千克每立方米	kg/m³	
		千克每升	kg/L	
成分 B 的质量分数	ω_B			百分含量
成分 B 的质量摩尔浓度	b_B	摩尔每千克	mol/kg	
成分 B 的浓度或成分 B 的物质的量浓度	c_B	摩尔每升	mol/L	摩尔浓度

附录 4　一些物质的 $\Delta_f H_m^\ominus$、$\Delta_f G_m^\ominus$ 和 $S_m^\ominus$ 数据 (298.15K)

物　质	$\Delta_f H_m^\ominus$/(kJ/mol)	$\Delta_f G_m^\ominus$/(kJ/mol)	$S_m^\ominus$/[J/(K·mol)]
Ag(s)	0	0	42.6
Ag^+(aq)	105.4	77.12	72.8
AgCl(s)	−127.1	−109.8	96.2
AgBr(s)	−100	−97.1	107
AgI(s)	−61.8	−66.19	115.5
$AgNO_2$(s)	−45.1	19.1	128
$AgNO_3$(s)	−124.4	−33.4	140.9
Ag_2O(s)	−31.1	−11.2	121.3
Al(s)	0	0	28.3
Al_2O_3(s，刚玉)	−1675.7	−1582.4	50.92
Al^{3+}(aq)	−531	−485	−322
AsH_3(g)	66.4	68.9	222.8
AsF_3(l)	−821.3	−774.0	181.2
As_4O_6(s，单斜)	−1309.6	−1154.0	234.3
Au(s)	0	0	47.3
Au_2O_3(s)	80.8	163	126
B(s)	0	0	5.85

续表

物质	$\Delta_f H_m^\ominus$/(kJ/mol)	$\Delta_f G_m^\ominus$/(kJ/mol)	$S_m^\ominus$/[J/(K·mol)]
$B_2H_6(s)$	35.6	86.6	232
$B_2O_3(s)$	−1272.8	−1193.7	54.0
$B(OH)_4^-(aq)$	−1343.9	−1153.1	102.5
$H_3BO_3(s)$	−1094.5	−969.0	88.8
Ba(s)	0	0	62.8
$Ba^{2+}(s)$	−537.6	−560.7	9.6
BaO(s)	−553.5	−525.1	70.4
$BaCO_3(s)$	−1216	−1138	112
$BaSO_4(s)$	−1473	−1362	132
$Br_2(g)$	30.91	3.14	245.35
$Br_2(l)$	0	0	152.2
$Br^-(aq)$	−121	−104	82.4
HBr(g)	−36.4	−53.6	198.7
$HBrO_3(aq)$	−67.1	−18	161.5
C(s,金刚石)	1.9	2.9	2.4
C(s,石墨)	0	0	5.73
$CH_4(g)$	−74.8	−50.8	186.2
$C_2H_4(g)$	52.3	68.2	219.4
$C_2H_6(g)$	−84.68	−32.89	229.5
$C_2H_2(g)$	226.75	209.20	200.82
$C_6H_{12}O_6(s)$	−1274.4	−910.5	212
CO(g)	−110.519	−137.168	197.6
$CO_2(g)$	−393.509	−394.359	213.74
Ca(s)	0	0	41.4
$Ca^{2+}(aq)$	−542.7	−553.5	−53.1
CaO(s)	−635.09	−604.03	39.75
$CaCO_3$(s,方解石)	−1206.92	−1128.79	92.9
$CaC_2O_4(s)$	−1360.6	—	—
$Ca(OH)_2(s)$	−986.1	−896.8	83.39
$CaSO_4(s)$	−1434.1	−1321.9	107
$CaSO_4 \cdot 1/2H_2O(s)$	−1577	−1437	130.5
$CaSO_4 \cdot 2H_2O(s)$	−2023	−1797	194.1
$Ce^{3+}(aq)$	−700.4	−676	−205
$CeO_2(s)$	−1083	−1025	62.3
$Cl_2(g)$	0	0	223
$Cl^-(aq)$	−167.2	−131.3	56.5
$ClO^-(aq)$	−107.1	−36.8	41.8
HCl(g)	−92.5	−95.4	186.6
HClO(aq,非解离)	−121	−79.9	142
$HClO_3(aq)$	104.00	−8.03	162
$HClO_4(aq)$	−9.70	—	—
Co(s)	0	0	30.0
$Co^{2+}(aq)$	−58.2	−54.3	−113
$CoCl_2(s)$	−312.5	−270	109.2
$CoCl_2 \cdot 6H_2O(s)$	−2115	−1725	343
Cr(s)	0	0	23.77
$CrO_4^{2-}(aq)$	−881.1	−728	50.2
$Cr_2O_7^{2-}(aq)$	−1490	−1301	262
$Cr_2O_3(s)$	−1140	−1058	81.2
$CrO_3(s)$	−589.5	−506.3	—

续表

物　质	$\Delta_f H_m^\ominus$/(kJ/mol)	$\Delta_f G_m^\ominus$/(kJ/mol)	$S_m^\ominus$/[J/(K·mol)]
$(NH_4)_2Cr_2O_7$(s)	−1807	—	—
Cu(s)	0	0	33
Cu^+(aq)	71.5	50.2	41
Cu^{2+}(aq)	64.77	65.52	−99.6
Cu_2O(s)	−169	−146	93.3
CuO(s)	−157	−130	42.7
$CuSO_4$(s)	−771.5	−661.9	109
$CuSO_4 \cdot 5H_2O$(s)	−2321	−1880	300
F_2(g)	0	0	202.7
F^-(aq)	−333	−279	−14
HF(g)	−271	−273	174
Fe(s)	0	0	27.3
Fe^{2+}(aq)	−89.1	−78.6	−138
Fe^{3+}(aq)	−48.5	−4.6	−316
FeO(s)	−272	—	—
Fe_2O_3(s)	−824.2	−742.2	87.4
Fe_3O_4(s)	−1118	−1015	146
$Fe(OH)_2$(s)	−569	−486.6	88
$Fe(OH)_3$(s)	−823.0	−696.6	107
H_2(g)	0	0	130.684
H^+(aq)	0	0	0
H_2O(g)	−241.8	−228.6	188.7
H_2O(l)	−285.8	−237.2	69.91
H_2O_2(l)	−187.8	−120.4	109.6
$(OH)^-$(aq)	−230.0	−157.3	−10.8
Hg(l)	0	0	76.1
Hg^{2+}(aq)	171	164	−32
Hg_2^{2+}(aq)	172	153	84.5
HgO(s,红色)	−90.83	−58.56	70.3
HgO(s,黄色)	−90.4	−58.43	71.1
HgI_2(s,红色)	−105	−102	180
HgS(s,红色)	−58.1	−50.6	82.4
I_2(s)	0	0	116
I_2(g)	62.4	19.4	261
I^-(aq)	−55.19	−51.59	111
HI(g)	26.5	1.72	207
HIO_3(s)	−230	—	—
K(s)	0	0	64.6
K^+(aq)	−252.4	−283	102
KCl(s)	−436.8	−409.2	82.59
K_2O(s)	−361	—	—
K_2O_2(s)	−494.1	−425.1	102
Li^+(aq)	−278.5	−293.3	13
Li_2O(s)	−597.9	−561.1	37.6
Mg(s)	0	0	32.7
Mg^{2+}(aq)	−466.9	−454.8	−138
$MgCl_2$(s)	−641.3	−591.8	89.62
MgO(s)	−601.7	−569.4	26.9
$MgCO_3$(s)	−1096	−1012	65.7
Mn(s,α)	0	0	32.0

续表

物　质	$\Delta_f H_m^\ominus$/(kJ/mol)	$\Delta_f G_m^\ominus$/(kJ/mol)	$S_m^\ominus$/[J/(K·mol)]
Mn^{2+}(aq)	−220.7	−228	−73.6
MnO_2(s)	−520.1	−465.3	53.1
N_2(g)	0	0	191.61
NH_3(g)	−46.11	−16.15	192.45
$NH_3 \cdot H_2O$(aq,非解离)	−366.1	−263.8	181
N_2H_4(l)	50.6	149.2	121
NH_4Cl(s)	−315	−203	94.6
NH_4NO_3(s)	−366	−184	151
$(NH_4)_2SO_4$(s)	−901.9	—	187.5
NO(g)	90.25	86.55	210.7
NO_2(g)	33.2	51.5	240
N_2O(g)	81.55	103.6	220
N_2O_4(g)	9.16	97.82	304
HNO_3(l)	−714	−80.8	156
Na(s)	0	0	51.2
Na^+(aq)	−240	−262	59.0
NaCl(s)	−327.47	−248.15	72.1
$Na_2B_4O_7$(s)	−3291	−3096	189.5
$NaBO_2$(s)	−977.0	−920.7	73.5
Na_2CO_3(s)	−1130.7	−1044.5	135
$NaHCO_3$(s)	−950.8	−851.0	102
$NaNO_2$(s)	−358.7	−284.6	104
$NaNO_3$(s)	−467.9	−367.1	116.5
Na_2O(s)	−414	−375.5	75.06
Na_2O_2(s)	−510.9	−447.7	93.3
NaOH(s)	−425.6	−379.5	64.45
O_2(g)	0	0	205.0
O_3(g)	143	163	238.8
P(s,白)	0	0	41.1
PCl_3(g)	−287	−268	311.7
PCl_5(g)	−398.9	−324.6	353
P_4O_{10}(s,六方)	−2984	−2698	228.9
Pb(s)	0	0	64.9
Pb^{2+}(aq)	−1.7	−24.4	10
PbO(s,黄色)	−215	−188	68.6
PbO(s,红色)	−219	−189	66.5
Pb_3O_4(s)	−718.4	−601.2	211
PbO_2(s)	−277	−217	68.6
PbS(s)	−100	−98.7	91.2
S(s,斜方)	0	0	31.8
S^{2-}(aq)	33.1	85.8	−14.6
H_2S(g)	−20.6	−33.6	206
SO_2(g)	−296.8	−300.2	248
SO_3(g)	−395.7	−371.1	256.6
SO_3^{2-}(aq)	−635.5	−486.6	−29
SO_4^{2-}(aq)	−909.27	−744.63	20
SiO_2(s,石英)	−910.9	−856.7	41.8
SiF_4(g)	−1614.9	−1572.7	282.4
$SiCl_4$(l)	−687.0	−619.9	239.7
Sn(s,白色)	0	0	51.55
Sn(s,灰色)	−2.1	0.13	44.14

续表

物　质	$\Delta_f H_m^\ominus$/(kJ/mol)	$\Delta_f G_m^\ominus$/(kJ/mol)	$S_m^\ominus$/[J/(K·mol)]
Sn^{2+}(aq)	−8.8	−27.2	−16.7
SnO(s)	−286	−257	56.5
SnO_2(s)	−580.7	−519.6	52.3
Sr^{2+}(aq)	−545.8	−559.4	−32.6
SrO(s)	−592.0	−561.9	54.4
$SrCO_3$(s)	−1220	−1140	97.1
Ti(s)	0	0	30.6
TiO_2(s,金红石)	−944.7	−889.5	50.3
$TiCl_4$(l)	−804.2	−737.2	252.3
V_2O_5(s)	−1551	−1420	131
WO_3(s)	−842.9	−764.08	75.9
Zn(s)	0	0	41.6
Zn^{2+}(aq)	−153.9	−147.0	−112
ZnO(s)	−348.3	−318.3	43.6
ZnS(s,闪锌矿)	−206.0	−210.3	57.7
C_3H_6 丙烯(g)	20.42	62.79	267.05
C_6H_{12}环己烷(g)	−123.14	31.92	298.35
C_6H_6 苯(l)	49.04	124.45	173.26
C_6H_6 苯(g)	82.93	129.73	269.31
C_7H_8 甲苯(l)	12.01	113.89	220.96
C_7H_8 甲苯(g)	50.00	122.11	320.77
C_8H_8 苯乙烯(l)	103.89	202.51	237.57
C_8H_8 苯乙烯(g)	147.36	213.90	345.21
C_2H_6O 甲醚(g)	−184.05	−112.85	267.17
$C_4H_{10}O$ 乙醚(l)	−279.5	−122.75	253.1
$C_4H_{10}O$ 乙醚(g)	−252.21	−122.19	342.78
CH_4O 甲醇(l)	−238.57	−166.15	126.8
CH_4O 甲醇(g)	−201.17	−162.46	239.81
C_2H_6O 乙醇(l)	−276.98	−174.03	160.67
C_2H_6O 乙醇(g)	−234.81	−168.20	282.70
CH_2O 甲醛(g)	−115.90	−109.87	218.89
C_2H_4O 乙醛(l)	−192.0	—	—
C_2H_4O 乙醛(g)	−166.36	−133.25	264.33
C_3H_6O 丙酮(l)	−248.1	−155.28	200.4
C_3H_6O 丙酮(g)	−217.57	−152.97	295.04
$C_2H_4O_2$ 乙酸(l)	−484.09	−389.26	159.83
$C_2H_4O_2$ 乙酸(g)	−434.84	−376.62	282.61
$C_4H_6O_2$ 乙酸乙酯(l)	−479.03	−382.55	259.4
$C_4H_6O_2$ 乙酸乙酯(g)	−442.92	−327.27	362.86
C_6H_6O 苯酚(s)	−165.02	−50.31	144.01
C_6H_6O 苯酚(g)	−96.36	−32.81	315.71
C_2H_7N 乙胺(g)	−46.02	37.38	284.96
CHF_3 三氟甲烷(g)	−697.51	−663.05	259.69
CF_4 四氟化碳(g)	−933.03	−888.40	261.61
CH_2Cl_2 二氯甲烷(g)	−95.40	−68.84	270.35
$CHCl_3$ 氯仿(l)	−132.2	−71.77	202.9
$CHCl_3$ 氯仿(g)	−101.25	−68.50	295.75
CCl_4 四氯化碳(l)	−132.84	−62.56	216.19
CCl_4 四氯化碳(g)	−100.42	−58.21	310.23
C_2H_5Cl 氯乙烷(l)	−136.0	−58.81	190.79
C_2H_5Cl 氯乙烷(g)	−111.71	−59.93	275.96
CH_3Br 溴甲烷(g)	−37.66	−28.14	245.92

说明：数据主要摘自 Weast R C. CRC Handbook of Chemistry and Physics，66th ed.，1985～1986。

附录 5　一些弱电解质的解离常数（离子强度近于零的稀溶液，298.15K）

名称	化学式	$K_a^{\ominus}$	$pK_a^{\ominus}$	名称	化学式	$K_a^{\ominus}$	$pK_a^{\ominus}$
砷酸	H_3AsO_4	5.5×10^{-2}	2.26	亚磷酸	H_3PO_3	5×10^{-2}(20℃)	1.3
		1.7×10^{-7}	6.76			2×10^{-7}(20℃)	6.70
		5.1×10^{12}	11.29	焦磷酸	$H_4P_2O_7$	1.2×10^{-1}	0.91
亚砷酸	H_3AsO_3	5.1×10^{-10}	9.29			7.9×10^{-3}	2.10
正硼酸	H_3BO_3	5.8×10^{-10}	9.24			2.0×10^{-7}	6.70
碳酸	H_2CO_3	4.30×10^{-7}	6.37			4.8×10^{-10}	9.32
		5.61×10^{-11}	10.25	硒酸	H_2SeO_4	2×10^{-2}	1.7
铬酸	H_2CrO_4	1.8×10^{-1}	0.74	亚硒酸	H_2SeO_3	2.4×10^{-3}	2.62
		3.2×10^{-7}	6.49			4.8×10^{-9}	8.32
氢氰酸	HCN	4.93×10^{-10}	9.31	硅酸	H_2SiO_3	2.2×10^{-10}(30℃)	9.77
氢氟酸	HF	6.3×10^{-4}	3.20			1.58×10^{-12}(30℃)	11.80
次溴酸	HBrO	2.06×10^{-9}	8.69	甲酸	HCOOH	1.77×10^{-4}(20℃)	3.75
次氯酸	HClO	2.95×10^{-8}	7.53	醋酸	HOAc	1.76×10^{-5}	4.75
次碘酸	HIO	3×10^{-11}	10.5	草酸	$H_2C_2O_4$	5.90×10^{-2}	1.23
碘酸	HIO_3	1.7×10^{-1}	0.78			6.40×10^{-5}	4.19
高碘酸	HIO_4	2.3×10^{-2}	1.64	氯乙酸	$ClCH_2COOH$	1.38×10^{-3}	2.86
过氧化氢	H_2O_2	2.40×10^{-12}	11.62	氨水	$NH_3\cdot H_2O$	1.79×10^{-5}	4.75
氢硫酸	H_2S	9.5×10^{-8}	7.02	联氨	NH_2NH_2	1.2×10^{-6}(20℃)	5.9
		1.3×10^{-14}	13.9	羟胺	NH_2OH	8.71×10^{-9}	8.06
亚硫酸	H_2SO_3	1.40×10^{-2}	1.85	六次甲基四胺	$C_6H_{12}N_4$	1.4×10^{-9}	8.85
		6.00×10^{-8}	7.22	氢氧化铍①	$Be(OH)_2$	5×10^{-11}	10.30
硫酸	H_2SO_4	1.20×10^{-2}	1.92	氢氧化钙①	$Ca(OH)_2$	3.74×10^{-3}	2.43
亚硝酸	HNO_2	5.62×10^{-4}	3.25			4×10^{-2}(30℃)	1.4
磷酸	H_3PO_4	7.52×10^{-3}	2.12	氢氧化铅①	$Pb(OH)_2$	9.6×10^{-4}	3.02
		6.23×10^{-8}	7.21	氢氧化锌①	$Zn(OH)_2$	9.6×10^{-4}	3.02
		4.8×10^{-13}	12.32	氢氧化银①	AgOH	1.1×10^{-4}	3.96

① 摘译自 Weast R C，Handbook of Chemistry and Physics，D159～163，66th Ed. 1985～1986。

注：摘译自 Lide D R，Handbook of Chemistry and Physics，8-43～8-44，78th Ed. 1997～1998。

附录 6　难溶电解质的溶度积常数（298.15K）

化合物	$K_{sp}^{\ominus}$	化合物	$K_{sp}^{\ominus}$
AgAc	1.94×10^{-3}	$AuCl_3$	3.2×10^{-25}
AgBr	5.35×10^{-13}	$Au(OH)_3$	5.5×10^{-46}
Ag_2CO_3	8.46×10^{-12}	$BaCO_3$	2.58×10^{-9}
AgCl	1.77×10^{-10}	BaC_2O_4	1.6×10^{-7}
$Ag_2C_2O_4$	5.40×10^{-12}	$BaCrO_4$	1.17×10^{-10}
Ag_2CrO_4	1.12×10^{-12}	BaF_2	1.84×10^{-7}
$Ag_2Cr_2O_7$	2.0×10^{-7}	$Ba_3(PO_4)_2$	3.4×10^{-23}
AgI	8.51×10^{-17}	$BaSO_3$	5.0×10^{-10}
$AgIO_3$	3.17×10^{-8}	$BaSO_4$	1.08×10^{-10}
$AgNO_2$	6.0×10^{-4}	BaS_2O_3	1.6×10^{-5}
AgOH	2.0×10^{-8}	$Bi(OH)_3$	4.0×10^{-31}
Ag_3PO_4	8.89×10^{-17}	BiOCl	1.8×10^{-31}
Ag_2S	6.3×10^{-50}	Bi_2S_3	1×10^{-97}
Ag_2SO_4	1.20×10^{-5}	$Co(OH)_2$(新析出)	1.6×10^{-15}
$Al(OH)_3$	1.3×10^{-33}	$Co(OH)_3$	1.6×10^{-44}
AuCl	2.0×10^{-13}	α-CoS(新析出)	4.0×10^{-21}

续表

化合物	$K_{sp}^{\ominus}$	化合物	$K_{sp}^{\ominus}$
β-CoS(陈化)	2.0×10^{-25}	Hg_2SO_4	6.5×10^{-7}
$Cr(OH)_3$	6.3×10^{-31}	$CaCO_3$	3.36×10^{-9}
CuBr	6.27×10^{-9}	$CaC_2O_4\cdot H_2O$	2.32×10^{-9}
CuCN	3.47×10^{-20}	$CaCrO_4$	7.1×10^{-4}
$CuCO_3$	1.4×10^{-10}	CaF_2	3.45×10^{-11}
CuCl	1.72×10^{-7}	$CaHPO_4$	1.0×10^{-7}
$CuCrO_4$	3.6×10^{-6}	$Ca(OH)_2$	5.02×10^{-6}
CuI	1.27×10^{-12}	$Ca_3(PO_4)_2$	2.07×10^{-33}
CuOH	1.0×10^{-14}	$CaSO_4$	4.93×10^{-5}
$PbCO_3$	7.4×10^{-14}	$CaSO_3\cdot 1/2H_2O$	3.1×10^{-7}
$PbCl_2$	1.70×10^{-5}	$CdCO_3$	1.0×10^{-12}
PbC_2O_4	4.8×10^{-10}	$CdC_2O_4\cdot 3H_2O$	1.42×10^{-8}
$PbCrO_4$	2.8×10^{-13}	$Cd(OH)_2$(新析出)	2.5×10^{-14}
KIO_4	3.71×10^{-4}	CdS	8.0×10^{-27}
$K_2[PtCl_6]$	7.48×10^{-6}	$CoCO_3$	1.4×10^{-13}
$K_2[SiF_6]$	8.7×10^{-7}	$Ni(OH)_2$(新析出)	2.0×10^{-15}
Li_2CO_3	8.15×10^{-4}	α-NiS	3.2×10^{-19}
LiF	1.84×10^{-3}	$Pb(OH)_2$	2.0×10^{-15}
$MgCO_3$	6.82×10^{-6}	$Pb(OH)_4$	3.2×10^{-44}
MgF_2	5.16×10^{-11}	$Pb_3(PO_4)_2$	8.0×10^{-40}
$Mg(OH)_2$	5.61×10^{-12}	$PbMoO_4$	1.0×10^{-13}
$MnCO_3$	2.24×10^{-11}	PbS	8.0×10^{-28}
$Mn(OH)_2$	1.9×10^{-13}	β-NiS	1.0×10^{-24}
MnS(无定形)	2.5×10^{-10}	γ-NiS	2.0×10^{-26}
(结晶)	2.5×10^{-13}	$PbBr_2$	6.60×10^{-6}
$Cu(OH)_2$	2.2×10^{-20}	Na_3AlF_6	4.0×10^{-10}
$Cu_3(PO_4)_2$	1.40×10^{-37}	$NiCO_3$	1.42×10^{-7}
$Cu_2P_2O_7$	8.3×10^{-16}	PbI_2	9.8×10^{-9}
CuS	6.3×10^{-36}	$PbSO_4$	2.53×10^{-8}
Cu_2S	2.5×10^{-48}	$Sn(OH)_2$	5.45×10^{-27}
$FeCO_3$	3.2×10^{-11}	$Sn(OH)_4$	1×10^{-56}
$FeC_2O_4\cdot 2H_2O$	3.2×10^{-7}	SnS	1.0×10^{-25}
$Fe(OH)_2$	4.87×10^{-17}	$SrCO_3$	5.60×10^{-10}
$Fe(OH)_3$	2.79×10^{-39}	$SrC_2O_4\cdot H_2O$	1.6×10^{-7}
FeS	6.3×10^{-18}	$SrCrO_4$	2.2×10^{-5}
Hg_2Cl_2	1.43×10^{-18}	$SrSO_4$	3.44×10^{-7}
Hg_2I_2	5.2×10^{-29}	$ZnCO_3$	1.46×10^{-10}
$Hg(OH)_2$	3.0×10^{-26}	$ZnC_2O_4\cdot 2H_2O$	1.38×10^{-9}
Hg_2S	1.0×10^{-47}	$Zn(OH)_2$	3.0×10^{-17}
HgS (红)	4.0×10^{-53}	α-ZnS	1.6×10^{-24}
HgS (黑)	1.6×10^{-52}	β-ZnS	2.5×10^{-22}

附录 7　常见配离子的标准稳定常数 (298.15K)

配离子	$K_f^{\ominus}$	配离子	$K_f^{\ominus}$
$[AuCl_2]^+$	6.3×10^{9}	$[FeCl_4]^-$	1.02
$[CdCl_4]^{2-}$	6.33×10^{2}	$[HgCl_4]^{2-}$	1.17×10^{15}
$[CuCl_3]^{2-}$	5.0×10^{5}	$[PbCl_4]^{2-}$	39.8
$[CuCl_2]^-$	3.1×10^{5}	$[PtCl_4]^{2-}$	1.0×10^{16}
$[FeCl]^+$	2.29	$[SnCl_4]^{2-}$	30.2

续表

配离子	$K_f^{\ominus}$	配离子	$K_f^{\ominus}$
$[ZnCl_4]^{2-}$	1.58	$[Hg(en)_2]^{2+}$	2.00×10^{23}
$[Ag(CN)_2]^-$	1.3×10^{21}	$[Mn(en)_3]^{2+}$	4.67×10^{5}
$[Ag(CN)_4]^{3-}$	4.0×10^{20}	$[Ni(en)_3]^{2+}$	2.14×10^{18}
$[Au(CN)_2]^-$	2.0×10^{38}	$[Zn(en)_3]^{2+}$	1.29×10^{14}
$[Cd(CN)_4]^{2-}$	6.02×10^{18}	$[AlF_6]^{3-}$	6.94×10^{19}
$[Cu(CN)_2]^-$	1.0×10^{16}	$[FeF_6]^{3-}$	1.0×10^{16}
$[Cu(CN)_4]^{3-}$	2.0×10^{30}	$[AgI_3]^{2-}$	4.78×10^{13}
$[Fe(CN)_6]^{4-}$	1.0×10^{35}	$[AgI_2]^-$	5.49×10^{11}
$[Fe(CN)_6]^{3-}$	1.0×10^{42}	$[CdI_4]^{2-}$	2.57×10^{5}
$[Hg(CN)_4]^{2-}$	2.5×10^{41}	$[CuI_2]^-$	7.09×10^{8}
$[Ni(CN)_4]^{2-}$	2.0×10^{31}	$[PbI_4]^{2-}$	2.95×10^{4}
$[Zn(CN)_4]^{2-}$	5.0×10^{16}	$[HgI_4]^{2-}$	6.76×10^{29}
$[Ag(SCN)_4]^{3-}$	1.20×10^{10}	$[Ag(NH_3)_2]^+$	1.12×10^{7}
$[Ag(SCN)_2]^-$	3.72×10^{7}	$[Cd(NH_3)_6]^{2+}$	1.38×10^{5}
$[Au(SCN)_4]^{3-}$	1.0×10^{42}	$[Cd(NH_3)_4]^{2+}$	1.32×10^{7}
$[Au(SCN)_2]^-$	1.0×10^{23}	$[Co(NH_3)_6]^{2+}$	1.29×10^{5}
$[Cd(SCN)_4]^{2-}$	3.98×10^{3}	$[Co(NH_3)_6]^{3+}$	1.58×10^{35}
$[Co(SCN)_4]^{2-}$	1.00×10^{5}	$[Cu(NH_3)_2]^+$	4.44×10^{7}
$[Cr(SCN)_2]^+$	9.52×10^{2}	$[Cu(NH_3)_4]^{2+}$	4.8×10^{12}
$[Cu(SCN)_2]^-$	1.51×10^{5}	$[Fe(NH_3)_2]^{2+}$	1.6×10^{2}
$[Fe(SCN)_2]^+$	2.29×10^{3}	$[Hg(NH_3)_4]^{2+}$	1.90×10^{19}
$[Hg(SCN)_4]^{2-}$	1.70×10^{21}	$[Mg(NH_3)_2]^{2+}$	20
$[Ni(SCN)_3]^-$	64.5	$[Ni(NH_3)_6]^{2+}$	5.49×10^{8}
$[Ag(EDTA)]^{3-}$	2.09×10^{5}	$[Ni(NH_3)_4]^{2+}$	9.09×10^{7}
$[Al(EDTA)]^-$	2.0×10^{16}	$[Pt(NH_3)_6]^{2+}$	2.00×10^{35}
$[Ca(EDTA)]^{2-}$	4.9×10^{10}	$[Zn(NH_3)_4]^{2+}$	2.88×10^{9}
$[Cd(EDTA)]^{2-}$	2.9×10^{16}	$[Al(OH)_4]^-$	1.07×10^{33}
$[Co(EDTA)]^{2-}$	2.04×10^{16}	$[Bi(OH)_4]^-$	1.59×10^{35}
$[Co(EDTA)]^-$	1.0×10^{36}	$[Cd(OH)_4]^{2-}$	4.17×10^{8}
$[Cu(EDTA)]^{2-}$	6.3×10^{18}	$[Cr(OH)_4]^-$	7.94×10^{29}
$[Fe(EDTA)]^{2-}$	2.09×10^{14}	$[Cu(OH)_4]^{2-}$	3.16×10^{18}
$[Fe(EDTA)]^-$	1.26×10^{25}	$[Fe(OH)_4]^{2-}$	3.80×10^{8}
$[Hg(EDTA)]^{2-}$	5.01×10^{21}	$[Ca(P_2O_7)]^{2-}$	4.0×10^{4}
$[Mg(EDTA)]^{2-}$	4.37×10^{8}	$[Cd(P_2O_7)]^{2-}$	4.0×10^{5}
$[Mn(EDTA)]^{2-}$	7.4×10^{13}	$[Cu(P_2O_7)]^{2-}$	1.0×10^{8}
$[Ni(EDTA)]^{2-}$	4.17×10^{18}	$[Pb(P_2O_7)]^{2-}$	2.0×10^{5}
$[Zn(EDTA)]^{2-}$	3.16×10^{16}	$[Ni(P_2O_7)_2]^{6-}$	2.5×10^{2}
$[Ag(en)_2]^+$	5.00×10^{7}	$[Ag(S_2O_3)]^-$	6.62×10^{8}
$[Co(en)_3]^{2+}$	8.69×10^{13}	$[Ag(S_2O_3)_2]^{3-}$	2.88×10^{13}
$[Co(en)_3]^{3+}$	4.90×10^{48}	$[Cd(S_2O_3)_2]^{2-}$	2.75×10^{6}
$[Cr(en)_2]^{2+}$	1.55×10^{9}	$[Cu(S_2O_3)]^{3-}$	1.66×10^{12}
$[Cu(en)_2]^+$	6.33×10^{10}	$[Pb(S_2O_3)_2]^{2-}$	1.35×10^{5}
$[Cu(en)_3]^{2+}$	1.0×10^{21}	$[Hg(S_2O_3)_4]^{6-}$	1.74×10^{33}
$[Fe(en)_3]^{2+}$	5.00×10^{9}	$[Hg(S_2O_3)_2]^{2-}$	2.75×10^{29}

附录 8　标准电极电势（298.15K）（本表按 $\varphi^{\ominus}$ 代数值由小到大编排）

A. 在酸性溶液中

电　对	电 极 反 应	$\varphi^{\ominus}$/V
Li(Ⅰ)-(0)	$Li^{+} + e^{-} \rightleftharpoons Li$	−3.0401
Cs(Ⅰ)-(0)	$Cs^{+} + e^{-} \rightleftharpoons Cs$	−3.026
Rb(Ⅰ)-(0)	$Rb^{+} + e^{-} \rightleftharpoons Rb$	−2.98
K(Ⅰ)-(0)	$K^{+} + e^{-} \rightleftharpoons K$	−2.931
Ba(Ⅱ)-(0)	$Ba^{2+} + 2e^{-} \rightleftharpoons Ba$	−2.912
Sr(Ⅱ)-(0)	$Sr^{2+} + 2e^{-} \rightleftharpoons Sr$	−2.899
Ca(Ⅱ)-(0)	$Ca^{2+} + 2e^{-} \rightleftharpoons Ca$	−2.868
Na(Ⅰ)-(0)	$Na^{+} + e^{-} \rightleftharpoons Na$	−2.71
Mg(Ⅱ)-(0)	$Mg^{2+} + 2e^{-} \rightleftharpoons Mg$	−2.372
H(0)-(Ⅰ)	$1/2H_2 + e^{-} \rightleftharpoons H^{-}$	−2.23
Sc(Ⅲ)-(0)	$Sc^{3+} + 3e^{-} \rightleftharpoons Sc$	−2.077
Al(Ⅲ)-(0)	$[AlF_6]^{3-} + 3e^{-} \rightleftharpoons Al + 6F^{-}$	−2.069
Be(Ⅱ)-(0)	$Be^{2+} + 2e^{-} \rightleftharpoons Be$	−1.847
Al(Ⅲ)-(0)	$Al^{3+} + 3e^{-} \rightleftharpoons Al$	−1.662
Ti(Ⅱ)-(0)	$Ti^{2+} + 2e^{-} \rightleftharpoons Ti$	−1.630
Si(Ⅳ)-(0)	$[SiF_6]^{2-} + 4e^{-} \rightleftharpoons Si + 6F^{-}$	−1.24
Mn(Ⅱ)-(0)	$Mn^{2+} + 2e^{-} \rightleftharpoons Mn$	−1.185
V(Ⅱ)-(0)	$V^{2+} + 2e^{-} \rightleftharpoons V$	−1.175
Cr(Ⅲ)-(0)	$Cr^{3+} + 3e^{-} \rightleftharpoons Cr$	−0.913
Ti(Ⅲ)-(Ⅱ)	$Ti^{3+} + e^{-} \rightleftharpoons Ti^{2+}$	−0.9
B(Ⅲ)-(0)	$H_3BO_3 + 3H^{+} + 3e^{-} \rightleftharpoons B + 3H_2O$	−0.8698
Zn(Ⅱ)-(0)	$Zn^{2+} + 2e^{-} \rightleftharpoons Zn$	−0.7618
Cr(Ⅲ)-(0)	$Cr^{3+} + 3e^{-} \rightleftharpoons Cr$	−0.744
As(0)-(-Ⅲ)	$As + 3H^{+} + 3e^{-} \rightleftharpoons AsH_3$	−0.608
Ga (Ⅲ)-(0)	$Ga^{3+} + 3e^{-} \rightleftharpoons Ga$	−0.549
Fe(Ⅱ)-(0)	$Fe^{2+} + 2e^{-} \rightleftharpoons Fe$	−0.447
Cr(Ⅲ)-(Ⅱ)	$Cr^{3+} + e^{-} \rightleftharpoons Cr^{2+}$	−0.407
Cd(Ⅱ)-(0)	$Cd^{2+} + 2e^{-} \rightleftharpoons Cd$	−0.403
Pb(Ⅱ)-(0)	$PbI_2 + 2e^{-} \rightleftharpoons Pb + 2I^{-}$	−0.365
Pb(Ⅱ)-(0)	$PbSO_4 + 2e^{-} \rightleftharpoons Pb + SO_4^{2-}$	−0.3588
Co(Ⅱ)-(0)	$Co^{2+} + 2e^{-} \rightleftharpoons Co$	−0.28
P(Ⅴ)-(Ⅲ)	$H_3PO_4 + 2H^{+} + 2e^{-} \rightleftharpoons H_3PO_3 + H_2O$	−0.276
Ni(Ⅱ)-(0)	$Ni^{2+} + 2e^{-} \rightleftharpoons Ni$	−0.257
Cu (Ⅰ)-(0)	$CuI + e^{-} \rightleftharpoons Cu + I^{-}$	−0.180
Ag (Ⅰ)-(0)	$AgI + e^{-} \rightleftharpoons Ag + I^{-}$	−0.15224
Ge (Ⅳ)-(0)	$GeO_2 + 4H^{+} + 4e^{-} \rightleftharpoons Ge + 2H_2O$	−0.152
Sn(Ⅱ)-(0)	$Sn^{2+} + 2e^{-} \rightleftharpoons Sn$	−0.1375
Pb(Ⅱ)-(0)	$Pb^{2+} + 2e^{-} \rightleftharpoons Pb$	−0.1262
W(Ⅵ)-(0)	$WO_3 + 6H^{+} + 6e^{-} \rightleftharpoons W + 3H_2O$	−0.090
Hg(Ⅱ)-(0)	$[HgI_4]^{2-} + 2e^{-} \rightleftharpoons Hg + 4I^{-}$	−0.04
H(Ⅰ)-(0)	$2H^{+} + 2e^{-} \rightleftharpoons H_2$	0
Ag(Ⅰ)-(0)	$[Ag(S_2O_3)_2]^{3-} + e^{-} \rightleftharpoons Ag + 2S_2O_3^{2-}$	0.01
Ag(Ⅰ)-(0)	$AgBr + e^{-} \rightleftharpoons Ag + Br^{-}$	0.07133

续表

电　　对	电　极　反　应	$\varphi^{\ominus}$/V
S(0)-(Ⅱ)	$S + 2H^+ + 2e^- \rightleftharpoons H_2S$	0.142
Sn(Ⅳ)-(Ⅱ)	$Sn^{4+} + 2e^- \rightleftharpoons Sn^{2+}$	0.151
S(Ⅵ)-(Ⅳ)	$SO_4^{2-} + 4H^+ + 2e^- \rightleftharpoons H_2SO_3 + H_2O$	0.172
Ag(Ⅰ)-(0)	$AgCl + e^- \rightleftharpoons Ag + Cl^-$	0.22233
Hg(Ⅰ)-(0)	$Hg_2Cl_2 + 2e^- \rightleftharpoons 2Hg + 2Cl^-$	0.267808
V(Ⅳ)-(Ⅲ)	$VO^{2+} + 2H^+ + e^- \rightleftharpoons V^{3+} + H_2O$	0.337
Cu(Ⅱ)-(0)	$Cu^{2+} + 2e^- \rightleftharpoons Cu$	0.3419
Fe(Ⅲ)-(Ⅱ)	$[Fe(CN)_6]^{3-} + e^- \rightleftharpoons [Fe(CN)_6]^{4-}$	0.358
Hg(Ⅱ)-(0)	$[HgCl_4]^{2-} + 2e^- \rightleftharpoons Hg + 4Cl^-$	0.38
Ag(Ⅰ)-(0)	$Ag_2CrO_4 + 2e^- \rightleftharpoons 2Ag + CrO_4^{2-}$	0.4470
S(Ⅳ)-(0)	$H_2SO_3 + 4H^+ + 4e^- \rightleftharpoons S + 3H_2O$	0.449
Cu(Ⅰ)-(0)	$Cu^+ + e^- \rightleftharpoons Cu$	0.521
I(0)-(-Ⅰ)	$I_2 + 2e^- \rightleftharpoons 2I^-$	0.5355
Mn(Ⅶ)-(Ⅵ)	$MnO_4^- + e^- \rightleftharpoons MnO_4^{2-}$	0.558
As(Ⅴ)-(Ⅲ)	$H_3AsO_4 + 2H^+ + 2e^- \rightleftharpoons H_3AsO_3 + H_2O$	0.560
Cu(Ⅱ)-(Ⅰ)	$Cu^{2+} + Cl^- + e^- \rightleftharpoons CuCl$	0.56
Sb(Ⅴ)-(Ⅲ)	$Sb_2O_5 + 6H^+ + 4e^- \rightleftharpoons 2SbO^+ + 3H_2O$	0.581
Te(Ⅳ)-(0)	$TeO_2 + 4H^+ + 2e^- \rightleftharpoons Te + 2H_2O$	0.593
O(0)-(Ⅰ)	$O_2 + 2H^+ + 2e^- \rightleftharpoons H_2O_2$	0.695
Se(Ⅳ)-(0)	$H_2SeO_3 + 4H^+ + 4e^- \rightleftharpoons Se + 3H_2O$	0.74
Sb(Ⅴ)-(Ⅲ)	$H_3SbO_4 + 2H^+ + 2e^- \rightleftharpoons H_3SbO_3 + H_2O$	0.75
Fe(Ⅲ)-(Ⅱ)	$Fe^{3+} + e^- \rightleftharpoons Fe^{2+}$	0.771
Hg(Ⅰ)-(0)	$Hg_2^{2+} + 2e^- \rightleftharpoons 2Hg$	0.7973
Ag(Ⅰ)-(0)	$Ag^+ + e^- \rightleftharpoons Ag$	0.7996
N(Ⅴ)-(Ⅳ)	$2NO_3^- + 4H^+ + 2e^- \rightleftharpoons N_2O_4 + 2H_2O$	0.803
Hg(Ⅱ)-(0)	$Hg^{2+} + 2e^- \rightleftharpoons Hg$	0.851
N(Ⅲ)-(-Ⅲ)	$HNO_2 + 7H^+ + 6e^- \rightleftharpoons NH_4^+ + 2H_2O$	0.86
N(Ⅴ)-(Ⅲ)	$NO_3^- + 3H^+ + 2e^- \rightleftharpoons HNO_2 + H_2O$	0.934
N(Ⅴ)-(Ⅱ)	$NO_3^- + 4H^+ + 3e^- \rightleftharpoons NO + 2H_2O$	0.957
I(Ⅰ)-(-Ⅰ)	$HIO + H^+ + 2e^- \rightleftharpoons I^- + H_2O$	0.987
N(Ⅲ)-(Ⅱ)	$HNO_2 + H^+ + e^- \rightleftharpoons NO + H_2O$	0.983
V(Ⅴ)-(Ⅳ)	$VO_4^{3-} + 6H^+ + e^- \rightleftharpoons VO^{2+} + 3H_2O$	1.031
N(Ⅳ)-(Ⅱ)	$N_2O_4 + 4H^+ + 4e^- \rightleftharpoons 2NO + 2H_2O$	1.035
N(Ⅳ)-(Ⅲ)	$N_2O_4 + 2H^+ + 2e^- \rightleftharpoons 2HNO_2$	1.065
Br(0)-(-Ⅰ)	$Br_2 + 2e^- \rightleftharpoons 2Br^-$	1.066
I(Ⅴ)-(-Ⅰ)	$IO_3^- + 6H^+ + 6e^- \rightleftharpoons I^- + 3H_2O$	1.085
Se(Ⅵ)-(Ⅳ)	$SeO_4^{2-} + 4H^+ + 2e^- \rightleftharpoons H_2SeO_3 + H_2O$	1.151
Cl(Ⅶ)-(Ⅴ)	$ClO_4^- + 2H^+ + 2e^- \rightleftharpoons ClO_3^- + H_2O$	1.189
I(Ⅴ)-(0)	$IO_3^- + 6H^+ + 5e^- \rightleftharpoons 1/2I_2 + 3H_2O$	1.195
Mn(Ⅳ)-(Ⅱ)	$MnO_2 + 4H^+ + 2e^- \rightleftharpoons Mn^{2+} + 2H_2O$	1.224
O(0)-(-Ⅱ)	$O_2 + 4H^+ + 4e^- \rightleftharpoons 2H_2O$	1.229
Cr(Ⅵ)-(Ⅲ)	$Cr_2O_7^{2-} + 14H^+ + 6e^- \rightleftharpoons 2Cr^{3+} + 7H_2O$	1.232
N(Ⅲ)-(Ⅰ)	$2HNO_2 + 4H^+ + 4e^- \rightleftharpoons N_2O + 3H_2O$	1.297
Br(Ⅰ)-(-Ⅰ)	$HBrO + H^+ + 2e^- \rightleftharpoons Br^- + H_2O$	1.331
Cl(0)-(-Ⅰ)	$Cl_2 + 2e^- \rightleftharpoons 2Cl^-$	1.35827
Cl(Ⅶ)-(0)	$ClO_4^- + 8H^+ + 7e^- \rightleftharpoons 1/2Cl_2 + 4H_2O$	1.39
I(Ⅶ)-(-Ⅰ)	$IO_4^- + 8H^+ + 8e^- \rightleftharpoons I^- + 4H_2O$	1.4
Br(Ⅴ)-(-Ⅰ)	$2BrO_3^- + 6H^+ + 6e^- \rightleftharpoons Br^- + 3H_2O$	1.423

续表

电对	电极反应	$\varphi^{\ominus}$/V
Cl(Ⅴ)-(-Ⅰ)	$ClO_3^- + 6H^+ + 6e^- \rightleftharpoons Cl^- + 3H_2O$	1.451
Pb(Ⅳ)-(Ⅱ)	$PbO_2 + 4H^+ + 2e^- \rightleftharpoons Pb^{2+} + 2H_2O$	1.455
Cl(Ⅴ)-(0)	$ClO_3^- + 6H^+ + 5e^- \rightleftharpoons 1/2Cl_2 + 3H_2O$	1.47
Cl(Ⅰ)-(-Ⅰ)	$HClO + H^+ + 2e^- \rightleftharpoons Cl^- + H_2O$	1.482
Br(Ⅴ)-(0)	$BrO_3^- + 12H^+ + 10e^- \rightleftharpoons Br_2 + 6H_2O$	1.482
Au(Ⅲ)-(0)	$Au^{3+} + 3e^- \rightleftharpoons Au$	1.498
Mn(Ⅶ)-(Ⅱ)	$MnO_4^- + 8H^+ + 5e^- \rightleftharpoons Mn^{2+} + 4H_2O$	1.507
Bi(Ⅴ)-(Ⅲ)	$NaBiO_3 + 6H^+ + 2e^- \rightleftharpoons Bi^{3+} + Na^+ + 3H_2O$	1.60
Cl(Ⅰ)-(0)	$2HClO + 2H^+ + 2e^- \rightleftharpoons Cl_2 + 2H_2O$	1.611
Mn(Ⅶ)-(Ⅳ)	$MnO_4^- + 4H^+ + 3e^- \rightleftharpoons MnO_2 + 2H_2O$	1.679
Au(Ⅰ)-(0)	$Au^+ + e^- \rightleftharpoons Au$	1.692
Ce(Ⅳ)-(Ⅲ)	$Ce^{4+} + e^- \rightleftharpoons Ce^{3+}$	1.72
O(-Ⅰ)-(-Ⅱ)	$H_2O_2 + 2H^+ + 2e^- \rightleftharpoons 2H_2O$	1.776
Co(Ⅲ)-(Ⅱ)	$Co^{3+} + e^- \rightleftharpoons Co^{2+}$	1.92
O(0)-(0)	$O_3 + 2H^+ + 2e^- \rightleftharpoons O_2 + H_2O$	2.076
F(0)-(-Ⅰ)	$F_2 + 2e^- \rightleftharpoons 2F^-$	2.866

B. 在碱性溶液中

电对	电极反应	$\varphi^{\ominus}$/V
Mg(Ⅱ)-(0)	$Mg(OH)_2 + 2e^- \rightleftharpoons Mg + 2OH^-$	−2.690
Al(Ⅲ)-(0)	$Al(OH)_3 + 3e^- \rightleftharpoons Al + 3OH^-$	−2.31
Si(Ⅳ)-(0)	$SiO_3^{2-} + 3H_2O + 4e^- \rightleftharpoons Si + 6OH^-$	−1.697
Mn(Ⅱ)-(0)	$Mn(OH)_2 + 2e^- \rightleftharpoons Mn + 2OH^-$	−1.56
As(0)-(-Ⅲ)	$As + 3H_2O + 3e^- \rightleftharpoons AsH_3 + 3OH^-$	−1.37
Cr(Ⅲ)-(0)	$Cr(OH)_3 + 3e^- \rightleftharpoons Cr + 3OH^-$	−1.48
Zn(Ⅱ)-(0)	$[Zn(CN)_4]^{2-} + 2e^- \rightleftharpoons Zn + 4CN^-$	−1.26
Zn(Ⅱ)-(0)	$Zn(OH)_2 + 2e^- \rightleftharpoons Zn + 2OH^-$	−1.249
N(0)-(-Ⅱ)	$N_2 + 4H_2O + 4e^- \rightleftharpoons N_2H_4 + 4OH^-$	−1.15
P(Ⅴ)-(Ⅲ)	$PO_4^{3-} + 2H_2O + 2e^- \rightleftharpoons HPO_3^{2-} + 3OH^-$	−1.05
Sn(Ⅳ)-(Ⅱ)	$[Sn(OH)_6]^{2-} + 2e^- \rightleftharpoons H_2SnO_2 + 4OH^-$	−0.93
S(Ⅵ)-(Ⅳ)	$SO_4^{2-} + H_2O + 2e^- \rightleftharpoons SO_3^{2-} + 2HO^-$	−0.93
P(0)-(-Ⅲ)	$P + 3H_2O + 3e^- \rightleftharpoons PH_3 + 3OH^-$	−0.87
Fe(Ⅱ)-(0)	$Fe(OH)_2 + 2e^- \rightleftharpoons Fe + 2OH^-$	−0.877
N(Ⅴ)-(Ⅳ)	$2NO_3^- + 2H_2O + 2e^- \rightleftharpoons N_2O_4 + 4OH^-$	−0.85
Co(Ⅲ)-(Ⅱ)	$[Co(CN)_6]^{3-} + e^- \rightleftharpoons [Co(CN)_6]^{4-}$	−0.83
H(Ⅰ)-(0)	$2H_2O + 2e^- \rightleftharpoons H_2 + 2OH^-$	−0.8277
As(Ⅴ)-(Ⅲ)	$AsO_4^{3-} + 2H_2O + 2e^- \rightleftharpoons AsO_2^- + 4OH^-$	−0.71
As(Ⅲ)-(0)	$AsO_2^- + 2H_2O + 3e^- \rightleftharpoons As + 4OH^-$	−0.68
S(Ⅳ)-(-Ⅱ)	$SO_3^{2-} + 3H_2O + 6e^- \rightleftharpoons S^{2-} + 6OH^-$	−0.61
Au(Ⅰ)-(0)	$[Au(CN)_2]^- + e^- \rightleftharpoons Au + 2CN^-$	−0.60
S(Ⅳ)-(Ⅱ)	$2SO_3^{2-} + 3H_2O + 4e^- \rightleftharpoons S_2O_3^{2-} + 6OH^-$	−0.571
Fe(Ⅲ)-(Ⅱ)	$Fe(OH)_3 + e^- \rightleftharpoons Fe(OH)_2 + OH^-$	−0.56
S(0)-(-Ⅱ)	$S + 2e^- \rightleftharpoons S^{2-}$	−0.47627
N(Ⅲ)-(Ⅱ)	$NO_2^- + H_2O + e^- \rightleftharpoons NO + 2OH^-$	−0.46
Cu(Ⅰ)-(0)	$[Cu(CN)_2]^- + e^- \rightleftharpoons Cu + 2CN^-$	−0.43
Co(Ⅱ)-(0)	$[Co(NH_3)_6]^{2+} + 2e^- \rightleftharpoons Co + 6NH_3(aq)$	−0.422
Hg(Ⅱ)-(0)	$[Hg(CN)_4]^{2-} + 2e^- \rightleftharpoons Hg + 4CN^-$	−0.37
Ag(Ⅰ)-(0)	$[Ag(CN)_2]^- + e^- \rightleftharpoons Ag + 2CN^-$	−0.30
N(Ⅴ)-(Ⅰ)	$NO_3^- + 5H_2O + 6e^- \rightleftharpoons NH_2OH + 7OH^-$	−0.30
Cu(Ⅱ)-(0)	$Cu(OH)_2 + 2e^- \rightleftharpoons Cu + 2OH^-$	−0.222

续表

电　对	电 极 反 应	$\varphi^{\ominus}$/V
Pb(Ⅳ)-(0)	$PbO_2 + 2H_2O + 4e^- \rightleftharpoons Pb + 4OH^-$	−0.16
Cr(Ⅵ)-(Ⅲ)	$CrO_4^{2-} + 4H_2O + 3e^- \rightleftharpoons Cr(OH)_3 + 5OH^-$	−0.13
Cu(Ⅰ)-(0)	$[Cu(NH_3)_2]^+ + e^- \rightleftharpoons Cu + 2NH_3(aq)$	−0.11
O(0)-(-Ⅰ)	$O_2 + H_2O + 2e^- \rightleftharpoons HO_2^- + OH^-$	−0.076
Mn(Ⅳ)-(Ⅱ)	$MnO_2 + 2H_2O + 2e^- \rightleftharpoons Mn(OH)_2 + 2OH^-$	−0.05
N(Ⅴ)-(Ⅲ)	$NO_3^- + H_2O + 2e^- \rightleftharpoons NO_2^- + 2OH^-$	0.01
Co(Ⅲ)-(Ⅱ)	$[Co(NH_3)_6]^{3+} + e^- \rightleftharpoons [Co(NH_3)_6]^{2+}$	0.108
N(Ⅲ)-(Ⅰ)	$2NO_2^- + 3H_2O + 4e^- \rightleftharpoons N_2O + 6OH^-$	0.15
I(Ⅴ)-(Ⅰ)	$IO_3^- + 2H_2O + 4e^- \rightleftharpoons IO^- + 4OH^-$	0.15
Co(Ⅲ)-(Ⅱ)	$Co(OH)_3 + e^- \rightleftharpoons Co(OH)_2 + OH^-$	0.17
I(Ⅴ)-(-Ⅰ)	$IO_3^- + 3H_2O + 6e^- \rightleftharpoons I^- + 6OH^-$	0.26
Cl(Ⅴ)-(Ⅲ)	$ClO_3^- + H_2O + 2e^- \rightleftharpoons ClO_3^- + 2OH^-$	0.33
Ag(Ⅰ)-(0)	$Ag_2O + H_2O + 2e^- \rightleftharpoons 2Ag + 2OH^-$	0.342
Cl(Ⅶ)-(Ⅴ)	$ClO_4^- + H_2O + 2e^- \rightleftharpoons ClO_3^- + 2OH^-$	0.36
Ag(Ⅰ)-(0)	$[Ag(NH_3)_2]^+ + e^- \rightleftharpoons Ag + 2NH_3(aq)$	0.373
O(0)-(-Ⅱ)	$O_2 + 2H_2O + 4e^- \rightleftharpoons 4OH^-$	0.401
Br(Ⅰ)-(0)	$2BrO^- + 2H_2O + 2e^- \rightleftharpoons Br_2 + 4OH^-$	0.45
Ni(Ⅳ)-(Ⅱ)	$NiO_2 + 2H_2O + 2e^- \rightleftharpoons Ni(OH)_2 + 2OH^-$	0.490
I(Ⅰ)-(-Ⅰ)	$IO^- + H_2O + 2e^- \rightleftharpoons I^- + 2OH^-$	0.485
Cl(Ⅶ)-(-Ⅰ)	$ClO_4^- + 4H_2O + 8e^- \rightleftharpoons Cl^- + 8OH^-$	0.51
Cl(Ⅰ)-(0)	$2ClO^- + 2H_2O + 2e^- \rightleftharpoons Cl_2 + 4OH^-$	0.52
Br(Ⅴ)-(Ⅰ)	$BrO_3^- + 2H_2O + 4e^- \rightleftharpoons BrO^- + 4OH^-$	0.54
Mn(Ⅶ)-(Ⅳ)	$MnO_4^- + 2H_2O + 3e^- \rightleftharpoons MnO_2 + 4OH^-$	0.595
Mn(Ⅵ)-(Ⅳ)	$MnO_4^{2-} + 2H_2O + 2e^- \rightleftharpoons MnO_2 + 4OH^-$	0.60
Br(Ⅴ)-(-Ⅰ)	$BrO_3^- + 3H_2O + 6e^- \rightleftharpoons Br^- + 6OH^-$	0.61
Cl(Ⅴ)-(-Ⅰ)	$ClO_3^- + 3H_2O + 6e^- \rightleftharpoons Cl^- + 6OH^-$	0.62
Cl(Ⅲ)-(Ⅰ)	$ClO^- + H_2O + 2e^- \rightleftharpoons ClO^- + 2OH^-$	0.66
Br(Ⅰ)-(-Ⅰ)	$BrO^- + H_2O + 2e^- \rightleftharpoons Br^- + 2OH^-$	0.761
Cl(Ⅰ)-(-Ⅰ)	$ClO^- + H_2O + 2e^- \rightleftharpoons Cl^- + 2OH^-$	0.81
N(Ⅳ)-(Ⅲ)	$N_2O_4 + 2e^- \rightleftharpoons 2NO_2^-$	0.867
O(-Ⅰ)-(-Ⅱ)	$HO_2^- + H_2O + 2e^- \rightleftharpoons 3OH^-$	0.878
Fe(Ⅵ)-(Ⅲ)	$FeO_4^{2-} + 2H_2O + 3e^- \rightleftharpoons FeO_2^- + 4OH^-$	0.9
O(0)-(-Ⅱ)	$O_3 + H_2O + 2e^- \rightleftharpoons O_2 + 2OH^-$	1.24

附录 9　一些物质的摩尔质量

化合物	摩尔质量/(g/mol)	化合物	摩尔质量/(g/mol)
Ag_2AsO_4	462.52	Al_2O_3	101.96
AgBr	187.77	$Al(OH)_3$	78.00
AgCN	133.89	$Al_2(SO_4)_3$	342.15
AgCl	143.32	$Al_2(SO_4)_3 \cdot 18H_2O$	666.43
Ag_2CrO_4	331.73	As_2O_3	197.84
AgI	234.77	As_2O_5	229.84
$AgNO_3$	169.87	As_2S_3	246.04
AgSCN	165.95	$BaCO_3$	197.34
$AlCl_3$	133.34	BaC_2O_4	225.35
$AlCl_3 \cdot 6H_2O$	241.43	$BaCl_2$	208.24
$Al(C_9H_6N)_3$(8-羟基喹啉铝)	459.444	$BaCl_2 \cdot 2H_2O$	244.26
$Al(NO_3)_3$	213.00	$BaCrO_4$	253.32
$Al(NO_3)_3 \cdot 9H_2O$	375.13	BaO	153.33

续表

化合物	摩尔质量/(g/mol)	化合物	摩尔质量/(g/mol)
$Ba(OH)_2$	171.34	$K_4[Fe(CN)]_6$	368.35
$BaSO_4$	233.39	$KHC_8H_4O_4$(邻苯二甲酸氢钾)	204.22
$Bi(NO_3)_3$	395.00	$KHC_4H_4O_6$(酒石酸氢钾)	188.18
$Bi(NO_3)_3 \cdot 5H_2O$	485.07	$KHC_2O_4 \cdot H_2O$	146.14
CO	28.01	$KHC_2O_4 \cdot H_2C_2O_4 \cdot 2H_2O$	254.19
CO_2	44.01	NH_4VO_3	116.98
$CO(NH_2)_2$	60.0556	NO	30.006
$CaCO_3$	100.09	NO_2	45.00
CaC_2O_4	128.10	$Na_2B_4O_7 \cdot 10H_2O$	381.37
$CaCl_2$	110.99	$NaBiO_3$	279.97
$CaCl_2 \cdot 6H_2O$	219.075	$NaC_2H_3O_2$(醋酸钠)	82.03
CaO	56.08	$NaC_2H_3O_2 \cdot 3H_2O$	136.08
$Ca(OH)_2$	74.09	NaCN	49.01
$Ca_3(PO_4)_2$	310.18	Na_2CO_3	105.99
$CaSO_4$	136.14	$Na_2CO_3 \cdot 10H_2O$	286.14
$HC_7H_5O_2$(苯甲酸)	122.12	$Na_2C_2O_4$	134.00
H_2CO_3	62.02	NaCl	58.44
$H_2C_2O_4$	90.04	$NaHCO_3$	84.01
$H_2C_2O_4 \cdot 2H_2O$	126.07	NaH_2PO_4	119.98
HF	20.01	Na_2HPO_4	141.96
$HgCl_2$	271.50	$Na_2HPO_4 \cdot 2H_2O$	177.99
Hg_2Cl_2	472.09	$Na_2HPO_4 \cdot 12H_2O$	358.14
HgI_2	454.40	$Na_2H_2Y \cdot 2H_2O$	372.26
$Hg(NO_3)_2$	324.60	$NaNO_3$	84.99
$Hg_2(NO_3)_2$	525.19	Na_2O	61.98
$Hg_2(NO_3)_2 \cdot 2H_2O$	561.22	Na_2O_2	77.98
HgO	216.59	NaOH	40.01
HgS	232.66	Na_3PO_4	163.94
$HgSO_4$	296.65	Na_2S	78.05
Hg_2SO_4	497.24	$Na_2S \cdot 9H_2O$	240.19
HI	127.91	NaSCN	81.07
HNO_2	47.01	Na_2SO_3	126.04
HNO_3	63.01	Na_2SO_4	142.04
H_2O	18.02	$Na_2S_2O_3$	158.11
H_2O_2	34.02	$Na_2S_2O_3 \cdot 5H_2O$	248.19
H_3PO_4	98.00	$CaSO_4 \cdot 2H_2O$	172.17
H_2S	34.08	$Ce(NH_4)_2(NO_3)_6 \cdot 2H_2O$	584.25
H_2SO_3	82.08	$Ce(NH_4)_4(SO_4)_4 \cdot 2H_2O$	632.55
H_2SO_4	98.08	$Co(NO_3)_2$	182.94
$KAl(SO_4)_2 \cdot 12H_2O$	474.39	$Co(NO_2)_2 \cdot 6H_2O$	291.03
KBr	119.01	CoS	91.00
$KBrO_3$	167.01	$CoSO_4$	154.99
KCl	74.56	$CrCl_3$	158.355
$KClO_3$	122.55	$CrCl_3 \cdot 6H_2O$	266.45
$KClO_4$	138.55	Cr_2O_3	151.99
K_2CO_3	138.21	CuSCN	121.63
$K_2Cr_2O_7$	294.19	CuI	190.45
K_2CrO_4	194.20	$Cu(NO_3)_2$	187.56
$KFe(SO_4)_2 \cdot 12H_2O$	503.26	$Cu(NO_3)_2 \cdot 3H_2O$	241.60
$K_3[Fe(CN)]_6$	329.25	$Cu(NO_3)_2 \cdot 6H_2O$	295.65

续表

化合物	摩尔质量/(g/mol)	化合物	摩尔质量/(g/mol)
CuO	79.54	$MnCl_2 \cdot 4H_2O$	197.90
Cu_2O	143.09	$Mn(NO_3)_2 \cdot 6H_2O$	287.04
CuS	95.61	MnO	70.94
$CuSO_4$	159.61	MnO_2	86.94
$CuSO_4 \cdot 5H_2O$	249.69	MnS	87.00
$FeCl_2$	126.75	$MnSO_4$	151.00
$FeCl_3 \cdot 6H_2O$	270.30	$MnSO_4 \cdot 4H_2O$	223.06
$FeNH_4(SO_4)_2 \cdot 12H_2O$	482.20	NH_3	17.03
$Fe(NH_4)_2(SO_4)_2 \cdot 6H_2O$	392.14	$NH_4C_2H_3O_2$(醋酸铵)	77.08
$Fe(NO_3)_3$	241.86	NH_4Cl	53.49
$Fe(NO_3)_3 \cdot 6H_2O$	349.95	NH_4CO_3	79.056
FeO	71.85	$(NH_4)_2C_2O_4 \cdot H_2O$	142.11
Fe_2O_3	159.69	NH_4F	37.037
Fe_3O_4	231.54	$(NH_4)_2HPO_4$	132.05
$Fe(OH)_3$	106.87	$(NH_4)_6Mo_7O_{24} \cdot 4H_2O$	1235.9
FeS	87.913	$(NH_4)_3PO_4$	140.02
$FeSO_4$	151.91	NH_4SCN	76.122
$FeSO_4 \cdot 7H_2O$	278.02	$(NH_4)_2SO_4$	132.14
H_3AsO_3	125.94	$NiCl_2 \cdot 6H_2O$	237.69
H_3AsO_4	141.94	NiO	74.69
H_3BO_3	61.83	$Ni(NO_3)_2 \cdot 6H_2O$	290.79
HBr	80.91	NiS	90.76
HCl	36.46	$NiSO_4 \cdot 7H_2O$	280.86
HCN	27.02	P_2O_5	141.95
$HCOOH$	46.0257	$Pb(C_2H_3O_2)_2$(醋酸铅)	325.28
CH_3COOH	60.053	$Pb(C_2H_3O_2)_2 \cdot 3H_2O$	379.34
$KHSO_4$	136.17	$PbCrO_4$	323.18
KI	166.01	$PbMoO_4$	367.14
KIO_3	214.00	$Pb(NO_3)_2$	331.21
$KIO_3 \cdot HIO_3$	389.92	PbO	223.19
$KMnO_4$	158.04	PbO_2	239.19
$KNaC_4H_4O_6 \cdot 4H_2O$(酒石酸盐)	282.22	PbS	239.27
KNO_2	85.10	$PbSO_4$	303.26
KNO_3	101.10	SO_2	64.06
K_2O	92.20	SO_3	80.06
KOH	56.11	Sb_2O_3	291.50
$KSCN$	97.18	SiO_2	60.08
K_2SO_4	174.26	$SnCl_2 \cdot 2H_2O$	225.65
$MgCO_3$	84.32	SnO_2	150.71
$MgCl_2$	95.21	SnS	150.78
$MgCl_2 \cdot 6H_2O$	203.30	$Sr(NO_3)_2$	211.63
$MgNH_4PO_4$	137.33	$Sr(NO_3)_2 \cdot 4H_2O$	283.69
$MgNH_4PO_4 \cdot 6H_2O$	245.41	$Zn(NO_3)_2 \cdot 6H_2O$	297.49
MgO	40.31	ZnO	81.39
$Mg(OH)_2$	58.320	$Zn(OH)_2$	99.40
$Mg_2P_2O_7$	222.60	ZnS	97.43
$MgSO_4 \cdot 7H_2O$	246.48	$ZnSO_4$	161.45
$MnCO_3$	114.95	$ZnSO_4 \cdot 7H_2O$	287.56

参考文献

[1] 邹宗柏，乔冠儒．工程化学导论．南京：东南大学出版社，2002.

[2] 刘国璞，白广美，廖书生编．大学化学．北京：清华大学出版社，2004.

[3] 华彤文，杨骏英，陈景祖等编．普通化学．北京：北京大学出版社，2003.

[4] Darrell D. Ebbimg，Steven D. Gammon. General Chemistry（6th Edition）. Houghton Mifflin Company，Boston，New York，1999.

[5] 丁廷桢，俞开钰，蔡作乾等编．普通化学教程．北京：高等教育出版社，1994.

[6] 大连理工大学无机化学教研室编．无机化学．第5版．北京：高等教育出版社，2000.

[7] 陈林根，方文军．工程化学基础．第2版．北京：高等教育出版社，2005.

[8] 蔡哲雄．工程化学基础．第2版．西安：西安交通大学出版社，1999.

[9] 周祖新，丁蕙．工程化学．北京：化学工业出版社，2009.

[10] 童志平．工程化学基础．北京：高等教育出版社，2008.

[11] 贾朝霞，尹忠，段文猛．工程化学．北京：化学工业出版社，2009.

[12] 王镜岩，朱圣庚，徐长法．生物化学．第3版．北京：高等教育出版社，2002.

[13] 郑集，陈均辉．普通生物化学．第3版．北京：高等教育出版社，1998.

[14] 张恒．生物化学与分子生物学．郑州：郑州大学出版社，2007.

[15] 张礼和，王梅祥．化学生物学进展．北京：化学工业出版社，2005.

[16] Garret R H，Grisham C M. Biochemistry（2nd Edition）. Saunders College Publishing，1999.

[17] 杨秋华，曲建强．大学化学．天津：天津大学出版社，2009.

[18] 史成武，倪良．大学化学．合肥：合肥工业大学出版社，2003.

[19] 朱裕贞，顾达，黑恩成．现代基础化学．第2版．北京：化学工业出版社，2004.

[20] 藏祥生，许学敏，苏小云．现代基础化学例题与习题．上海：华东理工大学出版社，2005.

[21] 王风云，夏明珠，雷武．现代大学化学．北京：化学工业出版社，2009.

[22] 何晓春，严进，刘瑞霞．化学与生活．北京：化学工业出版社，2008.

[23] 傅献彩，沈文霞，姚天扬等．物理化学．第5版．北京：高等教育出版社，2009.

[24] 天津大学物理化学教研室．物理化学．第5版．北京：高等教育出版社，2009.

[25] 傅玉普．多媒体物理化学．大连：大连理工大学出版社，1998.

[26] 天津大学无机化学教研室．无机化学．第5版．高等教育出版社，2010.

[27] 申泮文．近代化学导论．第2版．北京：高等教育出版社，2008.

[28] 王九思，陈学民，肖举强，伏小勇．水处理化学．北京：化学工业出版社，2002.

[29] 王晓昌，张荔，袁宏林．水资源利用与保护．北京：高等教育出版社，2008.

[30] 李广贺．水资源利用与保护．北京：中国建筑工业出版社，2010.

[31] 傅献彩主编．大学化学．北京：高等教育出版社，2005.

[32] Kenneth W. Whitten，Raymond E. Davis，M. Larry Peck. General chemistry with qualitative analysis（6th Edition）. USA：Harcourt Inc.，2005.

[33] D. F. Shriver，P. W. Atkins. Inorganic Chemistry（2nd Edition）. England：Oxford University Press，1995.

[34] Catherine E. Housecroft，Edwin C. Constable. Chemistry（3rd Edition）. England：Pearson Education Limited，2006.

[35] 倪静安主编．无机及分析化学．第2版．北京：化学工业出版社，2004.

参考文献

元素周期表

IUPAC 2013

图例：（以 95 Am 为例）

氧化态	95 Am 镅▲
+2 +3 +4 +5 +6	$5f^{7}7s^{2}$ 243.06138(2)✦

- 氧化态(单质的氧化态为0，未列入；常见的为红色)
- 95 — 原子序数
- Am — 元素符号(红色的为放射性元素)
- 镅▲ — 元素名称(注▲的为人造元素)
- $5f^{7}7s^{2}$ — 价层电子构型
- 243.06138(2)✦ — 以 ^{12}C=12为基准的原子量(注✦的是半衰期最长同位素的原子量)

s区元素　p区元素　d区元素　ds区元素　f区元素　稀有气体

族/周期	1 ⅠA	2 ⅡA	3 ⅢB	4 ⅣB	5 ⅤB	6 ⅥB	7 ⅦB	8 ⅧB(Ⅷ)	9 ⅧB(Ⅷ)	10 ⅧB(Ⅷ)	11 ⅠB	12 ⅡB	13 ⅢA	14 ⅣA	15 ⅤA	16 ⅥA	17 ⅦA	18 ⅧA(0)	电子层
1	−1 +1 1 H 氢 $1s^{1}$ 1.008																	2 He 氦 $1s^{2}$ 4.002602(2)	K
2	+1 3 Li 锂 $2s^{1}$ 6.94	+2 4 Be 铍 $2s^{2}$ 9.0121831(5)											+3 5 B 硼 $2s^{2}2p^{1}$ 10.81	−4 +2 +4 6 C 碳 $2s^{2}2p^{2}$ 12.011	−3 −2 −1 +1 +2 +3 +4 +5 7 N 氮 $2s^{2}2p^{3}$ 14.007	−2 −1 8 O 氧 $2s^{2}2p^{4}$ 15.999	−1 9 F 氟 $2s^{2}2p^{5}$ 18.998403163(6)	10 Ne 氖 $2s^{2}2p^{6}$ 20.1797(6)	L K
3	−1 +1 11 Na 钠 $3s^{1}$ 22.98976928(2)	+2 12 Mg 镁 $3s^{2}$ 24.305											+3 13 Al 铝 $3s^{2}3p^{1}$ 26.9815385(7)	−4 +2 +4 14 Si 硅 $3s^{2}3p^{2}$ 28.085	−3 −2 +1 +3 +5 15 P 磷 $3s^{2}3p^{3}$ 30.973761998(5)	−2 +2 +4 +6 16 S 硫 $3s^{2}3p^{4}$ 32.06	−1 +1 +3 +5 +7 17 Cl 氯 $3s^{2}3p^{5}$ 35.45	18 Ar 氩 $3s^{2}3p^{6}$ 39.948(1)	M L K
4	−1 +1 19 K 钾 $4s^{1}$ 39.0983(1)	+2 20 Ca 钙 $4s^{2}$ 40.078(4)	+3 21 Sc 钪 $3d^{1}4s^{2}$ 44.955908(5)	−1 0 +2 +3 +4 22 Ti 钛 $3d^{2}4s^{2}$ 47.867(1)	0 ±1 +2 +3 +4 +5 23 V 钒 $3d^{3}4s^{2}$ 50.9415(1)	−3 0 ±1 ±2 +3 +4 +5 +6 24 Cr 铬 $3d^{5}4s^{1}$ 51.9961(6)	−2 0 ±1 +2 ±3 +4 +5 +6 +7 25 Mn 锰 $3d^{5}4s^{2}$ 54.938044(3)	−2 0 ±1 +2 +3 +4 +5 +6 26 Fe 铁 $3d^{6}4s^{2}$ 55.845(2)	0 ±1 +2 +3 +4 +5 27 Co 钴 $3d^{7}4s^{2}$ 58.933194(4)	0 ±1 +2 +3 +4 28 Ni 镍 $3d^{8}4s^{2}$ 58.6934(4)	+1 +2 +3 +4 29 Cu 铜 $3d^{10}4s^{1}$ 63.546(3)	+1 +2 30 Zn 锌 $3d^{10}4s^{2}$ 65.38(2)	+1 +3 31 Ga 镓 $4s^{2}4p^{1}$ 69.723(1)	+2 +4 32 Ge 锗 $4s^{2}4p^{2}$ 72.630(8)	−3 +3 +5 33 As 砷 $4s^{2}4p^{3}$ 74.921595(6)	−2 +2 +4 +6 34 Se 硒 $4s^{2}4p^{4}$ 78.971(8)	−1 +1 +3 +5 +7 35 Br 溴 $4s^{2}4p^{5}$ 79.904	+2 +4 36 Kr 氪 $4s^{2}4p^{6}$ 83.798(2)	N M L K
5	−1 +1 37 Rb 铷 $5s^{1}$ 85.4678(3)	+2 38 Sr 锶 $5s^{2}$ 87.62(1)	+3 39 Y 钇 $4d^{1}5s^{2}$ 88.90584(2)	+1 +2 +3 +4 40 Zr 锆 $4d^{2}5s^{2}$ 91.224(2)	0 ±1 +2 +3 +4 +5 41 Nb 铌 $4d^{4}5s^{1}$ 92.90637(2)	0 ±1 ±2 +3 +4 +5 +6 42 Mo 钼 $4d^{5}5s^{1}$ 95.95(1)	0 ±1 +2 +3 +4 +5 +6 +7 43 Tc 锝▲ $4d^{5}5s^{2}$ 97.90721(3)✦	0 +1 ±2 +3 +4 +5 +6 +7 +8 44 Ru 钌 $4d^{7}5s^{1}$ 101.07(2)	0 ±1 +2 +3 +4 +5 +6 45 Rh 铑 $4d^{8}5s^{1}$ 102.90550(2)	0 +1 +2 +3 +4 46 Pd 钯 $4d^{10}$ 106.42(1)	+1 +2 +3 47 Ag 银 $4d^{10}5s^{1}$ 107.8682(2)	+1 +2 48 Cd 镉 $4d^{10}5s^{2}$ 112.414(4)	+1 +3 49 In 铟 $5s^{2}5p^{1}$ 114.818(1)	+2 +4 50 Sn 锡 $5s^{2}5p^{2}$ 118.710(7)	−3 +3 +5 51 Sb 锑 $5s^{2}5p^{3}$ 121.760(1)	−2 +2 +4 +6 52 Te 碲 $5s^{2}5p^{4}$ 127.60(3)	−1 +1 +3 +5 +7 53 I 碘 $5s^{2}5p^{5}$ 126.90447(3)	+2 +4 +6 +8 54 Xe 氙 $5s^{2}5p^{6}$ 131.293(6)	O N M L K
6	−1 +1 55 Cs 铯 $6s^{1}$ 132.90545196(6)	+2 56 Ba 钡 $6s^{2}$ 137.327(7)	57~71 La~Lu 镧系	+1 +2 +3 +4 72 Hf 铪 $5d^{2}6s^{2}$ 178.49(2)	0 ±1 +2 +3 +4 +5 73 Ta 钽 $5d^{3}6s^{2}$ 180.94788(2)	0 ±1 ±2 +3 +4 +5 +6 74 W 钨 $5d^{4}6s^{2}$ 183.84(1)	0 ±1 +2 +3 +4 +5 +6 +7 75 Re 铼 $5d^{5}6s^{2}$ 186.207(1)	0 +1 +2 +3 +4 +5 +6 +7 +8 76 Os 锇 $5d^{6}6s^{2}$ 190.23(3)	0 ±1 +2 +3 +4 +5 +6 77 Ir 铱 $5d^{7}6s^{2}$ 192.217(3)	0 +2 +3 +4 +5 +6 78 Pt 铂 $5d^{9}6s^{1}$ 195.084(9)	+1 +2 +3 +5 79 Au 金 $5d^{10}6s^{1}$ 196.966569(5)	+1 +2 +3 80 Hg 汞 $5d^{10}6s^{2}$ 200.592(3)	+1 +3 81 Tl 铊 $6s^{2}6p^{1}$ 204.38	+2 +4 82 Pb 铅 $6s^{2}6p^{2}$ 207.2(1)	−3 +3 +5 83 Bi 铋 $6s^{2}6p^{3}$ 208.98040(1)	−2 +2 +3 +4 +6 84 Po 钋 $6s^{2}6p^{4}$ 208.98243(2)✦	±1 +5 +7 85 At 砹 $6s^{2}6p^{5}$ 209.98715(5)✦	+2 86 Rn 氡 $6s^{2}6p^{6}$ 222.01758(2)✦	P O N M L K
7	+1 87 Fr 钫▲ $7s^{1}$ 223.01974(2)✦	+2 88 Ra 镭 $7s^{2}$ 226.02541(2)✦	89~103 Ac~Lr 锕系	104 Rf 𬬻▲ $6d^{2}7s^{2}$ 267.122(4)✦	105 Db 𬭊▲ $6d^{3}7s^{2}$ 270.131(4)✦	106 Sg 𬭳▲ $6d^{4}7s^{2}$ 269.129(3)✦	107 Bh 𬭛▲ $6d^{5}7s^{2}$ 270.133(2)✦	108 Hs 𬭶▲ $6d^{6}7s^{2}$ 270.134(2)✦	109 Mt 鿏▲ $6d^{7}7s^{2}$ 278.156(5)✦	110 Ds 𫟼▲ 281.165(4)✦	111 Rg 𬬭▲ 281.166(6)✦	112 Cn 鿔▲ 285.177(4)✦	113 Nh 鿭▲ 286.182(5)✦	114 Fl 𫓧▲ 289.190(4)✦	115 Mc 镆▲ 289.194(6)✦	116 Lv 𫟷▲ 293.204(4)✦	117 Ts 鿬▲ 293.208(6)✦	118 Og 鿫▲ 294.214(5)✦	Q P O N M L K

★															
镧系	+3 57 La★ 镧 $5d^{1}6s^{2}$ 138.90547(7)	+2 +3 +4 58 Ce 铈 $4f^{1}5d^{1}6s^{2}$ 140.116(1)	+3 +4 59 Pr 镨 $4f^{3}6s^{2}$ 140.90766(2)	+2 +3 +4 60 Nd 钕 $4f^{4}6s^{2}$ 144.242(3)	+3 61 Pm 钷▲ $4f^{5}6s^{2}$ 144.91276(2)✦	+2 +3 62 Sm 钐 $4f^{6}6s^{2}$ 150.36(2)	+2 +3 63 Eu 铕 $4f^{7}6s^{2}$ 151.964(1)	+3 64 Gd 钆 $4f^{7}5d^{1}6s^{2}$ 157.25(3)	+3 +4 65 Tb 铽 $4f^{9}6s^{2}$ 158.92535(2)	+3 +4 66 Dy 镝 $4f^{10}6s^{2}$ 162.500(1)	+3 67 Ho 钬 $4f^{11}6s^{2}$ 164.93033(2)	+3 68 Er 铒 $4f^{12}6s^{2}$ 167.259(3)	+2 +3 69 Tm 铥 $4f^{13}6s^{2}$ 168.93422(2)	+2 +3 70 Yb 镱 $4f^{14}6s^{2}$ 173.045(10)	+3 71 Lu 镥 $4f^{14}5d^{1}6s^{2}$ 174.9668(1)
★ 锕系	+3 89 Ac★ 锕 $6d^{1}7s^{2}$ 227.02775(2)✦	+3 +4 90 Th 钍 $6d^{2}7s^{2}$ 232.0377(4)	+3 +4 +5 91 Pa 镤 $5f^{2}6d^{1}7s^{2}$ 231.03588(2)	+2 +3 +4 +5 +6 92 U 铀 $5f^{3}6d^{1}7s^{2}$ 238.02891(3)	+3 +4 +5 +6 +7 93 Np 镎 $5f^{4}6d^{1}7s^{2}$ 237.04817(2)✦	+3 +4 +5 +6 +7 94 Pu 钚 $5f^{6}7s^{2}$ 244.06421(4)✦	+2 +3 +4 +5 +6 95 Am 镅▲ $5f^{7}7s^{2}$ 243.06138(2)✦	+3 +4 96 Cm 锔▲ $5f^{7}6d^{1}7s^{2}$ 247.07035(3)✦	+3 +4 97 Bk 锫▲ $5f^{9}7s^{2}$ 247.07031(4)✦	+2 +3 +4 98 Cf 锎▲ $5f^{10}7s^{2}$ 251.07959(3)✦	+2 +3 99 Es 锿▲ $5f^{11}7s^{2}$ 252.0830(3)✦	+2 +3 100 Fm 镄▲ $5f^{12}7s^{2}$ 257.09511(5)✦	+2 +3 101 Md 钔▲ $5f^{13}7s^{2}$ 258.09843(3)✦	+2 +3 102 No 锘▲ $5f^{14}7s^{2}$ 259.1010(7)✦	+3 103 Lr 铹▲ $5f^{14}6d^{1}7s^{2}$ 262.110(2)✦